高等院校信息技术系列教材

数字逻辑
与数字系统设计

——基于Proteus VSM和Verilog HDL（第2版）

卢建华 主 编

廖雪超 邵平凡 副主编

清华大学出版社
北京

内 容 简 介

本书介绍了数字电路的基本概念和工作原理，并以 Proteus ISIS 为辅助工具，用可视化方式实现了数字逻辑电路的分析和设计，有利于加深读者对数字逻辑电路和数字系统设计的理解。与此同时，本书通过大量实例将目前数字系统设计中常用的 Verilog 硬件描述语言引入数字逻辑电路的设计过程中，使读者尽可能早地接触新的设计方法，不仅为本课程的教学开拓新路，同时也为将此类方法用于后续课程的学习打下良好基础。本书内容包括基础知识、逻辑代数基础、逻辑门电路、组合逻辑基础、组合逻辑电路、时序逻辑基础、时序逻辑电路、脉冲数字电路、转换电路、可编程逻辑基础、数字系统设计基础等。

本书可作为计算机类、电子类、自动化类等相关专业的本科生教材或教学参考书，也可供相关专业的工程技术人员参考。

图书在版编目（CIP）数据

数字逻辑与数字系统设计：基于 Proteus VSM 和 Verilog HDL / 卢建华主编. -- 2 版. -- 北京：清华大学出版社，2025.6. --（高等院校信息技术系列教材）. -- ISBN 978-7-302-69385-7

Ⅰ. TP302.2；TP271

中国国家版本馆 CIP 数据核字第 2025KD1547 号

策划编辑：白立军
责任编辑：杨 帆 薛 阳
封面设计：刘艳芝
责任校对：王勤勤
责任印制：曹婉颖

出版发行：清华大学出版社
　　　网　　　址：https://www.tup.com.cn，https://www.wqxuetang.com
　　　地　　　址：北京清华大学学研大厦 A 座　　　　邮　　编：100084
　　　社 总 机：010-83470000　　　　　　　　　　　邮　　购：010-62786544
　　　投稿与读者服务：010-62776969，c-service@tup.tsinghua.edu.cn
　　　质量反馈：010-62772015，zhiliang@tup.tsinghua.edu.cn
　　　课件下载：https://www.tup.com.cn，010-83470236
印 装 者：三河市铭诚印务有限公司
经　　销：全国新华书店
开　　本：185mm×260mm　　　　印　张：24.75　　　　字　数：560 千字
版　　次：2013 年 8 月第 1 版　2025 年 7 月第 2 版　　印　次：2025 年 7 月第 1 次印刷
定　　价：79.00 元

产品编号：094489-01

前 言
FOREWORD

　　"数字逻辑与数字系统设计"是计算机及其相关专业的一门非常重要的专业基础课，该课程的实践性很强，为此，本书从数字逻辑单元电路到数字系统设计，均结合 Proteus ISIS 和 Verilog HDL 进行讲解。

　　本书共分为 11 章。第 1 章主要介绍数制、码制、常用编码以及 Proteus ISIS 的基本用法。第 2 章主要介绍逻辑运算和逻辑门的基本特性、逻辑代数的运算规则，以及逻辑函数的表达和化简方法。第 3 章重点介绍 CMOS 管门电路和 TTL 门电路的内部结构和工作特性，以及逻辑门电路的电器特性参数，并在 Proteus ISIS 环境中进行了仿真测试。第 4、5 章详细介绍组合逻辑电路，包括各种典型组合逻辑电路的工作原理、分析和设计方法。第 6、7 章详细介绍时序逻辑电路，包括各类触发器的工作原理、逻辑功能以及典型时序逻辑电路的分析和设计方法。第 8 章主要介绍多谐振荡器、单稳态触发器、施密特触发器等数字脉冲电路的结构和工作原理。第 9 章主要讲解数/模、模/数转换电路的构成和工作原理，并结合常用的集成芯片，分析其工作过程和使用方法。第 10 章简要介绍 GAL、CPLD 和 FPGA 器件的电路结构和工作原理。第 11 章主要通过几个典型实例在 Proteus ISIS 环境中的实现，介绍数字系统的设计方法和设计步骤。附录部分对 Proteus ISIS 仿真工具的用法和 Verilog HDL 进行简单的介绍，方便读者参考。本书各章都配有作者精选的习题，供读者思考及练习，以巩固相关知识。同时，本书还配有视频资源，供读者扫码观看，以辅助理解知识。

　　本书由卢建华、廖雪超和邵平凡共同编写。其中，第 1、2 章由邵平凡编写；第 3～6 章由廖雪超编写；第 7～11 章和附录由卢建华编写。本教材建议学时 72 学时，其中理论学时 60，实验学时 12。课程学习结束建议安排为时 1.5 周的课程设计，以提高学生综合运用数字系统设计方法的能力。第 10、11 章可根据实际情况适当选修。

　　本书是作者结合多年的教学经验，并在查阅大量参考文献的基础上编写的，力求做到语言通俗易懂、内容严谨、重点突出、分析透彻，但由于作者水平有限，书中难免出现疏漏或不妥之处，衷心地希望广大读者和专家批评指正。

编　者

2025 年 3 月

目 录

CONTENTS

第 4 章　组合逻辑基础　81

第 5 章　组合逻辑电路　104

第 1 章
基 础 知 识

第 1 章视频

内容提要

本章介绍数字信号和数字电路的基本特点、常用数制及其相互转换、数据在机器中的表示方法、常用编码技术。通过本章的学习,要求了解数字电路的基础知识,重点掌握二进制数与十进制数之间的相互转换,八进制与十六进制、二进制之间的对应关系,数据的原码、反码和补码表示,BCD 码和 ASCII 码的编码规则;了解 Proteus 软件的基本用法;掌握 ISIS 在虚拟仿真平台中的基本应用。

1.1 概 述

1.1.1 数字信号与模拟信号

关键词:
- **模拟信号**:反映模拟量的信号。
- **数字信号**:反映数字量的信号。
- **模拟电路**:处理模拟信号的电路。
- **数字电路**:处理数字信号的电路。

存在于自然界中的物理量可以分为模拟量(analog quantity)和数字量(digital quantity)两大类。模拟量指取值连续的物理量,如变化的温度、压力,物体运动的速度等。数字量指取值不连续的物理量,如班级的人数、教材的页数等。用电子电路处理物理量时,必须首先将物理量变换为电路易于处理的信号形式,一般为电压或电流表示。与物理量的分类方法类似,电信号也分为模拟信号(analog signal)和数字信号(digital signal)。

1. 模拟信号和数字信号

反映模拟量的信号叫模拟信号,其主要特点是在连续的观测时间上,信号(如电压)在一定范围内的取值是连续变化的。模拟信号在任意时段有无穷多个取值,如交流电压的波形（见图 1.1）。

反映数字量的信号叫数字信号，其主要特点是信号在时间上和数值上都是断续变化的离散信号。以数字电压信号为例，其变化是不连续的，总是发生在一系列离散的瞬间；同时，数字信号的取值也是不连续的，只能取有限个值。应用最广泛的数字信号是二值信号，图 1.2 给出了一个二值电压信号与时间的波形，该信号只有 0V 和 +5V 两种电压取值。

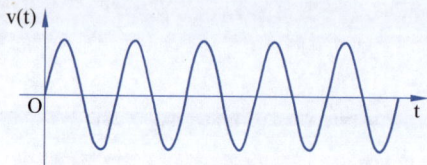

图 1.1 交流电压的波形图　　　　图 1.2 二值数字电压信号的波形图

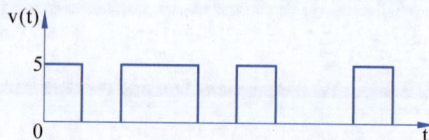

2. 模拟电路与数字电路

处理模拟信号的电路称为模拟电路（analog circuit），如音频功率放大电路。

处理数字信号的电路称为数字电路（digital circuit），如编码器、译码器、计数器等。

相对于模拟电路，数字电路具有如下主要特点。

（1）基本数字电路只有"与""或""非"三种基本逻辑门电路，其电路结构简单，容易实现。

（2）数字电路易于实现集成化，数字集成电路（Integrated Circuit，IC）具有体积小、功耗低、可靠性高等特点。

（3）数字电路只需要用 0 和 1 两种状态表示信息，便于信息的存储、传输和处理。

（4）数字电路能够对输入的数字信号进行各种算术运算和逻辑运算，能按照人们设计好的规则，进行逻辑推理和逻辑判断，得出相应的输出结果，即数字电路具有逻辑判断功能，它是计算机以及智能控制系统中的基础。

1.1.2 数字系统的基本结构

关键词：
- **数字系统**：能对数字信号进行输入、存储、加工和传输的实体。
- **数字系统的分析**：分析已知数字系统的工作原理，确定系统的功能。
- **数字系统的设计**：针对需求，采用设计方法和手段，构造一个符合需要的数字系统。

1. 数字系统

数字系统指能对数字信号进行输入、存储、加工和传输的实体，它由若干个实现各种功能的数字逻辑电路相互连接而成，是具有按一定的时序完成逻辑操作功能的系统，如数字频率计、交通灯控制系统、智能游戏机、数控机床等。

2. 数字系统的基本结构

数字系统的基本功能包括：接收现实世界的信息输入，并将其转换成数字系统可理解的二进制"语言"；仅用数字 0 和 1 完成所要求的计算和操作；将操作结果以用户可以理解的方式返回给现实世界。其基本结构模型如图 1.3 所示。

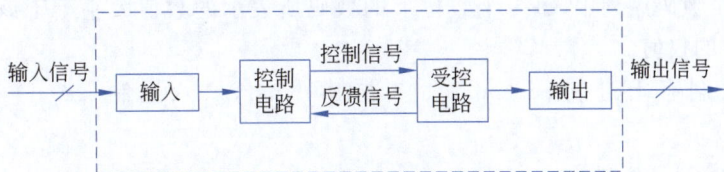

图 1.3 数值系统结构模型

整个系统划分为控制电路和受控电路两大部分。控制电路根据输入要求和受控对象的状态发出控制信号给受控电路，受控电路根据控制信号产生输出，同时反馈状态信息到控制电路，两者都是由组合逻辑电路和时序逻辑电路构成的。

3. 数字系统的分析与设计

数字系统的分析是针对已知的数字系统，分析其工作原理，确定输入与输出信号之间的对应关系，明确整个系统中各个组成部件的逻辑功能和系统整体的功能，以便对系统进行学习、改进，提高系统的实用性。

数字系统的设计是针对特定的需求，采用一定的设计方法和手段，构造一个符合需要的系统。数字系统的设计可以分为系统级和模块级。

（1）系统级设计是对数字系统整体功能的描述，又称为行为级描述，通常不关心具体的实现方式。系统级设计将整个数字系统分解为若干个相互关联的功能模块，并描述各模块的外部属性。系统级设计通常采用硬件描述语言（Hardware Description Language，HDL）实现，以程序设计的方式描述系统各模块的行为。

（2）模块级设计是在系统级设计基础上，进一步分解各功能模块，描述其行为和功能。模块级设计既可以用 HDL 编程实现，也可以用标准逻辑组件实现。

1.2 常用数制及其转换

关键词：
- **基数**：数制中使用的数码（记数符号）个数。
- **权**：基数的整数幂，是数码在其所在位序上表示的单位值。
- **十进制**：基数为 10，由 10 个数字（0、1、2、3、4、5、6、7、8、9）组成。
- **二进制**：基数为 2，由 2 个数字（0、1）组成。
- **八进制**：基数为 8，由 8 个数字（0、1、2、3、4、5、6、7）组成。
- **十六进制**：基数为 16，由 16 个数字（0、1、2、3、4、5、6、7、8、9、A、B、C、D、E、F）组成。

数制是进位记数制的简称，是采用进位方式进行记数的一种方法，它通过一组记数符号的组合来表示任意数。数制有两个基本要素：一是基数（base 或 radix），基数是数制中使用的数码（记数符号）个数，如十进制的基数就是 10，在记数过程中的进位规则是逢基数则进位。二是权（right），权是基数的整数幂，是数码在其所在位序上表示的单位值，如十进制数 1232，个位的 2 表示 2×10^0，即为 2，而百位的 2 则表示 2×10^2，即 200。可见，在任意一个数码序列中，每一个数位上的数码所表示的数值大小等于该数码自身的值乘以该数位的权值。

常用的数制有十进制（decimal）、二进制（binary）、八进制（octal）和十六进制（hexadecimal）。

1.2.1　十进制

十进制是人们日常习惯使用的数制，其基数是 10，有 10 个数码 0，1，…，9。进位规则是逢 10 进 1。

在十进制中，人们将小数点左边的数位依次称为个位、十位、百位……小数点右边的数位依次称为十分位、百分位……实际上就是各位的权值。对于形如 $d_2 d_1 d_0.d_{-1} d_{-2}$ 的十进制数 N，写出其按权展开的表达式为

$$N = d_2 \times 10^2 + d_1 \times 10^1 + d_0 \times 10^0 + d_{-1} \times 10^{-1} + d_{-2} \times 10^{-2}$$

一个有着 n 位整数、m 位小数的十进制数 N 可以表示为

$$N = \sum_{i=-m}^{n-1} d_i \times 10^i \tag{1.1}$$

其中，d_i 是第 i 位数码（或称为系数），可以取 0，1，…，9 中的任何一个值；10^i 是第 i 位的权。至此，可以将十进制按照进位记数法的含义归纳为：基数是 10；使用 0～9 这 10 个数码；第 i 位的权是 10^i；记数时逢 10 进 1。

1.2.2　二进制

二进制是数字系统中采用的数制，其基数是 2，有两个数码 0，1。进位规则是逢 2 进 1。数字系统采用二进制的主要原因有二：一是具有两种稳定状态，可用来表示二进制数 0 和 1 的电路设计简单；二是运算非常方便。

在二进制中，对于形如 $b_2 b_1 b_0.b_{-1} b_{-2}$ 的二进制数 N，写出其按权展开表达式为

$$N = b_2 \times 2^2 + b_1 \times 2^1 + b_0 \times 2^0 + b_{-1} \times 2^{-1} + b_{-2} \times 2^{-2}$$

一个有着 n 位整数、m 位小数的二进制数 N 可以表示为

$$N = \sum_{i=-m}^{n-1} b_i \times 2^i \tag{1.2}$$

其中，b_i 是第 i 位数码，可以取 0、1 中的任何一个值，2^i 是第 i 位的权。至此，可以将二进制按照进位记数法的含义归纳为：基数是 2，使用 0 和 1 这两个数码；第 i 位的权是 2^i；记数时逢 2 进 1。

1.2.3　二进制数与十进制数之间的相互转换

1. 十进制数转换为二进制数

十进制数转换为二进制数可将整数部分和小数部分分别转换，整数部分采用除以 2 倒取余数的方法来实现，小数部分采用乘以 2 顺取整数的方法来实现。

1）整数转换——除以 2 倒取余数

将十进制整数 N_{10} 转换为二进制数时，该二进制数也必然是整数。设与十进制整数 N_{10} 对应的二进制整数为 $b_{n-1} b_{n-2} \cdots b_1 b_0$，按权展开表达式可写为

$$N_{10} = b_{n-1} \times 2^{n-1} + b_{n-2} \times 2^{n-2} + \cdots + b_1 \times 2^1 + b_0 \times 2^0 \tag{1.3}$$

等式两边同时除以 2，则两边分别得到的商和余数应分别相等，右边的余数一定是 b_0，即 b_0 就是 N_{10} 除以 2 的第一个余数；再将两边的商继续除以 2，第二个余数一定是 b_1；以此类推，直到商为 0，可以得到 $b_2 \sim b_{n-1}$，这种方法称为“除以 2 倒取余”，即最先得到的余数是最低位，最后得到的余数是最高位。

例 1.1　将十进制数 213 转换为二进制数。

解：采用长除法，用 213 长除以 2，然后倒取余数即可得相应的二进制数。

$$
\begin{array}{r|r l}
 & & \text{余数} \\
2 & 213 & 1 \quad (\text{LSb}) \\
2 & 106 & 0 \\
2 & 53 & 1 \\
2 & 26 & 0 \\
2 & 13 & 1 \\
2 & 6 & 0 \\
2 & 3 & 1 \\
2 & 1 & 1 \quad (\text{MSb}) \\
 & 0 &
\end{array}
$$

最先产生的余数是二进制数的最低有效位（Least Significant bit，LSb），最后产生的余数是最高有效位（Most Significant bit，MSb），转换结果为 $(213)_{10} = (11010101)_2$。

2）小数转换——乘以 2 顺取整数

将十进制小数 N_{10} 转换为二进制数时，该二进制数也必然是小数。设与十进制小数 N_{10} 对应的二进制小数为 $0.b_{-1} b_{-2} \cdots b_{-m}$，按权展开表达式为

$$N_{10} = b_{-1} \times 2^{-1} + b_{-2} \times 2^{-2} + \cdots + b_{-m} \times 2^{-m} \tag{1.4}$$

等式两边同时乘以 2，则两边得到的整数部分和小数部分应分别相等，第一次乘以 2 后，右边的整数就是 b_{-1}，即 b_{-1} 是 N_{10} 对应的二进制小数的第一位小数；将两边剩余的小数部分再乘以 2，所得的整数一定是 b_{-2}，也就是说，b_{-2} 是 N_{10} 对应的二进制小数的第二位小数；以此类推，可以得到 $b_{-3} \sim b_{-m}$，这种方法称为“乘 2 顺取整”。

例 1.2　将十进制数 0.6875 转换为二进制数。

解：乘以 2，然后顺取整。

整数部分　　　0.6875

$$
\begin{array}{r}
\times\quad 2 \\
\hline
(\text{MSb})\quad 1\quad .3750 \\
\times\quad 2 \\
\hline
0\quad .750 \\
\times\quad 2 \\
\hline
1\quad .50 \\
\times\quad 2 \\
\hline
(\text{LSb})\quad 1\quad .0
\end{array}
$$

因此，$(0.6875)_{10} = (0.1011)_2$。

注意：大多数十进制小数转换为二进制数时，不会像例 1.2 那样有精确的二进制小数与之对应，可能会出现循环小数，只能按需要的精度取近似值，如十进制小数 0.4 和 0.9 就不可能有精确的二进制小数与之对应，转换成二进制数时，只能按精度取有限位小数近似表示。

2. 二进制数转换为十进制数

二进制数转换成十进制数，只需将二进制数中的每一位非 0 值按权累加。

例 1.3　将二进制数 101101.11 转换成十进制数。

解：$(101101.11)_2 = 2^5 + 2^3 + 2^2 + 2^0 + 2^{-1} + 2^{-2}$

$\qquad\qquad = 32 + 8 + 4 + 1 + 0.5 + 0.25$

$\qquad\qquad = (45.75)_{10}$

1.2.4　八进制数和十六进制数及其与二进制数之间的转换

八进制数和十六进制数与二进制数之间存在简单的对应关系，可以缩短二进制数的书写长度，所以在数字系统的数据表示中经常使用。

八进制数的基数是 8，有 8 个数码：0，1，…，7。其进位规则是逢 8 进 1。

十六进制数的基数是 16，有 16 个数码：0，1，…，9，A，B，…，F。其进位规则是逢 16 进 1。

由于 $2^3 = 8$，所以八进制数与二进制数之间的相互转换比较简单，将二进制数转换成八进制数时，只需从小数点向两边，每 3 位二进制数用 1 位八进制数表示即可（整数部分最高位和小数部分最低位如不足 3 位，则用 0 补足）。反之，将八进制数转换成二进制数时，也只需将每一位八进制数用相应的 3 位二进制数表示即可（整数部分最高位和小数部分最低位的 0 可以省去）。

由于 $2^4 = 16$，所以十六进制数与二进制数之间的相互转换也比较简单，将二进制数转换成十六进制数时，只需从小数点向两边，每 4 位二进制数用 1 位十六进制数表示即可（整数部分最高位和小数部分最低位如不足 4 位，则用 0 补足）。反之，将十六进制数转换成二进制数时，也只需将每一位十六进制数用相应的 4 位二进制数表示即可（整数部分最高位和小数部分最低位的 0 可以省去）。

　　不同数制的基数与权值以及按权展开表达式如表 1.1 所示,十进制、二进制、八进制与十六进制之间的对应关系如表 1.2 所示。

表 1.1　不同数制的数据表示

	十进制数	二进制数	八进制数	十六进制数
数码 a_i 的取值	$0,1,\cdots,9$	$0,1$	$0,1,\cdots,7$	$0,1,\cdots,9,A,B,\cdots,F$,其中,A~F 依次表示十进制数 10~15
基数	10	2	8	16
第 i 位权值	10^i	2^i	8^i	16^i
按权展开式	$(N)_{10}=\sum a_i\times 10^i$	$(N)_2=\sum a_i\times 2^i$	$(N)_8=\sum a_i\times 8^i$	$(N)_{16}=\sum a_i\times 16^i$

表 1.2　常用数制的数据对应关系表

十进制数	二进制数	八进制数	十六进制数	十进制数	二进制数	八进制数	十六进制数
0	0000	00	0	8	1000	10	8
1	0001	01	1	9	1001	11	9
2	0010	02	2	10	1010	12	A
3	0011	03	3	11	1011	13	B
4	0100	04	4	12	1100	14	C
5	0101	05	5	13	1101	15	D
6	0110	06	6	14	1110	16	E
7	0111	07	7	15	1111	17	F

例 1.4　将二进制数 $(1011001101000111.011)_2$ 转换成八进制数和十六进制数。

解：根据八进制数和十六进制数与二进制数的对应关系表和转换规则进行转换。

$$(1011001101000111.011)_2=(001\ 011\ 001\ 101\ 000\ 111.011)_2=(131507.3)_8$$

$$(1011001101000111.011)_2=(1011\ 0011\ 0100\ 0111.0110)_2=(B347.6)_{16}$$

例 1.5　将八进制数 $(131507.3)_8$ 和十六进制数 $(B347.6)_{16}$ 转换成十进制数。

解：根据八进制数和十六进制数的按权展开式,用每一位非零系数乘以相应的权值,然后累加即可求得。

$$
\begin{aligned}
(131507.3)_8 &= 1\times 8^5+3\times 8^4+1\times 8^3+5\times 8^2+7\times 8^0+3\times 8^{-1}\\
&=(32768+12288+512+320+7+0.375)_{10}\\
&=(45895.375)_{10}
\end{aligned}
$$

$$
\begin{aligned}
(B347.6)_{16} &= 11\times 16^3+3\times 16^2+4\times 16^1+7\times 16^0+6\times 16^{-1}\\
&=45056+768+64+7+0.375\\
&=(45895.375)_{10}
\end{aligned}
$$

1.2.5　八进制在数制转换中的桥梁作用

　　从十进制数与二进制数的转换规则可以推广到十进制与 R 进制数的转换。将十进制数转换成 R 进制时，对于整数部分可用"除以 R 倒取余数"来实现，对于小数部分可用"乘以 R 顺取整数"来实现。例如，要将十进制数转换成十六进制数，对于整数部分可用"除以 16 倒取余数"来实现，对于小数部分可用"乘以 16 顺取整数"来实现。但由于两位数的乘除运算往往比一位数的计算要麻烦得多，所以可借助八进制数作为桥梁来实现。

例 1.6　将十进制数 $(45895.375)_{10}$ 转换为十六进制数。

解：虽然可以像将十进制数转换成二进制数那样，将整数部分除以 16，然后倒取其余数，将小数部分乘以 16，然后顺取整数来实现，但两位数的乘除法计算起来比较麻烦。也可以先将十进制数转换成二进制数，将整数部分除以 2，然后倒取其余数，将小数部分乘以 2，然后顺取整数，再将转换成的二进制数按从小数点向左右两边每 4 位数用 1 位十六进制数表示，转换成十六进制数，但因数据比较大，除以 2 和乘以 2 的过程比较长，所以可以借助八进制数作为桥梁，先将十进制数的整数部分按除以 8 倒取余数、小数部分乘以 8 顺取整数转换成八进制数，然后按每 1 位八进制数用 3 位二进制数表示，即可转换成二进制数，最后按从小数点向左右两边每 4 位二进制数用 1 位十六进制数表示，即可得相应的十六进制数。

要将 $(45895.375)_{10}$ 转换成十六进制数，只需将整数 45895 和小数 0.375 分别转换成八进制数，然后按八进制数与二进制数的对应关系写出对应的二进制数，再按二进制数与十六进制数的对应关系即可写出相应的十六进制数。

整数部分的转换	余数			小数部分的转换	
8⌐45895	7	(LSb)			
8⌐5736	0			整数部分	0.375
8⌐717	5			×	8
8⌐89	1			3	.000
8⌐11	3				
8⌐1	1	(MSb)			
0					

$$(45895.375)_{10} = (131507.3)_8$$
$$= (001\ 011\ 001\ 101\ 000\ 111.011)_2$$
$$= (1011\ 0011\ 0100\ 0111.0110)_2$$
$$= (B347.6)_{16}$$

1.2.6　不同数制数据的后缀表示

为了书写方便，通常在数据的最低位之后用不同的后缀表示不同数制的数据。

B 表示二进制，如 11010101B。

D 表示十进制（默认可省略），如 213D 或 213。

O 表示八进制，由于字母 O 与数字 0 容易混淆，所以也用 Q 作为后缀表示八进制数，如 325O 或 325Q。

H 表示十六进制，如 0D5H。在汇编语言程序设计中，通常在以 A～F 开头的十六进制数据前面加一个 0，以便对数字和标号加以区别。

1.3　带符号二进制数的表示方法

关键词：
- **原码**：数据表示为二进制的符号-数值表示形式。
- **反码**：正数的反码是其自身；负数的反码，其原码的符号位不变，其他各位求反。
- **补码**：正数的补码是其自身；负数的补码，等于其反码的末位＋1。

计算机中的所有信息都需要用二进制数的 0 和 1 来表示，当然也包括数据的符号位。通常用 0 表示正号，1 表示负号。为了便于对数据进行算术运算，需要对数据进行相应的编码。常用的数据编码有原码、反码和补码。数据在机器内部的表示形式称为机器数，而与机器数对应的数值称为真值。

1.3.1　原码

原码也被称为符号-数值表示。其编码规则是：规定字长的最高位为符号，正号用 0 表示，负号用 1 表示，其余各位为数值，形成的编码即为原码。当字长为 n 位时，$X = x_{n-1} x_{n-2} \cdots x_1 x_0$ 原码表示的定义如下。

1. 定点整数的原码定义

当 $0 \leqslant X < 2^{n-1}$ 时，$[X]_{原} = X$。

当 $-2^{n-1} < X \leqslant 0$ 时，$[X]_{原} = 2^{n-1} - X$。

例 1.7　设字长 n＝8，求原码的数据表示范围。当 $X = 110101$，$Y = -101101$ 时，求 X 和 Y 的原码。

解：根据定义，n＝8 时，原码可表示的正数为 $0 \leqslant X < 2^{8-1}$，所以最大表示范围是 0～127，而原码可表示的负数为 $-2^{8-1} < X \leqslant 0$，所以最大范围是 -127～0。因此 8 位整数原码表示的范围是 -127～127，而且 0 的原码按定义有 $[+0]_{原} = 00000000$ 和 $[-0]_{原} = 10000000$ 两种表示。

当 $X = 110101$ 时满足正数表示范围 $0 \leqslant X < 128$，所以：

$$[X]_{原} = 00110101$$

即符号位为 0，其余各位与数值相同。

当 $Y = -101101$ 时，满足负数表示范围 $-128 < Y \leqslant 0$，所以：

$$[Y]_{原} = 2^7 - (-101101) = 10101101$$

即符号位为 1，其余各位与数值相同。

2. 定点小数的原码定义

当 $0 \leqslant X < 1$ 时，$[X]_{原} = X$。

当 $-1 < X \leqslant 0$ 时，$[X]_{原} = 1 - X$。

例 1.8　设字长 n＝8，X＝0.110101，Y＝－0.101101，求 X 和 Y 的原码。

解：当 X＝0.110101 时，满足正数表示范围 0≤X＜1，所以[X]原＝0.1101010。

当 Y＝－0.101101 时，满足负数表示范围－1＜Y≤0，所以：

$$[Y]_原 = 1-(-0.101101) = 1.1011010$$

同理可求出 8 位定点小数原码表示的最大表示范围，留给读者练习。

按定义求原码固然不错，但实际上并不需要如此计算，只需用 0 表示正号，用 1 表示负号，数值部分与真值相同，只不过在位数小于字长时，需要用 0 补足所需的位数，定点整数补 0 在高位，定点小数补 0 在低位。

原码表示的特点是简单直观，机器数与真值之间的转换容易，但做加、减法运算比较麻烦，因为用原码运算时需用数据的绝对值参加运算，符号位另行处理。以加法为例，要先判断符号位是否一致，若不一致则需做减法，在运算前要判断两数的绝对值大小，用绝对值大的数减去绝对值小的数，符号与绝对值大的数一致，这种运算规则会导致运算器设计变得很复杂。

1.3.2　反码

字长 n 位的定点整数和定点小数的反码定义如下。

1. 定点整数的反码定义

当 $0≤X＜2^{n-1}$ 时，$[X]_反＝X$。

当 $-2^{n-1}＜X≤0$ 时，$[X]_反 = (2^n-1)+X$。

例 1.9　设字长 n＝8，X＝110101，Y＝－101101，求 X 和 Y 的反码。

解：当 X＝110101 时，满足正数表示范围 0≤X＜128，所以[X]反＝00110101。

当 Y＝－101101 时，满足负数表示范围－128＜Y≤0，所以：

$$[Y]_反 = (2^8-1)+(-101101) = 11010010$$

按定义可求得 8 位定点整数的表示范围是－127～127，0 的反码也有两种表示。

2. 定点小数的反码定义

当 0≤X＜1 时，$[X]_反＝X$。

当 $-1＜X≤0$ 时，$[X]_反 = (2-2^{-(n-1)})+X$。

例 1.10　设字长 n＝8，X＝0.110101，Y＝－0.101101，求 X 和 Y 的反码。

解：当 X＝0.110101 时，满足正数表示范围 0≤X＜1，所以[X]反＝0.1101010。

当 Y＝－0.101101 时，满足负数表示范围－1＜Y≤0，所以：

$$[Y]_反 = (2-2^{-(8-1)})+(-0.101101) = 1.0100101$$

按定义求反码固然不错，但实际上也并不需要如此计算。比较例 1.7 和例 1.9 或例 1.8 和例 1.10 可见，X 和 Y 的反码与原码的关系是：

- 对于正数而言两者是相同的；
- 对于负数，其反码是在其原码的基础上符号位保持不变，其余各位求反的结果。

1.3.3 补码

补码是计算机中使用最多的一种机器数编码。补码的引入建立在数学中"同余"的基础上。

以时钟为例,时钟是逢 12 进 1,12 为时钟的模,超过模值的部分自动丢弃,所以 13 点也就是 1 点。如果当前时间是 3 点,要把现为 7 点的钟表调到 3 点,有两种方法:一是倒拨时针 4 格,即 $7-4=3$;另一种方法是顺拨时针 8 格,即 $7+8=15=3$(MOD 12)。因此,对于模 12 的时钟来说,-4 的补码就是 $12-4=8$,而 $7-4=7+8$(MOD 12)。也就是说,采用补码,可以将减法运算变成相对于模的补码的加法运算,从而简化运算器的设计。

可能有人会说,为了把减法运算变成加法运算,需要求补码,而求补码本身需要用模值减去原数,这不还是需要做减法吗? 实际上,由于在计算机中采用的是二进制,而对二进制数求补码是可以不做减法的,只需通过符号位控制"求反加 1"来实现。

字长 n 位的定点整数和定点小数的补码定义如下。

1. 定点整数的补码定义

当 $0 \leqslant X < 2^{n-1}$ 时,$[X]_{补} = X$。

当 $-2^{n-1} \leqslant X \leqslant 0$ 时,$[X]_{补} = 2^n + X$。

由于 2^n 是 n 位的定点整数的模,所以对正数和负数,可统一表示为

$$[X]_{补} = 2^n + X \ (MOD \ 2^n)$$

与反码定义相比,由于当 $-2^{n-1} < X \leqslant 0$ 时,$[X]_{反} = (2^n - 1) + X$,而 $[X]_{补} = 2^n + X$,所以:

$$[X]_{补} = [X]_{反} + 1$$

例 1.11 设字长 n=8,X=110101,Y=$-$101101,求 X 和 Y 的补码。

解:当 X=110101 时,满足正数表示范围 $0 \leqslant X < 128$,所以 $[X]_{补} = 00110101$。

当 Y=$-$101101 时,满足负正数表示范围 $-128 \leqslant Y \leqslant 0$,所以 $[Y]_{原} = 10101101$,$[Y]_{反} = 11010010$,$[Y]_{补} = [Y]_{反} + 1 = 11010010 + 1 = 11010011$。

2. 定点小数的补码定义

当 $0 \leqslant X < 1$ 时,$[X]_{补} = X$。

当 $-1 \leqslant X \leqslant 0$ 时,$[X]_{补} = 2 + X$。

与反码定义相比,由于当 $-1 < X \leqslant 0$ 时,$[X]_{反} = (2 - 2^{-(n-1)}) + X$,而

$$[X]_{补} = 2^n + X \ (MOD \ 2^n)$$

所以

$$[X]_{补} = [X]_{反} + 2^{-(n-1)}$$

也就是说,$[X]_{补}$ 可由 $[X]_{反}$ 的基础上在最低位加 1 来实现。

例 1.12 设字长 n=8,X=0.110101,Y=$-$0.101101,求 X 和 Y 的补码。

解:当 X=0.110101 时,满足正数表示范围 $0 \leqslant X < 1$,所以 $[X]_{补} = 0.1101010$。

当 Y=$-$0.101101 时,满足负数表示范围 $-1 \leqslant X \leqslant 0$,所以

$$[Y]_\text{补} = [Y]_\text{反} + 2^{-7} = 1.0100101 + 0.0000001 = 1.0100110$$

1.3.4　二进制数的加、减法运算

计算机所能表示的数据受字长的限制，字长一定，其所能表示的数据范围就确定了。以 8 位为例，定点整数的表示范围对于无符号数而言，其范围为 $0 \sim 2^8 - 1$，即 $0 \sim 255$，对于带符号数通常采用补码表示，其表示范围为 $-2^7 \sim 2^7 - 1$，即 $-128 \sim 127$。运算结果必须在字长可以表示的有效范围内，超过其表示范围，则发生溢出。

1. 无符号数的加、减法运算

二进制数的运算规则非常简单，下面介绍具体规则。

(1) 加法：$0+0=0$；$0+1=1$；$1+0=1$；$1+1=10$（逢 2 进 1）。

(2) 减法：$0-0=0$；$0-1=1$（有借位，借 1 当 2）；$1-0=1$；$1-1=0$。

例 1.13　已知 $X=1010110B$，$Y=110100B$；求 $X+Y$ 和 $X-Y$，设字长为 8 位。

解：

```
      01010110              01010110
  +   00110100          -   00110100
    ----------            ----------
      10001010              00100010
```

所以 $X+Y=10001010B=138D$；$X-Y=00100010B=34D$。

运算结果可用十进制数验证，本例中 $X=1010110B=86D$，$Y=110100B=52D$，所以：

$$X+Y=86+52=138$$
$$X-Y=86-52=34$$

2. 带符号数的加、减法运算

带符号数的加、减运算是用补码来实现的，减去一个数是用加上这个数的负数的补码来实现的。用补码运算时，符号位和数据位可同等对待，一起参加运算，只要运算结果在规定字长的有效表示范围以内，运算结果的符号位和数据位可同时获得。

$$[X]_\text{补} + [Y]_\text{补} = [X+Y]_\text{补}$$

例 1.14　已知 $X=-1010110B$，$Y=100010B$；求 $X+Y$ 和 $X-Y$，设字长为 8 位。

解： $[X]_\text{补}=10101010$；$[Y]_\text{补}=00100010$；$[-Y]_\text{补}=11011110$

$[X+Y]_\text{补}=[X]_\text{补}+[Y]_\text{补}$

$[X-Y]_\text{补}=[X]_\text{补}+[-Y]_\text{补}$

```
      10101010              10101010
  +   00100010          +   11011110
    ----------            ----------
      11001100              10001000
```

$$[X+Y]_\text{补}=10101010+00100010=11001100$$
$$[X-Y]_\text{补}=10101010+00100010=10001000$$

在已知补码符号为 1 时，其真值的求法是：符号取负，其余各位求反，最低位加 1。所以：

$$X+Y=-00110100B=-52D$$

$$X - Y = -1111000B = -120D$$

运算结果可用十进制数验证,本例中 $X = -1010110B = -86D$,$Y = 100010B = 34D$。所以:

$$X + Y = -86 + 34 = -52$$

$$X - Y = -86 - 34 = -120$$

1.4　常用编码

数字系统中的数据是广义的,除了前面讨论的数值数据外,其他信息如字符、符号,甚至语音、图像等,都必须用数字系统可以识别的 0 和 1 来表示。把各种数据信息用不同长度、不同组合序列的 0 和 1 表示的方法称为编码。

> **关键词:**
> - **BCD 码**:二-十进制编码,用 4 位二进制代码表示 1 位十进制数的编码方式。
> - **有权码**:各位有固定权值的 BCD 码。
> - **无权码**:各位没有固定权值的 BCD 码。
> - **8421 码**:各位的权值由高到低依次为 8、4、2、1 的有权码。
> - **5421 码**:各位的权值由高到低依次为 5、4、2、1 的有权码。
> - **2421 码**:各位的权值由高到低依次为 2、4、2、1 的有权码。
> - **余三码**:由 8421 码加 0011 后形成的一种 BCD 码。
> - **循环码**:任意相邻编码之间只有一位状态不同,其余各位均相同的一种二进制编码。
> - **余三循环码**:由 4 位二进制循环码去掉头尾 3 组编码后得到的一种 BCD 码。
> - **ASCII 码**:美国信息交换标准代码,采用 7 位二进制编码来表示 128 种字符。

1.4.1　二-十进制编码(BCD 码)

二-十进制编码是用 4 位二进制代码表示 1 位十进制数的编码方式,也称为 BCD(Binary Coded Decimal)码,4 位二进制代码有 16 种,取哪 10 种组合表示十进制数可以有多种方式。常用的 BCD 编码方式如表 1.3 所示,其中包括三种有权码和两种无权码。

表 1.3　常用的 BCD 编码方式

十进制数	有权码			无权码	
	8421 码	5421 码	2421 码	余 3 码	余 3 循环码
0	0000	0000	0000	0011	0010
1	0001	0001	0001	0100	0110
2	0010	0010	0010	0101	0111
3	0011	0011	0011	0110	0101
4	0100	0100	0100	0111	0100
5	0101	1000	1011	1000	1100
6	0110	1001	1100	1001	1101

续表

十进制数	有 权 码			无 权 码	
	8421 码	**5421 码**	**2421 码**	**余 3 码**	**余 3 循环码**
7	0111	1010	1101	1010	1111
8	1000	1011	1110	1011	1110
9	1001	1100	1111	1100	1010

1. 8421BCD 码

8421BCD 码是最常用的 BCD 码,其编码是 4 位二进制数编码中的前 10 个,即用 0000B～1001B 这 10 个二进制数分别表示十进制数的 0～9,这是一种有权码,各位的权值由高到低依次为 8、4、2、1。有权码的各编码位都有固定的权值,因此,可以通过按权展开的方法求得各码字对应的十进制数,所以 8421BCD 码的编码表完全不用死记硬背。8421BCD 码和对应十进制数的相互转换十分方便,只要按照编码表逐字符转换即可,例如:

$$(2913.8)_{10} = (0010\ 1001\ 0001\ 0011.1000)_{8421BCD}$$

注意:与数值数据不同,作为编码的整数部分高位的 0 和小数部分低位的 0 都是不可省略的。

2. 5421BCD 码

5421BCD 码也是有权码,各位的权值依次为 5、4、2、1。5421BCD 码的特点是:前后 5 个编码的低三位依次相同,而前 5 个编码最高位均为 0,后 5 个均为 1,因此,在对十进制 0～9 记数时,与编码最高位对应的输出端可以产生对称的方波信号。

3. 2421BCD 码

2421BCD 码也是有权码,各位的权值依次为 2、4、2、1。2421 码是一种自补码,所谓自补,在这里的含义是:若两个十进制数之和为 9,则这两个十进制数关于 9 互补,而这两个数对应的 2421 码互为反码,例如,2421 码中的 0000 和 1111 是 0 和 9 的互补编码、0001 和 1110 是 1 和 8 的互补编码、0100 和 1011 是 4 和 5 的互补编码。

4. 余 3 码

余 3 码是一种无权 BCD 码,所谓无权码,就是找不到一组权值,满足所有码字。余 3 码的码字与对应的 8421 码的码字相比要大 3,这就是余 3 码名称的由来。余 3 码是一种对 9 的自补码,即将一个余 3 码按位变反,可得到其对 9 的补码。例如,0011 是 0 的余 3 码,其反码 1100 是 9 的余 3 码,0100 是 1 的余 3 码,其反码 1011 是 8 的余 3 码,了解这些在某些应用场合是有用的。将 4 位二进制数的 16 个编码中去掉头尾 3 组编码后即可得到余 3 码,所以余 3 码也不需要死记硬背。

5. 余 3 循环码

余 3 循环码也是一种无权码,它是由 4 位二进制循环码(即表 1.4 中的格雷码)去掉头尾 3 组编码后得到的,且保留了循环码的特性,因此而得名。

　　例 1.15　分别用 8421 码、5421 码、2421 码、余 3 码和余 3 循环码表示十进制数 345.762。

　　解：$(345.762)_{10} = (0011\ 0100\ 0101.0111\ 0110\ 0010)_{8421BCD}$

$$= (0011\ 0100\ 1000.1010\ 1001\ 0010)_{5421BCD}$$
$$= (0011\ 0100\ 1011.1101\ 1100\ 0010)_{2421BCD}$$
$$= (0110\ 0111\ 1000.1010\ 1001\ 0101)_{余3码}$$
$$= (0101\ 0100\ 1100.1111\ 1101\ 0111)_{余3循环码}$$

1.4.2　格雷码

　　格雷码(Gray Code)也叫循环码,具有多种编码形式,其主要优点是任意两组编码之间只有一位状态不同,其余各位均相同。表 1.4 给出了十进制数 0～15 分别用 4 位二进制数和 4 位格雷码表示的编码对照表。

　　格雷码是一种无权码,具有一般循环码的相邻性和循环性。相邻性是指任意两个相邻的码字之间仅有 1 位取值不同,循环性是指首尾两个码字也相邻。循环码的这种特性使之在提高计数器工作可靠性以及提高通信抗干扰能力方面都起着重要作用。格雷码除了具有一般循环码的特点外,还具有反射性。所谓反射性,是指以编码最高位的 0 和 1 分界处为镜像点,处于对称位置的代码只有最高位不同,其余各位都相同。例如,4 位格雷码的镜像对称分界点在 0100 和 1100(十进制数 7 和 8)之间,处于镜像对称位置的格雷码只有最高位取值不同,而其余各位都是相同的,如 0101 和 1101(十进制数 6 和 9)、0111 和 1111(十进制数 5 和 10)、0000 和 1000(十进制数 0 和 15)等都具有这种特性。

表 1.4　十进制数 0～15 的两种二进制编码表

十进制数	二进制编码	
	4 位二进制数	4 位格雷码
0	0000	0000
1	0001	0001
2	0010	0011
3	0011	0010
4	0100	0110
5	0101	0111
6	0110	0101
7	0111	0100
8	1000	1100
9	1001	1101
10	1010	1111
11	1011	1110
12	1100	1010
13	1101	1011
14	1110	1001
15	1111	1000

1.4.3　ASCII 码

　　ASCII(American Standard Code for Information Interchange)码是美国信息交换标准代码的简称,它采用 7 位二进制编码格式,共有 128 种不同的编码,用来表示十进制数符、英文字母、基本运算字符、控制符和其他符号。完整的 ASCII 码编码表如表 1.5 所示,其中,控制字符的含义在表中有说明。表示十进制数符 0～9 的 7 位 ASCII 码是 0110000～0111001,为了便于记忆,也常用 2 位十六进制数表示,即十进制数符 0～9 对应的 ASCII 码是 30H～39H,表示大写英文字母 A～Z 的 ASCII 码是 41H～5AH,表示小写英文字母 a～z 的 ASCII 码是 61H～7AH。编码表中 20H～7EH(共 95 个)对应的所有字符都可以在键盘上找到,是可以输入、显示和打印的字符,编码表中 00H～1FH 和 7FH(共 33 个)为控制字符。

表 1.5　完整的 ASCII 码表

b_3	b_2	b_1	b_0	b_6 b_5 b_4							
				000	001	010	011	100	101	110	111
0	0	0	0	NUL 空白	DLE 转义	SP	0	@	P	`	p
0	0	0	1	SOH 序始	DC$_1$ 机控 1	!	1	A	Q	a	q
0	0	1	0	STX 文始	DC$_2$ 机控 2	"	2	B	R	b	r
0	0	1	1	ETX 文终	DC$_3$ 机控 3	#	3	C	S	c	s
0	1	0	0	EOT 送毕	DC$_4$ 机控 4	$	4	D	T	d	t
0	1	0	1	ENQ 询问	NAK 否认	%	5	E	U	e	u
0	1	1	0	ACK 承认	SYN 同步	&	6	F	V	f	v
0	1	1	1	BEL 警铃	ETB 组终	'	7	G	W	g	w
1	0	0	0	BS 退格	CAN 取消	(	8	H	X	h	x
1	0	0	1	HT 横表	EM 载终	)	9	I	Y	i	y
1	0	1	0	LF 换行	SUB 取代	*	:	J	Z	j	z
1	0	1	1	VT 纵表	ESC 扩展	+	;	K	[	k	{
1	1	0	0	FF 换页	FS 卷隙	,	<	L	\	l	|
1	1	0	1	CR 回车	GS 群隙	—	=	M	]	m	}
1	1	1	0	SO 移出	RS 录隙	.	>	N	^	n	~
1	1	1	1	SI 移入	US 元隙	/	?	O	_	o	DEL

　　作为计算机及其相关专业的学生,记住一些常用字符的 ASCII 码是很有好处的,比如空格 SP 的编码为 20H,数符 0 的编码为 30H,大写字母 A 的编码为 41H,小写字母 a 的编码为 61H,记住了这些,其他的数字和字母均可依次推算出来。还有少量控制字符也最好能记住,例如,回车的编码为 0DH,换行的编码为 0AH,记住这些对后续课程的学习会带来方便。

1.5　Proteus 软件简介

1.5.1　Proteus 简介

　　Proteus 软件是由英国 Labcenter Electronics 公司开发的 EDA 工具软件,自 1989 年问世以来,已在全世界得到广泛应用。Proteus 软件的功能非常强大,它集电路设计、分析、制板及仿真等多种功能于一身,不仅是模拟电路、数字电路、模/数混合电路的设计与仿真平台,更是目前世界上最先进、最完整的多种微控制器系统的设计与仿真平台。它真正实现了在计算机上完成从原理图设计、电路分析与仿真、单片机代码设计、调试与仿真、系统测试与功能验证到形成 PCB(Printed Circuit Board,印制电路板)的完整电子设计、研发过程。经过 30 多年的使用、发展和完善,其功能越来越强,性能越来越好。

　　Proteus 软件主要包括 ISIS(Intelligent Schematic Input System,智能原理图输入系统)和 ARES (Advanced Routing and Editing Software,高级 PCB 布线编辑软件)两大部分,本书主要介绍应用智能原理图输入系统来实现数字电路的设计、分析与仿真,为今后学习"计算机组成原理"及"单片机技术"等课程打下良好的基础。

1.5.2　Proteus ISIS 简介

　　以 Proteus 7.7 版本为例,安装 Proteus 软件以后,即可通过 ISIS 7 Professional 启动智能原理图输入系统,启动后的界面如图 1.4 所示。

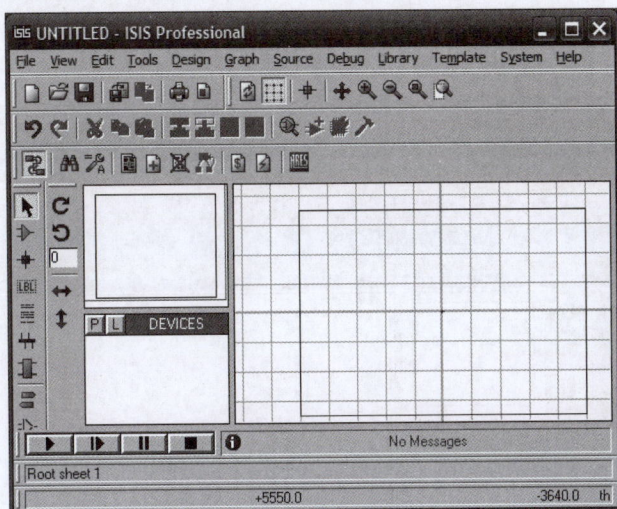

图 1.4　ISIS 启动后的界面

　　按 P 键即可进入如图 1.5 所示的 Pick Devices 窗口,从各类原理图库中选择元器件,在选择过程中,可以通过 Category 选择元件分类库,然后从分类库中选择所需元器件,也可以在 Keywords 文本框中直接输入元器件名来选择元器件。选好元器件后,即可将元器件放置到原理图绘制窗口,再加以正确的连线即可构成原理图。

　　以一个开关电路为例,选择好元器件,并绘制出的原理图如图 1.6 所示。从图中可见,所用到的元器件包括一个电阻和一个单刀双投开关,开关的一端经 $10\mathrm{k}\Omega$ 电阻连接 $+5\mathrm{V}$ 电源,另一端接地,开关的中间端接一个 LOGICPROBE[BIG](LOGICPROBE 与 LOGICPROBE[BIG]功能相同,只是图标较小一些而已)用来在仿真时检测所在端点的逻辑值。仿真结果如图 1.7 所示,当开关向下时,开关中间端电压为 0V,所以输出为低电平,中间端线上显示蓝色方块,LOGICPROBE 显示逻辑值为 0,如图 1.7(a)所示;当开关向上时,开关中间端输出为 $+5\mathrm{V}$,所以为高电平,中间端线上显示红色方块,LOGICPROBE 显示逻辑值为 1,如图 1.7(b)所示。所以在以后的逻辑电路中,如果需要输入不同的逻辑

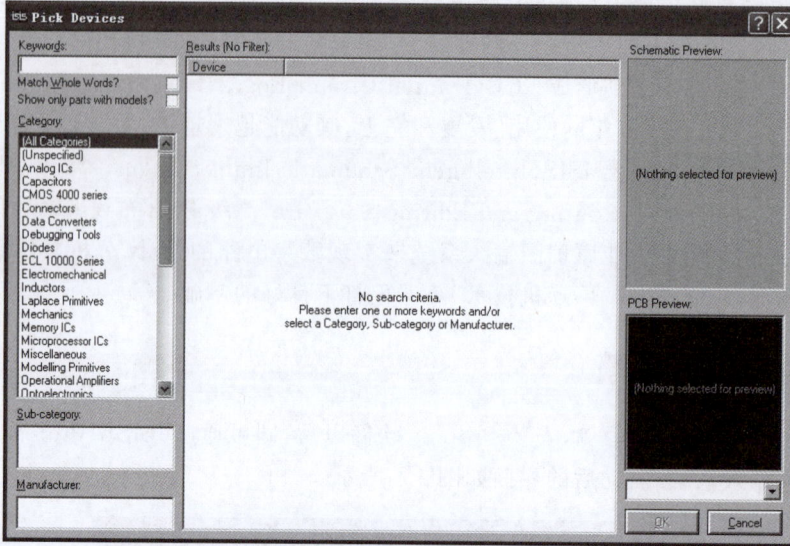

图 1.5　元器件选择窗口

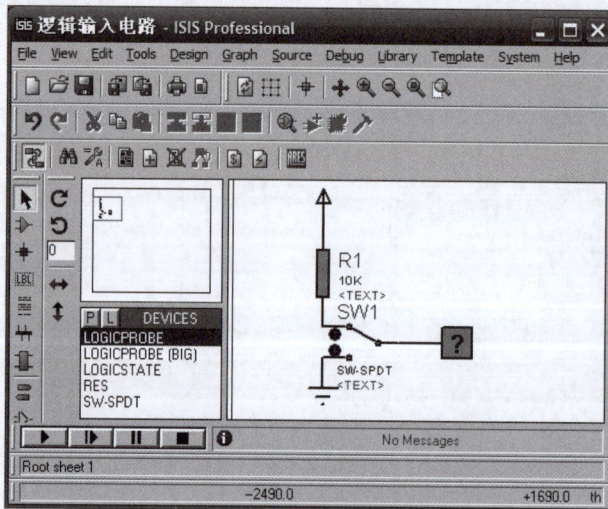

图 1.6　二值开关电路

值,就可以用这样的电路来实现。为了简便,在 Proteus ISIS 中提供了逻辑状态图标 LOGICSTATE,单击图标可实现在 0 和 1 之间切换。如图 1.7(c)所示,当 LOGICSTATE 为 0 时,其对地的电压为 0V,为 1 时,对地电压为+5V,可用电压表测量得知,如图 1.7(c)所示,可见 LOGICSTATE 为 0 和为 1 时的效果分别与图 1.7(a)和图 1.7(b)相同。因此,在以后的仿真电路中,方便起见,可直接用 LOGICSTATE 作为逻辑值输入单元替代图 1.7(a)和图 1.7(b)使用,只是 LOGICSTATE 为 1 时,是一种理想化的高电平,无论对外输出电流有多大,其电压几乎不变,而这在实际电源电路中是不可能的,因为实际电源是有内阻的,虽然内阻通常很小,但不可能是 0。

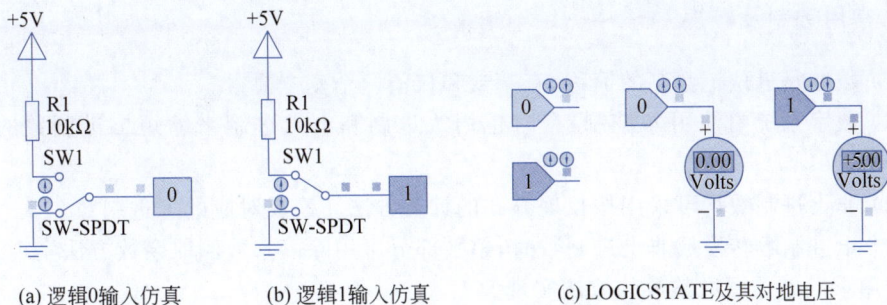

(a) 逻辑0输入仿真　　　(b) 逻辑1输入仿真　　　(c) LOGICSTATE及其对地电压

图 1.7　逻辑输入电路及仿真

1.5.3　Proteus ISIS 实用快捷键

为了方便快捷,Proteus ISIS 提供了一些实用快捷键,可通过菜单 View 查看,常用的快捷键如下。

G:栅格开关设定,重复按 G 键可以在显示栅格线、显示栅格点和不显示栅格三种状态之间切换。本书为了表示清晰,截图通常是在不显示栅格的状态下截取的。

X:定位光标开关设定,重复按 X 键可以在显示大十字定位光标、不显示定位光标和显示小交叉线定位光标之间切换。

F8:全部显示,将整个原理图完整地显示在当前原理图绘制窗口中。

F7:以鼠标为中心放大。

F6:以鼠标为中心缩小。如果鼠标有滚轮,也可以通过滚轮的前后滚动来实现以光标为中心,对当前绘图窗口的放大和缩小。

F5:以当前坐标重定位中心位置。

Ctrl+F1:显示栅格宽度 10th。

F2:显示栅格宽度 50th。

F3:显示栅格宽度 0.1in。

F4:显示栅格宽度 0.5in。

其中,in 和 th 都是英制单位长度的缩写,in 表示英寸,th 表示毫英寸,1in=1000th=25.4mm。

小　　结

1. 数字电路的基本概念

数字电路的工作信号是一种离散信号,称为数字信号。它在时间上和数值上都是不连续的,在电路中往往表现为跳变的电压或电流。

2. 常用数制及转换

（1）数制是进位记数制的简称，有基数和权值两个基本要素。

（2）数字系统中使用二进制，有时也用八进制和十六进制来缩短二进制数的书写长度。

（3）非十进制数均可采用按权展开式的计算方法转换成对应的十进制数。

（4）十进制数转换成非十进制数时，整数部分可用除以基数倒取余数方法实现；小数部分可用乘以基数顺取整数的方法实现。

（5）二进制、八进制和十六进制有直接的对应关系，可以方便地相互转换。

3. 带符号二进制数的表示方法

（1）带正负号表示的二进制数叫真值。

（2）将正负号分别用 0 和 1 表示后的二进制数称为机器数。

（3）机器数的常用编码有原码、反码和补码。

（4）计算机中常用的是补码，正数的真值与补码相同，对负数补码求真值，可将其符号位的"1"用负号表示，其余各位"求反末位加 1"即可。

4. 常用编码

（1）用一组二进制代码表示一组数据信息的方式，称为二进制编码。

（2）BCD 码（二-十进制编码）。

① 有权码：8421 码、5421 码、2421 码。

② 无权码：余 3 码、余 3 循环码。

③ 几种编码之间的转换关系。

（3）格雷码（循环码）：相邻性、循环性、反射性。

（4）ASCII 码：字符编码。

思考题与习题

1.1　什么是模拟量？什么是数字量？其主要特点是什么？

1.2　数字电路有哪些主要特点？

1.3　把下列二进制数转换成十进制数。

　　（1）1010110　　　（2）11011011　　　（3）1101010.01　　　（4）0.1011

1.4　把下列十进制数转换成二进制数。

　　（1）47　　　（2）72　　　（3）67.75　　　（4）0.625

1.5　分别把下列十进制数转换成八进制数，再将八进制数转换成二进制数和十六进制数。

　　（1）117　　　（2）3452　　　（3）23768.725　　　（4）0.746

1.6　把下列八进制数转换成二进制数和十进制数。

　　　　(1) 117　　　　　　　(2) 7456　　　　　　　(3) 23765.64　　　　　　(4) 0.46875

1.7　把下列十六进制数转换成二进制数和十进制数。

　　　　(1) 9A　　　　　　　(2) 3CF6　　　　　　　(3) 7FFE.6　　　　　　　(4) 0.C4

1.8　写出下列十进制数的 8421BCD 码。

　　　　(1) 125　　　　　　　(2) 7342　　　　　　　(3) 2018.49　　　　　　　(4) 0.785

1.9　写出下列十进制数的 8 位二进制数及其原码、反码和补码。

　　　　(1) 106　　　　　　　(2) −98　　　　　　　(3) −123　　　　　　　(4) −0.8125

1.10　设字长为 8 位,请用二进制补码运算求下列表达式的值,并验证与十进制数运算结果一致。

　　　　(1) 104−97　　　　(2) −125+79　　　　(3) 120−67　　　　　(4) −87+12

1.11　什么叫有权码? 常用的有权码有哪几种?

1.12　什么叫无权码? 常用的无权码有哪几种?

1.13　ASCII 码是用几位二进制数编码的? 字符 0,A,a 的编码什么?

1.14　正逻辑的 0 和 1 对应的电压范围是多少?

1.15　在 Proteus ISIS 中,可用来表示输入逻辑 0 和逻辑 1 的符号是什么? 可用来表示逻辑输出值的逻辑符号是什么?

第 2 章

逻辑代数基础

第 2 章视频

内容提要

本章介绍与、或、非三种基本逻辑门的特性及其组合而成复合门的逻辑表达式、真值表、逻辑门符号及运算特征,通过本章的学习,掌握逻辑代数中基本运算,基本公式、定律和规则,逻辑函数的表示方法和化简方法。

逻辑代数(logic algebra)由英国数学家乔治·布尔(George Boole)于 1849 年提出,故又称为布尔代数(Boolean algebra),是用于研究逻辑变量和逻辑运算的代数系统。1938 年,克劳德·香农(Claude E.Shannon)将其应用于开关电路的分析与设计,所以逻辑代数又称为开关代数。如今,逻辑代数已经成为数字系统分析和设计的数学基础,其主要特点是将逻辑代数中的变量取值为 0 和 1,代表两种不同的状态,以此来研究逻辑变量的输出与输入之间的关系。

2.1　逻辑变量与逻辑函数

> **关键词:**
> - **逻辑变量**:逻辑代数中的变量。
> - **正逻辑**:用"0"表示低电平,用"1"表示高电平。
> - **负逻辑**:用"1"表示低电平,用"0"表示高电平。
> - **逻辑函数**:输出变量与输入变量的对应关系。

逻辑代数中的变量称为逻辑变量,逻辑变量名通常用单个英文字母来命名,一个逻辑变量只有两种可能的取值:0 和 1,这两个取值称为逻辑值,通常用来表示数字电路中某条信号线上的电平,当用 0 表示低电平、用 1 表示高电平时,称为正逻辑表示法(positive logic convention);若用 0 表示高电平、用 1 表示低电平,则称为负逻辑表示法(negative logic convention)。本书默认使用正逻辑表示法。在 Proteus ISIS 中仿真时显示的结果也采用的是正逻辑表示法,如图 1.7 所示。

逻辑值不同于二进制数的数值,逻辑值 0 和 1 没有大小之分,只表示两种不同的状态,如表示电平的高和低、开关的通和断、指示灯的亮和灭、命题的真和假这类只有两种取值的事件或状态。

在数字电路中通常把导致结果发生的因素称为自变量或输入变量,而把描述结果发生的逻辑变量称为因变量或输出变量,把输出变量与输入变量的对应关系称为逻辑函数。设输入变量为 A 和 B,输出变量为 F,则逻辑函数可以表示为 $F=f(A,B)$。这是一个双输入单输出的函数关系,其电路框图如图 2.1 所示。

图 2.1　数字电路框图

2.2　基本逻辑运算与基本逻辑门

> **关键词:**
> - **逻辑与**:如果只有当所有条件均具备,结果才能发生,则称这种逻辑关系为逻辑与运算。
> - **逻辑或**:如果条件之一具备,结果就发生,则称这种逻辑关系为逻辑或运算。
> - **逻辑非**:如果条件具备时,结果不发生;而条件不具备时,结果反而发生,则称这种逻辑关系为逻辑非运算。
> - **复合逻辑运算**:与非、或非、与或非运算等。
> - **异或**:两变量取值相同时,结果为 0;取值不同时,结果为 1。
> - **同或**:两变量取值相同时,结果为 1;取值不同时,结果为 0。

逻辑代数中逻辑运算包括基本逻辑运算和复合逻辑运算。基本逻辑运算只有三种:逻辑与运算、逻辑或运算和逻辑非运算。实际数字电路的逻辑运算通常是这三种基本逻辑运算的各种不同组合。

2.2.1　逻辑与运算和与门

如果只有当所有条件均具备,结果才能发生,则称这种逻辑关系为逻辑与运算。图 2.2 是逻辑与的电路示意图,只有当开关 A、B 都闭合时,灯 F 才亮。

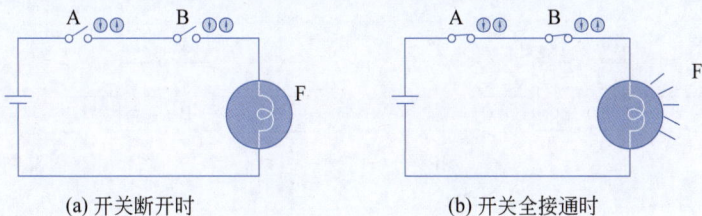

(a) 开关断开时　　　　　　　　　(b) 开关全接通时

图 2.2　逻辑与电路实例

把电路中开关的状态作为自变量,而把灯的状态作为因变量。定义逻辑变量 A 和 B,分别用来表示开关 A 和 B 的通与断。当开关接通时,相应的逻辑变量取值为"1",断开时取值为"0"。又定义逻辑变量 F 表示灯的亮与灭,当灯亮时,F=1,灯灭时 F=0。显然,

F 是 A 和 B 的函数。逻辑代数中将符合图 2.2 的函数关系定义为逻辑与，又叫逻辑乘，所以逻辑函数表达式中的与项也叫乘积项，运算符号为"·"，两变量的逻辑与运算表达式为

$$F = A \cdot B \qquad\qquad (2.1)$$

在不致混淆的场合下，A 和 B 的逻辑与运算也可以表示为 AB。由于每个自变量都只有 0、1 两种可能的取值，可以将自变量的各种取值和相应的函数值用表格表示，称为逻辑函数的真值表表示法。式(2.1)对应的真值表如表 2.1 所示。由真值表可以看出，逻辑与运算的运算规则是

表 2.1   与运算真值表

$$
\begin{aligned}
0 \cdot 0 &= 0, \\
0 \cdot 1 &= 0, \\
1 \cdot 0 &= 0, \\
1 \cdot 1 &= 1
\end{aligned}
\qquad (2.2)
$$

A	B	F
0	0	0
0	1	0
1	0	0
1	1	1

实现逻辑与运算的逻辑电路称为与门，一个 2 输入与门的逻辑符号如图 2.3 所示。在 Proteus 中仿真的结果如图 2.4 所示。

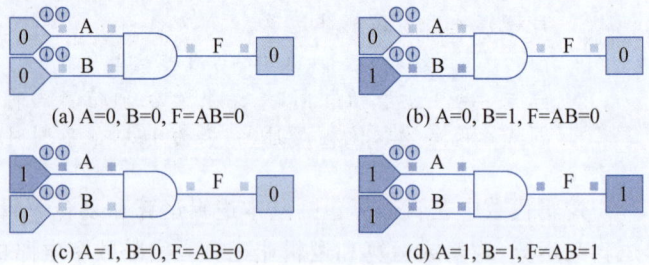

(a) A=0, B=0, F=AB=0

(b) A=0, B=1, F=AB=0

(c) A=1, B=0, F=AB=0

(d) A=1, B=1, F=AB=1

图 2.3   2 输入与门的逻辑符号

图 2.4   2 输入与运算的 Proteus 仿真结果

2.2.2   逻辑或运算和或门

如果条件之一具备，结果就发生，则称这种逻辑关系为逻辑或运算。图 2.5 是逻辑或的电路示意图，只要开关 A、B 之一闭合，灯 F 就亮。

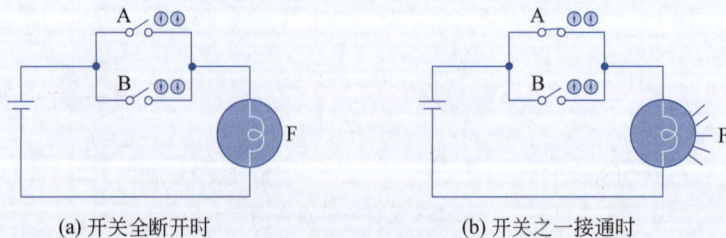

(a) 开关全断开时

(b) 开关之一接通时

图 2.5   逻辑或电路实例

把电路中开关的状态作为自变量，而把灯的状态作为因变量。定义逻辑变量 A 和 B，分别用来表示开关 A 和 B 的通与断。当开关接通时，相应的逻辑变量取值为"1"，断

开时取值为"0"。又定义逻辑变量 F 表示灯的亮与灭,当灯亮时,F=1,灯灭时 F=0。显然,F 是 A 和 B 的函数。逻辑代数中将符合图 2.5 的函数关系定义为逻辑或,又叫逻辑加,运算符号为"+",两变量的逻辑或运算表达式为

$$F = A + B \tag{2.3}$$

式(2.3)对应的真值表如表 2.2 所示。由真值表可以看出,逻辑或运算的运算规则是

表 2.2 或运算真值表

$$0 + 0 = 0,$$
$$0 + 1 = 1,$$
$$1 + 0 = 1, \tag{2.4}$$
$$1 + 1 = 1$$

A	B	F
0	0	0
0	1	1
1	0	1
1	1	1

实现逻辑或运算的逻辑电路称为或门,一个 2 输入或门的逻辑符号如图 2.6 所示,在 Proteus 中仿真的结果如图 2.7 所示。

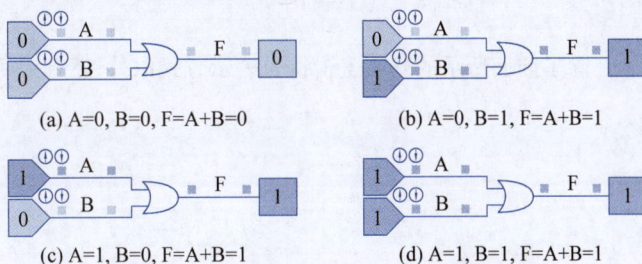

(a) A=0, B=0, F=A+B=0

(b) A=0, B=1, F=A+B=1

(c) A=1, B=0, F=A+B=1

(d) A=1, B=1, F=A+B=1

图 2.6 2 输入或门的逻辑符号

图 2.7 2 输入或运算的 Proteus 仿真结果

2.2.3 逻辑非运算和非门

如果条件具备时,结果不发生;而条件不具备时,结果反而发生,则称这种逻辑关系为逻辑非运算。图 2.8 是逻辑非的电路示意图,当开关 A 断开时,灯 F 亮,当开关 A 接通时,灯 F 反而不亮。

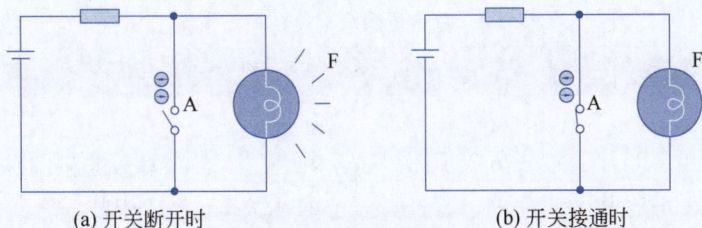

(a) 开关断开时

(b) 开关接通时

图 2.8 逻辑非电路实例

把电路中开关的状态作为自变量,而把灯的状态作为因变量。定义逻辑变量 A,用来表示开关 A 的通与断。当开关接通时,7 相应的逻辑变量取值为"1",断开时取值

为"0"。又定义逻辑变量 F 表示灯的亮与灭，当灯亮时，F=1，灯灭时，F=0。显然，F 是 A 的函数。逻辑代数中将符合图 2.8 的函数关系定义为逻辑非，又叫逻辑反，运算符号为"—"，逻辑非属于单目运算，即只有一个运算对象，逻辑非运算表达式为

$$F = \overline{A} \tag{2.5}$$

式(2.5)对应的真值表如表 2.3 所示。由真值表可以看出，非运算的运算规则是

$$\overline{0} = 1 \quad \overline{1} = 0 \tag{2.6}$$

实现逻辑非运算的逻辑电路称为非门，非门的逻辑符号如图 2.9 所示，在 Proteus 中仿真结果如图 2.10 所示。

表 2.3　非运算真值表

A	$F = \overline{A}$
0	1
1	0

图 2.9　非门的逻辑符号

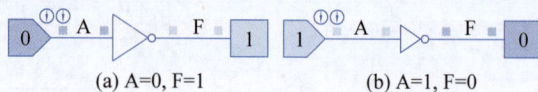

(a) A=0, F=1　　　(b) A=1, F=0

图 2.10　非运算的仿真结果

2.2.4　基本逻辑门的其他符号表示

除了前面所示的基本逻辑符号表示方式以外，还有一些其他表示的方式，如图 2.11 所示。

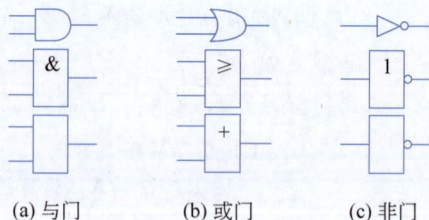

(a) 与门　　　(b) 或门　　　(c) 非门

图 2.11　ANSI 标准（第一行）、IEEE 标准（第二行）、我国颁部标准（第三行）的逻辑门符号

2.2.5　由基本逻辑门构成的其他复合门

由基本逻辑门可构成与非门、或非门、与或非门、异或门、同或（异或非）门，其逻辑表达式、真值表、逻辑门符号以及逻辑运算特征如表 2.4 所示。

表 2.4　复合逻辑运算与常用逻辑门

运算名称	逻辑表达式	真　值　表	逻辑门符号	运　算　特　征
与非	$F = \overline{A \cdot B}$	A B F 0 0 1 0 1 1 1 0 1 1 1 0		输入全为 1 时，输出 F=0；若有任一输入为 0，则输出 F=1

续表

运算名称	逻辑表达式	真　值　表			逻辑门符号	运　算　特　征
或非	$F=\overline{A+B}$	A	B	F		输入全为 0 时,输出 F=1; 若有任一输入为 1,则输出 F=0
		0	0	1		
		0	1	0		
		1	0	0		
		1	1	0		
与或非	$F=\overline{AB+CD}$	AB	CD	F		与项输出全为 0 时,输出 F=1; 若有任一与项为 1,则输出 F=0
		0	0	1		
		0	1	0		
		1	0	0		
		1	1	0		
异或	$F=A\oplus B$ $=\overline{A}B+A\overline{B}$	A	B	F		输入相异时,输出 F=1; 输入相同时,输出 F=0
		0	0	0		
		0	1	1		
		1	0	1		
		1	1	0		
同或(异或非)	$F=A\odot B$ $=\overline{A\oplus B}$ $=AB+\overline{A}\,\overline{B}$	A	B	F		输入相同时,输出 F=1; 输入相异时,输出 F=0
		0	0	1		
		0	1	0		
		1	0	0		
		1	1	1		

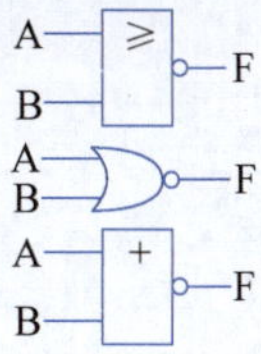

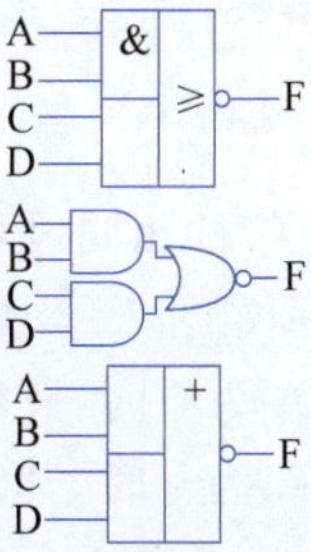

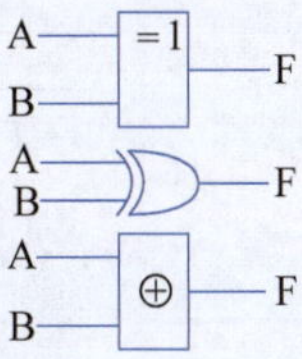

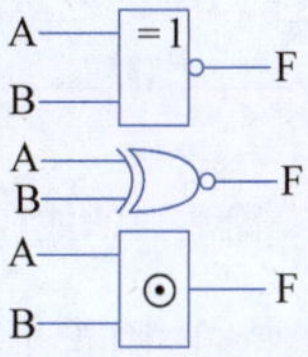

2.2.6　逻辑门电路的使能禁止特性

关键词:
- **原始形式**:信号没经反相处理的原始形式。
- **互补形式**:信号反相后的形式。
- **使能**:如果允许一个数字信号按照其原始形式或者反相后的互补形式通过某个逻辑门,则说明该逻辑门被使能。
- **禁止**:如果阻止一个数字信号按照其原始形式或者反相后的互补形式通过某个逻辑门,则说明该逻辑门被禁止。

(1) 与门的使能禁止特性,如图 2.12 所示。

① 当与门的一个输入端 A 为 0 时,其输出端 Y=0,此时称与门被禁止。

② 当与门的一个输入端 A 为 1 时,其输出端 Y=B,此时称与门被使能。

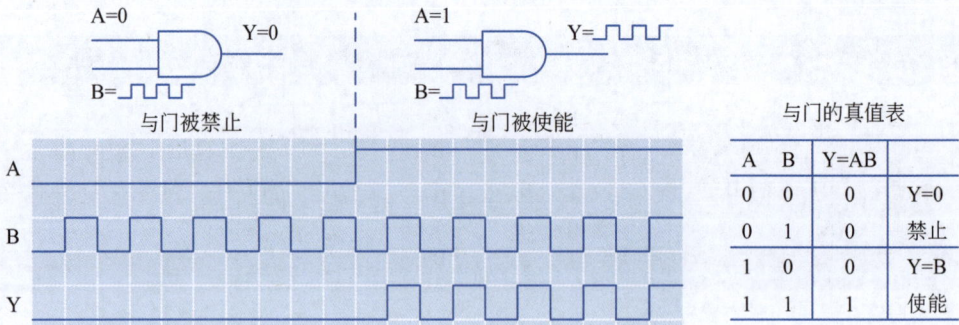

图 2.12　与门的使能禁止特性

A	B	Y=AB	
0	0	0	Y=0
0	1	0	禁止
1	0	0	Y=B
1	1	1	使能

与非门和与门的使能禁止特性相同，但与非门被使能时，其输出 $Y=\overline{B}$。

（2）或门的使能禁止特性，如图 2.13 所示。

① 当或门的一个输入端 A 为 0 时，其输出端 Y=B，此时称或门被使能。

② 当或门的一个输入端 A 为 1 时，其输出端 Y=1，此时称或门被禁止。

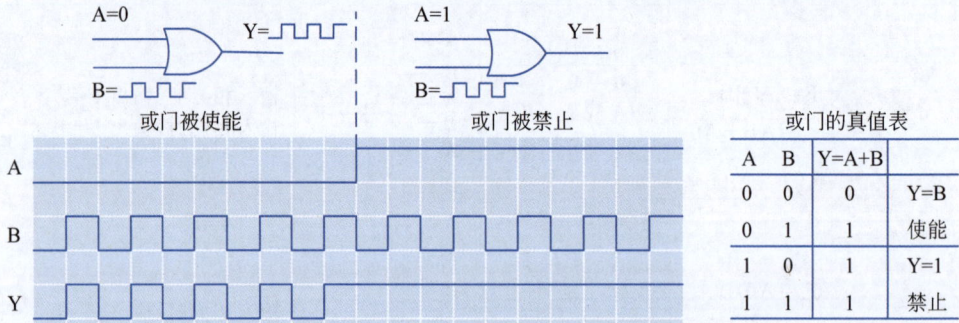

图 2.13　或门的使能禁止特性

A	B	Y=A+B	
0	0	0	Y=B
0	1	1	使能
1	0	1	Y=1
1	1	1	禁止

或非门和或门的使能禁止特性相同，但或非门被使能时，其输出 $Y=\overline{B}$。

（3）异或门的使能禁止特性，如图 2.14 所示。

① 当异或门的一个输入端 A 为 0 时，其输出端 Y=B，此时异或门被使能。

② 当异或门的一个输入端 A 为 1 时，其输出端 $Y=\overline{B}$，此时异或门也被使能。

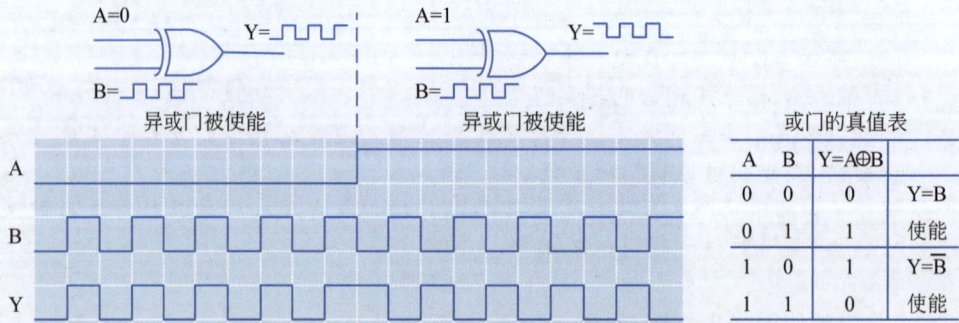

图 2.14　异或门的使能禁止特性

A	B	Y=A⊕B	
0	0	0	Y=B
0	1	1	使能
1	0	1	$Y=\overline{B}$
1	1	0	使能

[思考题]　图 2.15 是一个用于楼梯灯光控制的电路，采用这个电路，行人可以方便

地在楼梯上部和楼梯下部开启和关闭照明灯。并允许行人从不同方向进入楼梯时开启照明灯,走过楼梯后关闭照明灯。试分析这种电路可用何种类型的逻辑门来描述。

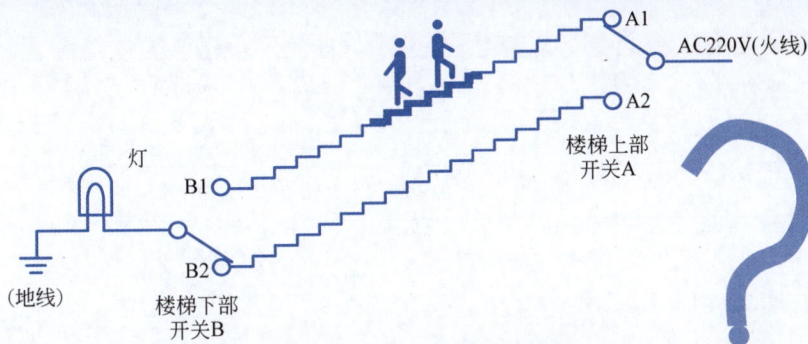

图 2.15　楼梯灯光控制的电路

2.3　逻辑代数的公式与规则

2.3.1　基本公式

逻辑代数的基本公式和定律如表 2.5 所示。其中,0-1 律、自等律、重叠律、互补律、还原律,按与、或、非三种基本逻辑运算的规则不难理解,无须证明,而交换律、结合律、分配律、吸收律和反演律各式可用真值表证明。如果等式成立,那么将任一组逻辑变量的取值代入公式两边所得结果应该相等,等式两边所对应的真值表也必然相同。例如,利用真值表证明反演律如表 2.6 所示。反演律适用于任何两个变量以上的多变量函数。

表 2.5　逻辑代数的基本公式和定律

序号	名　称	公　式	
1	0-1 律	$0 \cdot A = 0$	$1 + A = 1$
2	自等律	$1 \cdot A = A$	$0 + A = A$
3	重叠律	$A \cdot A = A$	$A + A = A$
4	互补律	$A \cdot \overline{A} = 0$	$A + \overline{A} = 1$
5	还原律	$\overline{\overline{A}} = A$	
6	交换律	$A \cdot B = B \cdot A$	$A + B = B + A$
7	结合律	$(A \cdot B) \cdot C = A \cdot (B \cdot C)$	$(A + B) + C = A + (B + C)$
8	分配律	$A \cdot (B + C) = AB + AC$	$A + BC = (A + B) \cdot (A + C)$
9	反演律(德·摩根定理)	$\overline{A \cdot B} = \overline{A} + \overline{B}$	$\overline{A + B} = \overline{A} \cdot \overline{B}$

由表 2.6 可见,无论逻辑变量 A 和 B 的取值如何,都有 $\overline{A \cdot B} = \overline{A} + \overline{B}$,而且有 $\overline{A + B} = \overline{A} \cdot \overline{B}$。推广到三个逻辑变量则有 $\overline{A \cdot B \cdot C} = \overline{A} + \overline{B} + \overline{C}$,$\overline{A + B + C} = \overline{A} \cdot \overline{B} \cdot \overline{C}$。

表 2.6　证明两变量的德·摩根定理的真值表

A	B	$\overline{A \cdot B}$	$A+B$	$\overline{A+B}$	$\overline{A} \cdot \overline{B}$
0	0	1	1	1	1
0	1	1	1	0	0
1	0	1	1	0	0
1	1	0	0	0	0

2.3.2　常用公式

以如表 2.5 所示的基本公式为基础，又可以推出一些常用公式，如表 2.7 所示。这些公式的使用频率非常高，直接运用这些常用公式，可以给逻辑函数化简带来很大方便。

表 2.7　逻辑代数的常用公式

序号	公　式	含　义	方法说明
1	$A+AB=A$	在一个与或表达式中，若其中一项包含另一项，则该项是多余的	吸收法
2	$A+\overline{A}B=A+B$	两个与项相加时，若一项取反后是另一项的因子，则此因子是多余的	消因子法
3	$A\overline{B}+AB=A$	两个与项相加时，若两项中除去一个变量相反外，其余变量都相同，则可用相同的变量代替这两项	并项法
4	$AB+\overline{A}C+BC=AB+\overline{A}C$	若两个与项中分别包含 A、$\overline{A}$ 两个因子，而这两项的其余因子组成第三个与项，则第三个与项是多余的，可以去掉	消项法
5	$\overline{AB+\overline{A}C}=A\overline{B}+\overline{A}C$	在一个与或表达式中，如其中一项含有某变量的原变量，另一项含有此变量的反变量，那么将这两项其余部分各自求反，可得到这两项的反函数	求反函数法

对常用公式的证明并不难，既可以利用真值表来证明，也可以利用基本公式和定律来证明。比如序号为 1 的常用公式，只需利用与基本公式分配律相反的方式提取公因子即可得 $A+AB=A(1+B)$，再利用 0-1 律可得 $1+B=1$ 和自等律 $A \cdot 1=A$ 即可得证。同理，对于序号为 3 的公式也可如此证明。序号为 2 的常用公式 $A+\overline{A}B=A+B$ 的证明也很简单，利用常用公式 1，可以得

$$A+\overline{A}B=A+AB+\overline{A}B=A+(A+\overline{A})B=A+B$$

其他常用公式均可用类似方法证明。

2.3.3　关于等式的基本规则

> **关键词：**
> - **代入规则**：将等式两边出现的同一变量都以一个相同的逻辑函数代替,其等式依然成立,这个规则称为代入规则。
> - **反演规则**：对于一个逻辑式 F,如果把其中所有的"·"换成"+","+"换成"·", 0 换成 1,1 换成 0,原变量换成反变量,反变量换成原变量,那么得到的函数式就是 $\overline{F}$,这个规则称为反演规则。
> - **对偶规则**：对于任何一个逻辑式 F,如果把其中所有的"·"换成"+","+"换成"·",0 换成 1,1 换成 0,则得到一个新的函数式,这就是函数式 F 的对偶式,记作 F'。

1. 代入规则

将等式两边出现的同一变量都以一个相同的逻辑函数代替,其等式依然成立,这个规则称为代入规则。利用代入规则可以扩大等式的应用范围,很多基本公式都可以由两变量或三变量推广为多变量的形式。例如,摩根定理的两变量形式为 $\overline{A \cdot B} = \overline{A} + \overline{B}$ 及 $\overline{A+B} = \overline{A} \cdot \overline{B}$,利用代入法则,将前式 B 的位置以(B·C)代入,后式 B 的位置以(B+C)代入就可得到三变量形式的摩根定理,从而使摩根定理得以扩展。

2. 反演规则

对于一个逻辑式 F,如果把其中所有的"·"换成"+","+"换成"·",0 换成 1,1 换成 0,原变量换成反变量,反变量换成原变量,那么得到的函数式就是 $\overline{F}$,这个规则叫作反演规则。它为求一个函数的反函数提供了方便。

在使用反演规则时需要注意两点：

(1) 必须遵守"先括号,然后乘,最后加"的顺序。

(2) 不属于单个变量上反号应保留不变。

例 2.1　求下列函数的反函数：

$$F_1 = \overline{A}B + A\overline{B}C + CD, \quad F_2 = \overline{A}\,\overline{BC}\,\overline{\overline{DE}}$$

解：由反演规则可逐步写出

$$\overline{F_1} = \overline{\overline{A}B + A\overline{B}C + CD} = \overline{\overline{A}B} \cdot \overline{A\overline{B}C} \cdot \overline{CD} = (A+\overline{B}) \cdot (\overline{A}+B+\overline{C})(\overline{C}+\overline{D})$$

$$\overline{F_2} = \overline{\overline{A}\,BC\,\overline{\overline{DE}}} = \overline{\overline{A}} + \overline{BC}\,\overline{\overline{DE}} = A + \overline{B} + \overline{C} + \overline{D} + \overline{E}$$

3. 对偶规则

对于任何一个逻辑式 F,如果把其中所有的"·"换成"+","+"换成"·",0 换成 1,1 换成 0,则得到一个新的函数式,这就是函数 F 的对偶式,记作 F'。

可以证明,若两个逻辑式相等,则它们的对偶式也相等,这就是对偶规则。运用对偶规则可以使人们要证明的公式大大减少。假如要求证 F_1 和 F_2 是否相等，则只需证明其对偶式 F_1'、F_2' 是否相等。例如，分配律为 $A(B+C)=AB+AC$，求这一个公式两边的对偶式，则有分配律 $A+BC=(A+B)(A+C)$ 成立。如果已证明前面的式子成立，那么，后面式子就不必再证明了，它一定是成立的。

2.4　逻辑函数的表示方法

关键词：
- **逻辑真值表**：将逻辑函数输入变量所有取值组合和输出函数值之间的对应关系列成一张表格。
- **逻辑函数表达式**：用与、或、非等基本逻辑运算表示逻辑函数中输入与输出之间逻辑关系的表达式。
- **逻辑图**：基本逻辑门和复合逻辑门组成的能完成某一逻辑功能的电路图。
- **卡诺图**：将逻辑函数的最小项表达式中的各最小项相应地填入一个方格图内，形成的逻辑函数的图形表示。
- **波形图**：将逻辑函数输入变量的每一组可能出现的取值与对应的输出值按时间顺序依次排列，反映输入、输出变量随时间变化关系的图形。

逻辑函数的表示方法有 5 种，分别为逻辑真值表、逻辑函数表达式、逻辑图、卡诺图和波形图。

2.4.1　逻辑真值表

逻辑真值表是将逻辑函数输入变量所有取值组合和输出函数值之间的对应关系列成表格形式，由于每个逻辑变量的取值只可能是 0 和 1 两种，所以，n 个输入逻辑变量的取值组合必然有 2^n 个，对应的真值表有 2^n 行，每一行对应一组输入值与输出的关系。虽然 2^n 行可以是任意顺序，但为了避免遗漏，通常按 n 位二进制数从小到大的顺序依次列出所有取值的组合。

这种表示方法的优点是简单直观，把实际逻辑问题抽象成了数学问题。缺点是当 n 值较大时表格规模也相应变大。为了减小表格规模，可以只列出使函数值为 1 的输入逻辑变量取值组合。

如果两个逻辑函数的真值表相同，则这两个逻辑函数相等。因此，逻辑函数的真值表具有唯一性。

例 2.2　三人就某一项提案进行表决，根据多数同意，表决通过的原则，列出表决结果的真值表。

解：设输入逻辑变量 A、B、C 分别表示三个人，F 代表表决结果，两人以上同意则表示通过，否则为不通过。A、B、C 同意为 1，不同意为 0。F 通过为 1，不通过为 0。因此可列出如表 2.8 所示的表决逻辑真值表。

表 2.8　三人表决逻辑真值表

A	B	C	F	A	B	C	F
0	0	0	0	1	0	0	0
0	0	1	0	1	0	1	1
0	1	0	0	1	1	0	1
0	1	1	1	1	1	1	1

2.4.2　逻辑函数表达式

用与、或、非等基本逻辑运算表示逻辑函数中输入与输出之间逻辑关系的表达式叫作逻辑函数表达式。逻辑函数表达式可以根据真值表直接写出,步骤如下。

① 找出所有使逻辑函数值为 1 的输入变量取值组合。

② 变量值为 1 的写成原变量形式,变量值为 0 的写成反变量形式,从而形成使逻辑函数值为 1 的逻辑与项。

③ 将所有逻辑函数值为 1 的逻辑与项做逻辑或运算,从而形成一个与-或表达式。

根据以上步骤可以写出例 2.2 三人表决逻辑函数表达式如下。

$$F = \overline{A}BC + A\overline{B}C + AB\overline{C} + ABC$$

这种表示方法的优点是便于利用逻辑函数的基本公式和常用公式以及运算规则进行逻辑运算和变换,也便于用基本逻辑门和复合逻辑门来绘制逻辑图;缺点是难以直接从逻辑变量取值中看出逻辑函数表达式的值,不如真值表直观。

2.4.3　逻辑图

逻辑图是指用基本逻辑门和复合逻辑门组成的能完成某一逻辑功能的电路图。绘制逻辑图的依据是逻辑函数表达式。具体方法是,用与门来实现逻辑与功能,用或门来实现逻辑或功能,用非门来实现对原变量的取反。

这种方法的优点是可以根据逻辑图作出实际电路,也便于在 Proteus 中进行仿真实验。

例 2.3　根据逻辑函数表达式 F＝AB＋BC＋AC 绘制逻辑图。

解：根据逻辑函数(实际上是三人表决逻辑函数化简后的)表达式绘制的逻辑图如图 2.16(a)所示,在 Proteus 中的仿真如图 2.16(b)和图 2.16(c)所示。

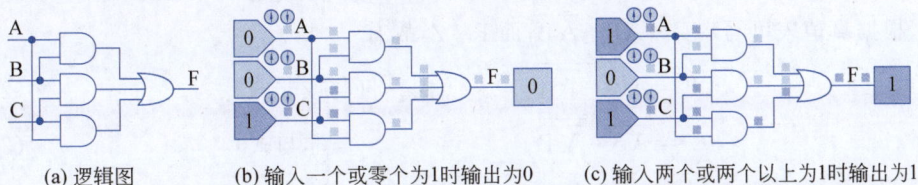

(a) 逻辑图　　(b) 输入一个或零个为1时输出为0　　(c) 输入两个或两个以上为1时输出为1

图 2.16　F＝AB＋BC＋AC 的逻辑图及其 Proteus 仿真

2.4.4　卡诺图

卡诺图（Karnaugh map）是 20 世纪 50 年代美国工程师卡诺（M. Karnaugh）提出的，它是逻辑函数的一种图形表示方法，直观形象，实际上可以看作真值表的一种变形，与真值表有一一对应的关系。

表 2.8 所示真值表所对应的卡诺图如图 2.17 所示。卡诺图的绘制方法在 2.6 节中详述。

BC\A	00	01	11	10
0	0	0	1	0
1	0	1	1	1

图 2.17　三人表决逻辑函数
的卡诺图

2.4.5　波形图

将逻辑函数输入变量的每一组可能出现的取值与对应的输出值按时间顺序依次排列起来，就得到了表示该逻辑函数的波形图，这种波形图也称为时序图。三人表决逻辑函数的波形图如图 2.18 所示。

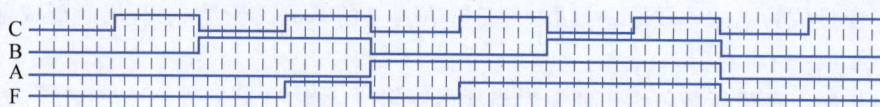

图 2.18　三人表决逻辑函数的波形图

2.5　逻辑函数的标准形式

2.5.1　常用的逻辑函数式

一个逻辑函数确定以后，其真值表是唯一的，其函数表达式的表达形式却有多种。因为，不管哪一种表达形式，对同一个逻辑函数来说所表达的函数功能是一致的，各种表达式是可以相互转换的。例如，两变量的异或逻辑函数，可以有 8 种表达形式。

$$F = A\overline{B} + \overline{A}B \qquad \text{（与或式）} \qquad (2.7)$$

$$= \overline{\overline{A\overline{B} + \overline{A}B}}$$

$$= \overline{\overline{A\overline{B}} \cdot \overline{\overline{A}B}} \qquad \text{（与非-与非式）} \qquad (2.8)$$

$$= \overline{(\overline{A} + B) \cdot (A + \overline{B})} \qquad \text{（或-与非式）} \qquad (2.9)$$

$$= \overline{\overline{A} + B} + \overline{A + \overline{B}} \qquad \text{（或非-或式）} \qquad (2.10)$$

另外，根据真值表可写出 $Z = AB + \overline{A}\,\overline{B}$，而 $F = \overline{Z}$，故有

$$F = \overline{AB + \overline{A}\,\overline{B}} \qquad \text{（与或非式）} \qquad (2.11)$$

$$= \overline{\overline{AB} \cdot \overline{\overline{A}\,\overline{B}}} \qquad \text{（与非与式）} \qquad (2.12)$$

$$= (\overline{A} + \overline{B}) \cdot (A + B) \qquad \text{（或与式）} \qquad (2.13)$$

$$= \overline{\overline{(\overline{A} + \overline{B}) \cdot (A + B)}}$$

$$=\overline{\overline{\overline{A+\overline{B}}+\overline{\overline{A}+B}}}\quad（或非 -或非式）\tag{2.14}$$

2.5.2　逻辑函数的与-或式和或-与式

> 关键词：
> - **与-或式**：一个函数表达式中包含若干个"与"项，其中每个"与"项可由一个或多个原变量或反变量组成，由这些"与"项的"或"运算构成的逻辑函数为与-或式。
> - **或-与式**：一个函数表达式中包含若干个"或"项，其中每个"或"项可由一个或多个原变量或反变量组成，由这些"或"项的"与"运算构成的逻辑函数为或-与式。

　　利用逻辑代数的基本公式，可以把任何一个逻辑函数表达式变换成与-或式，也可以变换成或-与式。

　　与-或式是指一个函数表达式中包含若干个"与"项，其中每个与项可由一个或多个原变量或反变量组成，由这些与项的或运算构成一个函数。例如，式(2.7)就是两变量异或逻辑表达式的与-或式。

　　或-与式是指一个函数表达式中包含若干个或项，其中每个或项可以由一个或多个原变量或反变量组成，由这些或项的与运算构成一个函数。例如，式(2.13)就是两变量异或逻辑表达式的或-与式。

2.5.3　最小项和最大项

> 关键词：
> - **最小项**：在具有 n 个逻辑变量的逻辑函数中，如果一个"与"项包含该逻辑函数的全部变量，而且每个变量或以原变量或以反变量的形式只出现一次，则该与项被称为最小项。
> - **最大项**：在具有 n 个逻辑变量的逻辑函数中，如果一个"或"项包含该逻辑函数的全部变量，而且每个变量或以原变量或以反变量的形式只出现一次，则该或项被称为最大项。
> - **最小项表达式**：最小项之和的与-或标准形式。
> - **最大项表达式**：最大项之积的或-与标准形式。

1. 最小项

1) 最小项定义

　　在具有 n 个逻辑变量的逻辑函数中，如果一个与项包含该逻辑函数的全部变量，而且每个变量或以原变量或以反变量的形式只出现一次，则该与项被称为最小项（minterm）。

　　因为每一个逻辑变量都有两种状态，即原变量和反变量，所以，对于 n 个变量的逻辑函数，共有 2^n 个最小项。以 A、B、C 三个变量为例，其全部最小项共有 $2^3=8$ 个，分别是 $\overline{A}\,\overline{B}\,\overline{C}$、$\overline{A}\,\overline{B}C$、$\overline{A}B\overline{C}$、$\overline{A}BC$、$A\overline{B}\,\overline{C}$、$A\overline{B}C$、$AB\overline{C}$、$ABC$。

2）最小项编号

为了使用方便，通常赋予每个最小项一个编号，叫最小项编号（minterm number），用 m_i 表示。编号的方法为：当最小项中变量以原变量形式出现时，用 1 表示该变量，以反变量形式出现时，用 0 表示该变量，然后将对应的取值看作一个二进制数，与其对应的十进制数就是该最小项的编号。例如，三变量的最小项及其编号如表 2.9 所示。

表 2.9　三变量的最小项及其编号

变量取值			最 小 项 及 其 值								最小项及编号	
A	B	C	$\overline{A}\,\overline{B}\,\overline{C}$	$\overline{A}\,\overline{B}C$	$\overline{A}B\overline{C}$	$\overline{A}BC$	$A\overline{B}\,\overline{C}$	$A\overline{B}C$	$AB\overline{C}$	ABC	最小项	编号
0	0	0	1	0	0	0	0	0	0	0	$\overline{A}\,\overline{B}\,\overline{C}$	m_0
0	0	1	0	1	0	0	0	0	0	0	$\overline{A}\,\overline{B}C$	m_1
0	1	0	0	0	1	0	0	0	0	0	$\overline{A}B\overline{C}$	m_2
0	1	1	0	0	0	1	0	0	0	0	$\overline{A}BC$	m_3
1	0	0	0	0	0	0	1	0	0	0	$A\overline{B}\,\overline{C}$	m_4
1	0	1	0	0	0	0	0	1	0	0	$A\overline{B}C$	m_5
1	1	0	0	0	0	0	0	0	1	0	$AB\overline{C}$	m_6
1	1	1	0	0	0	0	0	0	0	1	ABC	m_7

3）最小项的主要性质

① 对于任意一个最小项，有且仅有一组变量取值使它的值为 1（见表 2.9）。

② 对于变量的任一组取值，任意两个最小项的逻辑与运算结果为 0，即

$$m_i \cdot m_j = 0 (i \neq j)$$

③ 全部最小项之和为 1，即

$$\sum_{i=0}^{2^n-1} m_i = 1$$

4）最小项表达式

任何逻辑函数都可以表示为最小项之和的与-或标准形式，即

$$F = \sum_i m_i \tag{2.15}$$

由真值表可以直接写出逻辑函数的标准与-或表达式。对于表达式中的与项不是最小项的逻辑函数表达式，可以利用基本公式和定律将其变换成最小项表达式。

2. 最大项

1）最大项定义

在具有 n 个逻辑变量的逻辑函数中，如果一个"或"项包含该逻辑函数的全部变量，而且每个变量或以原变量或以反变量的形式只出现一次，则该或项被称为最大项（maxterm）。对于 n 个变量的逻辑函数，共有 2^n 个最大项。以 A、B、C 三个变量为例，其全部最大项共有 $2^3 = 8$ 个，分别是 $A+B+C$、$A+B+\overline{C}$、$A+\overline{B}+C$、$A+\overline{B}+\overline{C}$、$\overline{A}+B+C$、

$\overline{A}+B+\overline{C}$、$\overline{A}+\overline{B}+C$、$\overline{A}+\overline{B}+\overline{C}$。

2）最大项编号

为了使用方便，通常赋予每个最大项一个编号，叫最大项编号（maxterm number），用 M_i 表示。编号的方法与最小项的相反，即将最大项中原变量当作 0，反变量当作 1，从而得到一组二进制数，其对应的十进制数就是该最大项的编号。例如，三变量的最大项及其编号如表 2.10 所示。

表 2.10　三变量的最大项及其编号

变量取值			最 大 项 及 其 值							
A	B	C	$A+B+C$	$A+B+\overline{C}$	$A+\overline{B}+C$	$A+\overline{B}+\overline{C}$	$\overline{A}+B+C$	$\overline{A}+B+\overline{C}$	$\overline{A}+\overline{B}+C$	$\overline{A}+\overline{B}+\overline{C}$
0	0	0	0	1	1	1	1	1	1	1
0	0	1	1	0	1	1	1	1	1	1
0	1	0	1	1	0	1	1	1	1	1
0	1	1	1	1	1	0	1	1	1	1
1	0	0	1	1	1	1	0	1	1	1
1	0	1	1	1	1	1	1	0	1	1
1	1	0	1	1	1	1	1	1	0	1
1	1	1	1	1	1	1	1	1	1	0
最大项编号			M_0	M_1	M_2	M_3	M_4	M_5	M_6	M_7

3）最大项的性质

① 对于任意一个最大项，有且仅有一组变量取值使它的值为 0（见表 2.10）。

② 对于变量的任一组取值，任意两个最大项的逻辑或运算结果为 1，即

$$M_i+M_j=1(i\neq j)$$

③ 全部最大项之积为 0，即

$$\prod_{i=0}^{2^n-1} M_i = 0$$

4）最大项表达式

任何逻辑函数都可以表示为最大项之积的或-与标准形式，即

$$F=\prod_i M_i \tag{2.16}$$

3. 最大项与最小项的关系

在同一逻辑问题中，下标相同的最大项与最小项之间存在着互补的关系，即

$$M_i=\overline{m_i} \quad 或 \quad m_i=\overline{M_i} \tag{2.17}$$

例如，三变量中的最小项 $m_0=\overline{A}\,\overline{B}\,\overline{C}=\overline{A+B+C}=\overline{M_0}$。

2.5.4　逻辑函数的标准与-或式和标准或-与式

关键词：
- **标准与-或式**：构成逻辑函数表达式的是一个与-或式，而且其中每一个与项都是最小项。
- **标准或-与式**：构成逻辑函数表达式的是一个或-与式，而且其中每一个或项都是最大项。

1. 标准与-或式

如果构成逻辑函数表达式是一个与-或式，而且其中的每一个与项都是最小项，则这种与-或式被称为标准与-或式。例如，三人表决逻辑表达式：

$$F = \overline{A}BC + A\overline{B}C + AB\overline{C} + ABC$$

就是一个标准与-或式，其中每一个与项都是一个最小项。简单起见，该式还可以写成：

$$F(A,B,C) = m_3 + m_5 + m_6 + m_7 = \sum(m_3, m_5, m_6, m_7)$$

$$= \sum m(3,5,6,7) = \sum(3,5,6,7)$$

任何一种逻辑函数表达式都可以变换成标准与-或式，而且结果是唯一的。

例 2.4　将逻辑函数表达式 F = AB + BC + AC 变换成标准与-或式。

解：
$$\begin{aligned}
F &= AB + BC + AC \\
&= AB(C + \overline{C}) + BC(A + \overline{A}) + AC(B + \overline{B}) \\
&= ABC + AB\overline{C} + ABC + \overline{A}BC + ABC + A\overline{B}C \\
&= ABC + AB\overline{C} + \overline{A}BC + A\overline{B}C \\
&= m_7 + m_6 + m_3 + m_5 = \sum(m_3, m_5, m_6, m_7)
\end{aligned}$$

2. 标准或-与式

如果构成逻辑函数表达式是一个或-与式，而且其中的每一个或项都是最大项，则这种或-与式被称为标准或与式。例如：

$$F(A,B,C) = (A+B+C)(A+B+\overline{C})(A+\overline{B}+C)(\overline{A}+B+C)$$

就是一个标准或-与式，其中每一个或项都是一个最大项。简单起见，该式还可以写成：

$$F(A,B,C) = M_0 \cdot M_1 \cdot M_2 \cdot M_4 = \prod(M_0, M_1, M_2, M_4)$$

$$= \prod M(0,1,2,4) = \prod(0,1,2,4)$$

任何一种逻辑函数表达式都可以变换成标准或-与式，而且结果也是唯一的。

3. 标准与-或式和标准或-与式的关系

根据最小项的性质：

$$\sum_{i=0}^{2^n-1} m_i = 1$$

而
$$F(A_1, A_2, \cdots, A_n) + \overline{F}(A_1, A_2, \cdots, A_n) = 1$$

因此
$$F(A_1, A_2, \cdots, A_n) + \overline{F}(A_1, A_2, \cdots, A_n) = \sum_{i=0}^{2^n - 1} m_i$$

以三变量逻辑函数为例，最多有 $2^3 = 8$ 个最小项，即 $m_0 \sim m_7$。

若已知 $F(A, B, C) = m_3 + m_5 + m_6 + m_7$，则 $\overline{F}(A, B, C) = m_0 + m_1 + m_2 + m_4$，故有

$$F(A, B, C) = \overline{\overline{F}(A, B, C)} = \overline{m_0 + m_1 + m_2 + m_4}$$
$$= \overline{m_0} \cdot \overline{m_1} \cdot \overline{m_2} \cdot \overline{m_4} = M_0 \cdot M_1 \cdot M_2 \cdot M_4$$

对于任意变量的逻辑函数都存在与上式类似的关系，由此可得结论：若已知函数的标准与-或式，则可直接写出该函数的标准或-与式。在 $0, 1, \cdots, (2^n - 1)$ 这 2^n 个编号中，原标准与-或式各最小项编号之外的编号，就是标准或-与式中最大项的编号；反之，若已知逻辑函数的标准或-与式，也可以直接写出该函数的标准与-或式，在标准与-或式中各最小项的编号，也就是标准或-与式中最大项的编号之外的编号。

2.6 逻辑函数的化简方法

在实际应用中，逻辑函数最终都需要通过相应的逻辑电路来实现，如果逻辑函数表达式复杂，必然使对应的逻辑电路复杂，复杂的逻辑电路会导致元器件的数量增加，电路的制作成本加大，电路的故障率升高、可靠性下降。因此，对逻辑函数进行化简，在功能不变的前提下找出其最简的表达形式是十分必要的。

由 2.5 节的讨论可知，同一逻辑函数，可以用不同类型的表达式来表示，对于不同形式的逻辑函数，其"最简"的标准和含义是不同的。如与非-与非式的最简表达式要求与运算的因子最少，非运算的次数最少。对于与-或式，最简表达式是指式中包含的与项最少，而且每个与项里因子也最少。因为与-或表达式比较常见，且又比较容易转换为其他表达式形式，故本书主要介绍与-或表达式的化简。

逻辑函数常用的化简方法有公式法化简和卡诺图法化简。

2.6.1 逻辑函数的公式法化简

公式法化简的具体操作是：对需要化简的逻辑函数反复运用逻辑代数的基本定律和常用公式，消去多余的与项和每一个与项中的多余因子，从而使其符合最简式标准。这种化简方法没有固定的方法可循，能否得到满意的结果，与掌握公式的熟练程度和运用技巧有关。

现将常用的化简方法列于表 2.11 供读者学习借鉴。

在化简较复杂的逻辑函数时，往往需要灵活、交替、综合地利用多个基本公式和多种方法才能获得比较理想的化简结果。

表 2.11　常用的公式化简方法

方法名称	所 用 公 式	方 法 说 明
并项法	$AB+A\overline{B}=A$	将两项合并为一项,消去一个因子。A 和 B 可以是一个逻辑式
吸收法	$A+AB=A$	将多余的与项 AB 吸收掉
消去法	① $A+\overline{A}B=A+B$ ② $AB+\overline{A}C+BC=AB+\overline{A}C$	① 消去与项中的多余因子 ② 消去多余的与项 BC
配项法	① $A+\overline{A}=1$ ② $A+A=A$ 或 $A \cdot \overline{A}=0$	① 用该式乘某一项,可使其变为两项,再与其他项合并化简 ② 用该式在原式中配重复与项或互补项,再与其他项合并化简

例 2.5　化简逻辑式 $F=AD+A\overline{D}+AB+\overline{A}C+\overline{C}D+\overline{A}BEF$。

解：用 $A+\overline{A}=1$,将 $AD+A\overline{D}$ 合并,得

$$F=A+AB+\overline{A}C+\overline{C}D+\overline{A}BEF$$

用 $A+AB=A$,消去含有 A 因子的与项,得

$$F=A+\overline{A}C+\overline{C}D$$

用 $A+\overline{A}B=A+B$,消去 $\overline{A}C$ 中的 $\overline{A}$,再消去 $\overline{C}D$ 中的 $\overline{C}$,得

$$F=A+C+D$$

例 2.6　化简逻辑式 $F=AB+A\overline{C}+\overline{B}C+\overline{C}B+\overline{B}D+B\overline{D}+ADE$。

解：由分配律和反演律,$AB+A\overline{C}=A(B+\overline{C})=\overline{A\overline{B}C}$,得

$$F=\overline{A\overline{B}C}+\overline{B}C+\overline{BC}+\overline{B}D+B\overline{D}+ADE$$

由 $A+\overline{A}B=A+B$,可得 $A\overline{\overline{B}C}+\overline{B}C=A+\overline{B}C$,再由式 $A+AB=A$ 消去 ADE 得

$$F=A+\overline{B}C+\overline{BC}+\overline{B}D+B\overline{D}$$

再用配项法,得

$$F=A+\overline{B}C(D+\overline{D})+\overline{BC}+\overline{B}D+B\overline{D}(C+\overline{C})$$

$$=A+\overline{B}CD+\overline{B}C\overline{D}+\overline{BC}+\overline{B}D+BC\overline{D}+B\overline{C}\overline{D}$$

$$=A+\overline{B}D(C+1)+\overline{BC}(1+\overline{D})+C\overline{D}(\overline{B}+B)$$

$$=A+\overline{B}D+\overline{BC}+C\overline{D}$$

公式化简法简单方便,对逻辑函数的变量个数没有限制。但这种方法所化简的结果是否达到"最简"不容易判断。只有熟练掌握和灵活运用逻辑代数的基本定律和常用公式,才能取得比较好的化简结果。

2.6.2　逻辑函数的卡诺图法化简

关键词：
- **卡诺图**：卡诺图是一幅或多幅方格图形,它将逻辑上相邻的最小项变成几何位置上相邻的方格图,使逻辑相邻和几何相邻一致。
- **相邻项**：如果两个最小项中只有一个逻辑变量的取值相反（通常被称为互反变量）,其余逻辑变量的取值都相同,则这两个最小项为逻辑相邻的最小项,简称相邻项。

- **约束项**：某些变量取值组合不允许出现，是受到约束的，称为约束项。
- **随意项**：某些变量取值组合在客观上不会出现，称为随意项。
- **无关项**：约束项和随意项都是一种不会在逻辑函数中出现的最小项，这样的最小项统称为无关项。

卡诺图化简法是逻辑函数式的图解化简法，该化简方法不仅简单直观，灵活方便，而且容易确定是否得到最简结果，获得逻辑函数的最简与-或表达式。因此，在逻辑变量数量不多的情况下，得到了广泛的应用。

1. 卡诺图的绘制方法

卡诺图是遵循一定的规律绘制而成的，由于这些规律，布尔代数的许多特性在图形上得到形象而直观的体现，从而使得卡诺图成为公式证明及函数化简的有力工具。卡诺图是一幅或多幅方格图形，它将逻辑上相邻的最小项变成几何位置上相邻的方格图，做到逻辑相邻和几何相邻的一致。

如果两个最小项中只有一个逻辑变量的取值相反（通常被称为互反变量），其余逻辑变量的取值都相同，则这两个最小项为逻辑相邻的最小项，简称相邻项。如最小项 ABC 和 $AB\overline{C}$ 即是相邻最小项。两个相邻最小项可以合并为一项，其中互反变量可消去，合并结果为相同变量。如 $ABC+AB\overline{C}=AB(C+\overline{C})=AB$。这是卡诺图化简的基本原理。

最小项的卡诺图又称为最小项方格图。对于 n 个变量，共有 2^n 个最小项，需要用 2^n 个相邻的方块来表示，按照逻辑相邻的最小项在几何位置上也相邻的要求排列起来的方格称为 n 变量卡诺图。在绘制卡诺图时，根据 n 的大小绘制出一个正方形（n 为偶数）或矩形（n 为奇数），再将其分割出 2^n 个小方格，每个最小项对应一个小方格。然后将输入变量分为两组，将每组中变量的所有取值组合按格雷码规律排列，即相邻两个编码只有一位状态不同。最后在每个方格单元中填入对应的最小项或变量取值或最小项编号。n 个变量的卡诺图中，每个变量均有 n 个相邻的最小项。需要强调的是：这里的"相邻"包括几何位置的上、下、左、右相邻和图形边沿的位置对称相邻。

1）二变量的卡诺图

设两个变量为 A 和 B，全部最小项为 $\overline{A}\,\overline{B}$、$\overline{A}B$、$A\overline{B}$、$AB$ 共 4 个，分别记为 m_0、m_1、m_2、m_3。将输入变量分为两组，一组为 A，另一组为 B，分别表示卡诺图的行和列。根据相邻性可画出二变量卡诺图，如图 2.19 所示。

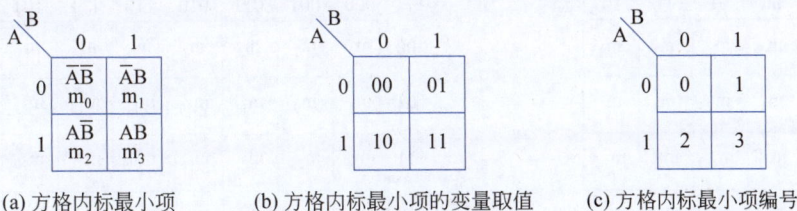

(a) 方格内标最小项   (b) 方格内标最小项的变量取值   (c) 方格内标最小项编号

图 2.19 二变量的卡诺图

图 2.19(a)中，标出了两个变量所在的位置，这样安放的目的是保证卡诺图中最小项的相邻性。某个小方格中的变量组合，就是该方格在横向和纵向所对应的变量之积。如果用 0 表示反变量，1 表示原变量，则卡诺图如图 2.19(b)所示，这是方格中对应最小项的变量取值。最小项用编号表示时，卡诺图又简化为图 2.19(c)。

2) 三变量的卡诺图

设三个变量为 A、B、C，全部最小项有 $2^3 = 8$ 个，分别记作 $m_0, m_1, \cdots, m_7$，将输入变量分成两组，A 为一组，B、C 为另一组，分别表示卡诺图的行和列（也可以将 AB 分为一组表示行，C 为另一组表示列，分组方式不同，则卡诺图形状不同）。根据相邻性可绘制卡诺图由 8 个方格组成，如图 2.20 所示。

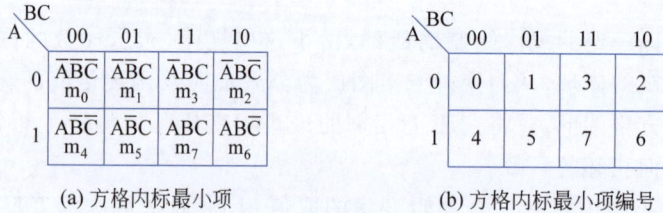

A \ BC	00	01	11	10
0	$\overline{A}\overline{B}\overline{C}$ m_0	$\overline{A}\overline{B}C$ m_1	$\overline{A}BC$ m_3	$\overline{A}B\overline{C}$ m_2
1	$A\overline{B}\overline{C}$ m_4	$A\overline{B}C$ m_5	ABC m_7	$AB\overline{C}$ m_6

A \ BC	00	01	11	10
0	0	1	3	2
1	4	5	7	6

(a) 方格内标最小项　　　　　　　(b) 方格内标最小项编号

图 2.20　三变量的卡诺图

注意，图 2.20 中变量 BC 在排列时是按格雷码(00、01、11、10)的顺序，而不是按自然二进制数的顺序排列，只有这样才能保证卡诺图中逻辑上相邻的最小项在几何位置上也相邻的要求。从图 2.20 中还可看出，同一行最左和最右方格里的最小项也是逻辑相邻的，所以几何位置上可看成环状相邻，或为边沿位置对称相邻。

3) 四变量的卡诺图

设 4 个变量为 A、B、C、D，全部最小项有 $2^4 = 16$ 个，分别记作 $m_0, m_1, \cdots, m_{15}$，将输入变量分成两组，AB 为一组，CD 为另一组，分别表示卡诺图的行和列。卡诺图由 16 个方格组成，按相邻性画出四变量卡诺图，如图 2.21 所示。

注意，图中的横向变量 AB 和纵向变量 CD 也都是按格雷码(00、01、11、10)的顺序排列的，保证了卡诺图中最小项的相邻性，即同一行最左和最右方格里的最小项相邻，同一列最上和最下方格里的最小项也相邻，并称之为卡诺图的循环相邻性或边沿位置对称相邻。

4) 五变量的卡诺图

设 5 个变量为 A、B、C、D、E，全部最小项有 $2^5 = 32$ 个，分别记作 $m_0, m_1, \cdots, m_{31}$，将输入变量分成两组，AB 为一组，CDE 为另一组，分别表示卡诺图的行和列。卡诺图由 32 个方格组成，按相邻性画出五变量卡诺图，如图 2.22 所示。

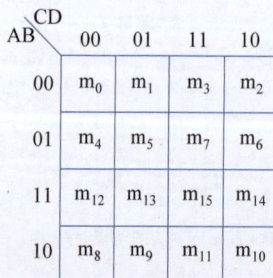

AB \ CD	00	01	11	10
00	m_0	m_1	m_3	m_2
01	m_4	m_5	m_7	m_6
11	m_{12}	m_{13}	m_{15}	m_{14}
10	m_8	m_9	m_{11}	m_{10}

图 2.21　四变量卡诺图

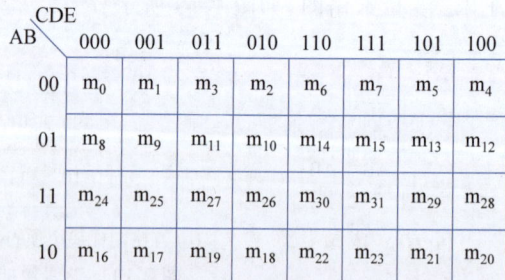

AB \ CDE	000	001	011	010	110	111	101	100
00	m_0	m_1	m_3	m_2	m_6	m_7	m_5	m_4
01	m_8	m_9	m_{11}	m_{10}	m_{14}	m_{15}	m_{13}	m_{12}
11	m_{24}	m_{25}	m_{27}	m_{26}	m_{30}	m_{31}	m_{29}	m_{28}
10	m_{16}	m_{17}	m_{19}	m_{18}	m_{22}	m_{23}	m_{21}	m_{20}

图 2.22　五变量卡诺图

注意,图中的横向变量 AB 按格雷码(00、01、11、10)的顺序,纵向变量 CDE 也按格雷码(000、001、011、010、110、111、101、100)的顺序排列,从而保证了卡诺图中最小项的相邻性要求。

五变量以上的卡诺图很复杂,在逻辑函数的化简中很少使用,这里不再介绍。

综合二变量到五变量卡诺图的构成方法,可以看出:

变量每增加一个,小方格就增加一倍,当变量增多时,卡诺图迅速变大、变复杂,相邻项也变得不很直观,所以卡诺图一般仅用于 5 个变量以下的逻辑函数化简。

处在任何一行或一列两端的最小项仅有一个变量不同,所以它们也具有逻辑相邻性。因此,从几何位置上应当将卡诺图看成上下、左右闭合的图形。

在卡诺图中,相邻的情况有以下三种。

(1) 相接:在卡诺图上紧挨着的小方格称为相接。

(2) 相对:在卡诺图上一行或一列的两端的小方格称为相对。

(3) 相重:五变量卡诺图中,以对称轴折叠时,重合的小方格称为相重。

2. 用卡诺图表示逻辑函数

回顾例 2.2 的三人表决问题,其真值表如表 2.8 所示,逻辑函数为 $F = \overline{A}BC + A\overline{B}C + AB\overline{C} + ABC$,可见真值表实际上是直接根据 A、B、C 的取值列出 F 的值,当 A、B、C 取值为 011、101、110 和 111 时,$F = 1$,否则 $F = 0$。

类似地,用卡诺图来表示逻辑函数时,只需把各组变量取值所对应的逻辑函数 F 的值,填在对应的方格中,就构成了该逻辑函数的卡诺图,这就是图 2.17 三人表决逻辑函数卡诺图的由来,因此,可以说卡诺图实际上是真值表的另一种表示方式,和真值表一样,卡诺图也具有唯一性。

如果逻辑函数是标准与-或式,则用卡诺图表示时,就像填真值表一样简单。对于不是标准与-或式的逻辑函数,必须先将逻辑表达式进行必要变换,先变换成与-或式形式,再通过配项法变换成标准与-或项式。

例 2.7 化逻辑函数式 $F = \overline{A}\,\overline{B}\,\overline{C} + \overline{\overline{A}\overline{B}} + \overline{\overline{C}D}$ 为标准与-或式,然后绘制相应的卡诺图。

解:① 根据反演律,将原式展开为与-或式。
$$F = \overline{A}\,\overline{B}\,\overline{C} + AB(\overline{C} + D) = \overline{A}\,\overline{B}\,\overline{C} + AB\overline{C} + ABD$$

② 根据配项法,将原式变换为标准与-或式。
$$F = \overline{A}\,\overline{B}\,\overline{C}(D + \overline{D}) + AB\overline{C}(D + \overline{D}) + ABD(C + \overline{C})$$
$$= \overline{A}\,\overline{B}\,\overline{C}D + \overline{A}\,\overline{B}\,\overline{C}\,\overline{D} + AB\overline{C}D + AB\overline{C}\,\overline{D} + ABCD + AB\overline{C}D$$

③ 根据重叠律 $A + A = A$,合并掉相同的最小项。
$$F = \overline{A}\,\overline{B}\,\overline{C}\,\overline{D} + \overline{A}\,\overline{B}\,\overline{C}D + AB\overline{C}\,\overline{D} + AB\overline{C}D + ABCD$$

该式即为标准与-或式。又可简记为 $F = m_0 + m_1 + m_{12} + m_{13} + m_{15} = \sum m(0,1,12,13,15)$

根据标准与-或式中的逻辑变量个数 4,画出由 16 个小方格组成的图;在图中将逻辑函数含有的最小项对应的方格内填 1,不含的最小项对应的方格内填 0 或不填,即得所求的卡诺图，如图 2.23 所示。

在实际应用中，如果达到比较熟练的程度后，只要得到逻辑函数的与-或式，不一定要变换成标准与-或式，也可以直接绘制卡诺图。

例 2.8 绘制 $F(A,B,C,D)=\overline{A}BC\overline{D}+BC\overline{D}+\overline{A}\,\overline{C}+A$ 的卡诺图。

解：在这个 4 变量的与-或逻辑函数中，第一项是最小项，可直接在四变量卡诺图 m_0 的位置填 1；第二项 $BC\overline{D}$ 与变量 A 无关，即只需 $BCD=110$，则 $F=1$，所以可直接在 $CD=10$ 的列与 $B=1$ 的行相交的两个小方格（m_6 和 m_{14}）内填 1；第三项 $\overline{A}\,\overline{C}$ 只含两个变量，说明只要 $AC=00$，不管 BD 如何，均有 $F=1$，所以可在 $A=0$ 的两行和 $C=0$ 的两列相交处（m_0,m_1,m_4,m_5）的小方格内填 1；第四项 A 为单变量，说明当 $A=1$ 时，无论 BCD 为何值，$F=1$，因此可在 $A=1$ 的两行共 8 个小方格（$m_8,m_9,\cdots,m_{15}$）内填 1，填好后的卡诺图如图 2.24 所示。

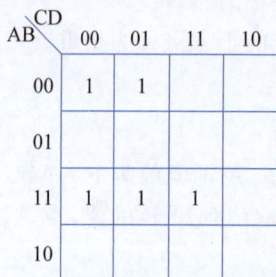

图 2.23　例 2.7 的卡诺图

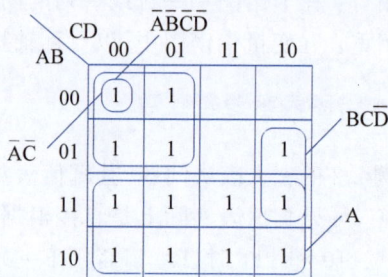

图 2.24　例 2.8 的卡诺图

3. 在卡诺图上合并最小项的规则

前面在讨论卡诺图绘制方法时已经讲过，逻辑上相邻的两个最小项相加，可消去互反变量而合并成一项，这就是利用卡诺图化简逻辑函数的基础。利用卡诺图化简逻辑函数的基本原理，就是通过直观的图形识别能力去识别最小项的相邻关系，并利用合并最小项的规则将逻辑函数化为最简，具体规则如下：

（1）卡诺图上任何两个标 1 的方格相邻，均可以合并为一项，并消去一个变量。为了表示两项合并，在图中用包围圈将其圈在一起。例如，在图 2.25 中 m_1 和 m_3 相邻，可以合并，即 $\overline{A}\,\overline{B}C+\overline{A}BC=\overline{A}C$；同理图 2.26(a) 中 m_0 和 m_2 合并，即 $\overline{A}\,\overline{B}\,\overline{C}\,\overline{D}+\overline{A}\,\overline{B}C\overline{D}=$ $\overline{A}\,\overline{B}\,\overline{D}$，图 2.26(b) 中 m_2 和 m_{10} 可以合并，即 $\overline{A}\,\overline{B}C\overline{D}+$ $A\overline{B}C\overline{D}=\overline{B}C\overline{D}$。

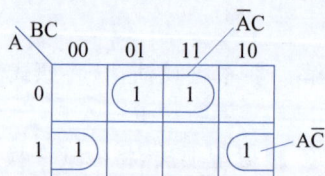

图 2.25　三变量卡诺图 2 项相邻示例

（2）卡诺图上任何 4 个标 1 的方格相邻，均可以合并为一项，并消去两个变量，例如图 2.27(a) 中，最小项 m_5、m_7、m_{13}、m_{15} 彼此相邻，这 4 个最小项可以合并，合并后结果为 BD。同理，该图中，四角最小项 m_0、m_2、m_8、m_{10} 彼此相邻，这 4 个最小项可以合并，合并后结果为 $\overline{B}\,\overline{D}$。图 2.27(b) 中，最小项 m_1、m_5、m_9、m_{13} 彼此相邻，4 项合并后结果为 $\overline{C}D$，最

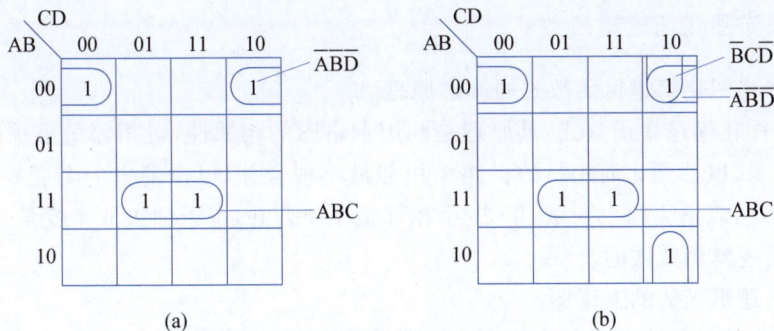

图 2.26　四变量卡诺图 2 项相邻示例

小项 m_4、m_5、m_6、m_7 彼此相邻，4 项合并后结果为 $\overline{A}B$，图 2.27(c) 中，最小项 m_1、m_3、m_9、m_{11} 彼此相邻，4 项合并后结果为 $\overline{B}D$，最小项 m_4、m_{12}、m_6、m_{14} 彼此相邻，4 项合并后结果为 $B\overline{D}$。

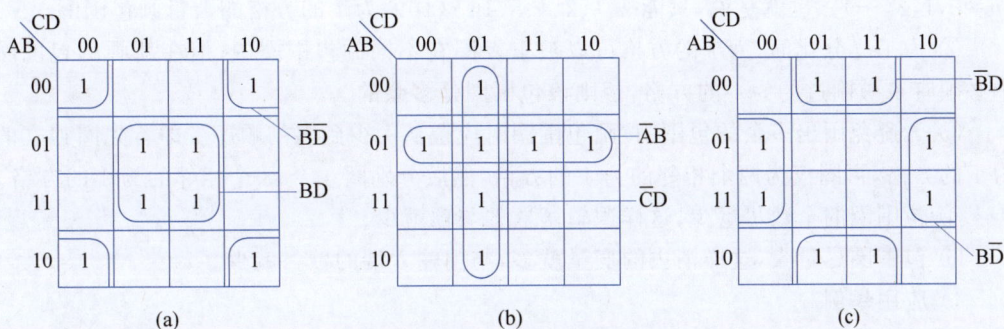

图 2.27　四变量卡诺图 4 项相邻示例

（3）卡诺图上任何 8 个标 1 的方格相邻，均可以合并为一项，并消去三个变量。

图 2.28(a) 中，最小项 $m_0 \sim m_7$ 彼此相邻，8 项合并后结果为 $\overline{A}$；图 2.28(b) 中，最小项 m_0、m_4、m_{12}、m_8、m_2、m_6、m_{14}、m_{10} 彼此相邻，8 项合并后结果为 $\overline{D}$；图 2.28(c) 中，最小项 m_0、m_1、m_3、m_2、m_8、m_9、m_{11}、m_{10} 彼此相邻，8 项合并后结果为 $\overline{B}$。

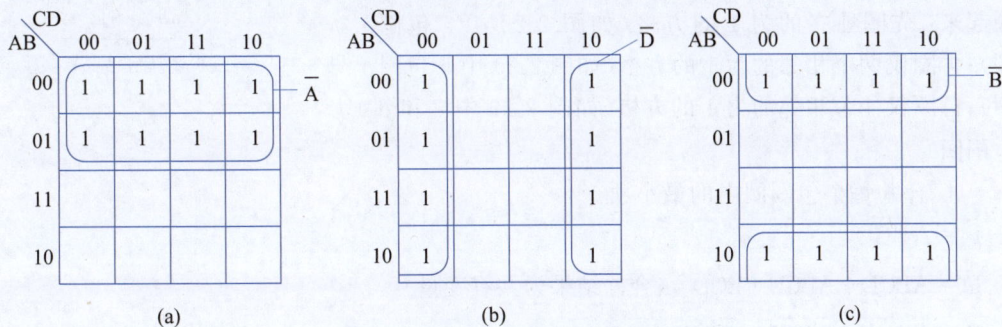

图 2.28　四变量卡诺图 8 项相邻示例

4. 用卡诺图化简逻辑函数

1) 用卡诺图化简逻辑函数式的基本原理

用卡诺图化简逻辑函数式,其原理是利用卡诺图的相邻性,对相邻最小项进行合并,消去互反变量,以达到化简的目的。两个相邻最小项合并,可以消去一个变量;4 个相邻最小项合并,可以消去两个变量;把 2^n 个相邻最小项合并,可以消去 n 个变量。

2) 化简逻辑函数式的步骤

① 画出逻辑函数的卡诺图。

② 将 2^n 个为 1 的相邻方格分别画包围圈,整理每个包围圈的公因子,作为与项,即为其对应的表达式。

③ 将合并化简后的各与项进行逻辑或,便为所求的逻辑函数最简与-或式。

3) 绘制化简包围圈的规则

① 只有相邻项为 1 的方格才能合并,而且每个包围圈只能包含 2^n 个为 1 的方格($n=0,1,2,\cdots$)。也就是说,只能按 1、2、4、8、16 这样的为 1 的方格的数目画包围圈。

② 为了充分化简,为 1 的方格可以被重复圈在不同的包围圈中,但在新画的包围圈中必须有未被圈过的为 1 的方格,否则该包围圈是多余的。

③ 为避免画出多余的包围圈,画包围圈时应遵从由少到多的顺序。即首先圈独立的为 1 的方格,再圈仅两个相邻的为 1 的方格,然后分别圈 4 个、8 个相邻的为 1 的方格。

④ 包围圈的个数尽量少,这样逻辑函数的与项就少。

⑤ 包围圈尽量大,这样消去的变量就多,与门输入端的数目就少。

4) 应用举例

例 2.9　用卡诺图化简逻辑函数 $F(A,B,C,D) = \sum m(0,2,4,5,6,7,9,15)$。

解:① 画 4 变量最小项卡诺图,如图 2.29 所示。

② 填卡诺图。将逻辑函数式中的最小项在卡诺图的相应方格内填入 1。

③ 合并相邻最小项。将相邻为 1 的方格按 2^n 数目圈起来:先圈独立的为 1 的方格(如图 2.29 中 a 包围圈);再圈仅两个相邻的为 1 的方格(如图 2.29 中 b 包围圈);再圈仅 4 个相邻的为 1 的方格(如图 2.29 中 c 和 d 包围圈)。

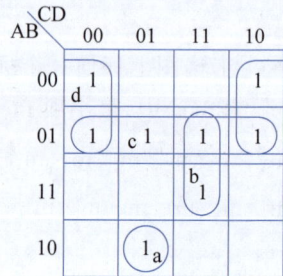

图 2.29　例 2.9 逻辑函数卡诺图

④ 合并每个包围圈内的最小项。

$$F_a = A\overline{B}\,\overline{C}\,\overline{D}$$

$$F_b = \overline{A}BCD + ABCD = BCD \quad (合并结果为共有变量)$$

$$F_c = \overline{A}\,\overline{B}C\overline{D} + \overline{A}\,\overline{B}CD + \overline{A}B\overline{C}\overline{D} + \overline{A}BCD = \overline{A}\,\overline{B}\,C + \overline{A}BC = \overline{A}B \quad (合并结果为共有变量)$$

$$F_d = \overline{A}\,\overline{B}C\overline{D} + \overline{A}BC\overline{D} + \overline{A}B\overline{C}\overline{D} + \overline{A}BC\overline{D} = \overline{A}\,\overline{B}D + \overline{A}BD = \overline{A}D \quad (合并结果为共有变量)$$

⑤ 把全部包围圈最小项的合并结果进行逻辑或,就得到逻辑函数的最简与-或式。

$$F = A\overline{B}\,\overline{C}D + BCD + \overline{A}B + \overline{A}\,\overline{D}$$

当熟练掌握卡诺图化简法后,第④步可以省去,直接写出各包围圈的合并结果。

例 2.10　用卡诺图化简逻辑函数 $F(A,B,C,D) = \sum m(0,2,5,7,8,10,12,14,15)$。

解:① 画 4 变量逻辑函数的卡诺图,如图 2.30 所示,并将各最小项在卡诺图相应的方格内填入 1。

② 合并相邻最小项。卡诺图 4 个角上的为 1 的方格也是循环相邻的,应圈在一起。一共可以画 4 个包围圈(结果不唯一,还可以有其他方案,留给读者练习)。

③ 写出逻辑函数的最简与-或式

$$F = \overline{A}BD + A\overline{D} + \overline{B}\,\overline{D} + BCD$$

例 2.11　用卡诺图化简逻辑函数 $F = \overline{A}\,BCD + \overline{A}B\overline{C}D + A\overline{C}D + ABC + BD$。

解:① 画逻辑函数卡诺图,如图 2.31 所示。将各最小项在卡诺图的相应方格内填入 1。

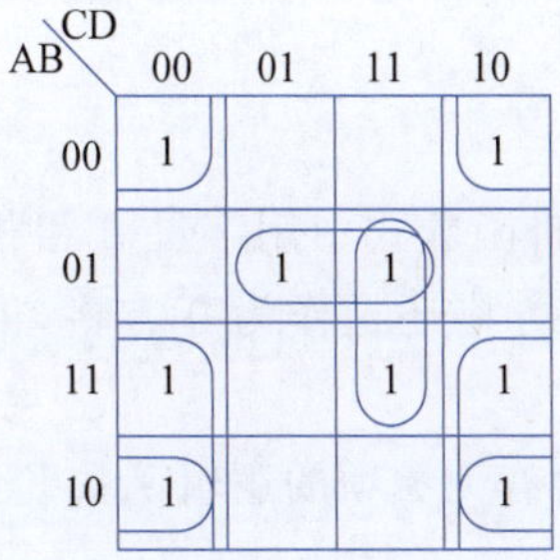

图 2.30　例 2.10 逻辑函数卡诺图

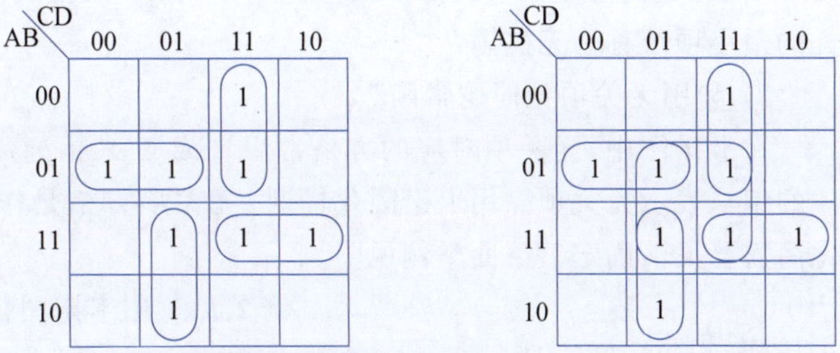

(a) 正确画法　　　(b) 不正确画法

图 2.31　例 2.11 逻辑函数卡诺图

② 合并相邻最小项。注意按由少到多画包围圈。

③ 写出逻辑函数的最简与-或式。

由图 2.31(a)可写出最简与-或式为

$$F = \overline{A}B\overline{C} + \overline{A}CD + A\overline{C}D + ABC$$

如在该例中先圈 4 个相邻的为 1 的方格,再圈仅两个相邻的为 1 的方格,便会多出一个包围圈,如图 2.31(b)所示。这样就不能得到最简与-或式。

例 2.12　已知某逻辑函数卡诺图如图 2.32 所示。试写出其最简与-或式。

解:观察该卡诺图,发现只有两个为 0 的方格,其余为 1 的方格,因此可以采用包围相邻为 0 的方格的方法写逻辑表达式,但这个逻辑表达式为所求逻辑函数 F 的反函数,只要再求反一次即可得到原函数。如图 2.32 所示,圈 0 方格后,写出反函数为 $\overline{F} = ABC$,求反后得原函数为 $F = \overline{A} + \overline{B} + \overline{C}$。

该例说明,当 0 方格较少时,采用圈 0 方格的方法来求函数的最简与-或式可能更简单些。在实际化简时,应灵活运用。

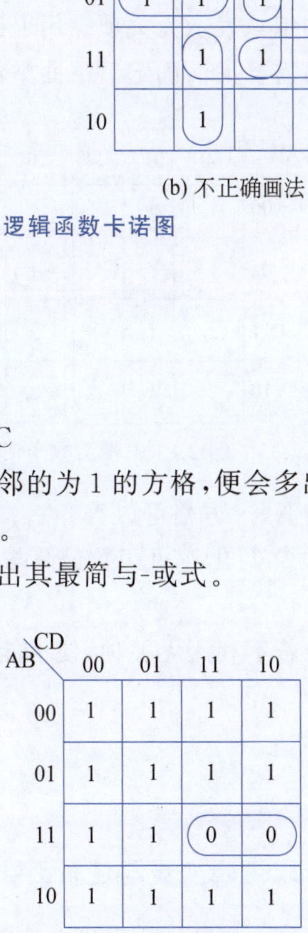

图 2.32　例 2.12 逻辑函数卡诺图

5. 具有无关项的逻辑函数的化简

1）逻辑函数中的无关项

无关项是指那些与所讨论的问题没有关系的变量取值组合所对应的最小项。这些最小项有两种。

（1）**约束项**：某些变量取值组合不允许出现，如 8421BCD 编码中，1010～1111 这 6 种代码是不允许出现的，是受到约束的，故又称为约束项。

（2）**随意项**：另一种是某些变量取值组合在客观上不会出现，如在连动互锁开关系统中，几个开关的状态是互相排斥的，每次只闭合一个开关。其中一个开关闭合时，其余开关必须断开，因此在这种系统中，两个以上开关同时闭合的情况是客观上不存在的，这样的开关组合称为随意项。

约束项和随意项都是一种不会在逻辑函数中出现的最小项，所以对应于这些最小项的变量取值组合，函数值视为 1 或视为 0 都可以（因为实际上不存在这些变量取值），这样的最小项统称为**无关项**。

2）利用无关项化简逻辑函数

在卡诺图中，无关项对应的方格常用×或 Φ 来标记，在逻辑函数式中用字母 d 和相应的编号表示无关项。用卡诺图化简时，无关项方格是作为 1 方格还是作为 0 方格，依化简需要灵活确定。下面举例说明。

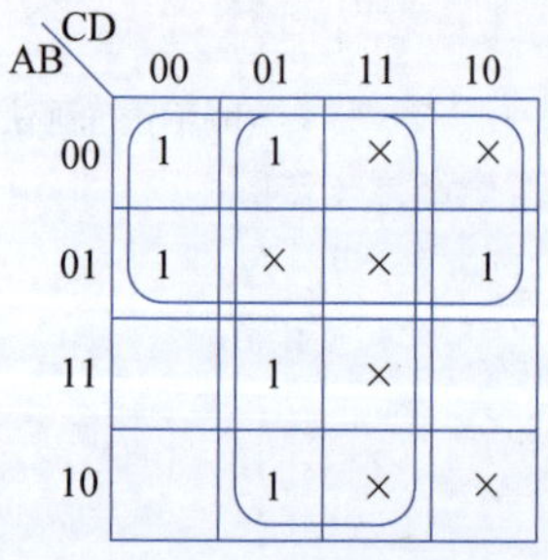

图 2.33　例 2.13 逻辑函数卡诺图

例 2.13　用卡诺图化简含有无关项的逻辑函数 $F = \sum m(0,1,4,6,9,13) + \sum d(2,3,5,7,10,11,15)$。

式中 $\sum d(2,3,5,7,10,11,15)$ 表示无关项，即 m_2、m_3、m_5、m_7、m_{10}、m_{11}、m_{15} 为无关项。

解：① 画 4 变量逻辑函数卡诺图，如图 2.33 所示，在最小项方格中填入 1，在无关项方格中填×。

② 合并相邻最小项，与 1 方格圈在一起的无关项被作为 1 方格，没有圈的无关项是丢弃不用的（1 方格不能遗漏，×方格可以丢弃）。

③ 写出逻辑函数最简与-或式：

$$F = \overline{A} + D$$

该题若不利用无关项，便不能得到如此简化的与-或式。

小　结

1. 逻辑变量与逻辑函数

（1）逻辑代数是研究数字电路的重要数学工具。

（2）利用逻辑代数，可以把一个电路的逻辑关系抽象为数学表达式，并且可以用逻辑运算的方法,解决逻辑电路的一些分析和设计问题。

(3) 逻辑代数中的逻辑变量只有逻辑"0"和逻辑"1"两种取值。

① 正逻辑:用 0 表示低电平,用 1 表示高电平。

② 负逻辑:用 0 表示高电平,用 1 表示低电平。

(4) 逻辑函数:输入变量与输出变量的对应关系。

2. 基本的逻辑运算与逻辑门

(1) 基本逻辑运算:逻辑与、逻辑或和逻辑非。

(2) 基本逻辑门:与门、或门、非门。

(3) 复合逻辑门:与非门、或非门、与或非门等。

(4) 异或门和同或门:等价表达式、多变量的异或与同或。

(5) 各种逻辑门电路的物理意义、真值表、逻辑符号、运算规则。

3. 逻辑代数的公式与规则

(1) 基本公式:0-1 律、自等律、重叠律、互补律、还原律、交换律、结合律、分配律、反演律、吸收律。

(2) 常用公式:吸收法、消因子法、并项法、消项法、求反函数法。

(3) 基本规则:代入规则、反演规则、对偶规则。

4. 逻辑函数的表示方法

(1) 逻辑函数的表达方式有 5 种:逻辑真值表、逻辑表达式、逻辑图、卡诺图和波形图。

(2) 真值表具有唯一性。

(3) 逻辑表达式可以有多种形式,逻辑图可通过 Proteus 仿真。

5. 逻辑函数的标准形式

(1) 最小项和最大项:定义、主要性质、最小项和最大项的关系。

(2) 标准与-或式和标准或-与式。

6. 逻辑函数的公式法化简

(1) 对逻辑函数的化简可以使实现电路简化,从而降低制作成本,提高电路运行可靠性。

(2) 公式化简法就是利用逻辑代数的公式和定理,求得逻辑函数式的最简与-或式,它的优点是没有任何的局限性,但需要熟练地运用公式和定理,还要有一定的运算技巧。

7. 逻辑函数的卡诺图法化简

卡诺图法化简是利用逻辑函数最小项在卡诺图上的相邻性合并来进行化简,它的优点是简单直观。但在逻辑变量多于 5 个以后就失去了简单直观的优点,所以卡诺图法只适用于 5 个变量以下的逻辑函数的化简。

（1）卡诺图的绘制方法。

① 2 变量至 5 变量的卡诺图。

② 卡诺图中最小项的相邻关系（相接、相对、相重）。

（2）用卡诺图表示逻辑函数：由真值表、标准与-或式、一般表达式得到卡诺图。

（3）在卡诺图上合并最小项的规则。

（4）绘制化简包围圈的规则。

① 只有相邻项为 1 的方格才能合并，而且每个包围圈只能包含 2^n 个 1 方格（n=0,1, 2,…）。

② 为了充分化简，为 1 的方格可以被重复圈在不同的包围圈中，但在新画的包围圈中必须有未被圈过的 1 方格，否则该包围圈是多余的。

③ 为避免画出多余的包围圈，画包围圈时应遵从由少到多的顺序。

④ 包围圈的个数尽量少，这样逻辑函数的与项就少。

⑤ 包围圈尽量大，这样消去的变量就多，与门输入端的数目就少。

（5）具有无关项的逻辑函数的化简。

① 约束项和随意项。

② 利用无关项化简逻辑函数的方法。

思考题与习题

2.1 什么叫正逻辑？什么叫负逻辑？

2.2 基本逻辑门有哪几种？其运算规则如何？

2.3 某 3 输入逻辑电路，当输入变量中的 1 的个数为奇数时输出为 1，否则为 0。列出该电路的真值表，写出逻辑表达式，画出逻辑图。

2.4 写出如图 2.34 所示逻辑图的逻辑表达式。

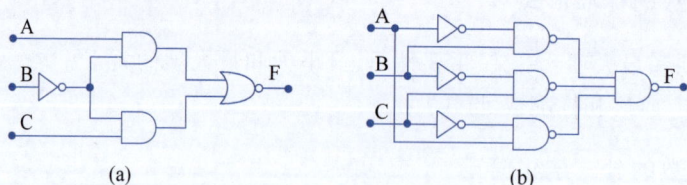

图 2.34 习题 2.4 图

2.5 判断下列逻辑运算是否正确。

（1）若 A+B=A+C，则 B=C。

（2）若 AB=BC，则 A=C。

（3）若 1+A=B，则 A+AB=B。

（4）若 1+A=A，则 $A+\overline{A}B=A+B$。

2.6 证明下列恒等式。

（1）A+BC=(A+B)(A+C)

（2）$\overline{A}B+A\overline{B}=(\overline{A}+\overline{B})(A+B)$

(3) $(AB+C)B=AB\overline{C}+\overline{A}BC+ABC$

(4) $BC+AD=(B+A)(B+D)(A+C)(C+D)$

2.7　求下列逻辑函数的反函数。

(1) $F=\overline{A}\overline{B}C+A\overline{B}\overline{C}+ABC$

(2) $F=BD+\overline{A}C+\overline{B}D$

(3) $F=AC+BC+AB$

(4) $F=(A+\overline{B})(\overline{A}+\overline{B}+C)$

2.8　将下列函数转换成最小项之和形式。

(1) $F=\overline{A}BC+AC+\overline{B}C$

(2) $F=A\overline{B}CD+A\overline{C}D+\overline{A}D$

(3) $F=A+BC+CD$

(4) $F=AB+\overline{\overline{BC}\overline{C}}+\overline{D}$

(5) $F=A\overline{B}+\overline{B}C+\overline{A}C$

(6) $F=(A\oplus B)(C\odot D)$

2.9　用公式法化简下列各式。

(1) $F=A+B+\overline{A}\overline{B}\overline{C}D$

(2) $F=AB+\overline{B}C+ACD+AB\overline{D}+AC\overline{D}$

(3) $F=A\overline{B}+A\overline{C}+BC+A\overline{C}D$

(4) $F=(A+\overline{A}C)(A+CD+D)$

(5) $F=\overline{B}\overline{D}+\overline{D}+D(B+C)(\overline{A}D+\overline{B})$

(6) $F=\overline{A}\overline{B}C+AD+(B+C)D$

(7) $F=\overline{\overline{\overline{AC+\overline{B}C}}+B(A\oplus C)}$

(8) $F=\overline{(A\oplus B)(B\oplus C)}$

2.10　用卡诺图化简法将下列逻辑函数化为最简与-或式。

(1) $F=\overline{A}\overline{B}+AC+\overline{B}C$

(2) $F=\overline{A}\overline{B}+\overline{B}C+\overline{A}+\overline{B}+ABC$

(3) $F=AB+AC+\overline{B}C$

(4) $F=A\overline{B}+\overline{A}C+BC+\overline{C}D$

(5) $F=A\overline{B}+\overline{A}C+\overline{C}D+D$

(6) $F=A\overline{B}D+\overline{A}\overline{B}CD+\overline{B}CD+(A\overline{B}+C)(B+D)$

(7) $F=A\overline{B}C+\overline{A}\overline{B}+\overline{A}D+C+BD$

(8) $F=\overline{\overline{A}\overline{B}\overline{C}\overline{D}+A\overline{C}D+\overline{B}CD+A\overline{C}\overline{D}}$

2.11　用卡诺图化简法将下列具有无关项的逻辑函数化为最简与-或式。

(1) $F(A,B,C)=\sum m(0,3,5,6)+d(1,4,7)$

(2) $F(A,B,C) = \sum m(0,1,2,4) + d(5,6)$

(3) $F(A,B,C) = \sum m(1,2,4,7) + d(3,6)$

(4) $F(A,B,C,D) = \sum m(3,5,6,7,10) + d(0,1,2,4,8)$

(5) $F(A,B,C,D) = \sum m(2,3,7,8,11,14) + d(0,5,10,15)$

(6) $F(A,B,C,D) = \sum m(2,3,4,5) + d(10,11,12,13)$

第 3 章
逻辑门电路

内容提要

本章从二极管的开关特性出发,引入二极管与门和或门的基本电路。又以三极管的转移特性引出三极管的非门电路,并在讨论其工作原理的基础上,结合 Proteus VSM 进行仿真。然后重点介绍了 CMOS 门电路和 TTL 门电路,以及逻辑门电路的电气特性参数:传输延时、扇出导数、噪声容限和功耗。同样结合 Proteus ISIS 中的检测工具和仿真功能,分析门电路的内部结构,以可视化方式验证其逻辑功能,并介绍了部分门电路的外部特性和常用集成门电路的产品系列。

在数字逻辑电路中具有逻辑运算功能的电路称为逻辑门电路,逻辑门电路有分立元件逻辑门和集成电路逻辑门两种形式,把门电路中所有元器件及其连接导线制作在同一块半导体基片上所构成的电路称为集成逻辑门电路,目前实际使用的逻辑门电路均属于此类。按制造逻辑门的半导体材料分,有以晶体管为元件的双极型逻辑门和以 MOS 管为基础的 CMOS 单极型逻辑门两大类。

逻辑门电路实现逻辑运算时,其输入、输出量均为电压,以伏(V)为单位,常用逻辑电平表示,其中,高电平用 H 表示,低电平用 L 表示。高、低电平表示的是两种不同的状态,是一定的电压范围,以 TTL 门电路为例,0～0.8V 被认为是低电平,2～5V 被认为是高电平。

3.1 基本逻辑门电路

关键词:
- **二极管**:一种具有两个电极,能够单向传导电流的电子器件。
- **三极管**:全称半导体三极管,也称双极型晶体管、晶体三极管,是一种控制电流的半导体器件,其作用是把微弱信号放大成幅度值较大的电信号。三极管是在一块半导体基片上制作两个相距很近的 PN 结,两个 PN 结把整块半导体分成三部分,中间部分是基区,两侧部分是发射区和集电区,排列方式有 PNP 和 NPN 两种。

- **单极型集成电路**：在半导体内，只有一种载流子（空穴或电子）参与导电，如 MOS 管，由这种单极晶体管组成的集成电路，称为单极型集成电路。
- **双极型集成电路**：在半导体内，两种极性的载流子（空穴和电子）都参与导电，如通常的 NPN 或 PNP 双极型晶体管，以这类晶体管为基础的集成电路，称为双极型集成电路。

3.1.1 二极管门电路

1. 二极管的开关特性

二极管按所用的半导体材料可分为硅管和锗管，在理想情况下，数字电路中的二极管表现为一个受外电压控制的开关，在 Proteus ISIS 中的测试电路如图 3.1(a)所示，其伏安特性如图 3.1(b)所示，从图中可见，当电压大于 0.7V 以后，二极管导通，当电压低于 0.7V，二极管截止。通常把 0.7V 称为硅二极管的开启电压，锗二极管的开启电压约为 0.3V。

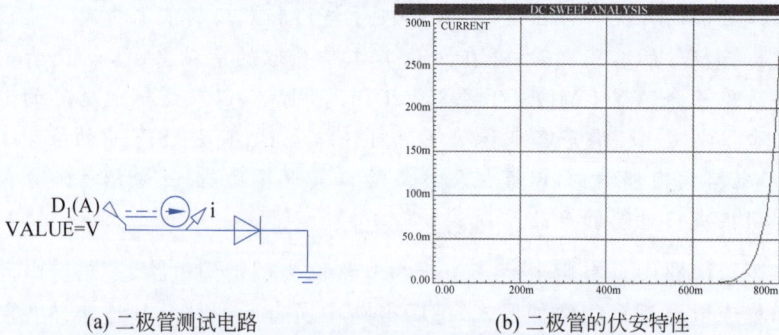

(a) 二极管测试电路　　　　　　　(b) 二极管的伏安特性

图 3.1　二极管的测试电路及其伏安特性

当外加电压为脉冲信号时，二极管将随着脉冲电压的变化在"开"状态与"关"状态之间转换，也就是当电压大于二极管的开启电压时，二极管导通，相当于开关闭合，如图 3.2 所示，而当电压低于其开启电压或承受反向电压时，二极管截止，相当于开关断开。

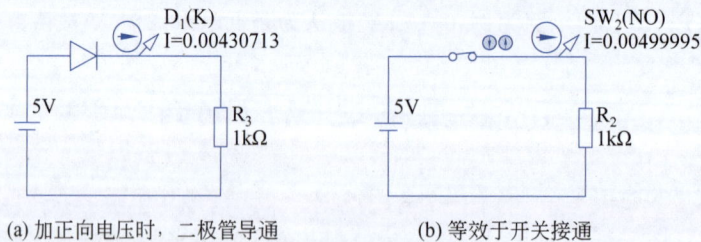

(a) 加正向电压时，二极管导通　　　　　　(b) 等效于开关接通

图 3.2　二极管的正向特性

2. 二极管与门电路

当门电路的输入与输出量之间能满足"与"逻辑关系时，称这样的门电路为与门电路。二极管组成的与门电路如图 3.3(a)所示，其符号图和真值表请参见第 2 章。

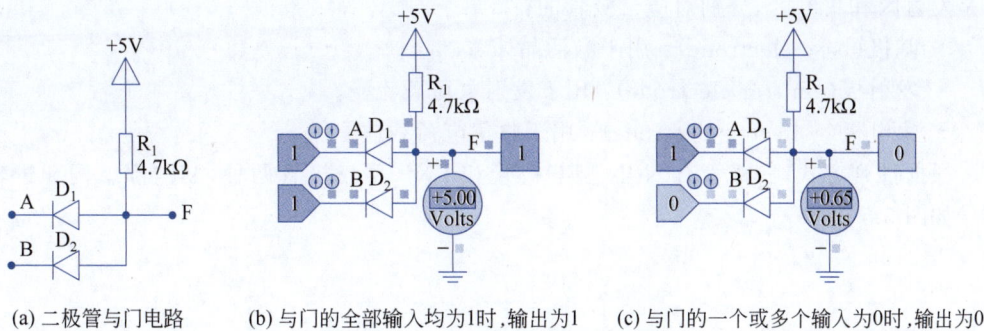

(a) 二极管与门电路　　(b) 与门的全部输入均为1时,输出为1　　(c) 与门的一个或多个输入为0时,输出为0

图 3.3　二极管与门电路的仿真

（1）当输入端 A、B 均为高电平时,两个二极管均截止,输出端 F 为高电平,如图 3.3(b)所示。

（2）只要有一个输入端为低电平,则与该输入端连接的二极管导通,输出端 F 为低电平,如图 3.3(c)所示;因为与输入端为低电平连接的二极管导通,将输出端钳位在低电平,使得与输入为高电平连接的二极管承受反向电压而截止。

3. 二极管或门电路

当门电路的输入与输出量之间能满足"或"逻辑关系时,称这样的门电路为或门电路。如图 3.4(a)所示为二极管组成的或门电路,其符号图和真值表请参见第 2 章。

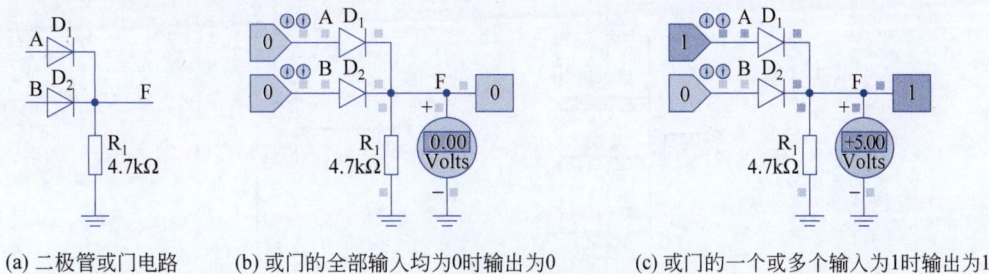

(a) 二极管或门电路　　(b) 或门的全部输入均为0时输出为0　　(c) 或门的一个或多个输入为1时输出为1

图 3.4　二极管或门电路的仿真

（1）当输入端 A、B 均为低电平时,两个二极管均截止,输出端 F 为低电平,如图 3.4(b)所示。

（2）当输入端有一个或一个以上为高电平时,与该输入端连接的二极管导通,输出端 F 为高电平,如图 3.4(c)所示;因为与输入端为高电平连接的二极管导通,将输出端拉到高电平,使得与输入为低电平连接的二极管承受反向电压而截止。

3.1.2　三极管非门电路

三极管,全称半导体三极管,也称双极型晶体管、晶体三极管,是一种控制电流的半导体器件。其作用是把微弱信号放大成幅度值较大的电信号,也用作无触点开关。

三极管是半导体基本元器件之一,具有电流放大作用,是在一块半导体基片上制作两个相距很近的 PN 结,两个 PN 结把整块半导体分成三部分,中间部分是基区,两侧部分是发射区和集电区，分别对应三极管的：

- 基极（base electrode）：用于激活晶体管。
- 发射极（emitter electrode）：用于发射电荷载流子。
- 集电极（collector electrode）：用于收集电荷载体。

根据排列方式，三极管有 NPN 型三极管和 PNP 型三极管两种，其内部结构和逻辑符号如图 3.5 所示。

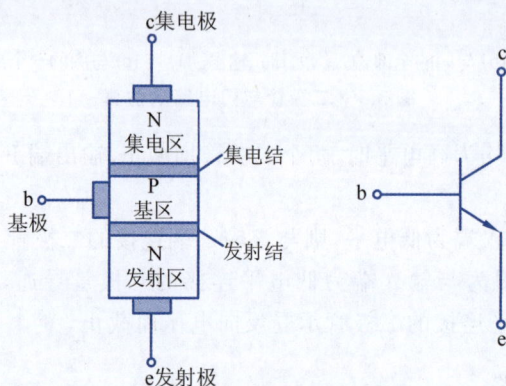

(a) NPN型三极管

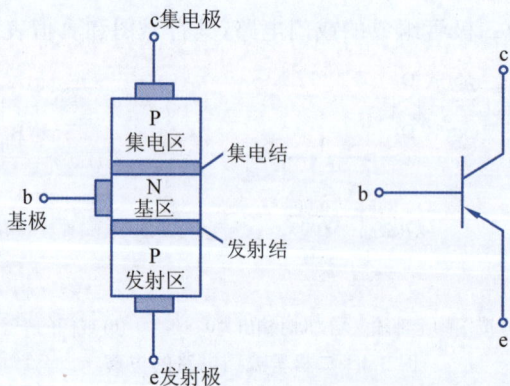

(b) PNP型三极管

图 3.5　NPN 型三极管和 PNP 型三极管的内部结构和逻辑符号

1. 三极管的转移特性

以 2N4400 三极管为例，可以在 Proteus ISIS 中绘制出相应的测试电路来获得三极管的转移特性曲线如图 3.6(a) 所示。从图中可见，三极管的工作区域可分为截止区、饱和区和放大区三部分，如图 3.6(b) 所示。设三极管的放大倍数为 β，基极电流为 I_B，集电极电流为 I_C，当 $I_B=0$ 时，三极管处于截止区，当 $I_C=\beta I_B$ 时，三极管处于放大区，当 $I_C<\beta I_B$ 时，三极管处于饱和区。在数字逻辑电路，三极管工作在截止区和饱和区。

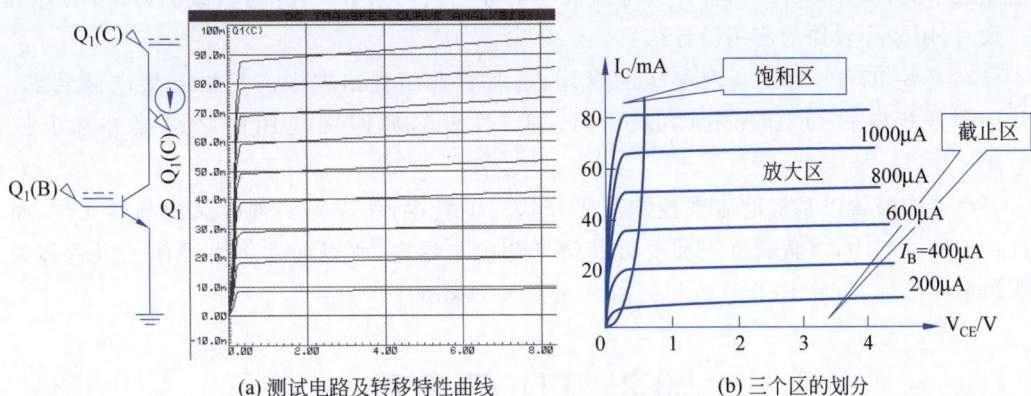

(a) 测试电路及转移特性曲线　　　　　　　(b) 三个区的划分

图 3.6　三极管测试电路及其转移特性

2. 三极管非门电路

三极管非门电路如图 3.7(a)所示。在三极管电路的 A 端输入高电平,三极管饱和导通,输出端 F 为低电平,当 A 端输入为低电平时,三极管截止,输出端 F 为高电平,用 LOGICSTATE 作输入,用电压表和 LOGICPROBE 检测 F 端的输出状态如图 3.7(b)和图 3.7(c)所示。

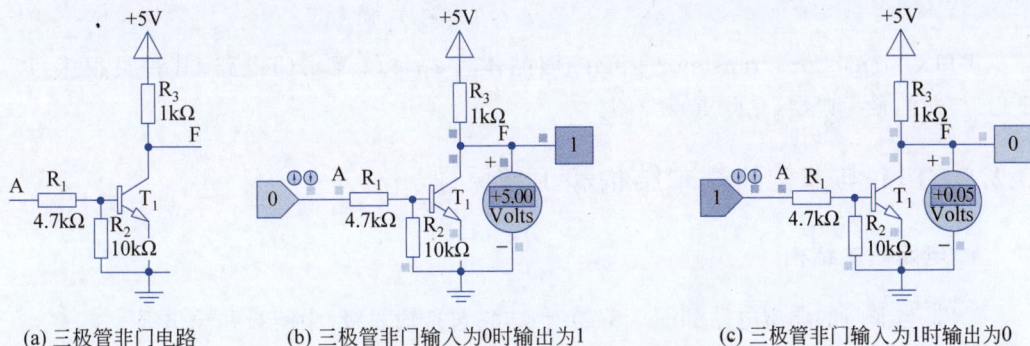

(a) 三极管非门电路　　　(b) 三极管非门输入为0时输出为1　　　(c) 三极管非门输入为1时输出为0

图 3.7　三极管非门电路及其仿真

当输入端 A 与低电平相连,即输入为 0V 时,晶体管截止,输入为 $I_B=0$,$I_C=0$,输出电压 $V_F=+5V$,即输出端 F 为高电平;当输入端 A 与高电平相连,即输入为 $+5V$ 时,只要电路参数选择合适,保证晶体管工作在深度饱和状态,集电极-发射极压降就很小,输出电压 $V_F<0.1V$,输出端 F 为低电平。显然,F 和 A 是非逻辑关系,即 $F=\overline{A}$。

由于输入与输出电平是反相关系,所以非门也叫反相器,其符号图和真值表见第 2 章。

三极管非门电路的负载有两种:

* 当输出为低电平时,电流是从 F 端流入三极管,被称为灌电流负载;
* 当输出为高电平时,电流是从 F 端流出,被称为拉电流负载。

门电路可允许流入或流出的电流大小通常用 F 端可接的门电路个数来衡量,描述灌电流大小的称为扇入系数，描述拉电流大小的称为扇出系数，统称为负载能力，当两者不一致时，用较小者作为实用设计依据。

在某些 IC 中，为了实现电压的变化，通常将非门输出端中的三极管集电极悬空，从而形成相应的 OC（Open Collect）门，如 74LS06，此时在应用中必须接外部上拉电阻。

由于三极管以基极电流来控制其工作状态的转换，所以是一种电流控制型元件，而且在工作过程中，多数载流子和少数载流子都参与导电，所以通常将半导体三极管称为双极型晶体管，简称 BJT（Bipolar Junction Transistor）。

3.2 TTL 门电路

关键词：
- **TTL**：晶体管-晶体管逻辑电路。
- **截止状态**：双极型晶体管的一种工作状态，此时集电极没有电流流过，而集电极到发射极的通路等效为开路，在数字电路中，截止状态的晶体管被认为关断。
- **饱和状态**：双极型晶体管的另一种工作状态，此时基极电流增加将不会引起集电极电流的增加，而且集电极到发射极之间的通路几乎接近（但不是完全）短路，在数字电路中，饱和状态的晶体管被认为导通。

TTL（Transistor Transistor Logic）即晶体管-晶体管逻辑门电路，其种类很多，以 TTL 与非门最为典型，在此重点介绍。

3.2.1 TTL 与非门的基本结构和工作原理

1. 电路基本结构

TTL 与非门的典型电路如图 3.8（a）所示，它包括输入级、中间级和输出级。
- 输入级由多发射极晶体管 T_1 和电阻 R_1 组成，通过 T_1 管的多个发射极实现与逻辑运算功能。
- 中间级由电阻 R_2、R_3 和晶体管 T_2 组成，它的主要作用是从 T_2 的集电极 c 和发射极 e 同时输出两个相位相反的信号，分别驱动晶体管 T_3 和 T_5，从而保证 T_4 和 T_5 管有一个导通时，另一个就截止。
- 输出级由电阻 R_4、R_5 和晶体管 T_3、T_4、T_5 组成，T_5 是反相器，T_3、T_4 组成复合管构成一个射极跟随器，作为 T_5 的有源负载，并与 T_5 构成推拉式电路，其主要特点是在稳定状态下，T_4 和 T_5 总是一个导通而另一个截止，无论输出是高电平或是低电平，输出电阻都很小，提高了 TTL 与非门的带负载能力。

多发射极晶体管 T_1 可以等效成基极与发射极并联的多个同类三极管，如图 3.8（b）所示。为便于在 Proteus ISIS 环境下仿真，将图 3.8（a）绘制成如图 3.8（c）所示。

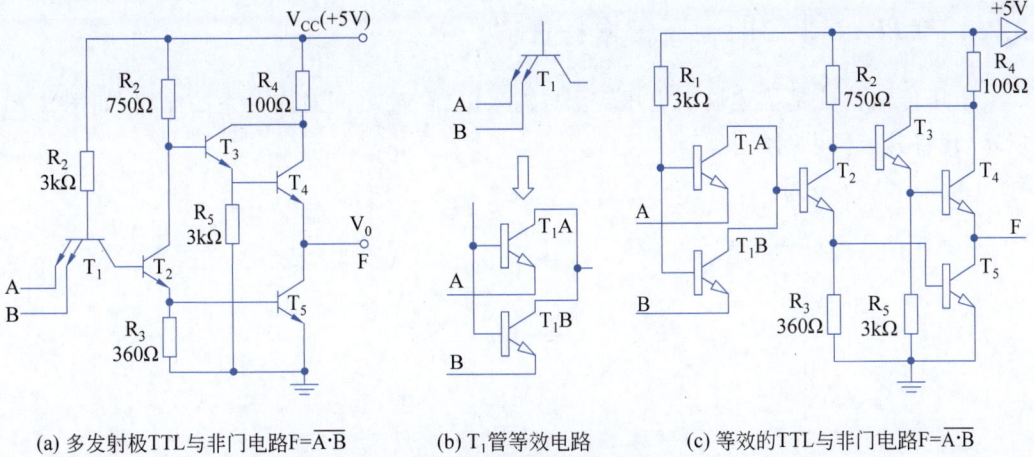

(a) 多发射极TTL与非门电路F=$\overline{A \cdot B}$　　(b) T_1管等效电路　　(c) 等效的TTL与非门电路F=$\overline{A \cdot B}$

图 3.8　TTL 与非门电路组成结构

2. 工作原理

当两个输入端都是高电平时,如图 3.9(a)所示,T_1 管的基极电位升高,从仿真时的电压探针显示值可见,其值约为$+2.4$V,而 T_1 的集电极(也就是 T_2 的基极)电压约为 1.66V,所以 T_1 管处于倒置工作状态,电源$+5$V 通过电阻 R_1 和 T_1 管的集电结使 T_2 和 T_5 的发射结承正向偏置,并提供很大的偏置电流,使 T_2 和 T_5 管处于饱和导通状态,所以输出端 F 为低电平(电压探针显示约为 0.018V)。

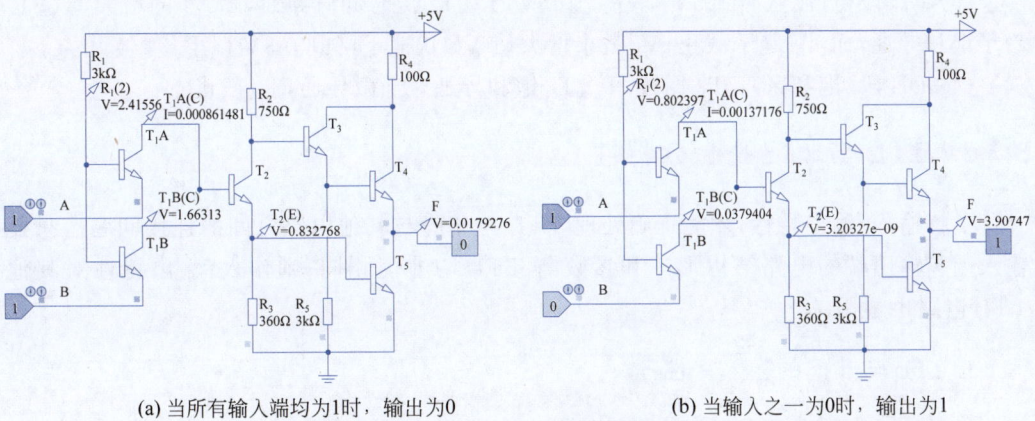

(a) 当所有输入端均为1时,输出为0　　　　　　　　(b) 当输入之一为0时,输出为1

图 3.9　TTL 与非门电路的仿真

当输入端有一个(或一个以上)为低电平,如图 3.9(b)时,由于 B 为低电平,从而使 T_{1B}饱和导通,而使 T_1 的集电极(也就是 T_2 的基极)电压降到约为 0.038V,因此 T_2 和 T_5 截止,T_3 和 T_4 导通,输出端 F 为高电平(电压探针显示约为 3.9V,读者可将输入端 A 置为 0,B 置为 1;或 A 和 B 均置为 0,观察输出端 F 的电压值几乎不变,仍为高电平),可见,输出 F 和输入 A、B 之间是与非逻辑关系,即 F=$\overline{A \cdot B}$。

3.2.2　TTL 与非门的电压传输特性

电压传输特性是描述输出电压 V_O 与输入电压 V_I 之间对应关系的曲线，如图 3.10 所示，现将其分段说明如下。

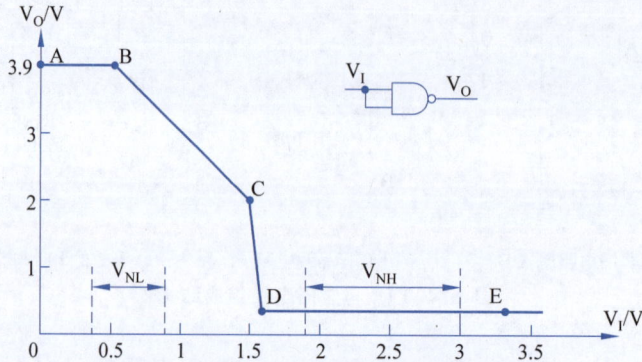

图 3.10　TTL 与非门的电压传输特性

（1）AB 段（截止区）：$V_I < 0.6V$；输出电压 V_O 不随输入电压 V_I 变化，保持在高电平，此时 T_2、T_5 截止，T_3、T_4 导通；$V_O = V_{OH}$，约为 3.9V。

（2）BC 段（线性区）：$0.6V < V_I < 1.5V$；T_2 开始导通进入放大状态，其集电极电压和输出电压 V_O 随输入电压 V_I 的增大而线性降低。此时因 T_5 的基极电压仍低于 0.7V，所以 T_5 截止，T_3、T_4 仍处于导通状态。

（3）CD 段（过渡区）：$1.5V < V_I < 1.65V$；T_4、T_5 短时同时导通，随 V_I 的增大，T_2、T_5 趋于饱和导通，而 T_4 趋于截止；V_I 微小增大使 V_O 快速下降到 0.3V 以下。

（4）DE 段（饱和区）：T_1 倒置，T_2、T_5 饱和导通，T_3 微导通，T_4 截止。

3.2.3　TTL 与非门的 I/O 特性

了解输入/输出特性，才能正确处理 TTL 与非门与其他电路之间的连接问题。只要输入端和输出端的电路结构形式和参数与 TTL 与非门相同，则输入、输出特性对其他 TTL 电路也适用。

1. TTL 与非门的输入特性

输入特性是描述输入电流与输入电压之间的关系曲线，测试电路如图 3.11(a)所示，其特性曲线如图 3.11(b)所示。规定输入电流流入输入端为正，而从输入端流出为负。可分段说明如下。

（1）$V_I < 0.6V$：T_2 截止，$i_1 = -(V_{CC} - V_{BE1} - V_I)/R_1$；$V_I = 0$ 时：$i_1 = I_{IS} = -(V_{CC} - V_{BE1})/R_1 = -(5 - 0.7)/3 \approx -1.4mA$。

（2）$V_I = 0.6V$ 时，T_2 开始导通，随着 V_I 增加，I_{B2} 继续增大，而 i_1 绝对值减小。

（3）V_I 增加到 1.5V：T_5 开始导通，i_1 绝对值随 V_I 增加而迅速减小。

（4）$V_I > 1.6V$：T_1 倒置，i_1 由负变正，$i_1 = I_{IH} \approx 10\mu A$。

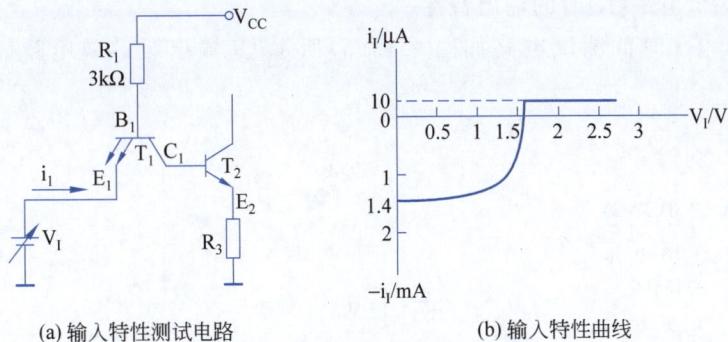

(a) 输入特性测试电路　　　　　　(b) 输入特性曲线

图 3.11　TTL 与非门电路的输入特性

2. TTL 与非门的输入端负载特性

输入端负载特性反映的是输入电压 V_I 与输入电阻 R_I 之间的关系曲线,测试电路如图 3.12(a)所示,其特性曲线如图 3.12(b)所示。

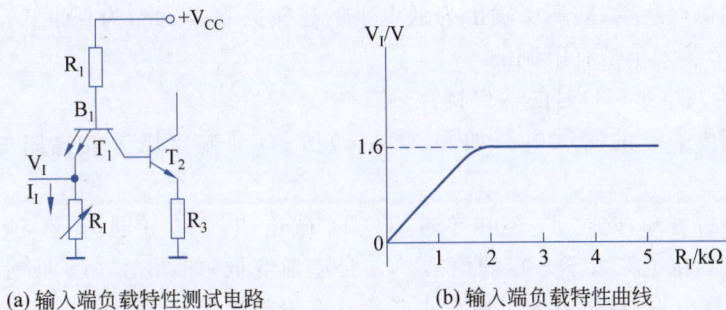

(a) 输入端负载特性测试电路　　　　(b) 输入端负载特性曲线

图 3.12　TTL 与非门电路的输入端负载特性

当 T_1 的发射结导通时,$V_I = \dfrac{R_I}{R_I + R_1}(V_{CC} - V_{BE1})$,当 $R_I \ll R_1$ 时,V_I 几乎和 R_I 成正比;当 R_I 增加,使 V_I 上升到 1.6V 时,T_5 开始导通,V_{B1} 被钳位在 3 个 PN 结的正向压降上(约 2.1V),$V_I = 1.6V$ 不变。

为了讨论方便,先定义两个基本参数。

(1) 关门电阻 R_{OFF}:保证 TTL 与非门关闭,输出为标准高电平时允许的 R_I 最大值,一般 $R_{OFF} = 0.8k\Omega$。

(2) 开门电阻 R_{ON}:保证 TTL 与非门导通,输出为标准低电平时允许的 R_I 最小值,一般 $R_{ON} = 2k\Omega$。

当 $R_I < R_{OFF}$ 时,V_O 为高电平;$R_I > R_{ON}$ 时,V_O 为低电平。

需要说明的是:输入端负载特性是专用于 TTL 与非门的特性,不能用于 CMOS 门电路。

3. TTL 与非门的输出特性

TTL 与非门的输出特性反映的是输出电压与负载电流之间的关系。

1）输出为低电平（L）时的输出特性

输出为低电平时的测试电路如图 3.13（a）所示，其输出级等效电路如图 3.13（b）所示。

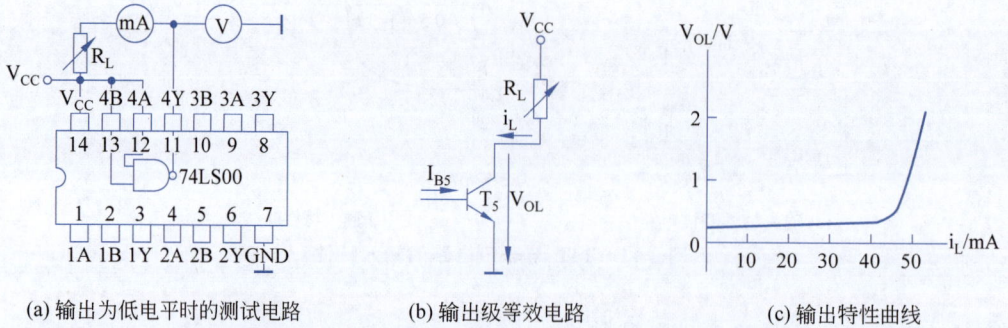

(a) 输出为低电平时的测试电路　　　(b) 输出级等效电路　　　(c) 输出特性曲线

图 3.13　TTL 与非门电路输出为低电平时的输出特性

由前面分析可知，此时 T_1 倒置，T_2、T_5 饱和导通，T_3 微导通，T_4 截止，显然，此时的负载是灌电流负载。当灌电流大于一定的值后，T_5 由饱和状态退到放大状态，V_O 迅速上升，如图 3.13（c）所示，破坏了输出为低电平的逻辑关系，因此，为保证 V_O 为标准低电平，对灌电流负载大小是有限制的。

2）输出为高电平（H）时的输出特性

输出为高电平时的测试电路如图 3.14（a）所示，其输出级等效电路如图 3.14（b）所示。

由前面分析可知，此时 T_1 饱和导通，T_2、T_5 截止，T_3、T_4 导通，显然，此时的负载是拉电流负载。当拉电流大于一定的值后，V_O 会逐渐变低，如图 3.14（c）所示，因此，为保证 V_O 为标准高电平，对拉电流负载大小必须是有限制的。

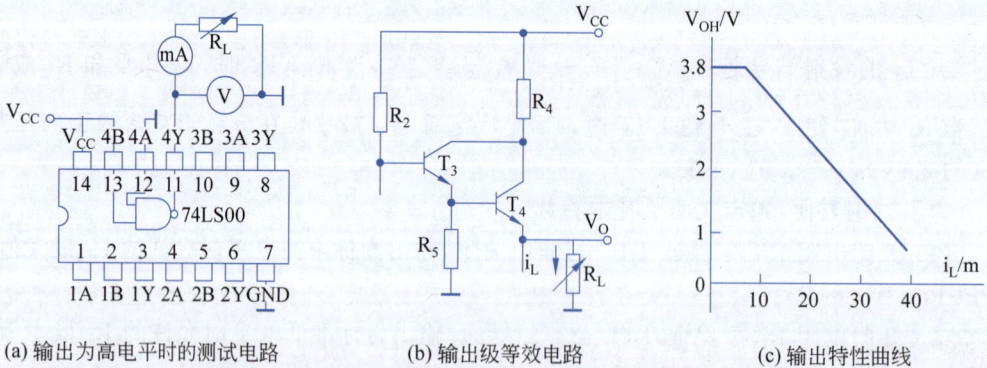

(a) 输出为高电平时的测试电路　　　(b) 输出级等效电路　　　(c) 输出特性曲线

图 3.14　TTL 与非门电路输出为高电平时的输出特性

3.3　CMOS 管门电路

MOS 管的全称为 MOSFET（Metal Oxide Semiconductor Field Effect Transistor，金属氧化物半导体场效应管），它是利用输入电压产生的电场效应来控制输出电流，所以是一种电压控制型器件。由于其制造工艺比较简单、成品率较高、功耗低、组成的逻辑电路比较简单，而且集成度高、抗干扰能力强，已广泛用于大规模集成电路中。又因为 MOS 管只是通过多数载流子参与导电，所以 MOS 管也称为单极型晶体管。

常用的 MOS 管为绝缘栅场效应管，如按导电沟道分有 N 沟道和 P 沟道两种，按工作方式分又有增强型和耗尽型两种，在数字逻辑电路中大多用的是增强型。N 沟道 MOS 管可简写成 NMOSFET，P 沟道 MOS 管可简写成 PMOSFET。若同时以互补方式采用这两种 MOS 管构成逻辑电路，则称其为 CMOS（Complementary Metal Oxide Semiconductor）逻辑电路。

3.3.1　NMOS 管和 PMOS 管

关键词：
- **MOS 管**：金属氧化物半导体场效应晶体管。
- **NMOS 管**：N 沟道 MOS 管。
- **PMOS 管**：P 沟道 MOS 管。
- **阈值电压 $V_{GS(TH)}$**：MOS 管形成导电反型层（沟道）时 MOS 管栅极与源极之间的最小电压。
- **截止区**：MOS 管的漏极和源极之间存在着很大的阻抗。
- **线性区**：MOS 管的漏极和源极之间相当于一个受电压 U_{GS} 控制的可变电阻。
- **饱和区**：MOS 管的漏极和源极间存在相对较低的阻抗。
- **CMOS 传输门**：也称模拟开关，是一种传输可控的双向开关电路，当控制信号有效时，传输门开启，允许信号双向传输；当控制信号无效时，传输门禁止。
- **三态门**：一种可控的单向传输门电路，其输出信号与输入信号可以相同，也可以相反，当控制信号有效时，三态门开启，允许输入信号通过三态门；当控制信号无效时，三态门禁止，输出"高阻态"。

图 3.15(a)为 NMOS 管的结构。该器件构造在 P 型硅衬底上，P 型硅的结构中缺乏电子。漏极和源极区是 N 型硅，N 型硅的结构中有多余的电子。漏极和源极大概相当于双极型晶体三极管的发射极和集电极。

NMOS 管的符号图如图 3.15(b)所示，其中，G 为栅极(Gate)，S 为源极(Source)，D 为漏极(Drain)，B 表示衬底(Base)，N 沟道增强型 MOS 管箭头由 P 型衬底指向 N 型沟道。

图 3.16(a)为 P 沟道 MOS 管的结构，PMOS 管箭头由 P 型沟道指向 N 型衬底，其符号图如图 3.16(b)所示。在制造过程中，可能将衬底 B 与源极 S 相连在一起，所以对外只呈现三个引脚。

在 TTL 门电路中，双极型晶体管不是工作在饱和区就是截止区。在 MOS 类型的门中，也有两种类似的工作区。

(1) **截止区**：与双极型晶体管相同，在这种条件下，在 MOS 管的漏极和源极之间存在着很大的阻抗。

(2) **饱和区**：与双极型晶体管的饱和区相似，在这种情况下，MOS 管的漏极和源极间存在相对较低的阻抗。

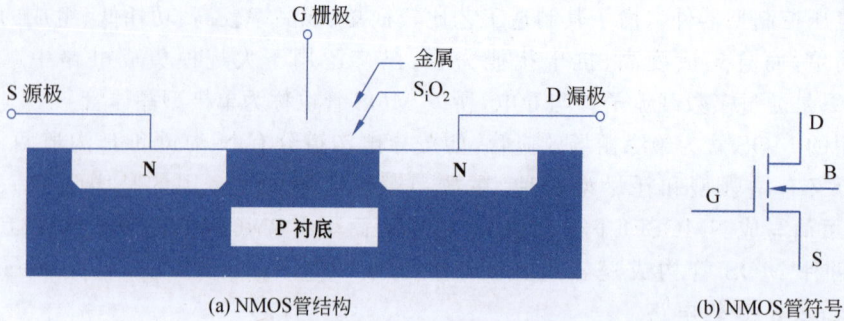

(a) NMOS管结构

(b) NMOS管符号

图 3.15　NMOS 管结构和符号

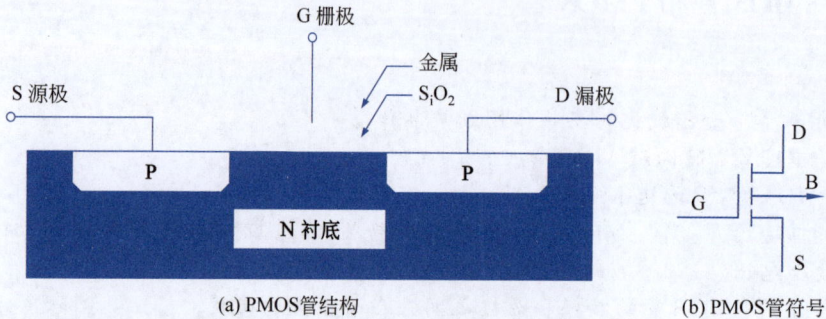

(a) PMOS管结构

(b) PMOS管符号

图 3.16　PMOS 管结构和符号

当栅极和源极之间的电压 V_{GS} 低于或高于阈值电压时，MOS 管在截止区和饱和区间转换。这个电压的缩写是 $V_{GS(TH)}$：它的值为 $1\sim5V$，典型电压为 $1.5V$。

图 3.17 给出了一个工作在截止区的 N 沟道 MOS 管电路，其栅-源电压 V_{GS} 小于 $V_{GS(TH)}$。在漏极和源极之间没有导电层，漏极和源极之间的阻抗 $R_{DS(OFF)}$ 非常大，典型的值为几千兆欧。

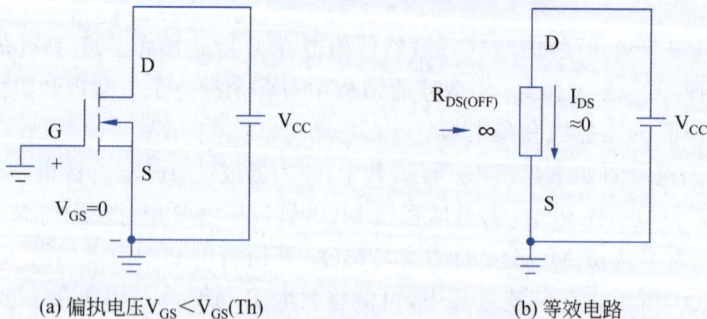

(a) 偏执电压$V_{GS}<V_{GS}(Th)$

(b) 等效电路

图 3.17　工作在截止区的 NMOS 管

当 V_{GS} 的值增加并超过阈值电压 $V_{GS(TH)}$ 时，MOS 管进入饱和区。在晶体管的 P 型衬底上形成了被称为 N 型反型层的导电沟道。该反型层好像人工制造的 N 型硅区域，如果在漏极和源极间提供足够的电位差，该反型层可以使得它们之间导通。

图 3.18 给出了工作在饱和区的 MOS 管电路。在饱和区的 MOS 管的等效阻抗 $R_{DS(ON)}$ 通常在 $500\Omega\sim2k\Omega$。漏-源电流 I_{DS} 由欧姆定律确定：$I_{DS}=V_{CC}/R_{DS(ON)}$。

PMOS 管的工作特性与 NMOS 管正好相反，当 $V_{GS}<V_{GS(TH)}$（$V_{GS(TH)}<0$，为开启电

(a) 偏执电压$V_{GS} \geqslant V_{GS}(Th)$ (b) 等效电路

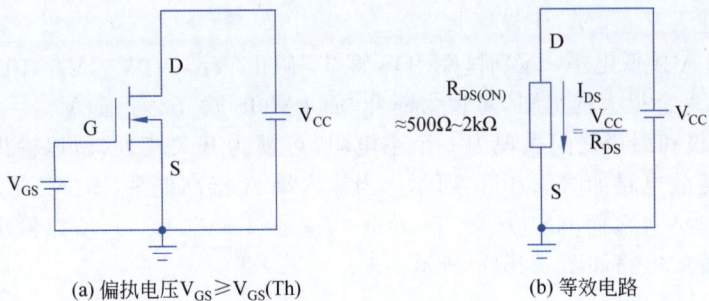

图 3.18 工作在饱和区的 NMOS 管

压)时,PMOS 管导通,源极和漏极之间可视为短路;否则,PMOS 管截止,源极和漏极之间可视为开路,相当于断开的开关。

故而可以得到如图 3.19 所示的两种 MOS 管工作特性对比分析。从中可以看出:当 NMOS 管的衬底接电路中最低电位点,而 PMOS 管的衬底接电路中最高电位点时,两种 MOS 管的工作特性正好互补。

图 3.19 NMOS 管和 PMOS 管的工作特性对比

(1)当栅极 G 接低电平时,NMOS 管处于截止区,PMOS 管处于饱和区。

(2)当栅极 G 接高电平时,NMOS 管处于饱和区,PMOS 管处于截止区。

3.3.2 CMOS 反相器

如图 3.20(a)所示,假设 NMOS 管 T_1 的开启电压为 V_{T1};PMOS 管 T_2 的开启电压

为 V_{T2}；电源电压 $V_{CC} \geqslant V_{T1} + |V_{T2}|$。

当输入端 A 接低电平（0V）时，NMOS 管 T_1 截止（$V_{GS1} = 0V < V_{T1}$），T_1 的源极和漏极之间表现为一个很大的电阻，可视为断开，而 PMOS 管 T2 导通（$V_{GS2} = -5V < V_{T2}$），所以，T_2 的源极和漏极之间表现为一个小电阻，可视为开关接通，所以输出端 F 为高电平，仿真及其等效电路如图 3.20(b)所示。当输入端 A 接高电平（+5V）时，PMOS 管 T_2 截止（$V_{GS2} = 0 > V_{T2}$），而 NMOS 管 T_1 导通（$V_{GS1} = +5V > V_{T1}$），所以输出端 F 为低电平，仿真及其等效电路如图 3.20(c)所示。

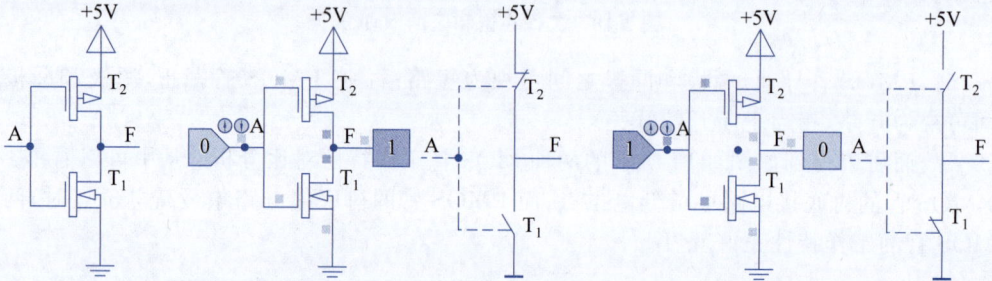

(a) CMOS反相器电路 (b) CMOS反相器输入0时的仿真及其等效电路 (c) CMOS反相器输入1时的仿真及其等效电路

图 3.20　CMOS 反相器电路及其仿真

由上述分析可见，输入电压为 0V 时，输出电压为 +5V；输入电压为 +5V 时，输出电压为 0V，因此该电路具有反相器（即逻辑非门）的功能：$F = \overline{A}$。

3.3.3　CMOS 与非门

两个输入端的 CMOS 与非门如图 3.21(a)所示。两个 NMOS 管 T_1 和 T_2 串联作为工作管，两个 PMOS 管 T_3 和 T_4 并联作为负载管。

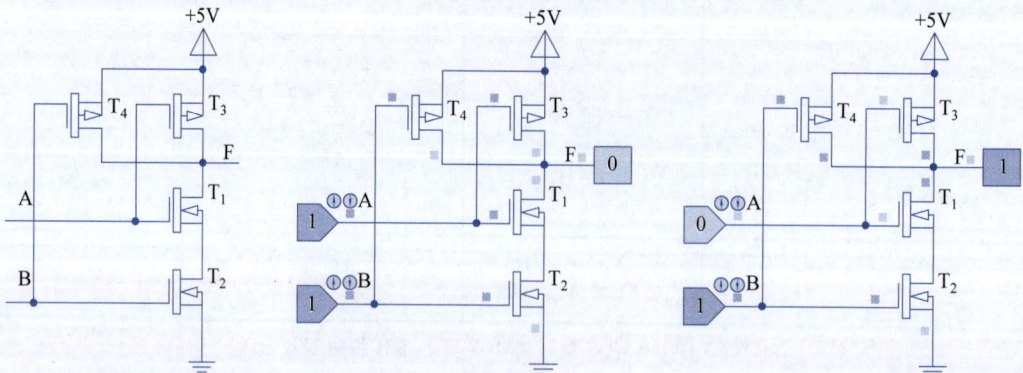

(a) CMOS与非门电路　　　(b) CMOS与非门输入均为1时　　(c) CMOS管与非门输入之一为0

图 3.21　CMOS 与非门电路及其仿真

当输入端 A 和 B 均为高电平时，两个 NMOS 工作管 T_1 和 T_2 同时导通（相当于开关接通），而两个 PMOS 负载管 T_3 和 T_4 同时截止（相当于开关断开），从而使输出端 F 对地接通，而对 +5V 断开，故输出端 F 为低电平，如图 3.21(b)所示；当输入端有一个为低电平(如 A 为低电平、B 为高电平)时,两个 NMOS 工作管中与低电平输入端 A 相连的工作管 T_1 截止,从而使输出端 F 对地断开,而两个负载管中与低电平输入端 A 相连的 PMOS 管 T_3 导通,从而使输出端 F 对+5V 接通,因此输出 F 为高电平,如图 3.21(c)所示(读者可按同样方式分析当 A 为高电平、B 为低电平或两个输入均为低电平时的情况下,输出 F 均为高电平);因此,输出 F 和输入 A、B 之间是与非逻辑关系,即 $F = \overline{A \cdot B}$。

　　要得到更多输入端的 CMOS 与非门电路,只要在如图 3.21 所示电路的基础上,增加串、并联 MOS 管的数量即可实现。在理论上,CMOS 与非门可以有很多个输入端,k 个输入端 CMOS 与非门要使用 k 个串联的 NMOS 管和 k 个并联的 PMOS 管。但实际上串联的 NMOS 管"导通"电阻的叠加效应限制了 CMOS 门的输入端数目,通常以不超过 6 个输入端为宜。太多输入端的 CMOS 与非门可通过多级级联来实现。

3.3.4　CMOS 或非门

　　两个输入端的 CMOS 或非门如图 3.22(a)所示。两个 NMOS 管 T_1 和 T_2 并联作为工作管,两个 PMOS 管 T_3 和 T_4 串联作为负载管。

　　当输入端 A 和 B 均为低电平时,T_1 和 T_2 同时截止(相当于开关断开),T_3 和 T_4 同时导通(相当于开关接通),故输出端 F 为高电平,如图 3.22(b)所示;当输入端 A 和 B 有一个为高电平时(如 A 为高电平,B 为低电平),与高电平输入端 A 相连的 NMOS 管 T_1 导通,从而使输出端 F 对地接通,与高电平输入端 A 相连的 PMOS 管 T_4 截止,从而使 F 端对+5V 断开,因此输出端 F 为低电平,如图 3.22(c)所示(读者可按同样方式分析当 A 为低电平、B 为高电平或两个输入均为高电平时的情况下,输出 F 均为低电平);因此,输出 F 和输入 A、B 之间是或非逻辑关系,即 $F = \overline{A + B}$。

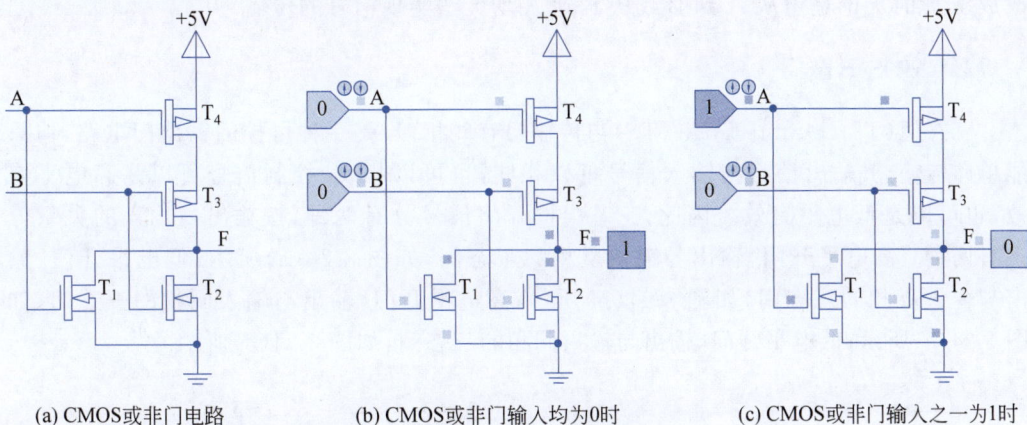

(a) CMOS 或非门电路　　　　(b) CMOS 或非门输入均为0时　　　　(c) CMOS 或非门输入之一为1时

图 3.22　CMOS 或非门电路及其仿真

3.3.5　其他类型 CMOS 门

1. CMOS 传输门

　　CMOS 传输门(也称模拟开关)是利用结构上完全对称的 PMOS 管和 NMOS 管按

闭环互补形式连接而成的,如图 3.23(a)所示。

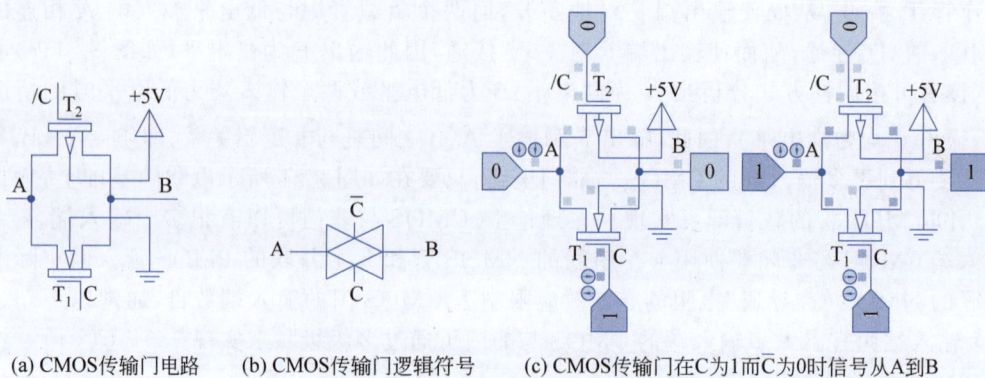

(a) CMOS传输门电路　　(b) CMOS传输门逻辑符号　　(c) CMOS传输门在C为1而 $\overline{C}$ 为0时信号从A到B

图 3.23　CMOS 或非门电路及其仿真

CMOS 传输门也是构成逻辑电路的一种基本单元电路之一,其中,T_1 是 NMOS 管,T_2 是 PMOS 管。T_1 和 T_2 的源极和漏极分别连接在一起作为传输门的两个端:A 和 B,两个 MOS 管的栅极作为互补的控制端 C 和 $\overline{C}$,而两个管的衬底不是与源极相连,而是分别接到地和 +5V 上,由于每个 MOS 管的源极和漏极完全对称,所以可以互换使用。

CMOS 传输门的功能表现为一种传输可控的开关电路,其逻辑符号如图 3.23(b)所示,当 C 为高电平、$\overline{C}$ 为低电平时,数字信号无论是 0 或 1,均可从 A 传到 B,如图 3.23(c)所示,也可以从 B 传到 A(读者可将图 3.23(c)中 A 端的 LOGICSTATE 与 B 端的 LOGICPROBE 互换位置即可仿真);当 C 为低电平、$\overline{C}$ 为高电平时,由于两个 MOS 管都截止,所以 A 和 B 之间呈高阻状态(读者可将 C 端的控制信号改成 0,将 $\overline{C}$ 端的控制信号改成 1,此时无论是想从 A 到 B 或从 B 到 A 均无法实现信号的传输)。

2. CMOS 三态门

三态门(Three-State Logic,TS)与传输门有些相似,是一种可控的输出门电路,但只能单向传输,其输出信号与输入信号可以相同,也可以相反,控制信号可以是高电平有效,也可以是低电平有效。因此,三态门按开门信号分有两种,按输出与输入的关系分也有两种:高电平开门,输出与输入反相的三态门,如图 3.24(a)所示;低电平开门,输出与输入反相的三态门,如图 3.24(b)所示;高电平开门,输出与输入同相的三态门,如图 3.24(c)所示;低电平开门,输出与输入同相的三态门,如图 3.24(d)所示。

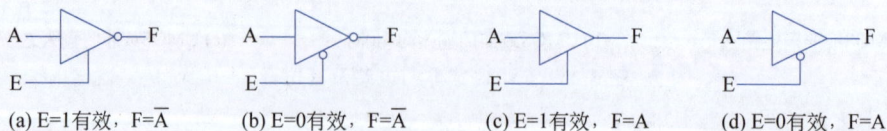

(a) E=1有效, F=$\overline{A}$　　(b) E=0有效, F=$\overline{A}$　　(c) E=1有效, F=A　　(d) E=0有效, F=A

图 3.24　三态门符号图

CMOS 三态门的电路结构可以有多种形式,如在 CMOS 反相器的输入端串一个 CMOS 传输门即可构成如图 3.24(a)所示的 CMOS 三态门,具体电路不赘述。

3. 漏极开路的 CMOS 与非门

漏极开路与三极管的集电极开路类似,所以也和三极管的 OC 门叫法类似地称为 OD(Open Drain)门。和 OC 门的用法也类似,在应用中也需要外接上拉电阻,但也带来了可以适应不同电压输出的便利。

漏极开路的 CMOS 与非门是在图 3.21 的 CMOS 与非门电路的基础上省去了有源负载(两个 PMOS 管和电源)构成的,如图 3.25(a)所示,其逻辑符号如图 3.25(b)所示。

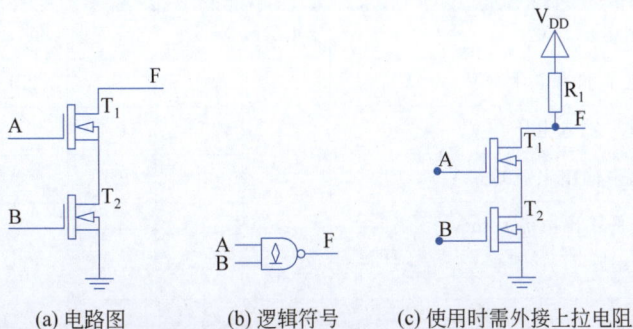

(a) 电路图   (b) 逻辑符号   (c) 使用时需外接上拉电阻

图 3.25   漏极开路的 CMOS 与非门

普通的 CMOS 门电路使用时有一定的局限性。其一是不能把它们的输出端并联使用。由图 3.21 可知,若将两个与非门的输出端并联,而一个与门的输出是高电平(相当于 +5V),另一个门的输出是低电平(相当于 GND),则相当于把一个输出端为高电平 +5V 电源通过输出端为低电平的与非门直接接地,从而在其输出级形成过大的电流而使电路发热损坏。其二是电源一旦确定,其输出的高电平也就固定了,因而无法满足负载对不同输出电压和不同驱动电流的需求。漏极开路输出门正好弥补了普通的 CMOS 门电路的不足,可以实现线与逻辑,也可以通过外接电阻的阻值不同和驱动电压的改变达到改变驱动电流和适应不同电压变换的目的,如图 3.25(c)所示。

3.4   逻辑门电路的电气特性参数

当我们研究逻辑电路的电气特性的时候,认为它们是实际电路而不是理想器件。主要考虑开关速率、功耗、抗干扰能力和电流驱动能力等特性。目前,常用的逻辑器件有多个不同的种类,各类器件的电气特性有所不同,它们的适用场景也有差别。

CMOS 逻辑电路的功耗小,抗干扰能力强,可以应用在一个较大的电源电压范围内。

TTL 逻辑电路则比 CMOS 逻辑电路的电流驱动能力强,但其功耗比 CMOS 电路大,对电源电压的要求也更严格。

如表 3.1 所示为 TTL 与非门 SN54LS00 和 SN74LS00 的主要性能参数。其中,54 系列产品是按照军事需求生产的,其要求工作的环境条件范围较普通用途的 74 系列要宽些。表中的参数包括以下三部分。

(1) 工作条件:说明了器件正常工作时的电源电压、输入电压范围、直流输出负载和允许的环境温度等。

（2）电气特性：在推荐工作条件下，测得的器件输入和输出端的各种直流电压和电流值。

（3）开关特性：$V_{CC} = 5V$，$T_A = 25℃$ 的工作条件下的传输延迟时间 t_{pd}。

表 3.1 TTL 与非门 74LS00 的主要性能参数

参数/单位		SN54LS00			SN74LS00		
		最小值	典型值	最大值	最小值	典型值	最大值
推荐工作条件	V_{CC}（电源电压）/V	4.5	5	5.5	4.75	5	5.25
	V_{IH}（高电平输入电压）/V	2.0			2.0		
	V_{IL}（低电平输入电压）/V			0.7			0.8
	I_{OH}（高电平输出电流）/mA			−0.4			−0.4
	I_{OL}（低电平输出电流）/mA			4.0			8.0
	T_A（工作温度）/℃	−55	25	125	0	25	70

参数/单位	测试条件	SN54LS00			SN74LS00		
		最小值	典型值	最大值	最小值	典型值	最大值
推荐允许环境温度范围内的电气特性	V_{IK}（输入钳位二极管电压）/V	$V_{CC}=4.5V$，$I_I=-18mA$		−0.65	−1.5		−0.65	−1.5
	V_{OH}（高电平输出电压）/V	$V_{CC}=4.5V$，$V_{IL}=0.8V$，$I_{OH}=-0.4mA$	2.5	3.4		2.7	3.4	
	V_{OL}（低电平输出电压）/V	$V_{CC}=4.5V$，$V_{IH}=2V$，$I_{OL}=16mA$		0.25	0.4		0.35	0.5
	I_{IH}（高电平输入电流）/μA	$V_{CC}=5.5V$，$V_I=2.4V$			20			20
	I_{IL}（低电平输入电流）/mA	$V_{CC}=5.5V$，$V_I=0.4V$			−0.4			−0.4
	I_{OS}（短路电流）/mA	$V_{CC}=5.5V$	−20		−100	−20		−100
	I_{CCH}（输出高电平电流）/mA	$V_{CC}=5.5V$，$V_I=0V$	0.8	1.6		0.8	1.6	
	I_{CCL}（输出低电平电流）/mA	$V_{CC}=5.5V$，$V_I=4.5V$	2.4	4.4		2.4	4.4	

参数/单位	输入	输出	测试条件	最小值	典型值	最大值
开关特性（$V_{CC}=5V$，$T_A=25℃$） t_{PLH}（输出由低变高的传输延时）/ns	A 或 B	F	$R_L=2kΩ$，$C_L=15pF$		9	15
t_{PHL}（输出由高变低的传输延时）/ns					10	15

注：（1）电流以流入逻辑门的为正值，流出逻辑门为负值。

（2）任意时刻最多只能有一个输出短路，电路的短路时间不应超过 1s。

3.4.1 输入/输出电压和电流参数

依据 74LS00 的主要性能参数表,可总结如图 3.26 所示的逻辑门电路的输入/输出电压和电流参数:

(1) 输入电压参数:V_{IL}、V_{IH}。

(2) 输出电压参数:V_{OL}、V_{OH}。

(3) 输入电流参数:I_{IL}、I_{IH}。

(4) 输出电流参数:I_{OL}、I_{OH}。

(a) 输入/输出电压参数

(b) 输入/输出电流参数

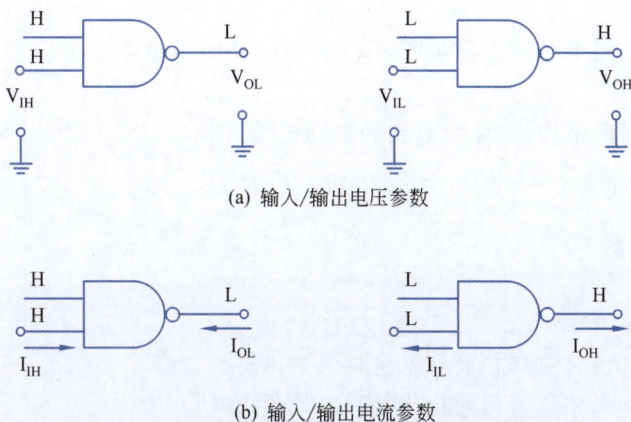

图 3.26 逻辑门电路的输入/输出电压和电流参数

以上参数的两个下标,一个表明该参数是输入还是输出,另一个指明逻辑电平。例如:

- V_{OL} 表示该门电路输出为低电平状态时的输出电压。
- I_{IH} 表示该门电路输入为高电平状态时的输入电流。

3.4.2 传输延时

关键词:

- **t_{PHL}**:器件输出由高电平变为低电平时的传输延时。
- **t_{PLH}**:器件输出由低电平变为高电平时的传输延时。
- **t_{Pd}**:平均传输延迟时间。

二极管、三极管存在开关时间,由二极管和三极管构成的 TTL 电路的状态转换需要一定的时间,即输出不能立即响应输入信号的变化,而有一定的延迟,该延迟时间称为传输延时,通常为 10 ~ 20ns。同时,由于电阻、二极管、三极管等元器件寄生电容的存在,还会使输出电压波形的上升沿和下降沿变得不那么陡。

图 3.27 为与非门和与门的传输延时,在门电路输入发生变化之后,输出会延迟一段时间才发生变化。

两个门电路的输出变化都给出了两种延时:t_{PHL} 和 t_{PLH},其中下标 HL/LH 表明了门输出的变化方向,HL 表明输出由高变低,LH 表明输出由低变高。因此,t_{PHL} 表示器件输

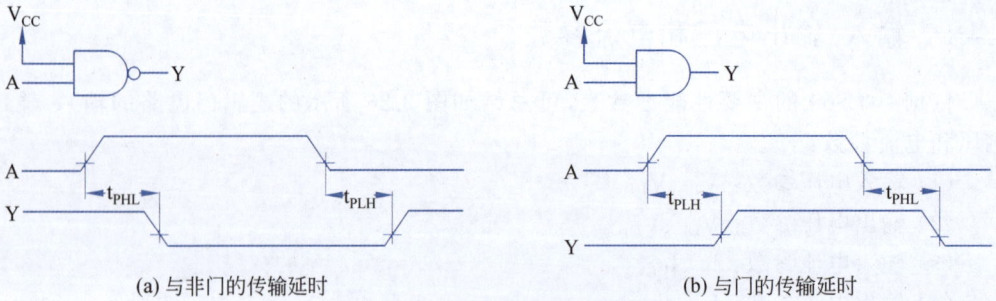

(a) 与非门的传输延时　　　　　　　　　　　(b) 与门的传输延时

图 3.27　与非门和与门的传输延时

出由高电平变为低电平时的传输延时，t_{PLH} 表示器件输出由低电平变为高电平的传输延时。

以上两个延时的平均值，称为电路的平均传输延时：

$$t_{Pd} = (t_{PHL} + t_{PLH})/2$$

3.4.3　扇出系数

关键词：
- 驱动门：为其他逻辑门的输入提供电流的逻辑门。
- 负载门：由其他逻辑门的输出提供电流的逻辑门。
- 扇出系数：一个逻辑门能无逻辑错误地驱动负载门的最大数目。
- N_{OH}：输出高电平状态下驱动门的扇出系数。
- N_{OL}：输出低电平状态下驱动门的扇出系数。

驱动门的输出端接上负载后，负载有拉电流（由内向外提供）负载和灌电流（由外向内输入）负载。拉电流负载增加会使门电路输出高电平下降；而灌电流负载增加会使门电路输出低电平上升。

逻辑门电路是电流驱动能力有限的器件。由于输出电路有一定的输出电阻，所以输出的高、低电平会随负载电流而改变，若变化很小，则说明该门电路的带负载能力强。通常用输出电平变化不超过某一规定值（高电平不低于高电平下限值 V_{OHmin}，低电平不高于低电平上限值 V_{OLmax}）时的最大负载电流，来定量描述门电路的带负载能力大小。一个逻辑门能无逻辑错误地驱动的负载门的最大数目称为该逻辑门的扇出系数。图 3.28 描述了某驱动门输出为高电平和低电平时的扇出系数。

输出高电平状态下驱动门的扇出系数 N_{OH}：

$$N_{OH} = \frac{I_{OHmax}}{I_{IHmax}}$$

输出低电平状态下驱动门的扇出系数 N_{OL}（由于是灌入电流，故也可称为扇入系数）：

$$N_{OL} = \frac{I_{OLmax}}{I_{ILmax}}$$

以上两式中，I_{OHmax} 为最大允许拉电流，I_{IHmax} 是一个负载门拉出本级的最大电流；

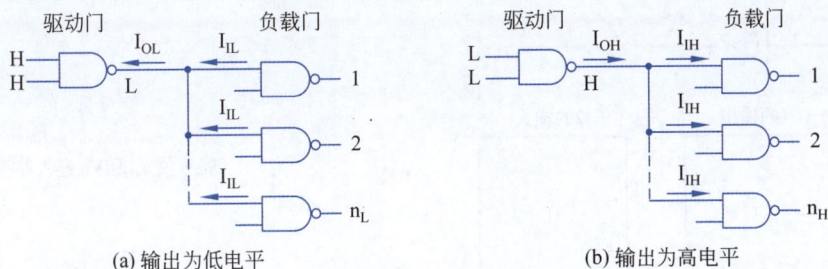

(a) 输出为低电平   (b) 输出为高电平

图 3.28　驱动门和负载门的关系

I_{OLmax} 为最大允许灌电流，I_{ILmax} 是一个负载门灌入本级的最大电流。N_{OH} 和 N_{OL} 统称为扇出系数 No，No 越大，说明逻辑门的负载能力越强。一般产品规定要求 No≥8。

在实际应用过程中，一个门的扇出系数只能是一个，当 N_{OH} 和 N_{OL} 不一样大时，应取 N_{OH} 和 N_{OL} 中的小者作为实际电路的设计依据。

例：分析 74LS00 与非门的扇出系数（即某 74LS00 系列与非门能驱动多少个 74LS00 的负载门）。

解：74LS00 与非门的输入/输出电流参数为

$$I_{OL} = 8mA, \quad I_{IL} = -0.4mA, \quad I_{OH} = -0.4mA, \quad I_{IH} = 20\mu A$$

因此，驱动门输出为低电平状态时：$N_{OL} = I_{OL}/I_{IL} = 8mA/0.4mA = 20$。

驱动门输出为高电平状态时：$N_{OH} = I_{OH}/I_{IH} = 0.4mA/20\mu A = 20$。

因为 $N_{OL} = N_{OH}$，所以该逻辑门的扇出系数为 20。

3.4.4　噪声容限

关键词：
- **噪声容限**：逻辑电路容忍噪声的量度。
- V_{NL}：输入低电平时的噪声容限。
- V_{NH}：输入高电平时的噪声容限。

所谓噪声容限，是指当有干扰信号叠加到输入信号的高低电平上，只要干扰电压的幅度不超过容许的界限，就不会影响输出的状态。这个界限被称为噪声容限或抗干扰能力。

如图 3.29 所示的电路，用一个非门 1 驱动另一个非门 2。

图 3.29(a) 中，门 1 的输出电压参数与门 2 的输入电压参数有相同的逻辑阈值。如果两个逻辑门之间的线路存在干扰噪声，这就可能使门 2 的输入电压进入非法值区域，其输出会发生错误。

图 3.29(b) 中，门 1 的输出电压参数范围较窄，门 2 的输入电压参数范围较宽，两个门电路的输入输出电压逻辑阈值之间的差值使得电路上叠加小的干扰噪声也能正常工作。只要噪声信号不大于两者的阈值之差，门 2 的输入电压就不会进入非法值区域，该电路具备一定的抗干扰能力。

由以上分析可知，噪声容限有以下两种。

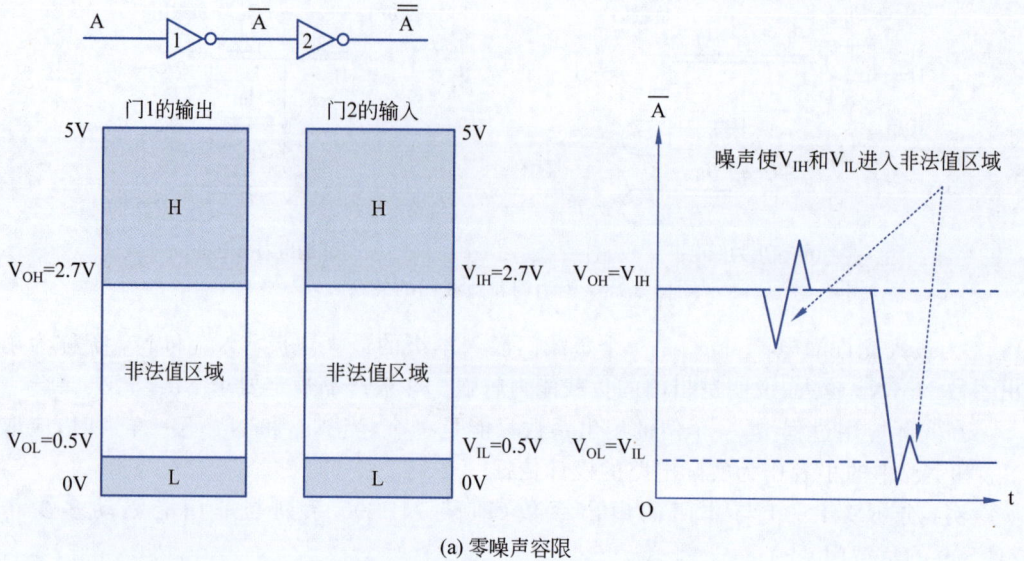

(a) 零噪声容限

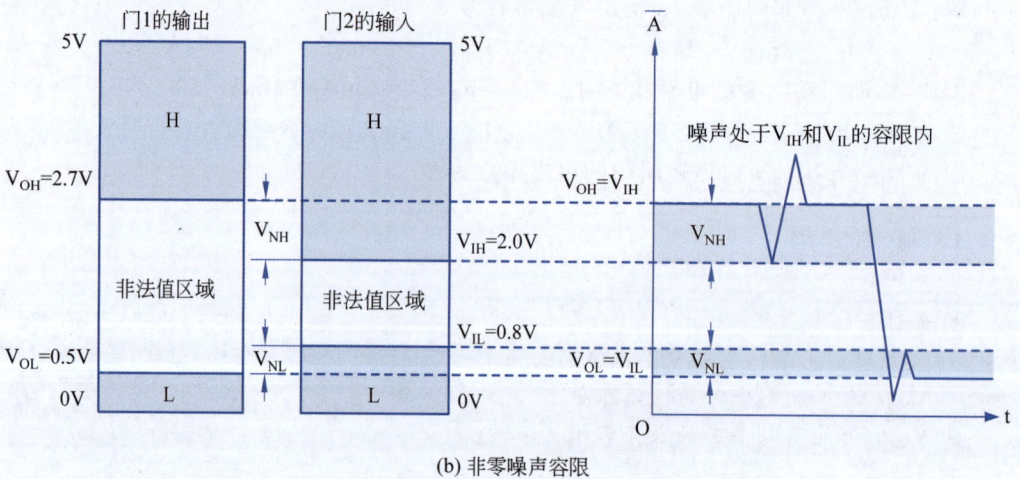

(b) 非零噪声容限

图 3.29　零噪声容限和非零噪声容限

- 输入为低电平时的噪声容限 V_{NL}（或 $\triangle 0$）。
- 输入为高电平时的噪声容限 V_{NH}（或 $\triangle 1$）。

（1）输入为低电平的噪声容限为

$$V_{NL} = V_{IL} - V_{OL}$$

其中，V_{IL} 为门 2 输入低电平的上限值，V_{OL} 为门 1 输出低电平的上限值。V_{NL} 越大，表明输入低电平时抗正向干扰能力越强。

（2）输入为高电平的噪声容限 V_{NH} 为

$$V_{NH} = V_{OH} - V_{IH}$$

其中，V_{IH} 为门 2 输入高电平的下限值，V_{OH} 为门 1 输出高电平的下限值。V_{NH} 越大，表明输入高电平时抗负向干扰能力越强。

图 3.29(b)中：

- 门 2 输入为低电平的噪声容限：

$$V_{NL} = V_{IL} - V_{OL} = 0.8 - 0.5 = 0.3V$$

- 门 2 输入为高电平的噪声容限：

$$V_{NH} = V_{OH} - V_{IH} = 2.7 - 2.0 = 0.7V$$

3.4.5　功耗

关键词：
- **功耗 P_D**：逻辑器件在一段特定时间内消耗的电能。
- **V_{CC}**：逻辑器件的电源电压。
- **I_{CC}**：逻辑器件的电源总电流。
- **I_{CCH}**：逻辑器件的输出为高电平时的电源总电流。
- **I_{CCL}**：逻辑器件的输出为低电平时的电源总电流。
- **占空比 DC**：芯片输出为高电平所占的时间比。

逻辑器件工作时需要消耗电能，单位时间内逻辑器件消耗的电能称为功耗。

图 3.30 为 74LS00 与非门器件的电源电压和电流。其中，V_{CC} 为逻辑器件的电源总电压，I_{CC} 为逻辑器件的电源总电流。

由于不同类型的逻辑器件系列的工作原理不同，其消耗电能的数值范围不同，功耗计算方法也有所不同。

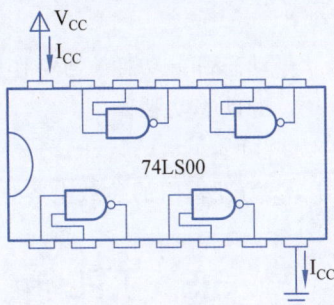

图 3.30　74LS00 与非门器件的电源电压和电流

1. TTL 器件的功耗

TTL 器件的功耗可由下式计算。

$$P_D = V_{CC} \times I_{CC}$$

其中，V_{CC} 为 TTL 器件的电源电压，I_{CC} 为 TTL 器件的电源总电流。

TTL 器件手册中给出了两个电源电流值 I_{CCL} 和 I_{CCH}。其中，I_{CCL} 为器件输出为低电平时的电源总电流，I_{CCH} 为器件输出为高电平时的电源总电流。

如果 TTL 器件中多个逻辑门的输出不全是同一电平，电源电流 I_{CC} 由下式计算。

$$I_{CC} = \frac{n_H}{n} I_{CCH} + \frac{n_L}{n} I_{CCL}$$

其中，n 是器件中所有逻辑门的总数，n_H 是输出为高电平的逻辑门的数量，n_L 是输出为低电平的逻辑门的数量。

TTL 芯片的功耗也与逻辑门输出为高电平的时间比（也称为占空比）有关。占空比 DC 是逻辑门芯片输出为高电平所占时间比。

如果芯片输出的平均占空比为 50%，电源电流 I_{CC} 由下式计算。

$$I_{CC} = (I_{CCH} + I_{CCL})/2$$

如果输出占空比不是 50%，则电源电流计算如下。

$$I_{CC} = DC \times I_{CCH} + (1 - DC) \times I_{CCL}$$

2. CMOS 器件的功耗

CMOS 逻辑门在输出从一个状态转换到另外一个状态时，会吸收更多的能量。当输出状态不变时，门电路中内阻非常大，从而限制了电源电流。这样，CMOS 逻辑门的状态转换需要内部电容的充放电，导致对电源电流的需求更大。因此，CMOS 逻辑门转换越快，其消耗的电能越大。

鉴于此，CMOS 电路中电源电流 I_{CC} 由两部分组成：静态电流和动态电流。

- 当 CMOS 电路处于静止状态的时候，静态电流流动，而动态组件与工作频率有关。
- 在高频（大约 1MHz 或更高）情况下，静态电流相对于动态电流来说很小，可以被忽略。

因此，CMOS 芯片的功耗 P_D 为静态部分功耗与动态部分功耗之和。

- 静态部分功耗：与逻辑门处于静态时的静态电流有关，静态电流通常是指整个芯片组件的电流，而不考虑芯片中逻辑门的数量。即

$$P_{D1} = V_{CC} \times I_{CC}$$

- 动态部分功耗：与工作频率有关。可利用内部电容和负载电容计算每个门电路的动态功耗。

$$P_{D2} = (C_L + C_{PD}) V_{CC}^2 \times f$$

其中，C_L 为逻辑门的负载电容，C_{PD} 为逻辑门的内部电容，f 为逻辑门的转换频率。

3.5 TTL 和 CMOS 集成逻辑门电路简介

3.5.1 TTL 集成逻辑门电路

1. TTL 集成逻辑门电路的主要系列

此类集成电路内部输入级和输出级都是晶体管结构，属于双极型数字集成电路，其主要系列如下。

1）74 系列

74 系列是早期的产品，现仍在使用，但正逐渐被淘汰。

2）74H 系列

74H 系列是 74 系列的改进型，属于高速 TTL（High-speed TTL）产品。其"与非门"的平均传输时间为 10ns 左右，但电路的静态功耗较大，目前该系列产品使用越来越少，正逐渐被淘汰。

3）74S 系列

74S 系列是 TTL 的肖特基（Schottky TTL）系列。在该系列中，采用了肖特基二极管，阴极与三极管的集电极连接，阳极与三极管的基极连接，构成抗饱和三极管，从而达

到禁止三极管进入深度饱和而减少存储时间延迟的目的,因此速度较高,但该系列的产品品种较少。

4)74LS 系列

74LS 系列是低功耗肖特基(Low-power Schottky)系列型号,是当前 TTL 类型中的主要产品系列。品种和生产厂家众多,性价比较高,一般与非门平均延迟时间约 9.5ns,平均功耗约 2mW,目前在中小规模电路中应用非常广泛。

5)74AS 系列

74AS 系列是一款先进的肖特基(Advanced Schottky)产品,是为了进一步缩短 74S 系列的传输延迟时间而设计的改进系列产品,其与非门平均延迟时间可达 1.5ns 左右,又称为"先进超高速肖特基"系列,但功耗较大。

6)74ALS 系列

74ALS 系列是一款先进的低功耗肖特基(Advanced Low-power Schottky)产品,是为了降低 74AS 系列的功耗而设计的改进系列,其速度和功耗两方面有较好的兼顾,比74LS 有较大的改进,与非门平均延迟时间约为 4ns、平均功耗约为 1mW,但价格较高。

2. TTL 集成电路使用中应注意的问题

1)正确选择电源电压

TTL 集成电路的电源电压允许变化范围比较窄,一般为 4.5~5.5V。在使用时既要保证电压的稳定性,又要避免将电源与地接反,否则将会造成器件损坏。

2)对输入端的处理

TTL 集成电路的各个输入端不能直接与高于+5.5V 和低于-0.5V 的低内阻电源连接。对多余的输入端最好不要悬空。虽然悬空相当于高电平,并不影响"与门、与非门"的逻辑关系,但悬空容易遭受干扰,有时会造成电路的误动作。因此多余输入端要根据实际需要做适当处理。例如,"与门、与非门"的多余输入端可直接接到 V_{CC} 上,也可将不同的输入端共用一个电阻连接到 V_{CC} 上;或将多余的输入端并联使用。对于"或门、或非门"的多余输入端应直接接地。总之,不使用的输入端不能悬空,应根据逻辑功能接入适当电平。

3)对于输出端的处理

除"三态门、集电极开路门"外,TTL 集成电路的输出端不允许并联使用。如果将几个"集电极开路门"(即 OC 门)电路的输出端并联实现线与功能,应在输出端与电源之间接入一个合适的上拉电阻。

4)采用合适的焊接方法

在需要弯曲管脚引线时,不要靠近根部弯曲。焊接前不要用刀刮去引线上的镀金层,焊接所用的烙铁功率一般不超过 25W,焊接时间不宜过长,最好选用中性焊剂。

5)注意设计工艺,增强抗干扰措施

在设计印制线路板时,应避免引线过长,以防止窜扰和对信号产生传输延迟。此外要把电源线设计得宽些,地线要进行大面积接地,这样可减少接地噪声干扰。

3.5.2　CMOS 集成逻辑门电路

1. CMOS 集成逻辑门电路的主要系列

CMOS 数字集成电路是一种微功耗集成电路，随着生产工艺的改进和制造水平的提高，这类产品的中小规模 IC 的性能越来越好，并有逐渐取代 TTL 电路之势，主要有以下系列。

1）4000B/4500B 系列

4000B/4500B 系列是以美国 RCA 公司的 CD4000B 系列和 CD4500 系列制定的，与美国 Motorola 公司的 MC14000B 系列和 MC14500B 系列产品完全兼容。该系列产品的最大特点是工作电源电压范围宽，可达 $3 \sim 18\text{V}$，而且功耗小，但速度较低，价格比较低廉，是目前 CMOS 电路的主要应用产品。

2）74HC/HCT 系列

74HC/HCT 系列是高速 CMOS 标准逻辑电路系列，具有与 74LS 系列同等的工作速度和 CMOS 集成电路固有的低功耗及电源电压范围宽等特点。74HC×× 是 74LS×× 同序号的翻版，型号最后几位数字相同，表示电路的逻辑功能、管脚排列完全兼容，为用 74HC 替代 74LS 提供了方便。

3）74AC/ACT 系列

74AC/ACT 系列又称先进的 CMOS 集成电路，即 Advanced CMOS Logic。由于该系列管脚布局的选择是为了改善抗噪性能，使器件的输入对芯片其他管脚上信号变化不敏感，因此该系列与 TTL 系列不具有电气兼容性。该系列器件的编号采用 5 位数字，开头是 11，例如，74AC11004 与 74HC04 逻辑功能等效。

4）74AHC/AHCT 系列

74AHC/AHCT 系列是改进的高速 CMOS 系列，其速度比 HC 系列的同类产品快 3 倍，同时带负载能力也提高了近一倍，可以直接用来替换 HC 系列器件，该系列产品应用较广。

2. CMOS 集成逻辑门电路的主要特点

（1）具有非常低的静态功耗。在电源电压 $V_{CC} = 5\text{V}$ 时，中规模集成电路的静态功耗小于 $100\mu\text{W}$。

（2）具有非常高的输入阻抗。正常工作的 CMOS 集成电路，其输入保护二极管处于反偏状态，直流输入阻抗大于 $100\text{M}\Omega$。

（3）宽电压范围。CMOS 集成电路标准 4000B/4500B 系列产品的电源电压为 $3 \sim 18\text{V}$。

（4）扇出能力强。在低频工作时，一个输出端可驱动 CMOS 器件 50 个以上输入端。

（5）抗干扰能力强。CMOS 集成电路的电压噪声可达电源电压值的 45%，且高电平和低电平的噪声容限值基本相等。

（6）逻辑摆幅大。CMOS 电路在空载时，输出高电平 $V_{OH} \geqslant V_{CC} - 0.05\text{V}$，输出低电平 $V_{OL} \leqslant 0.05\text{V}$。

3. CMOS 集成逻辑门电路使用应注意的问题

1）正确选择电源

由于 CMOS 集成电路的工作电源电压范围比较宽,选择电源电压时首先要考虑避免超过极限电源电压。其次要注意电源电压的高低将影响电路的工作频率。降低电源电压会引起电路工作频率下降或增加传输延迟时间。例如 CMOS 触发器,当 V_{CC} 从 $+15V$ 下降到 $+3V$ 时,其最高频率将从千兆兹下降到几十千赫。

2）对输入端的处理

在使用 CMOS 逻辑器件时,对输入端一般要求如下。

① 保证输入信号幅值不超过 CMOS 电路的电源电压,即 $V_{SS} \leqslant V_I \leqslant V_{CC}$,一般情况下,$V_{SS} = 0V$。

② 输入脉冲信号的上升和下降时间一般应小于几微秒,否则电路有可能工作不稳定甚至损坏器件。

③ 所有不用的输入端不能悬空,应根据实际要求接入适当的电压（V_{CC} 或 $0V$）。CMOS 集成电路输入阻抗极高,一旦输入端悬空,极易受外界噪声影响,从而破坏电路的正常逻辑关系,也可能感应静电,造成栅极被击穿。

3）对输出端的处理

① CMOS 电路的输出端不能直接连到一起,否则,互补的 MOS 管会形成低阻通路,造成电源的短路。

② 在 CMOS 逻辑系统设计中,应尽量减少电容负载。电容负载会降低 CMOS 集成电路的工作速度和增加功耗。

③ CMOS 电路在特定条件下可以并联使用。当同一芯片上两个以上同样器件并联使用（例如各种门电路）时,可增大输出灌电流和拉电流负载能力,同样也提高了电路的速度。器件的输出端并联时,输入端也必须并联。

④ 从 CMOS 器件的输出驱动电流大小来看,CMOS 电路的驱动能力比 TTL 电路要差很多,一般 CMOS 器件的输出只能驱动一个 LS-TTL 负载。但从驱动和它本身相同的负载来看,CMOS 的扇出系数比 TTL 电路大得多（CMOS 的扇出系数 $\geqslant 50$）。CMOS 电路驱动其他负载,一般要外加一级驱动器接口电路。

小　　结

逻辑门电路是构成复杂数字电路的基本单元,熟练掌握各种逻辑门电路的基本结构、工作原理、逻辑功能和电气特性,是分析和设计各种数字系统的必要基础。

1. 二极管门电路

- 二极管的开关特性
- 二极管与门电路
- 二极管或门电路

2. 三极管非门电路

3. TTL 与非门电路

- TTL 与非门的电压传输特性
- TTL 与非门的 I/O 特性
- TTL 与非门的动态特性

4. CMOS 门电路

- CMOS 反相器、CMOS 与非门、CMOS 或非门
- CMOS 传输门、CMOS 三态门

5. 逻辑门电路的电气特性参数

- 输入/输出电压和电流参数
- 传输延时
- 噪声容限
- 扇出系数
- 功耗

思考题与习题

3.1 二极管有哪些类型？其开启电压有何不同？

3.2 什么叫双极型晶体管？什么叫单极型晶体管？

3.3 三极管的工作区有哪几个？在数字电路中，通常工作在什么区？

3.4 什么叫拉电流负载？什么叫灌电流负载？如何衡量门电路的负载能力？

3.5 什么叫 OC 门？

3.6 MOSFET 的英文全称是什么？

3.7 MOS 的分类如何？在数字电路中通常用的是什么类型的 MOS 管？

3.8 什么叫 CMOS 逻辑电路？

3.9 简述 CMOS 非门的电路结构及其工作原理。

3.10 以两个输入端与非门为例，简述其 CMOS 电路结构及其工作原理。

3.11 CMOS 与非门的输入端个数是否可以任意增加？为什么？

3.12 以两个输入端或非门为例，简述其 CMOS 电路结构及其工作原理。

3.13 三态门有哪几种形式？

3.14 什么是 OD 与非门？应用上有何不同？

3.15 TTL 与非门电路由哪几部分构成？

3.16 TTL 与非门的输出特性反映的是与非门的什么能力？如何衡量？

3.17 常用的 CMOS 数字集成有哪些系列？各有哪些特点？

3.18 常用的 TTL 数字集成电路有哪些系列？各有哪些特点？

第4章
组合逻辑基础

内容提要

数字逻辑电路分为组合逻辑电路（combinational logic circuit）和时序逻辑电路（sequential logic circuit），本章及第5章讨论组合逻辑电路。组合逻辑电路包括简单的逻辑门，也包括编码器、译码器、数据分配器、数据选择器、运算器等比较复杂的组合逻辑电路。本章将详细讨论基于逻辑门的不同组合逻辑电路的工作原理以及分析方法和设计方法。

4.1 概 述

> **关键词：**
> - **组合逻辑电路**：电路任意时刻的输出状态，只取决于该时刻的输入状态，与该时刻之前的电路输入状态和输出状态无关。
> - **逻辑分析**：在已知电路图的情况下，通过分析手段确定输出与输入之间的逻辑关系。
> - **逻辑设计**：在只有需求信息的情况下，根据给定的逻辑功能要求，通过某些设计工具和设计方法确定一个能实现这个功能且性价比最优的逻辑电路。

组合逻辑电路在逻辑功能上的特点是电路任意时刻的输出状态，只取决于该时刻的输入状态，而与该时刻之前的电路输入状态和输出状态无关。组合逻辑电路在结构上的特点是不含具备存储功能的电路。可以由逻辑门或者由集成组合逻辑单元电路组成，从输出到各级门的输入无任何反馈连接。

组合逻辑电路框图如图4.1所示，它有 n 个输入变量，m 个输出变量，每个输入/输出变量实质上对应于二进制信号的逻辑0和逻辑1，n 个输入变量有 2^n 种输入组合，对于每一种组合，只有一个可能的输出值与之对应。把每个输入组合与其对应的输出值列成真值表，即可得到该组合电路的真值表描述。也可以用 m 个逻辑函数来描述，一个逻辑函数对

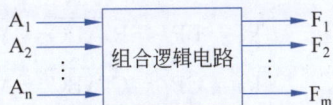

图 4.1 组合逻辑电路框图

应一个输出变量,每个输出都是 n 个输入的全部或部分输入变量的逻辑函数。可用一组函数式表示如下:

$$F_1 = f_1(A_1, A_2, \cdots, A_n)$$
$$F_2 = f_2(A_1, A_2, \cdots, A_n)$$
$$\vdots$$
$$F_m = f_m(A_1, A_2, \cdots, A_n)$$

组合逻辑电路研究的问题包括逻辑分析和逻辑设计。所谓逻辑分析,就是在已知电路图的情况下,通过分析手段确定其逻辑功能,也就是要得到全部输出与输入之间的逻辑关系,这在分析电路性能、评价电路技术指标或者对产品进行维修及改进的过程中是非常重要的。所谓逻辑设计,则与逻辑分析相反,是在只有需求信息的情况下,根据给定的逻辑功能要求,通过某些设计工具和设计方法确定一个能实现这个功能且性价比最优的逻辑电路。

实现组合逻辑功能的逻辑单元是基本逻辑门,下面将从基本逻辑门组成的组合逻辑电路出发,讨论组合逻辑电路的分析和设计方法,这些方法也是以后对中大规模集成电路构成实用逻辑电路的分析和设计的基础。

4.2　组合逻辑电路的分析

组合逻辑电路的分析就是借助逻辑代数的知识,分析从输入到输出每条路径上的各个逻辑门的逻辑运算,通过导出每个点的逻辑函数或真值表,最终确定该电路的逻辑功能。

由于组合逻辑电路的结构是由逻辑门构成,没有反馈路径和存储单元,所以从输入端出发,逐级分析每个点的逻辑运算并写出逻辑表达式并不困难。

由门电路组成的组合逻辑电路的分析,一般可以按照以下几个步骤进行。

① 根据所给的逻辑电路图,写出输出函数逻辑表达式。

② 根据已写出的输出逻辑函数表达式,列出该电路的真值表。

③ 由真值表或逻辑函数表达式确定电路功能。

例 4.1　分析如图 4.2 所示组合电路的逻辑功能。

解:(1) 写出输出函数逻辑表达式。从输入端出发,逐级分析,写出各结点的逻辑表达式。

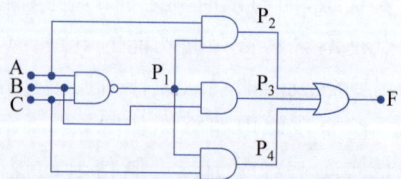

图 4.2　例 4.1 组合逻辑电路图

$$P_1 = \overline{ABC}$$

$$P_2 = AP_1 = A\overline{ABC} = A\overline{B} + A\overline{C}$$

$$P_3 = BP_1 = B\,\overline{ABC} = \overline{A}B + B\overline{C}$$

$$P_4 = CP_1 = C\,\overline{ABC} = \overline{A}C + \overline{B}C$$

$$F = P_1 + P_2 + P_3 \tag{4.1}$$

对式(4.1)进行化简和变换可得到如下两个逻辑函数表达式。

方案 1:

$$F = A\overline{B} + A\overline{C} + \overline{A}B + B\overline{C} + \overline{A}C + \overline{B}C = (A \oplus B) + (B \oplus C) + (A \oplus C) \quad (4.2)$$

方案 2:

$$F = A\overline{ABC} + B\overline{ABC} + C\overline{ABC} = (A + B + C)\overline{ABC} = \overline{\overline{A}\,\overline{B}\,\overline{C} + ABC} \quad (4.3)$$

(2) 列真值表。从式(4.2)或式(4.3)的函数表达式均可列出真值表如表 4.1 所示。

表 4.1　例 4.1 真值表

A	B	C	F	A	B	C	F
0	0	0	0	1	0	0	1
0	0	1	1	1	0	1	1
0	1	0	1	1	1	0	1
0	1	1	1	1	1	1	0

(3) 分析逻辑功能。从函数表达式和真值表可知,当 A、B、C 三个变量的值完全相同(均为 0 或均为 1)时,电路输出为 0;而三者不完全相同时,输出为 1。所以如图 4.2 所示电路称为"不一致判定电路"。

例 4.1 中输出变量只有一个,对于多输出变量的组合逻辑电路,分析方法是一样的。

例 4.2　分析如图 4.3 所示组合电路的逻辑功能。

解:(1) 写出输出函数逻辑表达式。从输入端出发,逐级分析,写出各结点的逻辑表达式。

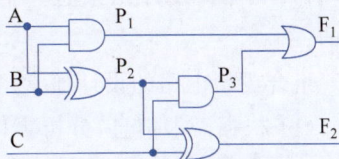

图 4.3　例 4.2 组合逻辑电路图

$$P_1 = AB$$

$$P_2 = A \oplus B = \overline{A}B + A\overline{B}$$

$$P_3 = P_2C = (\overline{A}B + A\overline{B})C = \overline{A}BC + A\overline{B}C$$

$$F_1 = P_1 + P_3 = AB + \overline{A}BC + A\overline{B}C = ABC + AB\overline{C} + \overline{A}BC + A\overline{B}C \quad (4.4)$$

$$F_2 = P_2 \oplus C = A \oplus B \oplus C = ABC + A\overline{B}\,\overline{C} + \overline{A}B\overline{C} + \overline{A}\,\overline{B}C \quad (4.5)$$

(2) 根据式(4.4)和式(4.5)可列出真值表,如表 4.2 所示。

表 4.2　例 4.2 真值表

A	B	C	F_1	F_2	A	B	C	F_1	F_2
0	0	0	0	0	1	0	0	0	1
0	0	1	0	1	1	0	1	1	0
0	1	0	0	1	1	1	0	1	0
0	1	1	1	0	1	1	1	1	1

(3) 分析逻辑功能。

由真值表和输出函数逻辑表达式可以看出,F_1 是在三个输入变量中有两个或两个以上为 1 时，其值为 1，所以相当于三个二进制数相加时的进位输出。而 F_2 是在三个输入变量中有一个为 1 或三个全为 1（也就是奇数个 1）时，其值为 1，所以相当于三个二进制数相加时的本位和输出。因此，该电路实现的是一个一位全加器的运算功能。

在组合逻辑电路的分析过程中，还有一个简便的方法就是在 Proteus ISIS 环境下进行仿真。绘制已知的逻辑电路图，给电路的每一个输入端配置一个 LOGICSTATE，在每个输出端配置一个 LOGICPROBE，通过仿真，设置不同的 LOGICSTATE 的值，观察每一个 LOGICPROBE 的值，即可直接列出真值表。当然也可借助仿真来验证对组合逻辑电路的分析是否正确。读者可结合例 4.1 和例 4.2 进行验证。

4.3 组合逻辑电路的设计

组合电路的设计就是按给定的逻辑问题，运用相应的逻辑设计方法和逻辑器件，设计出符合要求的逻辑电路。组合逻辑电路的设计非常灵活，方法也多种多样，同一个问题，不同的设计者设计，结果不一定相同，即使是同一位设计者设计，采用的设计方法和逻辑器件不同，设计结果也不相同，但不管怎样变化，最终得到的逻辑功能一定是相同的。

组合逻辑电路的设计通常可按以下步骤进行。

（1）根据需求信息，分析事件的因果关系，确定输入变量和输出变量。把事件的起因定为输入变量，把事件的结果定为输出变量。

（2）定义逻辑状态的含义，并对逻辑变量赋值，也就是用二值逻辑的 0 和 1 分别代表输入变量的不同状态，对所有可能的输入组合，确定其输出状态值，并根据输出变量对不同输入组合的响应列出真值表。

（3）由真值表写出相应的逻辑函数表达式，并对写出的逻辑函数表达式进行化简或变换，使之对应的逻辑电路符合所用的设计器件，或达到设计结果最简的目的。化简的方法可用第 2 章所讲的各种方法进行。

（4）根据化简或变换后的逻辑表达式绘制逻辑电路图。

例 4.3 设计一个三变量输入的一致判定电路。

解：（1）根据题目要求可知，输入变量有三个，用 A、B、C 表示，输出只有一个，用 F 表示。

（2）一致判定电路的输出 F 是在三个输入端的值完全相同时输出为 1，不相同时输出为 0。因此可以列出真值表，其结果只需将表 4.1 中与输出 F 对应列中的各个值求反，即将 0 改成 1，将 1 改成 0 即可。

（3）由真值表写出相应的逻辑函数表达式。

$$F = \overline{A}\,\overline{B}\,\overline{C} + ABC \tag{4.6}$$

（4）绘制逻辑电路图。

由于一致判定电路与不一致判定电路功能相反，因此，只需将图 4.2 中输出级的三输入端或门改成或非门即可,当然也可以通过式(4.6)直接画出相应逻辑电路如图 4.4(a)所示,还可以通过式(4.2)求反,画出相应逻辑电路图如图 4.4(b)所示。

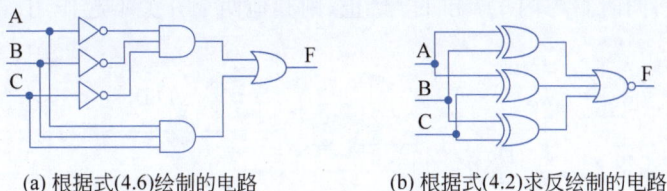

(a) 根据式(4.6)绘制的电路　　　　(b) 根据式(4.2)求反绘制的电路

图 4.4　例 4.3 组合逻辑电路图

例 4.4　设计一个实现全加器运算功能的组合逻辑电路。

解:(1) 根据需求分析可知,问题是要解决计算三位二进制数相加运算的问题。显然,事件的输入有三个,即要求参与相加的三个二进制数,输出有两个,一个是本位和,另一个是向高位的进位。

(2) 设计的三个输入变量,用 A、B 表示参加本位相加的两个二进制数,用 C 表示低位向本位的进位,输出的本位和用 F_2 表示,输出向高位的进位用 F_1 表示,根据不同的输入组合,求对应的输出,可列出相应的真值表如表 4.2 所示。

(3) 由真值表可写出的逻辑表达式:

$$F_1 = \overline{A}BC + A\overline{B}C + AB\overline{C} + ABC \tag{4.7}$$

$$F_2 = \overline{A}\,\overline{B}C + \overline{A}B\overline{C} + A\overline{B}\,\overline{C} + ABC \tag{4.8}$$

对式(4.7)进行化简和变换可得两种方案。

方案 1:

$$F_1 = (\overline{A}B + A\overline{B})C + AB = (A \oplus B)C + AB \tag{4.9}$$

方案 2:

$$F_1 = BC + AC + AB = \overline{\overline{BC}\ \overline{AC}\ \overline{AB}} \tag{4.10}$$

对式(4.8)进行化简和变换得

$$F_2 = \overline{A}\,\overline{B}C + \overline{A}B\overline{C} + A\overline{B}\,\overline{C} + ABC = A \oplus B \oplus C \tag{4.11}$$

(4) 根据化简后的逻辑表达式可绘制逻辑电路图,根据式(4.9)和式(4.11)绘制出的全加器逻辑电路如图 4.3 所示,根据式(4.10)和式(4.11)绘制出的全加器逻辑电路如图 4.5 所示。

例 4.5　设计一个三人抢答电路,当某人将对应开关闭合,其对应的指示灯点亮,同时使其他开关的控制无效。

解:依据电路设计要求,设计电路如图 4.6 所示。

(1) 左边设置三个开关 K_1、K_2、K_3,开关一端为电源,另一端通过下拉电阻接地,当开关闭合时,输出高电平有效。

(2) 右侧设置三个抢答对应的指示灯 LED_1、LED_2、LED_3,指示灯由发光二极管构成,其阳极接高

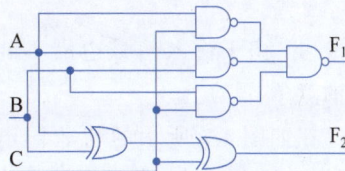

图 4.5　用与非门实现进位
的全加器电路

电平，阴极作为控制端，低电平有效。

（3）通过与非门实现开关控制信号的互锁，如图 4.6 所示：当 K2 闭合时，U_2 输出为 0，使 LED_2 点亮，同时将与门 U_1 和 U_3 禁止，则其他两个开关不起作用。

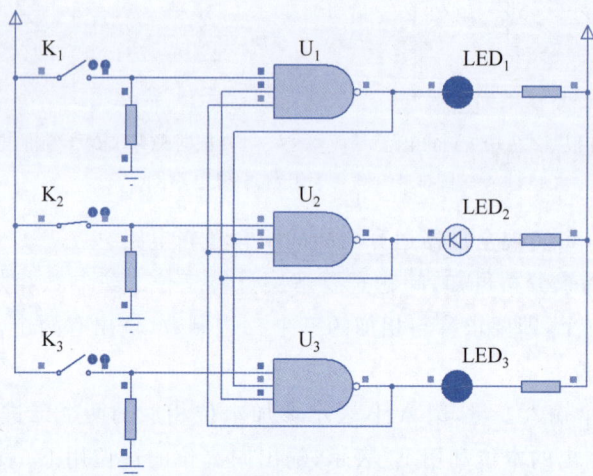

图 4.6　三人抢答电路

4.4　组合逻辑电路中的竞争-冒险

关键词：
- **竞争**：逻辑门的两个输入信号从不同电平同时向相反电平跳变的现象。
- **竞争-冒险**：由于竞争而在电路的输出端产生与逻辑电平相违背的尖脉冲现象。

前面分析组合逻辑电路时，是把各逻辑门电路当作理想的逻辑门来看待，只考虑了输入和输出稳定状态之间的关系，也就是说，总认为从输入变化到输出变化没有任何时间延迟，变化是在同一时刻发生的。事实上，受电路布局的影响，信号的变化速率不一定相同，而且信号在经过任何电路时都会产生时间延迟，这将导致在电路的输入达到稳定状态前，输出可能出现不稳定现象，使原本正常的逻辑关系变得混乱，甚至导致电路产生错误输出，通常把这种现象称为竞争-冒险。

4.4.1　竞争-冒险的产生

（1）由于输入信号边沿不陡、变化速率不同而产生的竞争-冒险。

在如图 4.7 所示的与非门电路中，当其两个输入信号 A 和 B 同时向相反状态变化时，如果变化的速率不同，如 A 从 0 变到 1 略快，B 从 1 变到 0 略慢，从而导致在 A 和 B 的状态变化过程中有一段很微小的时

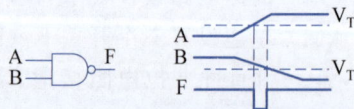

图 4.7　因输入信号变化速率不同导致的输出错误

间里出现同时满足高电平 1 的时刻,这就使得原本应该稳定输出 1 的 F 端产生了一个不应该出现的负尖脉冲输出。

竞争是指逻辑门的两个输入信号从不同电平同时向相反电平跳变的现象。由于竞争而在电路的输出端产生与逻辑电平相违背的尖脉冲现象称为竞争-冒险。竞争-冒险的产生是有条件的,有竞争并不一定产生竞争-冒险。

(2) 由于两个输入信号通过不同路径时的时间延迟而产生的竞争-冒险。

当到达同一逻辑门的两个输入信号有竞争现象时,如果这两个信号因通过不同路径传输的延迟时间不同,就会产生竞争-冒险。

如图 4.8(a)所示,对于或门,F＝A＋$\overline{A}$,而且 $\overline{A}$ 的到达时间比 A 延迟了一个非门的传输时间,所以产生了竞争-冒险,本应稳定输出 1 的 F 端出现了一个错误的负尖脉冲,其原因是 A 和 $\overline{A}$ 到达或门的时间不同。这种冒险称为 0 型冒险。

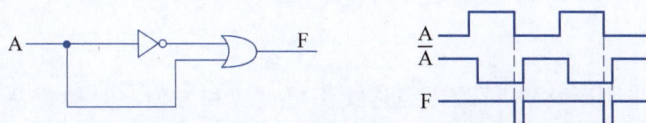

(a) 两个输入信号通过不同路径到达或门输入端而产生的负尖脉冲

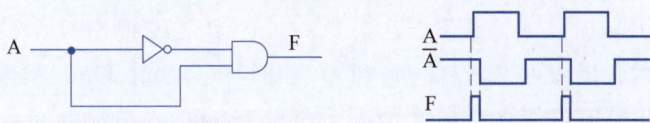

(b) 两个输入信号通过不同路径到达与门输入端而产生的正尖脉冲

图 4.8 因信号传输延迟时间产生的竞争-冒险

同理,如图 4.8(b)所示,对于与门,F＝A · $\overline{A}$,而且 $\overline{A}$ 的到达时间比 A 延迟了一个非门的传输时间,所以产生了竞争-冒险,本应稳定输出 0 的 F 端出现了一个错误的正尖脉冲。这种冒险称为 1 型冒险。

4.4.2 竞争-冒险的判断

为了提高逻辑电路的可靠性,必须对电路中的竞争-冒险进行判断。常用的判断方法有以下三种。

1. 表达式法

表达式法一般只适用于变量较少的情况。具体方法是:检查函数表达式中是否存在具有竞争现象的变量,即是否有某个变量同时以原变量和反变量的形式出现在表达式中,如果有,则在不做任何化简的条件下,判断是否存在其他变量的特殊取值(如取 1 或取 0)组合,使函数表达式变成只剩 A＋$\overline{A}$ 或 A · $\overline{A}$ 形式,若存在这样的特殊取值组合,则说明对应的逻辑电路可能存在竞争-冒险。

例 4.6 已知描述某组合电路的与-或逻辑表达式为 F＝$\overline{A}$C＋$\overline{A}$B＋AC,试判断该逻

辑电路是否存在竞争-冒险。

解：从表达式的构成来看，其中变量 A 和 C 均以原变量形式和反变量形式出现，具有竞争现象。经进一步分析可见：当 $B=1,C=1$ 时，$F=A+\overline{A}$，所以，当 A 变化时，可能产生 0 型冒险；由于无论 A 和 B 的取值如何，均不可能出现 $F=C+\overline{C}$，所以，当 C 变化时，不可能产生竞争-冒险。

例 4.7 已知描述某组合电路的或-与逻辑表达式为 $F=(A+C)(\overline{A}+B)(\overline{A}+\overline{C})$，试判断该逻辑电路是否存在竞争-冒险。

解：从表达式的构成来看，其中变量 A 和 C 均以原变量形式和反变量形式出现，具有竞争现象。经进一步分析可见：当 $B=0,C=0$ 时，$F=A\cdot\overline{A}$，所以，当 A 变化时，可能产生 1 型冒险；由于无论 A 和 B 的取值如何，均不可能出现 $F=C\cdot\overline{C}$，所以，当 C 变化时，不可能产生竞争-冒险。

2. 卡诺图法

用卡诺图法来判断竞争-冒险比表达式法更直观和方便。具体方法是：先画出函数表达式的卡诺图，并按第 2 章所讲的化简方法在卡诺图中画包围圈，若出现两个包围圈相切而不相交，则有可能存在竞争-冒险。

仍以例 4.6 为例，根据与-或逻辑表达式 $F=\overline{A}\overline{C}+\overline{A}B+AC$ 画出卡诺图如图 4.9 所示。

分析卡诺图的包围圈可见，包含 m_2 和 m_3 的圈与包含 m_5 和 m_7 的圈相切而不相交，因此说明对应的电路有可能存在竞争-冒险。包含 m_2 和 m_3 的圈与包含 m_5 和 m_7 的圈相切的部分对应着 $BC=11$，与表达式分析的结论相同。

仍以例 4.7 为例，根据或-与逻辑表达式 $F=(A+C)(\overline{A}+B)(\overline{A}+\overline{C})$ 画出卡诺图（圈 0）如图 4.10 所示。

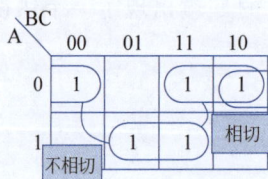

图 4.9   例 4.6 卡诺图

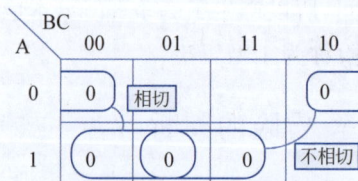

图 4.10   例 4.7 卡诺图

分析卡诺图的包围圈可见，包含 m_0 和 m_2 的圈与包含 m_4 和 m_5 的圈相切而不相交，因此说明对应的电路有可能存在竞争-冒险。包含 m_0 和 m_2 的圈与包含 m_4 和 m_5 的圈相切的部分对应着 $BC=00$，与表达式分析的结论相同。

3. 软件仿真法

通过计算机辅助分析的手段也可有效判断电路的竞争-冒险。利用 EDA 设计与仿真工具，绘制电路的原理图，再采用与典型参数值相应的激励信号作为输入，运行仿真程序，即可直接观察电路的输出是否存在竞争-冒险。

4.4.3 竞争-冒险的消除方法

竞争-冒险在某些电路中可能会引起电路操作上的错误,因此,作为电路的设计者,应当采取有效措施消除或避免竞争-冒险的发生。针对竞争-冒险出现的原因和特点,常用的消除方法有以下几种。

1. 增加冗余项

增加冗余项的方法是通过在函数表达式中增加多余的项,使原函数不可能出现在某种条件下变成 $A+\overline{A}$ 或 $A \cdot \overline{A}$ 的输出形式,从而有效消除竞争-冒险。

例如,例 4.6 所示函数,$F=\overline{A}C+\overline{A}B+AC$,当 $BC=11$ 时,输入 A 的变化有可能使电路产生 0 型冒险,消除的方法是在表达式中增加一个与项 BC,使输出 F 在 $BC=11$ 时保持为 1 即可有效消除竞争-冒险,如图 4.11 所示。可见,增加的冗余项就是竞争-冒险的条件所对应的项。

冗余项的选择也可以通过卡诺图法来实现。具体方法是,若卡诺图上某两个圈相切,则将相切的部分画一个圈(图 4.10),该圈所对应的项就是要增加的冗余项。

例如例 4.7 所示函数,$F=(A+C)(\overline{A}+B)(\overline{A}+\overline{C})$,当 $BC=00$ 时,输入 A 的变化有可能使电路产生 1 型冒险,消除的方法是在表达式中增加一个或项 $B+C$,使输出 F 在 $BC=00$ 时保持为 0 即可消除竞争-冒险。可见,增加的冗余项就是竞争-冒险的条件所对应的项。

冗余项的选择也可以通过卡诺图法来实现。具体方法是,若卡诺图上某两个圈相切,则将相切的部分画一个圈(图 4.12),该圈所对应的项就是要增加的冗余项。

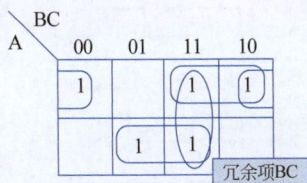

图 4.11 增加冗余项 BC 来消除竞争-冒险

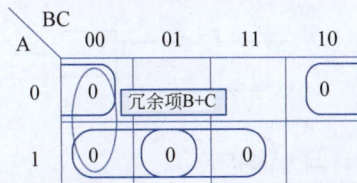

图 4.12 增加冗余项 B+C 来消除竞争-冒险

2. 在输出端接入滤波电容

由于竞争-冒险而产生的尖峰脉冲时间很短,通常在几十纳秒以内,所以只要在输出端并接一个几十至几百皮法的滤波电容,即可将尖峰脉冲的幅度削弱到门电路的阈值以下,从而达到消除竞争-冒险的目的。图 4.13 为在或门和与门的输出端接入滤波电容来消除竞争-冒险的电路,其中:

- $A+\overline{A}$ 的或门正常输出为高电平,为消除负向尖脉冲,可在输出端加滤波电容,再接电源。
- $A \cdot \overline{A}$ 的与门正常输出为低电平,为消除正向尖脉冲,可在输出端加滤波电容,再接地。

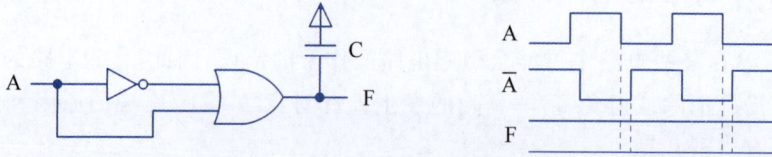

(a) 或门的输出端接入滤波电容消除负向尖脉冲

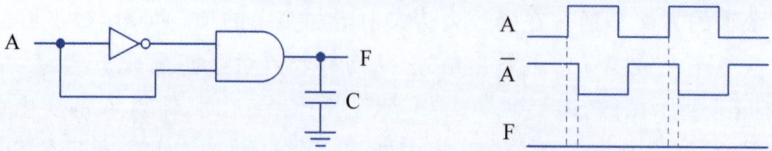

(b) 与门的输出端接入滤波电容消除正向尖脉冲

图 4.13　在输出端接入滤波电容来消除竞争-冒险

3. 引入选通脉冲

引入选通脉冲的方法主要是对输出门加以控制,使输出门在其输入信号稳定以后,有选择地产生逻辑输出。如图 4.14 所示,对于不同功能的输出门,选通信号的形式是不同的。

(1) 逻辑与性质的输出门,必须采用正脉冲作为选通信号。

(2) 逻辑或性质的输出门,必须采用负脉冲作为选通信号。

从而达到选通信号无效时,封锁输出门,在选通脉冲到来时,开启输出门的作用。

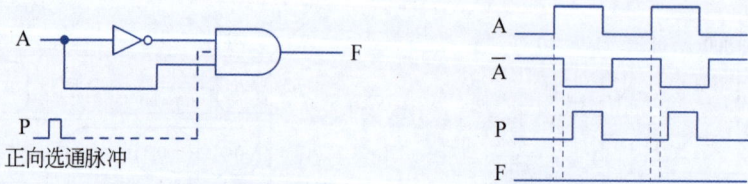

(a) 逻辑与性质的输出门, 采用正脉冲作为选通脉冲信号

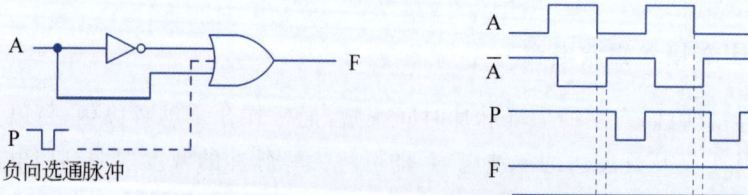

(b) 逻辑或性质的输出门, 采用负脉冲作为选通脉冲信号

图 4.14　引入选通脉冲来消除竞争-冒险

4.5　组合逻辑电路的 Verilog HDL 编程入门

4.5.1　可编程逻辑器件与硬件描述语言简介

> **关键词：**
> * **PLD**：可编程逻辑器件。
> * **CPLD**：复杂可编程逻辑器件。
> * **HDL**：用于对 PLD 编程的语言称为硬件描述语言（HDL），它以文本形式来描述数字系统硬件的结构和行为的语言，用它可以表示逻辑电路图、逻辑表达式，还可以表示数字逻辑系统所完成的逻辑功能。Verilog HDL 和 VHDL 是目前最流行的两种 HDL。

　　前面讨论的组合逻辑电路的分析与设计建立在基本逻辑门的基础上，也就是说，电路是用固定功能的逻辑器件构成。而现在很多数字系统都采用可编程逻辑器件来实现。

　　在 PLD 出现之前，数字系统用各种集成逻辑电路组成，这些集成电路包括逻辑门和其他数字电路，在生产的时候就确定了，而且不能改变。如果需要某种特定逻辑功能的器件，则需用多个器件来构造电路，既浪费了电路板上的空间，又浪费了设计时间。图 4.15 为采用 74HC 系列芯片设计的多数表决电路。

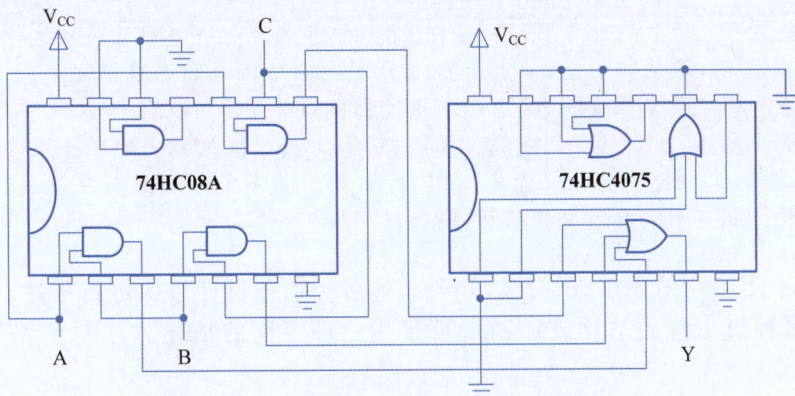

图 4.15　采用 74HC 芯片设计的多数表决电路

　　可编程逻辑器件的两种主要产品是现场可编程门阵列（Field Programmable Gate Array，FPGA）和复杂可编程逻辑器件（Complex Programmable Logic Device，CPLD），生产 PLD 芯片的公司有很多，目前占市场份额较大的是 Altera 公司和 Xilinx 公司。PLD 作为一种通用集成电路，可按用户需求，通过编程实现组合逻辑电路和时序逻辑电路功能。在使用者第一次拿到 PLD 的时候，器件中没有实现任何逻辑功能，使用者可以根据设计需要对其进行编程实现。同时，逻辑功能可以在设计和编程中合并到一块芯片上，从而减少器件个数、节省电路板空间，同时 PLD 可多次编程、擦写、再编程，非常便于设计者对电路进行修改。关于可编程逻辑器件的内容将在第 10 章详细讨论。

用于对 PLD 编程的语言称为硬件描述语言，简称 HDL，是英文全称 Hardware Description Language 的缩写。目前应用最广泛的 HDL 是 Verilog HDL 和 VHDL（Very High Speed Integrated Circuit HDL，超高速集成电路硬件描述语言）。Verilog HDL 由于具有程序结构简单、硬件描述能力强等特点，已得到国内外广大 EDA 设计者的广泛使用。本书采用 Verilog HDL 来实现对 PLD 的编程。

4.5.2　Verilog HDL 组合逻辑电路设计实例

关键词：

- **半加器**：只考虑参加相加的两个一位的二进制数，不考虑低位送到本位进位的一位加法电路。
- **全加器**：在半加器的基础上，同时考虑低位送到本位进位的一位加法电路。
- **数据流描述方式**：依据电路结构，采用信号赋值语句对输入/输出端口的数据流向进行描述。
- **行为描述方式**：不涉及电路结构，只按电路的执行行为来进行描述。
- **类真值表描述方式**：依据电路输入/输出端口的真值表，对电路进行描述。
- **模块（module）**：Verilog 的基本描述单位，用于描述某个设计的结构功能，以及与其他模块通信的外部端口。
- **端口（port）**：模块与外部电路的连接通道，相当于芯片的引脚，一个模块只能通过端口才能与外部电路交换信息。
- **顺序语句**：语句执行与书写顺序一致。
- **并行语句**：语句执行与书写顺序无关，不管有多少个语句都是同时执行的。
- **过程语句**：以关键词 always 引导，用于定义顺序语句的电路描述单元，其敏感信号表内的变量发生变化，就会触发该过程内的顺序语句执行一遍。
- **敏感信号表**：当该列表中变量的值改变时，就会引发过程内的顺序语句执行。
- **块语句**：以关键词 begin 开始，end 结束，用于将多条语句组合在一起，组成语法结构上相当于一条语句的结构。

Verilog HDL 可对算法级、门级、开关级等多种抽象设计层次进行描述，它继承了 C 语言的多种操作符和结构。Verilog 可采用三种不同的描述方式对电路进行设计建模。

（1）数据流描述——又称为寄存器传输级描述，使用连续赋值语句来描述电路的底层逻辑行为。

（2）行为级描述——使用过程化结构建模来实现从抽象层次描述电路的上层行为功能。

（3）结构化描述——使用门和模块例化语句描述电路各个模块之间的结构关系。

本节通过几个组合逻辑电路的设计实例，介绍 Verilog HDL 的程序结构、常用语句，以及常用的几种设计描述方式。

例 4.8　用 Verilog HDL 设计半加器电路。

解：与全加器相比，半加器电路是只考虑参加相加的两个一位的二进制数，不考虑低位送到本位的进位，所以半加器只有两个输入，输出有本位和以及向高位的进位。

1. Verilog HDL 的数据流描述

根据二进制数的加法规则 $0+0=0,0+1=1,1+0=1,1+1=10$（逢 2 进 1），分别用 a 和 b 表示两个相加的二进制数，用 so 表示相加后的本位和，用 co 表示相加后向高位的进位，可用真值表描述如表 4.3 所示，实现该运算功能的电路称为半加器。

表 4.3　半加器真值表

a	b	so	co	a	b	so	co
0	0	0	0	1	0	1	0
0	1	1	0	1	1	0	1

根据真值表和基本逻辑门运算规则，可得其逻辑表达式为

$$so = \bar{a}b + a\bar{b} = a \oplus b$$
$$co = ab$$

用 Verilog HDL 描述半加器电路的程序代码如下：

```
半加器的描述方式 1：数据流描述

/*    半加器描述之一，根据逻辑函数表达式实现
Date: 2012-08-15 */
module h_adder(a,b,so,co);
    input a,b;              //输入端口，用来表示参加运算的两个一位的二进制数
    output so,co;           //输出端口，so 为本位和，co 为向高位的进位
    assign so=a^b;          //本位和为 a 和 b 的异或运算结果
    assign co=a&b;          //向高位的进位为 a 和 b 的与运算结果
endmodule
```

在 Quartus II 集成开发环境中新建一个工程，并添加以上内容到 Verilog 程序，通过综合得到寄存器传输级（RTL）逻辑图，如图 4.16 所示。

如果在工程中添加波形图，设置好输入 a 和 b 的波形，即可对半加器电路进行仿真，通过仿真可得到如图 4.17 所示的波形图。

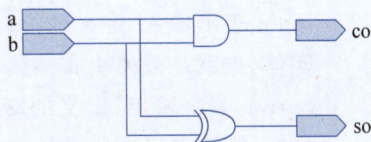

图 4.16　半加器逻辑电路

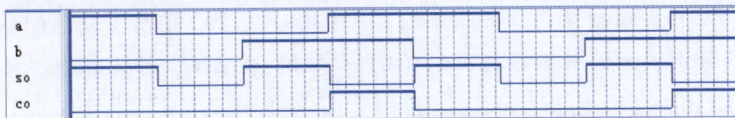

图 4.17　半加器的仿真波形图

需要进一步说明的是，虽然都叫程序，而且 Verilog 程序描述与 C 语言程序看上去有很多相似的地方，但两者有着很大的差别，C 语言源程序是通过编译产生可执行的目标

代码的,目标代码是在计算机的 CPU 上执行。而 Verilog 程序通过综合产生相应的电路描述表,综合后的电路描述表可编程到 CPLD 或配置到 FPGA 芯片上独立运行。具体方法与步骤详见附录 C。

下面结合例 4.8 的程序代码,简要说明 Verilog 程序的基本结构。

一个完整的、可综合的 Verilog 程序能够完整地描述一个电路模块或一片专用集成电路,必须包含在一个模块中,模块描述语句的一般格式如下:

模块描述语句的一般格式

```
module 模块名(模块端口名表);
    模块端口和模块功能描述;
endmodule
```

---

module 和 endmodule 是模块描述关键词,在程序中,关键词一律小写,模块名是用户定义的标识符,以字母开头,可由字母、数字和下画线构成。由于模块名实际上也是表达当前设计的电路的器件名,所以最好根据相应的电路功能来命名,例如,例 4.8 中的模块名为 h_adder。Verilog 程序中的标识符都是区分大小写的。

模块端口名表可以是一个或多个用逗号分隔的标识符,表示该模块的所有输入、输出或双向端口名称。模块端口名表是模块与外部电路的连接通道,就相当于芯片引脚的功能,一个模块只能通过端口才能与外部电路交换信息。端口定义语句的一般格式有如下两种表示形式,一种用于单个引脚的描述,另一种用于多个引脚的描述。

端口定义语句的一般格式

```
input/output/inout 端口名 1,端口名 2,…;
input/output/inout[msb:lsb] 端口名 1,端口名 2,…;
```

其中,input/output/inout 是 Verilog 模块中端口的三种不同模式,用于定义端口上数据的流动方向或方式。

- input 表示输入,定义的端口为单向输入模式,即规定数据只能由此端口进入模块实体,也就是被模块实体读取;
- output 表示输出,定义的端口为单向输出模式,即规定数据只能由此端口流出模块实体,或者说模块实体将对该类端口进行赋值输出;
- inout 表示双向,定义的通道为输入输出双向模式,如 RAM 模块的数据线。

一个端口名可以表示一个引脚,也可以表示一组引脚。在例 4.8 中,定义了 a 和 b 为输入端口,so 和 co 为输出端口。如果端口是一组信号引脚,可以在关键词后的方括号中用 msb 和 lsb 分别表示信号的高位和低位的位序号。例如,要定义 d 表示 4 位位宽的输入信号,可以用 input[3:0] d;来定义,相当于定义了 d[3]、d[2]、d[1]、d[0] 4 个输入信号。

endmodule 是模块结束语句,模块的端口和功能描述语句必须放在 module 和 endmodule 之间。

例 4.8 整个程序共 8 行,其中,第 1 行和第 2 行为注释行。Verilog 程序中的注释有

两种,一种是以"/ * "开始、以" * /"结束的多行注释,另一种是以"//"开始,到行末为止
的单行注释。例 4.8 程序中除了第 1 行和第 2 行的多行注释外,第 4~7 行都有单行注
释。注释只是用来对程序中的语句或代码段起说明作用,目的是增加程序的可读性,对
综合器不起作用,所以不影响具体电路。

第 3 行的 module 和第 8 行的 endmodule 是 Verilog 程序用来描述模块的关键词。
在 module 之后是模块名和用圆括号括起的模块端口名表,例 4.8 中的模块名为 h_
adder,该模块有 4 个端口 a、b、so、co。

第 4 行是输入端口定义,说明本模块有两个用于输入的端口,端口名称为 a 和 b。注
释说明了其作用是表示参加运算的两个一位二进制数。

第 5 行是输出端口定义,说明本模块有两个用于输出的端口,端口名称为 so 和 co,
并通过注释说明了其含义是用来表示半加器运算结果的本位和以及向高位的进位。

第 6、7 行是用关键词 assign 实现的赋值语句,用来描述半加器的两个运算功能,一
个是用来产生本位和的异或运算"^",另一个是用来产生向高位进位的与运算"&"。这
两种运算都是位逻辑运算,属于这类运算的还有位或"|"、位求反"~",参见附录 B。

Verilog 程序中的语句有顺序语句和并行语句。

> **顺序语句**:语句执行与书写顺序一致。
> **并行语句**:语句执行与书写顺序无关,不管有多少个语句都是同时执行的。

关键词 assign 引导的赋值语句就是并行执行语句,所以本例中的两个 assign 赋值是
同时执行的。assign 赋值的对象必须是 wire(网线)类型变量,模块的端口默认类型是
wire 类型,所以不需要再加以说明。

Verilog 程序的书写格式与 C 语言相似,程序中的语句用分号结尾。一行可以写多
个语句,一个语句也可写成多行。最后一个语句是表示模块结束的 endmodule,注意其后
面没有分号。

2. Verilog HDL 的行为级描述

同一问题的 Verilog 描述可以有多种方式,不同的程序结构综合后的电路不一定相
同,但功能是相同的,通常把程序描述与电路结构一致的描述方式称为数据流描述,如前
面的半加器描述之一的代码就是如此。如果不涉及电路结构,只是按电路的执行行为来
描述,则称为行为描述,如半加器的 Verilog HDL 描述还可以有以下两种形式,程序中看
不出电路如何实现其功能,只是完成半加器的运算行为功能。

半加器的描述方式 2——行为级描述 (直接用算术运算实现)

```
//半加器描述之二,直接用算术运算实现的描述
module h_adder(a,b,so,co);
    input a,b;                  //输入端口
    output so,co;               //输出端口,so 为本位和,co 为向高位的进位
    assign {co,so}=a+b;         //将两位二进制数相加的结果直接存入并位后的 co 和 so
endmodule
```

其中，a＋b 表示对两个参与运算的二进制位做算术加法运算，{ } 是并位运算符，用来将多个位对象按顺序拼接成一个位向量，此处是把进位输出和本位和拼成一个两位的位向量，并且高位是进位输出，低位是本位和，用来接收算术运算 a＋b 的结果。

所有的逻辑问题都可以用真值表来进行描述，而且是唯一的。因此可以依据电路的真值表采用如下描述方式来实现半加器电路：

半加器的描述方式 3——类真值表描述 (依据真值表进行描述)

```
//半加器描述之三，基于 case 语句的类真值表描述
module h_adder(a,b,so,co);
    input a,b;                //输入端口
    output so,co;             //输出端口，so 为本位和，co 为向高位的进位
    reg so,co;                //寄存器型变量说明，在过程中赋值的变量必须说明成 reg 型
    always @(a,b) begin       //过程语句开始，当敏感信号 a、b 有变化，过程就执行
        case({a,b})           //case 语句开始
            2'b00:begin so=0;co=0;end      //块语句用 begin 和 end 括起
            2'b01:begin so=1;co=0;end
            2'b10:begin so=1;co=0;end
            2'b11:begin so=0;co=1;end
            default:begin so=0;co=0;end
        endcase               //case 语句结束
    end                       //过程语句结束
endmodule
```

Verilog 程序中的多个简单语句可以用 begin 和 end 括起来构成块语句，类似于 C 语言中用一对花括号括起来的复合语言。注意，end 后面无分号。

always 关键词引导的是过程语句，其一般格式如下：

过程语句的一般格式

```
always @(敏感信号表)
begin
    语句在内的各类顺序语句
end
```

其中，敏感信号表可以是一个或多个用逗号(或 or)分隔的变量名。其含义表示其中任何变量有变化，都会导致过程块语句的执行。敏感信号表中变量的触发方式可以是电平变化触发，也可以是边沿变化触发。如果敏感信号是边沿触发，可以是上升沿也可以是下降沿，对于上升沿敏感的触发信号，在变量名前面必须冠以 posedge 前缀，对于下降沿敏感的触发信号，在变量名前面必须冠以 negedge 前缀。边沿敏感的触发方式通常应用于时序电路，具体用法请参见第 6 章实例。没有前缀的敏感信号均为电平敏感信号，在同一敏感信号表中不可以同时出现电平触发和边沿触发的敏感信号。本例的敏感信号表说明，只要输入端口 a 或 b 的值有变化，就会导致其过程块语句的执行，根据当前的 a 和

b 的值来求新的本位和 so 和进位 co。

以关键词 case 语句引导的是一个多分支语句。其一般格式如下：

---

case 语句的一般格式

```
case (表达式)
  取值 1: begin 语句 1; 语句 2;…; 语句 n;end
  取值 2: begin …; end
  …
  default:begin …; end
endcase
```

执行时，先求表达式的值，然后将表达式的值与其后的各个取值比较，若与某个取值相同，则执行其后的语句，如果没有相同的值与之匹配，则执行 default 后的语句。

Verilog 语法规定，凡是在 always 过程块中赋值的变量，必须用 reg 说明成寄存器类型，如本例中的 reg so,co;所示，因为 so 和 co 都是在过程块中赋值的变量。注意，此处说明为寄存器类型变量是过程块内赋值语句语法规定的需要，并不意味着一定有寄存器（时序）电路与之对应。

Verilog HDL 对二进制数的表示格式如下：

二进制数的表示格式

<位宽>'<进制><数字>

其中：

(1) <位宽>与进制之间用左撇号分开。

(2) <位宽>用十进制数表示，描述数字用二进制数表示时的位数。

(3) <进制>用字母表示，可以是 B、O、H、D 之一，不区分大小写，分别表示二进制、八进制、十六进制和十进制。

(4) <数字>是与位宽和进制对应的值，例如，4'hF 表示二进制数 1111，也可表示成 4'b1111，或 4'o17，或 4'd15。

在 Verilog 程序中没有位宽和进制表示的数默认是十进制数，其位宽默认为 32 位。

3. Verilog HDL 的结构化描述

例 4.9　在例 4.8 的半加器的基础上，用 Verilog HDL 设计一位全加器。

解：比较如图 4.16 所示的半加器电路和如图 4.3 所示的全加器电路可见，全加器的逻辑电路是由两个半加器和一个或门组合而成的。

由于一个 Verilog 模块对应一个硬件电路功能实体器件，利用 Verilog 元件例化语句设计上层模块，将半加器实体器件连接起来，就可构成一个完整的全加器。

Verilog 描述如下，经综合后得到的 RTL 逻辑图如图 4.18 所示。

全加器的结构化设计方式

```
//全加器描述之一,基于元件例化语句的描述
module f_adder(ain,bin,cin,sout,cout); //一位全加器顶层设计描述
  input ain,bin,cin;                   //定义输入变量
  output sout,cout;                    //定义输出变量
  wire p1,p2,p3;                       //定义网线型变量用作内部元件间连线
  h_adder u1(ain,bin,p2,p1);           //半加器电路例化构成元件 u1,用位置关联法
  h_adder u2(.a(p2),.b(cin),.co(p3),.so(sout));
                                       //半加器电路例化构成元件 u2,用端口名关联
  or u3(cout,p1,p3);                   //利用 Verilog 基本元件中的或门构成的元件 u3
endmodule
```

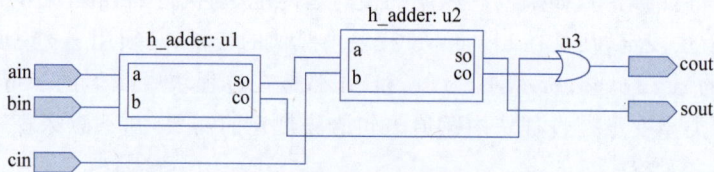

图 4.18　例 4.9 程序综合后的 RTL 电路图

　　程序中用两个元件例化语句将半加器作为全加器的元件 u1 和 u2,然后用一个基本逻辑门中的或门实现了全加器的功能。元件例化语句的一般格式有如下两种形式。

元件例化语句的一般格式

元件名<实例名>(目的端口 1,目的端口 2,…,目的端口 n)　　// 位置关联法
元件名<实例名>(.原端口 1(目的端口 1),.原端口 2(目的端口 2),…,
　　　　　　　　.原端口 n(目的端口 n))　　　　　// 端口名关联法

本例中:

* u1 用位置关联法,分别将 ain、bin、p2、p1 与半加器中的端口 a、b、so、co 按位置关系一一对应,由于是按位置关联,所以其书写顺序不能随意更改。
* u2 采用端口名关联法,将 p2 与半加器的端口 a 关联;cin 与半加器的端口 b 关联;p3 与半加器的端口 co 关联;sout 与半加器的端口 so 关联。由于是按端口名关联,所以其书写顺序可以任意。

　　Verilog 基本语言综合器嵌入了许多基本元件(primitives),以支持一些通用的简单电路的综合,常用的有 and、nand、or、nor、xor、xnor,分别表示与门、与非门、或门、或非门、异或门、异或非门,其共同特点是:只有一个输出,但可以有多个输入。编程应用时,可与元件例化语句相似的方式,按位置关系代入具体端口名即可,格式如下:

逻辑门元件例化语句的一般格式

基本元件名［实例名］(输出,输入 1,输入 2,…,输入 n)

其中,实例名可以省略,例 4.9 的程序代码中实例名为 u3 就是一个或门的具体应用,其中

输出端口是 cout,输入端口是网线型中间结点 p1 和 p3,对照图 4.18 不难理解。

当然,全加器也可以直接用行为描述设计成如下形式,用一个 assign 赋值语句,通过算术运算符"+"将 ain、bin、cin 相加,即可实现全加器电路的功能。

全加器的行为描述方式

```
//全加器描述之二,直接用算术运算实现的描述
module f_adder(ain,bin,cin,sout,cout);      //一位全加器顶层设计描述
input ain,bin,cin;                          //定义输入变量
    output sout,cout;                       //定义输出变量
    assign {cout,sout}=ain+bin+cin;
endmodule
```

程序综合后的 RTL 电路如图 4.19 所示。

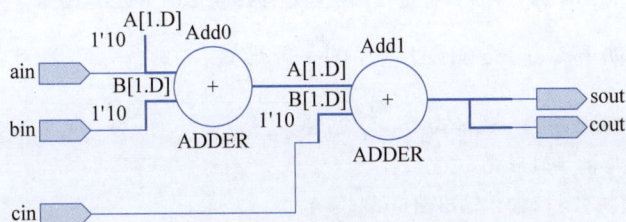

图 4.19　一位全加器 RTL 电路图

例 4.10　在例 4.9 的一位全加器的基础上,用 Verilog HDL 设计一个 4 位串行进位加法器。

解:串行进位加法器可完全由全加器构成,最低位的进位输入置为 0,低位全加器运算产生的进位输出作为高位全加器的进位输入。因此,可利用例 4.9 设计好的一位全加器作为元件,通过元件例化来设计 4 位串行进位加法器,程序代码如下:

---

4 位串行进位加法器的结构化设计方式

```
// 4 位串行进位加法器电路设计,基于半加器元件例化语句的描述
module adder(A,B,c0,S,c4);                  //4 位串行进位加法器
  input[3:0] A,B;                           //两个相加的 4 位输入二进制数
  input c0;                                 //最低位的进位输入
  output[3:0] S;                            //4 位的和
  output c4;                                //最高位的进位
  wire[1:3] C;                              //中间进位
//由 4 个全加器实例化构成的串行进位加法器
  f_adder u1(A[0],B[0],c0,S[0],C[1]);
                    //u1 的进位输入是最低位的进位 c0,产生进位输出 C[1]
  f_adder u2(A[1],B[1],C[1],S[1],C[2]);
                    //u2 的进位输入是 u1 的进位输出 C[1],产生进位输出 C[2]
  f_adder u3(A[2],B[2],C[2],S[2],C[3]);
                    //u3 的进位输入是 u2 的进位输出 C[2],产生进位输出 C[3]
```

```
    f_adder u4(A[3],B[3],C[3],S[3],c4);
                        //u4 的进位输入是 u3 的进位输出 C[3],产生最高进位 c4
    endmodule
```

由该程序综合后所得到的 RTL 图如图 4.20 所示。从图中可见,其进位从 c0 到 c4 是逐级串行向前推进的。

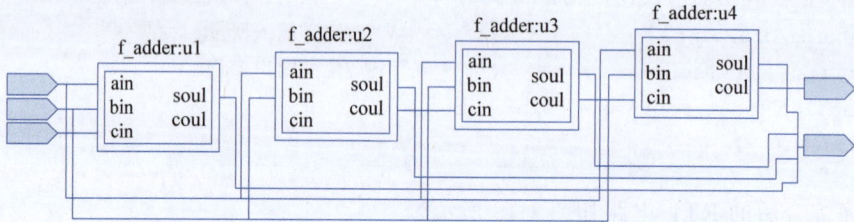

图 4.20　4 位串行进位加法器程序综合后的 RTL 电路图

综上,可总结如下 Verilog HDL 程序的一般形式:

Verilog HDL 程序的一般形式

```
Verilog HDL 程序的一般形式
module <顶层模块名>(<输入输出端口 列表>);
    // 1) 端口声明语句
    input 输入端口列表;
    output 输出端口列表;
    inout 双向端口列表;
    // 2) 使用 assign 语句定义逻辑功能
    wire 结果信号名;
    assign <结果信号名>=表达式;
    // 3) 使用 always 块定义逻辑功能
    always @(<敏感信号表达式>)
    begin
        // 过程赋值语句
        // if 语句
        // case 语句
        // while, repeat, for 循环语句
    end
    // 4) 元件例化
    <module_name ><instance_name >(<port_list>);        // 模块元件例化
    <gate_type_keyword><instance_name >(<port_list>); // 门元件例化
endmodule
```

小　　结

1. 组合逻辑电路的基本概念

组合逻辑电路的特点是,电路任一时刻的输出状态只取决于该时刻各输入状态的组合,而与电路的原状态无关。组合逻辑电路就是由逻辑门电路组合而成,电路中没有记忆单元,没有反馈通路。

2. 组合逻辑电路的分析步骤

组合逻辑电路的分析步骤为:写出各输出端的逻辑表达式→化简和变换逻辑表达式→列出真值表→确定逻辑功能。

3. 组合逻辑电路的设计步骤

组合逻辑电路的设计步骤为:根据设计要求列出真值表→写出逻辑表达式(或填写卡诺图)→逻辑化简和变换→画出逻辑电路图。

4. 组合逻辑电路中的竞争-冒险

(1) 竞争-冒险的产生。
① 由于输入信号边沿不陡、变化速率不同而产生的竞争-冒险。
② 由于两个输入信号通过不同路径时的时间延迟不同而产生的竞争-冒险。
(2) 竞争-冒险的判断。
① 表达式法。
② 卡诺图法。
③ 软件仿真法。
(3) 竞争-冒险的消除。
① 增加冗余项。
② 接入滤波电容。
③ 引入选通脉冲。

5. 组合逻辑电路的 Verilog HDL 编程入门

(1) Verilog HDL 概述。
现代数字系统的设计已大量引入可编程逻辑器件(PLD),常用的可编程逻辑器件有CPLD 和 FPGA,编程语言主要用 Verilog HDL 和 VHDL。本书采用 Verilog HDL。Verilog 程序代码与 C 语言程序有些相似,但其实质是不同的,C 语言程序是经编译生成在某种计算机 CPU 中运行的代码,而 Verilog 程序是描述具体电路的代码,程序经综合后形成网表文件,然后可配置到 FPGA 或编程到 CPLD 中独立运行。
(2) Verilog HDL 组合逻辑电路设计实例。
① 数据流描述:根据逻辑函数表达式实现的描述。

② 行为描述：根据算术运算实现的描述。

③ 类真值表描述：基于 case 语句的类真值表描述。

（3）顺序语句和并行语句。

（4）Verilog HDL 的常用语句。

① 模块描述语句。

② 端口声明语句。

③ 赋值语句。

④ always 关键词引导的过程语句。

⑤ 条件语句。

⑥ 循环语句。

⑦ case 关键词引导的多分支语句。

⑧ 元件例化语句。

⑨ 基本逻辑门调用语句。

（5）Verilog HDL 的常用语法。

① 文字规则：整数、标识符、逻辑值、保留字。

② 数据类型：网线型、寄存器型、整数类型。

③ 二进制的表示格式。

④ 常用运算符。

思考题与习题

4.1　简述组合逻辑电路在逻辑功能和电路结构上有何特点。

4.2　组合逻辑电路的逻辑分析用于解决什么问题？通常由哪几个步骤实现？

4.3　组合逻辑电路的逻辑设计用于解决什么问题？通常由哪几个步骤实现？

4.4　分析图 4.21 的逻辑功能。

4.5　分析图 4.22 的逻辑功能。

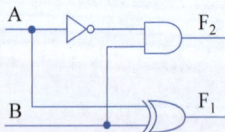

图 4.21　题 4.4 图

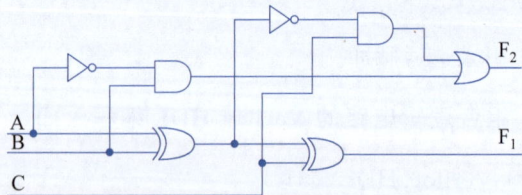

图 4.22　题 4.5 图

4.6　试用基本逻辑门设计一个组合逻辑电路，根据 S 的值将 A 或 B 送输出 F，S＝0 时，F ＝A，S＝1 时，F＝B。

4.7　试用基本逻辑门设计一个组合逻辑电路，根据 X 和 Y 的值选 A、B、C、D 之一送输出端 F，当 X 和 Y 均为 0 时，F＝A；当 X 和 Y 均为 1 时，F＝D。

4.8　试用基本逻辑门设计一个 2-4 译码器，满足表 4.4 的要求。

表 4.4　2-4 译码器功能表

E	B	A	F_0	F_1	F_2	F_3
1	$\times$	$\times$	1	1	1	1
0	0	0	0	1	1	1
0	0	1	1	0	1	1
0	1	0	1	1	0	1
0	1	1	1	1	1	0

4.9　试用基本逻辑门设计 3 变量的偶数判别电路,若输入变量中 1 的个数为偶数,则输出为 1,否则输出为 0。

4.10　用与非门设计一个组合逻辑电路,输入是 N(取值 0～9)的余 3 码,当 N≤2 或 N≥7 时,输出为 1,否则输出为 0。

4.11　设有三列客车分别为特快、直快和慢车。它们的优先次序是特快、直快和慢车。同一时间里,只能有一列车从车站开出,即只能给出一个有效的开车信号,请用基本逻辑门设计一个满足上述要求的排队电路。

4.12　试用基本逻辑门设计一个将 BCD 码转换成余 3 码的电路。

4.13　试用 Verilog HDL 设计实现题 4.6～4.12 要求功能的电路。

4.14　试判断如图 4.23 所示电路是否存在竞争-冒险现象。

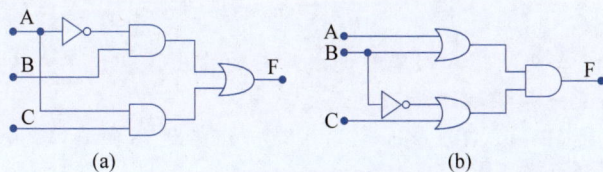

图 4.23　题 4.14 图

4.15　判断如图 4.24 所示电路是否存在竞争-冒险现象,如果存在,通过修改逻辑设计的方法应如何消除?

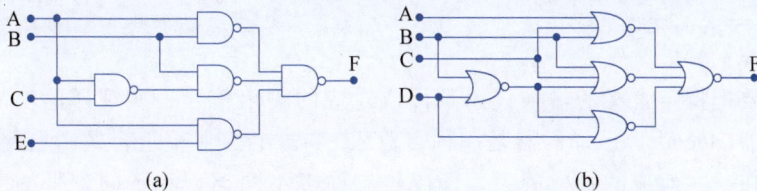

图 4.24　题 4.15 图

第5章
组合逻辑电路

内容提要

本章将以中规模集成电路(MSI)为主,介绍几种常用的组合逻辑电路芯片的逻辑功能与用法,其中包括译码器、编码器、数据选择器、数据分配器、数值比较器、算术运算器、奇偶校验器等,同时介绍基于中规模集成电路的数字电路的分析与设计方法。

第5章视频

5.1 译 码 器

关键词:
- **译码**:把特定含义的输入代码翻译成对应的输出信号。
- **译码器(Decoder)**:实现译码功能的逻辑电路。
- **二进制译码器(Binary Decoder)**:输入是一组二进制代码,输出是一组高、低电平信号的译码器电路。
- **二-十进制译码器(Binary Decoder)**:输入是 BCD 码中的 10 个代码之一,输出是10 个高低电平信号的译码器。
- **半导体数码管**:用发光二极管 LED 组成的字形来显示数字的器件,7 个条形发光二极管排列成"8"字形,也称为七段数码管。
- **七段字形译码器**:可以实现将 BCD 码翻译成字形码的组合逻辑电路。

译码是要把特定含义的输入代码翻译成对应的输出信号。实现译码功能的逻辑电路称为译码器(decoder)。译码器是一种多输入、多输出的常用组合逻辑电路,其输入与输出之间存在一一对应的映射关系。译码器有许多不同类型和不同型号的中规模集成电路产品,常用的有二进制译码器、二-十进制译码器、七段字形码译码器等。

5.1.1 二进制译码器

二进制译码器(binary decoder)的输入是一组二进制代码,输出是一组高、低电平信号。若译码器有 n 个输入端,则最多有 2^n 个输出端,这种译码器被称为 n 线-2^n 线译码器。

最简单的译码器为 2 线-4 线译码器,图 5.1 为该译码器的真值表和电路,其中,E 为译码器的使能控制端。

- 当 E = 1 时,所有与门禁止,电路输出 Y0 ～ Y3 均为 0。
- 当 E = 0 时,所有与门打开,可以将输入信号 B、A 组成的编码(B 为高位,A 为低位)翻译成信号 Y0 ～ Y3 输出,从而实现译码的功能。

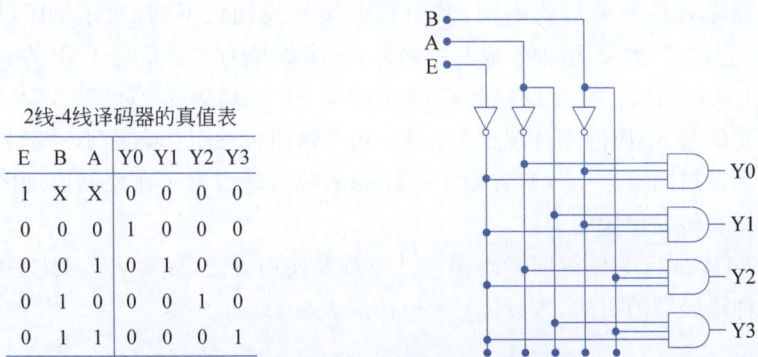

2线-4线译码器的真值表

E	B	A	Y0	Y1	Y2	Y3
1	X	X	0	0	0	0
0	0	0	1	0	0	0
0	0	1	0	1	0	0
0	1	0	0	0	1	0
0	1	1	0	0	0	1

图 5.1　基于与门的 2 线-4 线译码器电路

二进制译码器有多种集成电路产品,如双 2 线-4 线译码器 74HC139、3 线-8 线译码器 74HC138,4 线-16 线译码器 74HC154 等,其逻辑图如图 5.2 所示。

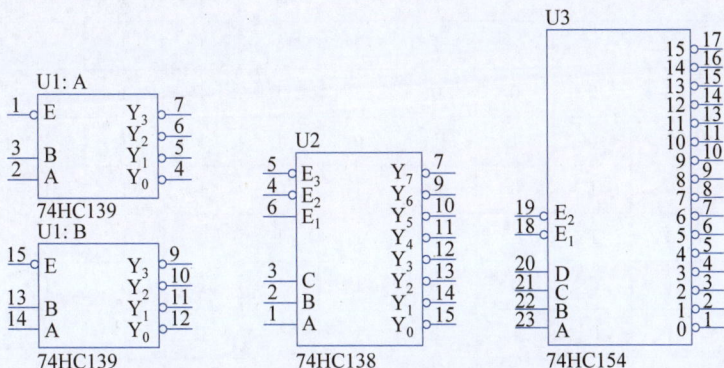

图 5.2　常用的三种二进制译码器逻辑图

需要说明的是,集成电路芯片的逻辑图不同于引脚图,逻辑图是为了绘制原理图而设计的符号图,逻辑图的符号通常用矩形框及其附加引脚表示集成电路芯片,引脚是按逻辑功能分类的需要来绘制的,通常将输入引脚绘制在矩形框的左侧,输出引脚绘制在矩形框的右侧,在引脚上方有引脚编号,在矩形框内与引脚对应的位置有引脚名称,若引脚信号为低电平有效,则在引脚与矩形框连接处用一个圆圈表示。图 5.2 给出了三种常用的译码器集成芯片:

- 74HC139 由两个 2 线-4 线译码器构成,左侧的 E、B、A 为输入引脚,右侧的 Y_0～Y_3 为输出引脚,其中,引脚 E 为使能(Enable)输入信号,低电平有效,引脚 B 和 A 是译码输入端,引脚 Y_0～Y_3 是译码输出端,全是低电平有效。
- 74HC138 为 3 线-8 线译码器,其左侧引脚 E_1、E_2、E_3、C、B、A 为输入脚,右侧的 Y_0～

Y_7 为输出引脚，其中，引脚 E_1、E_2 和 E_3 为使能输入端，E_1 是高电平有效，E_2 和 E_3 是低电平有效，C、B、A 为译码输入端，引脚 $Y_0 \sim Y_7$ 是译码输出端，都是低电平有效。

- 74HC154 为 4 线-16 线译码器，其左侧引脚 E_1、E_2、D、C、B、A 为输入脚，右侧的 0～15 为输出引脚，其中，引脚 E_1、E_2 为使能输入端，低电平有效，D、C、B、A 为译码输入端，引脚 0～15 是译码输出端，都是低电平有效。

集成电路芯片的封装形式不同，其引脚的编号规则也不同，对于 DIP（Dual In-line Package，双列直插式）封装，引脚分成左右两列，引脚编号为左上角是 1 号，左侧从上到下、右侧从下往上顺序编号。附录 D 列出了 74 系列部分中规模集成电路常用芯片的引脚图。

需要说明的是，不同的原理图绘制工具，其逻辑图中的引脚名称不一定相同，但其含义是相同的。逻辑图符号中常常省略了芯片的电源和地引脚。在绘制原理图时，可以对逻辑图符号做旋转或镜像变动。

下面以 74HC138 为例说明译码器设计原理及使用方法，理解了 74HC138，就很容易掌握另外两种译码器的用法。74HC138 的功能表如表 5.1 所示。

表 5.1　74HC138 的功能表

输 入					输 出							
E_1	E_2+E_3	C	B	A	Y_0	Y_1	Y_2	Y_3	Y_4	Y_5	Y_6	Y_7
0	×	×	×	×	1	1	1	1	1	1	1	1
×	1	×	×	×	1	1	1	1	1	1	1	1
1	0	0	0	0	0	1	1	1	1	1	1	1
1	0	0	0	1	1	0	1	1	1	1	1	1
1	0	0	1	0	1	1	0	1	1	1	1	1
1	0	0	1	1	1	1	1	0	1	1	1	1
1	0	1	0	0	1	1	1	1	0	1	1	1
1	0	1	0	1	1	1	1	1	1	0	1	1
1	0	1	1	0	1	1	1	1	1	1	0	1
1	0	1	1	1	1	1	1	1	1	1	1	0

由功能表可见，只有当使能输入 E_1 为高电平，E_2 和 E_3 均为低电平时，译码器才可正常工作。在译码器正常工作的情况下，其输出函数如下。

$$Y_0 = \overline{\overline{C}\,\overline{B}\,\overline{A}}, \quad Y_1 = \overline{\overline{C}\,\overline{B}A}, \quad Y_2 = \overline{\overline{C}B\overline{A}}, \quad Y_3 = \overline{\overline{C}BA}$$
$$Y_4 = \overline{C\,\overline{B}\,\overline{A}}, \quad Y_5 = \overline{C\,\overline{B}A}, \quad Y_6 = \overline{CB\overline{A}}, \quad Y_7 = \overline{CBA} \tag{5.1}$$

通过以上对 74HC138 的分析和式（5.1）可见，其输出 $Y_0 \sim Y_7$ 分别对应着三个逻辑变量 C、B、A 的所有最小项（其中，C 为高位、A 为低位）的非。即

$$Y_i = \overline{m_i}（m_i 为 C、B、A 组成的最小项） \tag{5.2}$$

74HC138 也可以用如下的 Verilog HDL 描述：

74HC138 的 Verilog HDL 程序

```
module decoder138(e1,e2,e3,c,b,a,Y);
   input e1,e2,e3,c,b,a;
                //输入端口：e1,e2,e3 为使能输入，c,b,a 为需译码的三位二进制数输入
   output[0:7] Y;
                //8 个输出端口，正常工作时只有一个端口输出有效的低电平,其他均为高电平
   reg[0:7] Y;    //寄存器变量说明,在过程中赋值的变量必须说明成 reg 型
   always @(e1,e2,e3,c,b,a)
      begin        //过程语句开始,当敏感信号有变化,过程就执行
         if((e1==1)&&(e2|e3==0))         //如果使能输入信号有效
            case({c,b,a})                //case 语句开始,根据需译码的二进制数输入值
               3'b000:Y=8'b01111111;     //若为 0,则译码器输出 Y[0]有效
               3'b001:Y=8'b10111111;     //若为 1,则译码器输出 Y[1]有效
               3'b010:Y=8'b11011111;     //若为 2,则译码器输出 Y[2]有效
               3'b011:Y=8'b11101111;     //若为 3,则译码器输出 Y[3]有效
               3'b100:Y=8'b11110111;     //若为 4,则译码器输出 Y[4]有效
               3'b101:Y=8'b11111011;     //若为 5,则译码器输出 Y[5]有效
               3'b110:Y=8'b11111101;     //若为 6,则译码器输出 Y[6]有效
               3'b111:Y=8'b11111110;     //若为 7,则译码器输出 Y[7]有效
               default:Y=8'b11111111;    //否则,译码器无有效信号输出
            endcase                      //case 语句结束
         else Y=8'b11111111;             //输入使能信号无效,译码器无有效信号输出
      end                                //过程语句结束
endmodule
```

　　二进制译码器用得最多的是实现存储器地址空间或 I/O 端口地址空间的分配,这将在计算机组成原理及单片机技术等后续课程中应用,除此之外,还可以将译码器用到一些其他组合电路中。回顾第 4 章,在例 4.4 设计一位全加器时,一位全加器的本位和 F_2 及向高位的进位 F_1 都是三个逻辑变量的部分最小项的或运算结果,因此有理由相信,通过对二进制译码器 74HC138 的输出的合理应用,也可以实现一位全加器的功能。

　　由式(4.7)和式(4.8)可知,一位全加器的逻辑表达式如下。

　　一位全加器向高位的进位：

$$F_1 = \overline{A}BC + A\overline{B}C + AB\overline{C} + ABC$$

　　一位全加器的本位和：

$$F_2 = \overline{A}\,\overline{B}C + \overline{A}B\overline{C} + A\overline{B}\,\overline{C} + ABC$$

以上两个逻辑表达式均是由 A、B、C 组成的最小项表达式(A 为高位、C 为低位),而 74HC138 的编码输入端 C 为高位、A 为低位。在图 5.3 中,用 74HC138 设计全加器时,将全加器的输入 C、B、A 与 74HC138 的编码输入端 C、B、A 对接,因此需将上述两个表达式变换为由 C、B、A 组成的最小项表达式,然后利用式(5.2)对其进行如下变换：

$$F_1 = CB\overline{A} + C\overline{B}A + \overline{C}BA + CBA = m_6 + m_5 + m_3 + m_7$$
$$= \overline{Y_6} + \overline{Y_5} + \overline{Y_3} + \overline{Y_7} = \overline{Y_3 Y_5 Y_6 Y_7}$$

$$F_2 = CB\overline{A} + C\overline{B}\,\overline{A} + \overline{C}\,\overline{B}A + CBA = m_4 + m_2 + m_1 + m_7$$
$$= \overline{Y_4} + \overline{Y_2} + \overline{Y_1} + \overline{Y_7} = \overline{Y_1 Y_2 Y_4 Y_7}$$

由此可得用 74HC138 和两个四输入的与非门实现的一位全加器的逻辑电路如图 5.3 所示。

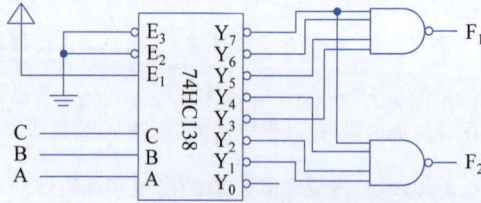

图 5.3　用 74HC138 实现一位全加器

当需要 4 线-16 线译码器时,可利用 74HC138 的使能输入端,实现对译码器功能的扩展。图 5.4 为用两片 74HC138 构成 4 线-16 线译码器的电路。

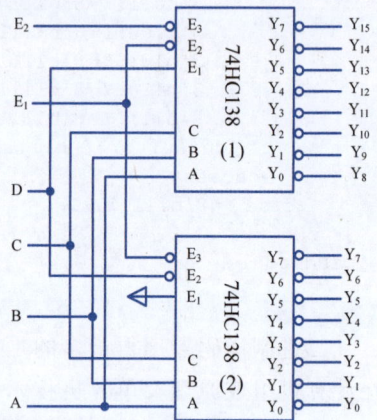

(a) 4 线-16 线译码器真值表　　　　(b) 电路

图 5.4　用两片 74HC138 实现 4 线-16 线译码器

其中:

(1) 第(1)片实现对输入编码 0000~0111 译码(对应 Y_0~Y_7),第(2)片实现对 1000~1111 译码(对应 Y_8~Y_{15})。

(2) 4 线-16 线译码器输入的最高位 D,控制第(1)片的使能输入 E_1(高电平有效),同时也控制第(2)片的使能输入 E_2(低电平有效)。

- 如果 D = 0,则第(1)片译码器工作,而第(2)片译码器禁止。
- 如果 D = 1,则第(1)片译码器禁止,而第(2)片译码器工作。

5.1.2　二-十进制译码器

二-十进制译码器按输入、输出线数可称为 4 线-10 线译码器,其输入是 BCD 码的 10 个代码之一,输出是 10 个高低电平信号。图 5.5 为二-十进制译码器 74HC42 的逻辑图,BCD 码从高位到低位依次由左侧的 D、C、B、A 4 个引脚输

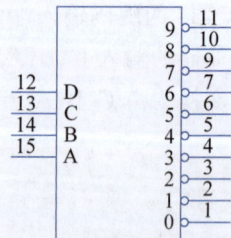

图 5.5　二-十进制译码器
74HC42 的逻辑图

入,译码信号从图中右侧的 10 个引脚输出,低电平有效。其功能表如表 5.2 所示。

表 5.2 74HC42 的功能表

输 入				输 出									
D	C	B	A	Y_0	Y_1	Y_2	Y_3	Y_4	Y_5	Y_6	Y_7	Y_8	Y_9
0	0	0	0	0	1	1	1	1	1	1	1	1	1
0	0	0	1	1	0	1	1	1	1	1	1	1	1
0	0	1	0	1	1	0	1	1	1	1	1	1	1
0	0	1	1	1	1	1	0	1	1	1	1	1	1
0	1	0	0	1	1	1	1	0	1	1	1	1	1
0	1	0	1	1	1	1	1	1	0	1	1	1	1
0	1	1	0	1	1	1	1	1	1	0	1	1	1
0	1	1	1	1	1	1	1	1	1	1	0	1	1
1	0	0	0	1	1	1	1	1	1	1	1	0	1
1	0	0	1	1	1	1	1	1	1	1	1	1	0

5.1.3 半导体数码管和七段字形码译码器

1. 半导体数码管

半导体数码管是用发光二极管(Light Emitting Diode,LED)组成的字形来显示数字,7 个条形发光二极管排列成 8 字形,故称为七段数码管。显示时,通过编码驱动相应的发光二极管发光实现 0～9 的数码显示。

根据发光二极管连接方式的不同,半导体数码管有共阴极和共阳极两种类型,其连接方式及其在 Proteus ISIS 中的逻辑图如图 5.6 所示。共阴极半导体数码管的 7 个发光二极管的阴极连接在一起形成公共端,由 7 个阳极接收字形码,在显示时,需要发光的二极管的阳极为高电平,而公共端为低电平。共阳极半导体数码管的 7 个发光二极管的阳极连接在一起形成公共端,由 7 个阴极接收字形码,显示时,需要发光二极管的阴极为低电平,而公共端为高电平。由此可见,显示同一数码的字形码,对于共阴极和共阳极数码管来说,是互为反码的。

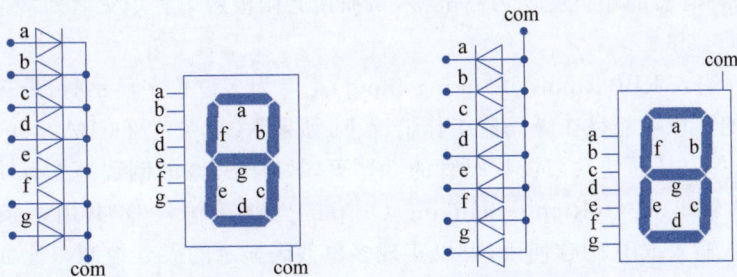

(a) 共阴极数码管的连接方式及其逻辑图　　(b) 共阳极数码管的连接方式及其逻辑图

图 5.6 半导体七段数码管

半导体数码管除了有共阴极和共阳极两种不同类型外，数码管的大小规格也是多种多样的。小型数码管的每一个段可用一个发光二极管控制，相应的驱动电流也比较小，而大型的数码管每一段可能由多个发光二极管串接而成，相应的驱动电流也要大些，不同大小的数码管所需驱动发光的电压和电流是不同的，使用时需查看产品使用说明书设计相应的驱动电路。此外，为了显示小数点，还有代表小数点的段，通常用字母 h 或 dp 表示，这样就成了八段数码管。

2. 七段字形码译码器

数字系统中使用的是二进制数，利用半导体数码管显示时，需要提供相应的字形码，这就需要有一个译码器，将 BCD 码翻译成字形码。可以实现将 BCD 码翻译成字形码的组合逻辑电路称为七段字形码译码器。常用的共阴极数码管七段字形译码器有 7448 和 74LS248 等，其逻辑图如图 5.7 所示。而共阳极数码管七段字形译码器有 7447 和 74LS247 等，其逻辑图如图 5.8 所示。

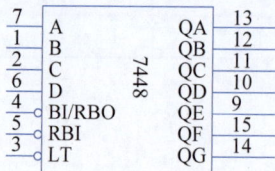

图 5.7　7448、74LS248 逻辑图　　　　图 5.8　7447、74LS247 逻辑图

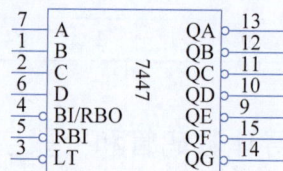

以 74LS247 为例，其功能表如表 5.3 所示，应用时需注意的主要事项有以下几点。

（1）BCD 码从高位到低位依次由 D、C、B、A 4 个引脚输入，字形码高位到低位依次从 QG、QF、QE、QD、QC、QB、QA 7 个引脚输出。

（2）74LS247 与 74LS47 的差别仅在于对数字 6 和数字 9 的译码输出上，前者的字形码比后者的多了一段，6 多了 a 段，9 多了 d 段，同样的差别也出现在 74LS248 与 74LS48 中。

（3）测试输入 LT(Lamp Test)的目的是检查数码管各段是否能正常工作。无论输入 D、C、B、A 为何种状态，只要 LT 端输入为 0，BI 端输入为 1，译码器输出均为低电平，其驱动的数码管若正常，则应显示数字 8，对应表 5.3 最后一行的功能。

（4）灭灯输入 BI(Blanking Input)是为了控制数码管显示的熄灭而设置的。只要 BI 端入为 0，译码器的输出就均为高电平，从而使共阳极数码管熄灭。对应表 5.3 的倒数第 3 行功能。

（5）灭 0 输入 RBI(Ripple-Blanking Input)是专为多位数字显示时，熄灭不需要显示的 0 而设定的。该功能是在译码器工作情况下，如果 RBI＝0 且 DCBA＝0000，则译码器输出全为高电平，从而使共阳极数码管的 0 熄灭，对应表 5.3 的倒数第二行功能。

（6）灭 0 输出 RBO(Ripple-Blanking Output)与熄灭输入 BI 共用一条引脚。RBO 是为了和灭 0 输入 RBI 配合使用，可以实现多位数码显示的灭 0 控制。比如一个 4 位整数显示，若只有个位的 0 是必需的，则高位的 0 不必显示。可将千位的 RBI 接 0，千位的 BRO 接百位的 BRI，百位的 RBO 接十位的 RBI，个位的 RBI 接 1。

表 5.3 七段共阳数码管字形码译码器 74LS247 功能表

输　入							输　出							显示数码
LT	RBI	D	C	B	A	BI/RBO	g	f	e	d	c	b	a	
1	1	0	0	0	0	1	1	0	0	0	0	0	0	0
1	×	0	0	0	1	1	1	1	1	1	0	0	1	1
1	×	0	0	1	0	1	0	1	0	0	1	0	0	2
1	×	0	0	1	1	1	0	1	1	0	0	0	0	3
1	×	0	1	0	0	1	0	0	1	1	0	0	1	4
1	×	0	1	0	1	1	0	0	1	0	0	1	0	5
1	×	0	1	1	0	1	0	0	0	0	0	1	0	6
1	×	0	1	1	1	1	1	1	1	1	0	0	0	7
1	×	1	0	0	0	1	0	0	0	0	0	0	0	8
1	×	1	0	0	1	1	0	0	0	0	0	0	0	9
×	×	×	×	×	×	0	1	1	1	1	1	1	1	熄灭
1	0	0	0	0	0	0	1	1	1	1	1	1	1	灭 0
0	×	×	×	×	×	1	0	0	0	0	0	0	0	8,测试

　　利用 74LS247 驱动共阴极数码管的显示电路在 Proteus ISIS 环境下的仿真如图 5.9 所示,由于灭灯输入 BI 和灭零输出 RBO 共用一个端子,但同一时间两者只能有一个信号有效,因此采用两个三态门 U1 和 U2 实现以上两个信号的切换。

- 当 BI=0 有效时,三态门 U1 打开,U2 禁止,灭灯输入 BI 起作用,BRO＝'Z'不起作用。
- 当 BI=1 无效时,三态门 U1 禁止, U2 打开,灭零输出 RBO 起作用。

　　图 5.9 给出了不同情况下七段字形译码器驱动数码管输出显示的结果,具体分析见表 5.4。

表 5.4 七段字形译码器的灭灯和灭零过程

	BI	U1	U2	DCBA	RBI	数码管	RBO
图 5.9(a)	0	打开	禁止	XXXX	1	全灭	'Z'
图 5.9(b)	1	禁止	打开	0 0 0 0	1	"0"	1 无效
图 5.9(c)	1	禁止	打开	0 0 0 0	0	全灭	0 有效
图 5.9(d)	1	禁止	打开	0 1 1 0	0	"6"	1 无效

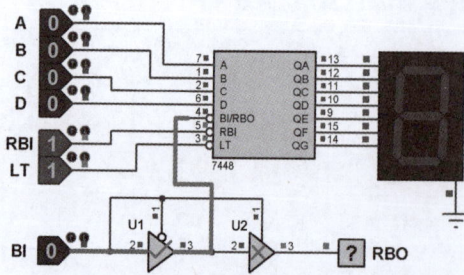

(a) 灭灯输入BI有效

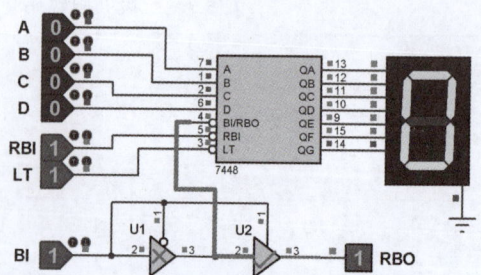

(b) 灭灯输入BI无效，灭零输入RBI无效

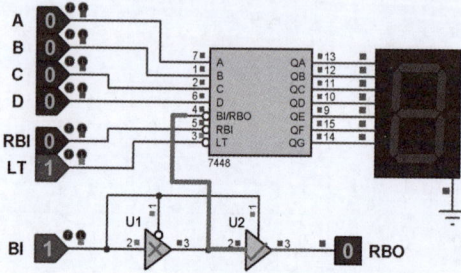

(c) 灭零输入RBI有效

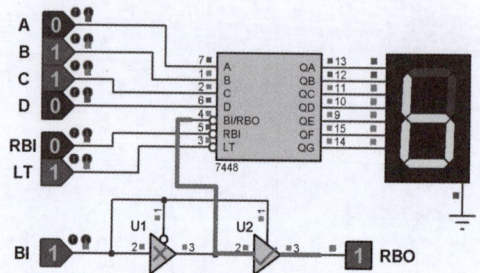

(d) 灭零输入RBI无效

图 5.9　利用 74LS248 驱动共阴极数码管的显示电路

图 5.10 和图 5.11 为利用 7448 的灭零输入 RBI 和灭零输出 RBO 配合，实现多位数码管的灭零功能电路。

图 5.10 为除前置零电路，最高位的 RBI＝0，同时高位的 RBO 控制次高位的 RBI，这样：

- 最高位 DCBA＝0000，该数码管不显示，其灭零输出 RBO＝0。
- 次高位 DCBA＝0101，该数码管正常显示"5"，其灭零输出 RBO＝1。
- 第三位 DCBA＝0110，该数码管正常显示"6"，其灭零输出 RBO＝1。
- 最低位 DCBA＝0000，由于其 RBI＝1，则该数码管显示"0"，同时其灭零输出 RBO＝1。

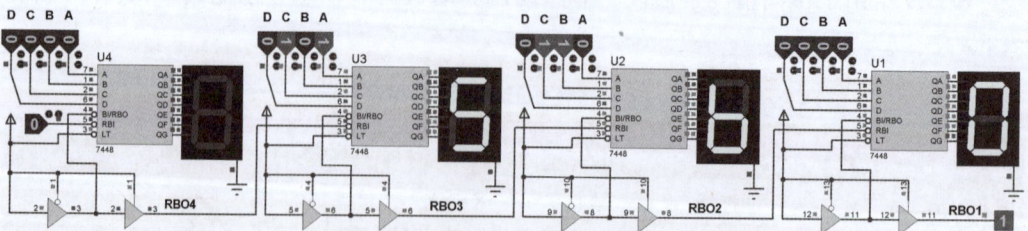

图 5.10　多位数码管的灭零电路-除前置零

图 5.11 为除尾部零电路,最低位的 RBI=0,同时低位的 RBO 控制次低位的 RBI。

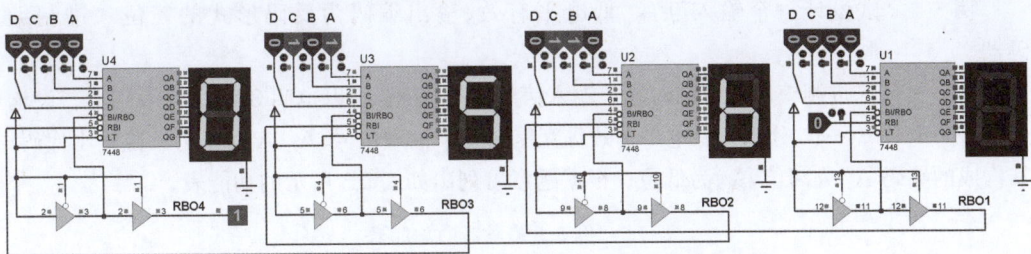

图 5.11　多位数码管的灭零电路-除尾部零

5.2　编　码　器

> **关键词:**
> * **编码:** 以文字、符号和数码等方式来表示某种信息的过程。
> * **编码器(encoder):** 实现编码的数字电路称为编码器。
> * **二进制编码器(binary encoder):** 将表示信息的多个输入信号转换成对应的二进制编码输出的组合逻辑电路,其输入端同时只允许有一个有效信号。
> * **二进制优先编码器(binary priority encoder):** 允许输入端同时出现多个有效信号,而输出只对优先级别最高的一个进行编码的编码器。
> * **二-十进制优先编码器:** 将表示十进制数的 10 个输入信号转换成对应的 BCD 码输出的组合逻辑电路。

编码是指用以文字、符号和数码等方式来表示某种信息的过程。在数字系统中,由于数字设备只能处理二进制代码信息,因此对需要处理的其他信息要转换成符合一定规则的二进制代码。实现编码的数字电路称为编码器(encoder)。常用的编码器通常是将输入的每一个高或低电平信号编成一组对应的二进制代码或 BCD 码,输出为二进制编码的编码器被称为二进制编码器,输出为 BCD 码的编码器被称为二-十进制编码器。

5.2.1　二进制编码器

二进制编码器是常用编码器之一。由于 n 位二进制编码有 2^n 个取值组合,可以表示 2^n 种信息,因此,二进制编码器的输入信号个数 N 与输出二进制数位数 n 的关系满足 $N \leqslant 2^n$,故通常编码器的输入端比输出端多。如一个输入信号个数为 8 的编码器,其输出可以只有 3 位,因为 $2^3 = 8$,从 3 位全 0 到 3 位全 1 正好 8 个编码,输入信号任一有效位都有一个有效编码与之对应。

根据输入信号是否互斥,可将编码器分为输入互斥的编码器和优先级编码器。输入互斥的编码器是指编码器在任何时刻只有一个输入信号有效,所以其输出的编码与输入信号之间有唯一的对应关系。优先级编码器是指输入的有效信号可以有多个,但编码器只对优先级别最高的一个信号进行编码。输入信号可以是低电平有效,也可以是高电平有效。输出的编码可以是原码形式，也可以是反码形式。

例 5.1 试设计一个输入互斥、低电平有效、输出编码为反码形式的三位二进制编码器。

解：三位二进制编码器可以对 8 个输入信号进行编码，所以也叫 8 线-3 线编码器。设输入信号为 I_0、I_1 …… I_7，分别为低电平有效且互斥的 8 个输入信号，A_2、A_1、A_0 为三位输出代码，其构成的编码 A_2 为高位，A_0 为低位。根据题意可列出如表 5.5 所示的功能表。

表 5.5 例 5.1 编码器的功能表

输 入								输 出		
I_0	I_1	I_2	I_3	I_4	I_5	I_6	I_7	A_2	A_1	A_0
0	1	1	1	1	1	1	1	1	1	1
1	0	1	1	1	1	1	1	1	1	0
1	1	0	1	1	1	1	1	1	0	1
1	1	1	0	1	1	1	1	1	0	0
1	1	1	1	0	1	1	1	0	1	1
1	1	1	1	1	0	1	1	0	1	0
1	1	1	1	1	1	0	1	0	0	1
1	1	1	1	1	1	1	0	0	0	0

由功能表可写出输出函数表达式为

$$A_0 = \overline{I_6} + \overline{I_4} + \overline{I_2} + \overline{I_0} = \overline{I_6 I_4 I_2 I_0}$$

$$A_1 = \overline{I_5} + \overline{I_4} + \overline{I_1} + \overline{I_0} = \overline{I_5 I_4 I_1 I_0}$$

$$A_2 = \overline{I_3} + \overline{I_2} + \overline{I_1} + \overline{I_0} = \overline{I_3 I_2 I_1 I_0}$$

由与非门组成的三位二进制编码器的逻辑电路如图 5.12 所示，可在 Proteus ISIS 环境中仿真验证其逻辑功能。

可以用 Verilog HDL 设计实现如图 5.12 所示的 8 线-3 线编码器，其程序代码如下。

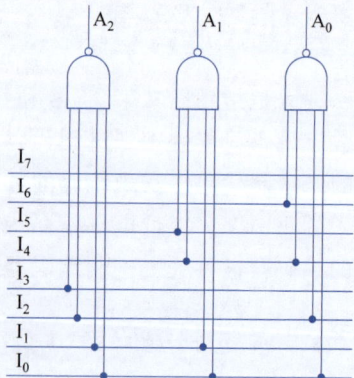

图 5.12 8 线-3 线编码器原理图

8 线-3 线编码器的 Verilog HDL 程序

```
module binary_encoder(I,A);    //二进制编码器的 Verilog HDL 描述
    input[7:0] I;              //8 个输入端
    output[2:0] A;             //三位二进制数,以反码形式输出
    reg[2:0] A;                //寄存器型变量
    always @(I) begin          //过程开始
        case (I)               //case 语句开始
            8'hfe:A=7;         //I0 低电平有效,其他 7 个输入端均为高电平,编码为 3'b111
```

```
          8'hfd:A=6;      //I1 低电平有效,其他 7 个输入端均为高电平,编码为 3'b110
          8'hfb:A=5;      //I2 低电平有效,其他 7 个输入端均为高电平,编码为 3'b101
          8'hf7:A=4;      //I3 低电平有效,其他 7 个输入端均为高电平,编码为 3'b100
          8'hef:A=3;      //I4 低电平有效,其他 7 个输入端均为高电平,编码为 3'b011
          8'hdf:A=2;      //I5 低电平有效,其他 7 个输入端均为高电平,编码为 3'b010
          8'hbf:A=1;      //I6 低电平有效,其他 7 个输入端均为高电平,编码为 3'b001
          8'h7f:A=0;      //I7 低电平有效,其他 7 个输入端均为高电平,编码为 3'b000
          default:A=0;    //此例虽无必要,但无 default 语句,在综合时会多出一些警告
        endcase            //case 语句结束
  end                      //过程开始
endmodule                  //模块结束
```

可在 Quartus II 9.1 环境下仿真验证,仿真输出波形如图 5.13 所示。

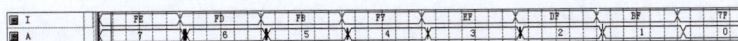

图 5.13　例 5.1 的三位编码器在 Quartus II 9.1 环境下仿真输出波形图

5.2.2　二进制优先编码器

普通编码器由于编码的唯一性,要求输入信号必须是互斥的,即任何时刻输入信号只能有一个有效,否则输出编码就会混乱。而在优先编码器电路中,允许输入端同时出现多个有效信号,而输出只对优先级别最高的一个进行编码,所以输出编码不会出现混乱。这种编码器广泛地应用于计算机系统的中断请求和数字控制的排队逻辑电路中。

例 5.2　试设计逻辑框图如图 5.14 所示的 4 线-2 线优先编码器,采用原码输出形式,输出端引入一个表示输出编码是否有效的标志信号 E_O,当无有效输入信号时,E_O 为 0,表示无有效编码输出,当有任意一个或多个输入有效时,E_O 输出为 1,表示输出编码有效。

解:由如图 5.14 所示的逻辑框图可知,编码器输入有效电平为高电平,列出其功能表如表 5.6 所示。

由功能表可列出函数表达式:

$$A_1 = I_3 + I_2\,\overline{I_3} = \overline{\overline{I_3}\ \overline{I_2\,\overline{I_3}}}$$

$$A_0 = I_3 + I_1\,\overline{I_2}\ \overline{I_3} = \overline{\overline{I_3}\ \overline{I_1\,\overline{I_2}\ \overline{I_3}}}$$

$$\overline{E_O} = \overline{I_0}\ \overline{I_1}\ \overline{I_2}\ \overline{I_3}, \quad E_O = \overline{\overline{I_0}\ \overline{I_1}\ \overline{I_2}\ \overline{I_3}}$$

根据函数表达式可画出逻辑图如图 5.15 所示。

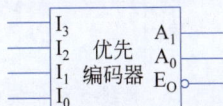

图 5.14　4 线-2 线优先编码器框图

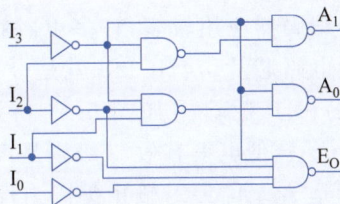

图 5.15　4 线-2 线优先编码器逻辑电路图

用 Verilog HDL 来描述 4 线-2 线优先编码器，其具体代码如下：

表 5.6　4 线-2 线优先编码器功能表

输 入				输 出		
I_0	I_1	I_2	I_3	A_1	A_0	E_O
0	0	0	0	0	0	0
×	×	×	1	1	1	1
×	×	1	0	1	0	1
×	1	0	0	0	1	1
1	0	0	0	0	0	1

---

4 线-2 线优先编码器的 Verilog HDL 程序

```
module priority_encoder(I,A,Eo);      //4 线-2 线优先编码器
    input[3:0] I;                      //输入 4 线
    output[1:0] A;                     //输出 2 线
    output Eo;                         //输出使能
    reg[1:0] A;                        //输出编码在过程中赋值,所以定义成寄存器型变量
    reg Eo;                            //输出使能在过程中赋值,所以定义成寄存器型变量
    always @(I) begin                  //过程开始
      if(I[3]==1) begin A=2'b11; Eo=1;end
                                       //I[3]为 1 级别最高,输出编码 11,Eo 为 1
      else if (I[2]==1) begin A=2'b10; Eo=1;end
                                       //I[2]为 1 级别次之,输出编码 10,Eo 为 1
      else if (I[1]==1) begin A=2'b01; Eo=1;end
                                       //I[1]为 1 级别第三,输出编码 01,Eo 为 1
      else if (I[0]==1) begin A=2'b00; Eo=1;end
                                       //I[0]为 1 级别最低,输出编码 00,Eo 为 1
      else if (I==4'b0000) begin A=2'b00; Eo=0;end
                                       //I 值为全 0,输出 Eo=0,无有效输出
    end                                //过程结束
endmodule
```

由于嵌套的 if 语句本身是顺序判断，所以是用来描述优先级的自然选择。

优先级编码器应用较多，许多 IC 制造商都有相应的中规模集成电路芯片，74HC148 就是 8 线-3 线二进制优先编码器之一，其逻辑图如图 5.16 所示。输入信号的 8 个引脚是 0～7，低电平有效，7 级别最高，0 级别最低，编码输出引脚是 A_2、A_1、A_0，输出编码为反码形式，E_I 为使能输入端；E_O 为使能输出端，G_S 为扩展编码输出端。

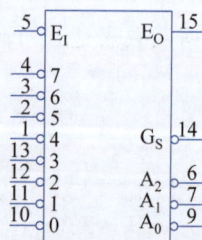

图 5.16　8 线-3 线优先编码器
74HC148 的逻辑图

74HC148 的功能表如表 5.7 所示。由表中可见：

1）当输入使能 $E_I=1$ 时，禁止编码，如表中第 1 行，此时，编码输出三位全 1，且输出使能 E_O 为低电平，表示无有效编码输出，扩展端 G_S 为高电平；

2）只有当 $E_I=0$ 时才允许编码，编码输出取决于有效输入信号，若无有效信号输入，即输入仍全为 1，则 $E_O=0$，表示输出 $A_2A_1A_0=111$ 不是有效编码，G_S 仍为高电平；

3）若存在有效输入信号，则 $E_O=1$，表示输出编码有效，按信号优先级别，输出反码形式的编码，且 $G_S=0$。如 $E_I=0$，且 $I_7=0$，无论其他输入是 0 还是 1，均有输出使能 $E_O=1$，表示输出编码 $A_2A_1A_0=000$ 为有效编码。

表 5.7　74HC148 的功能表

输　入									输　出				
E_I	I_0	I_1	I_2	I_3	I_4	I_5	I_6	I_7	A_2	A_1	A_0	G_S	E_O
1	×	×	×	×	×	×	×	×	1	1	1	1	1
0	1	1	1	1	1	1	1	1	1	1	1	1	0
0	×	×	×	×	×	×	×	0	0	0	0	0	1
0	×	×	×	×	×	×	0	1	0	0	1	0	1
0	×	×	×	×	×	0	1	1	0	1	0	0	1
0	×	×	×	×	0	1	1	1	0	1	1	0	1
0	×	×	×	0	1	1	1	1	1	0	0	0	1
0	×	×	0	1	1	1	1	1	1	0	1	0	1
0	×	0	1	1	1	1	1	1	1	1	0	0	1
0	0	1	1	1	1	1	1	1	1	1	1	0	1

使能输入端和使能输出端的有效配合，可实现对编码器功能的扩展，图 5.17 为 16 线-4 线优先编码器真值表以及用两片 74HC148 和少量基本逻辑门电路构成 16 线-4 线优先编码器的电路。其中：

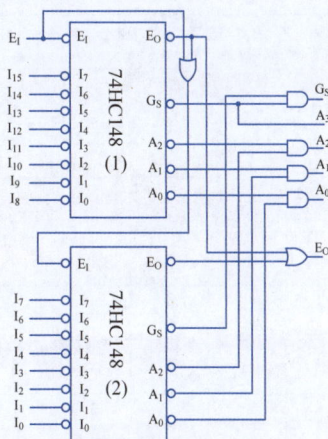

(a) 16线-4线优先编码器真值表　　　　　　　　　(b) 电路

图 5.17　用两片 74HC148 实现 16 线-4 线优先编码器

（1）第（1）片实现对优先级高的 8 个输入（$I_{15} \sim I_8$）的优先编码，第（2）片实现对优先级低的 8 个输入（$I_7 \sim I_0$）的优先编码。

（2）第（1）片的使能输出 E_O 控制第（2）片的使能输入 E_I。

- 如果 $I_{15} \sim I_8$ 有有效信号输入，则第（1）片允许编码，其使能输出 E_O 为 1，从而使第（2）片的使能输入 E_I 为 1，禁止编码。
- 如果 $I_{15} \sim I_8$ 无有效信号输入，则第（1）片禁止编码，其使能输出 E_O 为 0，从而使第（2）片的使能输入 E_I 为 0，允许编码。

5.2.3　二-十进制优先编码器

二-十进制优先编码器是将表示十进制数的 10 个输入信号转换成对应的 BCD 码输出的组合逻辑电路，74HC147 就是实现该功能的集成电路芯片，其逻辑图如图 5.18 所示，由图可见，其输入信号是低电平有效，输出的 BCD 码采用反码形式。

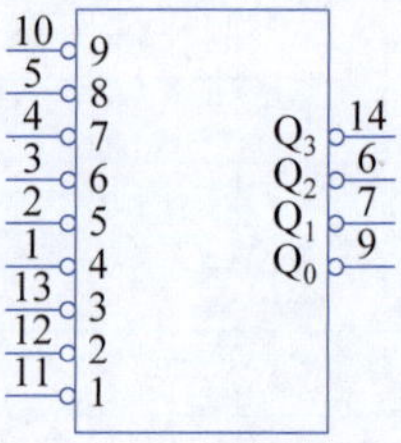

74HC147 的功能表如表 5.8 所示。由表中可见，74HC147 允许同时有多个输入端送入编码信号，且只对优先级别最高的输入进行编码，I_9 的级别最高，其后依次递减，I_1 的级别最低，当 $I_9 \sim I_1$ 各输入端均为高电平的无效编码信号时，输出的 $Q_3 Q_2 Q_1 Q_0 = 1111$，正好对应 I_0 的编码，因此，74HC147 中省去了 I_0 的信号输入线。

图 5.18　二-十进制编码器 74HC147 的逻辑图

表 5.8　74HC147 的功能表

输　入									输　出			
I_1	I_2	I_3	I_4	I_5	I_6	I_7	I_8	I_9	Q_3	Q_2	Q_1	Q_0
1	1	1	1	1	1	1	1	1	1	1	1	1
×	×	×	×	×	×	×	×	0	0	1	1	0
×	×	×	×	×	×	×	0	1	0	1	1	1
×	×	×	×	×	×	0	1	1	1	0	0	0
×	×	×	×	×	0	1	1	1	1	0	0	1
×	×	×	×	0	1	1	1	1	1	0	1	0
×	×	×	0	1	1	1	1	1	1	0	1	1
×	×	0	1	1	1	1	1	1	1	1	0	0
×	0	1	1	1	1	1	1	1	1	1	0	1
0	1	1	1	1	1	1	1	1	1	1	1	0

5.3 数据分配器与数据选择器

> 关键词：
> - **数据选择器**：从多路输入数据中选择其中一路送到输出端，实现这种功能的电路被称为数据选择器（Multiplexer）。
> - **数据分配器**：将一路输入数据根据选择控制信号的不同传输到多个输出通道的某一个，实现这种功能的电路被称为数据分配器（Demultiplexer）。

5.3.1 数据选择器

在数字信号的传输过程中，有时需要从多路输入数据中选择其中一路送到输出端，实现这种功能的电路称为数据选择器（Multiplexer），简称 MUX。它是根据地址选择控制信号的不同，从多路输入数据中选择一路作为输出的电路，所以也叫多路开关。

4 选 1 数据选择器原理示意图如图 5.19 所示。图中，D_3～D_0 为 4 个数据输入端；E 为使能端，低电平有效；B、A 为地址选择输入端；F 为数据输出端。当使能端 E＝0 时，数据选择器正常工作，根据地址选择输入端 B、A 的代码值，选择 D_3～D_0 这 4 个数据输入端中的一个，送到数据输出端 F，当 E＝1 时，数据选择器禁止工作。功能表如表 5.9 所示。

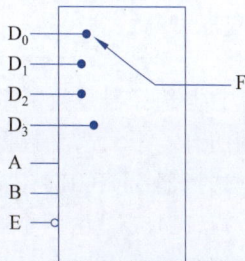

图 5.19　4 选 1 数据选择器原理示意图

表 5.9　4 选 1 数据选择器的功能表

输　　入							输　　出
E	B	A	D_0	D_1	D_2	D_3	F
0	0	0	1/0	×	×	×	1/0（即 D_0）
0	0	1	×	1/0	×	×	1/0（即 D_1）
0	1	0	×	×	1/0	×	1/0（即 D_2）
0	1	1	×	×	×	1/0	1/0（即 D_3）
1	×	×	×	×	×	×	0

4 选 1 数据选择器的逻辑函数表达式为

$$F = \overline{E}\,\overline{B}\,\overline{A}D_0 + \overline{E}\,\overline{B}AD_1 + \overline{E}B\overline{A}D_2 + \overline{E}BAD_3$$

式中，E 为芯片使能端，B、A 为实现数据选择的地址输入端，D_i 为第 i 路数据输入。

用 Verilog HDL 实现的 4 选 1 数据选择器代码如下：

---

4 选 1 数据选择器的 Verilog HDL 程序

```
module data4sel1(D,B,A,F);
    input[3:0] D;                        //4 路数据输入端
    input B,A;                           //地址选择控制端
    output F;                            //数据输出端
    reg F;                               //说明为寄存器型,以便在过程块内赋值
    always @ (D or B or A) begin         //过程语句,当 D 或 B 或 A
                                         //有任一变化时,则过程执行

    case ({B,A})                         //将 B 和 A 并成 2 位的位向量
        2'b00:F=D[0];                    //若值为 00,则选择 D[0]送输出端
        2'b01:F=D[1];                    //若值为 01,则选择 D[1]送输出端
        2'b10:F=D[2];                    //若值为 10,则选择 D[2]送输出端
        2'b11:F=D[3];                    //若值为 11,则选择 D[3]送输出端
    endcase
    end
endmodule
```

数据选择器是数字系统中的常用组合逻辑电路,有多种中规模集成电路定型产品,常用的有 4 个 2 选 1 数据选择器 74HC157,双 4 选 1 数据选择器 74HC153,还有 8 选 1 数据选择器 74HC151。

74HC153 是由两个 4 选 1 多路选择器构成,其逻辑图如图 5.20 所示,其中,1E 和 2E 分别控制两个 4 路输入 $1X_0 \sim 1X_3$ 和 $2X_0 \sim 2X_3$,在使能信号低电平有效的情况下,根据地址选择端 B、A 的代码值不同,选择 $1X_0 \sim 1X_3$ 和 $2X_0 \sim 2X_3$ 两个 4 路输入中的各 1 路分别送输出端 1Y 和 2Y。

74HC151 是一个 8 选 1 多路选择器,其逻辑图如图 5.21 所示,其中,E 为使能输入端,低电平有效,当 E 有效时,由地址选择端 C、B、A 三位代码选择 8 路输入 $X_0 \sim X_7$ 中的某一路数据,分别以原码和反码形式同时从 Y 和 $\overline{Y}$ 端输出。

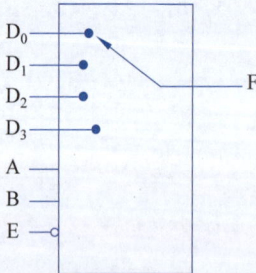

图 5.20   74HC153 的逻辑图   图 5.21   74HC151 的逻辑图

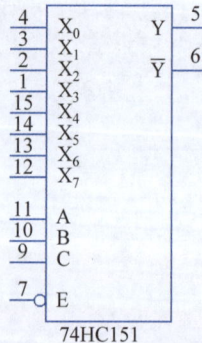

8 选 1 数据选择器 74HC151 的逻辑函数表达式为

$$Y = \overline{E}\,\overline{C}\,\overline{B}\,\overline{A}D_0 + \overline{E}\,\overline{C}\,\overline{B}AD_1 + \overline{E}\,\overline{C}B\overline{A}D_2 + \overline{E}\,\overline{C}BAD_3$$

$$+ \overline{E}C\overline{B}\,\overline{A}D_4 + \overline{E}C\overline{B}AD_5 + \overline{E}CB\overline{A}D_6 + \overline{E}CBAD_7$$

即可得 74HC151 的输出与各个数据通道 D_i、地址选择端 C、B、A 组成的最小项 m_i

之间的通用表达式：

$$Y = \overline{E} \sum (m_i D_i) \quad (m_i\ 为\ C、B、A\ 组成的最小项) \tag{5.3}$$

式中，E 为芯片使能端，m_i 为地址输入端 C、B、A 构成的三变量最小项（C 为高位，A 为低位），D_i 为第 i 路数据输入。

例 5.3　试用 8 选 1 数据选择器 74HC151 实现逻辑函数：

$$F = A\overline{B} + \overline{A}BC + B\overline{C}$$

解：将逻辑函数变换为数据选择器的通用表达式的形式：

$$F = A\overline{B}\,\overline{C} + A\overline{B}C + \overline{A}BC + \overline{A}B\overline{C} + AB\overline{C}$$

$$= m_4 + m_5 + m_3 + m_2 + m_6$$

$$= m_0 \cdot 0 + m_1 \cdot 0 + m_2 \cdot 1 + m_3 \cdot 1 + m_4 \cdot 1 + m_5 \cdot 1 + m_6 \cdot 1 + m_7 \cdot 0$$

以上表达式，是由 A、B、C 组成的最小项表达式（A 为高位、C 为低位），而 74HC151 的地址选择端 C 为高位，A 为低位。因此在使用 74HC151 设计以上逻辑函数时，需将逻辑函数 F 的输入 A、B、C 与 74HC151 的编码输入端 C、B、A 对接，将 0 或 1 作为各通道的数据输入，据此可设计电路如图 5.22 所示。

例 5.4　试用 8 选 1 数据选择器 74HC151 实现逻辑函数 $F = \overline{C}D + BC\overline{D} + A\overline{B}\,\overline{C}D$

解：将逻辑函数变换为由 A、B、C 组成的最小项 m_i 和 D 或 $\overline{D}$ 相与的形式。

$$F = \overline{C}D + BC\overline{D} + A\overline{B}\,\overline{C}D$$

$$= (\overline{A}\,\overline{B}\,\overline{C}D + A\overline{B}\,\overline{C}D + \overline{A}B\overline{C}D + AB\overline{C}D) + (ABC\overline{D} + \overline{A}BC\overline{D}) + A\overline{B}\,\overline{C}D$$

$$= \overline{A}\,\overline{B}\,\overline{C} \cdot D + A\overline{B}\,\overline{C} \cdot D + \overline{A}B\overline{C} \cdot D + AB\overline{C} \cdot D + ABC \cdot \overline{D} + \overline{A}BC \cdot \overline{D} + A\overline{B}\,\overline{C} \cdot D$$

$$= m_0 \cdot D + m_4 \cdot D + m_2 \cdot D + m_6 \cdot D + m_7 \cdot \overline{D} + m_3 \cdot \overline{D} + m_4 \cdot D$$

$$= m_0 \cdot D + m_1 \cdot 0 + m_2 \cdot D + m_3 \cdot \overline{D} + m_4 \cdot D + m_5 \cdot 0 + m_6 \cdot D + m_7 \cdot \overline{D}$$

依据以上表达式，将逻辑函数 F 的输入 A、B、C 与 74HC151 的编码输入端 C、B、A 对接，将 D、$\overline{D}$、0 或 1 作为各通道的数据输入，据此可设计电路如图 5.23 所示。

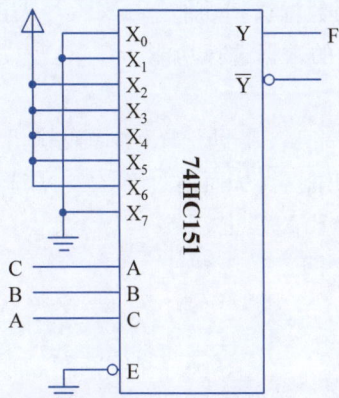

图 5.22　例 5.3 电路　　　　图 5.23　例 5.4 电路

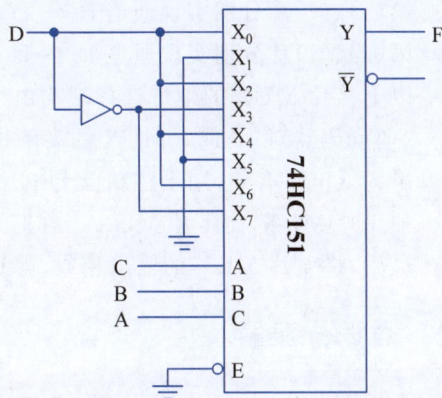

例 5.5　试用双 4 选 1 数据选择器 74HC153 实现 8 选 1 数据选择器的逻辑功能。

解：74HC153 内部包含两个 4 选 1 MUX，用其实现 8 选 1 MUX 的电路如图 5.24 所

示,其中:

(1) 第(1)个 MUX 作为 8 选 1 MUX 的低 4 个通道 $D_0 \sim D_3$。

(2) 第(2)个 MUX 作为 8 选 1 MUX 的高 4 个通道 $D_4 \sim D_7$。

(3) 两个 4 选 1 MUX 的地址选择端均为 8 选 1 MUX 的地址选择端低两位 B 和 A。

(4) 通过 8 选 1 MUX 的地址选择端最高位 C 来控制两个 4 选 1 MUX。

- 当 C＝0 时,第(1)个 MUX 工作,1Y 输出 $D_0 \sim D_3$,第(2)个 MUX 禁止,2Y 输出为 0。

- 当 C＝1 时,第(2)个 MUX 工作,2Y 输出 $D_4 \sim D_7$,第(1)个 MUX 禁止,1Y 输出为 0。

(5) 将两个 4 选 1 MUX 的输出 1Y 和 2Y 相或,得到最终的输出 Y。

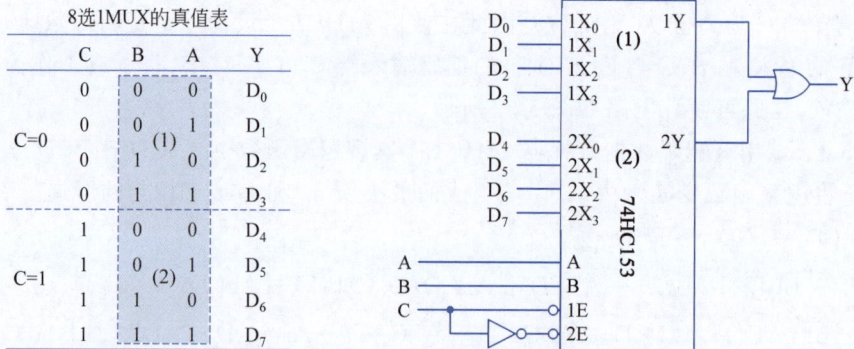

图 5.24   4 选 1 数据选择器的扩展

例 5.6   试用 4 个 4 选 1 数据选择器扩展构成 16 选 1 数据选择器。

解:16 选 1 数据选择器的电路如图 5.25 所示,其中:

- A_3、A_2、A_1、A_0 为 16 选 1 MUX 的地址选择输入端。

- 第(1)、(2)片分别实现通道 $D_0 \sim D_3$、$D_4 \sim D_7$ 的数据选择功能。

- 第(3)、(4)片分别实现通道 $D_8 \sim D_{11}$、$D_{12} \sim D_{15}$ 的数据选择功能。

- 以上 4 片 MUX 的地址选择端由 A_1、A_0 扩展。

- 2-4 译码器对 16 选 1 MUX 的高两位地址选择端 A_3、A_2 进行译码,译码输出的结果为低电平有效,用于控制以上 4 片 MUX 的使能端,从而通过 A_3、A_2 来选通其中 1 片 MUX,使 1 片 MUX 工作时,其他 3 片 MUX 禁止。

- 最后,将 4 片 MUX 的输出相或,得到最终的输出 F。

5.3.2 数据分配器

数据分配器(Demultiplexer)简称 DEMUX,其功能与数据选择器相反,是将一路输入数据根据选择控制信号的不同传输到多个输出通道的某一个,所以它是一种单输入、多输出数字电路。一个 4 路数据分配器原理示意图如图 5.26 所示。其中,D 为被传输的数据输入端,B、A 是(地址)选择输入端,$F_0 \sim F_3$ 为数据输出端。

A_3	A_2	Y_0	Y_1	Y_2	Y_3	(1)	(2)	(3)	(4)
0	0	0	1	1	1	√	×	×	×
0	1	1	0	1	1	×	√	×	×
1	0	1	1	0	1	×	×	√	×
1	1	1	1	1	0	×	×	×	√

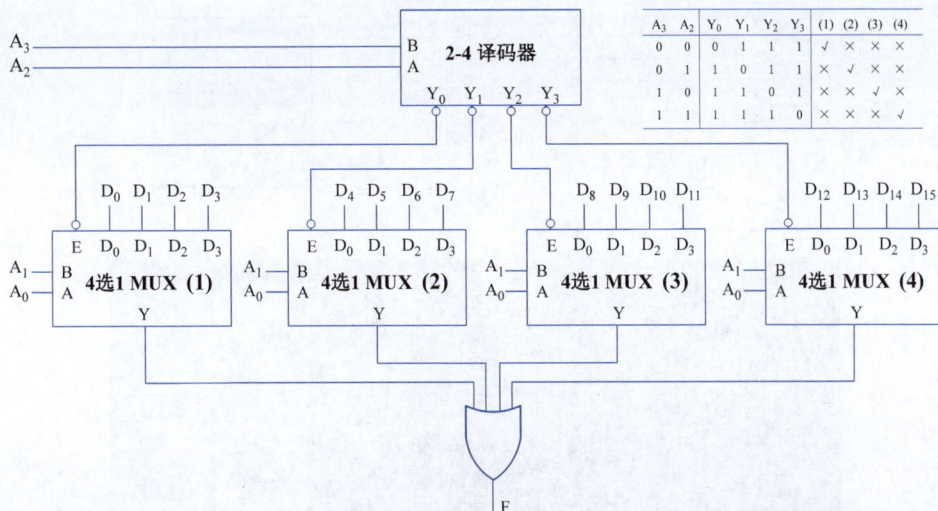

图 5.25 由 4 个 4 选 1 数据选择器扩展构成 16 选 1 数据选择器的设计电路

4 路数据分配器的输入数据 D 根据选择输入端 B、A 的不同代码值,以原码输出形式被分配到相应的输出通道上,其函数表达式为

$$F_0 = D\overline{B}\,\overline{A}, \quad F_1 = D\overline{B}A, \quad F_2 = DB\overline{A}, \quad F_3 = DBA$$

根据函数表达式可绘制 4 路数据分配器逻辑图如图 5.27 所示。

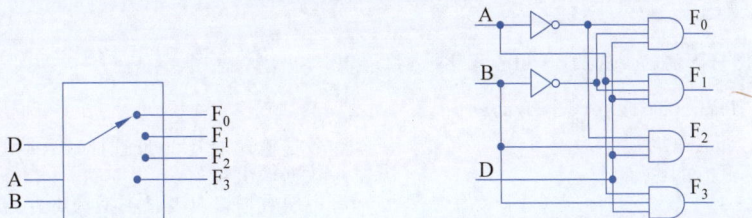

图 5.26 4 路数据分配器原理示意图

图 5.27 4 路数据分配器逻辑图

其实前面介绍的译码器也可用作数据分配器,仍以 74HC138 为例,在 Proteus ISIS 环境下,从元件库中选择 74HC138 时,其描述(description)内容为:3-Line to 8-Line Decoders/Demultiplexers,这就说明它是一个 3 线-8 线译码器,也是一个数据分配器。通过如图 5.28 所示的一个小实验就可以验证这一点。将 74HC138 的使能端 E_1 接高电平,使能端 E_2 接低电平,信号源设为 100Hz 的脉冲信号接入使能端 E_3,此时 E_3 即为数据输入端,74HC138 就是一个 8 路数据分配器,根据地址选择控制端 C、B、A 的值,将数据输入端 E_3 的信号分配到输出端 $Y_0 \sim Y_7$ 中的某一个输出。图中地址码为 001B,所以数据输入端 E_3 的信号分配到输出端 Y_1,示波器中只有与输出端 Y_1 连接的 B 通道有信号,而其他通道无信号输出,若接 C、B、A 的地址码为 010B,则立即可见信号切换到与输出端 Y_2 连接的 C 通道上。

数据分配器也可通过 HDL 编程,在 CPLD 或 FPGA 上实现。用 Verilog HDL 描述的 4 路数据分配器如下:

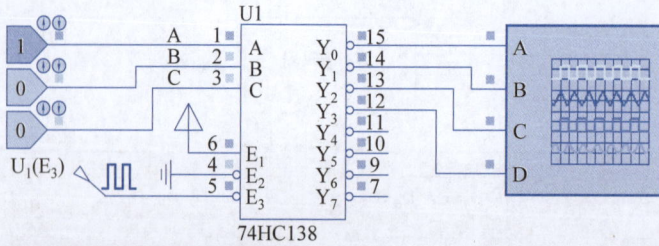

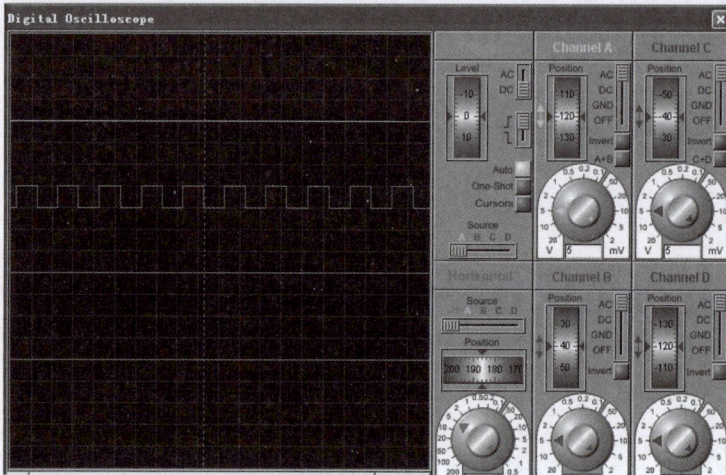

图 5.28　74HC138 用作数据分配器的实验

数据分配器的 Verilog HDL 程序

```
module dumultiplexer(d,b,a,F);
    input d,b,a;                        //数据输入端d,地址选择输入端b,a
    output[0:3] F;                      //数据输出端F
    reg[0:3] F;                         //说明数据输出变量类型为寄存器型
    always @(d or b or a) begin         //当d、b或a有任意一个发生变化,则过程执行
        case ({b,a})                    //根据两位地址选择码值,实现多分支
        2'b00:F={d,3'b000};             //若为00,则将输入数据d分配到F[0]输出
        2'b01:F={1'b0,d,2'b00};         //若为01,则将输入数据d分配到F[1]输出
        2'b10:F={2'b00,d,1'b0};         //若为10,则将输入数据d分配到F[2]输出
        2'b11:F={3'b000,d};             //若为11,则将输入数据d分配到F[3]输出
        default:F=4'b0000;
        endcase
    end
endmodule
```

例 5.7　利用 74HC151 和 74HC138 配合,实现多路数据的复用和解复用电路。

解:如图 5.29 为利用数据选择器和数据分配器实现的多路数据的复用和解复用电路,通过一个数据通道,将发送端的 8 路数据 $D_0 \sim D_7$ 传输至接收端对应的 8 个通道 $F_0 \sim F_7$,其中:

- 发送端:74HC151 实现将 8 路数据 $D_0 \sim D_7$ 复用为 1 路数据传输到数据接收方。

- 接收端:74HC138 作为数据分配器使用,将 1 路数据又解复用为 8 路数据,传输

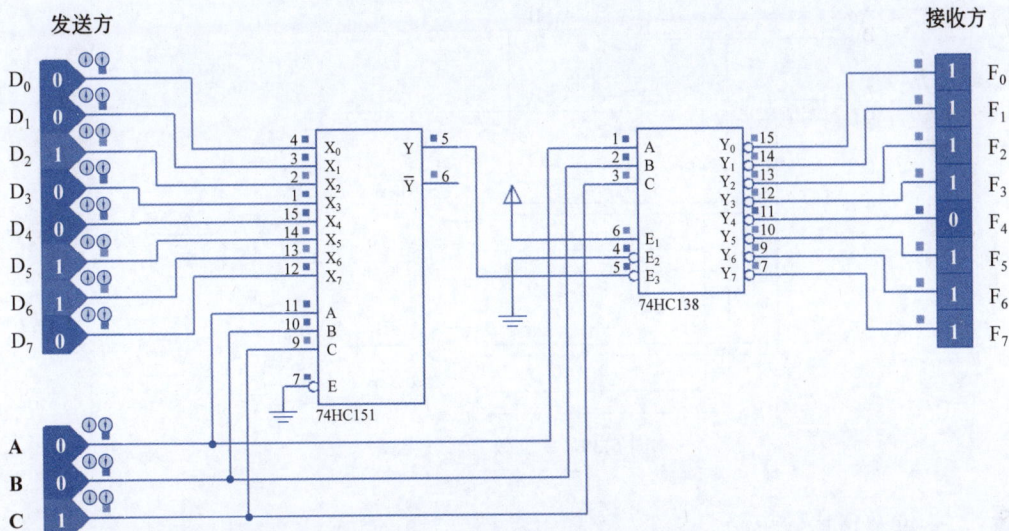

图 5.29　多路数据的复用和解复用电路

至对应通道 $F_0 \sim F_7$。

- 数据选择器和数据分配器的地址选择端共用,均为 C、B、A,从而实现发送端和接收端的数据通道一一对应进行传输,如图中情况:CBA=100,则将发送端的 D_4 传输至接收端的 F_4。

5.4　数值比较电路

数值比较电路(magnitude comparator)是数字系统中用来比较两个数的大小或是否相等的组合逻辑电路。

5.4.1　比较原理

1. 2 位数值比较电路

设两个二进制数 A、B 分别由两位二进制代码组成,$A=A_1 A_0$,$B=B_1 B_0$,比较两数的大小,可能有三种结果,A>B,A=B,A<B。要比较 A、B 的大小,可依据下面的方法进行。

先比较高位 A_1 和 B_1:

(1) 如果 $A_1 > B_1$,则可判定 A>B。

(2) 如果 $A_1 < B_1$,则可判定 A<B。

(3) 如果 $A_1 = B_1$,再继续比较低位 A_0 和 B_0。

- 如果 $A_0 > B_0$,则可判定 A>B。

- 如果 $A_0 < B_0$,则可判定 A<B。

- 如果 $A_0 = B_0$,则可判定 A=B。

据此可设计 2 位数值比较电路如图 5.30 所示。

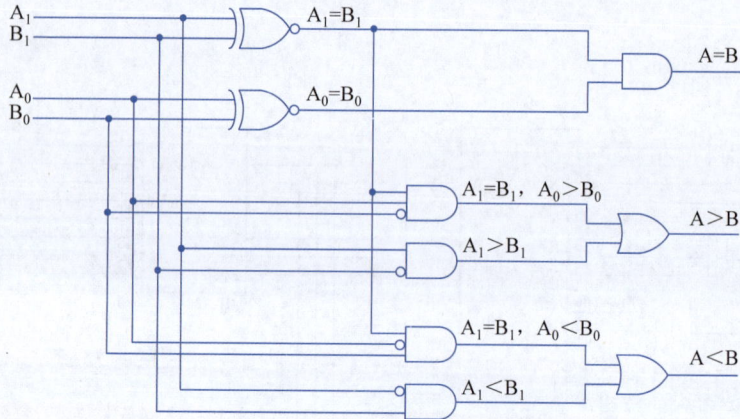

图 5.30 2 位数值比较电路

2. 4 位数值比较电路

设两个二进制数 A、B 分别由 4 位二进制代码组成：$A = A_3 A_2 A_1 A_0$，$B = B_3 B_2 B_1 B_0$，与 2 位数值比较电路的原理相似：先比较高位，如果 A_3 和 B_3 不相等，则直接可以比较出大小；如果 A_3 和 B_3 相等，则比较次高位 A_2 和 B_2，以此类推。如果比较过程中发现两者不相等，如 $A_3 = B_3$，可是 $A_2 < B_2$，不用再继续比较，即可判断 $A < B$。也就是说，在比较过程中，根据当前比较的两位的大小即可决定两个数的大小。直到比较完所有 4 位，每一位都对应相等，才可判定两个数相等，即 $A = B$。

图 5.31 为依据以上原理设计的 4 位数值比较电路，其中：

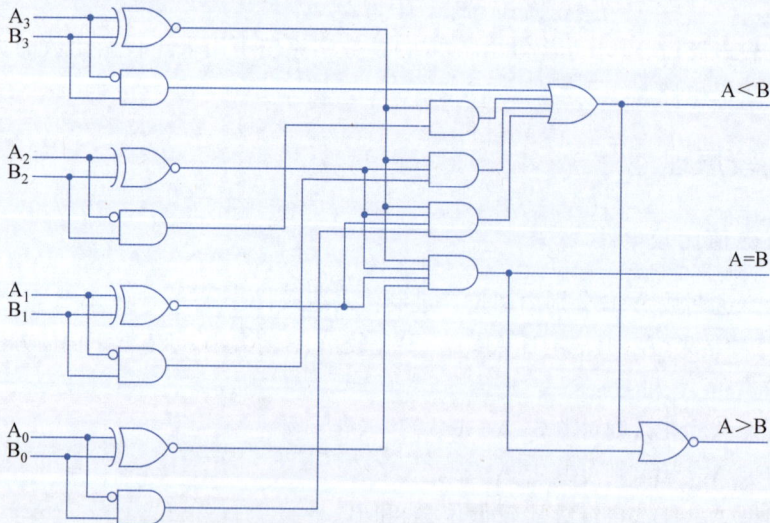

图 5.31 4 位数值比较电路

- $(A < B) = \overline{A_3} B_3 + \overline{A_3 \oplus B_3}\, \overline{A_2} B_2 + \overline{A_3 \oplus B_3}\, \overline{A_2 \oplus B_2}\, \overline{A_1} B_1 + \overline{A_3 \oplus B_3}\, \overline{A_2 \oplus B_2}\, \overline{A_1 \oplus B_1}\, \overline{A_0} B_0$

- $(A\!=\!B)=\overline{A_3\oplus B_3}\ \overline{A_2\oplus B_2}\ \overline{A_1\oplus B_1}\ \overline{A_0\oplus B_0}$

- 由于 A 与 B 的大小关系只有 >、<、= 三种,因此:$(A\!>\!B)=\overline{(A\!<\!B)+(A\!=\!B)}$

5.4.2 4 位比较器

图 5.32 是 4 位数值比较器 74HC85 的逻辑图,图中 A_3、A_2、A_1、A_0 和 B_3、B_2、B_1、B_0 是参与比较的两个 4 位二进制数输入端,QA<B、QA=B、QA>B 是两数比较结果的输出端,为了实现更多位的比较,电路引入了级联输入端:A<B、A=B、A>B。74HC85 的功能表如表 5.10 所示。

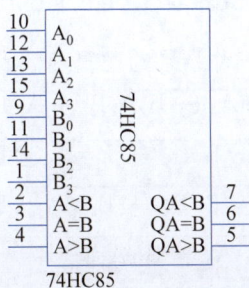

图 5.32 74HC85 的逻辑图

表 5.10 4 位数值比较器(74HC85)功能表

比 较 输 入				级 联 输 入			输 出		
A_3 B_3	A_2 B_2	A_1 B_1	A_0 B_0	A>B	A=B	A<B	QA>B	QA=B	QA<B
$A_3>B_3$	× ×	× ×	× ×	×	×	×	1	0	0
$A_3<B_3$	× ×	× ×	× ×	×	×	×	0	0	1
$A_3=B_3$	$A_2>B_2$	× ×	× ×	×	×	×	1	0	0
$A_3=B_3$	$A_2<B_2$	× ×	× ×	×	×	×	0	0	1
$A_3=B_3$	$A_2=B_2$	$A_1>B_1$	× ×	×	×	×	1	0	0
$A_3=B_3$	$A_2=B_2$	$A_1<B_1$	× ×	×	×	×	0	0	1
$A_3=B_3$	$A_2=B_2$	$A_1=B_1$	$A_0>B_0$	×	×	×	1	0	0
$A_3=B_3$	$A_2=B_2$	$A_1=B_1$	$A_0<B_0$	×	×	×	0	0	1
$A_3=B_3$	$A_2=B_2$	$A_1=B_1$	$A_0=B_0$	1	0	0	1	0	0
$A_3=B_3$	$A_2=B_2$	$A_1=B_1$	$A_0=B_0$	0	1	0	0	1	0
$A_3=B_3$	$A_2=B_2$	$A_1=B_1$	$A_0=B_0$	0	0	1	0	0	1

用两片 74HC85 来实现 8 位二进制数比较,$A = A_7A_6A_5A_4A_3A_2A_1A_0$,$B = B_7B_6B_5B_4B_3B_2B_1B_0$,比较电路如图 5.33 所示。需要注意的是,低 4 位比较的级联输入端

A＝B 不能悬空，必须接高电平。

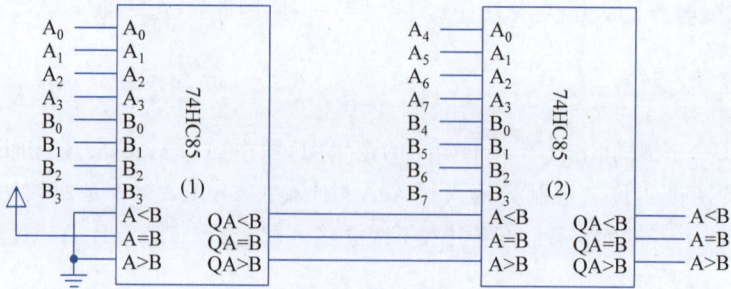

图 5.33　两片 74HC85 级联实现的 8 位二进制数比较电路

由功能表可列出 4 位比较器三种结果的逻辑函数表达式：

$$(QA > B) = A_3\overline{B_3} + \overline{A_3 \oplus B_3}A_2\overline{B_2} + \overline{A_3 \oplus B_3}\ \overline{A_2 \oplus B_2}A_1\overline{B_1}$$
$$+ \overline{A_3 \oplus B_3}\ \overline{A_2 \oplus B_2}\ \overline{A_1 \oplus B_1}A_0\overline{B_0}$$
$$+ \overline{A_3 \oplus B_3}\ \overline{A_2 \oplus B_2}\ \overline{A_1 \oplus B_1}\ \overline{A_0 \oplus B_0}(A > B)$$
$$(QA = B) = \overline{A_3 \oplus B_3}\ \overline{A_2 \oplus B_2}\ \overline{A_1 \oplus B_1}\ \overline{A_0 \oplus B_0}(A = B)$$
$$(QA < B) = \overline{A_3}B_3 + \overline{A_3 \oplus B_3}\ \overline{A_2}B_2 + \overline{A_3 \oplus B_3}\ \overline{A_2 \oplus B_2}\overline{A_1}B_1$$
$$+ \overline{A_3 \oplus B_3}\ \overline{A_2 \oplus B_2}\ \overline{A_1 \oplus B_1}\overline{A_0}B_0$$
$$+ \overline{A_3 \oplus B_3}\ \overline{A_2 \oplus B_2}\ \overline{A_1 \oplus B_1}\ \overline{A_0 \oplus B_0}(A < B)$$

在函数表达式中，$A_i\overline{B_i}$ 反映的是 $A_i > B_i$，因为 $A_i\overline{B_i} = 1$ 时，必然是 $A_i = 1$，而 $B_i = 0$；同理，$\overline{A_i}B_i$ 反映的是 $A_i < B_i$，因为 $\overline{A_i}B_i = 1$ 时，必然是 $A_i = 0$ 而 $B_i = 1$；$\overline{A_i \oplus B_i}$ 反映的是 $A_i = B_i$。

函数表达式说明的比较结果可以用以下三句话概括：

（1）只要两数最高位不等，就可以判断两数大小，其余各位可以为任意值。

（2）若高位相等，则需要比较低位。

（3）若 A、B 两数各位均相等，输出状态取决于级联输入状态。

用两片 74HC85 来实现 8 位二进制数比较，$A = A_7 A_6 A_5 A_4 A_3 A_2 A_1 A_0$，$B = B_7 B_6 B_5 B_4 B_3 B_2 B_1 B_0$，比较电路如图 5.34 所示。其中：

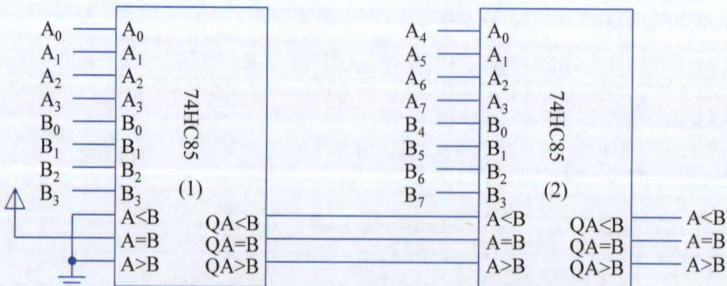

图 5.34　两片 74HC85 级联实现的 8 位二进制数比较电路

- 第(1)片实现低 4 位 $A_3A_2A_1A_0$ 和 $B_3B_2B_1B_0$ 比较,第(2)片实现高 4 位 $A_7A_6A_5A_4$ 和 $B_7B_6B_5B_4$ 比较;并将第(2)片的输出引脚作为最终比较结果的输出信号。
- 如果第(2)片高 4 位已经比较出大小,则可直接输出 A 和 B 的比较结果。
- 如果第(2)片高 4 位相等,则需要根据第(1)片低 4 位比较的结果来确定 A 和 B 的大小;而此时第(2)片的输出(也就是电路的输出)取决于它的级联输入信号,因此将第(1)片的输出对应连接至第(2)片的级联输入。
- 如果两片的比较结果均相同,则 A、B 的大小取决于第(1)片的级联输入,因此,将第(1)片的级联输入接为(A<B) = 0,(A>B) = 0,(A=B) = 1,这样可使最终的比较结果为 A=B。

图 5.35 为采用树状结构,用 6 片 74HC85 来实现 24 位二进制数 A= $A_{23}\sim A_0$ 和 B= $B_{23}\sim B_0$ 比较的电路。其中:

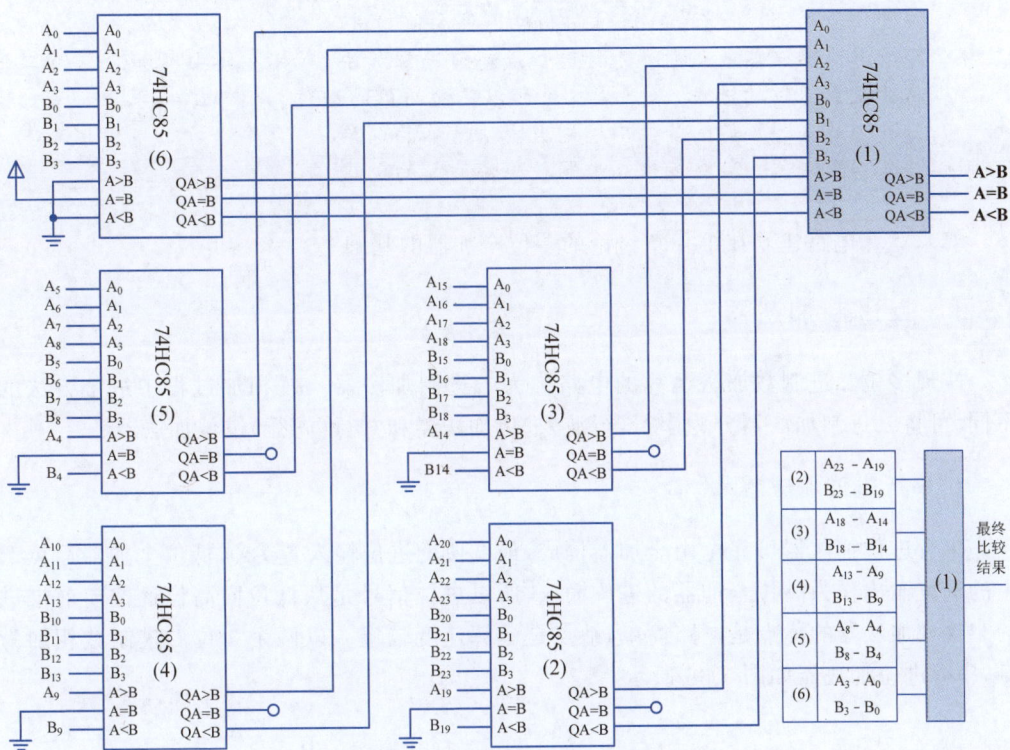

图 5.35 24 位二进制数比较电路

- 第(1)片为 24 位比较器的根节点,其输出为最终的输出。
- 第(2)片比较高 5 位 $A_{23}\sim A_{19}$ 和 $B_{23}\sim B_{19}$,其输出的 QA>B 和 QA<B 连接至第(1)片的输入 A_3 和 B_3,如果高 5 位已经比较出 A 和 B 大小,则可直接输出结果,否则需比较低位。
- 第(3)片比较次高 5 位 $A_{18}\sim A_{14}$ 和 $B_{18}\sim B_{14}$,其输出的 QA>B 和 QA<B 连接至第(1)片的输入 A_2 和 B_2,如果次高 5 位已经比较出 A 和 B 大小,则可直接输出结果,否则需比较低位。

- 其他比较器电路功能以此类推。
- 第（6）片比较低 4 位 $A_3 \sim A_0$ 和 $B_3 \sim B_0$，其输出的 QA＞B 和 QA＜B 连接至第（1）片的级联输入 A＞B 和 A＜B。如果低 4 位已经比较出 A 和 B 大小，则将比较结果传至根节点第（1）片的级联输入；如果低 4 位也相等，则将第（6）片的级联输入的 A＝B(0 1 0)传至根节点第（1）片的级联输入，第（1）片输出 A＝B。

5.5　算术运算电路

关键词：
- **加法器**：实现多位二进制数加法运算的电路。
- **串行进位加法器**：由全加器构成，将低位全加器产生的进位输出作为高位全加器的进位输入，进位信号从低位向高位逐位向前推进。
- **并行进位加法器**：又称为先行进位或超前进位加法器，可直接由参加运算的二进制数及最低位的进位，来产生本位和以及向高位的进位。
- **二进制减法器**：实现多位二进制数减法运算的电路。
- **二进制乘法器**：实现多位二进制数乘法运算的电路。

算术运算电路建立在第 4 章讨论的一位全加器的基础上。

5.5.1　二进制加法器

实现多位二进制数加法运算的电路称为二进制加法器。按相加过程中进位方法的不同，可将二进制加法器分为串行（行波）进位加法器和并行（先行）进位加法器。

1. 串行进位加法器

串行进位加法器可完全由全加器构成，最低位的进位输入置为 0，低位全加器运算产生的进位输出作为高位全加器的进位输入，所以进位信号是从低位向高位逐位向前推进的。这种加法器的优点是电路简单，缺点是运算速度较慢。以两个 4 位二进制数相加为例，串行进位加法器如图 5.36 所示。

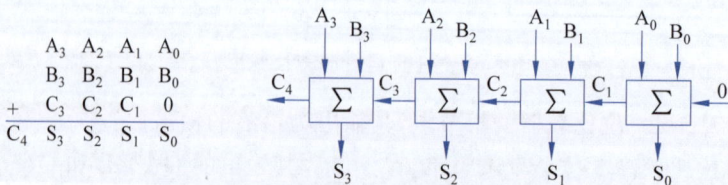

图 5.36　4 位串行进位加法器逻辑电路

例 5.8　试用 Verilog HDL 设计一个 4 位串行进位加法器。

解：可利用第 4 章设计好的一位全加器作为元件，通过元件例化来设计 4 位串行进位加法器，程序代码如下：

4 位串行进位加法器的 Verilog HDL 程序

```
module adder(A,B,c0,S,c4);        //4 位串行进位加法器
    input[3:0] A,B;               //两个相加的 4 位输入二进制数
    input c0;                     //最低位的进位输入
    output[3:0] S;                //4 位的和
    output c4;                    //最高位的进位
    wire[1:3] C;                  //中间进位
//由 4 个全加器实例化构成的串行进位加法器
    f_adder u1(A[0],B[0],c0,S[0],C[1]);
                        //u1 的进位输入是最低位的进位 c0,产生进位输出 C[1]
    f_adder u2(A[1],B[1],C[1],S[1],C[2]);
                        //u2 的进位输入是 u1 的进位输出 C[1],产生进位输出 C[2]
    f_adder u3(A[2],B[2],C[2],S[2],C[3]);
                        //u3 的进位输入是 u2 的进位输出 C[2],产生进位输出 C[3]
    f_adder u4(A[3],B[3],C[3],S[3],c4);
                        //u4 的进位输入是 u3 的进位输出 C[3],产生最高进位 c4
endmodule
```

由该程序综合后所得到的 RTL 图如图 5.37 所示。从图中可见,其进位从 c0 到 c4 是逐级串行向前推进的。

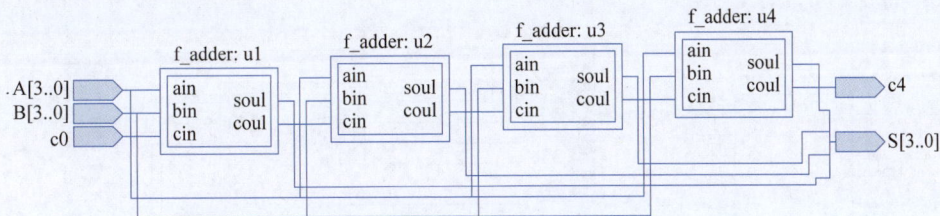

图 5.37　4 位串行进位加法器程序综合后的 RTL 电路图

2. 并行进位加法器

并行进位又叫先行进位或超前进位,是为了解决串行进位运算速度问题而设计的。

在串行进位加法器中,高位的运算要等到低位的进位到了以后才能进行,所以降低了运算器的运算速度,而且这种影响会随着位数的增加而增大。如果每一位的运算都不需要等待低位进位的到来,可直接由参加运算的二进制数及最低位的进位来进行运算,产生本位和以及向高位的进位,则运算器的运算速度就会大大提高。

由于全加器的进位逻辑表达式可以写成:

$$C_{i+1} = A_i B_i + (A_i \oplus B_i) C_i$$

其中,A_i 和 B_i 是全加器的数据输入,C_i 是来自低位的进位输入,C_{i+1} 是本位向高位的进位输出。全加器的逻辑电路如图 5.38 所示。

设 $G_i = A_i B_i$,称为进位发生,即当参加本位运算的两个二进制位均为 1 时,一定会向高位发生进位;$P_i = A_i \oplus B_i$,称为进位传递,即当参加本位运算的两个二进制位之一为 1 时,会将来自低位的进位传递给高位;则进位逻辑表达式可改写成

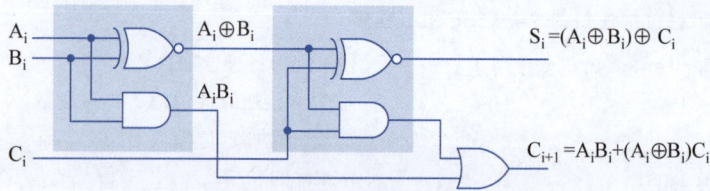

图 5.38　全加器的逻辑电路

$$C_{i+1} = G_i + P_i C_i$$

落实到 4 位加法器中可得

$$C_1 = G_0 + P_0 C_0$$

$$C_2 = G_1 + P_1 C_1 = G_1 + P_1 (G_0 + P_0 C_0) = G_1 + P_1 G_0 + P_1 P_0 C_0$$

$$C_3 = G_2 + P_2 C_2 = G_2 + P_2 (G_1 + P_1 G_0 + P_1 P_0 C_0)$$

$$= G_2 + P_2 G_1 + P_2 P_1 G_0 + P_2 P_1 P_0 C_0$$

$$C_4 = G_3 + P_3 C_3 = G_3 + P_3 (G_2 + P_2 G_1 + P_2 P_1 G_0 + P_2 P_1 P_0 C_0)$$

$$= G_3 + P_3 G_2 + P_3 P_2 G_1 + P_3 P_2 P_1 G_0 + P_3 P_2 P_1 P_0 C_0$$

　　由此可得，每一级的进位均可由参加运算的 A_i、B_i 以及最低位的进位 C_0 直接产生。而本位和又可由参加本位运算的两个二进制数及进位输入异或产生，因此可设计出 4 位先行进位加法器。74HC283 就是根据这一思想设计而成的 4 位先行进位加法器。其逻辑图如图 5.39(a)所示，其在 Proteus 环境下的仿真如图 5.39(b)所示。

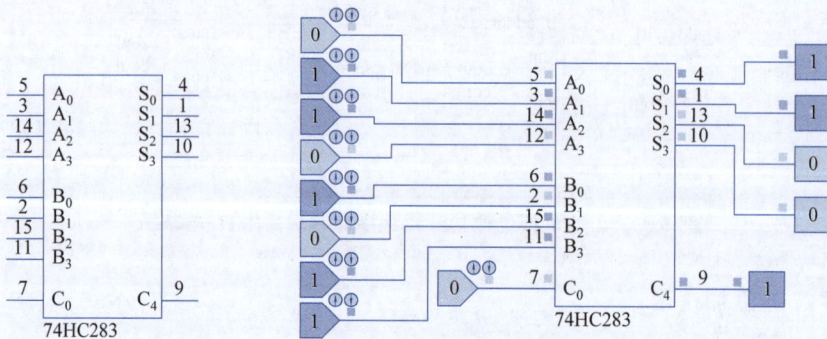

(a) 74HC283的逻辑图　　(b) 74HC283仿真示例0110+1101=10011

图 5.39　74HC283 的逻辑图及其仿真示例

5.5.2　二进制减法器

　　计算机中的加法和减法运算是用补码来实现的。对于补码的减法运算，其运算规则为

$$[A - B]_{补} = [A]_{补} + [-B]_{补}$$

因此，只要能求出 $[-B]_{补}$，即可将减法变为加法来做。对于定点二进制整数来说，$[-B]_{补} = \overline{B} + 1$，也就是说，只要将 B 各位（符号位＋数值位）取反，再加上 1，即可得到 $[-B]_{补}$。根据异或运算规则，任何数与 1 异或，即可对其求反，因此可得 4 位二进制求反电路如图 5.40 所示。把用于求反的 1 再送到加法器作为最低位的进位，即可得到 4 位二进制的减法器，如图 5.41 所示。由于任何数和 0 做异或其值不变，所以如图 5.41 所示电路

实际上可以实现加减运算的统一,即做加法时,只需将控制异或门求反的控制端置 0 即可。

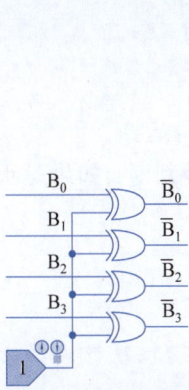

图 5.40　4 位二进制求反电路

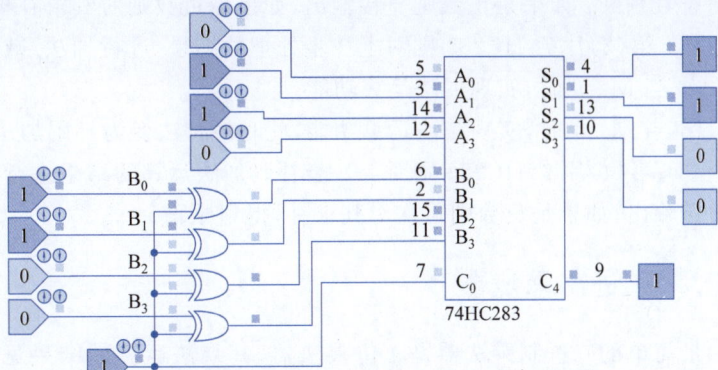

图 5.41　减法运算仿真示例 $0110-0011=0110+1101=0011$

以上电路可以实现无符号正数的减法运算功能,但如果减法的结果为负数,还需要对其进行求补。而图 5.42 所示电路则可以实现两个有符号 4 位二进制数 $A_3A_2A_1A_0$ 和 $B_3B_2B_1B_0$ 的原码的加法/减法运算功能。其中:

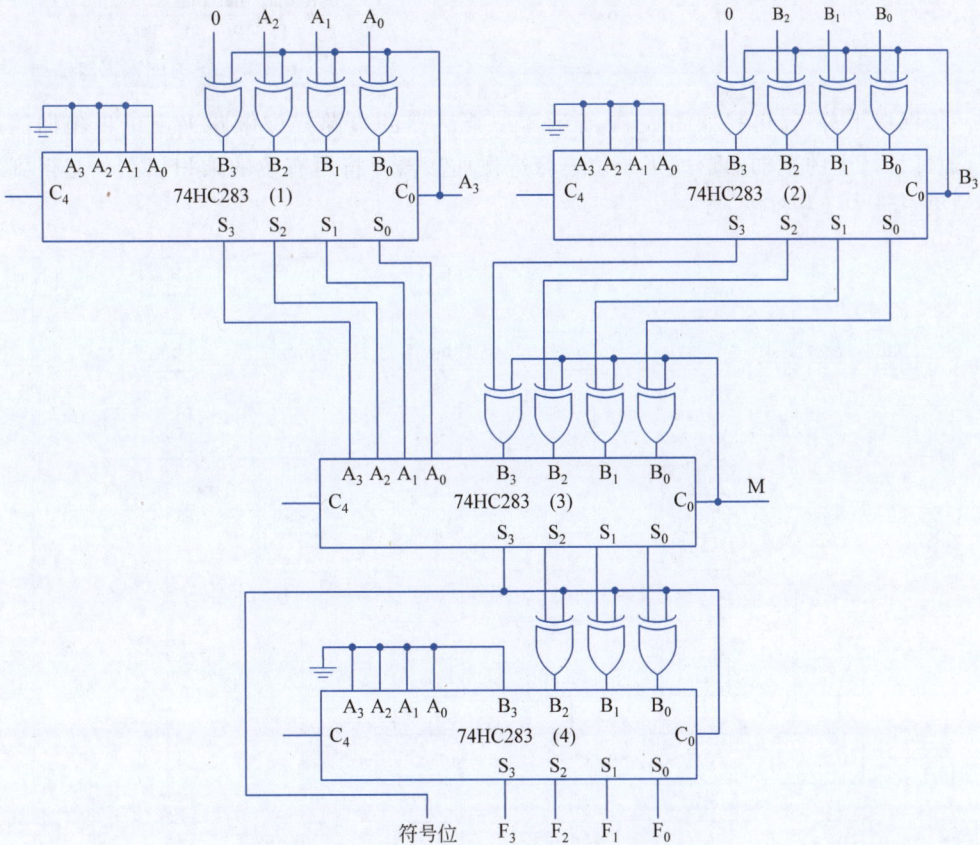

图 5.42　有符号 4 位二进制减法器电路

（1）第（1）、(2)片 74HC283 对 $A_3A_2A_1A_0$ 和 $B_3B_2B_1B_0$ 两个 4 位二进制数（A_3 和 B_3）进行符号判断：如果是正数则直接输出，如果是负数则对其求补再输出。

（2）第（3）片 74HC283 则对上一步处理的结果，进行加法/减法。

① 当 M＝0 时，实现加法运算功能。

② 当 M＝1 时，实现减法运算功能，此时将减法变为补码加法进行运算。

（3）第（4）片 74HC283 则对上一步补码加法运算的结果进行符号判断：如果是正数则直接输出，如果是负数则再次对其求补，得到原码。

5.5.3　二进制乘法器

最简单的二进制乘法器是 1 位乘法器，其乘法运算的结果见表 5.11，从该真值表可知，1 位乘法器的运算结果和逻辑与相同，因此 1 位乘法器可由与门构成。

而多位乘法器则可以由 1 位乘法器，通过图 5.43 的位积相加方法计算。

表 5.11　1 位乘法器的真值表

a_n	b_n	$p_n = a_n \times b_n$
0	0	0
0	1	0
1	0	0
1	1	1

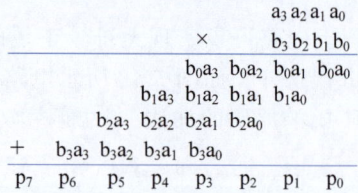

图 5.43　4 位乘法器的位积相加过程

依据以上分析，可得如图 5.44 所示 4 位乘法器的电路。该电路采用位积相加的原理，通过每行上的全加器形成了 4 位串行进位加法器。将所有位的乘积加在一起得到乘积结果 $P_7 \sim P_0$，占 8 位。

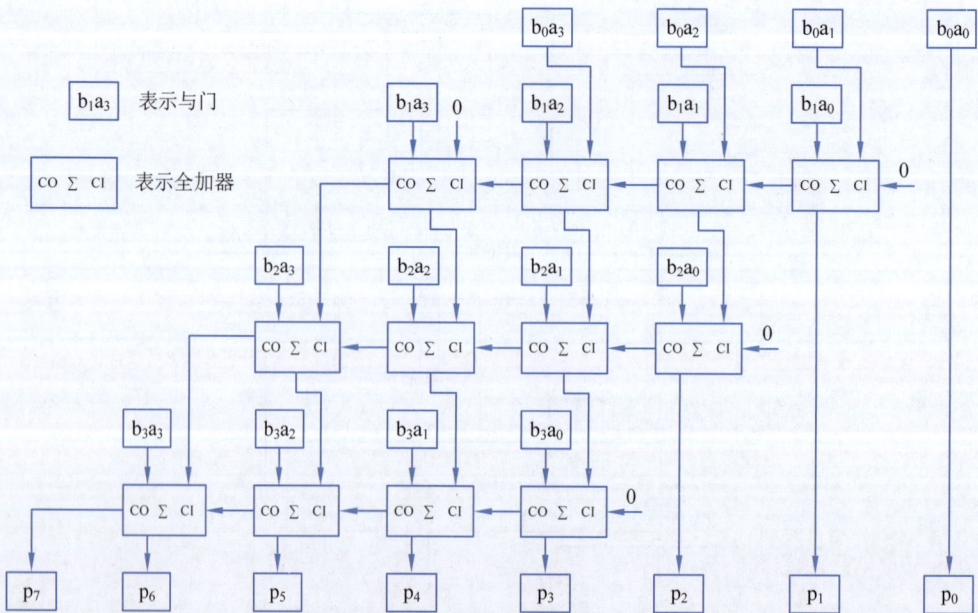

图 5.44　4 位乘法器的电路

5.6 奇偶校验电路

关键词:
- **奇偶校验电路:** 通过检查数据中 1 的个数的奇偶性来判断数据是否出现 1 位或奇数位出错的电路。
- **奇偶发生器:** 根据要发送的信息码产生对应奇偶校验位的电路。
- **奇偶校验器:** 对传输码中含"1"个数进行奇偶性判断的电路。

在数字系统工作过程中,经常需要进行数据传输,而传输时又可能会因为系统内部或外部干扰等原因产生错误,这种错误的结果往往是把数据中的某一位由 0 变成 1 或由 1 变成 0。为了提高数据传送的可靠性,必须对传送的数据进行校验。在众多校验措施中,奇偶校验是成本低廉、比较常用的方案,它是通过检查数据中 1 的个数的奇偶性来判断数据是否出现一位或奇数位出错的电路。

5.6.1 奇偶校验的基本原理

奇偶校验的基本方法就是在待发送的有效数据位之外再增加一位奇偶校验位构成传输码,使整个传输码中含 1 的个数为奇数(采用奇校验)或者偶数(采用偶校验)。在接收端再通过检查接收到的传输码中 1 的个数的奇偶性是否与发送端的一致来判断传输过程中是否发生错误。

图 5.45 是奇偶校验电路的原理框图。在发送端,由奇偶发生器根据要发送的 n 位信息码产生奇偶校验位(又称监督码),从而构成 n+1 位的传输码。在接收端,由奇偶校验器对传输码中含 1 的个数进行奇偶性的判断。若奇偶校验正确,就认为无错误,向接收端发出接收命令,否则拒绝接收或发出报警信号,虽然只能发现一位或奇数位出错,但在实际应用中,一位出错的概率最高,所以奇偶校验仍在广泛应用。

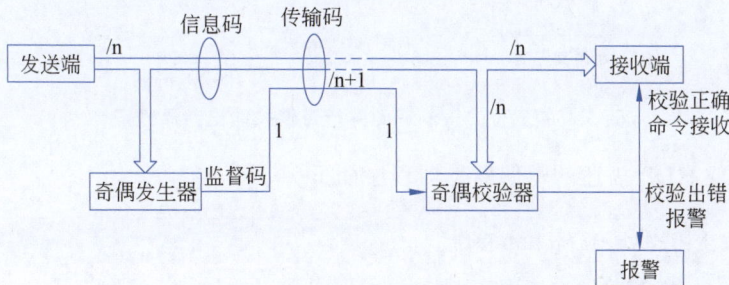

图 5.45 奇偶校验电路原理框图

例 5.9 结合如图 5.45 所示原理框图,试设计三位二进制信息码的并行奇校验电路。

解: 由原理框图可见,奇偶校验电路应包括奇偶发生器和奇偶校验器两部分。假设三位二进制信息码用 A、B、C 组合表示,奇偶发生器产生的奇校验位用 W_{OD1} 表示,奇偶校验器的奇校验输出用 W_{OD2} 表示。

根据传输原理，列出三位二进制信息码的奇校验传输码表如表 5.12 所示。由表可得奇偶发生器的奇校验输出表达式为 $W_{OD1} = \overline{A \oplus B \oplus C}$。

表 5.12　三位二进制码的奇校验传输码表

奇偶发生器				奇偶校验器				
发　送　码			监督码	传　输　码				校验码
A	B	C	W_{OD1}	W_{OD1}	A	B	C	W_{OD2}
0	0	0	1	1	0	0	0	1
0	0	1	0	0	0	0	1	1
0	1	0	0	0	0	1	0	1
0	1	1	1	1	0	1	1	1
1	0	0	0	0	1	0	0	1
1	0	1	1	1	1	0	1	1
1	1	0	1	1	1	1	0	1
1	1	1	0	0	1	1	1	1

同理可得，奇偶校验器的奇校验输出表达式为 $W_{OD2} = A \oplus B \oplus C \oplus W_{OD1}$，如果 W_{OD2} 为 1 则表示没有出错，如果 W_{OD2} 为 0 则表示出错。由表达式可绘制出三位二进制码的并行奇偶校验电路如图 5.46 所示，图中，W_{EV1}、W_{EV2} 分别为偶校验监督码和偶校验输出码。

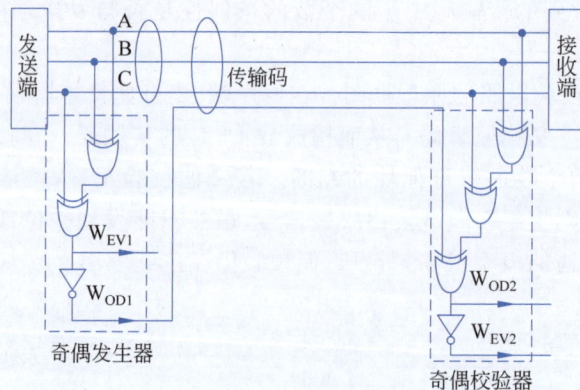

图 5.46　三位二进制码的并行奇偶校验电路原理图

用 Verilog HDL 描述的奇偶发生器程序如下。

```
奇偶发生器的 Verilog HDL 程序
module parity_odd1(a,b,c,Wev1,Wod1);
  input a,b,c;                    //三位信息码
  output Wev1,Wod1;               //监督码输出
  assign Wev1=(a^b^c);            //偶校验监督码
  assign Wod1=~Wev1;              //奇校验监督码
endmodule
```

用 Verilog HDL 描述的奇偶校验器程序如下。

奇偶校验器的 Verilog HDL 程序

```
module parity_odd2(a,b,c,Wod1,Wod2,Wev2);
    input a,b,c,Wod1;               //传输码
    output Wod2,Wev2;               //输出检验结果
    assign Wod2=a^b^c^Wod1;         //奇校验输出
    assign Wev2=~Wod2;              //偶校验输出
endmodule
```

5.6.2 集成电路奇偶校验发生器/校验器

目前常用的集成电路奇偶发生器/校验器有 74180、74HC280 等。以 74HC280 为例，它可作为奇偶发生器，也可作为奇偶校验器；同时可以用于奇校验，也可以用于偶校验。

图 5.47 是 74HC280 的逻辑图，其中，$D_0 \sim D_8$ 是 9 位输入代码，ODD 是奇校验输出端，EVEN 是偶校验输出端。表 5.13 是 74HC280 的功能表。

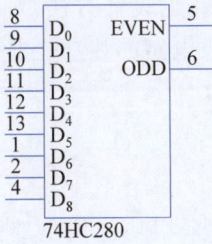

图 5.47　74HC280 的逻辑图

表 5.13　74HC280 的功能表

输　　入	输　　出	
$D_0 \sim D_8$ 中 1 的个数	ODD	EVEN
奇数	0	1
偶数	1	0

从表 5.13 可见，当 $D_0 \sim D_8$ 的 9 位输入代码中有奇数个 1 时，ODD 输出为低电平，EVEN 输出为高电平；当 $D_0 \sim D_8$ 的 9 位输入代码中有偶数个 1 时，EVEN 输出为低电平，ODD 输出为高电平。

图 5.48 是一个由两片 74HC280 构成的 8 位奇校验系统仿真实验图，左边为发送端，右边为接收端，U_1 作为奇校验系统的发生器，U_2 作为奇校验系统的校验器，假设传输中不会出现两位及两位以上信息码出错，将两片 74HC280 的 $D_0 \sim D_7$ 对接，U_1 的 D_8 接低电平，U_1 的奇校验输出端 ODD 接 U_2 的 D_8，如果发送端的 8 位信息在传输到接收端时没有出错，则无论 8 位信息中 1 的个数是奇数还是偶数，在 U_2 的奇检验输出端总是为 0。若断开 U_1 与 U_2 的某 1 位信息线（如图 5.48 断开了 D_7 的连线），则 U_2 与 U_1 的 D_7 位信息的值不相同，则 U_2 的 ODD 输出为 1。由此可得结论，当 U_2 的奇校验输出端为 0 时，说明传输过程中没有出错，否则，一定发生了传输过程中的奇校验错误。

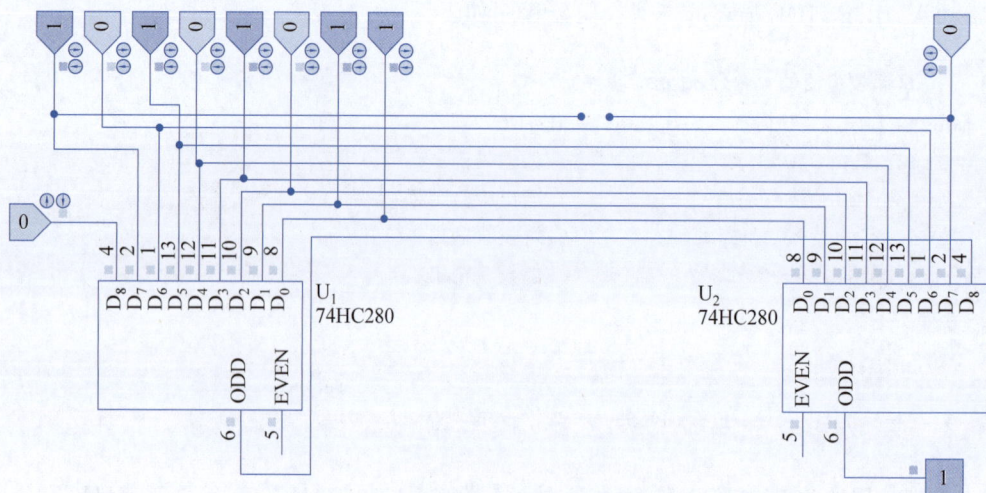

图 5.48　8 位奇校验系统仿真实验电路

5.7　中规模集成电路构成组合电路的分析与设计

用中规模集成电路作为核心模块来构建组合电路是比较常用的设计方法，对这样的组合电路进行分析或设计的基础，必然建立在对常用中规模集成电路芯片功能非常熟悉的基础上。

5.7.1　分析方法

对于由中规模集成电路为核心构成的组合逻辑电路，通常采用功能块电路分析方法，如图 5.49 所示。

图 5.49　中规模集成电路构成的组合电路的分析方法流程图

首先要对给定的逻辑电路图加以分析，根据电路的复杂程度和器件类型，将电路划分为一个或多个逻辑功能块。分成多少个逻辑块以及如何划分，取决于对各功能电路的熟悉程度和经验。

其次要分析各功能块的逻辑功能。利用前面学过的常用集成电路的知识，分析各功能块逻辑功能。如果需要的话，可以写出每个功能块的逻辑函数表达式或功能表以辅助分析功能。

最后在对各功能块电路分析的基础上，完成对整个电路功能的分析。

例 5.10　试分析如图 5.50 所示逻辑电路的功能。

解：由图可见，该电路是以 3 线-8 线译码器 74HC138 和一个与非门构成，74HC138 的三个使能输入端信号有效，所以该译码器可以工作，译码器的输出 $\overline{m_0}$ 和 $\overline{m_7}$ 作为与非门的输入，因此可以写出输出 F 的逻辑表达式为

$$F = \overline{\overline{m_0}\ \overline{m_7}} = m_0 + m_7$$

而 m_0 对应的三个输入全为 0，m_7 对应的三个输入全为 1，可见，图 5.50 是一个三输入的一致性判定电路，即只要三个输入变量的值一致，则输出为 1。

例 5.11　试分析如图 5.51 所示逻辑电路的功能。

图 5.50　例 5.10 图

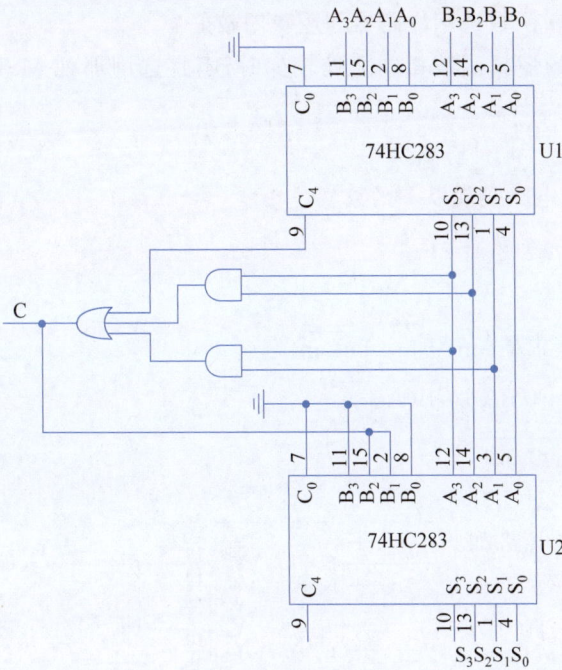

解：从图中可见，该电路由两个加法运算器 74HC283 构成，U_1 完成对两个 4 位二进制数 $A_3A_2A_1A_0$ 和 $B_3B_2B_1B_0$ 的相加，设其和为 WXYZ，则 $C = C_4 + WX + WY$，如果 $C = 1$，说明有以下三种可能。

（1）$C_4 = 1$，即两个 4 位二进制的和大于或等于 2^4。

（2）$WX = 1$，即两个 4 位二进制的和大于或等于 12（即 $2^3 + 2^2$）。

（3）$WY = 1$，即两个 4 位二进制的和值大于或等于 10（即 $2^3 + 2^1$）。

当 $C = 1$ 时，参与 U_2 做加法运算的两个操作数之一是 U_1 的和，而另一个是由 C 构成的 0110B（即十进制数 6），所以 U_2 正好完成的是将 $A_3A_2A_1A_0$ 和 $B_3B_2B_1B_0$ 作为 BCD 码相加后的加 6 修正。因此，图 5.51 实际上是 1 位 BCD 码加法器的逻辑电路。

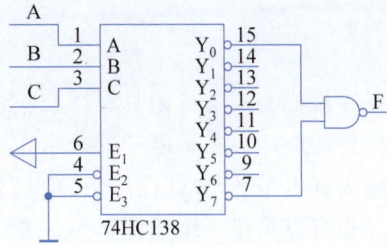

十进制数	二进制数		8421 BCD 码	
N	$C_4T_3T_2T_1T_0$		$C\ S_3S_2S_1S_0$	
0	0 0 0 0 0		0 0 0 0 0	
1	0 0 0 0 1		0 0 0 0 1	
2	0 0 0 1 0		0 0 0 1 0	
3	0 0 0 1 1		0 0 0 1 1	
4	0 0 1 0 0		0 0 1 0 0	相同
5	0 0 1 0 1		0 0 1 0 1	
6	0 0 1 1 0		0 0 1 1 0	
7	0 0 1 1 1		0 0 1 1 1	
8	0 1 0 0 0		0 1 0 0 0	
9	0 1 0 0 1		0 1 0 0 1	
10	0 1 0 1 0		1 0 0 0 0	
11	0 1 0 1 1		1 0 0 0 1	
12	0 1 1 0 0		1 0 0 1 0	
13	0 1 1 0 1		1 0 0 1 1	
14	0 1 1 1 0		1 0 1 0 0	+0110
15	0 1 1 1 1		1 0 1 0 1	修正
16	1 0 0 0 0		1 0 1 1 0	
17	1 0 0 0 1		1 0 1 1 1	
18	1 0 0 1 0		1 1 0 0 0	
19	1 0 0 1 1		1 1 0 0 1	

（a）电路图　　　　　　　　　　　　（b）转换真值表分析

图 5.51　例 5.11 图

5.7.2 设计方法

中规模集成器件因具有体积小、功耗低、速度高及抗干扰能力强等一系列优点，得到了广泛的应用。在较复杂的数字逻辑电路设计中，以常用中规模集成器件和相应的功能电路为基本单元，取代门级组合电路，不仅可以使设计过程大为简化，而且可靠性更高。另外也可以采用可编程逻辑器件设计。

用中规模集成电路设计组合电路的基本步骤如下：

（1）将电路划分为功能块。

（2）设计功能块电路。首先列真值表，写逻辑表达式，将逻辑函数表达式变换成与所用中规模集成电路逻辑函数表达式相似的形式；比较逻辑函数表达式或比较真值表，根据对比结果画出功能块逻辑图，比较时可能出现以下几种情况：

① 若组合电路的逻辑函数与某种 MSI 的逻辑函数一样，选用该种 MSI 效果最好。

② 若组合电路的逻辑函数表达式是某种 MSI 的逻辑函数表达式的一部分，对多出的输入变量和与项适当处理（按接 1 或接 0），即可得到组合电路的逻辑函数。

③ 对于多输入、单输出的组合电路的逻辑函数，选用数据选择器比较方便。

④ 多输入、多输出的组合电路的逻辑函数选用译码器和逻辑门较好。

⑤ 当组合电路的逻辑函数与 MSI 的逻辑函数相同之处较少时，不宜选用那种 MSI 芯片。

（3）画出整体逻辑电路图。

例 5.12 试用 3 线-8 线译码器和门电路实现以下函数。

$$F_1 = AC$$

$$F_2 = \overline{A}\,BC + A\,\overline{B}\,\overline{C} + BC$$

解：$F_1 = AC = AC(B + \overline{B}) = CBA + C\overline{B}A = m_7 + m_5 = \overline{\overline{m_7}\,\overline{m_5}}$

$$F_2 = \overline{A}\,BC + A\,\overline{B}\,\overline{C} + BC = C\overline{B}\,\overline{A} + \overline{C}\,B\overline{A} + CB(A + \overline{A})$$

$$= m_4 + m_1 + m_7 + m_6 = \overline{\overline{m_7}\,\overline{m_6}\,\overline{m_4}\,\overline{m_1}}$$

根据以上逻辑表达式，可用一片 74HC138 和两个与非门绘制出满足题目要求的电路如图 5.52 所示。

例 5.13 试用 8 选 1 数据选择器 74HC151 实现以下函数。

$$F(A, B, C) = \sum m(0, 1, 3, 5)$$

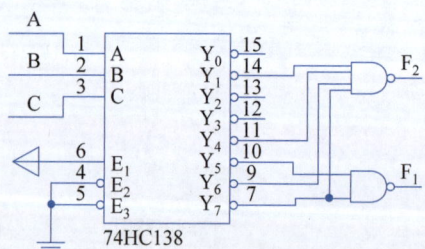

图 5.52 例 5.12 图

解：将逻辑函数变换为数据选择器的通用表达式的形式。

$$F = m_0 \cdot 1 + m_1 \cdot 1 + m_2 \cdot 0 + m_3 \cdot 1 + m_4 \cdot 0 + m_5 \cdot 1 + m_6 \cdot 0 + m_7 \cdot 0$$

　　以上表达式,是由 A、B、C 组成的最小项表达式(A 为高位、C 为低位),而 74HC151 的地址选择端 C 为高位、A 为低位。因此在使用 74HC151 设计以上逻辑函数时,需将逻辑函数 F 的输入 A、B、C 与 74HC151 的编码输入端 C、B、A 对接,将 X_0、X_1、X_3、X_5 接高电平,X_2、X_4、X_6、X_7 接低电平,据此可设计电路如图 5.53 所示。

　　例 5.14　试用 8 选 1 数据选择器 74HC151 实现 4 变量多数表决电路的逻辑功能。

　　解:4 变量多数表决电路的真值表如表 5.14 所示,将表中的 16 种情况两两合并,可以将其合并为由 A、B、C 组成的 8 种情况,并通过分析得到以上 8 种情况下 F 与 D 之间的关系(表 5.14 中的 F'),据此可设计如图 5.54 所示的电路。

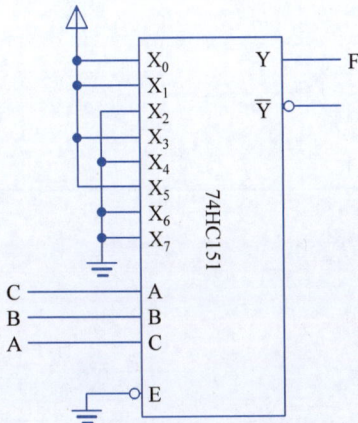

图 5.53　例 5.13 电路图

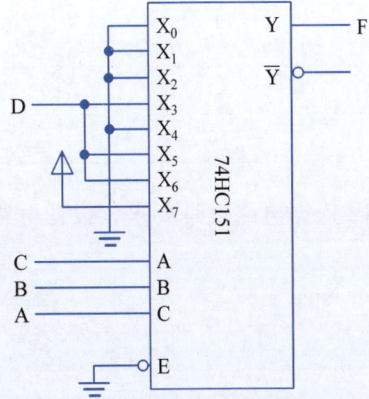

图 5.54　4 变量多数表决电路的实现电路

表 5.14　4 变量多数表决电路的真值表

A	B	C	D	F	F'
0	0	0	0	0	0
0	0	0	1	0	
0	0	1	0	0	0
0	0	1	1	0	
0	1	0	0	0	0
0	1	0	1	0	
0	1	1	0	0	D
0	1	1	1	1	
1	0	0	0	0	0
1	0	0	1	0	
1	0	1	0	0	D
1	0	1	1	1	
1	1	0	0	0	D
1	1	0	1	1	
1	1	1	0	1	1
1	1	1	1	1	

例 5.15　某医院有一、二、三、四号病室，每室设一呼叫按钮；同时在护士值班室对应地装有一、二、三、四号 4 个指示灯。假设这 4 个病室有轻重缓急之分，一号病室最优先，四号病室最后。试用 74HC148 及 74HC138 设计满足上述控制要求的逻辑电路，给出控制 4 个指示灯状态的高、低电平信号。病房呼叫电路功能表如表 5.15 所示。

表 5.15　病房呼叫电路功能表

74HC148							74HC138			
K_1	K_2	K_3	K_4	E_O	A_1/B	A_0/A	Y_0/D_1	Y_1/D_2	Y_2/D_3	Y_3/D_4
0	x	x	x	1	0	0	0	1	1	1
1	0	x	x	1	0	1	1	0	1	1
1	1	0	x	1	1	0	1	1	0	1
1	1	1	0	1	1	1	1	1	1	0
1	1	1	1	0	1	1	1	1	1	1

解：依据电路设计要求，（设计电路如图 5.55 所示）。

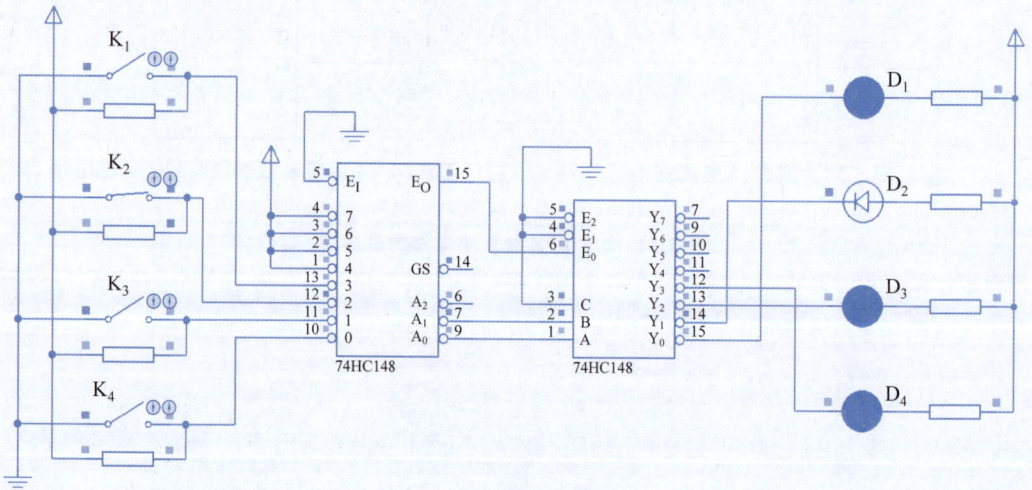

图 5.55　病房呼叫电路

- 左边设置 4 个病室的呼叫按钮 $K_1 \sim K_4$，按钮一端接地，另一端通过上拉电阻接电源，当按钮按下时，输出低电平有效。
- 右侧设置 4 个病室对应的指示灯 $D_1 \sim D_4$，低电平控制有效。
- 利用优先编码器 74HC148 来实现优先呼叫功能，4 个按钮中：K1 的优先级最高，接 74HC148 的输入信号 3；K_4 的优先级最低，接 74HC148 的输入信号 0；74HC148 中优先级更高的输入信号 7 ～ 4 不用，接高电平。
- 74HC148 的编码输出端 A_1、A_0 与 74HC138 的编码输入端 B、A 连接，利用 3-8 译码器对优先编码的信号进行译码，其输出 $Y_0 \sim Y_3$ 分别控制 4 个病室的指示灯 $D_1 \sim D_4$。

- 74HC148 的使能输出 E_O 控制 3-8 译码器的使能输入 E_1,当 $K_1 \sim K_4$ 均没有按下时,74HC148 的使能输出 $E_O = 0$,此时即使 $B = 1$,$A = 1$,由于 3-8 译码器的使能输入 $E_1 = 0$,其译码功能禁止,$D_1 \sim D_4$ 全灭。

例 5.16 试设计一个动态显示电路。用一片 7 段数码管字形码译码器分时译出来自数据选择器的两位 BCD 码,在两个数码管上动态显示其数字。

解：根据题意,本例要显示的 BCD 码有两位,设为 $A_3A_2A_1A_0$ 和 $B_3B_2B_1B_0$,而且是要动态显示。所谓动态显示,就是要利用数据选择器分时复用功能,将多位数码管的显示驱动用一片字形码译码器来实现。因此,按照题目要求,电路至少需要数据选择器、BCD 码字形码译码器,动态刷新显示的位选择控制器和数码管。

由于需要选择的数据是两位 BCD 码,所以可采用 74HC157 来实现,该芯片可实现 4 个 2 选 1 的功能,正好满足两位 BCD 码的数据宽度,具体实现电路见图 5.56。

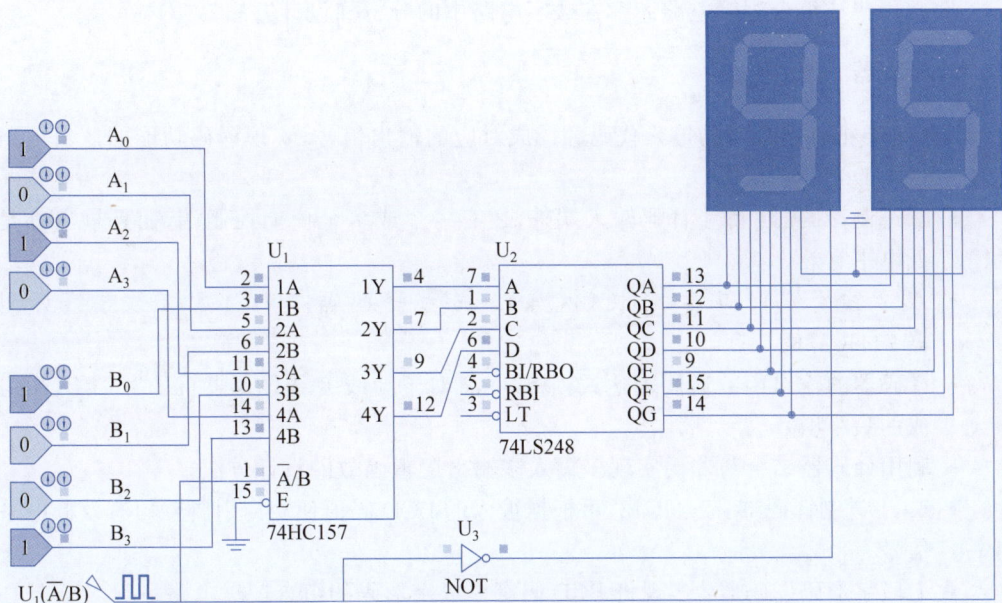

图 5.56 例 5.16 图

实现数据选择的控制端是 74HC157 的地址选择端 $\overline{A}/B$,其中:

- 当 $\overline{A}/B$ 信号为 0 时,数据选择器选择数据 A 的 4 位送到输出端。
- 当 $\overline{A}/B$ 信号为 1 时,选择数据 B 的 4 位送到输出端。

如果数码管采用共阴极 8 段数码管(带小数点),则字形码译码器可采用 74LS248,控制小数点的最高位因不需显示直接接地。

因为只有两位显示,所以位选择控制器只需要用一根输入线译出两个位选择控制信号即可,当该线为 0 时,选择将数据 A 输出显示在低位的数码上;当该线为 1 时,经反向控制高位数码管的位选择有效,并选择将数据 B 输出显示在高位数码管上。

虽然是两个数码管轮流显示,但只要两个数码管的刷新频率大于 30 次,由于数码管有余辉,和人的眼睛有视觉暂留,所以看上去两个数码管都在显示。图 5.56 是采用频率为 100Hz 的方波作为数据选择和位控制译码输入的电路和仿真效果，图中所示的是将两位 BCD 码 10010101（即 95）动态显示在两位数码管上，刷新频率为 100Hz。

需要说明的是，在实际应用中，应该根据数码管驱动的需要，在字形译码器输出端增加功率放大电路或限流电路，图中为了突出重点，省去了不影响仿真效果的辅助电路。

小　　结

常用中规模集成电路中，有许多组合逻辑电路芯片。通过本章的学习，读者应掌握：
- 主要的组合逻辑电路的基本原理和电路结构。
- 组合逻辑电路的主要芯片（逻辑图、功能端子、真值表、逻辑函数表达式）。
- 组合逻辑电路芯片的应用、功能扩展。
- 常用集成组合逻辑电路芯片在数字电路中的分析和设计方法。

1. 译码器

译码是要把特定含义的输入代码翻译成对应的输出信号，实现译码功能的逻辑电路称为译码器（Decoder）。
- 二进制译码器：除了译码输入端外，还有一个或多个使能控制端，而且输出都是低电平有效。
- 双 2 线-4 线译码器 74HC139、4 线-16 线译码器 74HC154、3 线-8 线译码器 74HC138。
- 译码器的输出函数通用表达式：$Y_i = \overline{m_i}$（对于 3 线-8 线译码器，m_i 为 C、B、A 组成的最小项）。
- 利用译码器结合与非门实现多输入多输出逻辑函数的设计方法。
- 二-十进制译码器：74HC42，可根据输入的 BCD 码值使相应引脚输出有效低电平信号。
- 七段字形码译码器：实现将 BCD 码翻译成字形码的组合逻辑电路。
- 半导体数码管：共阴极数码管、共阳极数码管。
- 驱动共阴极数码管的七段字形码译码器：7448 和 74LS248。
- 驱动共阳极数码管的七段字形码译码器：7447 和 74LS247。
- 七段字形码译码器的扩展功能：试灯输入 LT、灭灯输入 BI、灭 0 输入 RBI、灭 0 输出 RBO。

2. 编码器

编码是指以文字、符号和数码等方式来表示某种信息的过程，实现编码的数字电路称为编码器（Encoder）。
- 二进制编码器：输入互斥。
- 优先编码器：对优先级最高的信号进行编码。
- 8 线-3 线二进制优先编码器 74HC148。

- 二-十进制优先编码器 74HC147。

3. 数据分配器与数据选择器

- 数据选择器：从多路输入数据中选择其中一路送到输出端，实现这种功能的电路被称为数据选择器（Multiplexer），简称 MUX。
- 2 选 1 数据选择器 74HC157、双 4 选 1 数据选择器 74HC153、8 选 1 数据选择器 74HC151。
- 数据选择器的通用表达式：$Y = \overline{E}\sum(m_iD_i)$（对于 8 选 1 数据选择器，$m_i$ 为 C、B、A 组成的最小项）。
- 利用数据选择器实现多输入单输出逻辑函数的设计方法。
- 数据分配器：将一路输入数据根据选择控制信号的不同传输到多个输出通道的电路称为数据分配器（Demultiplexer），简称 DEMUX。
- 数据分配器的通用表达式：$F_i = D \cdot m_i$（对于 8 通道的数据分配器，m_i 为 C、B、A 组成的最小项）。
- 利用 74HC138 实现数据分配器。

4. 数值比较电路

数值比较电路（Magnitude Comparator）是用来比较两个数的大小或是否相等的组合逻辑电路。

- 比较原理。
- 4 位数值比较器（74HC85）。

5. 算术运算电路

（1）串行进位加法器。

- 由全加器构成的串行进位加法器。
- 进位信号的传递过程。
- 通过 Verilog HDL 的元件例化语句实现串行进位加法器。

（2）并行进位加法器。

- 超前进位逻辑的表达式。
- 4 位并行进位加法器 74HC283。

（3）二进制减法器。

- 补码的减法运算原理。
- 利用 74HC283 结合异或门实现二进制减法器。

6. 奇偶校验电路

- 奇偶校验的基本原理：奇偶发生器和奇偶校验器。
- 常用的奇偶发生器/校验器有 74180 和 74HC280，它们既可用作奇偶校验发生器，也可用作奇偶校验器，74180 是 8 位数据输入，74HC280 有 9 个数据输入端。

7. 中规模集成电路构成的组合逻辑电路的分析与设计

- 分析方法。
- 设计方法。

思考题与习题

5.1 什么是译码？常用的译码器有哪几种？

5.2 什么是二进制译码器？常用的二进制译码器集成电路有哪些型号？

5.3 74HC138 的使能控制信号有哪几个？该芯片工作原理如何？

5.4 什么是共阴极数码管？什么是共阳极数码管？

5.5 驱动共阴极数码管的七段字形码译码器有哪几种？驱动共阳极数码管的七段字形码译码器有哪几种？接线上有何区别？

5.6 什么叫编码？什么叫优先编码？常用的编码器芯片有哪几种？

5.7 二-十进制优先编码器 74HC174 的输入是什么电平有效？级别最高的是哪一根线？输出的编码与输入信号是什么关系？为什么输入只有 9 根线？

5.8 什么是数据选择器？常用的数据选择器芯片有哪几种？

5.9 什么是数据分配器？为什么译码器也可用作数据分配器？

5.10 什么是数据比较器？用于级联的输入端和输出端有哪些？如何使用？

5.11 什么是串行（行波）进位？串行进位加法器是如何构成的？

5.12 什么是并行（先行）进位？并行进位加法器的进位发生和进位传递信号是如何产生的？

5.13 74HC283 能否完成加、减法运算？为什么？

5.14 什么叫奇校验？什么叫偶校验？

5.15 图 5.57 是由 3 线-8 线译码器 74HC138 和与非门构成的电路，请写出 F_1 和 F_2 的逻辑函数表达式，列出真值表，并说明其逻辑功能。

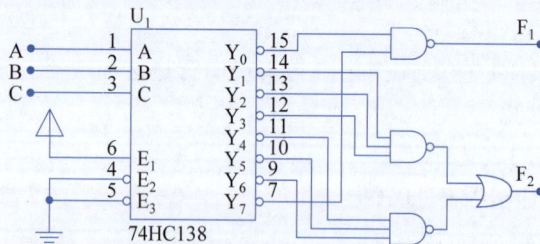

图 5.57 题 5.15 图

5.16 试用一片 3 线-8 线译码器 74HC138 和门电路实现以下函数。

$$F_1 = AB + BC + AC$$

$$F_2 = \sum (m_1, m_2, m_4, m_7)$$

5.17 试用 8 选 1 多路数据选择器实现以下函数。

$$F_1 = A\overline{B}\,\overline{C} + \overline{A}\,\overline{C} + BC$$

$$F_2 = A\overline{C}D + \overline{A}\,\overline{B}CD + BC + B\overline{C}D$$

5.18　试用两片 74HC85 设计实现两个 8 位二进制数比较的电路。

5.19　如图 5.58 所示为由 4 位全加器 74HC283 和或非门构成的电路,已知输入 DCBA 为 8421 码,写 B_2B_1 的逻辑表达式,并列表说明输出 ZYXW 为何种编码。

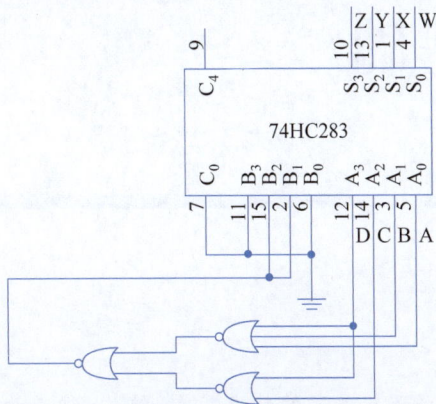

图 5.58　题 5.19 图

5.20　试用 74HC283 设计一个将 8421BCD 码转换成余 3 码的电路。

5.21　试用 8 选 1 数据选择器 74HC151 和必要的门电路设计一个 4 位二进制码偶校验的校验码产生电路。

5.22　用一个八选一和两个二选一的数据选择器,设计一个 5 变量的表决器(当三个或三个以上变量为 1 时输出为 1)。

5.23　试用两片 74148 及少量的逻辑门电路构成一个 16 线-4 线优先级编码器,画出逻辑电路图,并分析其工作原理。

5.24　试用 74138 和少量的逻辑门设计一个一位数的全加器。

5.25　利用 4 位集成加法器 74283 和少量的逻辑门电路,设计一位余 3 码的加法运算电路,画出逻辑电路图(提示:列出余 3 码加法的真值表,并采用适当的方式进行修正)。

5.26　不附加逻辑门,只利用一片加法器 74283 分别实现下列 BCD 码转换电路,画出逻辑电路图。

(1) 余 3 码到 8421 码的转换。

(2) 5421 码到 8421 码的转换。

(3) 2421 码到 8421 码的转换。

5.27　利用加法器 74283 和必要的逻辑门实现下列的 BCD 码转换电路,分别画出逻辑电路图。

(1) 8421 码到 5421 码的转换。

(2) 5421 码到余 3 码的转换。

(3) 余 3 码到 5421 码的转换。

(4) 5421 码到 2421 码的转换。

5.28　试用 1 片 74283 和 4 个二选一的数据选择器及非门,设计一个可控 4 位二进制补码加法器/减法器。当 X=0 时实现加法运算,X=1 时实现减法运算,画出逻辑电路图。

第 6 章
时序逻辑基础

第 6 章视频

内容提要

本章首先简单介绍时序逻辑电路的特点、一般结构、种类和描述方法,然后着重介绍构成时序逻辑电路的核心器件——触发器。从基本 RS 触发器出发,分析同步触发器、主从结构触发器及边沿触发器的电路结构和工作原理;重点讲解时钟触发器的逻辑功能、分类及相互间的转换。最后,通过实例介绍基于触发器时序逻辑电路的分析和设计方法。

6.1 时序逻辑电路概述

关键词:
- **时序逻辑电路**:电路任一时刻的输出不只和当前的输入有关,还和电路的原状态有关。
- **现态**:存储电路现在所处的状态。
- **次态**:存储电路在下一时钟的作用下将要到达的状态。
- **同步时序逻辑电路**:存储电路中所有的触发器受同一时钟信号的控制。
- **异步时序逻辑电路**:存储电路中各个触发器的状态变化不是同时发生的。
- **米里(Mealy)型电路**:如果时序逻辑电路中既包括存储电路部分,又包括组合逻辑电路部分,则称为米里型电路。
- **摩尔型(Moore)电路**:若电路中只含有存储电路部分,则称为摩尔型电路。
- **状态转换表**:简称状态表,用来描述不同输入条件下,电路各个状态之间的转换关系以及对应输出的表格。
- **状态转换图**:描述时序电路状态转换条件和过程的图形。
- **时序波形图**:也称为工作波形图,它是在时钟脉冲序列的作用下,电路状态、输出状态随时间变化的波形图。

6.1.1 时序逻辑电路的特点

从电路结构上来看,时序逻辑电路具有两个特点:一是电路中一定含有存储元件,其典型结构是触发器;二是存储元件的输出与电路的输入之间存在反馈连接。

由于存储元件具有记忆功能,因此其输出不仅与电路的输入有关,还与电路的原状态有关。将存储元件的输出反馈到电路的输入端,这就决定了时序逻辑电路与组合逻辑电路不同,其任一时刻的输出不只和当前的输入有关,还和电路的原状态有关。

6.1.2　时序逻辑电路的结构模型

时序逻辑电路通常由存储电路和组合逻辑电路两部分组成,其中,存储电路部分是必不可少的,其结构模型如图 6.1 所示。

图中,$X(X_1, X_2, \cdots, X_m)$ 表示组合逻辑电路的 m 个外部输入信号,$Y(Y_1, Y_2, \cdots, Y_n)$ 表示组合逻辑电路的 n 个输出信号;$Z(Z_1, Z_2, \cdots, Z_i)$ 表示存储电路的 i 个输入信号,$Q(Q_1, Q_2, \cdots, Q_j)$ 表示存储电路的 j 个输出状态。存储电路现在所处的状态称为现态(present state),在下一时钟的作用下将要到达的状态称为次态(next state)。由图中可知,组合逻辑电路的一部分输出信号作

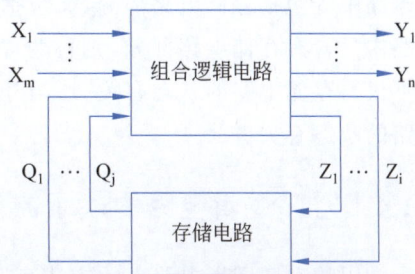

图 6.1　时序逻辑电路结构模型

为存储电路的输入信号;存储电路的输出状态返回组合逻辑电路的输入端,与外部输入信号配合决定整个电路的输出。由此,时序逻辑电路各信号之间的逻辑关系可由式(6.1)~式(6.3)所示的三个向量方程——驱动方程(也称激励方程)、状态方程和输出方程来表示。

驱动方程:

$$Z(t_n) = G(X(t_n), Q(t_n)) \tag{6.1}$$

状态方程:

$$Q(t_{n+1}) = H(Z(t_n), Q(t_n)) \tag{6.2}$$

输出方程:

$$Y(t_n) = F(X(t_n), Q(t_n)) \tag{6.3}$$

其中,t_n 和 t_{n+1} 是相邻的两个离散时间,t_{n+1} 是 t_n 的下一个时刻。按照这种约定,$Q(t_n)$ 表示电路的现态,$Q(t_{n+1})$ 表示电路的次态。

6.1.3　时序逻辑电路的分类

1. 按照存储电路中各触发器状态的转换方式分类

按照存储电路中各触发器状态转换的方式不同,时序逻辑电路可以分为同步时序逻辑电路(synchronous sequential circuit)和异步时序逻辑电路(asynchronous sequential circuit)两种类型。在同步时序逻辑电路中,存储电路中所有的触发器受同一时钟信号的控制,即所有触发器的状态变化是同时发生的。在异步时序逻辑电路中,没有统一的时钟信号,各个触发器的状态变化不是同时发生的。

由于同步时序逻辑电路工作速度快、可靠性高、分析和设计方法简单,因此应用广泛。

2. 按照电路的输出方式分类

时序逻辑电路按照输出方式不同，可以分为米里（Mealy）型电路和摩尔（Moore）型电路两种类型。

从时序逻辑电路的结构模型可以看出，一个完整的时序逻辑电路由存储电路和组合逻辑电路构成，其中存储电路是必不可少的，而组合逻辑电路是可选部分。如果时序逻辑电路中既包括存储电路部分，又包括组合逻辑电路部分，则称为米里型电路。反之，若电路中只含有存储电路部分，则称为摩尔型电路。显然，米里型时序逻辑电路的输出状态不仅与存储电路的状态有关，还与外部输入有关。而摩尔型电路的输出状态仅与存储电路的状态有关。

6.1.4　时序逻辑电路的表示方法

常用的时序逻辑电路表示方法有逻辑方程式、状态转换表、状态转换图等。

1. 逻辑方程式

一般而言，时序逻辑电路由存储电路和组合逻辑电路两部分构成，因此需要如式(6.1)～式(6.3)表示的驱动方程、状态方程和输出方程配合，才能够准确地描述时序逻辑电路。

采用该方法描述时序逻辑电路不够直观，而且在设计时序逻辑电路时，也很难直接从实际问题写出各逻辑方程式。而下面的几种表示方法能够更直观、完整地体现时序逻辑电路的功能。

2. 状态转换表

状态转换表简称状态表，就是将不同输入条件下，电路的各个状态之间的转换关系以及对应的输出用列表的形式表示出来。

状态转换表的一般结构如表 6.1 所示。其中，表的“输入”部分列出该时序电路所有可能的输入组合，“现态”部分列出电路所有可能出现的状态，对应的“次态/输出”部分列出在特定的输入条件下，指定现态所对应的次态以及电路输出。也就是说，表中所列出的表项 S^*/Y 表示的含义是，在输入为 X 的条件下，状态 S 的次态为 S^*，输出为 Y。值得注意的是，电路的输出状态与电路的现态以及电路的外部输入有关，而不是与电路的次态有关。

从状态转换表中可以看出电路各状态之间的转换过程，以及输入输出之间的对应关系。

表 6.2 是一个状态转换表的实例。该状态转换表所描述的时序逻辑电路具有 5 个有效状态，分别用 $S_0 \sim S_4$ 来表示，电路有一个输入 X，可取值 0 或 1，Y 为电路的输出信号。

表 6.1　状态转换表的一般结构

现态　次态/输出　输入	…	X	…
…	…	…	…
S	…	S^*/Y	…
…	…	…	…

表 6.2　状态转换表的实例

S　S^*/Y　X	0	1
S_0	$S_0/0$	$S_1/0$
S_1	$S_0/0$	$S_2/0$
S_2	$S_0/0$	$S_3/0$
S_3	$S_0/0$	$S_4/0$
S_4	$S_0/1$	$S_4/1$

3. 状态转换图

状态转换图简称状态图。在状态转换图中,各电路状态用外加圆圈的状态名表示,各状态之间的转换方向用箭头表示,并将状态发生转换前的输入、输出以 X/Y(X 表示输入,Y 表示输出)的形式标于带箭头的连线的一侧。状态转换图和状态转换表之间的相互转换非常方便。表 6.2 所描述的时序逻辑电路的状态转换图如图 6.2 所示。

状态转换图比状态转换表更直观地描述了时序逻辑电路各状态之间的转换关系和输入输出之间的关系。

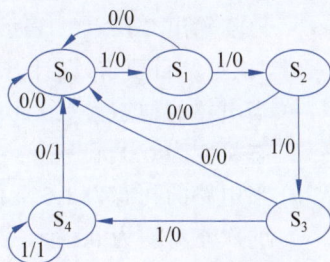

图 6.2　状态转换图实例

4. 时序波形图

时序波形图也称为工作波形图。它是在时钟脉冲序列的作用下,电路状态、输出状态随时间变化的波形图。

以上介绍的各种描述方法可以相互转换。在设计时序逻辑电路时,首先对实际问题进行分析,并用上述一种或多种方式描述电路应具备的功能,最终根据给定的器件,画出解决实际问题的时序逻辑电路图,完成设计工作。

例 6.1　设计一个简易版的自动投币饮料机的状态转换表和状态转换图,投币 2 元得到一瓶饮料(每次投币 0.5 元),其中:

- CLK:时钟。
- Q:状态(每次投币 0.5 元)。
- F:输出(1 表示得到饮料)。

解:依据题目要求,设计简易版的自动投币饮料机的原始状态转换表(左侧),当电路的初态为 1.5 元的时候,投币 0.5 元,将得到一瓶饮料(F=1),电路的次态将变为 0.0 元。将 0.0 元、0.5 元、1.0 元、1.5 元分别用 00、01、10、11 编码,得到编码后的状态转换表(右侧),如表 6.3 所示。

表 6.3　简易版的自动投币饮料机的状态转换表

CLK	初态 Q	次态 Q*	输出 F		CLK	初态 Q	次态 Q*	输出 F
1	0.0 元	0.5 元	0		1	00	01	0
2	0.5 元	1.0 元	0	⇒	2	01	10	0
3	1.0 元	1.5 元	0		3	10	11	0
4	1.5 元	0.0 元	1		4	11	00	1

依据以上状态转换表，可得如下状态转换图，如图 6.3 所示。

由于该电路的输出仅和状态有关，所以是莫尔型电路。

例 6.2　设计一个升级版的自动投币饮料机，可以投入两种硬币：5 角和 1 元，投币 2 元得到一瓶饮料，其中：

- CLK：时钟。
- Q：状态（每次投币 0.5 元或 1 元）。
- X：输入（0 表示投币 0.5 元，1 表示投币 1.0 元）。
- F1：输出 1 得到饮料（1 表示得到饮料）。
- F2：输出 2 找零（1 表示需要找零 0.5 元）。

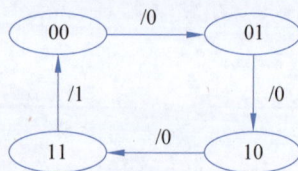

图 6.3　简易版自动投币饮料机的状态转换图

解：依据题目要求，设计升级版的自动投币饮料机的原始状态转换表（左侧）。

- 当电路的初态为 1.0 元的时候，投币 1.0 元，将得到一瓶饮料（F1＝1），电路的次态将变为 0.0 元。
- 当电路的初态为 1.5 元的时候，如果投币 0.5 元，将得到一瓶饮料（F1＝1），电路的次态将变为 0.0 元。如果投币 1.0 元，将得到一瓶饮料（F1＝1），还需要找零 0.5 元（F2＝1），电路的次态将变为 0.0 元。

将 0.0 元、0.5 元、1.0 元、1.5 元分别用 00、01、10、11 编码，得到编码后的状态转换表（右侧），如表 6.4 所示。

表 6.4　升级版的自动投币饮料机的状态转换表

CLK	初态 Q	输入 X	次态 Q*	输出 F1	输出 F2		CLK	初态 Q	输入 X	次态 Q*	输出 F1	输出 F2
1	0.0 元	0.5 元	0.5 元	0	0		1	00	0	01	0	0
2	0.0 元	1.0 元	1.0 元	0	0		2	00	1	10	0	0
3	0.5 元	0.5 元	1.0 元	0	0	⇒	3	01	0	10	0	0
4	0.5 元	1.0 元	1.5 元	0	0		4	01	1	11	0	0
5	1.0 元	0.5 元	1.5 元	0	0		5	10	0	11	0	0
6	1.0 元	1.0 元	0.0 元	1	0		6	10	1	00	1	0
7	1.5 元	0.5 元	0.0 元	1	0		7	11	0	00	1	0
8	1.5 元	1.0 元	0.0 元	1	1		8	11	1	00	1	1

依据以上状态转换表，可得如下状态转换图，如图 6.4 所示。

由于该电路的输出不仅和状态有关，还和当前的输入有关，所以是米里型电路。

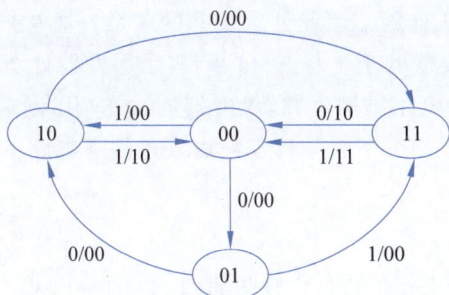

图 6.4　升级版自动投币饮料机的状态转换图

6.2　触　发　器

关键词：
- 触发器：最基本的具有记忆功能的逻辑电路，包括两个输入端 SET 和 RESET，用于对触发器的状态进行置位（置 1）和复位（置 0）。
- 触发器的触发方式：同步触发、主从触发、边沿触发。
- 触发器的分类：RS 触发器、D 触发器、JK 触发器、T 触发器。

在时序逻辑电路中，存储电路是必不可少的，而触发器就是最基本的具有记忆功能的逻辑电路。触发器具有两种能自行保持的稳定状态——低电平和高电平，用来表示 0 和 1 两种逻辑状态，并且触发器的输出状态只有在一定的外部信号的作用下才会发生改变，根据不同的输入可将其输出置为 0 或 1 状态。通常，称触发器原有的输出状态为触发器的初态，而在输入信号的作用下，触发器将进入的新的输出状态被称为次态。

根据电路的结构形式不同，触发器可以分为基本 RS 触发器、同步触发器、主从触发器、边沿触发器。触发器的电路结构决定它的触发方式，不同的电路结构决定了其触发方式也不同，在状态转换过程中具有不同的动作特点。

触发器还可以按照电路的逻辑功能不同进行分类，主要有 RS 触发器、D 触发器、JK 触发器、T 触发器等类型。

6.2.1　RS 触发器

1. 基本 RS 触发器

基本 RS 触发器可以由两个与非门构成，也可以由两个或非门构成。下面以与非门构成的基本 RS 触发器为例，分析其工作原理。

将两个与非门的输出与输入交叉相连就构成了基本 RS 触发器，逻辑电路及逻辑符号如图 6.5 所示。图 6.5(b) 所示的逻辑符号中，输入引脚上的小圆圈表示该信号为低有效，Q 和 $\overline{Q}$ 是触发器

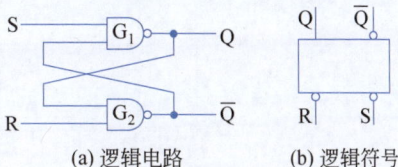

(a) 逻辑电路　　(b) 逻辑符号

图 6.5　基本 RS 触发器

的两个互补输出端,正常工作时二者是互为取非的关系。通常把 Q 的状态定义为触发器的状态,即 Q=1 表示触发器处于 1 状态,Q=0 表示触发器处于 0 状态。

由如图 6.5(a)所示的电路结构可知,触发器的次态(用 Q^* 表示)与电路的输入及触发器的初态(用 Q 表示)有关。下面分析各种输入条件下电路的输出状态,及基本 RS 触发器的逻辑功能。

1) 当 R=1,S=1 时

如果触发器的初态为 $Q=0,\overline{Q}=1$,则与非门 G_1 的输出 $Q^*=\overline{\overline{Q}\cdot S}=\overline{1\cdot1}=0$,与非门 G_2 的输出 $\overline{Q^*}=\overline{Q\cdot R}=\overline{0\cdot1}=1$;如果触发器的初态 $Q=1,\overline{Q}=0$,则 G_1 的输出 $Q^*=\overline{\overline{Q}\cdot S}=\overline{0\cdot1}=1$,$G_2$ 的输出 $\overline{Q^*}=\overline{Q\cdot R}=\overline{1\cdot1}=0$。即当 S=1,R=1 时,触发器保持原状态不变。

2) 当 R=0,S=1 时

当 R=0 时,与非门 G_2 被封锁,无论触发器的初态是什么,G_2 的输出都将被置 1,即 $\overline{Q^*}=1$,而 G_1 的输出 $Q^*=\overline{1\cdot1}=0$。即当 S=1,R=0 时,无论触发器的初态是什么,都有 $Q^*=0,\overline{Q^*}=1$——触发器被复位为 0。

3) 当 R=1,S=0 时

当 S=0 时,与非门 G_1 被封锁,无论触发器的初态是什么,G_1 的输出都将被置 1,即 $Q^*=1$,而 G_2 的输出 $\overline{Q^*}=\overline{1\cdot1}=0$。即当 S=0,R=1 时,无论触发器的初态是什么,都有 $Q^*=1,\overline{Q^*}=0$——触发器被置位为 1。

4) 当 R=0,S=0 时

当 R 和 S 同时为 0 时,两个与非门 G_1 和 G_2 都被封锁,无论触发器的初态是什么,G_1 和 G_2 的输出都将被置 1,即 $Q^*=1$,且 $\overline{Q^*}=1$,这破坏了触发器两个输出端的互补特性。如果 R 和 S 两个输入端的负脉冲不是同时撤销,触发器的状态取决于后结束的那个负脉冲;如果 R 和 S 同时由 0 变为 1,由于电路延迟时间的不同,使触发器的状态不确定。所以,在正常工作情况下,不允许出现两个输入端 R 和 S 同时为 0 的情况。也就是说,基本 RS 触发器的输入端 R 和 S 要满足 R+S=1 的约束条件。

综上所述,由两个与非门构成的基本 RS 触发器的逻辑功能如表 6.5 所示。

表 6.5　基本 RS 触发器的特性表

R	S	Q	Q^*	说　明
0	0	0 1	1^* 1^*	禁止的输入状态,输入信号同时撤销时状态不确定
0	1	0 1	0 0	复位
1	0	0 1	1 1	置位
1	1	0 1	0 1	保持原状态不变

基本 RS 触发器电路结构简单,是构成各种实用触发器的基础。

例 6.3 由两个与非门构成的基本 RS 触发器的电路结构,以及两个输入端 R 和 S 的电压波形如图 6.6 所示,不考虑逻辑门的传输延迟时间,画出 Q 和 $\overline{Q}$ 输出的电压波形图。

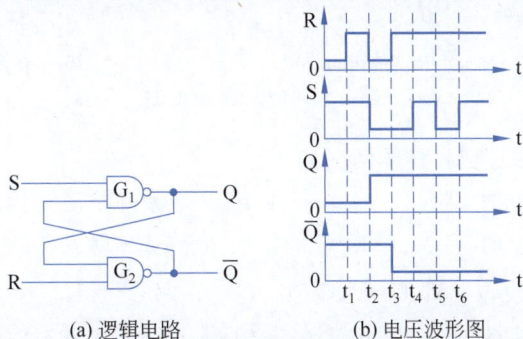

| (a) 逻辑电路 | (b) 电压波形图 |

图 6.6 例 6.3 的电路及电压波形图

解:分析每个时间段内 R 和 S 的状态,就可画出 Q 和 $\overline{Q}$ 的输出波形如图 6.6(b)所示。

(1) 在 $0 \sim t_1$ 时间段内,R=0,S=1,触发器被复位,故输出为 Q=0,$\overline{Q}$=1。

(2) 在 $t_1 \sim t_2$ 时间段内,R=1,S=1,触发器保持原状态不变,故输出仍为 Q=0,$\overline{Q}$=1。

(3) 在 $t_2 \sim t_3$ 时间段内,R=0,S=0,触发器两个输出端都被置位,即 Q=1,$\overline{Q}$=1。

(4) 到了 t_3 时刻,R 上的负脉冲撤销,而 S 仍维持为 0,也就是说,R 和 S 上的负脉冲信号不是同时撤销的,故触发器不会出现不确定的状态。在 $t_3 \sim t_4$ 时间段内,R=1,S=0,触发器被置位,即 Q=1,$\overline{Q}$=0。

同理可画出其他几个时间段内的输出波形。

2. 同步 RS 触发器

基本 RS 触发器具有记忆的功能,能直接对触发器的输出进行置位和复位操作,但当 R 和 S 有效时会立即引起输出的状态变化。而在实际应用中,往往要求触发器的状态按照一定的时间节拍进行变化,而且经常需要多个触发器同时动作。所以,实际使用的触发器都引入了一个时钟脉冲信号 CP(Clock Pulse),当 CP 有有效脉冲输入时,才允许触发器的状态改变。否则,即使输入信号发生变化,输出也保持原状态不变。

同步 RS 触发器是在基本 RS 触发器的基础上,引入一个门控电路构成的,门控电路受时钟输入信号的控制,其电路结构及逻辑符号如图 6.7 所示。

在图 6.7 的电路中,两个与非门 G_1 和 G_2 构成了一个基本 RS 触发器,而 G_3 和 G_4 构成了门控电路,其输出作为基本 RS 触发器的输入信号。同步 RS 触发器的输出状态不仅与输入信号 R、S 的状态有关,还受时钟脉冲信号 CP 的控制。

当 CP=0 时,与非门 G_3 和 G_4 被封锁,$G_{3OUT}=G_{4OUT}=1$,此时,无论输入信号 R、S 为何种状态,基本 RS 触发器的两个输入信号都为 1,所以触发器保持原输出状态不变。

当 CP=1 时,与非门 G_3 和 G_4 开放,G_{3OUT}、G_{4OUT} 的状态与输入 R、S 有关。此时触发

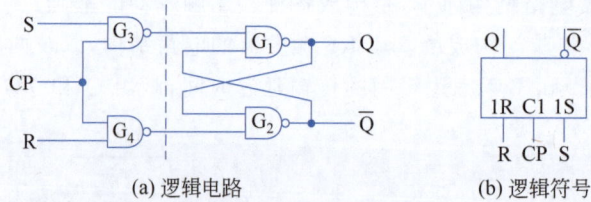

(a) 逻辑电路　　　　(b) 逻辑符号

图 6.7　同步 RS 触发器

器的输出状态受 R、S 的控制，具体情况如下。

（1）当 R=0，S=0 时，$G_{3OUT}=G_{4OUT}=1$，触发器保持原输出状态不变。

（2）当 R=1，S=0 时，$G_{3OUT}=1$，$G_{4OUT}=0$，基本 RS 触发器的置位输入端为 1，复位输入端为 0，触发器被复位。即 $Q=0，\overline{Q}=1$。

（3）当 R=0，S=1 时，$G_{3OUT}=0$，$G_{4OUT}=1$，基本 RS 触发器的置位输入端为 0，复位输入端为 1，触发器被置位。即 $Q=1，\overline{Q}=0$。

（4）当 R=1，S=1 时，$G_{3OUT}=G_{4OUT}=0$，基本 RS 触发器的两个输入端均为 0，触发器两个输出都被置位。即 $Q=1，\overline{Q}=1$。如果 R、S 的高电平输入同时撤销或 CP 的下降沿到达时，触发器的状态不确定。因此，与基本 RS 触发器一样，同步 RS 触发器也有约束条件（其约束条件为 SR=0）。

由上面对同步 RS 触发器工作原理的分析，可以列出同步 RS 触发器的特性表如表 6.6 所示。

表 6.6　同步 RS 触发器的特性表

CP	R	S	Q	Q*	说　　明
0	x	x	0	0	保持原状态不变
	x	x	1	1	
1	0	0	0	0	保持原状态不变
	0	0	1	1	
1	0	1	0	1	置位
	0	1	1	1	
1	1	0	0	0	复位
	1	0	1	0	
1	1	1	0	1*	约束状态
	1	1	1	1*	当 CP 下降沿到达时触发器状态不确定

注：x 表示任意值（0 或 1）

3. 主从结构 RS 触发器

从上面的分析可以看出，同步 RS 触发器的电路结构决定了：在 CP=1 期间，由于 R、S 的变化，使触发器的输出可能发生多次翻转，这种现象称为空翻。空翻现象的存在使同步触发器的抗干扰能力较弱。主从结构的触发器就是为了解决这个问题而设计的。

主从结构的 RS 触发器由两组同步触发器构成，其电路结构如图 6.8 所示，逻辑符号如图 6.9 所示。

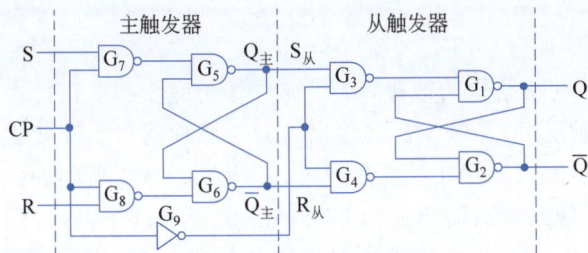

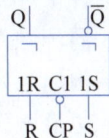

图 6.8　主从结构 RS 触发器的逻辑电路　　　图 6.9　主从 RS 触发器逻辑符号

在图 6.8 的电路中，与非门 G_1、G_2、G_3、G_4 构成了一个门控 RS 触发器，称为从触发器，G_5、G_6、G_7、G_8 构成的门控 RS 触发器称为主触发器。主触发器的时钟脉冲信号经反相后作为从触发器的时钟脉冲信号。主触发器接收外部输入信号，在时钟脉冲有效的情况下，其输出 $Q_主$ 由输入信号 R、S 决定。从触发器接收主触发器的输出信号，其输出状态 Q 由主触发器的输出决定。

当 CP＝1 时，主触发器工作，其输出状态由输入信号 R、S 决定。此时，从触发器的时钟脉冲信号为 0，故触发器的输出保持原状态不变。

当 CP 由 1 变为 0 时，主触发器的 G_7、G_8 被封锁，此时无论 R、S 的状态如何变化，主触发器的输出都保持不变。与此同时，从触发器的时钟信号为 1，其输出跟随主触发器的输出状态进行变化，即触发器的输出与下降沿到达前一瞬间主触发器的输出状态相同。

由上面的分析过程可见，在 CP＝1 期间，主触发器可能会由于 R、S 的多次变化而发生多次翻转，但是从触发器的输出只有在 CP 下降沿到达时才会跟随主触发器进行变化。也就是说，在一个完整的时钟脉冲变化周期内，主从 RS 触发器的输出状态只能改变一次，即消除了空翻现象。逻辑符号中的"￢"表示延迟输出。从上面的分析可以看出，主从结构的触发器需要 CP 端施加一个完整的时钟脉冲信号，才会有相应动作，触发器输出状态的改变在 CP 由 1 变为 0 时才会发生。

主从 RS 触发器解决了同步 RS 触发器在 CP＝1 期间，由于干扰信号引起的多次翻转问题。但是，输入信号的约束条件仍然存在，也就是说，使用时仍要遵守 RS＝0。

根据以上分析，可列出主从结构 RS 触发器的特性表如表 6.7 所示。

表 6.7　主从结构 RS 触发器的特性表

CP	R S Q	Q^*	说　明
0	x x 0 x x 1	0 1	保持原状态不变
⊓	0 0 0 0 0 1	0 1	保持原状态不变
⊓	0 1 0 0 1 1	1 1	置位
⊓	1 0 0 1 0 1	0 0	复位
⊓	1 1 0 1 1 1	1^* 1^*	约束状态 当 CP 下降沿到达时触发器状态不确定

4. 边沿 RS 触发器

从前面的讨论可知,随着触发器电路结构的改进,触发器的电气特性和动作特点也在不断变化。同步触发器引入了时钟脉冲,在触发器的输出与时钟脉冲信号之间建立了联系。主从结构的触发器解决了同步触发器存在空翻的问题,但是在 CP=1 期间的抗干扰能力较弱。边沿触发器的引入,使触发器的输出仅与 CP 边沿（上升沿或下降沿）到达瞬间的输入信号有关,其他时刻的输入信号变化不影响触发器的输出状态,从而提高了触发器的抗干扰能力。

图 6.10 是维持阻塞型边沿 RS 触发器的逻辑电路和逻辑符号。

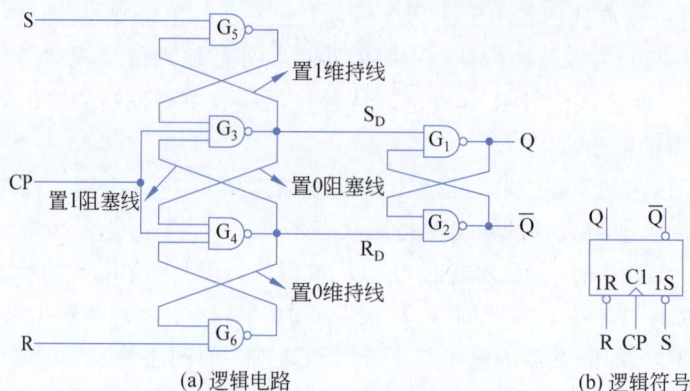

(a) 逻辑电路   (b) 逻辑符号

图 6.10 维持阻塞型边沿 RS 触发器

在图 6.10 中,G_1、G_2 组成一个基本 RS 触发器,其置位和复位输入端分别用 S_D 和 R_D 表示,该触发器的输出受与非门 G_3 和 G_4 输出状态的控制。

(1) CP 为低电平（CP=0）时,门 G_3 和 G_4 关闭,$G_{3OUT}=1$,$G_{4OUT}=1$,基本 RS 触发器的输入 $S_D=1$,$R_D=1$,故触发器的输出保持原状态不变。

(2) CP 由低电平变为高电平（CP 上出现上升沿,即 CP=↑）并维持为高电平时,门 G_3 和 G_4 被打开,它们的输出 G_{3OUT} 和 G_{4OUT} 与 CP 上升沿到达瞬间输入信号 S 和 R 的状态有关。值得注意的是,由于逻辑门传输延迟时间的存在,在 CP 上升沿到达瞬间,G_{3OUT} 和 G_{4OUT} 还维持为 CP 上升沿到达之前的状态,即 $G_{3OUT}=1$,$G_{4OUT}=1$。

① 若 CP 上升沿到达瞬间,R=1,S=1。

在 CP 上升沿到达瞬间,$G_{3OUT}=1$,$G_{4OUT}=1$,这会使 $G_{5OUT}=0$,$G_{6OUT}=0$。而 G_{5OUT} 和 G_{6OUT} 为低电平又会使 G_{3OUT} 和 G_{4OUT} 在 CP=1 期间一直维持为高电平。也就是说,基本 RS 触发器的输入 $S_D=1$,$R_D=1$,故触发器的输出保持原状态不变。

② 若 CP 上升沿到达瞬间,R=0,S=1。

在 CP 上升沿到达瞬间,$G_{3OUT}=1$ 且 S=1,使得 $G_{5OUT}=0$。而 G_{5OUT} 的低电平会使 G_{3OUT} 在 CP=1 期间一直维持为高电平。R=0,将门 G_6 封锁,$G_{6OUT}=1$,由于此时 CP=1 且 $G_{3OUT}=1$,故 $G_{4OUT}=0$。即 $S_D=1$,$R_D=0$,所以触发器被复位,Q=0,$\overline{Q}=1$。

③ 若 CP 上升沿到达瞬间,R=1,S=0。

在 CP 上升沿到达瞬间,$G_{4OUT}=1$ 且 R=1,使得 $G_{6OUT}=0$。而 G_{6OUT} 的低电平会使

G_{4OUT}在 CP=1 期间一直维持为高电平。S=0，将门 G_5 封锁，$G_{5OUT}=1$，由于此时 CP=1 且 $G_{4OUT}=1$，故 $G_{3OUT}=0$，即$S_D=0$，$R_D=1$，所以触发器被置位，Q=1，$\overline{Q}=0$。

④ 若 CP 上升沿到达瞬间，R=0，S=0。

S=0，R=0，将门 G_5、G_6 封锁，使得 $G_{5OUT}=1$，$G_{6OUT}=1$，从而使 $G_{3OUT}=0$，$G_{4OUT}=0$。即$S_D=0$，$R_D=0$，所以触发器的输出 $Q=1^*$，$\overline{Q}=1^*$。如果S和R信号不变，CP 上升沿结束时触发器的状态不确定。

（3）CP 由高电平变为低电平（CP 上出现下降沿，即 CP=↓）时，与 CP=0 时类似。门 G_3 和 G_4 关闭，$G_{3OUT}=1$，$G_{4OUT}=1$，$S_D=1$，$R_D=1$，触发器的输出保持原状态不变。

由上面的分析可以看出，在置 1 动作中，G_3 输出端到 G_5 输入端的连线状态为 0，其作用是，即使S已经变为高电平，仍维持$S_D=G_{3OUT}=0$，故称其为置 1 维持线。而 G_3 的输出端到 G_4 输入端的连线为 0，又会维持 $G_{4OUT}=1$，即阻止R_D 变为 0，故称其为置 0 阻塞线。同理，G_4 的输出端到 G_6 输入端的连线称为置 0 维持线，G_4 的输出端到 G_3 输入端的连线称为置 1 阻塞线。

由以上的分析可知，该触发器为上升沿触发，其特性表如表 6.8 所示。

表 6.8　维持阻塞型 RS 触发器的特性表

CP	R	S	Q	Q^*	说　明
0	x	x	0	0	保持原状态不变
	x	x	1	1	
↑	1	1	0	0	保持原状态不变
	1	1	1	1	
↑	1	0	0	1	置位
	1	0	1	1	
↑	0	1	0	0	复位
	0	1	1	0	
↑	0	0	0	1^*	约束状态
	0	0	1	1^*	当 CP 上升沿结束时触发器状态不确定

由于边沿 RS 触发器的输出仅与 CP 上升沿到达瞬间 R 和 S 的输入状态有关，因此，它的抗干扰能力更强。

5. RS 触发器的特性方程和状态转换图

触发器的逻辑功能除了可以用特性表描述之外，还可以采用特性方程、状态转换图、时序图等方法来描述。下面采用特性方程和状态转换图来描述 RS 触发器的逻辑功能。

通过上面对各种 RS 触发器工作原理的分析可知，所有 RS 触发器的逻辑功能都是相同的，不同的电路结构，区别仅在于工作时要求的时钟脉冲形式不同，所以它们具有相同的特性方程和状态转换图。后面介绍的其他类型的触发器也是类似的，不同电路结构的同一类型触发器，其逻辑功能都是相同的，具有相同的特性方程。

1）RS 触发器的特性方程

特性方程也称次态方程，或状态方程，它以逻辑表达式的形式描述触发器的次态 Q^* 与现态 Q 及输入信号之间的关系。由前面的分析可画出 RS 触发器（设复位和置位控制端都是高有效）的次态卡诺图如图 6.11 所示。

对卡诺图进行化简，可得 RS 触发器的特性方程：

$$\begin{cases} Q^* = S + \overline{R}Q \\ RS = 0, \quad \text{约束条件} \end{cases} \tag{6.4}$$

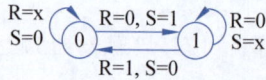

2）RS 触发器的状态转换图

状态转换图可以形象地表示触发器状态转换的方向和条件。RS 触发器的状态转换图如图 6.12 所示。

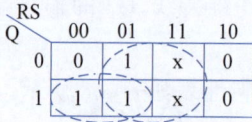

图 6.11　RS 触发器的次态卡诺图　　　图 6.12　RS 触发器的状态转换图

图中，圆圈里的 0、1 表示触发器的两个稳定状态，箭头表示触发器由初态向次态转换的方向，箭头旁标注的是该转换的条件。

6. RS 触发器的 Verilog HDL 描述

```
RS 触发器的 Verilog HDL 程序

module RSFF(R,S,Q,QF,CP);        //模块定义
  input R,S,CP;                  //复位端 R,置位端 S,同步时钟端 CP
  output Q,QF;                   //输出端 Q,反向输出端 Q̄
reg Q;                          //说明 Q 为寄存器型变量,以便在 always 过程块中赋值
assign QF=~Q;                   //Q̄ 等于 Q 求反
  always @(posedge CP) begin    //时钟上升沿触发
    case ({R,S})                //根据 R 和 S 端的值实现多分支
      2'b11:Q=1'bX;             //R=S=1,输出 Q 不确定
      2'b10:Q=0;                //R=1,S=0,输出 Q=0
      2'b01:Q=1;                //R=0,S=1,输出 Q=1
      default:Q=Q;              //R=0,S=0,输出 Q 不变
    endcase
  end
endmodule
```

6.2.2　D 触发器

1. 同步 D 触发器

由于 RS 触发器在正常工作时不允许两个输入端同时有效,否则可能会出现状态不确定的情况,这给实际应用带来了一定的限制。D 触发器是对 RS 触发器的改进,在 R 和 S 两个输入端之间加一个反相器,只在 S 端施加输入信号,并将其名称定义为 D 输入端,就构成了 D 触发器。D 触发器适用于单端输入信号的情况,其逻辑电路和逻辑符号如图 6.13 所示。

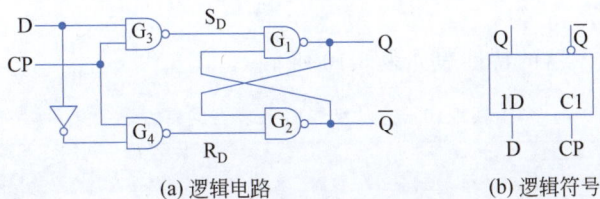

(a) 逻辑电路　　　　　(b) 逻辑符号

图 6.13　同步 D 触发器

因为在 D 触发器的电路结构中,原 RS 触发器的输入端 R,S 互为取反,所以无论 D 输入端是何种状态,触发器的输出都不会出现状态不确定的情况,自然也就没有约束条件。

当 CP=0 时,G_3 和 G_4 被封锁,$G_{3OUT}=G_{4OUT}=1$,此时,无论 D 为何种输入状态,基本 RS 触发器的两个输入信号都为 1,所以触发器保持原输出状态不变。

当 CP=1 时,与非门 G_3 和 G_4 开放,G_{3OUT},G_{4OUT} 的状态与输入 D 有关。此时触发器的输出状态受 D 的控制。当 D=0 时,$S_D=G_{3OUT}=1$,$R_D=G_{4OUT}=0$,触发器被复位。即 $Q=0$,$\overline{Q}=1$。当 D=1 时,$S_D=G_{3OUT}=0$,$R_D=G_{4OUT}=1$,触发器被置位。即 $Q=1$,$\overline{Q}=0$。也就是说,在 CP=1 期间,D 触发器的输出随输入端 D 的状态而变化。

同步 D 触发器的特性表如表 6.9 所示。

表 6.9　同步 D 触发器的特性表

CP	D　Q	Q*	说　明
0	x　0	0	保持原状态不变
	x　1	1	
1	0　0	0	复位
	0　1	0	
1	1　0	1	置位
	1　1	1	

2. 主从结构 D 触发器

与主从结构的 RS 触发器类似,由两个时钟相位相反的同步 D 触发器构成,电路结构及逻辑符号如图 6.14 所示。

CP=1 时,主 D 触发器的控制门被打开,主触发器的输出 $Q_主$ 随输入 D 的状态而变

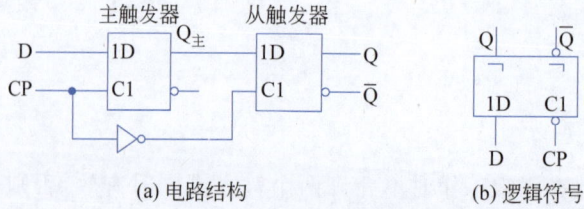

(a) 电路结构　　　(b) 逻辑符号

图 6.14　主从 D 触发器

化,此时,从 D 触发器的控制门被关闭,触发器的输出 Q 保持原状态不变。当 CP 变为 0 时,主 D 触发器控制门被关闭,输入 D 的状态不再影响主触发器的输出状态,$Q_{主}$ 保持为 CP 下降沿到达前一瞬间的状态不变,此时,从 D 触发器的控制门被打开,触发器的输出由 $Q_{主}$ 的状态决定。

主从结构 D 触发器的特性表如表 6.10 所示。

表 6.10　主从结构 D 触发器的特性表

CP	D　Q	Q^*	说　明
0	x　0 x　1	0 1	保持原状态不变
⎍	0　0 0　1	0 0	复位
⎍	1　0 1　1	1 1	置位

3. 边沿 D 触发器

将维持阻塞型边沿 RS 触发器的 S 输入端与 G_6 门的输出端相连,并把原来的 R 作为输入端 D,则构成了维持阻塞型边沿 D 触发器,其逻辑电路及逻辑符号如图 6.15 所示。触发器的输出只与时钟脉冲上升沿到达瞬间 D 的状态有关。

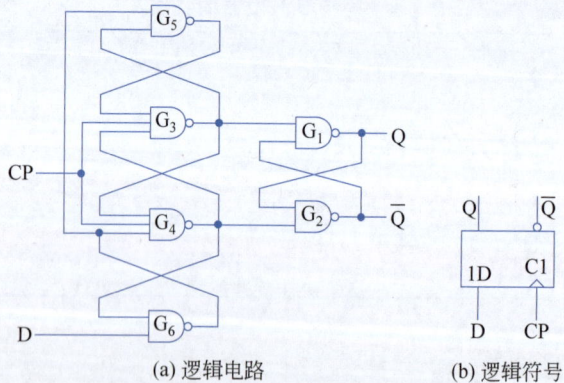

(a) 逻辑电路　　　(b) 逻辑符号

图 6.15　维持阻塞型边沿 D 触发器

若 D＝0,相当于原来边沿 RS 触发器的输入端 R＝0,S＝1。由维持阻塞型 RS 触发器的工作过程可知,在 CP 上升沿到达时,触发器的输出被复位,即 $Q＝0,\overline{Q}＝1$。

若 D＝1,相当于原来边沿 RS 触发器的输入端 R＝1,S＝0,在 CP 上升沿到达时,触发器的输出被置位,即 $Q=1$,$\overline{Q}=0$。

维持阻塞型边沿 D 触发器的特性表如表 6.11 所示。

表 6.11 维持阻塞型边沿 D 触发器的特性表

CP	D Q	Q*	说 明
0	x 0	0	保持原状态不变
	x 1	1	
↑	0 0	0	复位
	0 1	0	
↑	1 0	1	置位
	1 1	1	

4. D 触发器的特性方程和状态转换图

从前面的分析可以看出,在时钟脉冲信号满足要求的情况下,D 触发器的输出与输入信号 D 的状态相同,所以 D 触发器的特性方程如下。

$$Q^* = D \qquad (6.5)$$

D 触发器的状态转换图如图 6.16 所示。

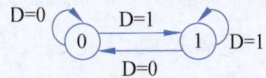

图 6.16 D 触发器的状态转换图

5. D 触发器的 Verilog HDL 描述

```
         D 触发器的 Verilog HDL 程序
module DFF(D,Q,QF,CP);       //模块定义
    input D,CP;              //数据输入 D,同步时钟端 CP
    output Q,QF;             //输出端 Q,反向输出端 Q̄
    reg Q;                   //说明 Q 为寄存器型变量,以便在 always 过程块中赋值
    assign QF=~Q;            //Q̄ 等于 Q 求反
    always @ (posedge CP) begin//时钟上升沿触发
        Q=D;                //输出 D 到 Q
    end
endmodule
```

6.2.3 JK 触发器

1. 同步 JK 触发器

将同步 RS 触发器的输出端 Q 和 $\overline{Q}$ 引回到输入端作为附加控制信号,并将原输入端 S、R 分别命名为 J、K 输入端,就构成了同步 JK 触发器。同步 JK 触发器的逻辑电路及逻辑符号如图 6.17 所示。

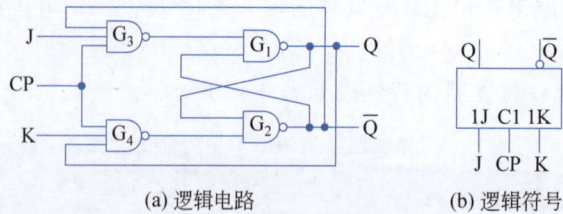

(a) 逻辑电路　　　　　　(b) 逻辑符号

图 6.17　同步 JK 触发器

（1）当 CP＝0 时。

无论 J、K 为何状态，门 G_3、G_4 被关闭，$G_{3OUT}＝G_{4OUT}＝1$，触发器的输出保持原状态不变。

（2）当 CP＝1 时，触发器的状态取决于输入端 J、K 的状态。

① 若 J＝0，K＝0，则门 G_3、G_4 被关闭，$G_{3OUT}＝G_{4OUT}＝1$，触发器的输出保持原状态不变。

② 若 J＝1，K＝0，如果触发器的初态为 $Q＝0，\overline{Q}＝1$，则 $G_{3OUT}＝0，G_{4OUT}＝1$，使触发器被置位；如果触发器的初态为 $Q＝1，\overline{Q}＝0$，则 $G_{3OUT}＝1，G_{4OUT}＝1$，使触发器保持原输出状态不变。也就是说，无论触发器的初态是什么，都将使 $Q＝1，\overline{Q}＝0$——触发器被置位。

③ 若 J＝0，K＝1，如果触发器的初态为 $Q＝0，\overline{Q}＝1$，则 $G_{3OUT}＝1，G_{4OUT}＝1$，使触发器保持原输出状态不变；如果触发器的初态为 $Q＝1，\overline{Q}＝0$，则 $G_{3OUT}＝1，G_{4OUT}＝0$，使触发器被复位。也就是说，无论触发器的初态是什么，都将使 $Q＝0，\overline{Q}＝1$——触发器被复位。

④ 若 J＝1，K＝1，如果触发器的初态为 $Q＝0，\overline{Q}＝1$，则 $G_{3OUT}＝0，G_{4OUT}＝1$，使触发器被置位；如果触发器的初态为 $Q＝1，\overline{Q}＝0$，则 $G_{3OUT}＝1，G_{4OUT}＝0$，使触发器被复位。也就是说，无论触发器的初态是什么，其输出状态都将发生翻转。

从上面的分析可以看出，无论 J、K 输入端是什么状态，都不会出现基本 RS 触发器两个输入端同时有效的情况，所以 JK 触发器是没有约束条件的。

同步 JK 触发器的特性表如表 6.12 所示。

表 6.12　同步 JK 触发器的特性表

CP	J	K	Q	Q*	说　　明
0	x	x	0	0	保持原状态不变
	x	x	1	1	
1	0	0	0	0	保持原状态不变
	0	0	1	1	
1	0	1	0	0	复位
	0	1	1	0	
1	1	0	0	1	置位
	1	0	1	1	
1	1	1	0	1	翻转
	1	1	1	0	

2. 主从结构 JK 触发器

类似地,将主从结构 RS 触发器的输出端 Q 和 $\overline{Q}$ 引回到输入端作为附加控制信号,就构成了主从结构的 JK 触发器。主从结构 JK 触发器的逻辑电路如图 6.18 所示,逻辑符号如图 6.19 所示。

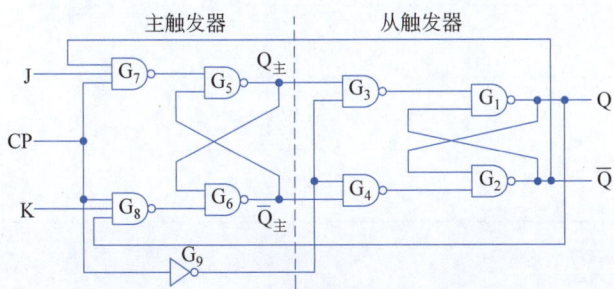

图 6.18　主从结构 JK 触发器的逻辑电路　　　　图 6.19　主从结构 JK 触发器的逻辑符号

下面按照 CP 端施加信号的不同情况来分析主从结构 JK 触发器的工作特性。

(1) CP＝0 时：主触发器被封锁,无论 J、K 是什么状态,触发器的输出都保持原状态不变。

(2) CP 端施加完整的正脉冲时：

① CP＝1 期间,若 J＝0,K＝0,则门 G_7、G_8 被封锁,$G_{7OUT}＝G_{8OUT}＝1$,触发器的输出保持原状态不变。

② CP＝1 期间,若 J＝1,K＝0,则主触发器无论原来的状态是什么,都将被置位为 1。当 CP 由 1 变为 0 时,从触发器的输出也随之被置 1。也就是说,触发器的输出将在一个完整正脉冲的下降沿到来时被置为 1。

③ CP＝1 期间,若 J＝0,K＝1,则主触发器无论原来的状态是什么,都将被复位为 0。当 CP 由 1 变为 0 时,从触发器的输出也随之被复位为 0。也就是说,触发器的输出将在 CP 脉冲结束的下降沿到来时被复位为 0。

④ CP＝1 期间,若 J＝1,K＝1,则门 G_7、G_8 被打开。主触发器的输出与从触发器的初始状态有关。如果初态为 Q＝0,$\overline{Q}$＝1,则 $G_{7OUT}＝0$,$G_{8OUT}＝1$,主触发器被置位为 1。当 CP 由 1 变为 0 时,从触发器的输出也随之被置位为 1。如果初态为 Q＝1,$\overline{Q}$＝0,则 $G_{7OUT}＝1$,$G_{8OUT}＝0$,主触发器被复位为 0。当 CP 由 1 变为 0 时,从触发器的输出也随之被复位为 0。综合上面两种情况,触发器的输出状态将在 CP 脉冲结束的下降沿到来时,发生翻转。

由上面的分析可得主从结构 JK 触发器的特性表如表 6.13 所示。

3. 边沿 JK 触发器

图 6.20 是利用传输延迟时间构成的负边沿 JK 触发器的逻辑电路及逻辑符号。

表 6.13　主从结构 JK 触发器的特性表

CP	J K Q	Q'	说　明
0	x x 0 x x 1	0 1	保持原状态不变
⎍	0 0 0 0 0 1	0 1	保持原状态不变
⎍	0 1 0 0 1 1	0 0	复位
⎍	1 0 0 1 0 1	1 1	置位
⎍	1 1 0 1 1 1	1 0	翻转

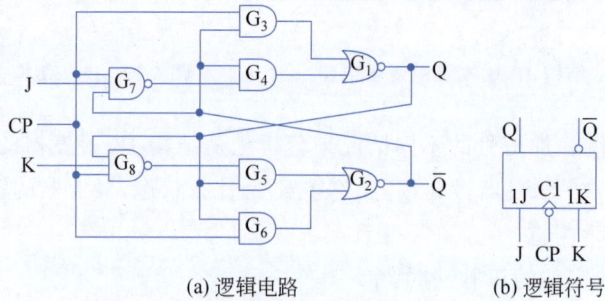

(a) 逻辑电路　　　　　　(b) 逻辑符号

图 6.20　利用传输延迟时间的边沿 JK 触发器

由图 6.20 的电路结构可知，时钟脉冲信号 CP 直接和与门 G_3、G_6 的输入端相连，当 CP 状态发生变化时，会直接对门 G_3、G_6 的输出产生影响，而 CP 信号的变化要通过与非门 G_7、G_8 的输出才能对与门 G_4、G_5 产生影响。也就是说，当 CP 的状态发生改变时，G_{4OUT} 和 G_{5OUT} 的状态改变要比 G_{3OUT} 和 G_{6OUT} 的状态改变延迟时间长。

1）CP 端输入维持为低电平

当 CP＝0 时，与门 G_3、G_6 和与非门 G_7、G_8 都被封锁。此时，$G_{3OUT}＝G_{6OUT}＝0$，$G_{7OUT}＝G_{8OUT}＝1$，$G_{4OUT}＝G_{7OUT} \cdot \overline{Q}＝\overline{Q}$，$G_{5OUT}＝G_{8OUT} \cdot Q＝Q$，从而使 $G_{1OUT}＝\overline{G_{3OUT}＋G_{4OUT}}＝Q$，$G_{2OUT}＝\overline{G_{5OUT}＋G_{6OUT}}＝\overline{Q}$。即触发器的输出保持原状态不变。

2）CP 由 0 变 1，并维持为高电平

当 CP 的上升沿到达时，门 G_3 和 G_6 解除封锁，其输出变为 $G_{3OUT}＝\overline{Q}$，$G_{6OUT}＝Q$。此时，$G_{7OUT}＝\overline{J \cdot \overline{Q}}$，$G_{8OUT}＝\overline{K \cdot Q}$。与此同时，由于传输时间延迟的存在，$G_4$ 和 G_5 的输出还会有一小段时间维持为 CP 上升沿到达前的状态，即 $G_{4OUT}＝\overline{Q}$，$G_{5OUT}＝Q$。所以 $G_{1OUT}＝Q$，$G_{2OUT}＝\overline{Q}$，即触发器的输出保持原状态不变。经历短暂的延迟后，G_7 和 G_8 的输出对 G_4 和 G_5 产生了影响，使 $G_{4OUT}＝G_{7OUT} \cdot \overline{Q}＝\overline{J \cdot \overline{Q}} \cdot \overline{Q}＝\overline{J} \cdot \overline{Q}$，$G_{5OUT}＝G_{8OUT} \cdot Q＝\overline{K \cdot Q} \cdot Q$，这样的状态使 G_1 和 G_2 的输出保持不变。由此可见，当 CP 由 0 变 1，并维持为高电平时，触发器的输出保持为原状态不变。

3）CP 由 1 变 0（出现下降沿）

当 CP 端出现下降沿时，G_3 和 G_6 的输出都将变为 0，而触发器的输出与下降沿到达前一瞬间的 J、K 状态有关。

① 如果 J＝0，K＝0，CP 下降沿到达前后，门 G_7 和 G_8 的输出状态都是 1，所以 G_4 和 G_5 的状态也没有发生变化，即 $G_{4OUT}=\overline{Q}$，$G_{5OUT}=Q$。所以，$G_{1OUT}=Q$，$G_{2OUT}=\overline{Q}$。也就是说，触发器的输出保持为原状态不变。

② 如果 J＝1，K＝0，在 CP 下降沿到达后，使得门 G_8 的输出仍维持为原来的 1 状态不变，而 G_7 的输出将由原来的 Q 向 1 状态变化。由于传输时间延迟的缘故，G_7 的变化要经历一小段的时间延迟才会使 G_4 的输出发生变化。也就是说，当 CP 下降沿到达时，会出现短暂的 $G_{3OUT}=0$，$G_{4OUT}=Q\cdot\overline{Q}=0$ 的状态，这使得 $Q=G_{1OUT}=1$。随后，$G_{5OUT}=1$，$\overline{Q}=0$，即触发器的输出被置位。

经历短暂的延迟后，G_7 的输出状态已经变为 1，但是此时触发器已经完成了置位操作，所以 G_{4OUT} 将维持为 0 不变，触发器的状态也不再改变。

所以，在 CP 下降沿到达时，J＝1，K＝0 的输入，会利用传输延迟将触发器置位，并保持下来。

③ 如果 J＝0，K＝1，在 CP 下降沿到达后，使得门 G_7 的输出仍维持为原来的 1 状态不变，而 G_8 的输出将由原来的 $\overline{Q}$ 向 1 状态变化。由于传输时间延迟的缘故，G_8 的变化要经历一小段的时间延迟才会使 G_5 的输出发生变化。也就是说，当 CP 下降沿到达时，会出现短暂的 $G_{6OUT}=0$，$G_{5OUT}=\overline{Q}\cdot Q=0$ 的状态，这使得 $\overline{Q}=G_{2OUT}=1$。随后，$G_{4OUT}=1$，$Q=0$，即触发器的输出被复位。

经历短暂的延迟后，G_8 的输出状态已经变为 1，但是此时触发器已经完成了复位操作，所以 G_{5OUT} 将维持为 0 不变，触发器的状态也不再改变。

所以，在 CP 下降沿到达时，J＝0，K＝1 的输入，会利用传输延迟将触发器复位，并保持下来。

④ 如果 J＝1，K＝1，CP 下降沿到达后，G_7 的输出将由原来的 Q 向 1 状态变化，G_8 的输出将由原来的 $\overline{Q}$ 向 1 状态变化。

如果触发器的初态为 Q＝0，则 CP 下降沿到达前，$G_{7OUT}=0$。这样，CP 下降沿到达瞬间，会存在短暂的 $G_{3OUT}=0$，$G_{4OUT}=0$ 的状态，这使得 $Q=G_{1OUT}=1$。随后，G_{5OUT} 变为 1，$\overline{Q}=0$，即触发器的输出翻转为 1 状态。

如果触发器的初态为 Q＝1，则 CP 下降沿到达前，$G_{8OUT}=0$。这样，CP 下降沿到达后，会存在短暂的 $G_{6OUT}=0$，$G_{5OUT}=0$ 的状态，这使得 $\overline{Q}=G_{2OUT}=1$。随后，$G_{4OUT}=1$，$Q=0$，即触发器的输出翻转为 0 状态。

经历短暂的延迟后，G_7、G_8 的输出状态都已经变为 1，触发器的输出将被保持下来。

所以，在 CP 下降沿到达时，J＝1，K＝1 的输入，会利用传输延迟使触发器的输出状态发生翻转，并保持下来。

综合上面分析的各种情况可得，利用传输延迟时间的边沿 JK 触发器的特性表如表 6.14 所示。

表 6.14　利用传输延迟时间的边沿 JK 触发器的特性表

CP	J K Q	Q^*	说　明
0	x x 0 x x 1	0 1	保持原状态不变
↓	0 0 0 0 0 1	0 1	保持原状态不变
↓	0 1 0 0 1 1	0 0	复位
↓	1 0 0 1 0 1	1 1	置位
↓	1 1 0 1 1 1	1 0	翻转

4. JK 触发器的特性方程和状态转换图

由前面的分析可画出 JK 触发器的次态卡诺图如图 6.21 所示。

对卡诺图进行化简，可得 JK 触发器的特性方程如下。

$$Q^* = J\,\overline{Q} + \overline{K}Q \tag{6.6}$$

JK 触发器的状态转换图如图 6.22 所示。

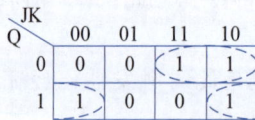

图 6.21　JK 触发器的次态卡诺图　　　　图 6.22　JK 触发器的状态转换图

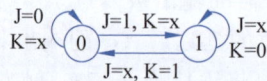

5. JK 触发器的 Verilog HDL 描述

```
        JK 触发器的 Verilog HDL 程序
module JKFF(J,K,CP,Q,QF);              //模块定义
    input J,K,CP;                      //数据输入端 J,K,时钟输入端 CP
    output Q,QF;                       //输出端 Q,反向输出端 Q̄
    reg Q;                             //说明 Q 为寄存器型变量
    assign QF=~Q;                      //Q̄ 等于 Q 求反
    always@(negedge CP) begin          //时钟下降沿触发
        case({J,K})                    //根据输入 J 和 K 的值实现多分支
            2'B00:Q=Q;                 //若 J=0,K=0,则 Q 不变
            2'B01:Q=0;                 //若 J=0,K=1,则 Q 为 0
            2'B10:Q=1;                 //若 J=1,K=0,则 Q 为 1
```

```
                2'B11:Q=～Q;              //若 J＝1,K＝1,则 Q 取反
                default:Q=0;             //其他情况下 Q 为 0
        endcase
    end
endmodule
```

6.2.4   T 触发器

将 JK 触发器的两个输入端 J、K 连接在一起,并命名为 T 输入端,就构成了 T 触发器。分析 T 触发器的逻辑功能特点可知,当 T＝0 时,触发器的状态保持不变;当 T＝1 时,每出现一次有效的时钟脉冲,触发器的输出状态就翻转一次。

T 触发器的特性方程如下。

$$Q^* = T\overline{Q} + \overline{T}Q \tag{6.7}$$

上升沿触发的 T 触发器逻辑符号及状态转换图如图 6.23 所示。

当 T 触发器的输入端 T 恒为 1 时,每输入一个时钟脉冲,触发器翻转一次。具有该特点的触发器通常被称为计数型触发器,用 T' 表示。

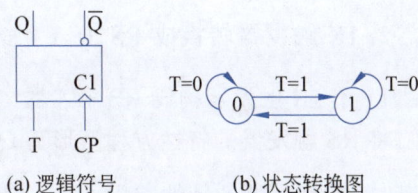

(a) 逻辑符号　　　(b) 状态转换图

图 6.23   T 触发器

6.2.5   不同类型触发器间的转换

将已有触发器的输入端接上适当的转换逻辑电路就得到待求的触发器。求转换逻辑电路,实际上就是求已有触发器输入端的逻辑表达式。将待求触发器的特性方程和已有触发器的特性方程进行比较,即可得到所需的逻辑表达式。在求解过程中,往往需要对特性方程进行变形。

1. RS 触发器转换成 JK、D、T 触发器

1) 用 RS 触发器构成 JK 触发器

比较 RS 触发器的特性方程 $Q^* = S + \overline{R}Q$ 和 JK 触发器的特性方程 $Q^* = J\overline{Q} + \overline{K}Q$,可得 $S = J\overline{Q}, R = K$。为了满足 RS 触发器的约束条件 RS＝0,取 $S = J\overline{Q}, R = KQ$,将该输入表达式代入 RS 触发器的特性方程,就得到了 JK 触发器的特性方程 $Q^* = S + \overline{R}Q = J\overline{Q} + \overline{KQ}Q = J\overline{Q} + \overline{K}Q$,由此构成了 JK 触发器。

用 RS 触发器构成 JK 触发器的逻辑电路如图 6.24 所示。

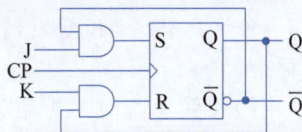

2) 用 RS 触发器构成 D 触发器

将 D 触发器的特性方程变形为 $Q^* = D = D + DQ$,并与 RS 触发器的特性方程 $Q^* = S + \overline{R}Q$ 进行比较,可得

图 6.24   用 RS 触发器构成 JK 触发器

$S = D, R = \overline{D}$,并满足了 RS 触发器的约束条件。将该输入表达式代入 RS 触发器的特性

方程，就得到了 D 触发器的特性方程 $Q^* = S + \overline{R}Q = D + DQ = D$，由此构成了 D 触发器。

用 RS 触发器构成 D 触发器的逻辑电路如图 6.25 所示。

3）用 RS 触发器构成 T 触发器

比较 RS 触发器的特性方程 $Q^* = S + \overline{R}Q$ 和 T 触发器的特性方程 $Q^* = T\overline{Q} + \overline{T}Q$，并满足 RS 触发器的约束条件。可令 $S = T\overline{Q}$，$R = TQ$。将该输入表达式代入 RS 触发器的特性方程，就得到了 T 触发器的特性方程 $Q^* = S + \overline{R}Q = T\overline{Q} + \overline{TQ}Q = T\overline{Q} + \overline{T}Q$，由此构成了 T 触发器。

用 RS 触发器构成 T 触发器的逻辑电路如图 6.26 所示。

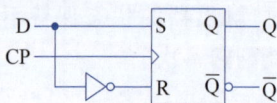

图 6.25 用 RS 触发器构成 D 触发器   图 6.26 用 RS 触发器构成 T 触发器

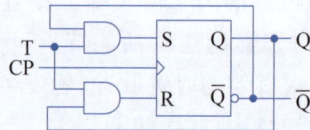

2. JK 触发器转换成 RS、D、T 触发器

1）用 JK 触发器构成 RS 触发器

将 RS 触发器的特性方程变形为 $Q^* = S + \overline{R}Q = S\overline{Q} + SQ + \overline{R}Q = S\overline{Q} + (S + \overline{R})Q$，并将其与 JK 触发器的特性方程 $Q^* = J\overline{Q} + \overline{K}Q$ 进行比较，可得 $J = S$，$K = \overline{S + \overline{R}} = \overline{S}R$。将该输入表达式代入 JK 触发器的特性方程，可得 $Q^* = J\overline{Q} + \overline{K}Q = S\overline{Q} + \overline{\overline{S}R}Q = S + \overline{R}Q$，由此构成了 RS 触发器。

用 JK 触发器构成 RS 触发器的逻辑电路如图 6.27 所示。

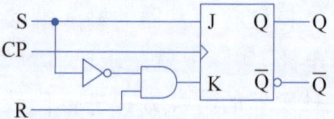

图 6.27 用 JK 触发器构成 RS 触发器

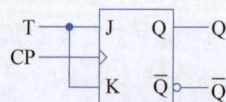

2）用 JK 触发器构成 D 触发器

将 D 触发器的特性方程变形为 $Q^* = D = D\overline{Q} + DQ$，并将其与 JK 触发器的特性方程 $Q^* = J\overline{Q} + \overline{K}Q$ 进行比较，可得 $J = D$，$K = \overline{D}$。将该输入表达式代入 JK 触发器的特性方程，可得 $Q^* = D$，由此构成了 D 触发器。

用 JK 触发器构成 D 触发器的逻辑电路如图 6.28 所示。

3）用 JK 触发器构成 T 触发器

将 JK 触发器的两个输入端 J、K 连接在一起作为 T 输入端，就构成了 T 触发器。即令 $J = K = T$，代入 JK 触发器的特性方程可得 $Q^* = J\overline{Q} + \overline{K}Q = T\overline{Q} + \overline{T}Q$，由此构成了 T 触发器。

用 JK 触发器构成 T 触发器的逻辑电路如图 6.29 所示。

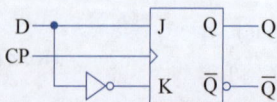

图 6.28 用 JK 触发器构成 D 触发器   图 6.29 用 JK 触发器构成 T 触发器

用 D 触发器构成其他类型的触发器时,求输入端逻辑表达式的方法类似。

6.2.6　集成触发器及其参数

早期集成触发器的品种和类型繁多,后来逐渐归并成 JK 触发器和 D 触发器两大类型。实际的数字电路中若需要其他类型的触发器,可由这两种类型转换得到。

为了给触发器设置确定的初始状态,集成触发器除了具有受时钟脉冲 CP 控制的激励输入端 D、J、K 外,还设置了优先级更高的异步置位端 SET 和异步复位端 CLR。当异步置位(或异步复位)信号有效时,触发器将立即被置位(或复位),此时,时钟 CP 和激励信号都不起作用。异步置位和异步复位信号不允许同时有效。只有当异步置位信号和异步复位信号都无效时,时钟信号和激励信号才起作用。

1. TTL 集成触发器

1) TTL 触发器的开关参数

(1) 最高时钟频率 f_{max}:f_{max} 是触发器在计数状态下(即接成 T′触发器时)能正常工作的最高工作频率,是表明触发器工作速度的一个指标。在测试时,Q 和 $\overline{Q}$ 端应带上额定的电流负载和电容负载,这在制造厂家的产品手册中有明确的规定。

(2) 对时钟信号的延迟时间(t_{CPLH} 和 t_{CPHL}):从收到时钟脉冲的触发沿,到触发器的输出端由 0 态变为 1 态的延迟时间为 t_{CPLH};从收到时钟脉冲的触发沿,到触发器的输出端由 1 态变为 0 态的延迟时间为 t_{CPHL}。一般 t_{CPHL} 比 t_{CPLH} 约大一级门的延迟时间。这两个参数表明正常工作时对时钟脉冲 CP 的要求。

(3) 对异步置位或异步复位的延迟时间(t_{SLH}、t_{SHL} 和 t_{RLH}、t_{RHL}):从异步置位的脉冲触发沿,到输出端 Q 由 0 变 1 的延迟时间为 t_{SLH},到 $\overline{Q}$ 由 1 变 0 的延迟时间为 t_{SHL}。从异步复位的脉冲触发沿,到输出端 Q 由 1 变为 0 的延迟时间为 t_{RHL},到 $\overline{Q}$ 由 0 变为 1 的延迟时间为 t_{RLH}。

2) 集成 JK 触发器

主从结构的 JK 触发器 74LS72 的逻辑符号及引脚排列如图 6.30 所示。

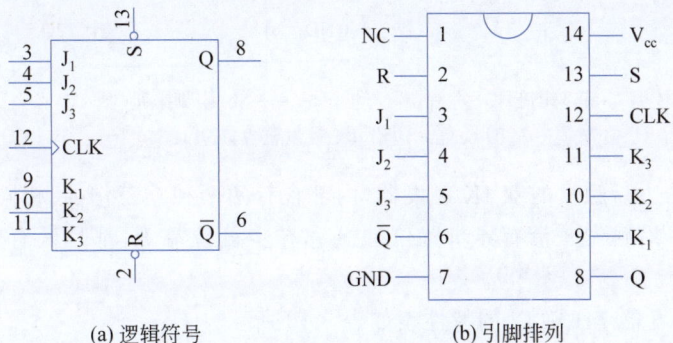

(a) 逻辑符号　　(b) 引脚排列

图 6.30　主从结构的 JK 触发器 74LS72

74LS72 是多输入端的单 JK 触发器,三个 J 输入端是与逻辑关系,三个 K 输入端也是与逻辑关系。CLK 端有完整的脉冲信号输入时，触发器才会有动作，状态的变化发生在 CLK 的下降沿时刻，整个 CLK 脉冲有效期间，输入信号 J、K 应该稳定。S、R 分别为低有效的异步置位、异步复位端。

主从 JK 触发器 74LS72 的特性表如表 6.15 所示。

表 6.15　主从结构 JK 触发器 74LS72 的特性表

S R	CLK	J K Q	Q*
0 0	x	x x x	禁止
0 1	x	x x x	1
1 0	x	x x x	0
1 1	⊓	0 0 0 0 0 1	0 1
1 1	⊓	0 1 0 0 1 1	0 0
1 1	⊓	1 0 0 1 0 1	1 1
1 1	⊓	1 1 0 1 1 1	1 0

边沿 JK 触发器 74LS112 的逻辑符号及引脚排列如图 6.31 所示。

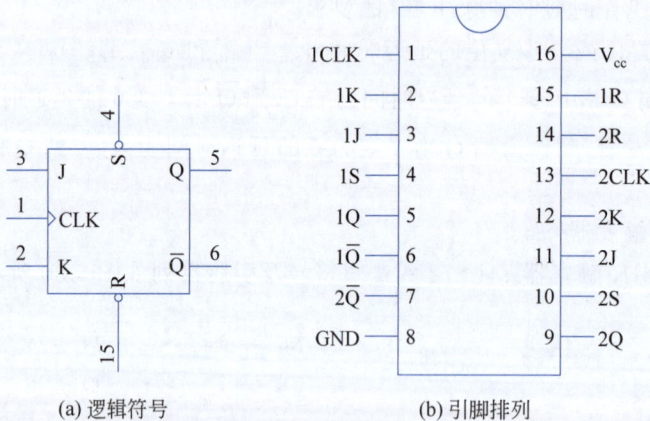

(a) 逻辑符号　　　　　　(b) 引脚排列

图 6.31　边沿 JK 触发器 74LS112

74LS112 是边沿触发的双 JK 触发器，内部含有两个独立工作的、相同的 JK 触发器，触发方式为下降沿触发。带有异步置位端 S 和异步复位端 R，都是低有效，正常工作时应接高电平。

边沿 JK 触发器 74LS112 的特性表如表 6.16 所示。

常用的 JK 触发器还有很多，例如，74LS109 是上升沿触发的、带预置、清零的双 JK 触发器；74LS76、74LS114 是下降沿触发的、带预置、清零的双 JK 触发器。

表 6.16　边沿 JK 触发器 74LS112 的特性表

S R	CLK	J K Q	Q'
0　0	x	x　x　x	禁止
0　1	x	x　x　x	1
1　0	x	x　x　x	0
1　1	↓	0　0　0 0　0　1	0 1
1　1	↓	0　1　0 0　1　1	0 0
1　1	↓	1　0　0 1　0　1	1 1
1　1	↓	1　1　0 1　1　1	1 0

3）集成 D 触发器

实际中使用的 D 触发器多是维持阻塞型的边沿 D 触发器。TTL 边沿触发 D 触发器 74LS74 的逻辑符号及引脚排列如图 6.32 所示。

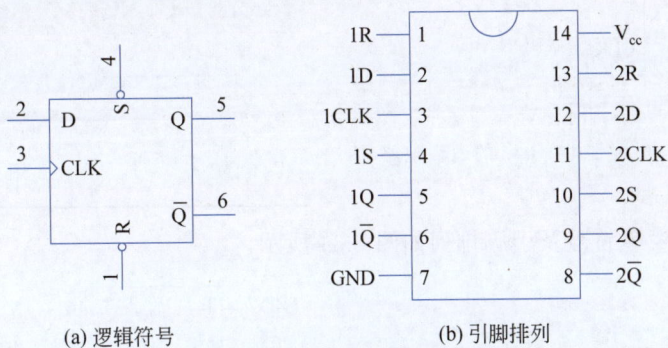

(a) 逻辑符号　　　　　　　　　(b) 引脚排列

图 6.32　边沿 D 触发器 74LS74

74LS74 是上升沿触发的 D 触发器，带有低有效的异步置位端 S 和异步复位端 R，其特性表如表 6.17 所示。

表 6.17　边沿 D 触发器 74LS74 的特性表

S R	CLK	D Q	Q'
0　0	x	x　x	禁止
0　1	x	x　x	1
1　0	x	x　x	0
1　1	↑	0　0 0　1	0 0
1　1	↑	1　0 1　1	1 1

常用的 D 触发器还有上升沿触发的 74LS175、74LS174(6D)、74LS75(4D)、74LS273 (8D)、74LS374(8D,三态)以及高电平触发的 74LS373(8D,三态)等。

2. CMOS 集成触发器

CMOS 集成触发器与 TTL 集成触发器相比,具有低功耗、高输入阻抗、工作电源电压范围大、抗干扰能力强等优点。目前,CMOS 集成触发器普遍采用主从结构。

1) D 触发器

同步 D 触发器 CD4042 的内部包含 4 个由同一时钟脉冲控制的 D 触发器,其逻辑电路如图 6.33 所示。

电路由两个传输门 TG_1、TG_2 和三个或非门 G_1、G_2、G_3 组成。CLK=0 时,TG_1 导通,TG_2 截止,输入信号 D 通过 TG_1 进入触发器,经门 G_1、G_3,使 $Q=D$,$\overline{Q}=\overline{D}$。当 CLK=1 时,$TG_1$ 截止,使输入信号 D 无法进入触发器;TG_2 导通,由门 G_1、G_2 构成正反馈电路,使触发器的状态被保持下来。POL 为时钟控制信号,用于选择时钟的触发极性。CD4042 的特性表如表 6.18 所示。

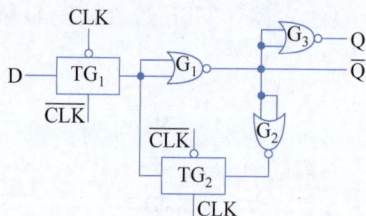

图 6.33　同步 D 触发器 CD4042 的逻辑电路

表 6.18　同步 D 触发器 CD4042 的特性表

输　　入			输　　出	
POL	CLK	D	Q^*	$\overline{Q}^*$
0	0	D	D	$\overline{D}$
0	1	x	Q	$\overline{Q}$
1	0	x	Q	$\overline{Q}$
1	1	D	D	$\overline{D}$

CD4042 的逻辑符号及引脚排列如图 6.34 所示。

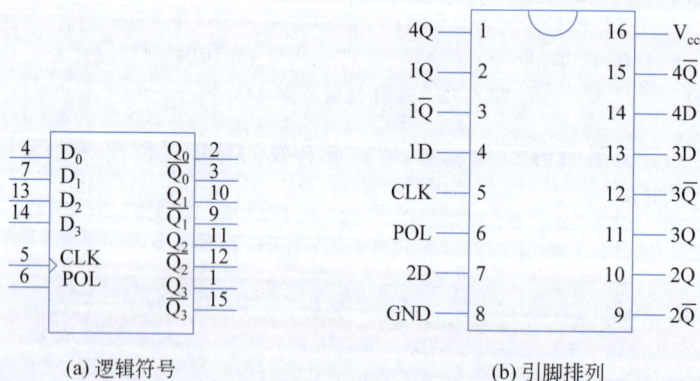

(a) 逻辑符号

(b) 引脚排列

图 6.34　CD4042 的逻辑符号及引脚排列

主从 D 触发器 CD4013 的内部包含两个同样的、主从结构的 D 触发器,每个主从 D 触发器由两个同步 D 触发器串联构成,配有高有效的异步置位端 S 和异步复位端 R。CD4013 的逻辑电路如图 6.35 所示。

传输门 TG_1、TG_2 和或非门 G_1、G_2 构成主触发器,传输门 TG_3、TG_4 和或非门 G_3 和

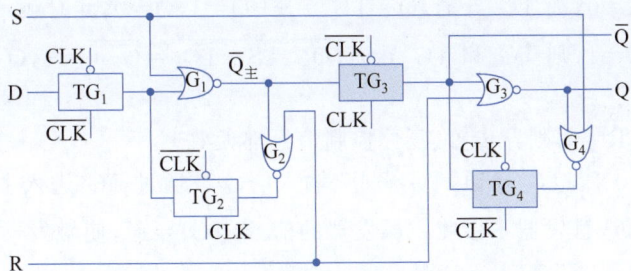

图 6.35　主从结构 D 触发器 CD4013 的逻辑电路

G_4 构成从触发器,其工作原理如下。

(1) 如果 S=1,R=0,或非门 G_1 和 G_4 均输出为 0,而两个传输门 TG_3 和 TG_4 的使能控制信号 CLK 互补,因此 TG_3 和 TG_4 总有一个导通。此时电路各部分元件状态如图 6.36 所示。

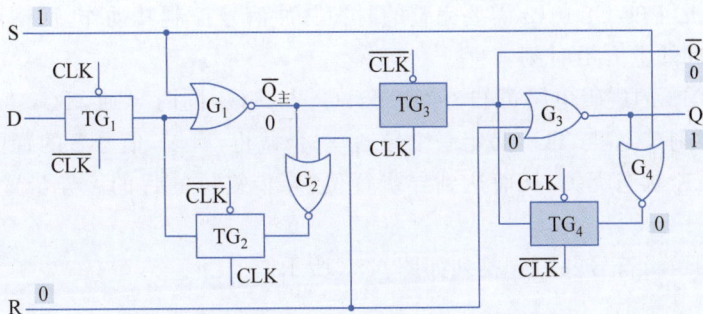

图 6.36　触发器异步置 1

① 如果 CLK=1,则 TG_3 导通,$\overline{Q}=TG_3=0$,$Q=\overline{TG_3+R}=1$,此时触发器置 1。

② 如果 CLK=0,则 TG_4 导通,$\overline{Q}=TG_4=0$,$Q=\overline{TG_4+R}=1$,此时触发器也置 1。

(2) 如果 S=0,R=1,或非门 G_2 和 G_3 均输出为 0,则 Q=0,而 $G_4=\overline{S+Q}=1$,而两个传输门 TG_2 和 TG_4 的使能控制信号互补,因此 TG_2 和 TG_4 总有一个导通。此时电路各部分元件状态如图 6.37 所示。

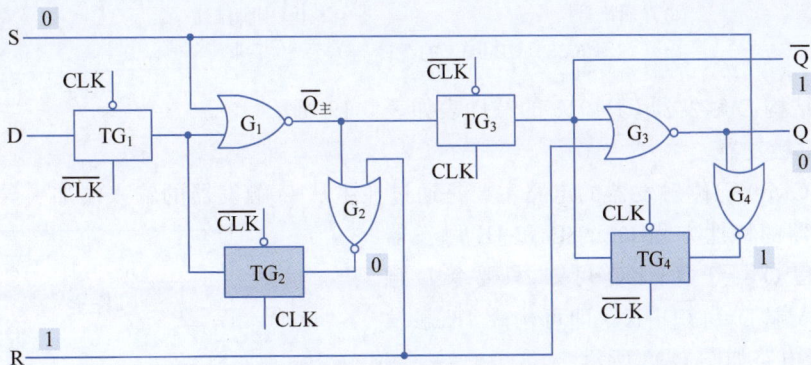

图 6.37　触发器异步置 0

① 如果 CLK=0，则 TG_4 导通，$\overline{Q}=TG_4=\overline{S+Q}=1$，Q=0，此时触发器置 0。

② 如果 CLK=1，则 TG_2 和 TG_3 导通，$\overline{Q_{\text{主}}}=\overline{S+TG_2}=\overline{0+0}=1$，$\overline{Q}=\overline{Q_{\text{主}}}=1$，Q=0，此时触发器也置 0。

（3）如果 S=R=0，则异步置、复位控制信号都无效。

① 当 CLK=0 时，TG_1 导通，TG_2 截止，输入信号 D 通过 TG_1 进入主触发器，使 $\overline{Q_{\text{主}}}=\overline{D}$；此时 TG_3 截止，从触发器不接收主触发器的信号，TG_4 导通，使触发器的输出保持原来的状态不变。

② 当 CLK 由 0 变为 1 时，TG_1 截止，使主触发器不再接收输入信号，由导通的 TG_2 将主触发器的输出，维持在 CLK 上升沿到达前一瞬间的状态不变；此时 TG_3 导通，TG_4 截止，从触发器接收主触发器的信号，使触发器的输出 Q=D，$\overline{Q}=\overline{D}$（其中，D 是 CLK 上升沿到达前的输入状态）。

（4）如果 S=1，R=1，触发器输出不定，此种情况不允许出现。

由以上分析可知，CD4013 需要完整的时钟脉冲信号控制其动作，而输出状态的变化发生在时钟脉冲的上升沿时刻。

分析 CD4013 的逻辑电路可知，传输门 TG_1 与 TG_4 同时导通，TG_2 与 TG_3 同时导通，并且任何时刻 TG_3 与 TG_4 必定一个导通，一个截止，所以，信号 S 的置位功能和 R 的复位功能与 CLK 状态无关，从而达到异步置位、异步复位的目的。异步置、复位控制端都是高有效。

CD4013 的逻辑符号及引脚排列如图 6.38 所示。

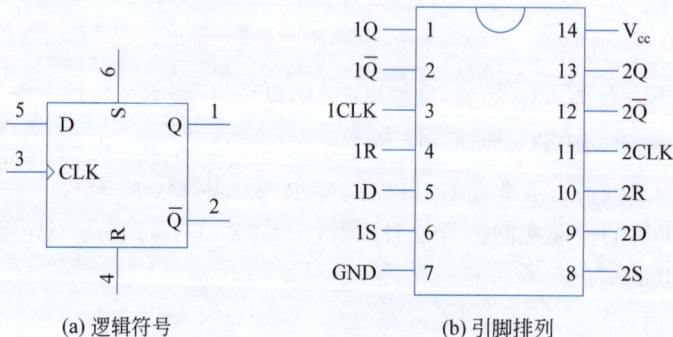

(a) 逻辑符号　　　　　　　　　(b) 引脚排列

图 6.38　CD4013 的逻辑符号及引脚排列

主从结构 D 触发器 CD4013 的特性表如表 6.19 所示。

2）JK 触发器

目前 CMOS JK 触发器的电路主要是通过在主从 D 触发器的输入端加引导门构成。由 D 触发器的特性方程 $Q^*=D$ 和 JK 触发器的特性方程 $Q^*=J\overline{Q}+\overline{K}Q$ 可知，只要令 D 触发器的输入端 $D=J\overline{Q}+\overline{K}Q$ 即可构成 JK 触发器，其逻辑电路如图 6.39 所示。

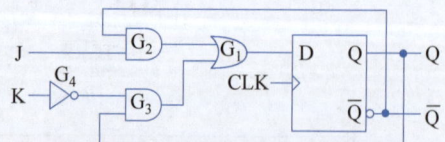

图 6.39　JK 触发器的电路结构

CMOS 主从双 JK 触发器 CD4027 就是采

用这种电路结构实现的。CD4027 的特性表如表 6.20 所示。

表 6.19 主从结构 D 触发器 CD4013 的特性表

输　　入				输　出	
S R		CP	D	Q^*	$\overline{Q}^*$
1 1		x	x	禁止	
0 1		x	x	0	1
1 0		x	x	1	0
0 0		⎍	0	0	1
0 0		⎍	1	1	0

表 6.20 主从结构 JK 触发器 CD4027 的特性表

输　　入					输　出	
S R		CLK	J	K	Q^*	$\overline{Q}^*$
1 1		x	x	x	禁止	
0 1		x	x	x	0	1
1 0		x	x	x	1	0
0 0		⎍	0	0	Q	$\overline{Q}$
0 0		⎍	0	1	0	1
0 0		⎍	1	0	1	0
0 0		⎍	1	1	$\overline{Q}$	Q

CD4027 的逻辑符号及引脚排列如图 6.40 所示。

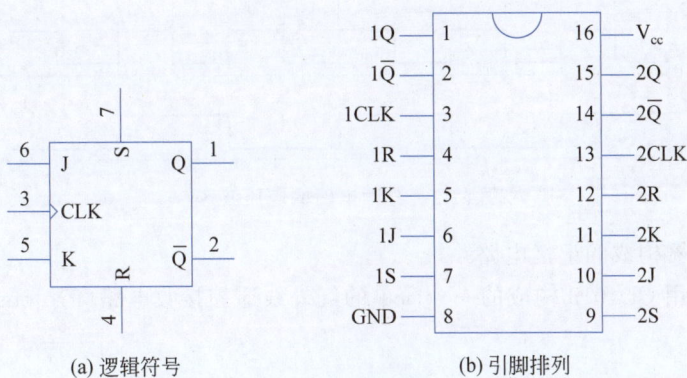

(a) 逻辑符号　　　　　　(b) 引脚排列

图 6.40 CD4027 的逻辑符号及引脚排列

此外,采用这种电路结构实现的主从 JK 触发器还有单 JK 触发器 CD4095、CD4096 等。

3. 集成触发器应用举例

下面以边沿触发的、双 D 集成触发器 CD4013 为例,介绍集成触发器的简单应用。下面的电路也可以用 JK 触发器实现,当然也可以用 TTL 集成触发器实现。

1) D 触发器构成的分频电路

图 6.41 是在 Proteus 环境下用 CD4013 构成的 4 分频的电路,通过该分频电路,可在输出端得到频率为输入时钟频率四分之一的脉冲信号。

在如图 6.41 所示的分频电路中,CD4013 的 S、R 端均接地,表明在电路工作过程中,不会进行异步置位、复位操作。CD4013 的状态变化发生在时钟的上升沿时刻,也就是说,CLK 端每出现一个上升沿,输出端 Q 就会跟随输入端 D 的状态而变化。两级触发器的输入端 D 都与自身的反相输出端 $\overline{Q}$ 相连,所以,每个时钟脉冲的上升沿到达时,触发器就会翻转一次,即每级触发器都对自身的时钟输入信号进行了 2 分频。第一级触发器的

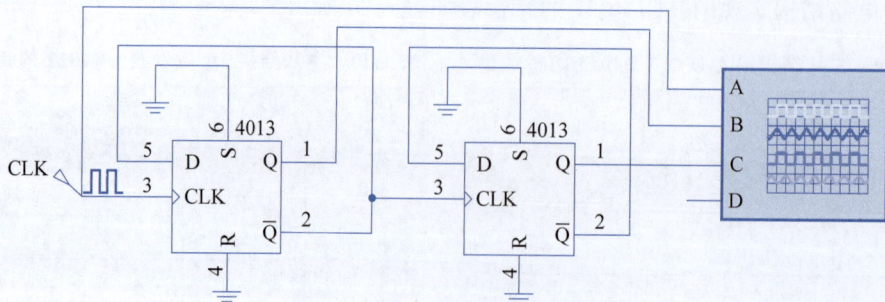

图 6.41　CD4013 构成的 4 分频电路

$\overline{Q}$ 输出作为第二级触发器的时钟输入信号，这样，两级触发器就构成了一个对外部输入时钟进行 4 分频的电路。可以用虚拟示波器观察输入脉冲信号和触发器输出信号的电压波形，如图 6.42 所示。

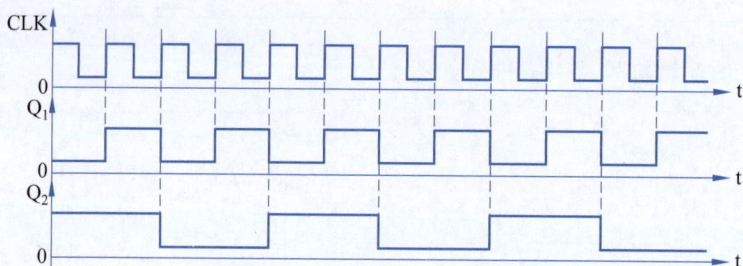

图 6.42　分频电路的电压波形

2）D 触发器构成的记忆电路

图 6.43 是用 CD4013 构成的一个简单的红外线遥控接收电路（Proteus 仿真电路）。

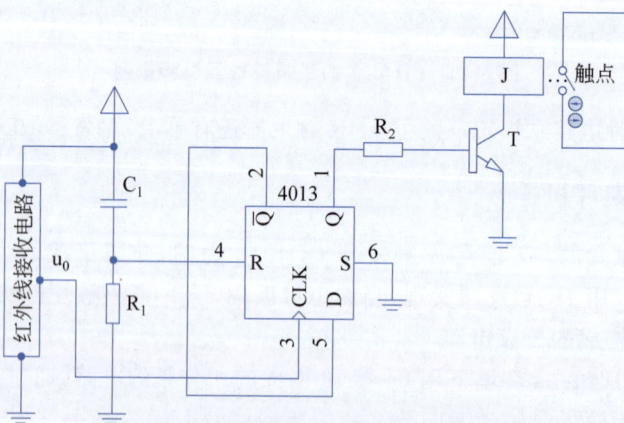

图 6.43　CD4013 构成的红外线接收电路

在如图 6.43 所示的电路中，R_1、C_1 构成上电复位电路。在电源接通的瞬间，由于电容两端的电压为 0，D 触发器被复位。随着电容的充电，R 端的电压下降为低电平，复位信号无效，电路开始正常工作。

图中，红外线接收电路的功能是，每按动一下红外线发射器的按钮，该电路就在其输

出端 u_0 输出一个负脉冲。电路开始工作以后,CD4013 的初态为 Q=0,此时若按动一下红外线发射器按钮,u_0 端的负脉冲会令 D 触发器发生翻转,使 Q=1,从而使三极管 T 饱和,继电器吸合,可以用该触点控制一些实际电路。如果不再按动按钮,则由于 D 触发器的记忆功能,使继电器长时间保持吸合状态。如果再次按动一下按钮,u_0 端又输出一个负脉冲,使 D 触发器再次发生翻转,即 Q=0,三极管截止,继电器线圈释放。多次按动按钮,就会使继电器触点在吸合和释放两种状态间切换。

3)3 人抢答电路

在第 4 章的例 4.5 中,采用与非门实现了多人抢答电路(图 4.6),但是该电路有一个很严重的缺陷:当某个抢答按键被按下后,必须总是按着,才能保持其输出为 1,使对应的与非门输出为 0,从而禁止其他按键的信号进入。如果该抢答按键稍一放松,会使其他抢答信号有可能进入系统,造成混乱。

要解决这一问题,最有效的方法就是引入具有"记忆"功能的触发器。图 6.44 给出了利用集成 RS 触发器 74HC279 结合与非门实现的三人抢答电路,其中:

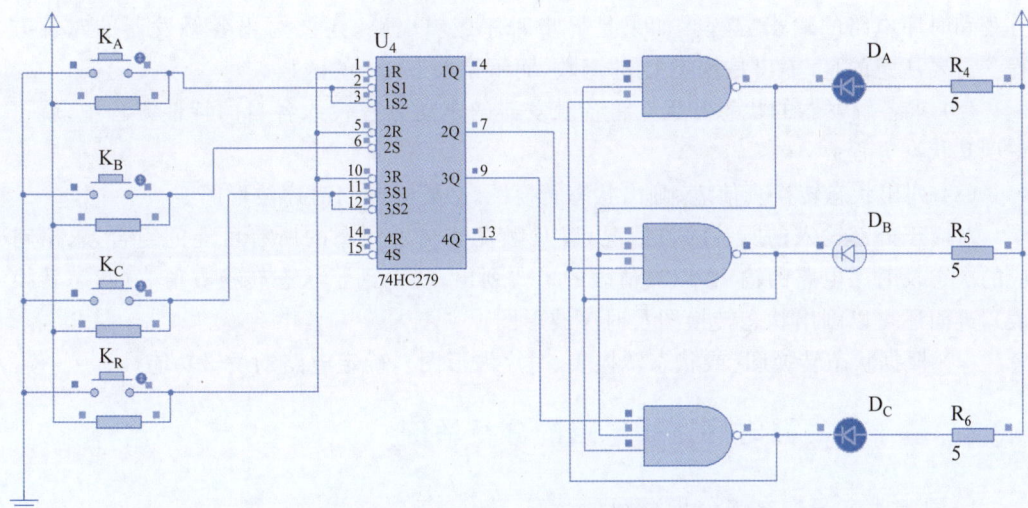

图 6.44　利用集成触发器设计的三人抢答电路

- 74HC279 中集成了 4 个 RS 触发器,其置位端和复位端均为低电平有效。
- 抢答按键 K_1、K_2、K_3 接入 1、2、3#RS 触发器的置位端,复位按键 K_R 则控制上述三个 RS 触发器的复位端。
- 开始抢答前,先按一下复位键 K_R,使三个触发器的复位端 1R=2R=3R=0,则 1Q=2Q=3Q=0,1Q、2Q、3Q 均输出为 1,三个指示灯均熄灭。
- 指示灯复位后,释放复位键 K_R,则 1R=2R=3R=1。
- 开始抢答后,如果 K_2 第一个被按下,则 2#RS 触发器 S=0,使输出 2Q 置 1,与非门 G_2 输出为 0,指示灯 LED_2 点亮,同时,G_2 输出的 0 信号封锁了 G_1、G_3,使 K_1、K_3 再按下无效。此时即使释放了 K_2,由于 2#RS 触发器的 S=R=1,该触发器将保持原状态不变。
- 直到裁判重新按下复位按键 K_R,将所有触发器复位,新一轮抢答开始。

6.3 基于触发器时序逻辑电路的分析

关键词：
自启动：如果时序逻辑电路的无效状态，在经历有限个时钟脉冲后，能够自动进入有效循环，表明该电路能够自启动。

分析一个时序逻辑电路，就是根据已知的逻辑电路图，找出在时钟脉冲信号和输入信号的作用下，电路状态以及输出的变化规律，从而确定电路的逻辑功能。

6.3.1 基于触发器时序逻辑电路的分析步骤

分析一个时序逻辑电路的功能，通常要经过以下几个步骤。

（1）写出驱动方程及输出方程。根据已知的时序逻辑电路图，写出各触发器的驱动方程和时序电路的输出方程。如果是异步时序逻辑电路，还要写出各触发器的时钟方程。需要注意的是，输出是现态 Q 的函数，而不是次态 Q^* 的函数。

（2）求各触发器的状态方程。将各触发器的驱动方程代入各自的特性方程中，就可得到其状态方程。

（3）列出状态转换真值表，画出状态转换图，必要时画出时序波形图。

对应于外部输入的所有取值情况，以及触发器初始状态的所有可能的组合，求出对应的次态及时序电路的输出，以真值表的形式列出，就得到了状态转换真值表（状态转换表），进而还可以画出状态转换图及时序波形图。

（4）根据状态转换图（或状态转换表、时序波形图），确定电路的逻辑功能。

6.3.2 基于触发器时序逻辑电路的分析举例

1. 同步时序逻辑电路分析举例

例 6.4 分析如图 6.45 所示的时序逻辑电路的功能。图中 FF_0、FF_1、FF_2 是三个上升沿触发的 JK 触发器。

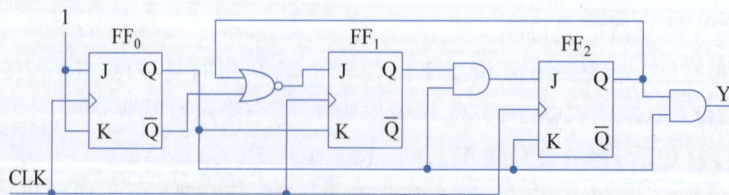

图 6.45 例 6.4 的逻辑电路图

解：该电路是一个同步时序逻辑电路，三个触发器 FF_0、FF_1、FF_2 都是在 CLK 的上升沿动作，故不需要写时钟方程。

（1）写出三个触发器的驱动方程和时序电路的输出方程。

由图 6.45 的逻辑电路图可写出各方程。

驱动方程：

$$J_0 = 1, \quad K_0 = 1$$

$$J_1 = \overline{Q_2 + \overline{Q_0}} = \overline{Q_2}\, Q_0, \quad K_1 = Q_0$$

$$J_2 = Q_1 Q_0, \quad K_2 = Q_0$$

输出方程：

$$Y = Q_2 Q_0$$

（2）将驱动方程代入 JK 触发器的特性方程 $Q^* = J\,\overline{Q} + \overline{K} Q$ 中，求得各触发器的状态方程。

$$Q_0^* = \overline{Q_0}$$

$$Q_1^* = \overline{Q_2}\,\overline{Q_1}\, Q_0 + Q_1 \overline{Q_0}$$

$$Q_2^* = \overline{Q_2}\, Q_1 Q_0 + Q_2 \overline{Q_0}$$

（3）列出状态转换真值表，并画出状态转换图及时序波形图。

设触发器的初始状态为 $Q_2 Q_1 Q_0 = 000$，代入状态方程和输出方程，可得 $Q_2^* Q_1^* Q_0^* = 001$，$Y = 0$。照此方法，求出 $Q_2 Q_1 Q_0$ 的所有取值情况下，对应的次态 $Q_2^* Q_1^* Q_0^*$ 及电路输出 Y，列成状态转换表如表 6.21 所示。

表 6.21　例 6.4 的状态转换表

Q_2	Q_1	Q_0	Q_2^*	Q_1^*	Q_0^*	Y	Q_2	Q_1	Q_0	Q_2^*	Q_1^*	Q_0^*	Y
0	0	0	0	0	1	0	1	0	0	1	0	1	0
0	0	1	0	1	0	0	1	0	1	0	0	0	1
0	1	0	0	1	1	0	1	1	0	1	1	1	0
0	1	1	1	0	0	0	1	1	1	0	0	0	1

由状态转换表可以看出，当初态为 $Q_2 Q_1 Q_0 = 101$ 时，次态 $Q_2^* Q_1^* Q_0^* = 000$，返回到了初始状态。6 个状态 $000 \sim 101$ 为有效状态，它们构成了一个循环，称为有效循环。状态 110 和 111 没有出现在有效循环中，为无效状态。

根据状态转换表，可以画出状态转换图如图 6.46 所示。

在状态转换图中，要标注状态的名称 $Q_2 Q_1 Q_0$；表明状态转换方向的箭头旁要注明输入/输出的状态（输入写在斜线上方，输出写在斜线下方），本例中没有外部输入信号，所以斜线上方空着。

根据状态转换表和状态转换图，可画出其时序波形图如图 6.47 所示。

（4）归纳该电路的逻辑功能。

在 CLK 脉冲上升沿的作用下，$Q_2 Q_1 Q_0$ 的状态从 000 到 101，以递增的形式每输入 6 个 CLK 脉冲循环一次。可见该电路对时钟脉冲信号有计数的功能，当计数状态为 101 时，输出 Y 为 1；由 101 返回到 000 时，输出 Y 变为 0。所以，该电路是一个同步六进制加法计数器，Y 为进位输出信号。

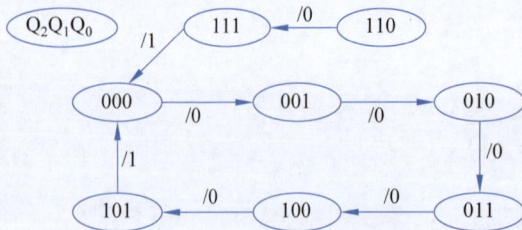

图 6.46　例 6.4 的状态转换图

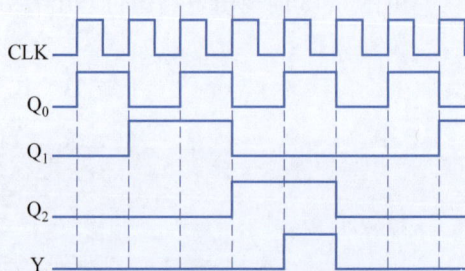

图 6.47　例 6.4 的时序波形图

从状态转换表和状态转换图中可以看出，如果电路的初始状态为无效状态 110 或 111，在经历有限个 CLK 脉冲后能够自动进入有效循环，表明该电路能够自启动。

此外，由时序波形图可以看出，Q_2 和 Y 的变化频率是 CLK 脉冲频率的六分之一，所以，又可将计数器称为分频器，该电路是一个六分频的分频器。

2. 异步时序逻辑电路分析举例

例 6.5　分析如图 6.48 所示的时序逻辑电路的功能。图中 FF_0、FF_1、FF_2 是三个下降沿触发的 JK 触发器。

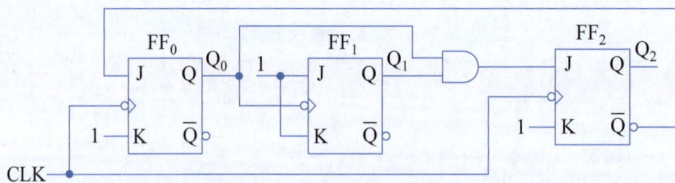

图 6.48　例 6.5 的逻辑电路图

解：(1) 写出驱动方程和时钟方程。

与同步时序电路不同，在异步时序电路中，各触发器的动作不是在同一个 CLK 脉冲控制下完成的，所以除了驱动方程外，还要写出时钟方程。

驱动方程：

$$J_0 = \overline{Q_2}, \quad K_0 = 1$$
$$J_1 = 1, \quad K_1 = 1$$
$$J_2 = Q_1 Q_0, \quad K_2 = 1$$

时钟方程：

$$CLK_0 = CLK, \quad CLK_1 = Q_0, \quad CLK_2 = CLK$$

(2) 将驱动方程代入 JK 触发器的特性方程 $Q^* = J\overline{Q} + \overline{K}Q$ 中，求得各触发器的状态方程，并标明触发器的动作条件。

$$Q_0^* = \overline{Q_2}\,\overline{Q_0}, \quad CLK_0 = CLK \text{ 的下降沿动作}$$
$$Q_1^* = \overline{Q_1}, \quad CLK_1 = Q_0 \text{ 的下降沿动作}$$
$$Q_2^* = \overline{Q_2}Q_1Q_0, \quad CLK_2 = CLK \text{ 的下降沿动作}$$

（3）列出状态转换表,并画出状态转换图及时序波形图。

在分析异步时序电路时,一定要注意,每个触发器都是在自身的 CLK 脉冲有效的条件下才产生动作。本例中,FF_0 和 FF_2 都是在外部时钟脉冲 CLK 出现下降沿时动作,而 FF_1 只有在 Q_0 从 1 变为 0 时才会动作。

经分析,可列出状态转换表如表 6.22 所示。

表 6.22　例 6.5 的状态转换表

Q_2	Q_1	Q_0	Q_2^*	Q_1^*	Q_0^*	CLK_2	CLK_1	CLK_0
0	0	0	0	0	1	↓		↓
0	0	1	0	1	0	↓	↓	↓
0	1	0	0	1	1	↓		↓
0	1	1	1	0	0	↓	↓	↓
1	0	0	0	1	0	↓		↓
1	0	1	0	1	0	↓	↓	↓
1	1	0	0	1	0	↓		↓
1	1	1	0	1	0	↓	↓	↓

根据状态转换表,可以画出状态转换图和时序波形图分别如图 6.49 和图 6.50 所示。

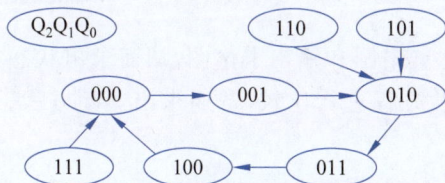

图 6.49　例 6.5 的状态转换图

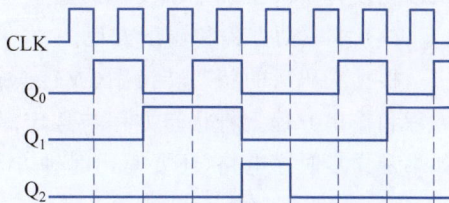

图 6.50　例 6.5 的时序波形图

（4）归纳该电路的逻辑功能。

综合上面的分析可知,该电路为异步五进制加法计数器,并且能够自启动。

6.4　基于触发器时序逻辑电路的设计

关键词:
- **等价状态**:如果两个状态在相同输入条件下具有相同的输出和相同的次态,则称它们为等价状态。
- **次态卡诺图**:根据时序电路中触发器的状态方程、现态来计算电路的次态,反映触发器现态与次态之间逻辑关系的卡诺图称为次态卡诺图。

设计时序逻辑电路,就是根据指定的逻辑问题,选择合适的器件,设计出实现该逻辑功能的逻辑电路。

6.4.1　基于触发器时序逻辑电路的设计步骤

设计时序逻辑电路，通常要经过以下几个步骤。

（1）画出原始状态转换图（或列出原始状态转换表）。

分析给定的逻辑问题，确定输入信号、输出信号、电路的逻辑状态数目，以及每个逻辑状态的含义，并对各状态进行编号，然后画出原始的状态转换图（或状态转换表）。

（2）状态化简。

如果两个状态在相同输入条件下具有相同的输出和相同的次态，则称它们为等价状态。状态化简就是找出原始状态转换图（或转换表）中的等价状态，将等价状态合并成一个状态，得到符合要求的最简状态转换图，从而最大限度地减少触发器的数目，降低硬件电路成本。

（3）状态编码（状态分配），画出编码后的状态转换图，并选择触发器。

状态编码就是用触发器的二进制状态编码来表示原始状态转换图中的各个状态。状态编码的方案可能不止一个，判断方案是否恰当，以得到的电路最简单并且能够自启动为标准。

每个触发器有 0 和 1 两个稳定状态，所以时序电路的状态数 M 与触发器数目 n 之间的关系应满足 $2^{n-1}<M\leqslant 2^n$。由于不同类型触发器的特性方程不同，设计的电路也不同，所以在设计阶段要确定触发器的类型。

（4）求驱动方程和输出方程。

根据编码后的状态转换图（或转换表）画出次态卡诺图和输出卡诺图，从而求出状态方程和输出方程。将状态方程与选定触发器的特性方程进行比较，从而求出驱动方程。如果是异步时序电路，还要写出时钟方程。

（5）检查电路能否自启动。

大多数时序电路都要求能够自启动。如果设计的电路中存在无效状态，则需要检查每个无效状态能否在有限个时钟脉冲的作用下，自动进入有效循环。如果不能，则需要修改逻辑设计，或者通过触发器的异步置位/复位功能，打破无效循环。

（6）画出逻辑电路图。

完成以上各步骤后，就可以根据驱动方程和输出方程，画出满足要求的逻辑电路图。

6.4.2　基于触发器时序逻辑电路的设计举例

1. 同步时序逻辑电路设计举例

例 6.6　用 JK 触发器设计一个可控的同步计数器。当控制端 X＝0 时，为三进制加法计数器；当控制端 X＝1 时，为四进制减法计数器。

解：（1）根据逻辑要求，画出原始状态转换图及编码状态转换图。

依题意，电路有一个输入信号 X，当 X＝0 时，电路有三个有效状态 $S_0 \sim S_2$；当 X＝1

时,电路有 4 个有效状态 $S_0 \sim S_3$。设电路的输出信号为 Y,加法计数时表示进位信号,减法计数时表示借位信号。原始状态转换图如图 6.51 所示。该电路需要两个触发器,记作 FF_1 和 FF_0。分别用 $Q_1 Q_0 = 00 \sim 11$ 表示 $S_0 \sim S_3$,则编码状态转换图如图 6.52 所示。

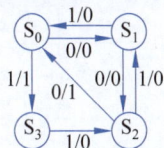

图 6.51　原始状态转换图　　　图 6.52　编码状态转换图

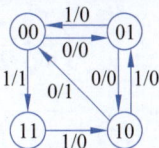

(2) 画出次态卡诺图和输出卡诺图,求出状态方程、驱动方程和输出方程。

可控计数器的次态及输出卡诺图如图 6.53 所示。状态 $S_3 = 11$ 对于三进制加法计数器而言,是无效状态,在卡诺图中做无关项处理。图 6.54 是分解后 Q_1、Q_0 的次态卡诺图。

(a) $Q_1 Q_0$的次态及Y的卡诺图　　　(b) 输出Y的卡诺图

图 6.53　可控计数器的次态卡诺图及输出卡诺图

(a) Q_1的次态卡诺图　　　(b) Q_0的次态卡诺图

图 6.54　可控计数器的分解次态卡诺图

由上面的输出卡诺图和次态卡诺图,可写出如下输出方程和状态方程,并对状态方程变形,与 JK 触发器的特性方程 $Q^* = J\overline{Q} + \overline{K}Q$ 进行比较,求出驱动方程。

$$Y = \overline{X}Q_1 + X\overline{Q_1}\,\overline{Q_0}$$

$$Q_1^* = \overline{X}Q_0 + Q_1Q_0 + X\overline{Q_1}\,\overline{Q_0} = (X \oplus Q_0)\overline{Q_1} + Q_0Q_1$$

$$Q_0^* = \overline{Q_1}\,\overline{Q_0} + X\overline{Q_0} = (\overline{Q_1} + X)\overline{Q_0}$$

所以,$J_1 = X \oplus Q_0$,$K_1 = \overline{Q_0}$,$J_0 = X + \overline{Q_1}$,$K_0 = 1$。

(3) 检查电路是否能够自启动。

当 X=0 时,作为三进制加法计数器,$Q_1 Q_0 = 11$ 是无效状态,由状态方程可求出其次态为 10,进入有效循环,所以该电路能够自启动。

当 X=1 时,作为四进制减法计数器,没有无效状态,显然能够自启动。

(4) 画出逻辑电路图。

因为是同步时序逻辑电路,所以两个触发器都受同一个外部时钟信号的控制。根据驱动方程和输出方程,画出逻辑电路图如图 6.55 所示。

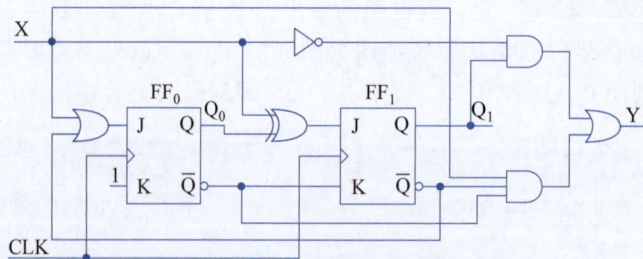

图 6.55　同步可控计数器的逻辑电路图

例 6.7　用 D 触发器设计一个同步八进制加法计数器。

解：

（1）根据逻辑要求，画出原始状态转换图及编码状态转换图。

依题意，八进制加法计数器状态转换图如图 6.56 所示，由图可知，该计数器没有无效状态。电路需要三个触发器构成。

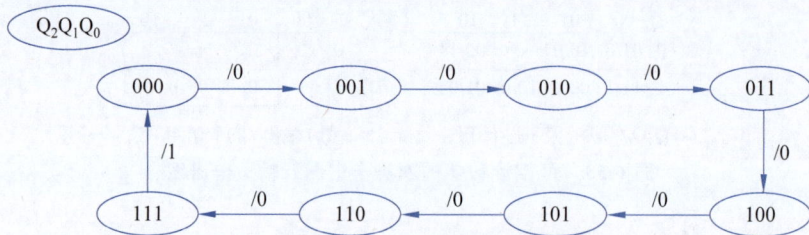

图 6.56　八进制计数器状态转换图

（2）画出次态卡诺图和输出卡诺图，求出状态方程、驱动方程和输出方程。

同步八进制加法计数器的次态及输出卡诺图如图 6.57 所示。

(a) $Q_2Q_1Q_0$ 的次态及进位F的卡诺图　　(b) Q_2 的次态卡诺图

(c) Q_1 的次态卡诺图　　(d) Q_0 的次态卡诺图

图 6.57　同步八进制加法计数器的次态卡诺图

由以上卡诺图，可写出如下的状态方程。

$$Q_2^* = Q_2\,\overline{Q_1} + Q_2\,\overline{Q_0} + \overline{Q_2}\,Q_1 Q_0 = Q_2 \oplus (Q_1 Q_0)$$

$$Q_1^* = \overline{Q_1}\,Q_0 + Q_1\,\overline{Q_0} = Q_1 \oplus Q_0$$

$$Q_0^* = \overline{Q_0}$$

由 D 触发器特性方程 $Q^* = D$ 可知，$D_2 = Q_2 \oplus (Q_1 Q_0)$，$D_1 = Q_1 \oplus Q_0$，$D_0 = \overline{Q_0}$。

由状态转换图可知，当 $Q_2 Q_1 Q_0 = 111$ 时，进位 F 为 1，因此：$F = Q_2 Q_1 Q_0$。

（3）画出逻辑电路图。

因为是同步时序逻辑电路，所以三个触发器都受同一个外部时钟信号的控制。根据驱动方程和输出方程，画出逻辑电路图如图 6.58 所示。

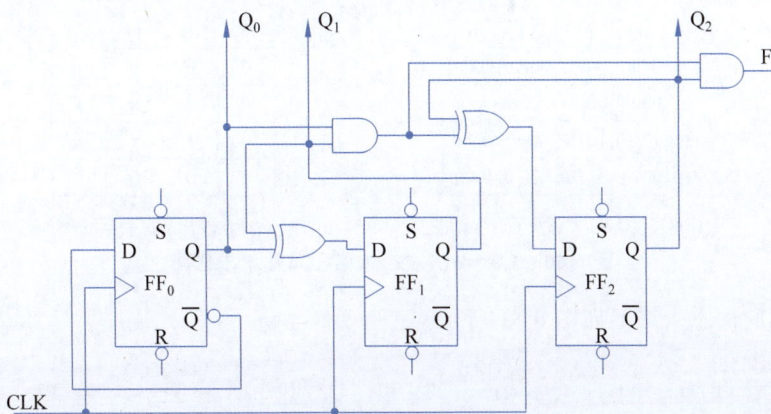

图 6.58　例 6.7 逻辑电路图

例 6.8　用 D 触发器设计一个串行数据检测器。当数据输入端连续输入 5 个或 5 个以上 1 时，检测器输出为 1，否则输出为 0。

解：

（1）画出原始状态转换图。设电路的输入为 X，输出为 Y。按题意要求，电路应具有 6 个状态。其中，S_0 表示收到一个 0 以后的状态；S_1 表示收到一个 1 以后的状态；S_2 表示连续收到两个 1 以后的状态；S_3 表示连续收到三个 1 以后的状态；S_4 表示连续收到四个 1 以后的状态；S_5 表示连续收到五个或五个以上 1 以后的状态。依据题意，可画出原始状态转换表如表 6.23 所示，原始状态转换图如图 6.59 所示。值得注意的是，电路的输出是与现态有关，而不是与次态有关。

表 6.23　检测器的状态转换表

S ＼ X ＼ S^*	0	1
S_0	$S_0 / 0$	$S_1 / 0$
S_1	$S_0 / 0$	$S_2 / 0$
S_2	$S_0 / 0$	$S_3 / 0$
S_3	$S_0 / 0$	$S_4 / 0$
S_4	$S_0 / 0$	$S_5 / 0$
S_5	$S_0 / 1$	$S_5 / 1$

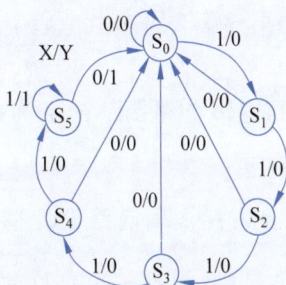

图 6.59　检测器的原始状态转换图

不存在等价状态，所以不需要状态化简。

（2）状态编码。电路有 6 个有效状态，需要三位二进制编码，用 000、001、011、010、100、101 分别表示 $S_0 \sim S_5$。

（3）求驱动方程和输出方程。根据状态转换表及状态分配，可画出次态卡诺图和输出卡诺图如图 6.60 所示。三位编码中的 110、111 未使用，作为无效状态，在卡诺图中做无关项处理。

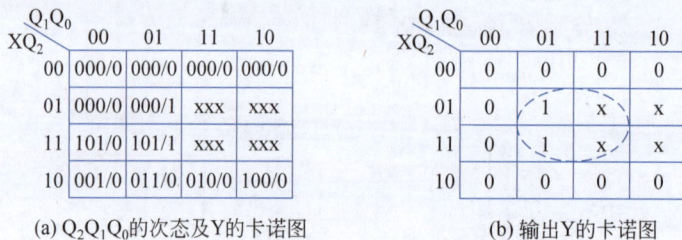

(a) $Q_2Q_1Q_0$ 的次态及 Y 的卡诺图　　　　(b) 输出 Y 的卡诺图

图 6.60　检测器的次态卡诺图及输出卡诺图

分解后的次态卡诺图如图 6.61 所示。

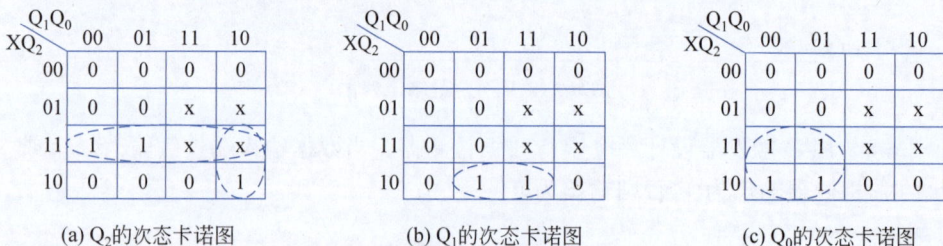

(a) Q_2 的次态卡诺图　　　(b) Q_1 的次态卡诺图　　　(c) Q_0 的次态卡诺图

图 6.61　检测器各触发器的次态卡诺图

由输出卡诺图和次态卡诺图可写出如下的输出方程和状态方程。然后将状态方程与 D 触发器的特性方程 $Q^* = D$ 进行比较，求出驱动方程。

$$Y = Q_2 Q_0, \quad Q_2^* = XQ_2 + XQ_1\overline{Q_0}$$

$$Q_1^* = X\overline{Q_2}Q_0, \quad Q_0^* = X\overline{Q_1}$$

所以，$D_2 = X(Q_2 + Q_1\overline{Q_0})$，$D_1 = X\overline{Q_2}Q_0$，$D_0 = X\overline{Q_1}$。

（4）检查电路能否自启动。把该电路的无效状态 110、111 分别作为触发器的初态，代入状态方程中，求出它们的次态。当输入 X=0 时，110 和 111 的次态都是 000，直接进入有效循环；当输入 X=1 时，110、111 的次态都为 100，进入有效循环。所以该电路能够自启动。

（5）画逻辑电路图。由上面的驱动方程和输出方程，可画出逻辑电路如图 6.62 所示。

2. 异步时序逻辑电路设计举例

例 6.9　用上升沿触发的 D 触发器设计一个异步十进制加法计数器。

解：电路应有 10 个状态，需 4 位编码表示，因而需要 4 个触发器，分别记为 FF_0、

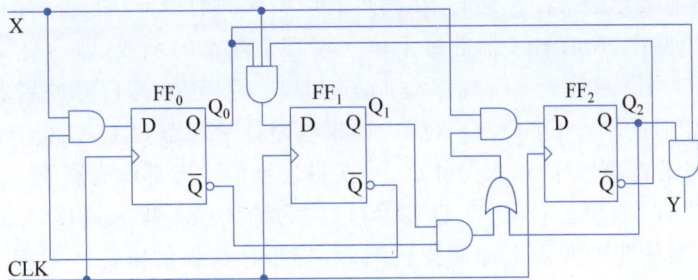

图 6.62 检测器的逻辑电路图

FF_1、FF_2 和 FF_3。由于状态转换比较简单,可直接画出编码后的状态转换图。

（1）状态编码、画出编码状态转换图及状态转换表。

选择常用的 8421 码对 10 个状态进行编码,编码状态用 $Q_3Q_2Q_1Q_0$ 表示,C 表示进位输出信号,画出编码状态转换图,如图 6.63 所示。

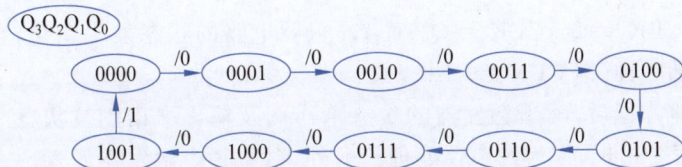

图 6.63 十进制加法计数器的编码状态转换图

根据状态转换图列出状态转换表,如表 6.24 所示。考虑到设计的是异步时序电路,某个触发器的输出信号可能是其他触发器的时钟脉冲信号,所以在转换表中标出了每个触发器的状态变化方向。

表 6.24 异步十进制加法计数器的状态转换表

Q_3	Q_2	Q_1	Q_0	Q_3^*	Q_2^*	Q_1^*	Q_0^*	C	Q_3	Q_2	Q_1	Q_0	Q_3^*	Q_2^*	Q_1^*	Q_0^*	C
0	0	0	0	0	0	0	1↑	0	0	1	0	1	0	1	1↑	0↓	0
0	0	0	1	0	0	1↑	0↓	0	0	1	1	0	0	1	1	1↑	0
0	0	1	0	0	0	1	1↑	0	0	1	1	1	1↑	0↓	0↓	0↓	0
0	0	1	1	0	1↑	0↓	0↓	0	1	0	0	0	1	0	0	1↑	0
0	1	0	0	0	1	0	1↑	0	1	0	0	1	0↓	0	0	0↓	1

（2）求驱动方程、时钟方程和输出方程。

首先要确定每个触发器的时钟脉冲输入信号。对于任何一个触发器,如果没有时钟脉冲到达,无论输入端接什么信号,其输出都不会变化。所以,凡是在触发器的状态需要改变时(表 6.24 中,Q^* 旁标注箭头 ↑ 或 ↓ 的地方),必须为其提供时钟脉冲的上升沿(因为本例中采用的触发器是上升沿触发的 D 触发器)。值得注意的是,即使提供了时钟脉冲的上升沿,触发器的状态也不一定发生变化,这还取决于触发器的输入。因此这是一个必要条件,但不是充分条件。同时,在满足此项要求的前提下,时钟脉冲越少越好。

在计数器电路中,所有触发器的每个输入端都是现态的函数,即 $f(Q_n, Q_{n-1}, \cdots, Q_1, Q_0)$。也就是说,当电路处于某个现态 $Q_3Q_2Q_1Q_0$ 时,下一个 CLK 脉冲到来时,整个电路的状态会变为相应的次态 $Q_3^* Q_2^* Q_1^* Q_0^*$。如果电路处于现态 $Q_3Q_2Q_1Q_0$ 时,某个触发器 FF_i 的时钟脉冲无效,则无论输入是什么,对该触发器的次态都没有影响。这种情况下求该触发器的状态方程,现态 $Q_3Q_2Q_1Q_0$ 就可以作为约束项处理。这样,增加的约束项参与化简后,一定会使驱动方程更加简化。因此,异步计数器的电路一般都比同模数的同步计数器简单。

下面以 FF_2 为例说明如何求时钟方程及状态方程。观察如表 6.24 所示的状态转换表可发现,凡是 Q_2 要变化的地方(标有 ↑ 或 ↓,对应的现态分别为 0011 和 0111),Q_1 都有一个下降沿。也就是说,当现态为 0011 或 0111 时,FF_1 在它的下一个时钟脉冲到达时,Q_1 端会产生一个下降沿,$\overline{Q_1}$ 则会产生一个上升沿,刚好可以用它去触发 FF_2。由此可得 FF_2 的时钟方程为 $CLK_2 = \overline{Q_1}$。同理,观察到凡是 Q_1、Q_3 要变化的地方,Q_0 都有一个下降沿,所以 $CLK_1 = \overline{Q_0}$,$CLK_3 = \overline{Q_0}$;而 Q_0 只要电路的状态发生变化,它一定改变,所以 FF_0 采用外部时钟,即 $CLK_0 = CLK$。

确定了时钟方程后,画出触发器的次态卡诺图及输出卡诺图。状态 1010~1111 在十进制记数中不会出现,作为约束项处理。另外,对于某个触发器而言,一个不会为其产生时钟脉冲的现态也作为约束项处理。例如,在 Q_1 的次态卡诺图中,凡是 Q_0 不会出现下降沿的现态都可作为约束项,所以除了 1010~1111 外,0000、0010、0100、0110、1000 也是约束项。各触发器的次态卡诺图如图 6.64 所示。

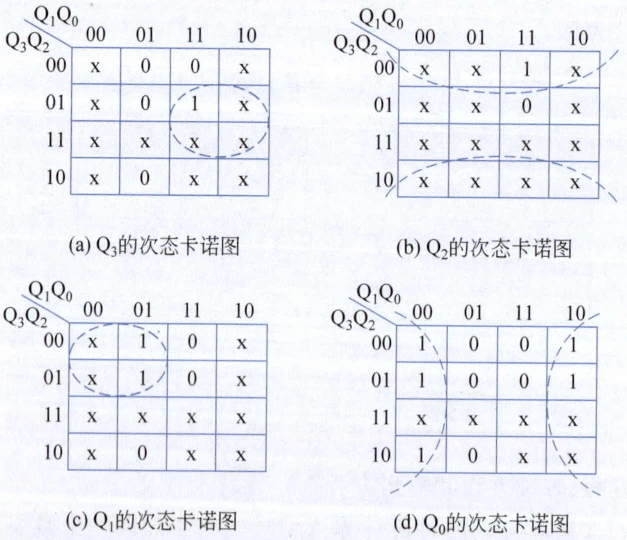

(a) Q_3的次态卡诺图   (b) Q_2的次态卡诺图

(c) Q_1的次态卡诺图   (d) Q_0的次态卡诺图

图 6.64 异步十进制加法计数器各触发器的次态卡诺图

由次态卡诺图可写出各触发器的状态方程如下。

$$Q_3^* = Q_2 Q_1, \quad Q_2^* = \overline{Q_2}$$

$$Q_1^* = \overline{Q_3}\,\overline{Q_1}, \quad Q_0^* = \overline{Q_0}$$

所以，$D_3 = Q_2 Q_1$，$D_2 = \overline{Q_2}$，$D_1 = \overline{Q_3}\,\overline{Q_1}$，$D_0 = \overline{Q_0}$。

输出卡诺图如图 6.65 所示，由此可写出 $C = Q_3 Q_0$。

（3）检查电路能否自启动。

把该电路的无效状态 1010～1111 分别作为电路的初态，由前面求出的时钟方程和状态方程，可画出无效状态的转换图如图 6.66 所示。由图中可以看出，所有的无效状态经过有限个时钟脉冲后都可自动进入有效循环，所以该电路能够自启动。

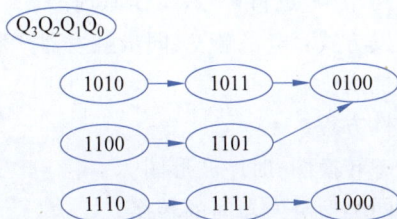

图 6.65　输出 C 卡诺图　　　　图 6.66　十进制加法计数器的无效状态转换图

（4）画出逻辑电路图。根据驱动方程、时钟方程和输出方程，画出逻辑电路图，如图 6.67 所示。

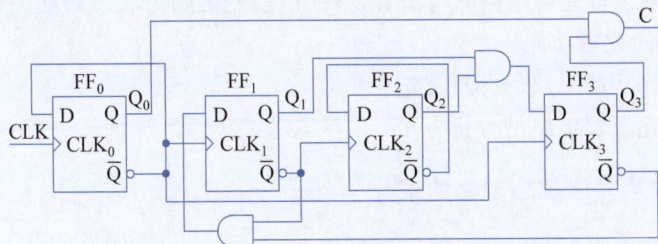

图 6.67　异步十进制加法计数器的逻辑电路图

小　结

1. 时序逻辑电路概述

（1）时序逻辑电路在逻辑功能上的特点：任一时刻的输出不仅和该时刻的输入信号有关，还与电路原来的状态有关。

（2）时序逻辑电路的结构模型。

（3）时序逻辑电路的向量方程：驱动方程、状态方程和输出方程。

（4）时序逻辑电路的分类。

- 同步时序逻辑电路和异步时序逻辑电路。
- 米里（Mealy）型电路和摩尔（Moore）型电路。

（5）时序逻辑电路的表示方法：逻辑方程式、状态转换表、状态转换图、时序波形图等。

2. 触发器

触发器作为记忆元件在时序逻辑电路中是必不可少的基本逻辑单元。它有 0 和 1 两个稳定的状态，因此，一个触发器可以用于存储一位二进制信息。

触发器的逻辑功能是指触发器的次态与现态及输入信号之间的逻辑关系。按照逻辑功能不同，触发器可以分为 RS 触发器、D 触发器、JK 触发器和 T 触发器等。

通过本章学习，需掌握不同触发器的以下内容。

（1）电路结构、逻辑符号、工作原理。

（2）触发方式：电平触发（同步触发器）、脉冲触发（主从触发器）、边沿触发。

（3）特性表。

（4）特性方程。

（5）状态转换图、时序波形图。

（6）不同类型触发器间的转换。

（7）集成触发器。

3. 基于触发器时序逻辑电路的分析

（1）分析步骤：首先由电路图写出各逻辑方程，然后画出状态转换图或状态转换表，最终总结出电路的逻辑功能。

（2）同步时序逻辑电路的分析方法。

（3）异步时序逻辑电路的分析方法。

4. 基于触发器时序逻辑电路的设计

（1）设计步骤：首先根据电路逻辑功能画出原始的状态转换图或状态转换表，并进行状态化简，进而进行状态编码，画出编码后的状态转换图，并选择触发器，然后求驱动方程和输出方程，并检查电路能否自启动，最后设计出电路。

（2）同步时序逻辑电路的设计方法。

（3）异步时序逻辑电路的设计方法。

思考题与习题

6.1 在图 6.5 由两个与非门构成的基本 RS 触发器中，如果 R、S 两端的输入电压波形如图 6.68 所示，试画出输出端 Q 和 $\overline{Q}$ 的波形。

6.2 试用两个 2 输入或非门构成一个基本 RS 触发器，画出逻辑电路图并分析其工作原理。

6.3 与非门构成的同步 RS 触发器（逻辑电路如图 6.7 所示）中，R、S 端的输入波形如图 6.69 所示，试画出 Q 和 $\overline{Q}$ 的输出波形，设触发器的初态 Q＝0。

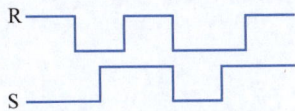

图 6.68 习题 6.1 图

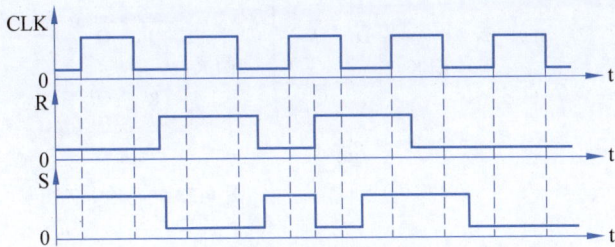

图 6.69 习题 6.3 图

6.4 同步 D 触发器(逻辑电路如图 6.13 所示)的输入波形如图 6.70 所示,试画出 Q 端的输出波形,设触发器的初态 Q=0。

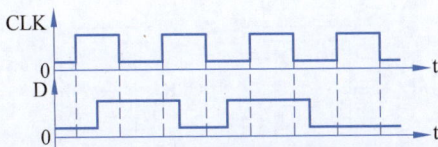

图 6.70 习题 6.4 图

6.5 同步 JK 触发器(逻辑电路如图 6.17 所示)的输入波形如图 6.71 所示,试画出 Q 端的输出波形,设触发器的初态 Q=0。

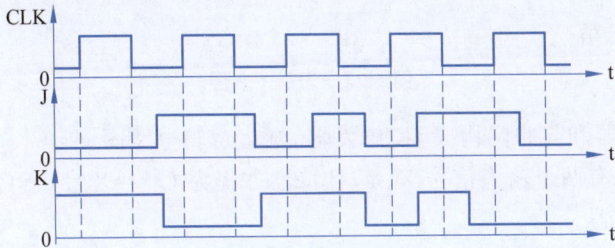

图 6.71 习题 6.5 图

6.6 在一个下降沿触发的 JK 触发器上施加如图 6.72 所示的输入波形,试画出 Q 端的输出波形,设触发器的初态 Q=0。

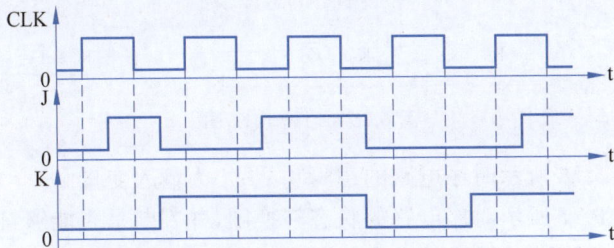

图 6.72 习题 6.6 图

6.7 设如图 6.73 所示的各触发器都是上升沿触发,且初态均为 Q=1,试画出 5 个 CLK 脉冲作用下各触发器 Q 端的输出波形。

6.8 试写出如图 6.74 所示各触发器的特性方程。

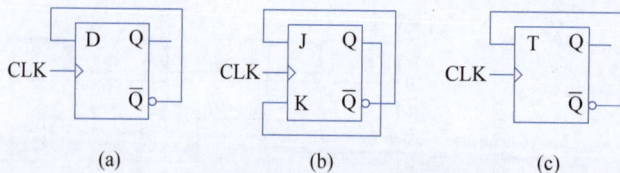

图 6.73 习题 6.7 图

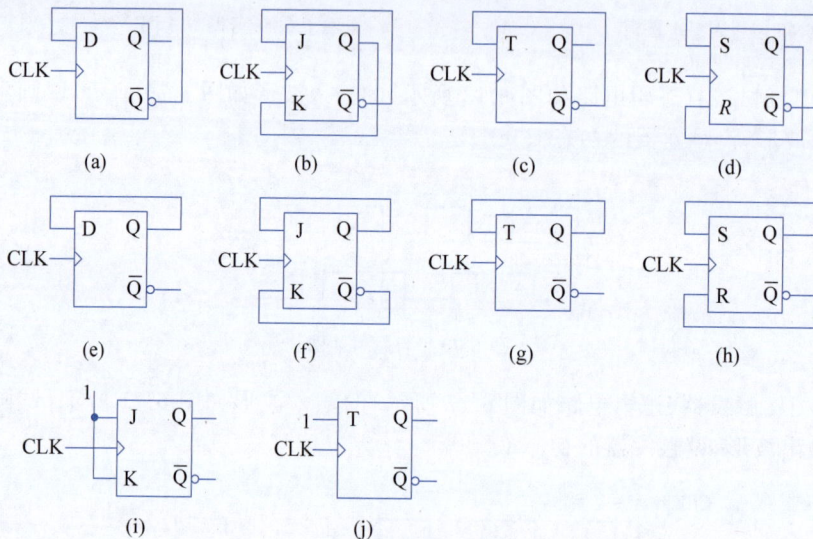

图 6.74 习题 6.8 图

6.9 试用 T 触发器和与非门构成 JK 触发器，画出逻辑电路图。

6.10 设某触发器有两个输入信号 X、Y，且特性方程为 $Q^* = X \oplus Y \oplus Q$，试用 JK 触发器实现该触发器。

6.11 试分析如图 6.75 所示时序电路的逻辑功能，写出电路的驱动方程和状态方程，画出电路的状态转换图，并说明电路是否能够自启动。

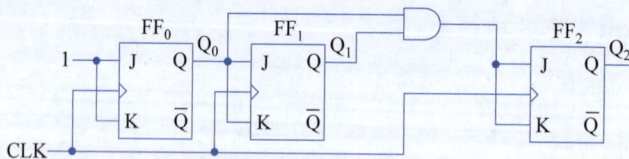

图 6.75 习题 6.11 图

6.12 试分析如图 6.76 所示时序电路的逻辑功能，X 为输入变量。

6.13 试画出如图 6.77 所示时序电路的状态转换图，并判断是否能够自启动。

6.14 试用上升沿触发的 D 触发器构成一个异步八进制加法计数器。

6.15 试用 JK 触发器设计一个同步十进制加法计数器。

6.16 试用上升沿触发的 D 触发器设计一个异步十进制减法计数器。

6.17 试用 JK 触发器设计一个同步五进制加法计数器。

6.18 试用 T 触发器设计一个同步三进制计数器电路，要求计数器的三个有效状态依次

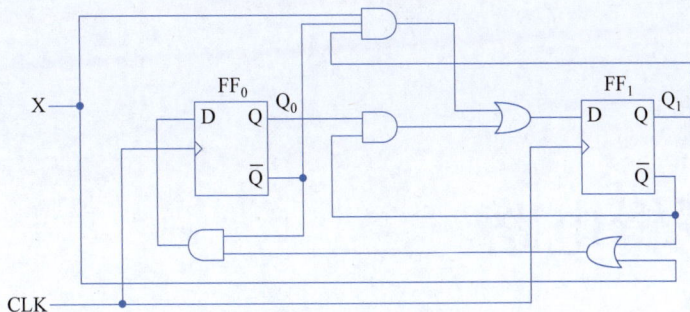

图 6.76 习题 6.12 图

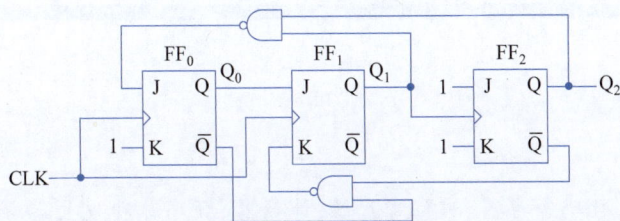

图 6.77 习题 6.13 图

为 $S_0 = 00$, $S_1 = 01$, $S_2 = 11$, 并且要求电路能够自启动。

6.19 试用上升沿触发的 T 触发器构成一个异步五进制加法计数器。

6.20 试用 D 触发器设计一个可逆同步六进制计数器。当控制端 X＝0 时进行加法计数; 当 X＝1 时进行减法计数。

6.21 试用 JK 触发器设计一个时序逻辑电路, 要求电路能够重复产生脉冲串 1101010。

6.22 试用 JK 触发器设计一个串行数据检测器, 当输入数据连续三个或三个以上为 1 时, 检测器输出为 1; 其他输入情况下, 输出为 0。

6.23 试用 D 触发器设计一个频率相同的三相脉冲发生器, 三相脉冲 Q_0、Q_1、Q_2 的波形 如图 6.78 所示(图中脉冲周期开始之前的初态 $Q_2Q_1Q_0 = 000$, 通过 D 触发器的异步复位信号设置)。

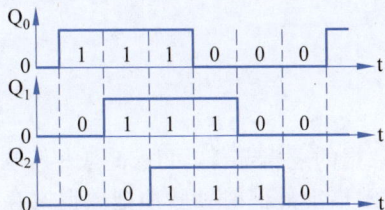

图 6.78 习题 6.23 图

第 7 章
时序逻辑电路

内容提要

本章主要讲述数码寄存器、移位寄存器、计数器、顺序脉冲发生器等几种常见时序逻辑电路的逻辑功能、电路结构及工作原理,并介绍一些常用的中规模集成电路的工作特性及使用方法。在此基础上,介绍用中规模集成电路器件构成各种时序逻辑电路的分析和设计方法。

7.1 寄 存 器

关键词:
- **数码寄存器**:用于寄存数据的时序逻辑电路,可用来构成其他类型的寄存器。
- **锁存器**:能够对输入数据进行锁存的时序逻辑电路。

在数字系统中,通常用 n 个触发器和附加的逻辑门构成 n 位寄存器。n 个触发器用于存储 n 位二进制信息,而逻辑门电路控制寄存器按照命令接收信息,或者把已存储的信息按照某种方式输出。

7.1.1 数码寄存器

数码寄存器是用于寄存数据的逻辑部件,可用来构成其他类型的寄存器。n 位的数码寄存器由 n 个触发器构成,通常借助外部时钟脉冲把数据寄存到触发器中。74LS175 就是一个由 4 个 D 触发器构成的并行输入、并行输出的数码寄存器。74LS175 的逻辑电路和引脚排列如图 7.1 所示。

74LS175 的 CLR 是异步清零控制端。分析图 7.1(a)的电路可知,当 CLR$=0$ 时,不需要时钟 CLK 的同步,即可完成对 4 位寄存器 1Q~4Q 的清零。当 CLR$=1$ 时,CLK 的上升沿将 1D~4D 端的输入数据寄存到各触发器中,需要数据时直接由 1Q~4Q 端获取。74LS175 的功能表如表 7.1 所示(表中的 D_0~D_3 分别对应引脚 1D~4D,Q_0~Q_3 对应1Q~4Q)。

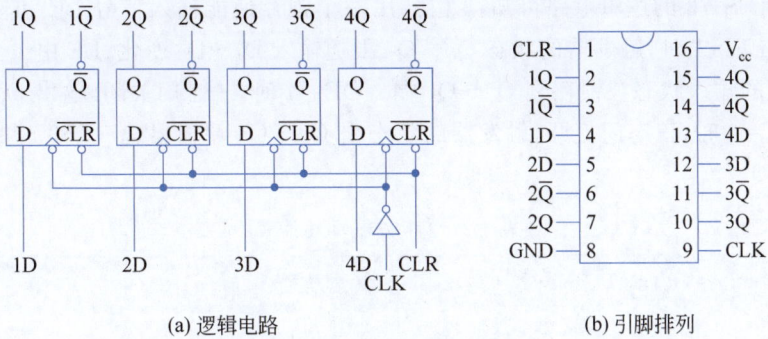

(a) 逻辑电路   (b) 引脚排列

图 7.1　4 位数码寄存器 74LS175

表 7.1　74LS175 的功能表

CLR	CLK	D_3	D_2	D_1	D_0	Q_3	Q_2	Q_1	Q_0	CLR	CLK	D_3	D_2	D_1	D_0	Q_3	Q_2	Q_1	Q_0
0	x	x	x	x	x	0	0	0	0	1	↓	x	x	x	x		保持		
1	0	x	x	x	x		保持			1	↑	D_3	D_2	D_1	D_0	D_3	D_2	D_1	D_0
1	1	x	x	x	x		保持												

74174 是一个 6 位的数码寄存器,时钟上升沿存储数据。

7.1.2　锁存器

锁存器能够实现对输入数据的锁存。74LS373 是一个具有三态输出的 8 位锁存器。其内部逻辑电路及引脚排列分别如图 7.2 和图 7.3 所示。

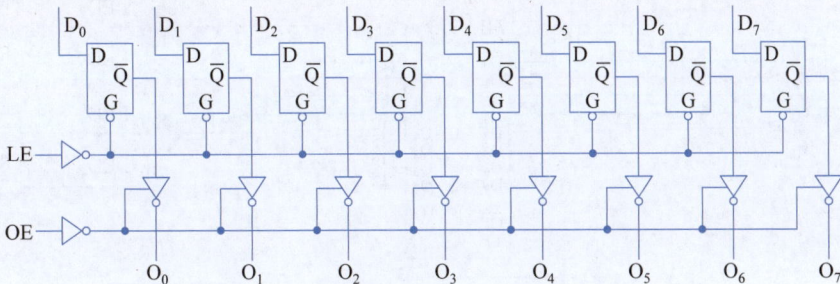

图 7.2　8 位锁存器 74LS373 的内部逻辑电路

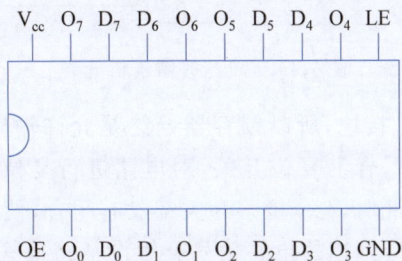

图 7.3　8 位锁存器 74LS373 的引脚排列

分析 74LS373 的逻辑电路可知，8 位共用一个锁存使能输入信号 LE 和输出使能信号 OE。当 LE＝1 时，触发器的状态 $Q_0 \sim Q_7$ 跟随输入 $D_0 \sim D_7$ 变化；LE 由 1 变为 0 的瞬间，$D_0 \sim D_7$ 的输入状态被锁存到 $Q_0 \sim Q_7$ 端。OE＝1 时，三态门关闭，输出 $O_0 \sim O_7$ 呈高阻状态；OE＝0 时，三态门打开，触发器的状态由 $O_0 \sim O_7$ 端输出。74LS373 的功能表如表 7.2 所示。

表 7.2　74LS373 的功能表

工作方式	LE	OE	D_i	O_i	工作方式	LE	OE	D_i	O_i
透明方式	1	0	0	0	锁存方式	0	0	x	Q_i
			1	1	高阻	x	1	x	Z

第 6 章中基于集成触发器结合与非门设计了多人抢答电路（图 6.44），但该电路较为复杂，不便于电路功能的扩展。例 7.1 则采用锁存器 74LS373 实现了 4 人抢答电路。

例 7.1　用 74LS373 和少量的逻辑门设计一个 4 路抢答电路，该电路能鉴别出第一个到达的抢答信号，用指示灯进行指示，并对其他的抢答信号不再响应。

解：按照题目要求，当抢答开始时，锁存器应该处于透明工作方式，准备接收第一个到达的抢答信号。当某一个抢答信号有效时，锁存器就要转变为锁存工作方式，这样，其他的抢答信号再有效也不会对锁存器的输出有影响。由此，可画出逻辑电路图如图 7.4 所示。

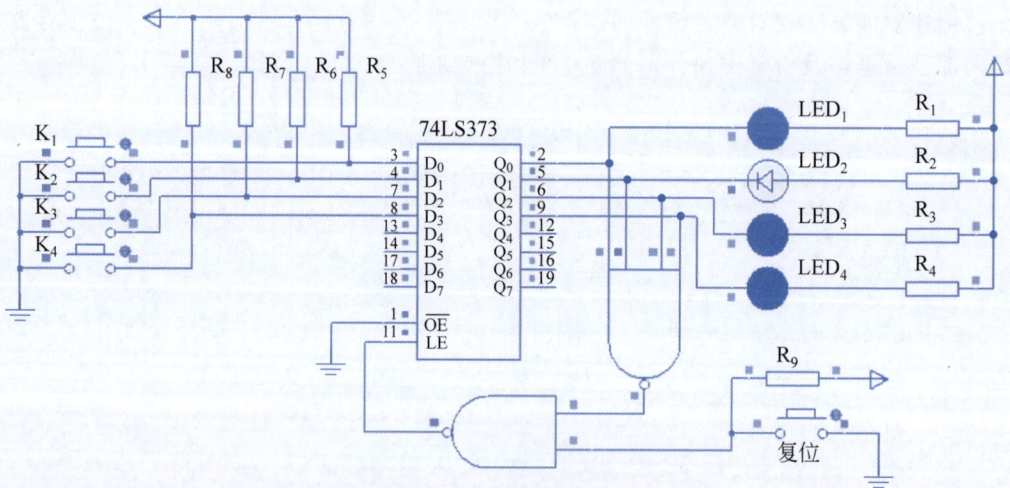

图 7.4　4 路抢答器逻辑电路

锁存器 74LS373 的 OE 接地，所以锁存器始终是允许输出的。电路开始工作时，在所有抢答开关断开的条件下，合上复位开关，对电路进行复位，使所有指示灯熄灭，然后断开复位开关，允许抢答。此时，4 个抢答开关都没有闭合，使 LE 为高电平，锁存器工作在透明方式，准备接收第一个到达的抢答信号。假设某路抢答开关抢先闭合（如 K2），会使锁存器的对应输出引脚变为低电平，点亮对应的 LED 指示灯，同时会令 LE 变为低电平,锁存器转变为锁存方式。在复位之前,即使再有其他抢答开关闭合,也不会影响锁存器的输出,从而实现了抢答器的功能。

7.1.3 移位寄存器

> **关键词:**
> - **移位寄存器**:在时钟脉冲的控制下,将寄存器中存储的数据依次向左移位,或向右移位。
> - **移位寄存器按输入输出方式进行分类**:串入-并出、串入-串出和并入-串出移位寄存器。
> - **寄存器的移位方式进行分类**:左移、右移、双向移位寄存器。

移位寄存器能够在时钟脉冲的控制下,将寄存器中存储的数据依次向左移位,或向右移位,从而实现对数值的运算、串行-并行数据的转换,或构成移位型计数器等。

1. 串行移位寄存器

移位寄存器的输入方式有串入、并入两种;输出方式有串出、并出两种。这样,移位寄存器按照输入输出方式可分为串入-并出、串入-串出、并入-串出三种类型。按照寄存器的移位方式不同,可分为左移、右移、双向移位寄存器三种。为了保持和后续计算机类课程的一致性,本书中移位的方向不是按构成移位寄存器的各触发器所处位置来定义的,而是按照数据编码移动的方向定义的。左移定义为数据编码的各位依次向左移动,反之,数据编码的各位依次向右移动为右移,其中数据编码的高位在左边,低位在右边。设 4 位移位寄存器的数据编码为 $Q_3Q_2Q_1Q_0$,则:
- 右移一位是指原 $Q_3Q_2Q_1$ 分别移位到 $Q_2Q_1Q_0$,外部输入数据移位到 Q_3 端。
- 左移一位是指原 $Q_2Q_1Q_0$ 分别移位到 $Q_3Q_2Q_1$,外部输入数据移位到 Q_0 端。

图 7.5 为利用上升沿触发的 D 触发器构成的 4 位串入-串出右移移位寄存器电路。图 7.6 为 4 位串入-并出右移移位寄存器,寄存的数据用 $Q_3Q_2Q_1Q_0$ 表示。

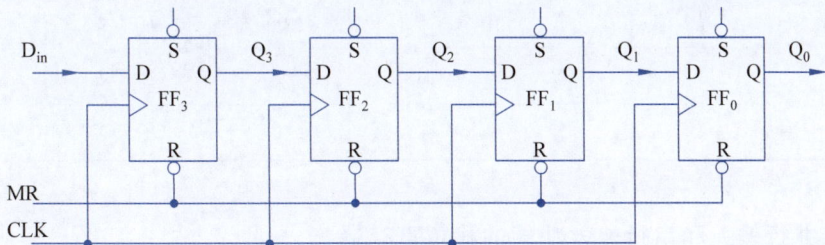

图 7.5 串入-串出右移移位寄存器

74LS164 就是一个上升沿触发的 8 位移位寄存器,引脚排列如图 7.7 所示。

两个输入端 A、B 的信号进行逻辑与作为输入数据,在时钟脉冲上升沿的作用下进行移动。每个时钟脉冲的上升沿,使 $Q_6 \sim Q_0$ 向 $Q_7 \sim Q_1$ 方向移动一位,同时 A、B 逻辑与的结果移位到 Q_0 端(即左移)。MR 为异步清零端,低电平有效,当 MR=0 时,输出端

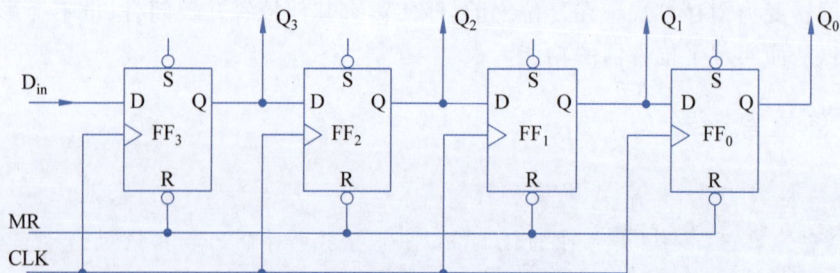

图 7.6 串入-并出右移移位寄存器

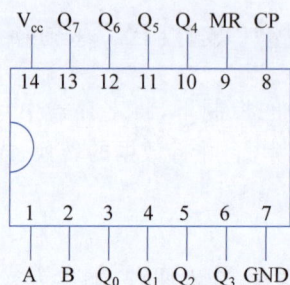

图 7.7 74LS164 的引脚排列

$Q_0 \sim Q_7$ 被清零。

74LS164 的功能表以及工作波形图分别如表 7.3 和图 7.8 所示。

表 7.3 74LS164 的功能表

工 作 方 式	输 入				输 出	
	MR	CP	A	B	$Q_7 \sim Q_1$	Q_0
复位	0	x	x	x	0000000	0
移位	1	↑	0	0	$Q_6 \sim Q_0$	0
	1	↑	0	1	$Q_6 \sim Q_0$	0
	1	↑	1	0	$Q_6 \sim Q_0$	0
	1	↑	1	1	$Q_6 \sim Q_0$	1

2. 带并行输入和串行输入功能的移位寄存器

图 7.9 电路是在串行输入移位寄存器的基础上，增加了并行输入方式，每组两个与门一个或门构成一个 2 选 1 数据选择器，由选择控制端 LOAD 来选择输入方式。

- 当 LOAD＝0 时，4 个与门 A 使能，4 个与门 B 禁止，电路为串行输入方式，串行输入端 D_{in} 在时钟作用下，经 4 个触发器和 4 个与门 A 移出至 Q_0。
- 当 LOAD＝1 时，4 个与门 A 禁止，4 个与门 B 使能，电路为并行输入方式，在时

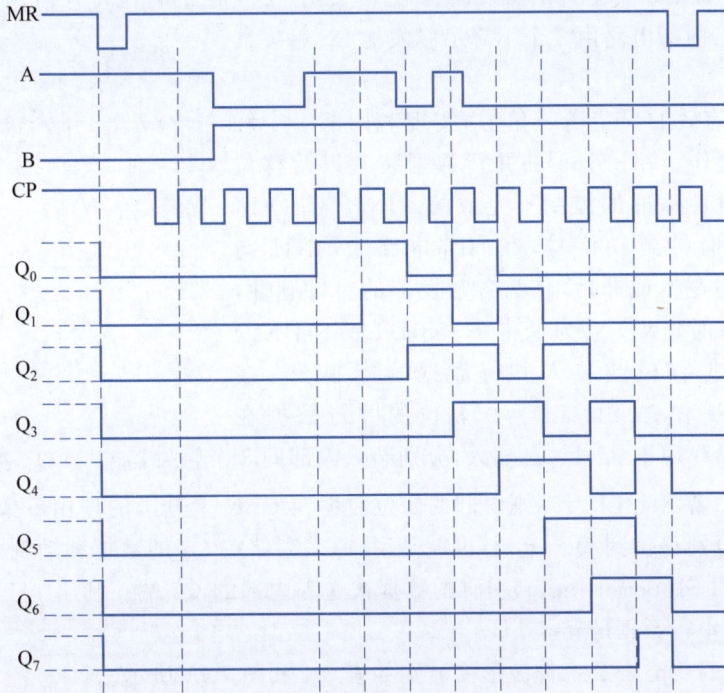

图 7.8　74LS164 的工作波形图

钟 CLK 的上升沿到来时，一次性将并行输入数据 D_3、D_2、D_1、D_0 经 4 个与门 B 输入寄存器中。

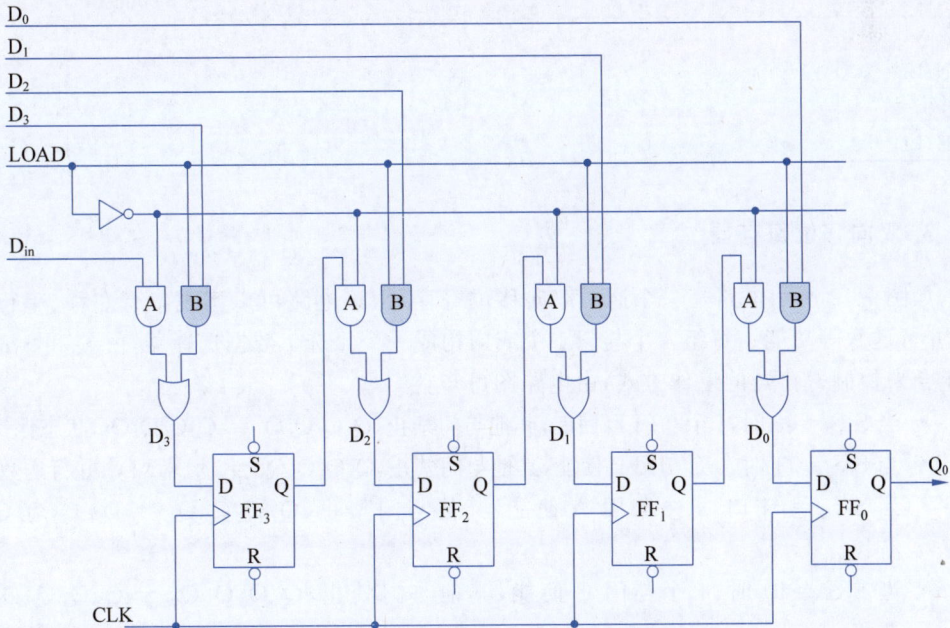

图 7.9　并入/串入-串出移位寄存器电路结构

74LS166 就是一个上升沿触发的、8 位并入/串入-串出的移位寄存器，其引脚排列如图 7.10 所示。内部电路由 8 个下降沿触发的 RS 触发器构成。

MR 是低有效的异步清零信号，实现对内部 8 个触发器的复位操作。74LS166 的并行数据装入以及移位操作都是在时钟脉冲的控制下完成的。INH（CLOCK INHIBIT）是时钟封锁信号，在内部电路中，INH 与 CLK 信号经过逻辑或非后，作为各触发器的时钟脉冲，所以正常工作时，INH 应为低电平。SH/$\overline{\text{LD}}$（SHIFT/$\overline{\text{LOAD}}$）是数据移位或装入并行数据的控制端。在 INH=0 的前提下，若 SH/$\overline{\text{LD}}$=0，8 位的并行数据在

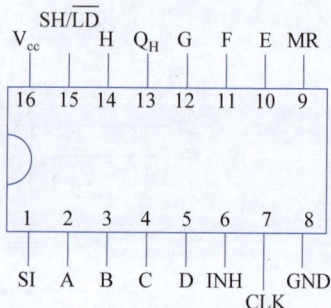

图 7.10　74LS166 的引脚排列

CLK 的上升沿作用下从 H～A 输入，分别装入内部的 8 个触发器 Q_7～Q_0，并将 Q_7 从引脚 Q_H 端输出；若 SH/$\overline{\text{LD}}$=1，则内部的 8 位数据在 CLK 上升沿的作用下依次左移一位（原 Q_6～Q_0 分别移位到 Q_7～Q_1），也就是说，原来存储在 Q_6 的数据移动到 Q_7，并从 Q_H 引脚输出，同时 SI（Serial Input）引脚的数据被送入内部的 Q_0 端。利用 74LS166 可以实现并行数据到串行数据的转换。

74LS166 的功能表及工作波形图分别如表 7.4 和图 7.11 所示。

表 7.4　74LS166 的功能表

工作方式	输　入					内部状态		输　出
	MR	**INH**	**CLK**	**SI**	**HG…BA**	**Q_7～Q_1**	**Q_0**	**Q_H**
复位	0	x	x	x	x	00000000		0
装入数据 （SH/$\overline{\text{LD}}$=0）	1	0	↑	x	hg…ba	h～b	a	h
移位 （SH/$\overline{\text{LD}}$=1）	1	0	↑	0	x	Q_6～Q_0	0	Q_6
	1	0	↑	1	x	Q_6～Q_0	1	Q_6

3. 双向移位寄存器

如图 7.12 所示电路是一个通用双向移位寄存器，该电路可以实现串行左移、串行右移、并行送数等功能。每组 4 个与门 1 个或门构成一个 4 选 1 数据选择器，由 S_1 和 S_0 的 4 种组合来控制寄存器的工作方式，由电路图可知：

- 当 $S_1 S_0$=00 时，4 个与门 D 使能，其他与门禁止，$Q_3 Q_2 Q_1 Q_0$ = $Q_3 Q_2 Q_1 Q_0$，状态保持。
- 当 $S_1 S_0$=11 时，4 个与门 B 使能，其他与门禁止，$Q_3 Q_2 Q_1 Q_0$ = $D_3 D_2 D_1 D_0$，并行送数。
- 当 $S_1 S_0$ = 01 时，4 个与门 A 使能，其他与门禁止，$Q_3 Q_2 Q_1 Q_0$ = $D_{SL} Q_3 Q_2 Q_1$，右移。
- 当 $S_1 S_0$ = 10 时，4 个与门 C 使能，其他与门禁止，$Q_3 Q_2 Q_1 Q_0$ = $Q_2 Q_1 Q_0 D_{SR}$，左移。
- MR 控制 4 个 JK 触发器的异步清零端，实现寄存器的异步清零。

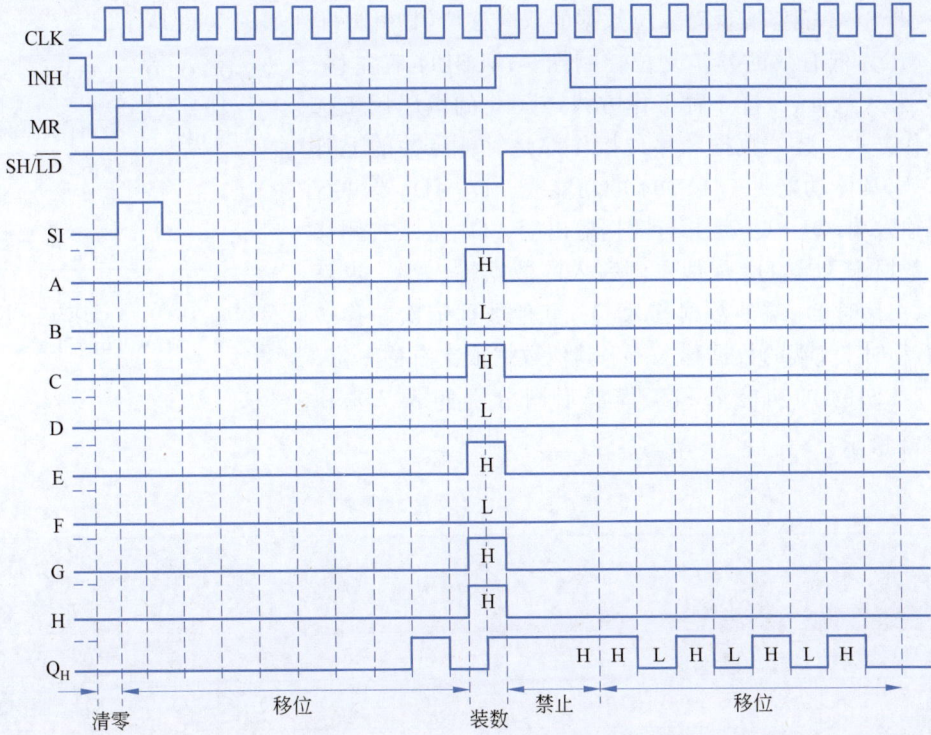

图 7.11 74LS166 的工作波形图

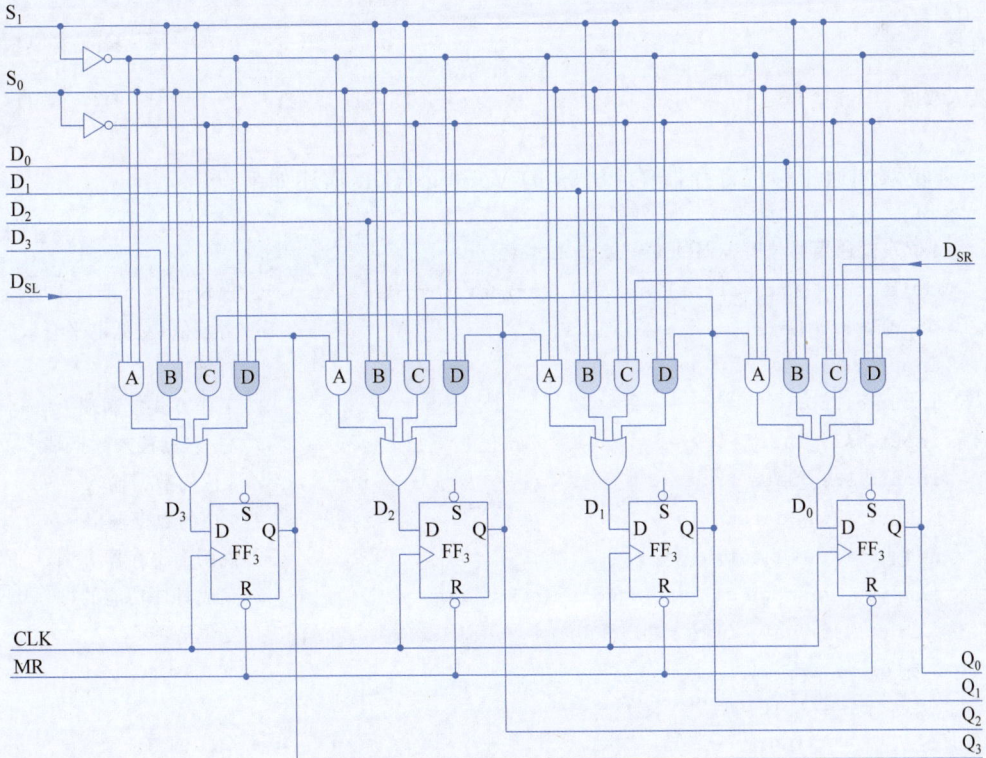

图 7.12 通用双向移位寄存器电路

74LS194 能够实现对 4 位数据的双向移位，其引脚排列如图 7.13 所示。

MR 为低有效的异步复位控制端。74LS194 有左移、右移、装入数据、保持 4 种工作方式，S_1、S_0 的编码用于选择工作方式。装入数据和移位操作都是时钟脉冲的上升沿有效，具体功能见 74LS194 的功能表。$D_3 \sim D_0$ 是并行数据输入端，$Q_3 \sim Q_0$ 是并行数据输出端。D_{SR} 是从右侧移入的数据输入端，D_{SL} 是从左侧移入的数据输入端。也就是说，左移时 D_{SR} 端的数据移入 Q_0，其他数据依次左移一位；右移时 D_{SL} 端的数据移入 Q_3，其他数据依次右移一位。

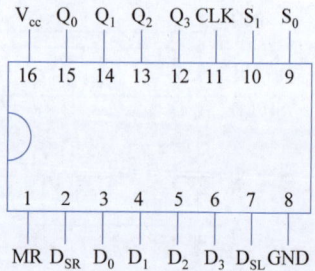

74LS194 的功能表和工作波形图分别如表 7.5 和图 7.14 所示。

V_{cc}	Q_0	Q_1	Q_2	Q_3	CLK	S_1	S_0
16	15	14	13	12	11	10	9
1	2	3	4	5	6	7	8
MR	D_{SR}	D_0	D_1	D_2	D_3	D_{SL}	GND

图 7.13　74LS194 的引脚排列

表 7.5　74LS194 的功能表

工作方式	输　入							输　出			
	MR	CLK	S_1	S_0	D_{SR}	D_{SL}	$D_3 \sim D_0$	Q_3	Q_2	Q_1	Q_0
复位	0	x	x	x	x	x	x	0	0	0	0
保持	1	x	0	0	x	x	x	Q_3	Q_2	Q_1	Q_0
左移	1	↑	0	1	0 1	x x	x x	Q_2	Q_1	Q_0	0 1
右移	1	↑	1	0	x x	0 1	x x	0 1	Q_3	Q_2	Q_1
装入数据	1	↑	1	1	x	x	$D_3 \sim D_0$	D_3	D_2	D_1	D_0

4 位双向通用移位寄存器 74LS194 的 Verilog HDL 描述如下：

4 位双向通用移位寄存器的 Verilog HDL 程序

```
module ls194(Mrf, clk,s1,s0, Dsl,Dsr,data_in,data_out); //模块的 I/O 端口声明
  input Mrf;                                    //清零信号,低电平有效
  input clk;                                    //时钟输入
  input s1,s0;                                  //工作方式控制端
  input Dsl, Dsr;                               //左、右侧移入数据端
  input [3:0] data_in;                          //4 位的数据输入
  output [3:0] data_out;                        //4 位的数据输出
  reg [3:0] data_out;                           //说明为寄存器类型
  always@(posedge clk or negedge Mrf) begin     //完成具体功能的过程块
    if(~Mrf) data_out<=4'b0000;                 //复位清零
    else begin
      case({s1,s0})
        2'b01:                                  //左移
```

```
          begin
              data_out <=data_out<<1;                    //左移 1 位
              if(Dsr==1) data_out[0] <=1;                //右侧补 1
              else data_out[0] <=0;                      //右侧补 0
          end
        2'b10:                                           //右移
          begin
              data_out <=data_out>>1;                    //右移 1 位
              if(Dsl==1) data_out[3] <=1;                //左侧补 1
              else data_out[3] <=0;                      //左侧补 0
          end
        2'b11:                                           //装入数据
              data_out <=data_in;                        //输入赋值给输出
          default: data_out <=data_out;                  //保持
        endcase
    end
  end
endmodule
```

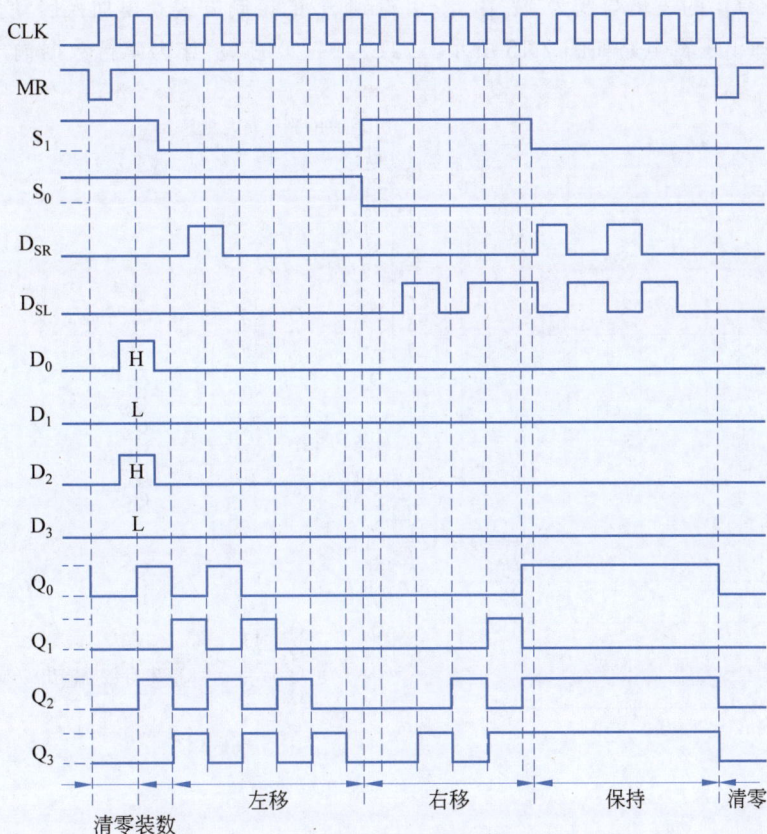

图 7.14 74LS194 的工作波形图

例 7.2 在串行通信的接口电路中,需要配置串/并转换器。发送时把 CPU 发出的并行数据转换成串行数据,发送出去;接收时把收到的串行数据转换成并行数据,送给 CPU。现要求用 74LS194 设计一个发送端的转换器,能接收 7 位的有效数据,并转换成串行数据输出,输出数据按先低后高的顺序。也就是说,如果有效数据为 $N_6 N_5 N_4 N_3 N_2 N_1 N_0$,则先输出 N_0,然后依次是 $N_1,N_2,\cdots,N_6$。

解：74LS194 是 4 位的双向移位寄存器,所以需要两片级联,设高 4 位和低 4 位移位寄存器分别记为片(1)和片(2)。两片 74LS194 可接收 8 位数据,其中 7 位为要转换的有效数据,余下的 1 位可以用来控制芯片是工作在移位方式还是装入数据方式。设 8 位数据 $N_7 \sim N_0$ 中的低 7 位表示有效数据,即 N_7 位用于方式控制。按题意的要求,移位时应选择右移方式,并将片(1)的最低位作为片(2)移位时的数据输入,即将片(1)的 Q_0 与片(2)的 D_{SL} 相连。

由 74LS194 的功能表可知,在时钟脉冲上升沿的控制下,$S_1 S_0 = 10$ 时,数据依次右移一位；$S_1 S_0 = 11$ 时,装入并行数据。所以,S_1 固定接高电平,S_0 用 N_7 位控制。当数据装入后,S_0 应为 0,进行右移；当 7 位数据输出完毕时,S_0 应变为 1,准备接收下一个数据。如果将装入数据的 N_7 位设置为 0,并把片(1)的 D_{SL} 接高电平,则 7 位原始数据未全部输出时,移位寄存器的高 7 位 $Q_7 \sim Q_1$ 的逻辑与为 0（因为至少 $N_7 = 0$）,当装入的数据全部输出后,$Q_7 \sim Q_1$ 的逻辑与变为 1。由此,可得到 S_0 的控制方式。再加入启动信号对电路的控制,可画出逻辑电路如图 7.15 所示。74LS194(2)的 Q_0 作为串行数据输出端。

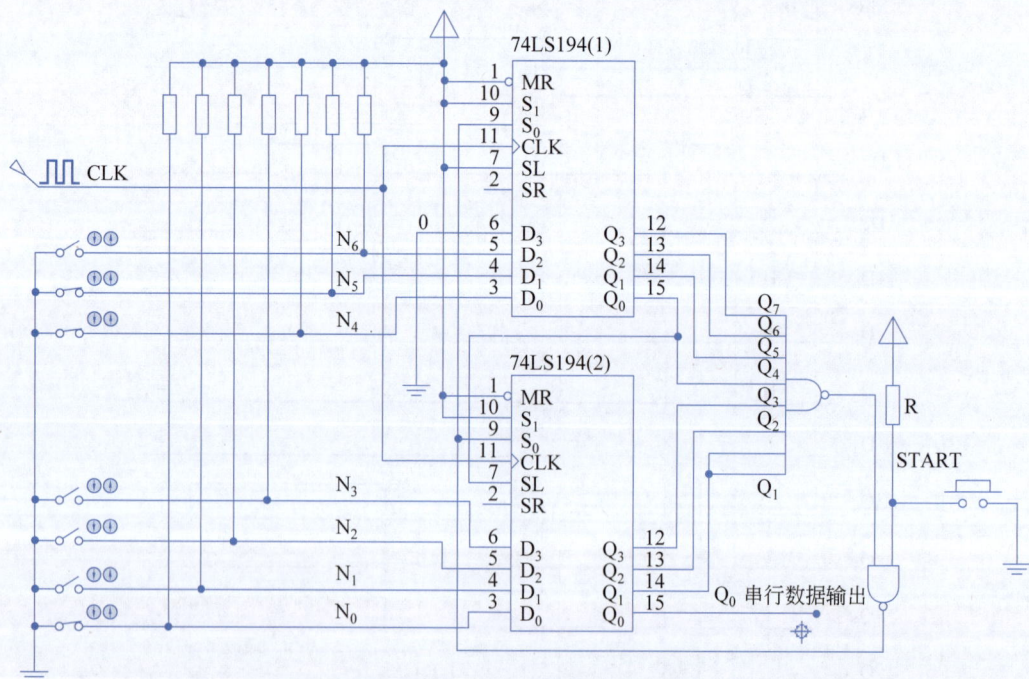

图 7.15　7 位数据并-串转换电路

分析电路的工作过程：首先启动电路,令 START$=0$,使两片 74LS194 的 $S_1 S_0 = 11$,8 位数据 $0 N_6 N_5 N_4 N_3 N_2 N_1 N_0$（$N_6 \sim N_0$ 为有效数据）同时装入,其中最低位 N_0 由 74LS194(2)的 Q_0 端输出。然后撤销 START 信号,使 $S_1 S_0 = 10$,$Q_7 \sim Q_0$ 在时钟脉冲上升沿的作用下右移一位,左边补一个 1,两片 74LS194 输出端的 8 位数据变为

$10N_6N_5N_4N_3N_2N_1$，Q_0 端输出 N_1。因为高 7 位数据中至少有一个为 0，使 S_0 维持为 0，继续移位，直到最初装入数据的最高位 0 移到 Q_0 端，高 7 位已补入了 7 个 1，一个数据的并-串转换结束。此时，$S_0 = 1$，在时钟脉冲上升沿到达时接收下一个数据。

7.2 计 数 器

> **关键词：**
> - **计数器**：由触发器和逻辑门构成，能够对外部输入脉冲的个数进行计数。
> - **计数器的模**：在输入脉冲的作用下，一个计数器正常工作时能呈现出的不同状态的个数。
> - **同步计数器**：计数器中的所有触发器受同一时钟脉冲信号的控制，同时形成新的状态。
> - **异步计数器**：计数器中的触发器不是受同一个时钟脉冲信号控制，形成新状态的时刻不同。
> - **加法计数器**：对输入脉冲进行递增计数。
> - **减法计数器**：对输入脉冲进行递减计数。
> - **可逆计数器**：也称为加/减计数器，可由控制信号选择进行递增计数或者递减计数。
> - **预置数功能**：一次性加载二进制数到计数器中所有触发器的功能。
> - **清零功能**：一次性将计数器中所有触发器复位的功能。

计数器主要由触发器和逻辑门构成，能够对外部输入脉冲的个数进行计数。输入脉冲个数的多少，由计数器所记忆的不同状态来表示。计数器常用来对时钟脉冲进行计数、分频、定时等。

在输入脉冲的作用下，一个计数器正常工作时能呈现出的不同状态的个数，称为计数器的模，或计数容量，或计数长度。这些不同的状态称为有效状态，一个模 m 计数器具有 m 个有效状态。

7.2.1 计数器分类

计数器种类繁多，通常情况下可按下面的方法进行分类。

（1）按照时钟脉冲输入方式不同，可分为同步计数器和异步计数器。

在同步计数器中，各触发器受同一时钟脉冲信号的控制，同时形成新的状态。而在异步计数器中，各触发器不是受同一个时钟脉冲信号控制，形成新状态的时刻不同。

（2）按照计数过程中输出数码的变化规律不同，可分为加法计数器、减法计数器和可逆计数器。

加法计数器对输入脉冲进行递增计数；减法计数器对输入脉冲进行递减计数；可逆计数器也称为加/减计数器，可由控制信号选择进行递增计数或者递减计数。可逆计数器还可分为单时钟结构和双时钟结构两种类型。单时钟结构只有一个计数脉冲输入端，靠加/减控制端的控制实现加法或者减法计数。双时钟结构的加、减计数有各自的计数脉冲输入端，正常工作时只允许其中的一个接输入脉冲信号，另一个应接无效电平。

（3）按照计数容量不同，可分为模 2^n（或 2^n 进制，或 n 位二进制）计数器和模非 2^n（或非 2^n 进制）计数器。

计数器可以按照时序逻辑电路的设计方法，由触发器和逻辑门电路设计而成。目前，有很多种类的中规模集成计数器供用户选择，它们具有体积小、功耗低、功能灵活、使用方便等优点，应用很广泛。表 7.6 列出了几种比较常见的中规模集成计数器。

表 7.6　几种常见的中规模集成计数器

CLK 脉冲引入方式	型　　号	计 数 模 式	清 零 方 式	预 置 数 方 式
同步	74LS160(74160)	十进制加法	异步(低有效)	同步(低有效)
	74LS161(74161)	4 位二进制加法	异步(低有效)	同步(低有效)
	74LS162(74162)	十进制加法	同步(低有效)	同步(低有效)
	74LS163(74163)	4 位二进制加法	同步(低有效)	同步(低有效)
	74LS190(74190)	单时钟十进制可逆	无	异步(低有效)
	74LS191(74191)	单时钟 4 位二进制可逆	无	异步(低有效)
	74LS192(74192)	双时钟十进制可逆	异步(高有效)	异步(低有效)
	74LS193(74193)	双时钟 4 位二进制可逆	异步(高有效)	异步(低有效)
异步	74LS290(74290)	二-五-十进制加法	异步(高有效)	无
	74LS293(74293)	二-八-十六进制加法	异步(高有效)	无

7.2.2　计数器电路的设计

在第 6 章中讨论了采用三个 D 触发器构造同步八进制加法计数器的设计方法。在此基础上，本节继续讨论同步计数器的通用设计方法，以及其他扩展功能的设计方法，包括：

- 异步清零：当异步清零端有效时，可直接将计数器的状态清零。
- 同步清零：当同步清零端有效时，还需等待下一个 CLK 的触发沿到达，才能将计数器的状态清零。
- 异步预置数：当异步预置数端有效时，可直接将计数器的状态置为设定值。
- 同步预置数：当同步预置数端有效时，还需等待下一个时钟 CLK 的触发沿到达，才能将计数器的状态置为设定值。
- 计数使能：当计数使能端有效时，计数器才能在 CLK 的作用下进行计数，当计数使能端无效时，计数器的状态保持不变。
- 双向计数控制：用来控制可逆计数器做加法或者减法计数。
- 进位/借位：当加法/减法计数器到达计数终点时，产生的输出脉冲。

1. 同步二进制加法计数器

依据第 6 章的例 6.7 中设计的同步八进制加法计数器，可得三个触发器的驱动方程递推表达式，进一步可得如下所示同步十六进制加法计数器的 4 个触发器的驱动方程递推表达式。由递推表达式可知，将低位触发器输出相与，再与本位触发器的输出进行异或运算，就可以得到本位触发器的驱动信号。

同步八进制加法计数器驱动方程
$D_2^* = Q_2 \oplus (Q_1 Q_0)$
$D_1^* = Q_1 \oplus Q_0$
$D_0^* = \overline{Q_0} = Q_0 \oplus 1$

$\Rightarrow$

同步十六进制加法计数器驱动方程
$D_3^* = Q_3 \oplus (Q_2 Q_1 Q_0)$
$D_2^* = Q_2 \oplus (Q_1 Q_0)$
$D_1^* = Q_1 \oplus Q_0$
$D_0^* = Q_0 \oplus 1$

据此，可设计如图 7.16 所示的同步十六进制加法计数器电路。其中，MR 控制所有 D 触发器的异步清零端，从而实现计数器的异步清零。

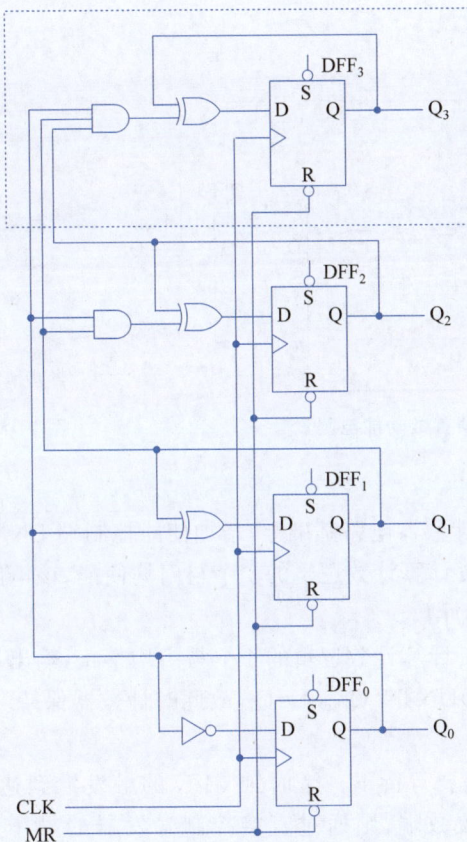

图 7.16 同步十六进制加法计数器

2. 预置数功能

预置数功能用于将计数器的下一状态置为设定值，包括同步预置数和异步预置数。

1）同步预置数

图 7.16 中，各个触发器电路都是将本位输出反馈至输入端，再与低位触发器输出相与的结果进行异或运算，我们把以上运算称为"计数逻辑 COUNT"，$COUNT = Q_i \oplus (P_i)$。例如，最高位触发器 FF3 的 $COUNT = Q_3 \oplus (Q_2 Q_1 Q_0)$。图 7.17 电路在上述触发器 FF3 电路基础上，增加了同步预置数功能。该电路用一个二选一数据选择器来选择计数逻辑 COUNT 和预置数 D3，数据选择器的选择端为预置数控制端 LOAD。

- 当 LOAD=0 时，将计数逻辑 COUNT 输入至触发器中，该触发器在时钟 CLK 的作用下进行正常计数。
- 当 LOAD=1 时，该触发器在下一个时钟 CLK 的上升沿，将预置数 D3 输入至触发器中。
- MR 则连接至触发器的异步清零端，实现对计数器中所有触发器进行异步清零。

为增加电路的通用性，将上述电路封装为一个计数器单元，如图 7.18 所示。基于该计数器单元，可以设计如图 7.19 所示的带同步预置数和异步清零功能的十六进制计数器。

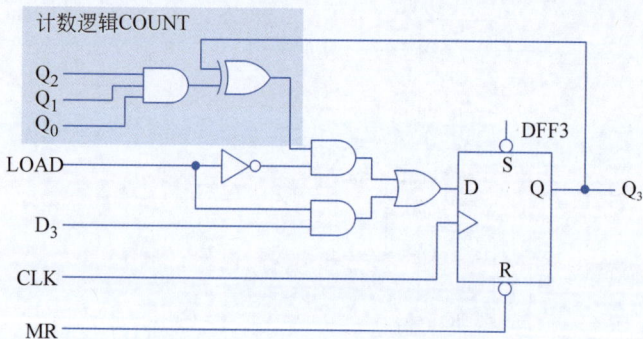

图 7.17　同步预置数功能电路设计

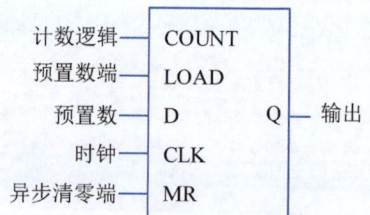

图 7.18　带同步预置数和异步清零
功能的计数器单元

图 7.20 则是在上述计数器电路基础上，增加使能控制端 EN 后的电路。其中：

- 当 EN=1 时，负责计算计数逻辑的 4 个与门均使能，该电路与图 7.19 电路功能相同，电路进行正常计数。
- 当 EN=0 时，负责计算计数逻辑的 4 个与门禁止，输出均为 0，则所有计数器单元的计数逻辑 $COUNT = Q_i \oplus 0 = Q_i$，故此时计数器保持。

2）异步预置数端

上述同步预置数端需要等待下一个时钟 CLK 的触发沿到达，才能将计数器的状态置为设定值。而异步预置数端，则通过直接控制触发器的异步置位端和复位端，将计数器的状态置为设定值。图 7.21 即为带异步预置数端 ALOAD 的计数器单元电路，其中：

（1）当 ALOAD=0 时，两个与非门禁止，均输出为 1，则该触发器的异步置位、复位端 S=R=1，均无效，则该触发器依据计数逻辑 COUNT 进行正常计数。

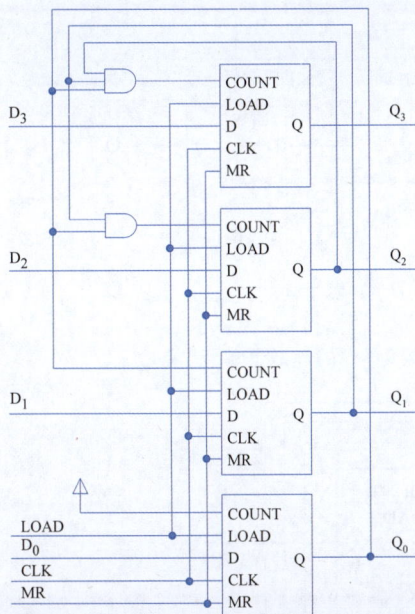

图 7.19 带同步预置数和异步清零功能图的
十六进制计数器电路

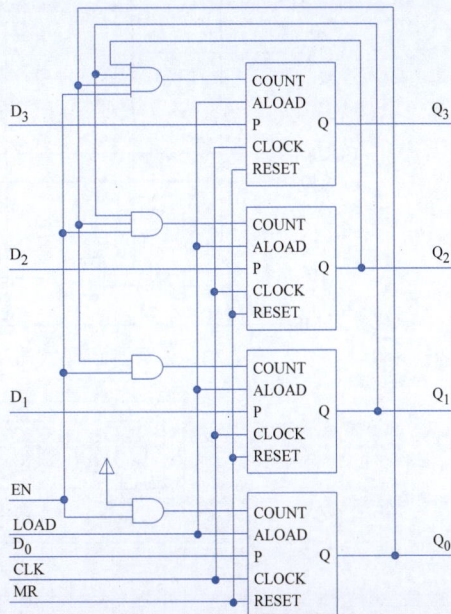

图 7.20 带同步预置数、异步清零功能和
使能端的十六进制计数器电路

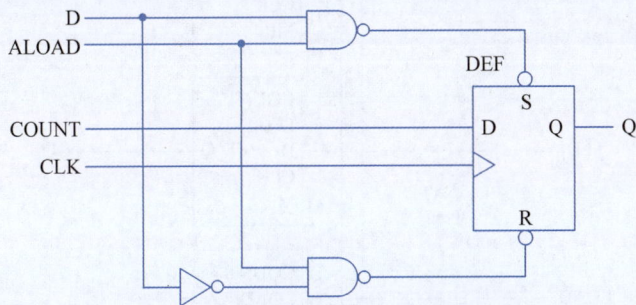

图 7.21 带异步预置数端的计数器单元

（2）当 ALOAD＝1 时，两个与非门均使能，该触发器的异步置位端 S＝$\overline{\mathrm{D}}$，异步复位端 R＝D，则：

- D＝0 时，S＝1，R＝0，该触发器异步置 0。
- D＝1 时，S＝0，R＝1，该触发器异步置 1。

图 7.22 则是在图 7.21 电路基础上，增加了异步清零端的计数器单元。其中：

- 当 MR＝0 时，该触发器异步置位端 S＝1，异步复位端 R＝0，则该触发器异步清零。
- 当 MR＝1 时，该电路与图 7.21 电路相同，异步预置数端 ALOAD 起作用。

图 7.23 为基于上述计数器单元，设计的带异步预置数和异步清零功能的十六进制计数器。

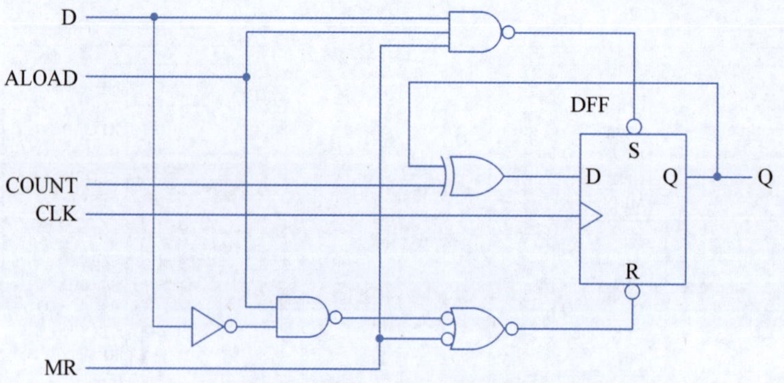

图 7.22 带异步预置数端和异步清零端的计数器单元

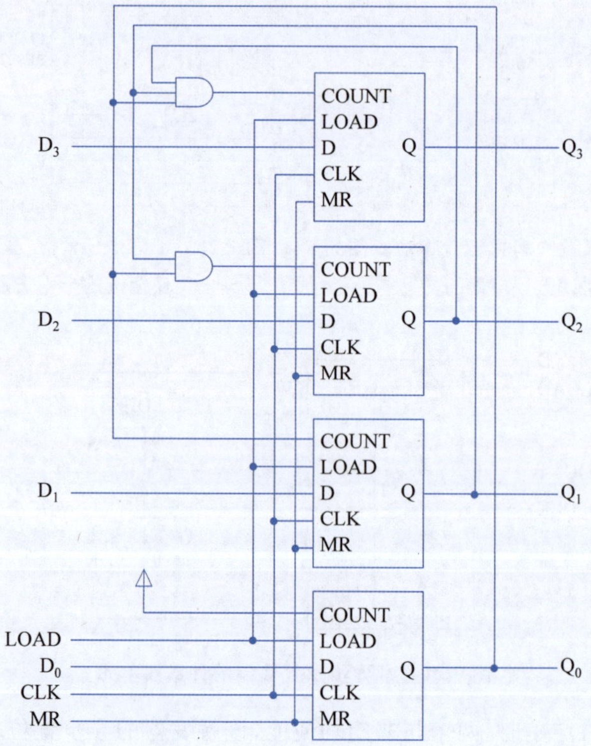

图 7.23 带异步预置数和异步清零功能的十六进制计数器电路

3. 双向计数

与加法计数器的电路类似,用 4 个 D 触发器构造同步十六进制减法计数器的驱动方程如下。

$$D_3 = Q_3 \oplus (\overline{Q_2}\ \overline{Q_1}\ \overline{Q_0})$$
$$D_2 = Q_2 \oplus (\overline{Q_1}\ \overline{Q_0})$$
$$D_1 = Q_1 \oplus \overline{Q_0}$$
$$D_0 = Q_0 \oplus 1$$

由递推表达式可知,将低位触发器输出取非再相与,再与本位触发器的输出进行异或运算,就可以得到减法计数器本位触发器的驱动信号。据此可设计如图 7.24 所示的同步十六进制减法计数器电路,其中两个与门为低电平输入有效,从而将低位触发器的输出取非,再相与。

由上述分析可知,加法计数器和减法计数器的电路结构类似,主要区别是计数逻辑的处理。因此可以构造如下二进制加法/减法计数器,如图 7.25 所示,该电路由 4 个计数器单元和 3 组二选一数据选择器构成,每组数据选择器都由两个类似的与门和一个或门组成,由 DIR 作为数据选择端,来选择加计数或减计数反馈逻辑,其中:

- 当 DIR=1 时,上面的与门 1 打开,将加法计数的反馈逻辑送入计数器单元中。
- 当 DIR=0 时,下面的与门 2 打开,将减法计数的反馈逻辑送入计数器单元中。

7.2.3 同步集成计数器

1. 4 位二进制加法计数器 74LS161

74LS161 由 4 个同一时钟控制的 JK 触发器构成,各触发器的翻转是在输入脉冲 CLK 的上升沿完成的。74LS161 的逻辑符号和引脚排列如图 7.26 所示,MR 是清零控制端,LOAD 是预置数控制端,$D_3 \sim D_0$ 是预置数据输入端,ENP、ENT 是计数使能端,RCO 是进位输出。

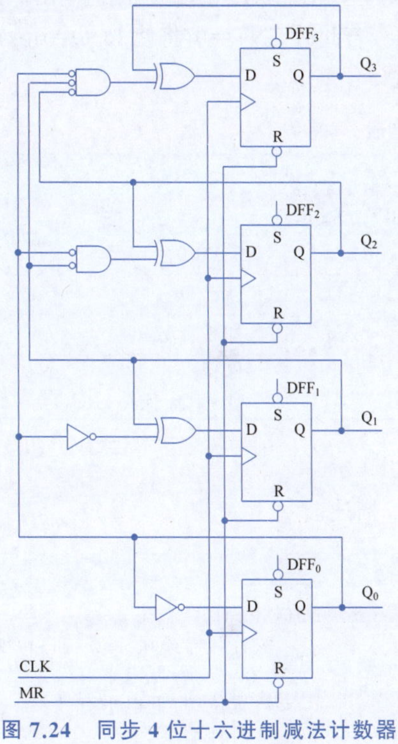

图 7.24 同步 4 位十六进制减法计数器

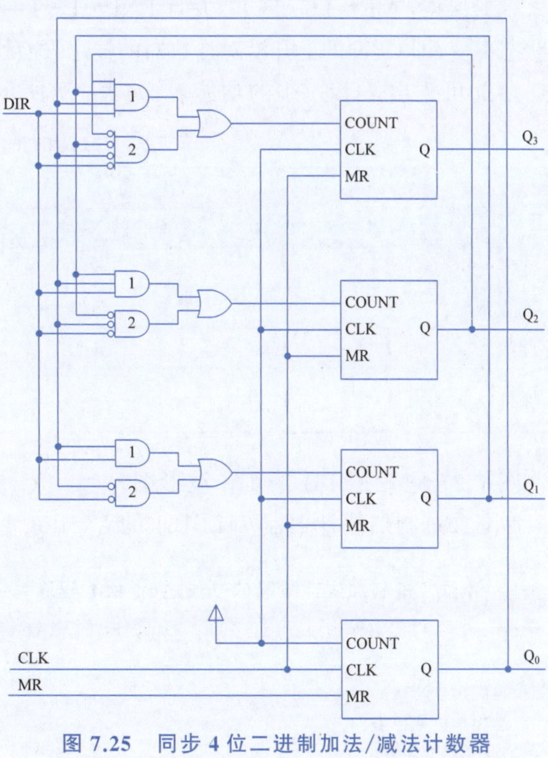

图 7.25 同步 4 位二进制加法/减法计数器

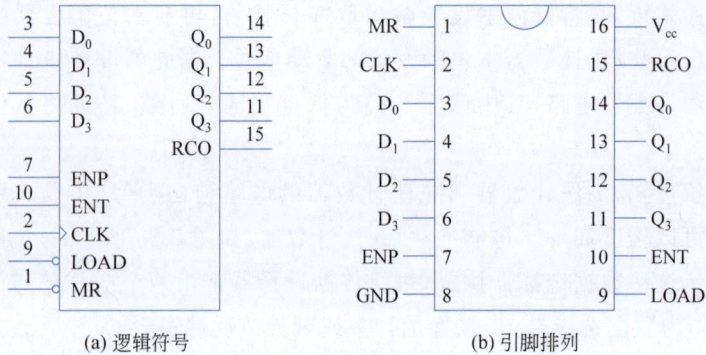

(a) 逻辑符号　　　　　　　(b) 引脚排列

图 7.26　74LS161 的逻辑符号和引脚排列

74LS161 有清零、预置数、计数和保持 4 种功能。

（1）清零：74LS161 采用的是异步清零的方式，当 MR＝0 时，无论其他信号是何状态（包括时钟 CLK），各触发器的输出全部被复位，即计数器的值被清零。

（2）预置数：当 MR＝1，LOAD＝0 时，在 CLK 脉冲上升沿的作用下，输入端 $D_3 \sim D_0$ 的数据被置入计数器中，即 $Q_3 \sim Q_0 = D_3 \sim D_0$。由于该预置数操作要求与 CLK 上升沿同步，所以称为同步预置数。

（3）计数：当 MR＝LOAD＝1，并且 ENP＝ENT＝1 时，计数器处于计数状态，对 CLK 输入脉冲的上升沿进行 4 位的二进制加法计数。当计数值 $Q_3 Q_2 Q_1 Q_0 = 1111$ 时，RCO＝1，计数值回 0 时 RCO 变为 0。

（4）保持：MR＝LOAD＝1，并且 ENP·ENT＝0 时，计数功能被禁止，计数器的输出保持原状态不变，即 CLK 的上升沿对计数器的输出没有影响。若此时 ENT＝0，将使 RCO＝0。

由此可列出 74LS161 的功能表，如表 7.7 所示。

表 7.7　74LS161 的功能表

工作方式	输　入						输　出
	MR	LOAD	CLK	ENP	ENT	$D_3 \sim D_0$	$Q_3 \sim Q_0$
清零	0	x	x	x	x	x	0 0 0 0
预置数	1	0	↑	x	x	$D_3 \sim D_0$	$D_3 \sim D_0$
计数	1	1	↑	1	1	x	加 1 计数
保持	1	1	x	0	x	x	保持
				x	0	x	$Q_3 \sim Q_0$ 保持，RCO＝0

图 7.27 是 74LS161 的工作波形图。

4 位二进制加法计数器 74LS161 的 Verilog HDL 描述。

4 位二进制加法计数器的 Verilog HDL 程序

```
module ls161(Mrf, Load, clk, Enp, Ent, data_in, data_out, Rco);
                                          //计数器模块 I/O 端口声明
    input Mrf;                            //清零端,低电平有效
    input Load;                           //置位端,低电平有效
    input clk;                            //时钟端
```

```
    input Enp, Ent;                                      //计数器使能端
    input [3:0] data_in;                                 //4 位预置数据
    output [3:0] data_out;                               //4 位输出数据
    output Rco;                                          //进位输出端
    reg [3:0] data_out;                                  //说明为寄存器类型
    reg Rco;
    always@(posedge clk or negedge Mrf) begin
      if(~Mrf) begin data_out<=4'b0000; Rco<=0; end      //清零
      else if(~Load) data_out<=data_in;                  //同步置位
      else begin
          casex({Enp,Ent})                               //计数器使能控制
            2'b?0: begin
                data_out<=data_out;                      //输出保持
                Rco<=0;                                  //进位清零
            end
            2'b11:begin
                data_out<=data_out+1;                    //计数器计数
                if(data_out==4'b1110) Rco<=1;            //进位信号有效
                else Rco<=0;                             //进位信号归零
            end
              default: begin
              data_out<=data_out;                        //输出保持
              Rco<=Rco;                                  //进位保持
            end
        endcase
    end
  end
endmodule
```

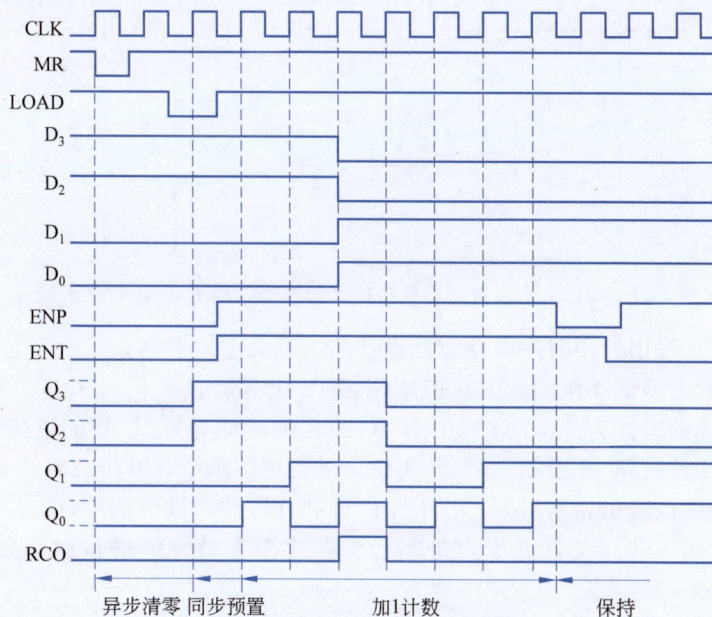

图 7.27 74LS161 的工作波形图

用两片 74LS161 扩展,可实现二百五十六(16×16)进制计数器,如图 7.28 所示电路是采用同步时序逻辑电路的方式设计的二百五十六进制计数器,图 7.29 为 256 计数器的计数过程。其中:

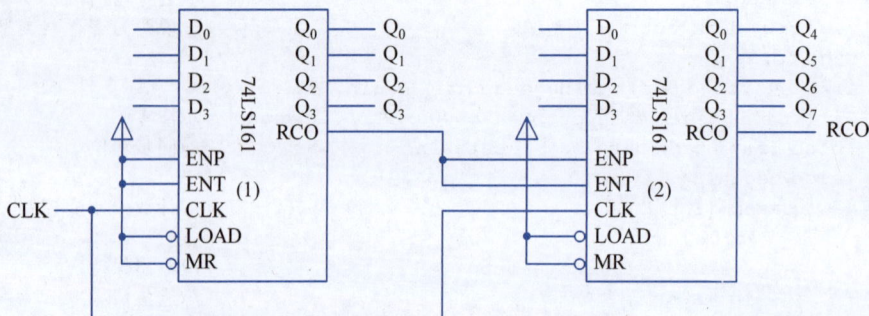

图 7.28　用两片 74LS161 扩展为二百五十六进制计数器（同步时序电路）

- 第(1)片实现低 4 位 $Q_3Q_2Q_1Q_0$ 计数,第(2)片实现高 4 位 $Q_7Q_6Q_5Q_4$ 计数。
- 两片 74LS161 的时钟同步在一起,均为外部时钟 CLK。
- 第(1)片的进位输出 RCO 扩展第(2)片的使能端 ENP 和 ENT,所以只有当第(1)片计数到 15 产生进位时,第(2)片才能计数一次。
- 当两片计数器都计数到 15 时,第(2)片的进位输出为 1,即为最终二百五十六进制计数器的进位输出。

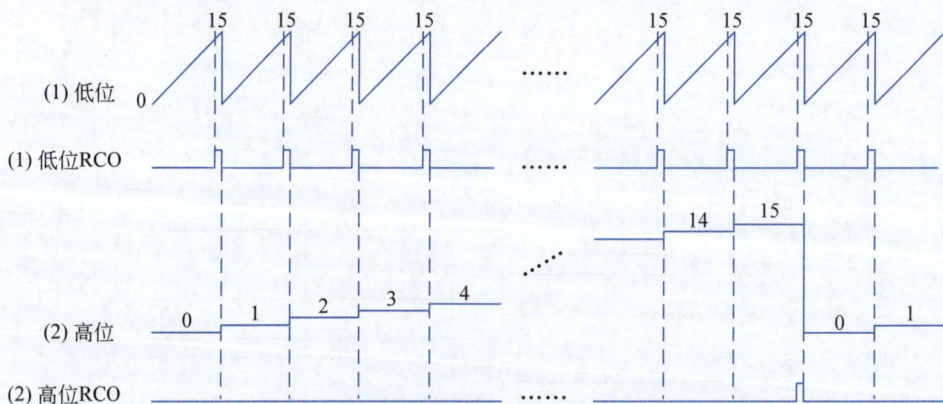

图 7.29　二百五十六进制计数器的计数过程时序图（同步时序电路）

图 7.30 则是采用异步时序电路方式设计的二百五十六进制数计数器。其中:

- 第(1)片实现低 4 位 $Q_3Q_2Q_1Q_0$ 计数,第(2)片实现高 4 位 $Q_7Q_6Q_5Q_4$ 计数。
- 第(1)片的时钟为外部时钟 CLK,第(2)片的时钟为第(1)片的进位信号取非,当第(1)片计数到 15 回到 0 时,其进位信号出现下降沿,此时第(2)片计数一次。
- 两片的进位输出相与得到二百五十六进制计数器的进位信号,这样当两片计数器都计数到 15 时,二百五十六进制计数器才产生最终的进位。计数过程时序图如图 7.31 所示。

74LS163 也是同步 4 位二进制加法计数器,它和 74LS161 的逻辑功能完全相同。二者的区别仅在于清零方式不同,74LS161 是异步清零,而 74LS163 采用同步清零

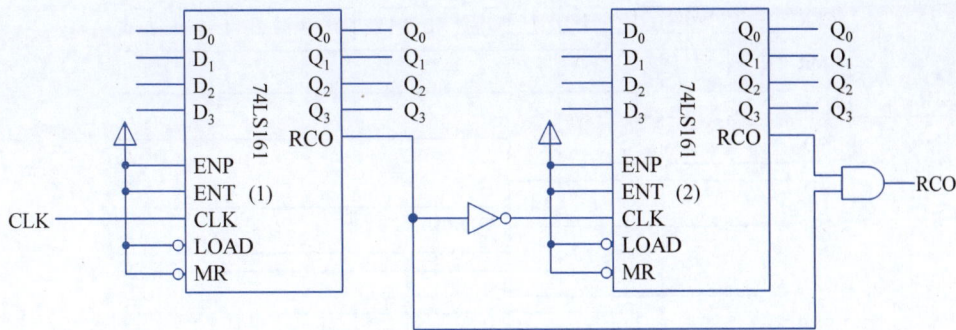

图 7.30 用两片 74LS161 扩展为二百五十六进制计数器（异步时序电路）

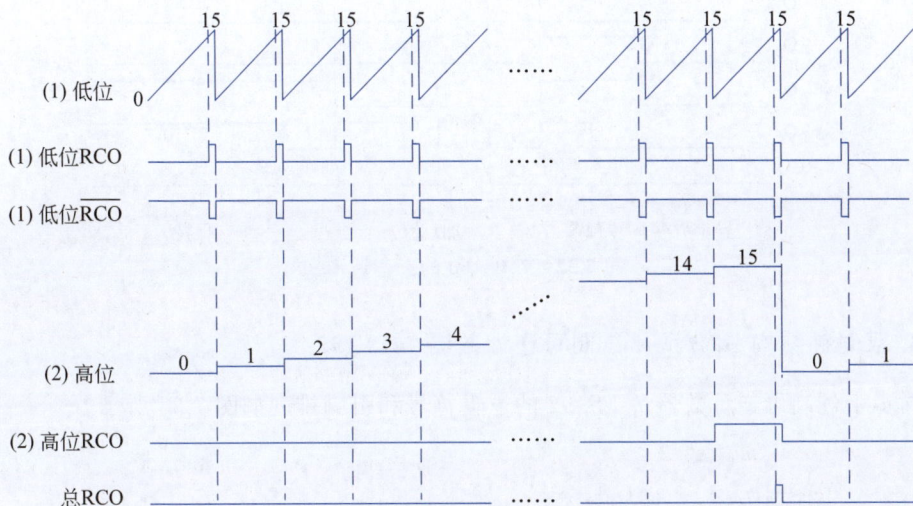

图 7.31 二百五十六进制计数器的计数过程时序图（异步时序电路）

方式。

2. 十进制加法计数器 74LS160

74LS160 是一个同步的 BCD 码十进制加法计数器，具有异步清零和同步预置数功能，其逻辑符号和引脚的功能及排列与 74LS161 完全相同，二者唯一的区别仅在于计数长度不同。当计数值 $Q_3Q_2Q_1Q_0 = 1001$ 时，进位输出信号 RCO＝1，在下一个脉冲的上升沿，计数值回零，RCO 变为 0。二百五十六进制计数器的计数过程时序图如图 7.31 所示。

74LS160 也有清零、预置数、计数和保持 4 种功能，其功能表与 74LS161 类似。74LS160 的工作波形图如图 7.32 所示。

74LS162 也是同步 BCD 码十进制加法计数器，它和 74LS160 的逻辑功能完全相同。二者的区别仅在于清零方式不同，74LS160 是异步清零，而 74LS162 采用同步清零方式。

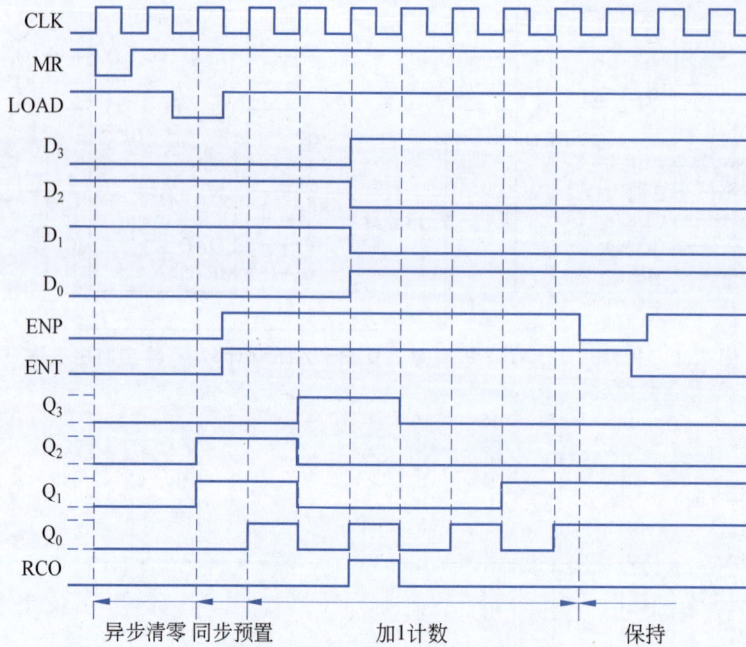

图 7.32　74LS160 的工作波形图

3. 双时钟结构 BCD 码十进制可逆计数器 74LS192

同步十进制可逆计数器 74LS192 的逻辑符号和引脚排列如图 7.33 所示。

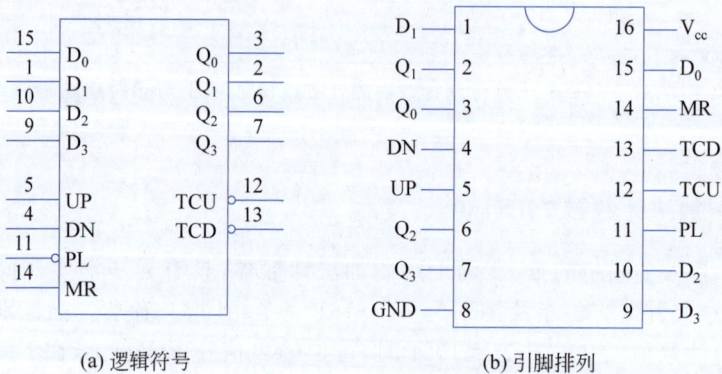

(a) 逻辑符号　　　　　　　　(b) 引脚排列

图 7.33　74LS192 的逻辑符号和引脚排列

UP 是加法计数的脉冲输入端，DN 是减法计数的脉冲输入端，都是上升沿有效。计数时，UP 和 DN 只能有一个接脉冲信号，另一个引脚必须固定接高电平。MR 是异步清零信号，高电平有效。PL 是异步预置数控制端，低电平有效，预置的数据由 $D_3 D_2 D_1 D_0$ 装入。TCU 是加法计数的进位输出信号，低电平有效，当计数值 $Q_3 Q_2 Q_1 Q_0 = 1001$ 并且 UP=0 时，TCU=0。TCD 是减法计数的借位输出信号，低有效，当计数值 $Q_3 Q_2 Q_1 Q_0 = 0000$ 并且 DN=0 时，TCD=0。即 $TCU = \overline{Q_3} + Q_2 + Q_1 + \overline{Q_0} + UP$，$TCD = Q_3 + Q_2 + Q_1 + Q_0 + DN$。

74LS192 的功能表如表 7.8 所示。

表 7.8　74LS192 的功能表

工作方式	输　　入				输　　出	
	MR	PL	UP	DN	$D_3 \sim D_0$	$Q_3 \sim Q_0$
清零	1	x	x	x	x	0 0 0 0
预置数	0	0	x	x	$D_3 \sim D_0$	$D_3 \sim D_0$
加法计数	0	1	↑	1	x	加 1 计数
减法计数	0	1	1	↑	x	减 1 计数

74LS192 的工作波形图如图 7.34 所示。

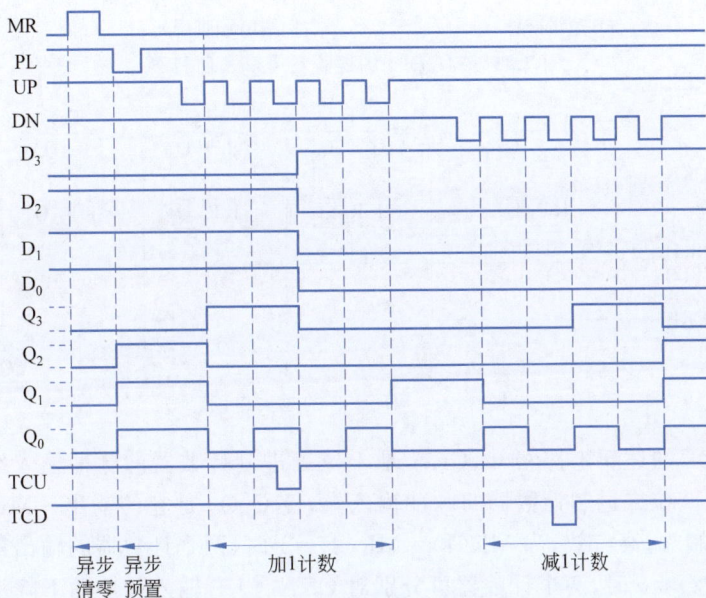

图 7.34　74LS192 的工作波形图

常用的可逆计数器还有 74LS190、74LS191、74LS193。74LS193 是双时钟结构 4 位二进制可逆计数器,它与 74LS192 的逻辑符号和引脚的功能及排列完全相同,二者唯一的区别仅在于计数长度不同。74LS193 的加法进位输出和减法借位输出逻辑分别为 $TCU = \overline{Q_3} + \overline{Q_2} + \overline{Q_1} + \overline{Q_0} + UP$,$TCD = Q_3 + Q_2 + Q_1 + Q_0 + DN$。74LS190、74LS191 都是单时钟结构的可逆计数器,可分别实现 BCD 码十进制计数和 4 位二进制计数。它们都只有一个脉冲输入端,由控制信号 $D/\overline{U}$ 引脚控制进行加法计数或者减法计数。74LS190 和 74LS191 的逻辑符号和引脚的功能及排列也完全相同,只有计数长度不同。

7.2.4　异步集成计数器

1. 二-八-十六进制加法计数器 74LS293

74LS293 内部有两个计数器,一个是 1 位的二进制计数器,一个是 3 位的二进制加法计数器，可独立使用，分别完成二进制计数和八进制加法计数功能。如果把内部的两个计数器级联使用，可构成 4 位的二进制加法计数器。74LS293 的逻辑符号和引脚排列如图 7.35 所示，内部逻辑电路如图 7.36 所示。

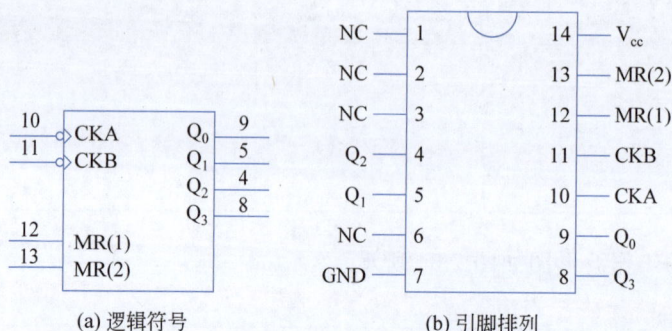

图 7.35　74LS293 的逻辑符号和引脚排列

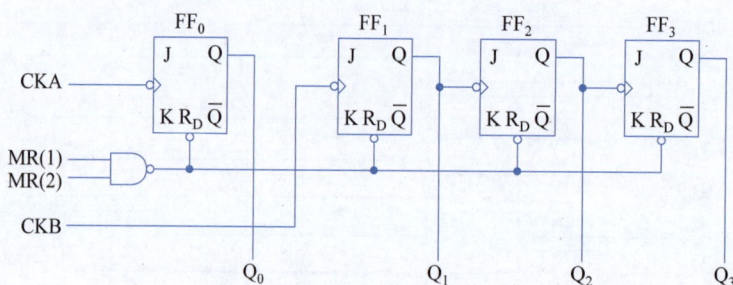

图 7.36　74LS293 的逻辑电路

由 74LS293 的逻辑电路可知，CKA 是 1 位二进制计数器的脉冲输入端，Q_0 是它的输出。CKB 是 3 位二进制计数器的脉冲输入端，$Q_3 Q_2 Q_1$ 是它的输出。MR(1)、MR(2) 是异步清零控制端，高有效，当 MR(1)＝MR(2)＝1 时，两个计数器的输出都被清零。当 MR(1)·MR(2)＝0 时，两个计数器可分别对 CKA、CKB 输入脉冲的下降沿进行二进制和八进制加法计数。

两个计数器级联使用时，把 CKA 接输入的时钟脉冲，CKB 与 Q_0 相连，则构成了一个十六进制加法计数器，计数值输出为 $Q_3 Q_2 Q_1 Q_0$。

由以上分析可得到 74LS293 的功能表如表 7.9 所示。

表 7.9　74LS293 的功能表

MR(1)	MR(2)	CKA	CKB	Q_3	Q_2	Q_1	Q_0
1	1	x	x	0	0	0	0
MR(1)·MR(2)＝0		↓	x	二进制计数(Q_0 输出)			
MR(1)·MR(2)＝0		x	↓	八进制计数($Q_3 Q_2 Q_1$ 输出)			
MR(1)·MR(2)＝0		↓	Q_0	十六进制计数($Q_3 Q_2 Q_1 Q_0$ 输出)			

2. 二-五-十进制加法计数器 74LS290

74LS290 的内部由一个二进制计数器和一个五进制加法计数器组成,可独立使用,也可以级联构成十进制计数器。74LS290 的逻辑符号和引脚排列如图 7.37 所示,内部逻辑电路如图 7.38 所示。

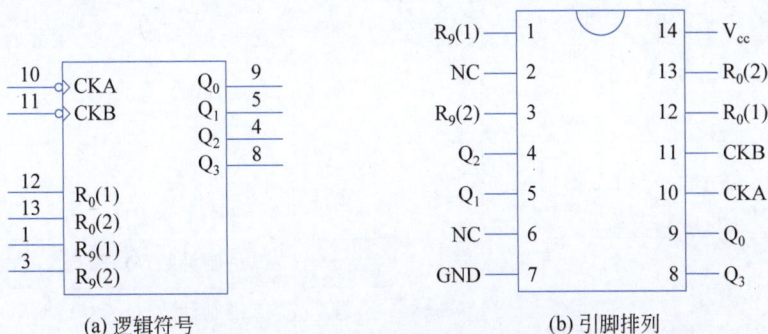

图 7.37　74LS290 的逻辑符号和引脚排列

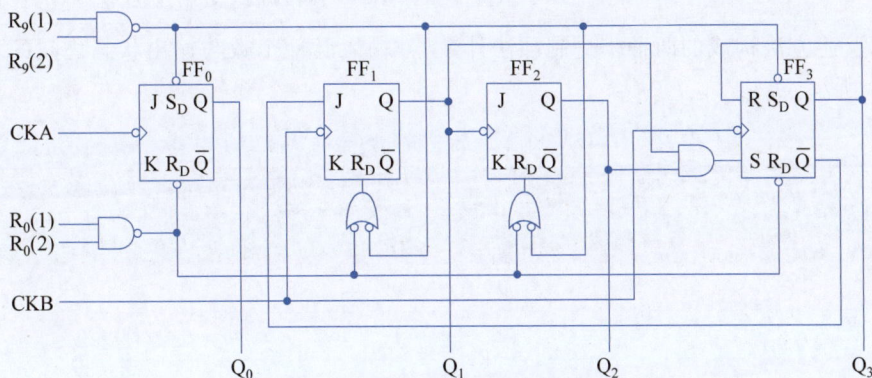

图 7.38　74LS290 的逻辑电路

- 74LS290 由 3 个 JK 触发器和 1 个 RS 触发器构成,4 个触发器都是下降沿触发。
- 若以 CKA 作为脉冲输入端,则 FF_0 构成二进制计数器,Q_0 为输出。
- 若以 CKB 作为脉冲输入端,则 FF_1、FF_2、FF_3 构成异步五进制加法计数器,$Q_3 Q_2 Q_1$ 为输出。
- $R_0(1)$、$R_0(2)$ 是异步清零控制端,高有效,当 $R_0(1) = R_0(2) = 1$ 时,两个计数器的输出都被清零,即 $Q_3 Q_2 Q_1 Q_0 = 0000$。
- $R_9(1)$、$R_9(2)$ 是异步置 9 控制端,高有效,当 $R_9(1) = R_9(2) = 1$ 时,计数器被置为 9,即 $Q_3 Q_2 Q_1 Q_0 = 1001$。
- 不允许 $R_0(1) = R_0(2) = R_9(1) = R_9(2) = 1$。
- 当 $R_0(1) \cdot R_0(2) = 0$ 并且 $R_9(1) \cdot R_9(2) = 0$ 时,两个计数器可分别对 CKA、CKB 输入脉冲的下降沿进行二进制和五进制加法计数。

两个计数器级联使用时,有两种连接方式。一种是把 CKA 作为时钟脉冲输入端,

CKB 与 Q_0 相连,此时构成了一个 8421BCD 码十进制加法计数器,计数值输出为 $Q_3Q_2Q_1Q_0$。另一种方法是把 CKB 作为时钟脉冲输入端,CKA 与 Q_3 相连,这样构成的是一个 5421 码十进制加法计数器,此时 Q_0 为最高位,即计数值输出为 $Q_0Q_3Q_2Q_1$。

由以上分析可得到 74LS290 的功能表如表 7.10 所示。

表 7.10　74LS290 的功能表

$R_0(1)$	$R_0(2)$	$R_9(1)$	$R9(2)$	CKA	CKB	输　　出
1	1	0	x	x	x	$Q_3Q_2Q_1Q_0=0000$
1	1	x	0	x	x	
0	x	1	1	x	x	$Q_3Q_2Q_1Q_0=1001$
x	0	1	1	x	x	
$R_0(1) \cdot R_0(2)=0$		$R_9(1) \cdot R_9(2)=0$		↓	x	二进制计数（Q_0 输出）
				x	↓	五进制计数（$Q_3Q_2Q_1$ 输出）
				↓	Q_0	8421 码十进制计数（$Q_3Q_2Q_1Q_0$ 输出）
				Q_3	↓	5421 码十进制计数（$Q_0Q_3Q_2Q_1$ 输出）

用上述方法构成的两种十进制加法计数器,输入脉冲个数与输出状态之间的关系如表 7.11 所示。

表 7.11　74LS290 作为十进制计数器的状态变化规律

脉冲序号	8421 码计数的输出				5421 码计数的输出			
	Q_3	Q_2	Q_1	Q_0	Q_0	Q_3	Q_2	Q_1
0	0	0	0	0	0	0	0	0
1	0	0	0	1	0	0	0	1
2	0	0	1	0	0	0	1	0
3	0	0	1	1	0	0	1	1
4	0	1	0	0	0	1	0	0
5	0	1	0	1	1	0	0	0
6	0	1	1	0	1	0	0	1
7	0	1	1	1	1	0	1	0
8	1	0	0	0	1	0	1	1
9	1	0	0	1	1	1	0	0
10	0	0	0	0	0	0	0	0

7.2.5　基于 MSI 计数器的任意 M 进制计数器

利用 N 进制的集成计数器构成 M 进制的计数器,如果 N≥M,只需一片;如果 N<

M,则需要多片。利用 k 个 N 进制的计数器,可以构成模 $M \leqslant N^k$ 的任意进制计数器。

如果需要实现的计数器的模 $M = N_1 \times N_2$,而且刚好有一个 N_1 进制的计数器和一个 N_2 进制的计数器,则处理方式比较简单,只要将两个计数器级联就可以实现。例如,74LS290 的内部就是用一个二进制计数器和一个五进制计数器,级联构成了一个十进制计数器。对于其他情况,则需要利用集成计数器的清零控制端和预置数控制端,对应的实现方法分别称为反馈清零法(或反馈复位法)和反馈预置数法,有时需要两种方式结合使用才能满足要求。

设 M 进制计数器的有效状态依次为 $S_0,S_1,\cdots,S_{M-1}$,M 进制计数器就是,每输入 M 个脉冲,计数状态循环一次。

1. 反馈清零法

反馈清零法的主要思想是,设计一个附加控制电路,当计数器的输出为某一特定状态时,通过该电路强制对计数器进行清零,使其从头开始计数。用该方法设计的计数器,第一个有效状态 S_0 的编码一定是全 0。集成计数器的清零操作有同步清零和异步清零两种,其反馈逻辑略有不同,图 7.39 和图 7.40 是利用反馈清零法将十六进制计数器构成十二进制计数器的状态转换图。

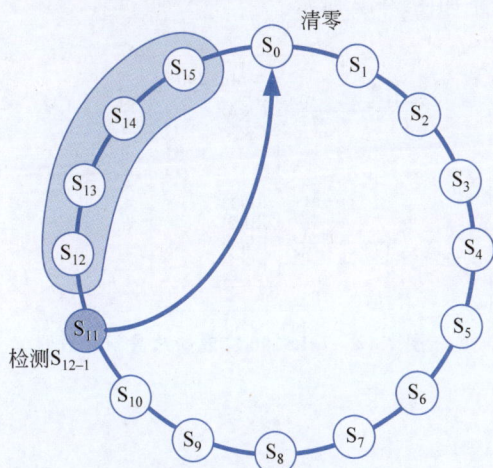

图 7.39 同步清零   图 7.40 异步清零

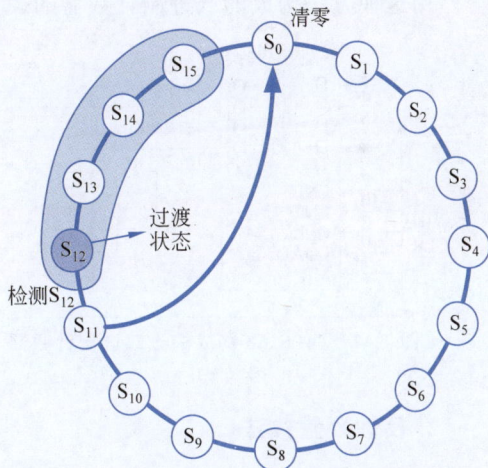

从上图可以看出如果是同步清零的计数器,即使清零控制端有效,也要等到下一个脉冲到达时计数器才会被清零。所以反馈逻辑应该是,计数状态为 S_{M-1} 时,令清零控制端有效。计数过程中,输出端只循环输出 M 个有效状态 $S_0,S_1,\cdots,S_{M-1}$。

如果是异步清零的计数器,则只要清零控制端有效,计数器马上被清零,不需要时钟同步。所以反馈逻辑应该是,计数状态为最后一个有效状态的下一个状态,即 S_M 时,令清零控制端有效。计数过程中,输出端除了输出 M 个有效状态 $S_0,S_1,\cdots,S_{M-1}$ 外,无效状态 S_M 也会出现,但是这个状态一旦出现计数器就会马上被清零,所以 S_M 是一个过渡状态,出现的时间极其短暂。

如果清零控制端为低有效,则反馈逻辑就是 S_{M-1}(同步清零)或 S_M(异步清零)的状态编码中所有为 1 的各个 Q 的逻辑与非；如果清零控制端为高有效，则反馈逻辑就是 S_{M-1}（同步清零）或 S_M（异步清零）的状态编码中所有为 1 的各个 Q 的逻辑与。

例 7.3　采用反馈清零法，用 74LS163 构成一个十二进制计数器。

解：74LS163 是一个同步清零的 4 位二进制加法计数器，清零信号 MR 为低有效。按照前面的分析，找到十二进制计数器的最后一个有效状态 $S_{11} = 1011$，所以反馈逻辑为 $MR = \overline{Q_3 Q_1 Q_0}$。这样，计数器从 0000 开始进行加 1 计数，当输入了 11 个脉冲时，$Q_3 Q_2 Q_1 Q_0 = 1011$，通过反馈逻辑令 MR=0，因为是同步清零方式，所以下一个脉冲（即第 12 个脉冲）到达时，计数器回零，从而实现了十二进制计数的功能。

为了使 74LS163 正常计数，ENP、ENT 和 LOAD 引脚都要接高电平。

用这种方法构成的十二进制计数器的逻辑电路如图 7.41 所示。

例 7.4　采用反馈清零法，用 74LS290 构成一个八进制计数器。

解：74LS290 是一个异步清零的二-五-十进制加法计数器，清零信号高有效，在 R0(1)=R0(2)=1 时完成。首先要把 74LS290 连成一个十进制的计数器，本例中采用 8421 码，即 CKA 接外部时钟，CKB 与 Q_0 相连。设计反馈逻辑时需要找到最后一个有效状态的下一个状态的编码，即 $S_8 = 1000$，所以反馈逻辑是 R0(1)=R0(2)=Q_3。为了使 74LS290 正常计数，将 R9(1) 和 R9(2) 都接无效信号，即低电平。

用这种方法构成的八进制计数器的逻辑电路如图 7.42 所示。

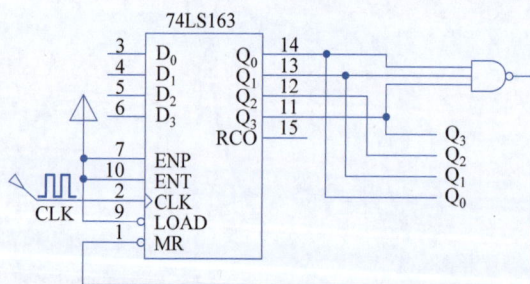

图 7.41　74LS163 构成的十二进制计数器

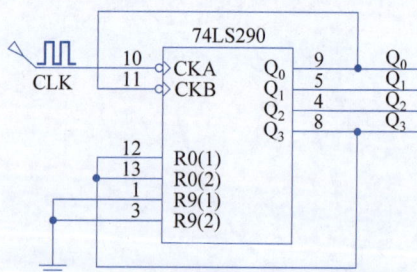

图 7.42　74LS290 构成的八进制计数器

2. 反馈预置数法

反馈预置数法的思想是，当计数器的输出为某个特定状态时，令预置数控制端有效，将计数状态强行置为 S_0 的编码。这里初始状态 S_0 的编码不一定是全 0，可根据需要置成任意的二进制数。要完成 M 进制计数器的功能，就是要保证每输入 M 个脉冲，计数器回到 S_0 状态。与清零操作类似，集成计数器的预置数操作也有同步预置数和异步预置数两种，其反馈逻辑也略有不同，图 7.43 和图 7.44 是利用反馈预置数法将十六进制计数器构成十一进制计数器的状态转换图。

从上图可以看出与反馈清零法类似，如果是同步预置数的计数器，设计反馈逻辑时要找到最后一个有效状态 S_{M-1}；如果是异步预置数的计数器，则要找到 S_M。因为反馈预置数方法设计的计数器，S_0 的编码可以取任意二进制数，这样 $S_0, S_1, \cdots, S_{M-1}$（如果是异步预置数，还包括 S_M）的编码就不一定是从小到大的顺序，所以设计预置数的反馈逻辑与设计清零的反馈逻辑不完全相同。

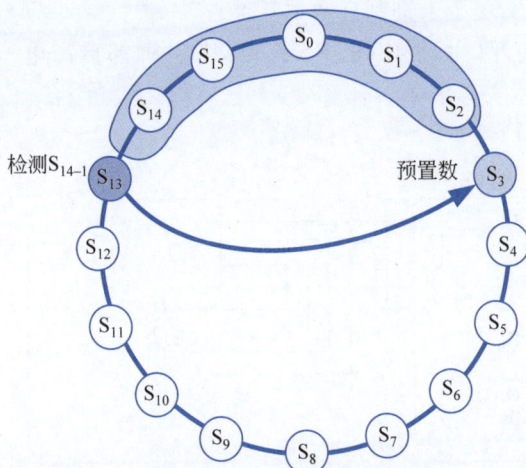

图 7.43 同步预置数

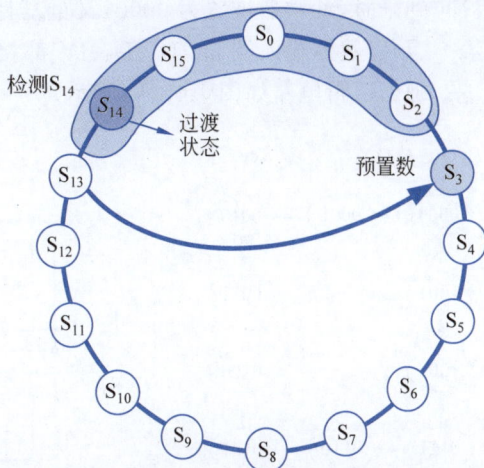

图 7.44 异步预置数

设预置数控制端为低有效,如果 S_0,S_1,$\cdots$,S_{M-1}(异步预置数还包括 S_M)的编码是从小到大的顺序,则其反馈逻辑与清零的反馈逻辑相同,取 S_{M-1}(同步预置数)或 S_M(异步预置数)的状态编码中所有为 1 的各个 Q 的逻辑与非。如果 S_0,S_1,$\cdots$,S_{M-1}(异步预置数还包括 S_M)的编码不是从小到大的顺序,则设计反馈逻辑时所有的 Q 都要参与,取 S_{M-1} 或 S_M 的状态编码中所有为 1 的各个 Q 和所有为 0 的各个 Q 的非,再进行逻辑与非。预置数方式为异步时,S_M 同样是一个过渡状态,出现的时间极其短暂。

如果预置数控制端为高电平有效,则把上面反馈逻辑中的逻辑与非改成逻辑与即可。

例 7.5 采用反馈预置数法,用 74LS161 设计一个十进制计数器。

采用反馈预置数方法设计计数器时,预置的数据可以是任意的二进制数,也就是说,S_0 状态可以用任何编码表示。按照 S_0 状态编码的取值不同,反馈预置数法又分为预置为 0 方式、预置为最小数方式、预置为最大数方式和预置为中间数方式。下面分别用这 4 种方式设计该十进制计数器。

解: 74LS161 是 4 位二进制加法计数器,预置数控制端LOAD为低有效,采用同步预置方式。按照前面的分析,设计反馈逻辑时,应找到十进制计数器的最后一个有效状态 S_9。为了让 74LS161 正常计数,设计好反馈逻辑后,还要把 ENP、ENT 和MR引脚都接高电平。

1) 预置为 0 方式

该方法与反馈清零法的原理和效果是相同的,只是通过预置数方法让计数器强行进入全 0 状态,而不是用清零控制端实现的。

预置数据为 0,所以 $S_0=0000$,按照 4 位二进制加法计数的规律,10 个有效状态的状态转换图如图 7.45(a)所示,其中 $S_9=1001$ 为最后一个有效状态。

由于 $S_0 \sim S_9$ 的编码是从小到大的顺序,所以预置数的反馈逻辑为LOAD $= \overline{Q_3 Q_0}$。输入 9 个脉冲后,计数值变为 $Q_3 Q_2 Q_1 Q_0 = 1001$,使LOAD$=0$,下一个脉冲(即第 10 个脉冲)到来时,计数器被置为 0000,又重复计数,实现了十进制计数的功能。

预置数据输入端 D_3、D_2、D_1、D_0 都接低电平,并将 ENP、ENT 和 MR 引脚都接高电平,画出逻辑电路如图 7.45(b)所示。

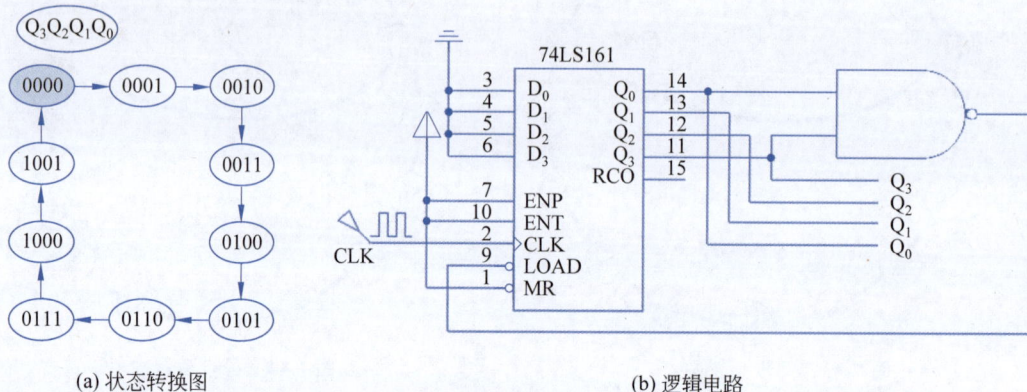

(a) 状态转换图　　　　　　　　　　　(b) 逻辑电路

图 7.45　预置为 0 构成十进制计数器

2) 利用 RCO 作反馈逻辑

74LS161 设置了进位输出信号 RCO,当计数值 $Q_3Q_2Q_1Q_0 = 1111$ 时,RCO=1。如果将 RCO 反相后与 LOAD 相连,即反馈逻辑设计成 LOAD=$\overline{RCO}$,则计数器在输出为全 1 时,预置数控制端有效,下一个脉冲到来时,计数器被置成 $D_3D_2D_1D_0$ 的状态。然后,从编码为 $D_3D_2D_1D_0$ 的状态开始计数,所以,有效状态的转换从 $D_3D_2D_1D_0$(S_0 的编码)开始,来一个脉冲进行一次加 1,一直加到全 1,再返回到 $D_3D_2D_1D_0$,重复进行。为了实现十进制计数,有效状态的个数应该是 10 个,所以从全 1 跳到 $D_3D_2D_1D_0$ 应该跳过 6(16−10)个编码状态,即 $D_3D_2D_1D_0 = 0110$(跳过的 6 个编码状态依次为 0000、0001、0010、0011、0100、0101)。

图 7.46 是用该方式构成十进制计数器的状态转换图及逻辑电路。

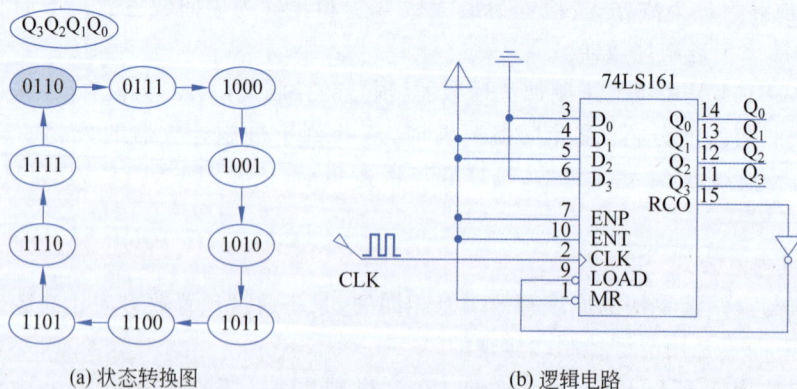

(a) 状态转换图　　　　　　　　　　　(b) 逻辑电路

图 7.46　预置为最小数构成十进制计数器

3) 预置为最大数方式

当计数值为某个特定状态时,将最大数置入其中,在计数脉冲的作用下,计数器从最大数开始计数。对于 74LS161 来讲,最大数就是 1111,当计数值为某个特定状态时,就跳到 1111(S_0 的编码),然后开始加 1 计数。所以,要实现十进制计数,这个特定的计数状态 S_9 应该是 1000,从 1000 跳到 1111 刚好跳过了 6 个状态(1001、1010、1011、1100、1101、1110)。由于 S_0、S_1、$\cdots$、S_9 的编码不是从小到大的顺序,所以反馈逻辑要考虑到每个 Q 的状态,即 $\mathrm{LOAD}=\overline{Q_3\overline{Q_2}\,Q_1\overline{Q_0}}$。

由上面的分析可画出状态转换图和逻辑电路如图 7.47 所示。

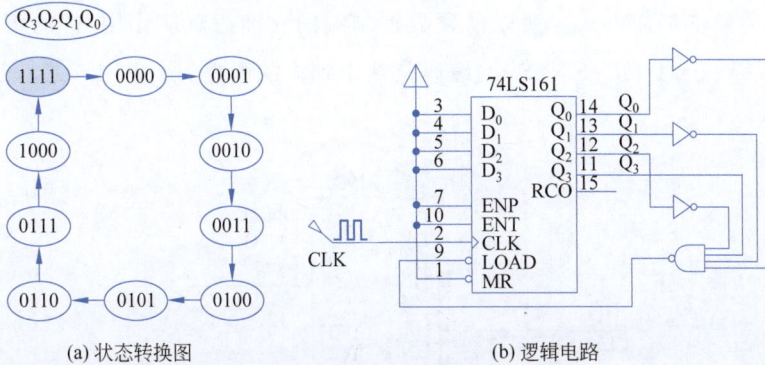

(a) 状态转换图　　　　　　　　　(b) 逻辑电路

图 7.47　预置为最大数构成十进制计数器

4)预置为中间数方式

当计数值为某个特定状态时,将一个中间数置入其中,该中间数作为 S_0 的编码,可以取任何值。例如,取置入的中间数为 1010,则 S_9 的编码为 0011。设计反馈逻辑时仍然要考虑每个 Q 的状态,得到 $\mathrm{LOAD}=\overline{\overline{Q_3}\,\overline{Q_2}\,Q_1\,Q_0}$。用该方法实现十进制计数器的状态转换图和逻辑电路如图 7.48 所示。

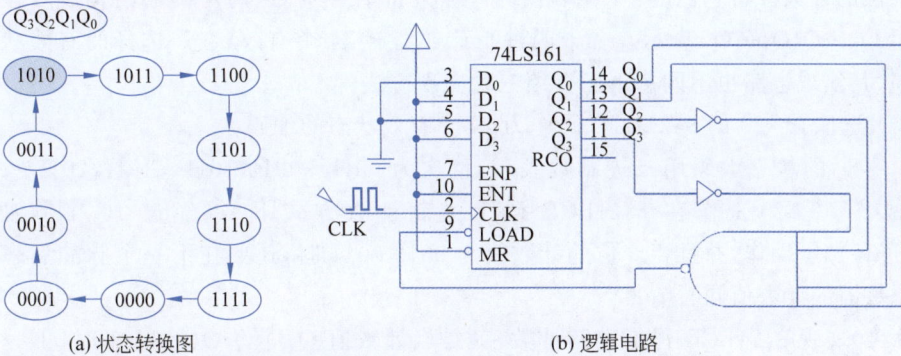

(a) 状态转换图　　　　　　　　　(b) 逻辑电路

图 7.48　预置为中间数(1010)构成十进制计数器

如果预置的数据取 0011,则 10 个有效状态依次是 0011～1100,各状态编码比 8421 码大 3,即得到了余 3 码输出。此时构成的计数器是余 3 码计数器,其反馈逻辑为 $\mathrm{LOAD}=\overline{Q_3Q_2}$,预置的数据为 $D_3D_2D_1D_0=0011$。

不同的集成计数器芯片控制端设置不同,有的设置了清零控制端,有的设置了预置数控制端,还有的二者都设置了。对于同时设置了这两种控制端的计数器,原则上采用反馈清零法和反馈预置数法都能满足要求。如果设计的 M 进制计数器由多片集成计数器构成，还可能会同时用到这两种方法。从前面的分析中可以看出，如果反馈逻辑使用的控制端是异步的，则在计数过程中会出现一个短暂的无效状态，所以在设计时应尽量使用同步控制端。

例 7.6　试用 74LS192 设计一个六进制加法计数器，设计数器的起始状态为 0010。

解：74LS192 是双时钟结构的、同步 BCD 码十进制可逆计数器，要用它实现加法计数，应将 DN 引脚接高电平，UP 接时钟脉冲信号，复位信号 MR 接地。预置数控制端 PL 低有效，是异步工作方式。所以预置数控制端的反馈逻辑应该用 S_6 的编码产生，由 $S_0=0010$，可得 $S_6=1000$。$S_0 \sim S_6$ 的编码是从小到大的顺序，所以 $PL=\overline{Q_3}$，逻辑电路如图 7.49 所示。

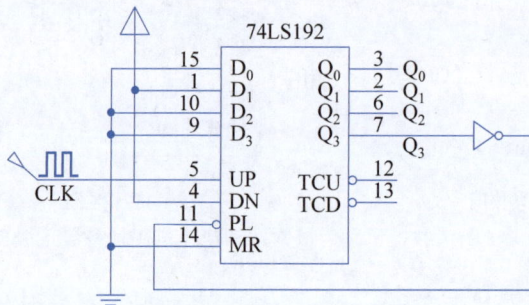

图 7.49　74LS192 构成的六进制加法计数器

例 7.7　试用两片 74LS163 设计一个二十四进制计数器。

解：74LS163 是同步清零、同步预置数的 4 位二进制加法计数器，清零控制端和预置数控制端都是低有效。设计二十四进制计数器需要两片，设片（1）和片（2）分别实现对高位和低位的计数。将它们的 CLK 端接同一个外部时钟信号，两片的输出构成 8 位二进制数用 $Q_7 \cdots Q_4 Q_3 \cdots Q_0$ 表示。二十四进制计数器有 24 个有效状态，选择的有效状态编码不同，其实现电路也不同。下面介绍三种实现方法。

（1）选取 0～23 的 8421BCD 码作为 24 个有效状态的编码。

$S_0 \sim S_{23}$ 的状态编码用二进制数表示，依次为 00H～09H，10H～19H，20H～23H。所以，要让片（2）工作在 8421BCD 码十进制计数方式下，每经过 10 个脉冲，片（1）要进行加 1 操作，并且当 8 位的计数值为 0010 0011 时，还要在下一个脉冲到来时让两片计数器的计数值同时清零。

片（2）实现 8421BCD 码十进制计数，就是当计数值 $Q_3 Q_2 Q_1 Q_0 = 1001$ 时，下一个脉冲会让计数器回零，可以利用 74LS163 的预置数控制端将 0000 置入，即 $D_3 D_2 D_1 D_0 = 0000$，反馈逻辑 $LOAD=\overline{Q_3 Q_0}$。当片（2）回零时，片（1）要同时实现加 1 操作。所以用片（2）的 Q_3 和 Q_0 控制片（1）的允许计数控制端 ENP、ENT，当 $Q_3=Q_0=1$ 时，片（1）的 ENP=ENT=1。这样，当片（2）的计数值 $Q_3 Q_2 Q_1 Q_0 = 1001$ 时，片（1）允许计数，在下一个脉冲到来时，低位回零的同时，高位加 1，实现了逢十进一。

从整体上看，当两片 74LS163 的 8 位输出 $Q_7 \sim Q_0 = 0010\ 0011$ 时，令两片的清零控

制信号同时有效,下一个脉冲到来时,8 位的计数值变为全 0,从而实现了二十四进制计数功能。故两个计数器清零的反馈信号为 $MR = \overline{Q_5 Q_1 Q_0}$。

该方法实现的二十四进制计数器的逻辑电路如图 7.50 所示。

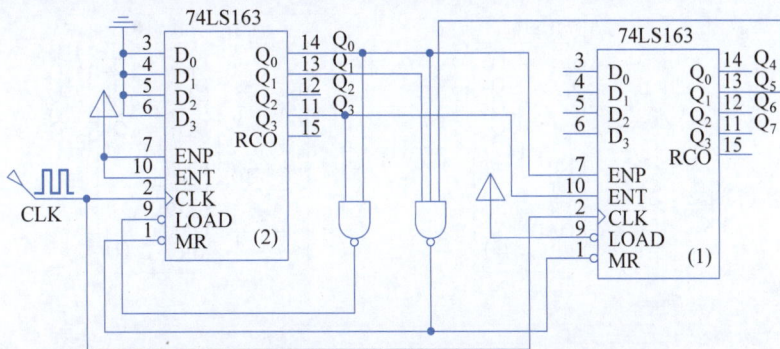

图 7.50　74LS163 构成二十四进制计数器的逻辑电路(1)

如果对 24 个有效状态的编码没有特殊要求,还可以采用下面的两种方法实现。

(2) 24 个有效状态的编码依次为 06H～0FH,16H～1FH,26H～29H。

片(2)实现的仍然是十进制计数,但 10 个有效的计数值是 0110～1111。观察这 24 个有效状态的编码可知,有两种情况要把片(2)的计数值置为 0110:一是当 $Q_3 Q_2 Q_1 Q_0 = 1111$(即 RCO=1)时;二是当 $Q_7 Q_6 Q_5 Q_4 = 0010$ 且 $Q_3 Q_2 Q_1 Q_0 = 1001$ 时。所以片(2)的预置数反馈逻辑为 $LOAD = \overline{RCO} \cdot \overline{Q_5 Q_3 Q_0}$,预置数据为 $D_3 D_2 D_1 D_0 = 0110$。

当片(2)的 RCO=1 时,应使片(1)的 ENP=ENT=1,这样下一个脉冲到来时,低位置为 0110 的同时,高位进行加 1 操作。而且当 8 位计数值为 0010 1001 时,应将片(1)清零。所以,片(1)的 ENP、ENT 受片(2)RCO 的控制;片(1)清零的反馈逻辑为 $MR = \overline{Q_5 Q_3 Q_0}$。由此可画出逻辑电路如图 7.51 所示。

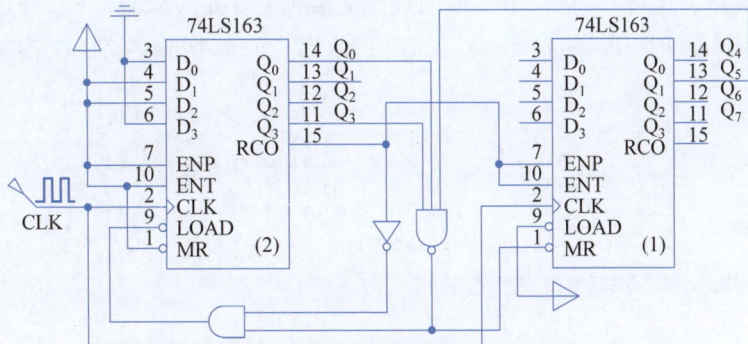

图 7.51　74LS163 构成二十四进制计数器的逻辑电路(2)

(3) 24 个有效状态的编码依次为 00H～17H。

这种电路最简单,负责低位计数的 74LS163 不需做特殊处理,直接实现 4 位的二进制计数。当低位片(2)计到 1111 时,允许片(1)计数(可用低位的 RCO 控制高位的 ENP、ENT),下一个脉冲到来时,低位清零的同时,高位加 1。两片 74LS163 就构成了二百五十六进制的计数器。现在要实现二十四进制计数，只要把清零的反馈逻辑设计成MR＝$\overline{Q_4 Q_2 Q_1 Q_0}$ 即可。当计数值 $Q_7 \sim Q_0 ＝ 0001\ 0111$ 时，两个计数器的清零控制同时有效，下一个脉冲同时被清零，从而实现二十四进制计数。逻辑电路如图 7.52 所示。

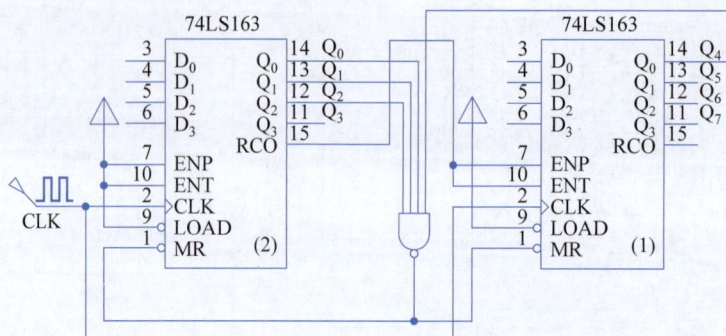

图 7.52　74LS163 构成二十四进制计数器的逻辑电路（3）

上面的三种电路都构成了二十四进制计数器，由于第一种方法各计数状态的编码与人的习惯是一致的，所以其效果是最好的。

7.2.6　移位寄存器型计数器

以移位寄存器为基础，在其串行输入端接上一定的反馈逻辑就构成了移位寄存器型计数器。采用不同的反馈逻辑，可以构成不同形式的计数器，主要有环形计数器（ring counter）和扭环形计数器（twisted counter）。

1. 环形计数器

把 n 位移位寄存器的末级输出反馈连接到首级数据输入端，就构成了计数长度为 n 的环形计数器。图 7.53 是一个 4 位的环形计数器，首先触发器 $FF_0 \sim FF_3$ 构成一个移位寄存器，然后把 FF_3 的输出 Q_3 反馈连到 FF_0 的数据输入端，就构成了环形计数器。

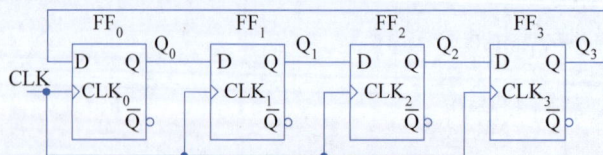

图 7.53　4 位环形计数器

如果初始状态中只有一个为 1，则在 CLK 脉冲的作用下，这个 1 被循环移位，各状态构成一个循环，称为有效循环。设初始状态为 $Q_3 Q_2 Q_1 Q_0 ＝ 0001$，可画出状态转换图（如图 7.54 所示）。从图中可知，有效循环中只有 4 个有效状态，所以是一个四进制计数器。如果初始状态不是这 4 个之一，则永远无法进入有效循环，所以该电路不能自启动。工作时，应先让计数器进入有效状态，可利用强制置位和复位端实现。

环形计数器的优点是，直接利用各触发器的 Q 端作为电路的状态输出，不需要附加

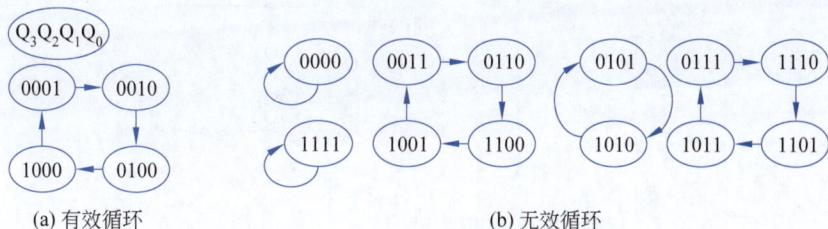

(a) 有效循环   (b) 无效循环

图 7.54   4 位环形计数器的状态转换图

译码电路,电路结构简单。但是,其状态利用率低,n 个触发器构成的电路有 2^n 个状态,但是环形计数器只使用 n 个作为有效状态,构成 n 进制计数器。

2. 扭环形计数器

把 n 位移位寄存器的末级输出反相后,再反馈连接到首级数据输入端,就构成了 n 位的扭环形计数器。把如图 7.53 所示的环形计数器的反馈逻辑 $D_0 = Q_3$ 改成 $D_0 = \overline{Q_3}$,如图 7.55 所示,就得到了一个 4 位的扭环形计数器。

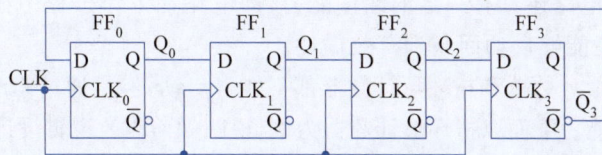

图 7.55   4 位扭环形计数器

设电路的初始状态为 $Q_3 Q_2 Q_1 Q_0 = 0000$,可画出状态转换图如图 7.56 所示。该电路有 8 个有效状态,所以是一个八进制计数器。该电路仍然无法自启动。

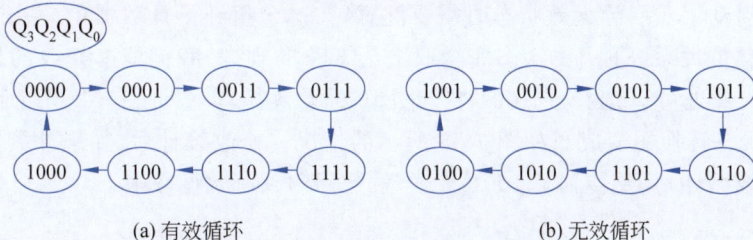

(a) 有效循环   (b) 无效循环

图 7.56   4 位扭环形计数器的状态转换图

扭环形计数器最大的优点在于,每次状态变化时只有一个触发器改变状态,所以电路不会产生竞争-冒险。n 位扭环形计数器有 2n 个有效状态,是环形计数器的 2 倍,但是电路状态的利用率仍然较低。

当然,环形计数器和扭环形计数器也可以用集成移位寄存器构成。图 7.57 就是用 74LS194 构成的 4 位扭环形计数器。

在启动该电路工作时,复位信号输入一个负脉冲,使 74LS194 的 4 位输出进入全 0 状态。然后在时钟脉冲上升沿的作用下,Q_3 取反后通过引脚 D_{SR} 移位到 Q_0 端,其余几个输出端依次左移。该扭环形计数器的状态转换图与图 7.56(a) 所示的相同。

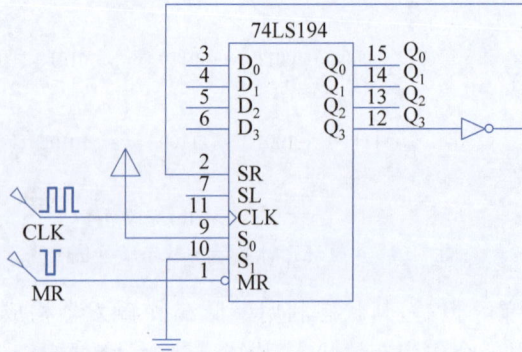

图 7.57　74LS194 构成的 4 位扭环形计数器

3. 实现移位寄存器型计数器自启动的方法

时序逻辑电路中,通常要求电路具有自启动的功能,即无论电路加电后处于什么初始状态,经过有限个时钟脉冲后都可以自动进入有效循环,这样加电后不必预置初始状态。能够自启动的电路还具有一定的纠偏能力,即电路在工作过程中如果由于遇到干扰而脱离有效循环,还能够自动回归到有效循环。

前面介绍的环形计数器和扭环形计数器都不能自启动,但是通过修改逻辑设计可以让它们具有自启动功能。下面以扭环形计数器为例,说明如何修改逻辑设计使其能够自启动。

例 7.8　设计一个能够自启动的 4 位扭环形计数器。

解:先以如图 7.55 所示的扭环形计数器为基础,修改逻辑设计使其能够自启动。图 7.56 是不能自启动的 4 位扭环形计数器的状态转换图。为了让电路能够自启动,应该打破无效循环,将无效循环切断,并把断开处的无效状态引导到相应的有效状态,这样电路就能够自启动了。引导无效状态时需要注意,在这个扭环形计数器中,从 FF_i 到 FF_{i+1} 位是固定的移位关系,FF_{i+1} 的次态完全取决于 FF_i 的现态,我们能够修改的只有最低位 FF_0 的次态。此处可以选择在 1001 状态处切断无效循环,并把 1001 引导到有效状态 0011 处,则状态转换图变成了如图 7.58 所示的情况。修改设计后,如果计数器因为某种原因进入无效循环,只要转到了 1001 状态,就能回归到有效循环中。

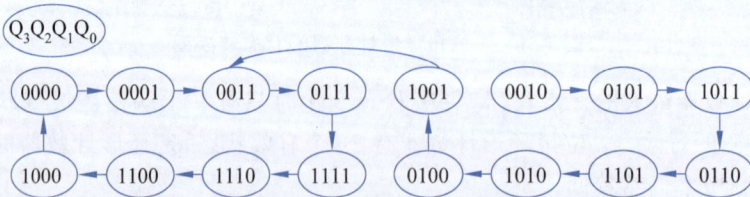

图 7.58　能自启动的 4 位扭环形计数器的状态转换图

现态为 1001 时,原来的无效循环中 Q_0 的次态为 0,修改之后变为 1。

根据新的状态转换图可画出 Q_0 的次态卡诺图如图 7.59 所示,进一步可写出反馈逻辑 $D_0 = \overline{Q}_3 + \overline{Q}_2 \overline{Q}_1 Q_0$,并画出逻辑电路如图 7.60 所示。

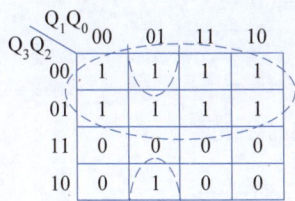

图 7.59 Q_0 的次态卡诺图

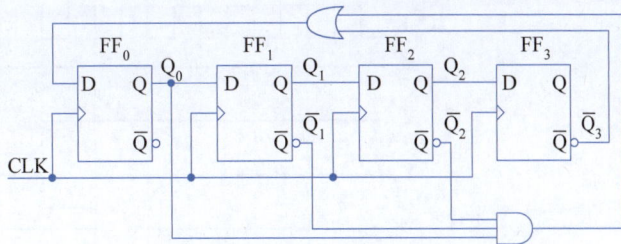

图 7.60 能自启动的 4 位扭环形计数器逻辑电路

环形计数器实现自启动的原理是类似的,但是实现电路比扭环形计数器要复杂。因为环形计数器中存在多个无效循环,而且有的无效循环被切断后不能够直接引导到有效循环中,需要先引导到另一个无效循环,然后再引导到有效循环,有的甚至需要多次引导才能进入有效状态。

7.3 顺序脉冲发生器

在数字控制系统以及数字计算机中,通常需要机器按照事先规定的顺序进行操作或运算,这就要求控制电路能按一定的时间顺序发出控制脉冲。顺序脉冲发生器就是能产生这种控制脉冲的时序电路,也称为节拍脉冲发生器。

7.3.1 由计数器和译码器构成的顺序脉冲发生器

顺序脉冲发生器一般由计数器和译码器两部分构成。图 7.61 是用计数器 74LS161 和译码器 74LS138 构成的顺序脉冲发生器。该电路每个周期能产生 8 个节拍脉冲(负脉冲),按顺序依次从 74LS138 的 $Y_0, Y_1, \cdots, Y_7$ 输出。

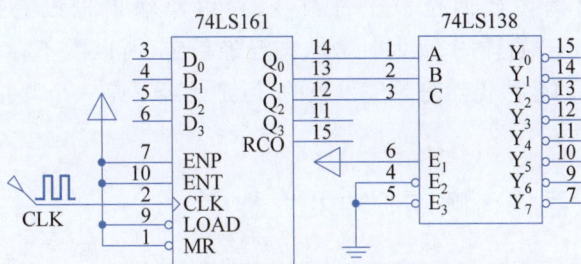

图 7.61 顺序脉冲发生器逻辑电路

在 CLK 脉冲的作用下,74LS161 进行 4 位二进制加法计数,其输出的低 3 位 $Q_2 Q_1 Q_0$ 的变化规律是 $000, 001, 010, \cdots, 111$,每个状态持续 1 个 CLK 周期。$Q_2$、$Q_1$、$Q_0$ 被引入 74LS138 作为译码输入选择信号,从而使 $Y_0, Y_1, \cdots, Y_7$ 依次输出低电平,且每个信号的低电平持续时间为一个 CLK 周期,也就是产生了 8 个节拍脉冲,输出的波形如图 7.62 所示。

在计数过程中,计数器内部各触发器翻转的时间不可能完全相同。如果某次计数状态的变化是两个或两个以上的触发器发生翻转,则在对状态进行译码时,译码器的输入

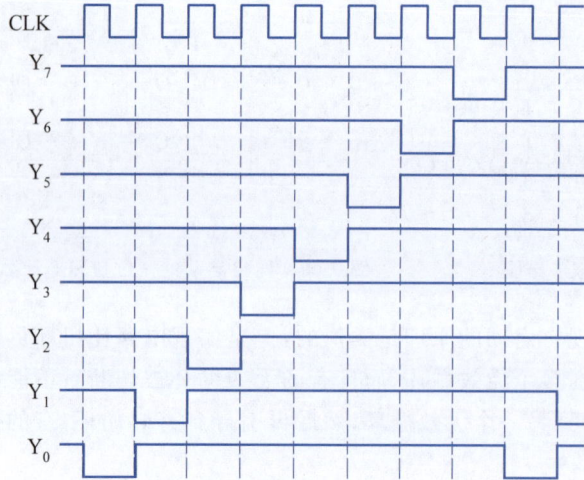

图 7.62　顺序脉冲发生器输出波形

端就会产生信号的竞争，于是在译码器的输出端就可能产生干扰脉冲（或称过渡噪声）。要消除这种干扰脉冲可以采用下面的两种方法。

（1）用扭环形计数器取代普通的计数器。由于扭环形计数器每次状态变化都是只有一个触发器发生翻转，故不存在信号的竞争，也就不会产生干扰脉冲。

（2）引入封锁脉冲消除竞争-冒险现象。一个最简单的实现方法是用输入计数脉冲去封锁译码器。如果触发器是下降沿触发，则 CLK 信号为 0 时封锁译码器；如果触发器是上升沿触发，则 CLK＝1 时封锁译码器。在 74LS161 和 74LS138 构成的顺序脉冲发生器中，如果要消除干扰脉冲，则可以把输入脉冲 CLK 信号与 74LS138 的低有效控制端 E_2 相连（其他信号的连接保持不变）。这样，当 CLK 由 0 变为 1 时，74LS161 进行加 1 计数，状态发生变化，但是此时 74LS138 是不允许译码的，其所有输出端都无效（为 1），所以即使状态变化是两位或两位以上都改变，对电路输出也没有影响。当 CLK 由 1 变为 0 时，74LS138 开始译码，此时计数状态已经稳定，所以就不存在干扰脉冲了。这样构成的电路，输出的脉冲仍然是顺序出现的，但是已经不是一个紧接着一个了，其输出的波形如图 7.63 所示。

7.3.2　环形计数器作为顺序脉冲发生器

前面介绍的环形计数器，各有效状态的编码中只有一位为 1，此时环形计数器本身就构成了一个顺序脉冲发生器。如图 7.53 所示的环形计数器，如果初始状态为 0001，则会按照顺序依次从 Q_0、Q_1、Q_2、Q_3 引脚输出正脉冲信号，即每个周期按顺序产生 4 个节拍脉冲。

环形计数器在 CLK 脉冲的作用下，每个触发器的输出端可依次轮流出现 1，所以不用附加译码电路即可直接产生顺序脉冲。没有译码器，当然也就不存在干扰脉冲的问题了。

用环形计数器作为顺序脉冲发生器，电路简单，但是 n 个触发器构成的环形计数器

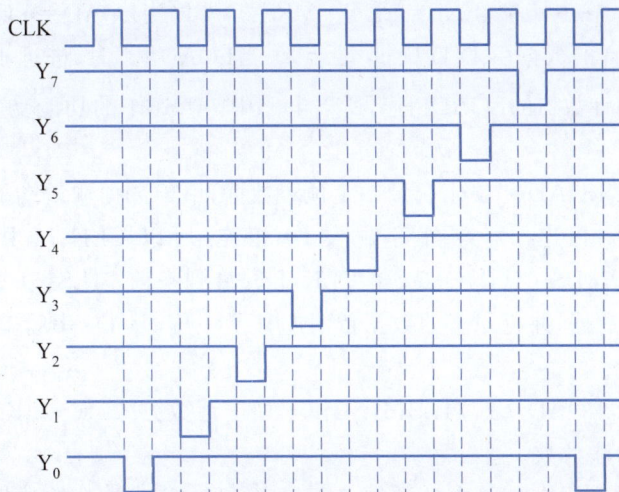

图 7.63 消除干扰脉冲的顺序脉冲发生器输出波形

只能产生 n 个顺序脉冲。所以该方法适用于需要的顺序脉冲个数较少的场合。

7.4 基于 MSI 时序逻辑电路的分析与设计

7.4.1 基于 MSI 时序逻辑电路的分析

分析由 MSI 构成的时序逻辑电路时,首先将电路划分为若干功能模块,然后分析每个模块的功能,在此基础上分析出整体电路的逻辑功能。下面通过举例说明基于 MSI 时序电路的分析方法。

例 7.9 用计数器 74LS161 构成的某时序逻辑电路如图 7.64 所示,$C/\overline{S}$ 是控制信号,试分析当 $C/\overline{S}$ 为 0 和为 1 时,电路分别实现什么功能。

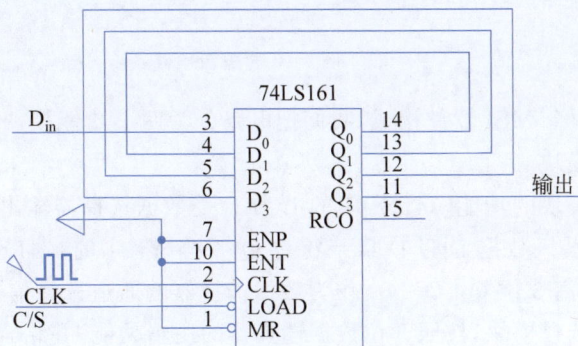

图 7.64 例 7.9 的逻辑电路

解:该电路只有一片 74LS161,所以不用进行模块划分,只要分析控制信号取不同值时74LS161 实现的功能即可。74LS161 是同步预置数的 4 位二进制加法计数器,LOAD是预置数控制端,低有效。在电路中,ENP＝ENT＝MR＝1,所以当 LOAD＝0 时,在 CLK 脉冲上升沿的作用下,预置的数据由 $D_3D_2D_1D_0$ 端装入;当 LOAD＝1 时,进行 4 位二进制加法计数。控制端 $C/\overline{S}$ 与计数器的 LOAD 相连,所以电路中 74LS161 的功能受 $C/\overline{S}$ 的控制,具体情况如下。

当 $C/\overline{S}＝0$ 时,LOAD＝0,对 74LS161 预置数据,由于数据输入端 D_3、D_2、D_1 分别和输出端 Q_2、Q_1、Q_0 相连,D_0 与外部输入 D_{in} 相连,所以 CLK 出现上升沿时,数据 $Q_2Q_1Q_0D_{in}$ 被装入 74LS161($Q_2Q_1Q_0$ 是 CLK 上升沿到来前 74LS161 的状态)。也就是从 Q_0 移入了一位数据,并将原来的数据依次左移了一位,从 Q_3 串行输出——实现的是移位寄存器的功能。

当 $C/\overline{S}＝1$ 时,LOAD＝1,74LS161 工作于加 1 计数方式,对 CLK 输入的时钟脉冲进行 4 位二进制加法计数。

例 7.10 某时序逻辑电路由计数器 74LS161 和一个 8 选 1 的数据选择器构成,如图 7.65 所示。X 是控制信号,试分析当 X＝0 和 X＝1 时,电路各实现什么功能。

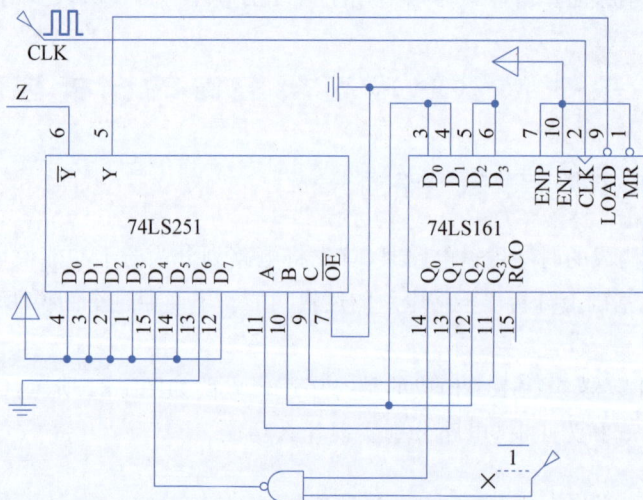

图 7.65 例 7.10 的逻辑电路

解：该电路由两个 MSI 器件构成,我们把电路分为两个功能模块,一个是计数模块,另一个是数据选择模块。

首先分析计数模块的功能,74LS161 的 LOAD 受数据选择器输出的控制。当数据选择器输出 Y＝0 时,装入数据 $D_3D_2D_1D_0＝00Q_2Q_2$。当 Y＝1 时,74LS161 进行 4 位二进制加法计数,输出的高 3 位 Q_3、Q_2、Q_1 作为数据选择器的通道选择信号 C、B、A。

再来分析数据选择模块,按照 8 位数据选择器的逻辑功能,并结合电路中 $D_0 \sim D_7$ 的输入状态,得到输出表达式为

$$Y＝\overline{C}\,\overline{B}\,\overline{A}D_0＋\overline{C}\,\overline{B}AD_1＋\overline{C}B\overline{A}D_2＋\overline{C}BAD_3＋C\overline{B}\,\overline{A}D_4＋C\overline{B}AD_5＋CB\overline{A}D_6＋CBAD_7$$

$$＝\overline{Q_3}\,\overline{Q_2}\,\overline{Q_1}＋\overline{Q_3}\,\overline{Q_2}Q_1＋\overline{Q_3}Q_2\overline{Q_1}＋\overline{Q_3}Q_2Q_1＋Q_3\overline{Q_2}\,\overline{Q_1}\,\overline{X}Q_0＋Q_3\overline{Q_2}Q_1＋Q_3Q_2Q_1$$

输出 $Z＝\overline{Y}$。

假设计数器初始状态为 $Q_3Q_2Q_1Q_0 = 0000$，由以上分析，可列出电路的状态转换表如表 7.12 所示。

表 7.12　例 7.10 的状态转换表

X	CLK 脉冲序号	Q_3	Q_2	Q_1	Q_0	Y＝LOAD	Q_3^*	Q_2^*	Q_1^*	Q_0^*	输出 Z
0	1	0	0	0	0	1	0	0	0	1	0
	2	0	0	0	1	1	0	0	1	0	0
	3	0	0	1	0	1	0	0	1	1	0
	4	0	0	1	1	1	0	1	0	0	0
	5	0	1	0	0	1	0	1	0	1	0
	6	0	1	0	1	1	0	1	1	0	0
	7	0	1	1	0	1	0	1	1	1	0
	8	0	1	1	1	1	1	0	0	0	0
	9	1	0	0	0	1	1	0	0	1	0
	10	1	0	0	1	1	1	0	1	0	0
	11	1	0	1	0	1	1	0	1	1	0
	12	1	0	1	1	1	1	1	0	0	0
	13	1	1	0	0	0（置数）	0	0	1	1	1
1	1	0	0	0	0	1	0	0	0	1	0
	2	0	0	0	1	1	0	0	1	0	0
	3	0	0	1	0	1	0	0	1	1	0
	4	0	0	1	1	1	0	1	0	0	0
	5	0	1	0	0	1	0	1	0	1	0
	6	0	1	0	1	1	0	1	1	0	0
	7	0	1	1	0	1	0	1	1	1	0
	8	0	1	1	1	1	1	0	0	0	0
	9	1	0	0	0	1	1	0	0	1	0
	10	1	0	0	1	0（置数）	0	0	0	0	1

由状态转换表可以看出，当 X＝0 时，经过有限个 CLK 脉冲后，计数状态在 0011～1100 之间构成了一个循环，且计数值为 1100 时，输出端 Z＝1。所以，该电路是一个余 3 码加法计数器，Z 是进位输出信号。当 X＝1 时，计数状态构成的循环是 0000～1001，且计数值为 1001 时，输出 Z＝1。所以，该电路是一个 8421BCD 码加法计数器，Z 是进位输出信号。

下面判断该电路是否能够自启动。分别求出表 7.12 中没有出现的各无效状态的状态转换情况，如表 7.13 所示。

由表 7.12 和表 7.13 可以看出，所有的无效状态在经过有限个 CLK 脉冲后都可以进入有效循环，所以该电路能够自启动。

表 7.13　表 7.12 中未列出的各无效状态的转换表

X	Q_3	Q_2	Q_1	Q_0	Y＝LOAD	Q_3^*	Q_2^*	Q_1^*	Q_0^*
	1	1	0	1	0（置数）	0	0	1	1
0	1	1	1	0	1	1	1	1	1
	1	1	1	1	1	0	0	0	0
	1	0	1	0	1	1	0	1	1
	1	0	1	1	1	1	0	0	0
1	1	1	0	0	0（置数）	0	0	1	1
	1	1	0	1	0（置数）	0	0	1	1
	1	1	1	0	1	1	1	1	1
	1	1	1	1	1	0	0	0	0

例 7.11　试分析如图 7.66 所示电路的逻辑功能，其中 CLK 输入脉冲的周期是 1s。

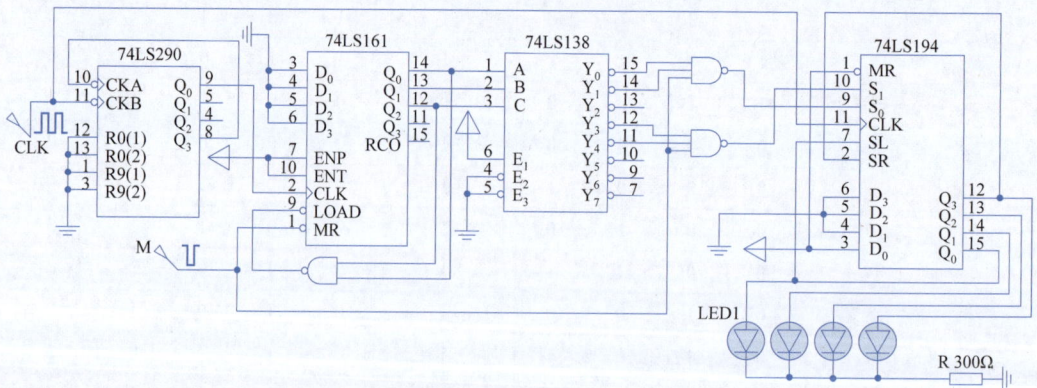

图 7.66　例 7.11 的逻辑电路

解：该电路由 4 个 MSI 器件组成，可分为 4 个功能模块。

（1）74LS290 模块：该计数器的 CKB 接外部时钟脉冲，CKA 与 Q_3 相连，构成了一个 5421 码的十进制计数器，计数值为 $Q_0Q_3Q_2Q_1$，即 Q_0 的输出是 CLK 脉冲的十分频。外部时钟 CLK 的周期是 1s，所以 Q_0 每 10s 输出一个脉冲给 74LS161。

（2）74LS161 模块：预置数的反馈逻辑是 LOAD＝$\overline{Q_2Q_0}$，预置的数据是 $D_3D_2D_1D_0＝$ 0000，所以该模块完成的功能是对周期为 10s 的输入脉冲进行六进制加法计数，计数值变化规律是 000～101，从 $Q_2Q_1Q_0$ 输出，送给 74LS138 的译码选择输入端 C、B、A。

（3）74LS138 模块：对 74LS161 的 6 个计数状态进行译码，其输出控制 74LS194 的工作方式。由 74LS161 模块的功能可知，74LS138 的输出端会按照 Y_0，Y_1，Y_2，…，Y_5 的顺序依次输出负脉冲，每个负脉冲的宽度为 10s，然后再循环输出。

（4）74LS194 模块：74LS194 的方式控制信号 $S_1＝MY_4Y_3$，$S_0＝\overline{MY_1Y_0}$。如果 M＝0，则 $S_1S_0＝11$，在外部输入时钟 CLK 上升沿作用下，装入数据 $D_3D_2D_1D_0＝0001$，点亮最

左边的指示灯 LED_1。如果 M＝1，S_1、S_0 受 74LS138 的控制。假设计数器初始状态为 $Q_2 Q_1 Q_0$＝000，则 74LS138 的 Y_0＝0，持续 10s 后，Y_1＝0，以此类推，直到 Y_5＝0，持续 10s 后又从 Y_0 有效开始循环。于是 S_1、S_0 的状态按如下规律变化：$S_1 S_0$＝01，持续 20s；$S_1 S_0$＝00，持续 10s；$S_1 S_0$＝10，持续 20s；$S_1 S_0$＝00，持续 10s，然后再从头循环。由此可知，M＝1 时，74LS194 首先进行 20s 的左移操作（移位脉冲是外部输入脉冲，所以每 1s 移动一位），由于 D_{SR} 与 Q_3 相连，从 Q_3 位移出的数据又经过 D_{SR} 移入到 Q_0 位，即 4 位数据循环左移；然后保持 10s；再进行 20s 的循环右移操作；再保持 10s，该过程循环往复地进行。

该电路的功能表如表 7.14 所示。

表 7.14　例 7.11 的功能表

M	Q_2	Q_1	Q_0（74161）	74LS194 的		功　　能
	C	B	A（74138）	S_1	S_0	
0	x	x	x	1	1	送数（CLK 上升沿）
1	0	0	0	0	1	数据左移（CLK 上升沿）
	0	0	1			
	0	1	0	0	0	保持
	0	1	1	1	0	数据右移（CLK 上升沿）
	1	0	0			
	1	0	1	0	0	保持

该电路工作时，首先在控制端 M 上施加一个负脉冲信号，使计数器清零，并将数据 0001 装入 74LS194 中，从而点亮指示灯 LED_1，其他指示灯处于熄灭状态。如果把被点亮的指示灯看作光点，M 端的负脉冲结束后，该电路的功能就是控制光点的移动。

表 7.14 中列出的移动方向是指移位寄存器中数据的移动方向，光点的移动方向与实际中各指示灯排列的顺序（指左右顺序）有关。假设实际中各指示灯的排列顺序如图 7.66 所示，则光点首先右移 20s，保持 10s，再左移 20s，保持 10s，循环往复地进行。左移或右移时，每 1s 移动一个光点。

7.4.2　基于 MSI 时序逻辑电路的设计

基于 MSI 的时序逻辑电路在设计时一般采用模块化设计方法。

（1）根据实际要求确定输入/输出逻辑变量，并赋予逻辑值。再根据现有的 MSI 器件，将整体的逻辑设计划分为若干个功能模块。

（2）设计各功能模块的逻辑电路。功能模块的划分以及 MSI 器件的选择情况直接影响电路的复杂程度。

（3）将各功能模块相互连接构成整体设计，画出逻辑电路图。

在设计电路时，追求的目标是，使用的 MSI 器件少、电路的复杂度低。所以有时状态化简并不是必需的。状态分配要根据所选器件的功能而定，选择了合适的 MSI 后，应尽量减少其操作功能的种类。在求驱动方程和输出方式时，要根据 MSI 在每个状态下执行的操作功能，设置各控制端的驱动信号。下面通过举例来说明基于 MSI 时序逻辑电路的设计方法。

例 7.12 设计一个具有自启动功能的灯光控制电路。要求红、黄、绿三种颜色的灯在时钟信号的作用下，按照表 7.15 规定的顺序转换状态。

表 7.15 例 7.12 的灯亮状态转换表

CLK 顺序	红	黄	绿	CLK 顺序	红	黄	绿
0	灭	灭	灭	5	灭	灭	亮
1	亮	灭	灭	6	灭	亮	灭
2	灭	亮	灭	7	亮	灭	灭
3	灭	灭	亮	8	灭	灭	灭
4	亮	亮	亮				

解：根据题意，控制电路应该有三个输出信号，用 Z_1、Z_2、Z_3 表示，分别用于控制红、黄、绿三种颜色灯的亮/灭。电路的构成可分为计数器模块和组合输出模块，计数器模块用 4 位二进制加法计数器 74LS161 实现，组合电路部分选择三-八译码器 74LS138。

（1）计数器模块设计。由灯亮状态转换表可知电路共有 8 个状态，所以需要一个八进制计数器。74LS161 不需要进行任何处理，让它工作在十六进制计数器的方式下，直接选用计数状态的低三位 Q_2、Q_1、Q_0 作为输出，就实现了八进制的计数。而且 $Q_2 Q_1 Q_0$ 的 8 个状态都是有效状态，所以电路具有自启动的功能。

（2）译码器模块设计。随着时钟脉冲的输入，74LS161 的计数状态不断变化，输出端 Z_1、Z_2、Z_3 也要按照要求的顺序进行变化。用 74LS161 的输出状态 Q_2、Q_1、Q_0 控制 74LS138 的译码选择输入端 C、B、A。

设输出 Z_i 为 1 时，对应的灯点亮；Z_i 为 0 时，对应的灯熄灭，则可列出状态转换和输出之间的对应关系如表 7.16 所示，表中还列出了各状态下 74LS138 的值为 1 的最小项。

表 7.16 例 7.12 的状态转换与输出的对应关系

Q_2 C	Q_1 B	Q_0(74161) A(74138)	$m_i=1$ (74138)	Z_1	Z_2	Z_3	Q_2 C	Q_1 B	Q_0(74161) A(74138)	$m_i=1$ (74138)	Z_1	Z_2	Z_3
0	0	0	m_0	0	0	0	1	0	0	m_4	1	1	1
0	0	1	m_1	1	0	0	1	0	1	m_5	0	0	1
0	1	0	m_2	0	1	0	1	1	0	m_6	0	1	0
0	1	1	m_3	0	0	1	1	1	1	m_7	1	0	0

由于 74LS138 的各输出信号等于对应最小项的逻辑非,所以可写出输出方程为

$$Z_1 = m_1 + m_4 + m_7 = \overline{Y_1 Y_4 Y_7}, \quad Z_2 = m_2 + m_4 + m_6 = \overline{Y_2 Y_4 Y_6},$$

$$Z_3 = m_3 + m_4 + m_5 = \overline{Y_3 Y_4 Y_5}$$

为了让电路正常工作,74LS161 和 74LS138 的各控制信号应按要求固定接高电平或低电平,由此画出逻辑电路如图 7.67 所示。

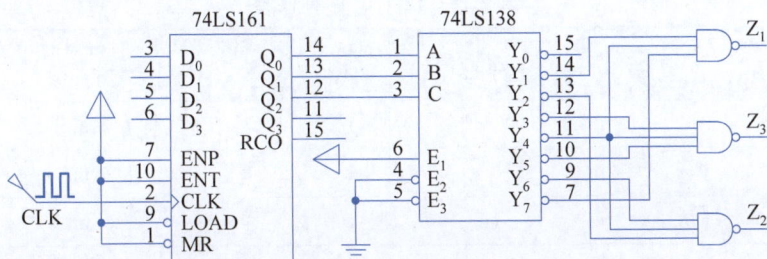

图 7.67　例 7.12 的逻辑电路

例 7.13　用 74LS194 和 74LS138 设计一个能同时产生 101101 和 110100 两组序列码的双序列信号发生器,并要求电路能够自启动。

解:(1)计数器模块设计。由于两个脉冲序列长度都是 6,所以需要一个六进制的计数器。

用 74LS194 构成一个扭环形六进制计数器,取有效计数状态 $Q_2 Q_1 Q_0$ 的转换顺序为 $000 \rightarrow 001 \rightarrow 011 \rightarrow 111 \rightarrow 110 \rightarrow 100 \rightarrow 000$,所以 74LS194 应该工作在左移方式下,$S_1 S_0$ 固定为 01。这样,时钟脉冲 CLK 每出现一个上升沿,Q_1、Q_0 就分别移到 Q_2、Q_1 端,同时 D_{SR} 端的数据移入到 Q_0 端输出。其状态转换表如表 7.17 所示。

表 7.17　74LS194 实现六进制计数的状态转换表

Q_2	Q_1	Q_0	D_{SR}	Q_2^*	Q_1^*	Q_0^*	Q_2	Q_1	Q_0	D_{SR}	Q_2^*	Q_1^*	Q_0^*
0	0	0	1	0	0	1	1	1	1	0	1	1	0
0	0	1	1	0	1	1	1	1	0	0	1	0	0
0	1	1	1	1	1	1	1	0	0	1	0	0	0

由状态转换表可求出 D_{SR} 的表达式:$D_{SR} = \overline{Q_2}$。但是,扭环形计数器不能自启动,两个无效状态 010、101 构成了一个无效循环。为了让该计数器能够自启动,假设我们在 101 状态处切断无效循环,并将其引导到有效循环中。由于各状态的编码是依次左移的,所以只能通过修改逻辑设计改变从 D_{SR} 移入的数据。在原来的无效循环中,$Q_2 Q_1 Q_0 = $ 101 时 $D_{SR} = 0$,次态为 010(无效状态),现在修改逻辑设计,使 $Q_2 Q_1 Q_0 = 101$ 时,$D_{SR} = 1$,则 101 的次态就变成 011,进入了有效循环。这个逻辑比较简单,可直接写出 $D_{SR} = Q_2 \overline{Q_1} Q_0$。再结合有效循环中的逻辑 $D_{SR} = \overline{Q_2}$,得 $D_{SR} = \overline{Q_2} + Q_2 \overline{Q_1} Q_0 = \overline{Q_2} + \overline{Q_1} Q_0 = \overline{Q_2}(Q_1 + \overline{Q_0})$,这样 74LS194 就构成了一个能自启动的扭环形六进制计数器。

（2）译码器模块设计。将 74LS194 的各计数状态送给译码器 74LS138 的译码选择输入端，由不同的计数状态控制译码器不同的输出端有效，再由译码输出端通过适当的逻辑运算产生需要的脉冲序列。

根据题目要求可列出真值表如表 7.18 所示，表中还列出了各状态下 74LS138 的值为 1 的最小项。

表 7.18　例 7.13 的真值表

Q_2 C	Q_1 B	Q_0 (74194) A (74138)	$m_i = 1$ (74138)	Z_1	Z_2	Q_2 C	Q_1 B	Q_0 (74194) A (74138)	$m_i = 1$ (74138)	Z_1	Z_2
0	0	0	m_0	1	1	1	1	1	m_7	1	1
0	0	1	m_1	0	1	1	1	0	m_6	0	0
0	1	1	m_3	1	0	1	0	0	m_4	1	0

由真值表可写出输出方程为

$$Z_1 = m_0 + m_3 + m_7 + m_4 = \overline{Y_0 Y_3 Y_4 Y_7}, \quad Z_2 = m_0 + m_1 + m_7 = \overline{Y_0 Y_1 Y_7}$$

实现该功能的逻辑电路如图 7.68 所示。

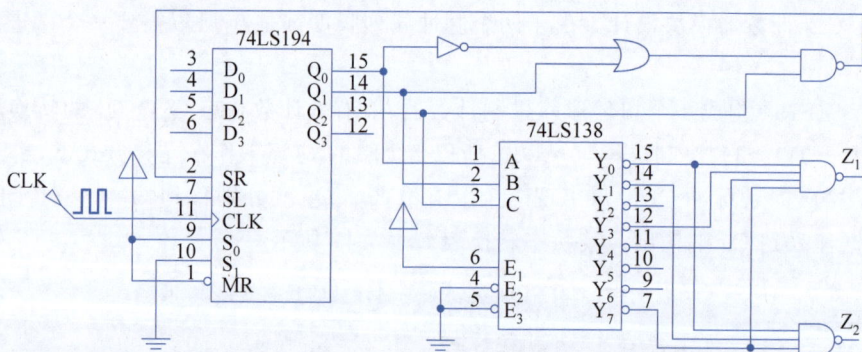

图 7.68　例 7.13 的逻辑电路

例 7.14　用 74HC151 和 74HC138 设计多路数据的复用和解复用自动传输系统，通过 74HC161 来实现发送端和接收端的地址选择和自动同步切换。

解：在第 5 章例 5.7 中，使用组合逻辑芯片设计了 8 路数据的复用和解复用电路，该电路用数据选择器 74HC151 实现多路数据的复用，用 74HC138 作为数据分配器将复用的一路数据解复用为多路数据输出。两部分电路的地址选择端均由 C、B、A 控制。

基于上述组合逻辑电路基础，在系统发送端和接收端分别配置两个 74HC161 作为八进制计数器，其输出 Q_2、Q_1、Q_0 作为两部分电路的地址选择端，两个计数器的时钟同步，均由传输系统的时钟 CLK 控制。这样，每次 CLK 的上升沿到来，两个计数器同步计数一次，Q_2、Q_1、Q_0 从 000 计数到 111，传输系统则顺次从通道 0 切换至通道 7。切换间隔时间由系统时钟 CLK 的频率来控制。具体实现电路如图 7.69 所示。

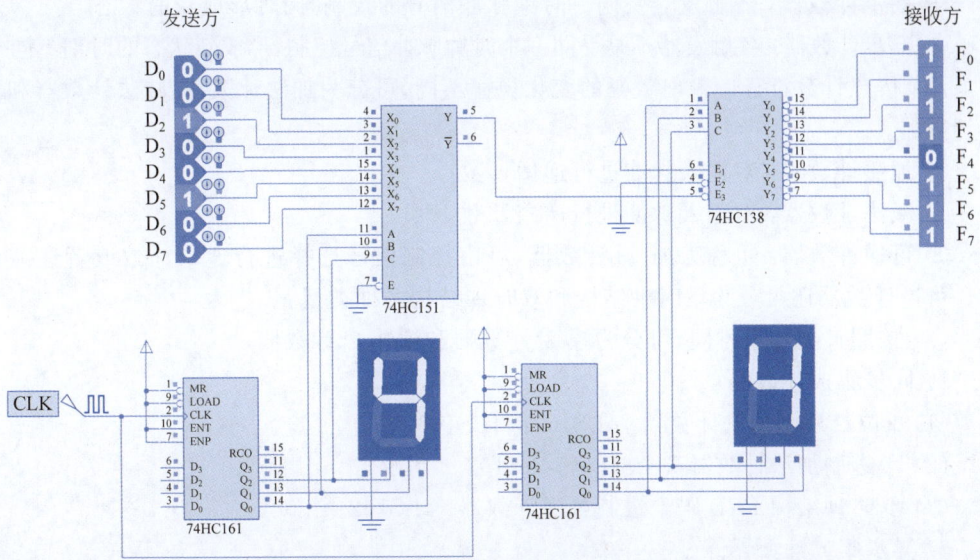

图 7.69　多路数据的复用和解复用自动传输系统

小　　结

1. 寄存器

通常用 n 个触发器和附加的逻辑门构成 n 位寄存器。n 个触发器用于存储 n 位二进制信息,而逻辑门电路控制寄存器按照命令接收信息,或者把已存储的信息按照某种方式输出。

(1) 数码寄存器:用于寄存数据的逻辑部件,可用来构成其他类型的寄存器。

(2) 74LS175:由 4 个 D 触发器构成的并行输入、并行输出的数码寄存器。

(3) 锁存器:能够实现对输入数据的锁存和透明传输。

(4) 74LS373:具有三态输出的 8 位锁存器。

(5) 寄存器与锁存器的区别。

(6) 移位寄存器:

① 8 位串入-并出移位寄存器 74LS164。

② 8 位并入/串入-串出的移位寄存器 74LS166。

③ 4 位双向通用移位寄存器 74LS194。

2. 计数器

掌握计数器的电路结构、逻辑符号、工作原理,以及计数器的特性表、时序图。

1) 计数器的分类

(1) 按照时钟脉冲输入方式不同,可分为同步计数器和异步计数器。

① 同步计数器：各触发器受同一时钟脉冲信号的控制，同时形成新的状态。

② 异步计数器：各触发器不是受同一个时钟脉冲信号控制，形成新状态的时刻不同。

（2）按照计数过程中输出数码的变化规律不同，可分为加法计数器、减法计数器和可逆计数器。

① 加法计数器：对输入脉冲进行递增计数。

② 减法计数器：对输入脉冲进行递减计数。

③ 可逆计数器：也称为加/减计数器，可由控制信号选择进行递增计数或者递减计数。可逆计数器还可分为单时钟结构和双时钟结构两种类型。

（3）按照计数容量不同，可分为模 2^n 计数器和模非 2^n 计数器。

2）同步集成计数器

（1）4 位二进制加法计数器 74LS161，74LS163。

（2）十进制加法计数器 74LS160，74LS162。

（3）双时钟结构 BCD 码十进制可逆计数器 74LS192。

3）异步集成计数器

（1）二-八-十六进制加法计数器 74LS293。

（2）二-五-十进制加法计数器 74LS290。

4）基于 MSI 计数器的任意 M 进制计数器

（1）反馈清零法（同步清零、异步清零）。

（2）反馈预置数法（同步预置数、异步预置数）。

（3）利用中规模集成 N 进制计数器芯片可以构成任意 M 进制的计数器。

5）移位寄存器型计数器

（1）环形计数器。

① n 位环形计数器有 n 个有效状态。

② 环形计数器的无效循环、有效循环。

（2）扭环形计数器。

① n 位扭环形计数器有 2n 个有效状态。

② 扭环形计数器的无效循环、有效循环。

③ 实现移位寄存器型计数器自启动的方法。

3. 顺序脉冲发生器

（1）由计数器和译码器构成顺序脉冲发生器。

（2）环形计数器作为顺序脉冲发生器。

4. 基于 MSI 时序逻辑电路的分析与设计

（1）基于 MSI 时序逻辑电路的分析方法。

（2）基于 MSI 时序逻辑电路的设计方法。

思考题与习题

7.1 由 74290 所构成的计数电路如图 7.70 所示,试分析它们各为几进制计数器。

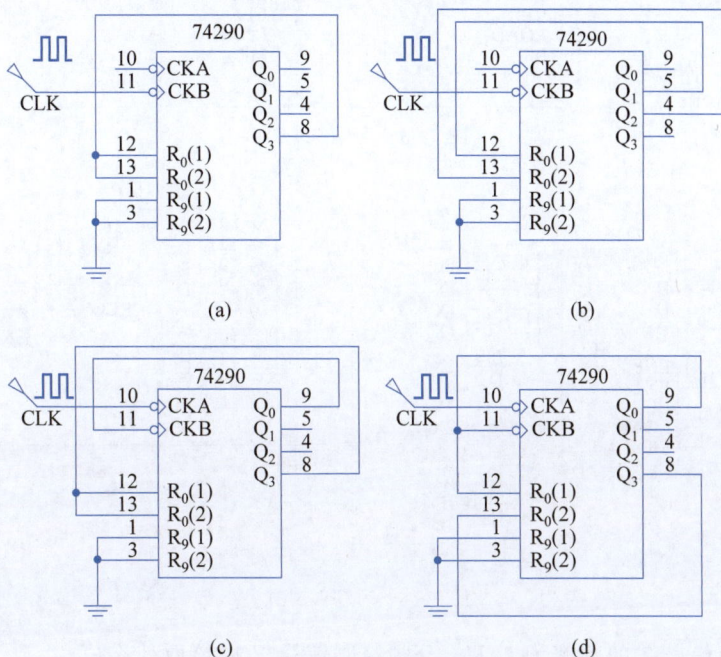

(a)　　　　　　　　(b)

(c)　　　　　　　　(d)

图 7.70　习题 7.1 图

7.2 试画出如图 7.71 所示电路的完整状态转换图。

7.3 试分析如图 7.72 所示电路,画出状态转换图,并说明是几进制计数器。

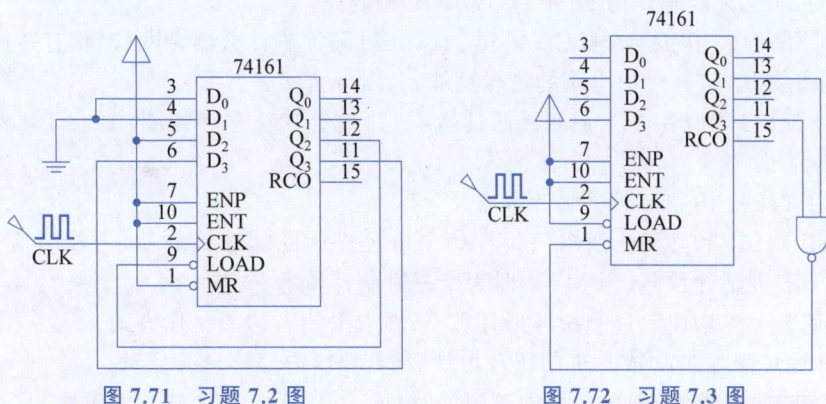

图 7.71　习题 7.2 图　　　　图 7.72　习题 7.3 图

7.4 如图 7.73 所示电路是用计数器 74160 构成的程控分频器,试确定其输出信号 Z 的频率。如果要实现 68 分频,预置数 Y 应该为多少?

7.5 某分频电路如图 7.74 所示。

(1) 当分频控制信号 Y＝(101000)$_2$ 时,输出信号 Z 的频率为多少?

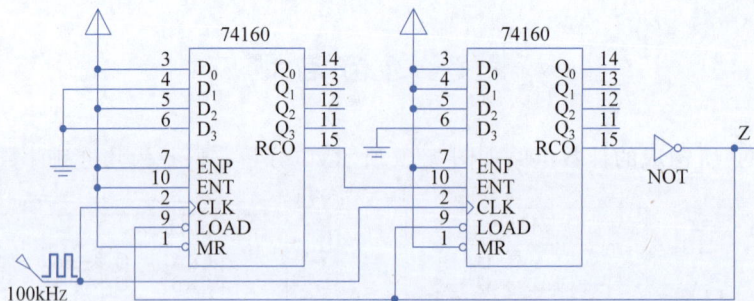

图 7.73   习题 7.4 图

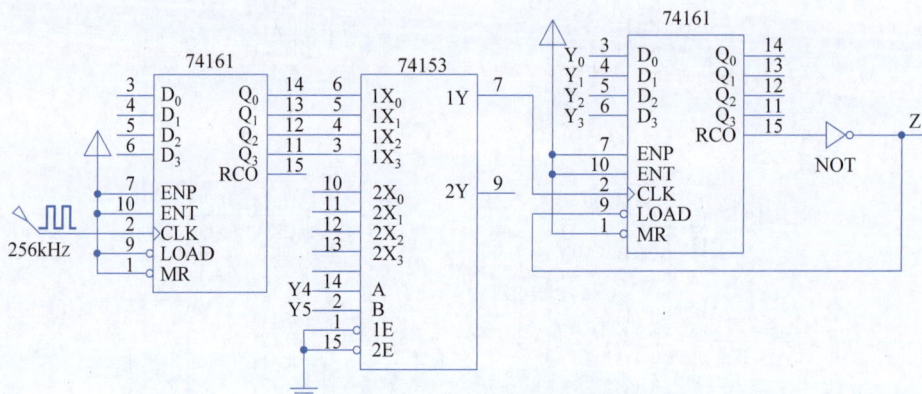

图 7.74   习题 7.5 图

(2) 欲使信号 Z 的频率为 2kHz，分频控制信号 Y 应该取什么值？

(3) 当分频控制信号 Y 取何值时，输出 Z 的频率最高？ Z 的最高频率为多少？

(4) 当分频控制信号 Y 取何值时，输出 Z 的频率最低？ Z 的最低频率为多少？

7.6   试用两个中规模集成计数芯片 74160 构成一个六十进制计数器，要求采用 0～59 的 8421BCD 码作为 60 个有效状态的编码。

7.7   分别用 74163 构成 2421BCD 码和 5421BCD 码加法计数器，并画出状态转换图。

7.8   试分析如图 7.75 所示电路的逻辑功能，写出分析步骤。

7.9   试用 74192 设计一个七进制减法计数器，并画出其状态转换图，要求计数器的起始状态为 1000。

7.10   试用 74293 构成十四进制计数器。

7.11   试用 74161 和必要的逻辑门设计一个可控进制的加法计数器，当控制信号 M=0 时为五进制计数器，当 M=1 时为十三进制计数器。

7.12   试用 74194 构成六进制扭环形计数器，要求采用右移的工作方式。

7.13   试用 JK 触发器构成六进制扭环形计数器，要求电路能够自启动。

7.14   以 74194 为核心，附加必要的逻辑门，构成 10011101 序列脉冲发生器。

7.15   用 74194 和数据选择器，构成移位型 1110010 序列脉冲发生器。

7.16   试用 74161 和八选一数据选择器构成 1100111001 序列脉冲发生器。

7.17   试用一片 74161 和一片 74138 及必要的逻辑门设计一个频率相同的三相脉冲发生器，三相脉冲 F_1、F_2、F_3 的波形如图 7.76 所示。

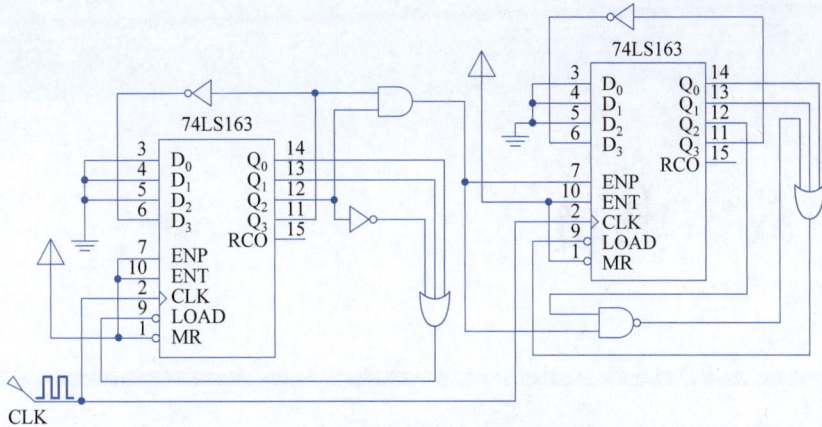

图 7.75 习题 7.8 图

7.18 某彩灯显示电路由发光二极管 LED 和控制电路组成,如图 7.77 所示。已知输入时钟脉冲 CLK 频率为 5Hz,要求 LED 按照"亮、亮、灭、灭、亮、灭、灭、灭、亮、灭"的规律周期性地变化,每次亮或灭的持续时间为 2s。试以 74163 为核心,附加必要的逻辑门设计该控制电路。

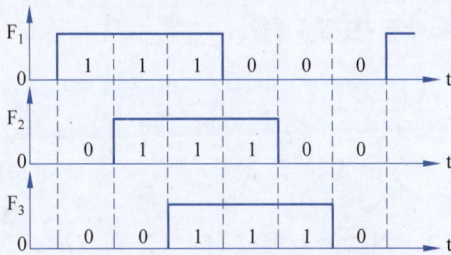

图 7.76 习题 7.17 图

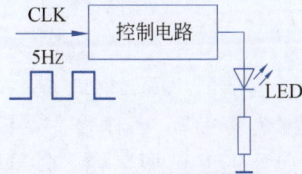

图 7.77 习题 7.18 图

7.19 图 7.78 是用 74194 构成的一个移位型序列发生器。

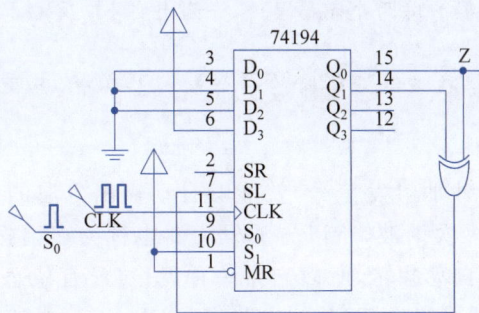

图 7.78 习题 7.19 图

(1) 如果电路的初始状态为 $Q_3Q_2Q_1Q_0 = (1000)_2$,试画出其全状态转换图,并写出一个周期的输出序列。

(2) 该电路不具备自启动性,其初态 $(1000)_2$ 是通过装入数据设置的。现要求在保持主循环状态转换图不变的条件下对电路进行改进,使其具有自启动性。

第 8 章
脉冲数字电路

内容提要

本章首先讲述多谐振荡器、单稳态触发器、施密特触发器的电路结构及工作原理,然后介绍一种在脉冲数字电路中应用十分广泛的 555 集成定时器的工作原理及使用方法。

8.1 多谐振荡器

关键词:

- **多谐振荡器**:接上电源后,不需要外加触发信号,就能够自动输出方波的电路叫作方波发生器,也称作多谐振荡器。
- **简单环形多谐振荡器**:利用逻辑门电路的传输延迟时间,将奇数个 TTL 反相器首尾相连,构成环形多谐振荡器。
- **RC 环形多谐振荡器**:在电路中引入 RC 电路做延时环节,增加延迟时间,构成 RC 环形多谐振荡器。
- **对称式多谐振荡器**:用两个耦合电容将两个 TTL 反相器串联成回路,构成对称式多谐振荡器。
- **石英晶体振荡器**:在多谐振荡器的一个电容支路中,串联一个石英晶体,构成石英晶体振荡器。

启动电源后,不需要外加触发信号,就能够自动输出方波的电路称为方波发生器。由于方波中含有丰富的多次谐波,所以方波发生器也称为多谐振荡器。在多谐振荡器中,电路的输出状态总是自动翻转,所以它是一种无稳(没有稳态)电路。两种输出状态叫作暂稳态。多谐振荡器可以由 TTL 门电路或者 CMOS 门电路构成。

8.1.1 TTL 环形多谐振荡器

1. 简单的环形多谐振荡器

利用逻辑门电路的传输延迟时间,将奇数个 TTL 反相器首尾相连,构成环形,则电路的状态是不稳定的,从任何一个反相器的输出端都可以得到高、低电平交替出现的方波信号。这就是最简单的环形多谐振荡器。

如图 8.1(a)所示的电路是由三个反相器 G_1、G_2、G_3 构成的环形多谐振荡器。设三个反相器的传输延迟时间都是 t_{pd},并设某一时刻 V_O 的状态为高电平(V_1 当然也是高电平),则经过三个反相器的延迟时间 $3t_{pd}$ 后,V_O 跳变为低电平;再经过 $3t_{pd}$ 后,V_O 和 V_1 又由低电平跳变为高电平。如此周而复始,形成振荡。显然 V_O 输出高电平和低电平的时间都是 $3t_{pd}$,所以振荡周期是 $6t_{pd}$,输出波形如图 8.1(b)所示。

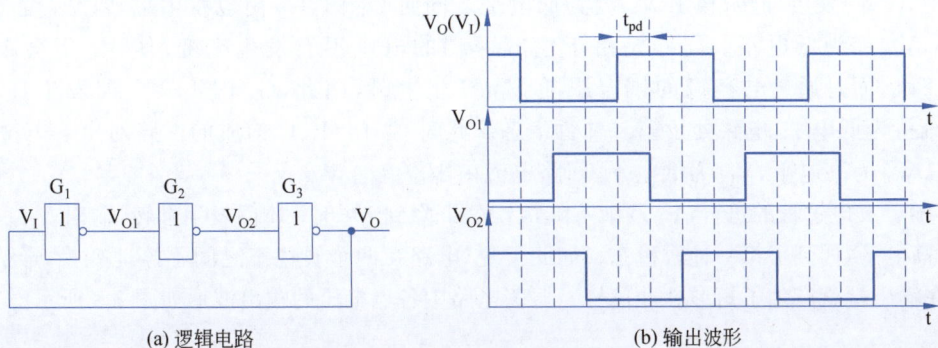

(a) 逻辑电路   (b) 输出波形

图 8.1 简单环形多谐振荡器

由于逻辑门的传输延迟时间 t_{pd} 很短,只有几十纳秒,所以振荡周期很短,振荡频率很高。如果靠大量地增加逻辑门来延长振荡周期,成本太高,所以用这种方法构成的简单环形振荡器并不实用。

2. RC 环形多谐振荡器

1)电路组成

为了解决简单环形振荡器的问题,可在电路中引入 RC 电路做延时环节,增加延迟时间,如图 8.2 所示。通过调节 R 或 C 的值可以调节振荡频率,图中 R_S 为限流电阻,对 G_3 门起限流保护作用。通常,RC 电路产生的延迟时间远远大于门电路本身的传输延迟时间 t_{pd},所以分析电路的工作原理时可以忽略 t_{pd},认为每个逻辑门的输入和输出的跳变是同时发生的。

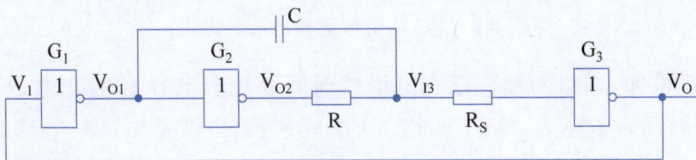

图 8.2 RC 环形振荡器

2)工作原理的定性说明

分析 RC 环形振荡器电路的工作原理时要注意,电容 C 上的电压是不能突变的。另外,由于 R_S 很小,V_{I3} 近似地等于 G_3 门的输入电压,所以 V_{I3} 的电压值直接控制输出 V_O 的状态。当 $V_{I3} > V_T$ 时(V_T 是 G_3 门的阈值电压),V_O 为低电平;当 $V_{I3} < V_T$ 时,

V_O 为高电平。

假设在某一时刻，V_O（也就是 V_I）由低电平跳变为高电平，则 V_{O1} 下跳为低电平，V_{O2} 上跳为高电平。因为电容 C 两端的电压不会突变，所以，此时 V_{I3} 不是跟随 V_{O2} 上跳，而是通过电容 C 的耦合跟随 V_{O1} 产生下跳，因此，G_3 门不会立即发生翻转，V_O 维持为高电平，电路处于第一种暂稳态。此时，G_2 门、R、C 构成一个回路，V_{O2} 为高电平，V_{O1} 为低电平，回路电流由 V_{O2} 流向 V_{O1}，对电容 C 进行充电。

随着充电过程的进行，V_{I3} 将按照指数规律上升，当 V_{I3} 上升到 G_3 门的阈值电压 V_T 时，G_3 门发生翻转，输出 V_O 变为低电平。同时 G_1 门、G_2 门也发生翻转，V_{O1} 变为高电平，V_{O2} 变为低电平。同样是由于电容两端的电压不会发生突变，使 V_{I3} 不会跟随 V_{O2} 下跳，而是通过电容 C 的耦合跟随 V_{O1} 产生上跳，因此，G_3 门不会立即发生翻转，V_O 维持为低电平，电路处于第二种暂稳态。此时 G_2 门、R、C 构成的回路对电容 C 进行放电，V_{O1} 为高电平，V_{O2} 为低电平，回路电流由 V_{O1} 流向 V_{O2}。

随着放电过程的进行，V_{I3} 逐渐下降，当 V_{I3} 下降到 V_T 时，G_3 门发生翻转，输出 V_O 又变成了高电平，回到了第一种暂稳态。如此反复，电路在两个暂稳态之间不停地变换，形成振荡，在输出端就产生了矩形脉冲信号。振荡电路中各点电压的输出波形如图 8.3 所示。

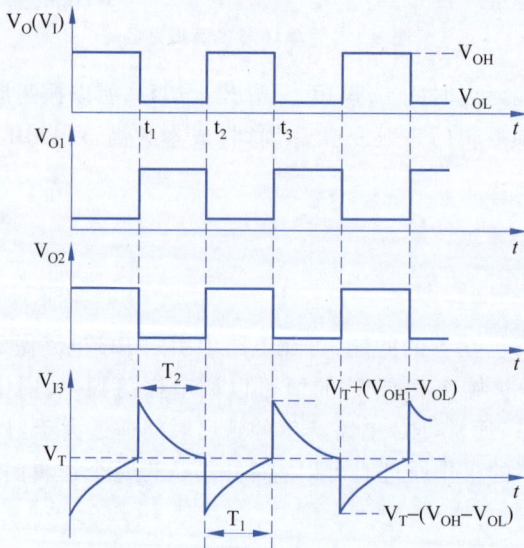

图 8.3　RC 环形振荡器电压波形图

由以上分析可知，电路两种暂稳态的维持时间取决于电容 C 的充电、放电速度，电容 C 的充电、放电时间常数越大，输出方波的周期就越长，也就是振荡频率越低。

3）定量计算

由上面的分析过程可知，电容总是处于充电或者放电状态，V_{I3} 的电压也时时刻刻变化着。当 V_{I3} 变到 V_T 时就会引起 G_3 门发生翻转，于是 G_1 门和 G_2 门也发生翻转，令 V_{O1} 的值瞬间变化 $V_{OH} - V_{OL}$，由于电容两端的电压不能发生突变，所以电路状态发生转换的瞬间，V_{I3} 的电压就是在 V_T 的基础上变化了 $V_{OH} - V_{OL}$。如果电路状态 V_O 是由高电平变为低电平，则 V_{O1} 由 V_{OL} 变为 V_{OH}，引起 V_{I3} 的瞬间变化是由 V_T 变为 $V_{I3} = V_T +$

（$V_{OH}-V_{OL}$）。如果电路状态 V_O 是由低电平变为高电平，则 V_{I3} 的瞬间变化是由 V_T 变为 $V_{I3}=V_T-（V_{OH}-V_{OL}）$。

如图 8.3 所示的电压波形中，T_1 时间段是电容充电的过程，T_2 时间段是电容放电的过程，振荡周期 T 就是电容进行一次充、放电的时间之和，即 $T=T_1+T_2$。根据 RC 电路中的时间常数、电压的初始值、最终值等特征，可计算出电容充电和放电的时间。

要计算振荡周期，首先要画出电容充、放电的等效电路，由于 TTL 反相器 G_2 门、G_3 门是通过输入、输出端连入电路的，所以要考虑各种电路状态下其输入、输出端的等效电路情况。

电容充电过程中，始终有 $V_{I3}<V_T$，即 G_3 门输入一直为低电平，由 TTL 反相器的输入特性可知，此时其输入端存在一个较大的输入短路电流，所以画等效电路时要考虑 G_3 门的输入级有关电路。充电期间，G_2 门的输出为高电平，电路为射极输出状态，输出电阻较小。为方便讨论，此处疏略不计，这时可把 G_2 门的输出看成一个电压为 V_{OH} 的等效电源。综合以上两点可画出充电时的等效电路如图 8.4 所示。

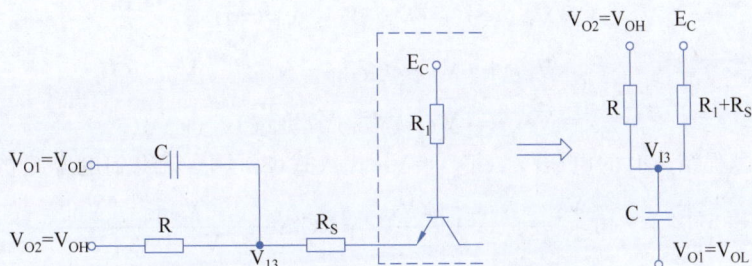

图 8.4 图 8.2 电路中电容 C 充电的等效电路

分析图 8.3 和图 8.4 可知，充电时各主要特征值如下。

- V_{I3} 的初始值：$V_{I3}(0)=V_{I3}(t_2)=V_T-（V_{OH}-V_{OL}）$。
- 最终值：$V_{I3}(\infty)=V_{OH}$。
- 时间常数：$\tau_1=（R//（R_1+R_S））C\approx（R//R_1）C$，当 $R_1\gg R$ 时，$\tau_1\approx RC$。

由电容充电电压公式可得，充电 t 时间后的电压值为

$$V_{I3}(t)=V_{I3}(\infty)+（V_{I3}(0)-V_{I3}(\infty)）e^{-\frac{t}{\tau_1}}$$
$$=V_{OH}+（V_T-（V_{OH}-V_{OL}）-V_{OH}）e^{-\frac{t}{\tau_1}}$$
$$=V_{OH}+（V_T+V_{OL}-2V_{OH}）e^{-\frac{t}{\tau_1}} \tag{8.1}$$

将充电过程结束时的电压 $V_{I3}(T_1)=V_T$ 代入式（8.1）中，可得到电容 C 的充电时间：

$$T_1=\tau_1\ln\frac{2V_{OH}-（V_T+V_{OL}）}{V_{OH}-V_T}=RC\ln\frac{2V_{OH}-（V_T+V_{OL}）}{V_{OH}-V_T} \tag{8.2}$$

电容放电过程中，G_3 门的输入一直为高电平，由 TTL 反相器的输入特性可知，此时其输入端只有一个很小的漏电流，所以画等效电路时可以把 G_3 门的输入端按断路处理。放电期间，G_2 门的输出为低电平，其输出电阻就是下面饱和管的导通电阻，由于阻值很小，可以疏略不计，从而把 G_2 门的输出看成一个电压为 V_{OL} 的等效电源。由此画出放电时的等效电路如图 8.5 所示。

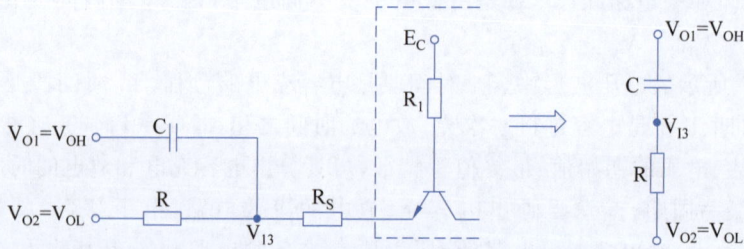

图 8.5　图 8.2 电路中电容 C 放电的等效电路

分析图 8.3 和图 8.5 可知，放电时：

- V_{I3} 的初始值：$V_{I3}(0) = V_{I3}(t_1) = V_T + (V_{OH} - V_{OL})$。
- 最终值：$V_{I3}(\infty) = V_{OL}$。
- 时间常数：$\tau_2 = RC$。

放电 t 时间后的电容电压：

$$V_{I3}(t) = V_{I3}(\infty) + (V_{I3}(0) - V_{I3}(\infty))e^{-\frac{t}{\tau_2}}$$

$$= V_{OL} + (V_T + (V_{OH} - V_{OL}) - V_{OL})e^{-\frac{t}{\tau_2}}$$

$$= V_{OL} + (V_T + V_{OH} - 2V_{OL})e^{-\frac{t}{\tau_2}} \tag{8.3}$$

将放电过程结束时的电压 $V_{I3}(T_2) = V_T$ 代入式(8.3)中，就得到电容 C 的放电时间：

$$T_2 = \tau_2 \ln \frac{V_T + V_{OH} - 2V_{OL}}{V_T - V_{OL}} = RC\ln \frac{V_T + V_{OH} - 2V_{OL}}{V_T - V_{OL}} \tag{8.4}$$

由式(8.2)和式(8.4)可得，如图 8.2 所示的 RC 环形振荡器的振荡周期为

$$T = T_1 + T_2 \approx RC\left(\ln \frac{2V_{OH} - (V_T + V_{OL})}{V_{OH} - V_T} + \ln \frac{V_T + V_{OH} - 2V_{OL}}{V_T - V_{OL}}\right) \tag{8.5}$$

这种 RC 环形振荡器的振荡频率可调范围很宽。需要特别指出的是，R 的取值不能太大，对于 TTL 门电路，R 一般应该小于关门电阻 R_{OFF}，否则电路不能正常工作。

3. 对称式多谐振荡器

1）电路组成

如图 8.6 所示，用两个耦合电容 C_1 和 C_2 将两个 TTL 反相器串联成回路，G_1 门的输出经 C_1 耦合到 G_2 门的输入端；G_2 门的输出又经 C_2 耦合到 G_1 门的输入端。每个门的输入、输出之间各接入一个电阻。R_{F1} 和 R_{F2} 阻值的选择要在关门电阻 R_{OFF} 和开门电阻 R_{ON} 之间，以保证逻辑门的静态工作点在其电压传输特性的转折区。

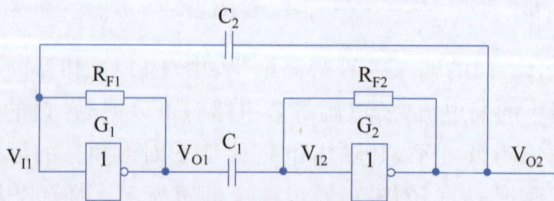

图 8.6　对称式多谐振荡器

2）工作原理

由 TTL 门电路的电压传输特性可知，当与非门工作在转折区（即线性放大区）时，输入信号的微小变化就会引起输出端的很大变化。假设由于某种原因（如电源波动或外来干扰），使 V_{I1} 产生了一个微小的正跳变，则会引起下面的正反馈过程。

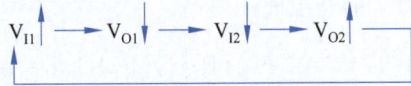

$$V_{I1}\uparrow \longrightarrow V_{O1}\downarrow \longrightarrow V_{I2}\downarrow \longrightarrow V_{O2}\uparrow$$

该过程使 V_{O1} 迅速变为低电平，V_{O2} 迅速变为高电平，V_{I2} 随 V_{O1} 产生下跳变，V_{I1} 随 V_{O2} 产生上跳变，电路进入第一种暂稳态。从 TTL 反相器的外电路来看，此时存在两个支路电流从 V_{O2} 流向 V_{O1}，一个支路由 R_{F2}、C_1 构成，对电容 C_1 充电；另一个支路由 R_{F1}、C_2 构成，电容 C_2 放电。C_1、C_2 的充、放电使 V_{I1} 逐渐下降，V_{I2} 逐渐上升。考虑到 TTL 反相器输入级电路对外电路的影响情况，可画出此时 C_1 充电及 C_2 放电的等效电路如图 8.7 所示。

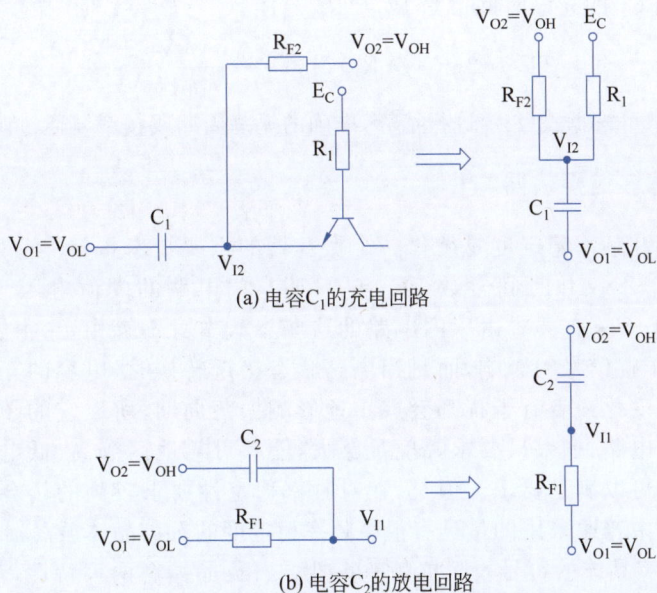

(a) 电容C_1的充电回路

(b) 电容C_2的放电回路

图 8.7　图 8.6 电路中电容 C_1、C_2 充放电的等效电路

由图 8.7 可看出，C_1 充电的时间常数 $\tau_1 = (R_{F2} /\!/ R_1)C_1$；$C_2$ 放电的时间常数 $\tau_2 = R_{F1}C_2$。如果 $C_1 = C_2$，$R_{F1} = R_{F2}$，则有 $\tau_1 < \tau_2$，即 C_1 的充电速度快，从而使 V_{I2} 率先上升到阈值电压 V_T，此时将引起下面的正反馈过程。

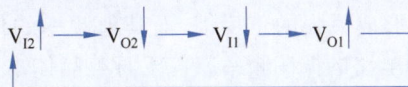

$$V_{I2}\uparrow \longrightarrow V_{O2}\downarrow \longrightarrow V_{I1}\downarrow \longrightarrow V_{O1}\uparrow$$

该过程使 V_{O2} 迅速变为低电平，V_{O1} 迅速变为高电平，V_{I1} 随 V_{O2} 产生下跳变，V_{I2} 随 V_{O1} 产生上跳变，电路进入第二种暂稳态。此时由 R_{F1}、C_2 构成一个支路，对电容 C_2 充电；由 R_{F2}、C_1 构成另一个支路，电容 C_1 放电。C_1、C_2 的充、放电使 V_{I2} 逐渐下降，V_{I1} 逐渐上升。同理可分析出由于 C_2 充电较快，使 V_{I1} 率先上升到 V_T，引起电路再次转换为前一种暂稳态。该过程循环往复，使电路不停地振荡。

3）振荡周期的计算

由前面的分析可知,处于充电状态的电容,其充电速度比另一个电容的放电速度快,所以两个暂稳态的维持时间取决于两个电容的充电时间。C_1 的充电时间就是 V_{I2} 从 C_1 刚开始充电时的瞬时值上升到 V_T 所需的时间。与 RC 环形振荡器中电容 C 的充电时间求解方法类似,可求出 C_1 的充电时间为

$$T_1 = \tau_1 \ln \frac{2V_{OH} - (V_T + V_{OL})}{V_{OH} - V_T} = (R_{F2} /\!/ R_1)C_1 \ln \frac{2V_{OH} - (V_T + V_{OL})}{V_{OH} - V_T} \qquad (8.6)$$

从上面的分析可知,任何时刻,两个电容中一个在充电时,另外一个一定是在放电,而且充电的电容,其电压会率先达到阈值电压,从而引起逻辑门的翻转。例如,C_1 在充电前是处于放电状态的,同时 C_2 在充电,当 C_2 充电结束的瞬间,也就是 C_1 放电结束的时刻,此时 $V_{I1} = V_T$,而 $V_{I2} > V_T$。也就是说,V_{I2} 在 C_1 开始充电时的瞬时值是略大于,而不是等于 $V_T - (V_{OH} - V_{OL})$,式(8.6)是按照等于推出的,所以是有误差的,只能用于估算充电时间。

同理可求出 C_2 的充电时间。当 $R_{F1} = R_{F2} = R_F$,$C_1 = C_2 = C$ 时,振荡周期为

$$T = 2T_1 = 2(R_F /\!/ R_1)C\ln \frac{2V_{OH} - (V_T + V_{OL})}{V_{OH} - V_T} \qquad (8.7)$$

实际应用中,可根据式(8.7)进行估算,准确的振荡周期或频率要通过调整、测试得到。

4. 石英晶体多谐振荡器

幅度稳定度和频率稳定度是衡量一个振荡器的重要技术指标。前面介绍的多谐振荡器,其输出波形不仅和时间常数 RC 有关,还与门电路的阈值电压 V_T、输出高电平 V_{OH}、输出低电平 V_{OL} 有关。由于门电路的这些参数本身不够稳定,很容易受到环境温度、电源波动和干扰信号的影响,而且当电路状态接近转换时,电容的充、放电已经比较缓慢,V_T 的微小变化或者有干扰都会严重地影响振荡周期,所以它的频率稳定性较差。对于一般的数字电路,如果只要求幅度足够大,能够可靠地区分高、低电平就行,显然这样的多谐振荡器可以满足要求。但是,在对频率稳定性要求较高的场合,这种振荡器就不适合了。实际中普遍采用的是具有很高频率稳定度的石英晶体振荡器。

图 8.8 是石英晶体的符号及阻抗频率特性。石英晶体有两大特性,其一是它的品质因数 Q 很大,因此具有良好的选频特性;其二是它有一个固有的串联谐振频率 f_S,f_S 的大小只与石英晶体的结晶方向和外形尺寸有关,所以很稳定,而且可以做得很精确。

在多谐振荡器的一个电容支路中,串接一个石英晶体就构成了石英晶体振荡器,如图 8.9 所示。

从石英晶体的阻抗频率特性可知,当信号频率为 f_S 时,石英晶体的等效阻抗最小,信号最容易通过,并在电路中形成最强的正反馈,而其他频率的信号均会被石英晶体衰减,不足以形成振荡。所以这种电路的振荡频率就等于石英晶体本身的固有谐振频率 f_S,而与电路中的其他参数无关。电容 C_1、C_2 的取值应使其在频率为 f_S 时的容抗可以忽略不计。

8.1.2   CMOS 多谐振荡器

CMOS 逻辑门的输入电阻极高,所以无论其输入是高电平还是低电平,输入电流都几乎为 0,这是它与 TTL 逻辑门在输入特性上的主要区别。

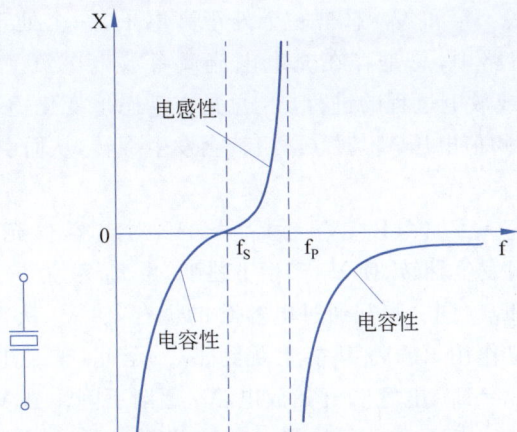

图 8.8 石英晶体的符号及阻抗频率特性

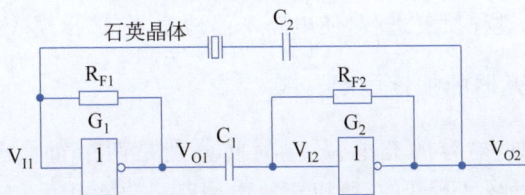

图 8.9 石英晶体多谐振荡器

1. CMOS 基本多谐振荡器的电路组成

图 8.10 是 CMOS 基本多谐振荡器的典型电路组成,其中,G_1 门、G_2 门是两个 CMOS 反相器。由 CMOS 反相器的工作特性可知,其输出为高电平时的电压 $V_{OH} \approx E_D$,输出为低电平时的电压 $V_{OL} \approx 0V$。每个反相器的输入端都设置有保护二极管,如图 8.11 所示,在多谐振荡器电路中,这些二极管起着非常重要的钳位作用,它们把门电路输入端的高电平限制在 E_D,低电平限制在 $0V$。

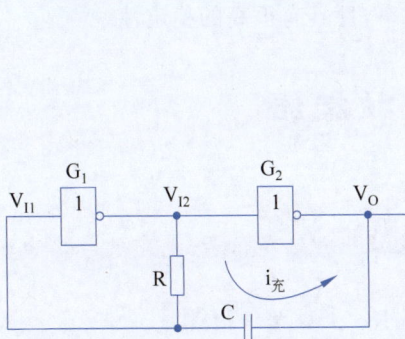

图 8.10 CMOS 多谐振荡器

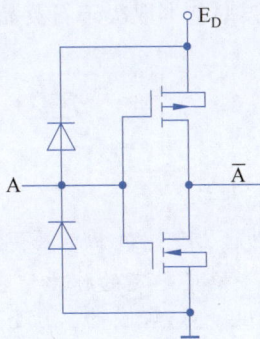

图 8.11 带输入保护二极管的 CMOS 反相器

2. CMOS 多谐振荡器的工作原理

由电路结构可知,V_{I1} 的电压决定了 G_1 门的输出状态,而 G_1 门的输出(即 V_{I2})又决

定了 G_2 门的输出状态。V_{I2} 和 V_O 总是一个处于高电平，一个处于低电平状态，所以由 V_{I2}、R、C、V_O 组成的回路中，总是存在充电电流或者放电电流。V_{I1} 的电压取自于 R、C 之间，所以随着充电或放电过程的进行，V_{I1} 总是在动态地变化——逐渐上升，或者逐渐下降。每当 V_{I1} 变化到阈值电压 V_T 时，G_1 门就会发生翻转，从而引起 G_2 门翻转，使电路状态发生转换。

假设某一时刻，$V_{I2} = V_{OH} \approx E_D$，$V_O = V_{OL} \approx 0V$，对电容 C 充电，$V_{I1}$ 逐渐上升。当 V_{I1} 上升到 V_T 时，G_1 门发生翻转，使 V_{I2} 产生下跳变，由 E_D 变为 0V，同时 G_2 门的输出产生上跳变，由 0V 变为 E_D。同一瞬间通过电容 C 的耦合，使 V_{I1} 从 V_T 产生上跳，由于 G_1 门输入端二极管的钳位作用，使 V_{I1} 只能上跳到 E_D。至此，整个电路完成了状态转换。然后，由于 $V_{I2} = 0V$，$V_O = E_D$，电容 C 开始放电，V_{I1} 逐渐下降。当 V_{I1} 下降到 V_T 时，又引起 G_1 门、G_2 门发生翻转，使 V_{I2} 变为高电平，V_O 变为低电平，同样通过 C 的耦合以及二极管的钳位作用，使 V_{I1} 从 V_T 产生下跳，变为 0V。至此，电路又完成了一次状态转换。电路中 C 的充电、放电过程反复进行，使电路不停地振荡，输出端 V_O 输出矩形波。

3. CMOS 多谐振荡器的振荡周期

由上面的分析可知，电容的充电、放电时间分别是两个暂稳态的维持时间。由于 G_1 门和 G_2 门的输入回路是断开的，所以充放电回路只决定于反相器的外电路，充电、放电的时间常数 $\tau = RC$。C 的充电时间是 V_{I1} 从 0V 上升到 V_T 所需要的时间；放电时间是 V_{I1} 从 E_D 下降到 V_T 所需要的时间。由电容充、放电的电压公式：

$$V_{I1}(t) = V_{I1}(\infty) + (V_{I1}(0) - V_{I1}(\infty))e^{-\frac{t}{\tau}}$$

可写出振荡周期的近似公式：

$$T = T_1 + T_2 = RC\ln\left(\frac{E_D}{E_D - V_T} + \frac{E_D}{V_T}\right) \tag{8.8}$$

如果 $V_T = E_D/2$，则 $T_1 = T_2$，$T = RC\ln4 \approx 1.4RC$。

当然，也可以构成 CMOS 石英晶体多谐振荡器，其特点和 TTL 石英晶体多谐振荡器一样，振荡频率基本取决于石英晶体的谐振频率，且具有很高的稳定性。

8.2　单稳态触发器

关键词：
- 单稳态触发器：稳定状态只有一种，每施加一次触发信号，电路就会输出一个宽度一定、幅度一定的脉冲信号。
- 微分型单稳态触发器：由 TTL 门电路和 RC 微分电路构成。
- 积分型单稳态触发器：由 TTL 门电路和 RC 积分电路构成。

顾名思义，单稳态触发器的稳定状态只有一种。在输入端没有施加外部触发信号时，电路处于稳定状态，其输出就是稳态输出。当输入端施加一个触发脉冲时，电路输出就会发生翻转，电路状态由稳定状态转换到暂稳态，维持一段时间后，电路会自动返回到初始的稳定状态。暂稳态维持时间的长短只与电路本身的参数有关,而与外部触发信号无关。简单地说,单稳态触发器的功能就是,每施加一次触发信号,电路就会输出一个宽度一定、幅度一定的脉冲信号。

用 CMOS 逻辑门或者 TTL 逻辑门都可以构成单稳态触发器。单稳态触发器的暂稳态维持时间通常由 RC 延迟电路的充、放电时间决定,根据 RC 延迟电路的不同形式(微分电路或积分电路),单稳态触发器可分为微分型单稳态触发器和积分型单稳态触发器两种。

8.2.1　微分型单稳态触发器

1. 电路组成

一个由 TTL 门电路和 RC 微分电路构成的微分型单稳态触发器如图 8.12 所示。图中,G_1 是 TTL 与非门,G_2 是 TTL 反相器。G_1 门的输出经过一个 RC 微分环节耦合到 G_2 门的输入端,而 G_2 门的输出直接接到 G_1 门的输入端。V_I 为外部触发信号输入端,V_O 为电路输出端。

2. 工作原理

当电路的输入端稳定在 $V_I = 1$ 时,电路处于稳定状态,V_{I2} 为低电平,V_O 为高电平,G_1 门的两个输入端都为高电平,所以 V_{O1} 为低电平。电容 C 两端的电压近似为 0V。只要输入端保持为高电平,电路就会保持这种稳定状态,即 V_{O1} 为低电平,V_O 为高电平。

当 V_I 从 1 变 0 时,G_1 门翻转,V_{O1} 由 0 变为 1,由于电容 C 的耦合,使 V_{I2} 也变为高电平,从而引起 G_2 门翻转,使 $V_O = 0$,继而保持 $V_{O1} = 1$(即使此时 V_I 已经恢复为高电平),电路进入暂稳态。与此同时,V_{O1} 经过 R、C 到地之间构成一个回路,对电容 C 进行充电。随着充电过程的进行,V_{I2} 逐渐下降,当 V_{I2} 下降到阈值电压 V_T 时,G_2 门发生翻转,使 $V_O = 1$,假设此时 V_I 已经恢复为高电平,则会使 V_{O1} 下跳为低电平,至此,暂稳态结束。暂稳态结束瞬间,V_{O1} 的下跳通过电容的耦合让 V_{I2} 产生下跳,引起电容 C 放电,使 V_{I2} 逐渐恢复到逻辑 0,电路恢复为稳定状态,为下一次触发做好了准备。由以上分析可知,要保证该单稳态电路正常工作,触发脉冲的宽度必须小于电路输出脉冲的宽度。而且,由于暂稳态结束后,电路还需要一个恢复的过程,以保证电容 C 释放其在暂稳期间所充的电荷,所以两次触发信号之间要有一定的时间间隔。

暂稳态期间充电等效电路如图 8.13 所示。

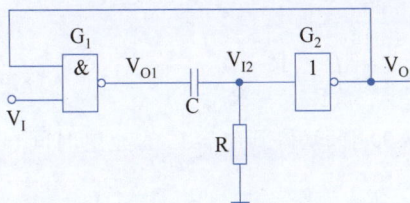

图 8.12　微分型单稳态触发器

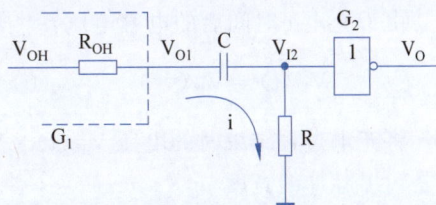

图 8.13　暂稳态期间电容充电等效电路

图中 R_{OH} 是 G_1 门输出为高电平时的输出等效电阻,由图中可以看出 $V_{O1} = V_{OH} - i \cdot$

R_{OH}。电容 C 刚开始充电时，充电电流比较大，R_{OH} 上的压降较大。随着充电过程的进行，充电电流逐渐减小，V_{O1} 逐渐上升。也就是说，G_1 门输出变为高电平时，V_{O1} 并不是直接跳到 V_{OH}，而是按指数规律变化的。由此可画出 V_I、V_{O1}、V_{I2}、V_O 的输出波形如图 8.14 所示。

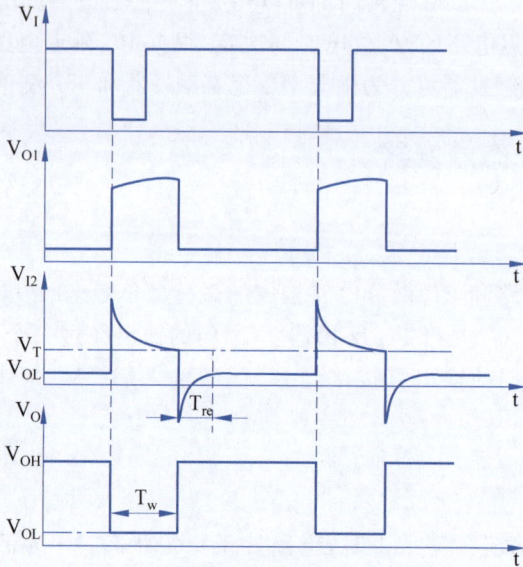

图 8.14　微分型单稳电路输出电压波形

3. 主要性能参数

1）输出脉冲宽度 T_w

从上面的分析可以看出，输出脉冲的宽度就是电路处于暂稳态期间电容 C 充电的时间。由于充电期间 G_2 门的输入 V_{I2} 一直大于 V_T。根据 TTL 反相器的输入特性，其输入端只有一个很小的漏电流，所以在图 8.13 的充电等效电路中，可以把 G_2 门的输入端处理成断路状态。这样就有，充电电路的时间常数 $\tau \approx (R_{OH} + R)C$，再分析图 8.13 和图 8.14 可知 V_{I2} 的初始值为

$$V_{I2} = \frac{R}{R_{OH} + R} V_{OH}$$

最终值为

$$V_{I2}(\infty) = 0 \text{V}$$

由于充电 t 时间后的电容电压：

$$V_{I2}(t) = V_{I2}(\infty) + (V_{I2}(0) - V_{I2}(\infty)) e^{-\frac{t}{\tau}} = \left(\frac{R}{R_{OH} + R} V_{OH} \right) e^{-\frac{t}{\tau}} \qquad (8.9)$$

将充电过程结束时的电压 $V_{I2}(t) = V_T$ 代入式（8.9）中，就得到电容 C 的充电时间，也就是输出脉冲的宽度

$$T_w = \tau \cdot \ln\left(\frac{R}{R_{OH} + R} \cdot \frac{V_{OH}}{V_T} \right) = (R_{OH} + R)C \cdot \ln\left(\frac{R}{R_{OH} + R} \cdot \frac{V_{OH}}{V_T} \right) \qquad (8.10)$$

为了计算方便，通常用式（8.11）近似计算输出脉冲的宽度。

$$T_w \approx 0.7(R_{OH} + R)C \qquad (8.11)$$

式中，R_{OH} 为 G_1 门输出为高电平时的输出电阻，通常可取 $R_{OH} = 100\Omega$。

2）输出脉冲幅度 V_m

$$V_m = V_{OH} - V_{OL}$$

3）恢复时间 T_{re}

暂稳态结束后，电路还需要一个恢复的过程，以保证电容 C 释放其在暂稳期间所充的电荷，使电路恢复到初始状态。一般恢复时间可以用式（8.12）进行估算。

$$T_{re} \approx (3 \sim 5)(R_{OL} + R)C \qquad (8.12)$$

其中，R_{OL} 为 G_1 门输出为低电平时的输出电阻。

4）分辨时间 T_d

分辨时间 T_d 是指，在保证电路正常工作的情况下，两个相邻触发脉冲之间所允许的最小时间间隔。显然，两个相邻触发脉冲之间的时间间隔，不能小于输出脉冲的宽度与电路恢复时间之和，即

$$T_d = T_w + T_{re} \qquad (8.13)$$

通过上面的分析可以看出，要保证微分型单稳电路的正常工作，需要满足以下两个条件。

① 输入触发脉冲的宽度要小于单稳电路输出的脉冲宽度。

② 两次触发信号的最小时间间隔 T_{min} 要满足：$T_{min} \geqslant T_w + T_{re}$，其中，$T_w$ 为输出脉冲宽度，T_{re} 为电路恢复时间，也就是 T_{min} 不能小于分辨时间。

8.2.2 积分型单稳态触发器

1. 电路组成

图 8.15 是由 CMOS 门电路和 RC 积分电路构成的积分型单稳态触发器。图中，G_1 和 G_2 分别是 CMOS 反相器和与非门。由 CMOS 逻辑门的工作特性可知，其输出为高电平时的电压 $V_{OH} \approx E_D$，输出为低电平时的电压 $V_{OL} \approx 0V$，并且阈值电压的典型值为 $V_T \approx E_D/2$。

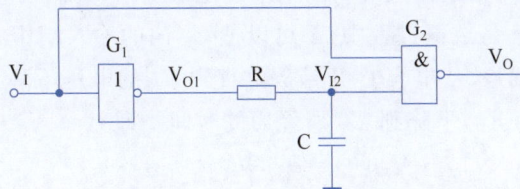

图 8.15 积分型单稳态触发器

2. 工作原理及主要参数

当电路的输入端稳定在 $V_I = 0$ 时，电路处于稳定状态，输出 V_O 为高电平，此时 $V_{O1} = V_{I2} = 1$，电容 C 的两端有电位差。只要输入端保持为低电平，电路就会保持这种稳定状态，即 V_{O1} 和 V_O 都为高电平。

当 V_I 从 0 变 1 时，G_1 门翻转，V_{O1} 由 1 变为 0，由于电容 C 两端的电压不会突变，所

以 V_{I2} 仍然保持为高电平，从而引起 G_2 门翻转，使 $V_O = 0$，电路进入暂稳态。与此同时，电容 C 通过 R 放电。随着放电过程的进行，V_{I2} 逐渐下降。当 V_{I2} 下降到阈值电压 V_T 时（假设此时 V_1 仍然为高电平），G_2 门发生翻转，使 $V_O = 1$。当 V_I 上的触发脉冲结束，即 V_1 回到低电平时，G_1 门翻转，V_{O1} 变为高电平，通过电阻 R 对电容 C 充电，直到 V_{I2} 的电压上升到高电平为止，至此电路恢复为初始的稳定状态，为下一次触发做好了准备。在对电容 C 充电的过程中，输出端 V_O 保持为高电平不变。由以上分析可知，要保证该单稳电路正常工作，触发脉冲的宽度必须大于电路输出脉冲的宽度。V_I、V_{O1}、V_{I2}、V_O 的输出波形如图 8.16 所示。

暂稳态期间放电等效电路如图 8.17 所示。

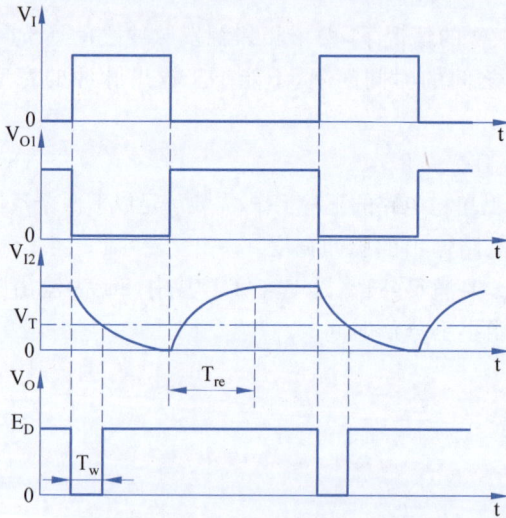

图 8.16　积分型单稳电路输出电压波形

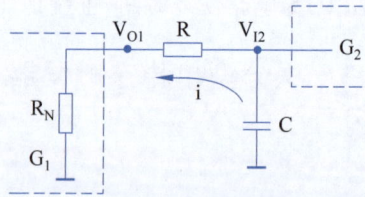

图 8.17　暂稳态期间放电等效电路

图 8.17 中 R_N 是 G_1 门输出为低电平时，导通的 NMOS 管的等效电阻。由于 CMOS 逻辑门的输入电阻极高，无论输入端为高电平还是低电平，其输入电流都几乎为 0。因此无论在电容 C 的充电还是放电过程中，都可以把 G_2 门的输入端作为断路处理。

输出脉冲的宽度就是，从电容 C 开始放电直到 V_{I2} 的电压下降到 V_T 所经历的时间，也就是 V_{I2} 从高电平（$\approx E_D$）下降到 V_T 所经历的时间。即

$$V_{I2}(0) = E_D, V_{I2}(\infty) = 0$$

放电时间常数 $\tau \approx (R_N + R)C$，放电过程结束时 $V_{I2} = V_T$，由此可求出脉冲宽度为

$$T_w = (R_N + R)C \cdot \ln \frac{E_D}{V_T} \tag{8.14}$$

式中，R_N 是 G_1 门输出为低电平时导通的 NMOS 管的等效电阻，$R_N \ll R$，可以忽略不计，当 V_T 取典型值 $E_D/2$ 时，输出脉冲的宽度可以由式(8.15)近似估算。

$$T_w \approx RC \cdot \ln 2 \approx 0.7RC \tag{8.15}$$

输出脉冲的幅度为

$$V_m = V_{OH} - V_{OL} \approx E_D \tag{8.16}$$

电路的恢复时间 T_{re} 是指,从电容开始充电,到 V_{I2} 的电压上升到高电平所经历的时间。一般取充电时间常数的 $3\sim5$ 倍进行估算,即

$$T_{re} \approx (3 \sim 5)(R_P + R)C \tag{8.17}$$

式中,R_P 是 G_1 门输出为高电平时导通的 PMOS 管的等效电阻。

电路的分辨时间等于触发脉冲宽度和恢复时间之和,即

$$T_d = T_w + T_{re} \tag{8.18}$$

通过上面的分析可以看出,要保证积分型单稳电路的正常工作也要满足以下两个条件。

① 输入触发脉冲的宽度要大于单稳电路输出的脉冲宽度。

② 两次触发信号的最小时间间隔 T_{min} 不能小于分辨时间。

与微分型单稳态触发器相比,积分型单稳态触发器的抗干扰能力较强。因为数字电路中的干扰信号多为尖脉冲形式(幅度较大但是宽度较窄),而在积分型单稳触发器中,如果触发脉冲的宽度小于输出脉冲的宽度,电路不会产生足够宽度的输出脉冲。

8.2.3　集成单稳态触发器

由逻辑门及 RC 电路构成的单稳态触发器输出脉冲宽度的稳定性差,调节范围小,且触发方式单一。所以,实际应用中经常使用的是集成单稳态触发器,集成电路中采用了温漂补偿措施,所以电路的温度稳定性较好。

目前,TTL 和 CMOS 集成电路产品中都有单片集成单稳态触发器,使用时只需要外接很少的元件和连线。而且电路还附加了上升沿与下降沿触发控制功能,有的还具有清零功能,使用起来很方便。

下面以 74121 为例介绍集成单稳态触发器的功能和使用方法。

74121 是一种典型的 TTL 集成单稳态触发器,它以微分型单稳态触发电路为核心,附加输入控制电路和输出缓冲电路构成。输入控制电路主要实现对上升沿触发或下降沿触发的控制。输出缓冲电路是为了提高单稳态触发器的带负载能力。74121 的逻辑符号和引脚排列如图 8.18 所示。

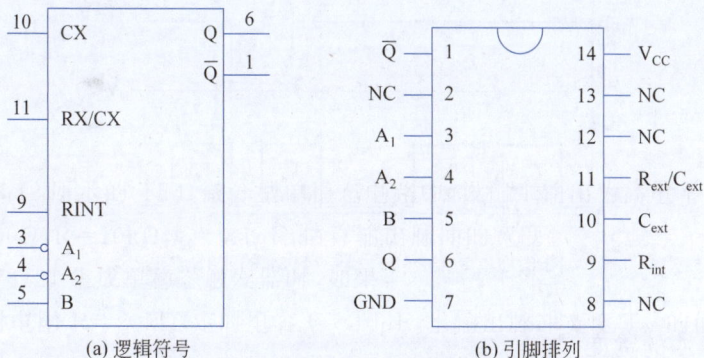

图 8.18　74121 的逻辑符号和引脚排列

在稳定状态下,74121 的输出为 $Q=0$,$\bar{Q}=1$;当施加触发脉冲时,电路进入暂稳态——$Q=1$,$\bar{Q}=0$。

1. 触发方式

74121 的内部电路有两个触发控制端,当其中一个控制端为高电平,另一个控制端上出现上升沿时,74121 就会进入暂稳态,在输出端产生一个矩形脉冲。这两个触发控制端,一个由 B 引脚引入,另一个是 A_2 和 A_1 引脚的逻辑与非。也就是说,有两种情况会使 74121 被触发。

（1）B＝1,$A_2 \cdot A_1$ 出现下降沿。

（2）$A_2 \cdot A_1$＝0,B 上出现上升沿。74121 的功能表如表 8.1 所示。

表 8.1　74121 的功能表

输	入		输	出	输	入		输	出
A_2	A_1	B	Q	$\overline{Q}$	A_2	A_1	B	Q	$\overline{Q}$
0	x	1	0	1	1	↓	1	⊓	⊔
x	0	1	0	1	↓	1	1	⊓	⊔
x	x	0	0	1	↓	↓	1	⊓	⊔
1	1	x	0	1	0	x	↑	⊓	⊔
					x	0	↑	⊓	⊔

74121 在触发脉冲作用下的输出波形如图 8.19 所示。

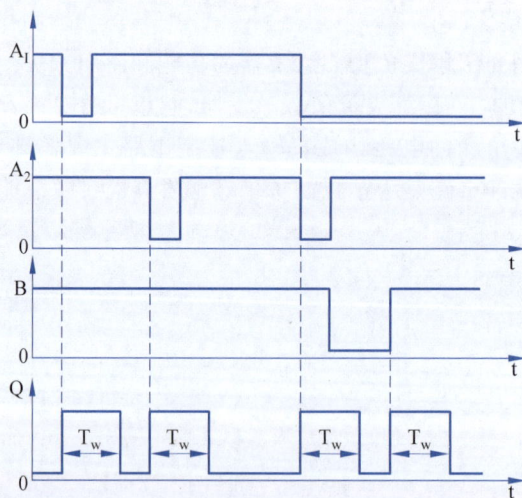

图 8.19　单稳态触发器 74121 的工作波形

2. 输出脉冲的宽度

74121 输出脉冲的宽度取决于定时电阻和电容的大小,可由式(8.19)进行估算。

$$T_w \approx 0.7RC \tag{8.19}$$

实际使用中,电容接在引脚 C_{ext} 和 R_{ext}/C_{ext} 之间。电阻有两种选择:一种是使用

74121 内部提供的 $2k\Omega$ 的定时电阻,此时将 R_{int} 引脚接到电源上。如果希望得到较宽的输出脉冲,可以使用外接电阻,此时电阻接在 R_{ext}/C_{ext} 引脚和电源之间,R_{int} 引脚应悬空。两种连接方式如图 8.20 所示。

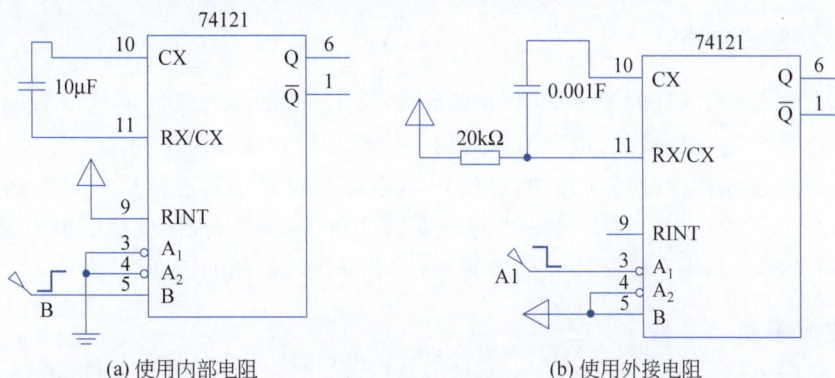

图 8.20　74121 的连接方式

目前,集成单稳态触发器有可重触发和不可重触发两种。可重触发是指,在暂稳态期间,只要有新的触发脉冲到达,电路就会重新被触发,使电路的暂稳态持续时间被延长。只要触发脉冲不间断,持续时间就不断延长。不可重触发是指电路一旦被触发,输出就与输入无关。也就是说,在暂稳态期间,电路不再接受新的触发脉冲的作用,只有当它返回到稳定状态后,才能接受下一个触发脉冲而再次进入暂稳态。两种单稳态触发器的工作波形如图 8.21 所示。

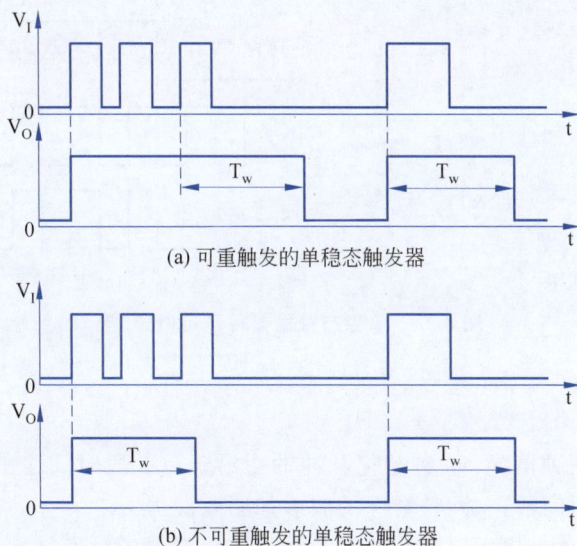

图 8.21　两种单稳态触发器(上升沿触发)的工作波形

集成单稳态触发器中,不可重触发的单稳态触发器有 74121、74221 等,可重触发的单稳态触发器有 74122、74123 等。有些单稳态触发器(如 74221、74122、74123)还设置有清零控制端,在清零控制端施加一个有效信号,可以使其立即终止暂稳态,恢复为稳定状态。

8.2.4 单稳态触发器的应用

单稳态触发器在数字系统中通常可用作脉冲整形电路、定时控制和脉冲延时等。

1. 脉冲整形电路

在实际系统中，脉冲的来源不同，其波形也不同。有些脉冲波形不是很整齐，而且脉冲信号在电路中进行传输时，常会因为受到干扰信号的影响而产生畸变。为了使脉冲变成具有一定宽度和幅度的规则脉冲，可以用单稳态触发器对其进行整形。也就是说，将需要被整形的脉冲作为单稳态触发器的触发脉冲输入信号 V_I，在单稳态触发器的输出 V_O 端就可以得到具有一定宽度和幅度的、前后沿都比较陡峭的矩形脉冲。

2. 定时控制

因为单稳态触发器能够输出具有一定宽度（T_w）的矩形脉冲，利用这个脉冲去控制某个电路，使其在 T_w 时间内动作（或者不动作），就起到了定时控制的作用。例如，将单稳态触发器的输出与时钟脉冲信号进行逻辑与，如图 8.22（a）所示，则在定时时间 T_w 内，与门输出端会输出时钟脉冲信号，其他时间与门输出为 0，如图 8.22（b）所示。如果把该与门的输出作为某定时/计数器的脉冲输入，则在 T_w 时间内定时/计数器是工作的，而其他时间不工作。

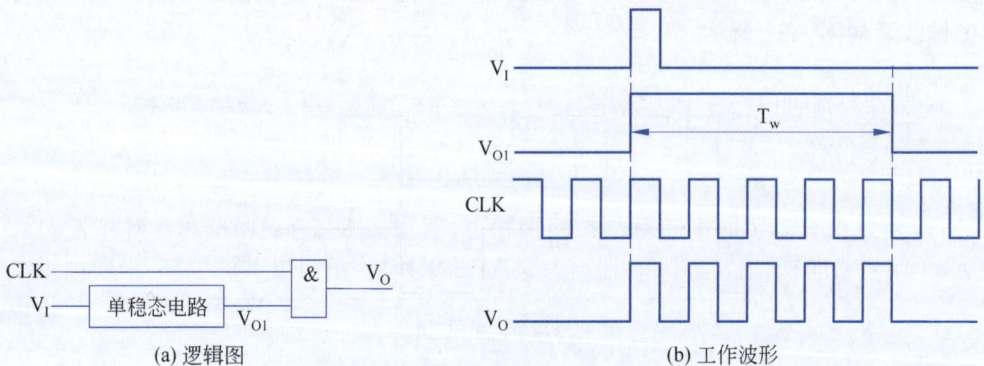

(a) 逻辑图　　(b) 工作波形

图 8.22　单稳态触发器用于定时控制

3. 脉冲的延时

脉冲的延时有两种情况：一种是把脉冲的边沿延迟一段时间输出，另一种是把整个脉冲信号延迟一段时间输出，两种情况的波形如图 8.23 所示。

对于第一种情况，直接用原始脉冲作为单稳态触发器的触发脉冲即可实现。从图中可以看出，单稳态触发器（触发方式为下降沿触发）的输出 V_O 的下降沿比原始脉冲 V_I 的下降沿滞后了 T_w 时间。

对于第二种情况，可以采用如图 8.24 所示的电路实现，此处假设需要延时的原始脉冲是负脉冲。

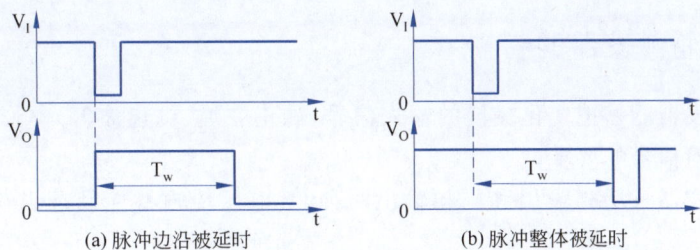

(a) 脉冲边沿被延时   (b) 脉冲整体被延时

图 8.23 单稳态触发器用于脉冲延时

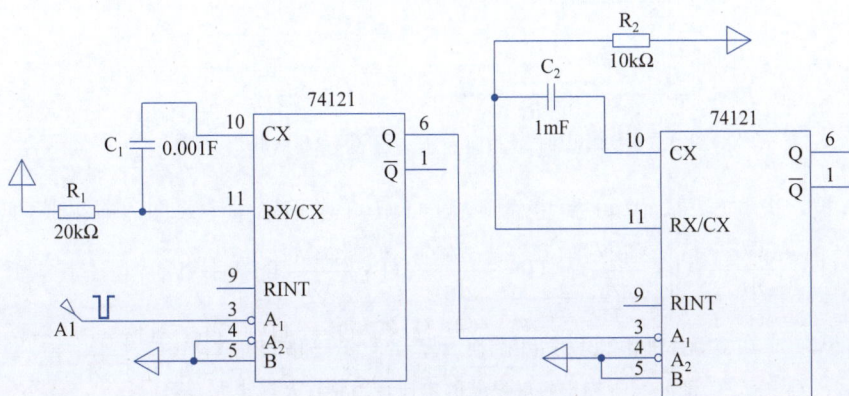

图 8.24 74121 用于脉冲延时的逻辑电路

电路中使用了两片单稳态触发器 74121,两片都采用下降沿触发,所以将 B 输入端固定接高电平,从 A_2 或 A_1 引脚引入原始脉冲作为触发信号(另一个不用的引脚和 B 一样固定接高电平)。取第二片 74121 的 $\overline{Q}$ 作为电路输出 V_0,该电路的输出波形如图 8.25 所示。

从波形图可知,脉冲输出的延时时间就是第一片 74121 输出脉冲的宽度 T_{w1}。电路最终输出脉冲的宽度就是第二片 74121 输出脉冲的宽度 T_{w2}。也就是说,要把宽度为 T_0 的原始脉冲延时 T_1 时间后再输出,就需要选取适当的 R_1、C_1、R_2、C_2,使 $T_1 = T_{w1} \approx 0.7R_1C_1$, $T_0 = T_{w2} \approx 0.7R_2C_2$。

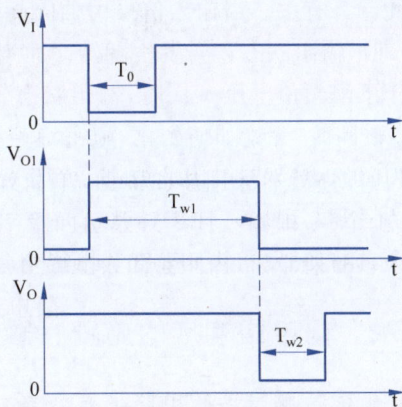

图 8.25 74121 用于脉冲延时的输出波形

8.3 施密特触发器

关键词:
施密特触发器:能够把变化缓慢的输入信号(如正弦波、锯齿波等)整形为矩形波,以满足数字电路对信号的要求。

8.3.1 施密特触发器的特性

施密特触发器能够把变化缓慢的输入信号（如正弦波、锯齿波等）整形为矩形波，以满足数字电路对信号的要求。

施密特触发器有反相输出和同相输出两种，其电压传输特性及逻辑符号如图 8.26 所示。

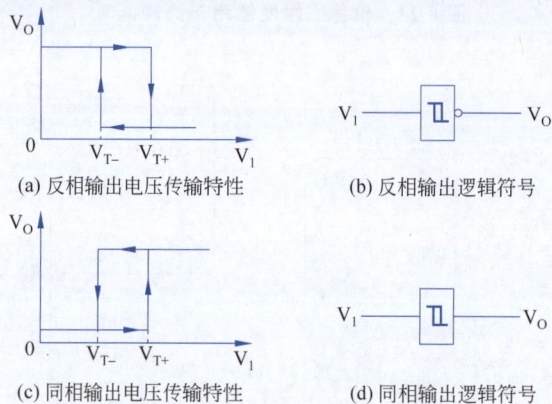

(a) 反相输出电压传输特性   (b) 反相输出逻辑符号

(c) 同相输出电压传输特性   (d) 同相输出逻辑符号

图 8.26   施密特触发器的电压传输特性及其电路符号

从电压传输特性可以看出，施密特触发器有两个阈值电压，一个是上限阈值电压 V_{T+}，一个是下限阈值电压 V_{T-}。施密特触发器两个稳定状态之间的转换与输入信号的变化趋势有关。当输入信号由低向高变化时，只有当输入信号的电压高于上限阈值电压 V_{T+} 时，输出状态才会发生翻转。而当输入信号由高向低变化时，只有当输入信号的电压低于下限阈值电压 V_{T-} 时，输出状态才会发生翻转。也就是说，当输入电压介于 V_{T-} 和 V_{T+} 之间时，无论如何变化，施密特触发器的输出状态都保持不变。这种特性称为施密特触发器的滞回特性，因此施密特触发器具有很强的抗干扰能力。V_{T-} 和 V_{T+} 之间的差值称为回差电压 ΔV_T，$\Delta V_T = V_{T+} - V_{T-}$。回差电压越大，抗干扰能力越强；但是，回差电压过大，会使触发器的灵敏度等性能变差。

8.3.2 门电路构成的施密特触发器

施密特触发器的电路形式较多，下面以 CMOS 反相器构成的施密特触发器为例介绍其工作原理，电路组成如图 8.27 所示。R_1、R_2 为分压电阻，电路的输出通过 R_2 进行正反馈。为保证电路正常工作，要求 $R_1 < R_2$。

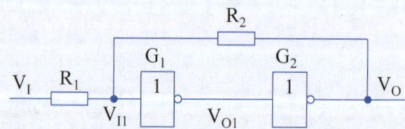

图 8.27   CMOS 反相器构成的施密特触发器

由图 8.27 可得 V_{I1} 的计算公式，如式（8.20）所示，V_{I1} 的电压值是决定电路状态的关键。

$$V_{I1} = \frac{R_2}{R_1 + R_2} V_I + \frac{R_1}{R_1 + R_2} V_O \tag{8.20}$$

　　由于施密特触发器的状态转换和输入信号的变化趋势有关,因此下面从输入信号的两种变化趋势分析电路的工作原理。

　　(1) 输入信号 V_I 由低电平向高电平变化。

　　对于 CMOS 门电路,一般认为 $V_{OH} = E_D, V_{OL} = 0V, V_T = E_D/2$。

　　当 $V_I = 0V$ 时,由式(8.20)可知 $V_{I1} = \dfrac{R_1}{R_1 + R_2} V_O$。由于 $R_1 < R_2$,所以 $V_{I1} < V_O/2$。也就是说,无论 V_O 是高电平还是低电平,都满足条件 $V_{I1} < V_T$。所以,G_1 门输出为高电平,G_2 门输出为低电平。也就是说,当 $V_I = 0V$ 时,$V_{O1} = E_D, V_O = 0V$。

　　当 V_I 从 $0V$ 逐渐增加时,$V_O = 0V$,$V_{I1} = \dfrac{R_2}{R_1 + R_2} V_I$。$V_I$ 的逐渐增加,会引起 V_{I1} 的逐渐增加。只要 $V_{I1} < V_T$,电路的状态就会保持不变,即 $V_{O1} = E_D, V_O = 0V$。随着 V_I 的继续增加,当 $V_{I1} > V_T$ 时,G_1 门翻转,使 $V_{O1} = 0V, V_O = E_D$,电路状态发生翻转。如果 V_I 继续增加,则因为 $V_{I1} > V_T$,所以电路的状态保持为 $V_{O1} = 0V, V_O = E_D$ 不变。

　　由以上分析可知,如果输入信号 V_I 由低电平向高电平变化,那么只有当 V_I 上升到使 V_{I1} 的电压值高于 V_T 时,电路状态才会发生转换,此临界点 V_I 的电压值就是上限阈值电压 V_{T+},即 $V_T = \dfrac{R_2}{R_1 + R_2} V_{T+}$,所以 $V_{T+} = \dfrac{R_1 + R_2}{R_2} V_T$,取 $V_T = E_D/2$,则有

$$V_{T+} = \frac{1}{2}\left(1 + \frac{R_1}{R_2}\right) E_D \tag{8.21}$$

　　(2) 输入信号 V_I 由高电平向低电平变化。

　　当 $V_I = E_D$ 时,由式(8.20)可知 $V_{I1} = \dfrac{R_2}{R_1 + R_2} E_D + \dfrac{R_1}{R_1 + R_2} V_O$。由于 $R_2 > R_1$,所以 $V_{I1} > E_D/2$。也就是说,无论 V_O 是高电平还是低电平,都满足条件 $V_{I1} > V_T$,所以,G_1 门输出为低电平,G_2 门输出为高电平。也就是说,当 $V_I = E_D$ 时,$V_{O1} = 0V, V_O = E_D$。

　　当 V_I 从 E_D 逐渐下降时,由于 $V_{I1} = \dfrac{R_2}{R_1 + R_2} V_I + \dfrac{R_1}{R_1 + R_2} V_O$,随着 V_I 的逐渐下降,会引起 V_{I1} 的电压逐渐下降。只要满足 $V_{I1} > V_T$,电路的输出状态就会保持不变,即 $V_{O1} = 0V, V_O = E_D$。随着 V_I 的继续下降,当 $V_{I1} < V_T$ 时,G_1 门翻转,使 $V_{O1} = E_D, V_O = 0V$,电路状态发生翻转。如果 V_I 继续下降,电路的状态保持为 $V_{O1} = E_D, V_O = 0V$ 不变。

　　由以上分析可知,如果输入信号 V_I 由高电平向低电平变化,那么只有当 V_I 下降到使 V_{I1} 的电压值低于 V_T 时,电路状态才会发生转换,此临界点 V_I 的电压值就是下限阈值电压 V_{T-},即 $V_T = E_D/2 = \dfrac{R_2}{R_1 + R_2} V_{T-} + \dfrac{R_1}{R_1 + R_2} E_D$,所以有

$$V_{T-} = \frac{1}{2}\left(1 - \frac{R_1}{R_2}\right) E_D \tag{8.22}$$

$$\Delta V_T = V_{T+} - V_{T-} = \frac{R_1}{R_2} E_D \tag{8.23}$$

　　可见,通过改变 R_1、R_2 的比值可以调节该施密特触发器的回差电压。

　　综合以上分析,可以画出如图 8.27 所示电路的工作波形及电压传输特性,如图 8.28 所示。

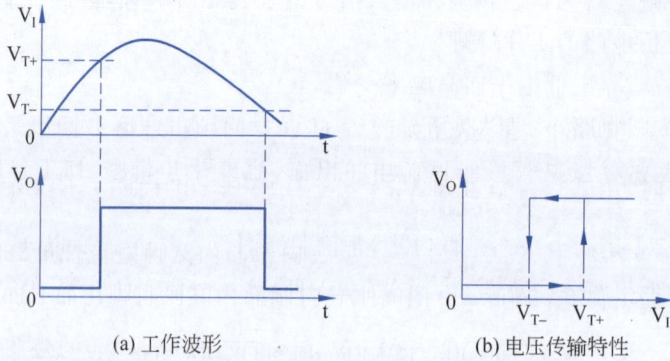

(a) 工作波形   (b) 电压传输特性

图 8.28   图 8.27 电路的工作波形及电压传输特性

8.3.3   集成施密特触发器

由门电路构成的施密特触发器阈值稳定性较差，抗干扰能力较弱，所以实际中常使用集成施密特触发器。TTL 集成施密特触发器有 7413、74132 等，CMOS 集成施密特触发器有 CD40106、CD4093 等。下面以 SN74132 为例介绍集成施密特触发器。

SN74132 的内部集成了 4 个 2 输入、施密特触发的与非门，其引脚排列及逻辑符号如图 8.29 所示。

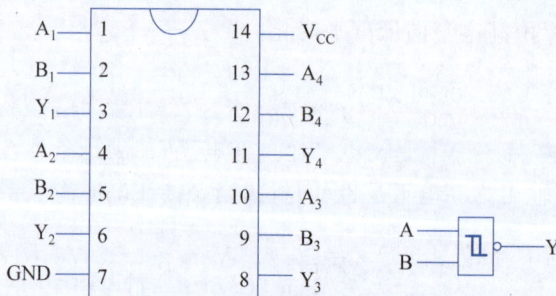

图 8.29   施密特触发器 74132

当 A、B 中有一个低于施密特触发器的下限阈值电压 V_{T-} 时，对应的 Y 输出为高电平。当 A、B 都高于施密特触发器的上限阈值电压 V_{T+} 时，对应的 Y 输出为低电平。在电源使用 +5V 的条件下，SN74132 的上限阈值电压 V_{T+} 为 1.5～2.0V，典型值为 1.7V，下限阈值电压 V_{T-} 为 0.6～1.1V，典型值为 0.9V，回差电压 ΔV_T 的典型值为 0.8V。

8.3.4   施密特触发器的应用举例

1. 脉冲整形

脉冲信号在传输过程中常常会因为受到干扰信号的影响而发生畸变，通过施密特触发器可对这些信号进行整形。只要设置合适的上限阈值电压 V_{T+} 和下限阈值电压 V_{T-}，就可以取得较好的整形效果，如图 8.30 所示。

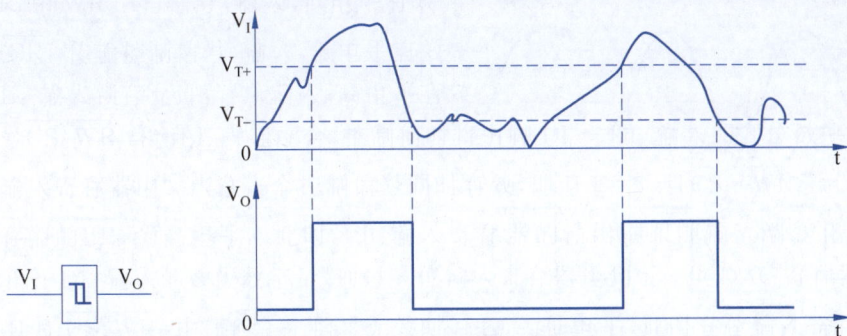

图 8.30　利用施密特触发器进行脉冲整形

2. 鉴幅电路

当输入为一串幅度不等的脉冲时,只有幅度超过 V_{T+} 的脉冲才能使施密特触发器翻转,从而在输出端得到一个矩形脉冲,而幅度小于 V_{T+} 的输入脉冲不会使施密特触发器翻转,其输出状态不变。因此,可以把施密特触发器作为鉴幅器,其输入/输出波形如图 8.31 所示。

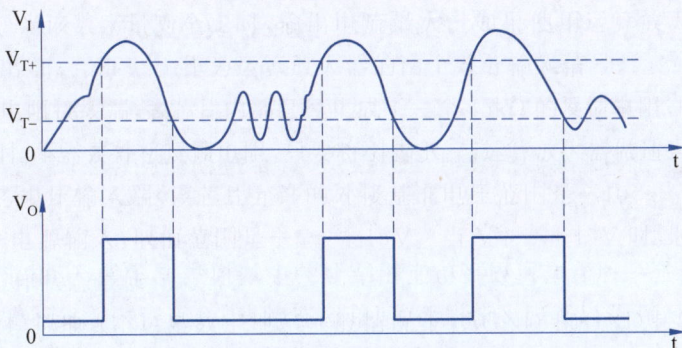

图 8.31　利用施密特触发器作鉴幅器

3. 波形变换

利用施密特触发器状态转换过程中的正反馈作用,可以把波形变化比较缓慢的周期性信号(如正弦波、锯齿波等)变换成边沿比较陡峭的矩形脉冲。如图 8.32 所示,只要输入信号的幅度大于施密特触发器的上限阈值电压,就可以在输出端得到同样频率的矩形波。

4. 多谐振荡器

利用施密特触发器可以构成多谐振荡器,如图 8.33 所示。施密特触发器输出端的反相器起整形和隔离的作用。

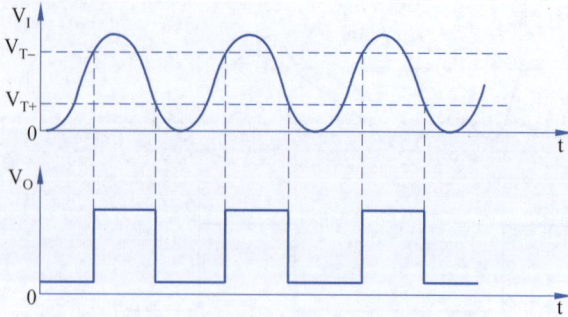

图 8.32　利用施密特触发器进行波形变换

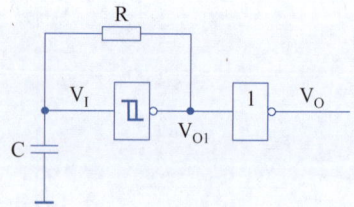

图 8.33　施密特触发器构成振荡器

假设某一时刻，施密特触发器的输入端为低电平，输出端 V_{O1} 为高电平，则电容 C 处于充电状态。随着充电过程的进行，V_I 的电压逐渐上升。当 V_I 上升到 V_{T+} 时，施密特触发器翻转，其输出 V_{O1} 变为低电平，电容 C 开始放电。随着放电过程的进行，V_I 的电压逐渐下降，当 V_I 下降到 V_{T-} 时，施密特触发器的输出 V_{O1} 翻转为高电平，电容 C 又开始充电。该过程循环往复，电路不停地振荡，在输出端就得到矩形脉冲，改变 R、C 的数值就可以调节振荡频率。

8.4　555 定时器及其应用

> **关键词：**
> **555 定时器**：是一种模拟和数字功能相结合的中规模集成器件，常被用于定时器、脉冲产生器和振荡电路。

555 定时器是一种模拟和数字功能相结合的中规模集成器件，应用非常广泛。通过外接少量的元件，就可以实现多谐振荡器、单稳态触发器、施密特触发器等脉冲产生与变换电路。

555 定时器有 TTL 型和 CMOS 型两种电路，TTL 型电路通常称为 555，具有很强的驱动能力，而 CMOS 型电路通常称为 7555，具有低功耗、高输入阻抗等优点。二者的电路结构、工作原理、功能特性以及引脚排列基本相同。

8.4.1　555 定时器

图 8.34 是 555 定时器的等效电路结构图，其内部电路主要包括两个电压比较器 C_1 和 C_2、由三个等值电阻串联构成的分压器、一个基本 RS 触发器和一个放电三极管 T 及功率输出级。

图中，$\overline{R_D}$ 为外部复位控制信号，当 $\overline{R_D}=0$ 时，无论输入是什么状态，放电管 T 导通，输出端 V_O 为低电平。所以，正常工作时，应将 $\overline{R_D}$ 引脚接高电平。接在输出端的反相器 G 是输出缓冲器，其作用是为了提高定时器的带负载能力，并隔离负载对定时器的影响。

电压比较器的输出状态取决于两个输入端 V_+ 和 V_- 的相对大小，当 $V_+ > V_-$ 时，输

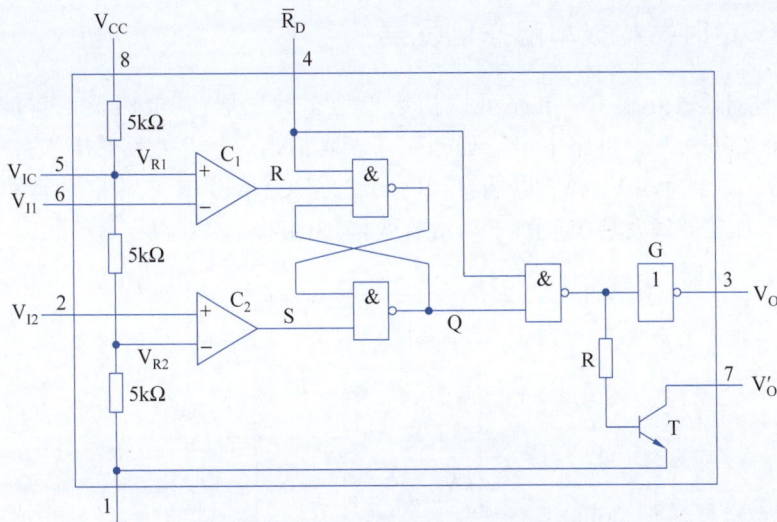

图 8.34 555 定时器的等效电路结构图

出为高电平,当 $V_+ < V_-$ 时,输出为低电平。

三个等值电阻串联构成分压器,为电压比较器 C_1 和 C_2 提供参考电压 V_{R1} 和 V_{R2}。V_{IC}(也标识为 CV)是外部控制电压输入端,当 V_{IC} 外接固定电压时,$V_{R1} = V_{IC}$,$V_{R2} = V_{IC}/2$。不使用外部控制电压时,一般将 V_{IC} 引脚通过一个 $0.01\mu F$ 的电容接地,以滤掉高频干扰信号,保证参考电压的稳定性。此时,$V_{R1} = 2V_{CC}/3$,$V_{R2} = V_{CC}/3$。

正常工作时,电路的输出状态与两个电压输入端 V_{I1}(也标识为 TH)、V_{I2}(也标识为 TR)的电平有关,V_{I1} 和 V_{I2} 分别称为高触发端和低触发端。

当 $V_{I1} < V_{R1}$,$V_{I2} < V_{R2}$ 时,基本 RS 触发器的输入端 $R = 1$,$S = 0$,触发器被置位,$Q = 1$,放电管 T 截止,V_O 输出为高电平。

当 $V_{I1} < V_{R1}$,$V_{I2} > V_{R2}$ 时,基本 RS 触发器的输入端 $R = 1$,$S = 1$,触发器保持原来的状态不变,放电管 T 的导通状态以及 V_O 的输出也保持不变。

当 $V_{I1} > V_{R1}$,$V_{I2} < V_{R2}$ 时,基本 RS 触发器的输入端 $R = 0$,$S = 0$,触发器的输出 $Q = \bar{Q} = 1$,放电管 T 截止,V_O 输出为高电平。

当 $V_{I1} > V_{R1}$,$V_{I2} > V_{R2}$ 时,基本 RS 触发器的输入端 $R = 0$,$S = 1$,触发器被复位,$Q = 0$,放电管 T 导通,V_O 输出为低电平。

由以上分析可列出 555 定时器的功能表(见表 8.2)。

表 8.2 555 定时器的功能表

输　　入			输　　出		输　　入			输　　出	
$\bar{R}_D$	V_{I1}	V_{I2}	V_O	T	$\bar{R}_D$	V_{I1}	V_{I2}	V_O	T
0	x	x	低电平	导通	1	$>V_{R1}$	$<V_{R2}$	高电平	截止
1	$<V_{R1}$	$<V_{R2}$	高电平	截止	1	$>V_{R1}$	$>V_{R2}$	低电平	导通
1	$<V_{R1}$	$>V_{R2}$	保持	不变					

8.4.2 555 定时器构成单稳态触发器

555 定时器通过外接 RC 电路可以构成单稳态触发器,其电路及工作波形分别如图 8.35 和图 8.36 所示。电路中,V_{IC} 通过 C_1 与地相连,所以参考电压 $V_{R1} = 2V_{CC}/3$,$V_{R2} = V_{CC}/3$。高触发端 V_{I1} 和放电端 V_O'(也标识为 DC)相连,R、C 为定时元件,外部输入触发信号 V_I 加在低触发端 V_{I2} 上,下降沿有效,输出由 V_O 端获得。

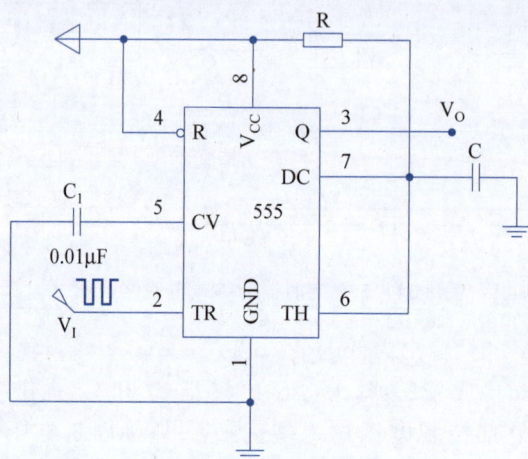

图 8.35 555 定时器构成的单稳态触发器

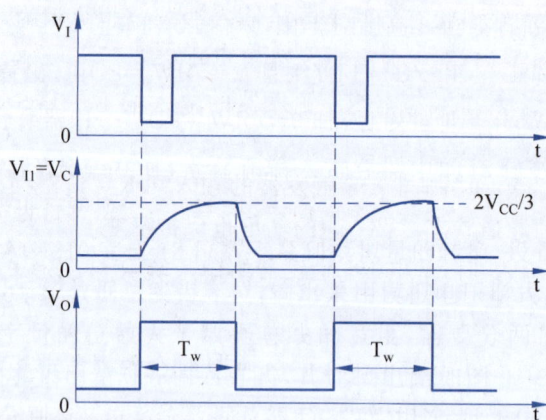

图 8.36 555 定时器构成的单稳态触发器工作波形

下面分析电路的工作过程。

电路未施加触发信号时的初始状态:在电源接通瞬间,电容 C 两端没有电压,即 $V_{I1} = 0$,V_{CC} 通过 R 给 C 充电,此时晶体管 T 截止,输出 V_O 为高电平。随着充电过程的进行,V_{I1} 逐渐上升。当 V_{I1} 上升到略高于 $2V_{CC}/3$ 时,电压比较器 C_1 的输出 R=0。假设此时 V_I 上没有施加触发信号,即 V_{I2} 稳定在高电平,那么电压比较器 C_2 的输出 S=1。RS 触发器被复位,Q=0,放电管 T 饱和导通,输出 V_O 为低电平,电路进入稳定状态。同时电容 C 通过 T 管迅速放电,使 $V_c \approx 0V$,电路状态稳定不变,即保持 $V_{I1} = 0$,$V_O = 0$。

当外部输入触发信号 V_I 由高变低时,有 $V_{I2}<V_{R2}$,电压比较器 C_2 的输出 $S=0$。由于 V_I 下降沿的瞬间 $V_{I1}=0$,即 $V_{I1}<V_{R1}$,使 C_1 的输出 $R=1$,RS 触发器被置位,输出为 $Q=1$,放电管 T 截止,V_0 输出为高电平,电路进入暂稳态。晶体管 T 截止,且 $V_{I1}=0$,使电容 C 开始充电。随着充电过程的进行,V_{I1} 的电压逐渐上升。当 V_{I1} 上升到略高于 $2V_{CC}/3$ 时,比较器 C_1 的输出 $R=0$。假设此时 V_I 上的触发信号已经撤销(即 V_I 已恢复为高电平),比较器 C_2 的输出 $S=1$,RS 触发器被复位,晶体管 T 饱和导通,输出 V_0 又变为低电平,电路自动恢复为稳定状态。同时电容 C 通过 T 管迅速放电,使 $V_C≈0V$,电路保持稳定状态不变,直到再有新的触发脉冲到达。

输出脉冲的宽度,也就是暂稳态的持续时间与电路参数有关。由以上分析过程可知,如果忽略晶体管 T 上的饱和压降,则输出脉冲的宽度就是电容 C 两端的电压从 0V 上升到 $2V_{CC}/3$ 所需要的时间。由此可求出输出脉冲的宽度 T_w 的计算公式:

$$T_w = \tau \cdot \ln\frac{0-V_{CC}}{2V_{CC}/3-V_{CC}} = RC \cdot \ln3 ≈ 1.1RC \qquad (8.24)$$

由电路的工作过程可以看出,要保证这种单稳态触发器正常工作,要求输入触发脉冲 V_I 的宽度要小于输出脉冲的宽度 T_w。只要输入信号 V_I 的周期略大于 T_w,就可以保证 V_I 的每一个负脉冲都能起到触发的作用。

8.4.3 555 定时器构成多谐振荡器

将 555 定时器的高触发端 V_{I1} 和低触发端 V_{I2} 连在一起,并按如图 8.37 所示连入 RC 电路,构成多谐振荡器,V_0 端输出方波信号。该电路中,参考电压 $V_{R1}=2V_{CC}/3$,$V_{R2}=V_{CC}/3$,工作波形如图 8.38 所示。

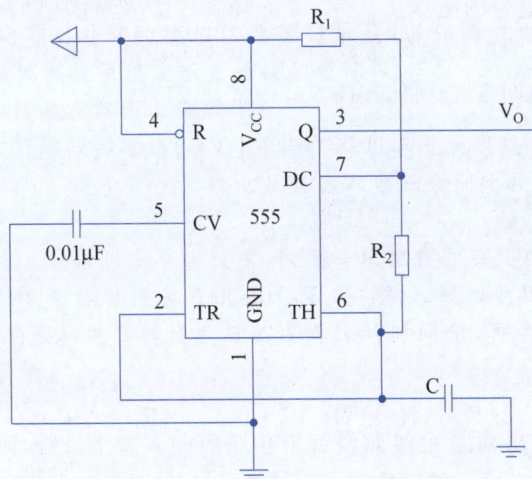

图 8.37 555 定时器构成的多谐振荡器

下面分析电路的工作过程。在电源接通瞬间,电容 C 两端没有电压,即 $V_{I1}=V_{I2}=0V$,满足 $V_{I1}<V_{R1}$,$V_{I2}<V_{R2}$。此时晶体管 T 截止,V_0 输出高电平,V_{CC} 通过 R_1、R_2 给 C 充电。随着充电过程的进行,V_C(即 V_{I1}、V_{I2})逐渐上升。当 $V_{CC}/3<V_C<2V_{CC}/3$ 时,

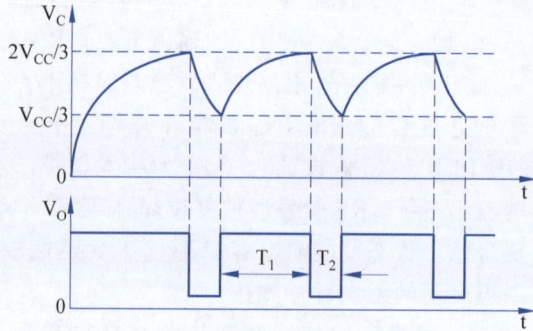

图 8.38　555 定时器构成的多谐振荡器工作波形

满足 $V_{I1} < V_{R1}$，$V_{I2} > V_{R2}$，电路保持原状态不变，即晶体管 T 仍然截止，V_O 仍然是高电平，充电过程继续进行。当 V_C 上升到略高于 $2V_{CC}/3$ 时，满足 $V_{I1} > V_{R1}$，$V_{I2} > V_{R2}$，电路状态发生翻转，晶体管 T 饱和导通，V_O 变为低电平，电路进入了另一个状态。同时电容 C 通过电阻 R_2 和饱和导通的晶体管 T 迅速放电。

随着放电过程的进行，V_C（即 V_{I1}、V_{I2}）逐渐下降。当 $V_{CC}/3 < V_C < 2V_{CC}/3$ 时，满足 $V_{I1} < V_{R1}$，$V_{I2} > V_{R2}$，电路保持原状态不变，即晶体管 T 仍然饱和导通，V_O 仍然是低电平，放电过程继续进行。当 V_C 下降到略低于 $V_{CC}/3$ 时，满足 $V_{I1} < V_{R1}$，$V_{I2} < V_{R2}$，电路状态发生翻转，晶体管 T 截止，V_O 变为高电平，电路又回到了第一种状态，同时 V_{CC} 又通过 R_1、R_2 给 C 充电。如此循环往复，形成振荡。

由以上分析可知，多谐振荡器输出波形的周期等于电容 C 充电时间 T_1 和放电时间 T_2 之和。而电容的充电时间就是电容的电压从 $V_{CC}/3$ 上升到 $2V_{CC}/3$ 所需要的时间。电容的放电时间就是电容的电压从 $2V_{CC}/3$ 下降到 $V_{CC}/3$ 所需要的时间。充电的时间常数为 $\tau_1 = (R_1 + R_2)C$，放电的时间常数为 $\tau_2 = R_2C$。由此可求出电容的充电时间 T_1、放电时间 T_2 以及振荡周期 T 分别如式（8.25）～式（8.27）所示。

$$T_1 = \tau_1 \cdot \ln\frac{V_{CC}/3 - V_{CC}}{2V_{CC}/3 - V_{CC}} = (R_1 + R_2)C \cdot \ln2 \tag{8.25}$$

$$T_2 = \tau_2 \cdot \ln\frac{V_{CC}/3 - 0}{2V_{CC}/3 - 0} = R_2C \cdot \ln2 \tag{8.26}$$

$$T = T_1 + T_2 = (R_1 + 2R_2)C \cdot \ln2 \approx 0.7(R_1 + 2R_2)C \tag{8.27}$$

振荡频率：

$$f = \frac{1}{T} = \frac{1}{(R_1 + 2R_2)C \cdot \ln2} \approx \frac{1.44}{(R_1 + 2R_2)C} \tag{8.28}$$

输出波形的占空比：

$$q = \frac{T_1}{T} = \frac{R_1 + R_2}{R_1 + 2R_2} \tag{8.29}$$

由以上公式可以看出，通过改变 R_1、R_2 及 C 的数值，可以调节输出脉冲的频率和占空比。图 8.37 的电路没有使用外部控制电压，如果 V_{IC} 外接控制电压，那么通过改变 V_{IC} 的值也可以调节输出脉冲的频率和占空比。

8.4.4 555 定时器构成施密特触发器

将 555 定时器的两个电压输入端 V_{I1} 和 V_{I2} 连在一起,作为外部触发脉冲输入端 V_I,就构成了施密特触发器。电路和工作波形如图 8.39 所示,工作波形图中的输入信号为三角波。

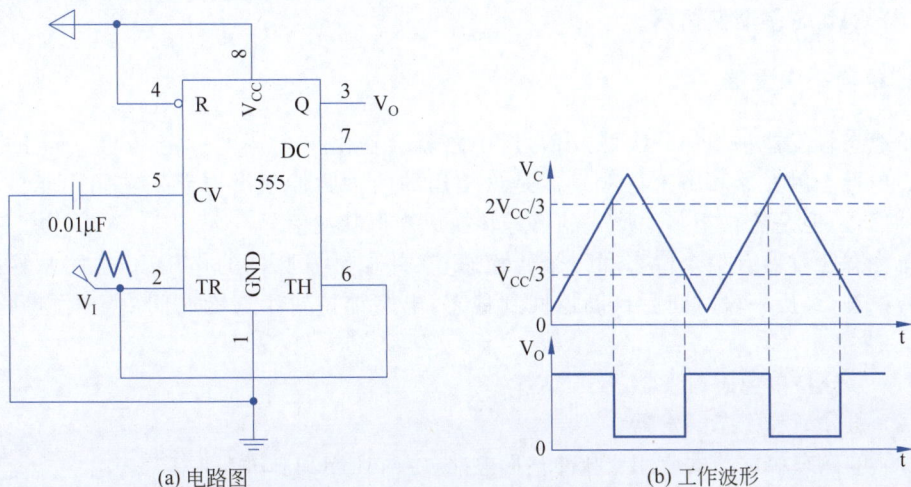

(a) 电路图   (b) 工作波形

图 8.39 555 定时器构成施密特触发器

当输入 $V_I=0V$(即 $V_{I1}=V_{I2}=0V$)时,满足 $V_{I1}<V_{R1}$,$V_{I2}<V_{R2}$,晶体管 T 截止,V_O 输出高电平。V_I 逐渐上升,当 $V_{CC}/3<V_I<2V_{CC}/3$ 时,满足 $V_{I1}<V_{R1}$,$V_{I2}>V_{R2}$,电路保持原状态不变,即晶体管 T 仍然截止,V_O 仍然是高电平。当 V_I 上升到略高于 $2V_{CC}/3$ 时,满足 $V_{I1}>V_{R1}$,$V_{I2}>V_{R2}$,电路状态发生翻转,晶体管 T 饱和导通,V_O 变为低电平。V_I 继续上升,电路状态保持不变。

当 V_I 从最大值逐渐下降时,只要 $V_I>2V_{CC}/3$,一定满足 $V_{I1}>V_{R1}$,$V_{I2}>V_{R2}$,晶体管 T 保持饱和导通状态,V_O 维持为低电平。当 $V_{CC}/3<V_I<2V_{CC}/3$ 时,满足 $V_{I1}<V_{R1}$,$V_{I2}>V_{R2}$,电路保持原状态不变,即晶体管 T 仍然饱和导通,V_O 仍然是低电平。当 V_I 下降到略低于 $V_{CC}/3$ 时,满足 $V_{I1}<V_{R1}$,$V_{I2}<V_{R2}$,晶体管 T 截止,V_O 输出高电平。

由上面的分析可知,如图 8.39 所示施密特触发器的下限阈值电压 $V_{T-}=V_{R2}=V_{CC}/3$,上限阈值电压 $V_{T+}=V_{R1}=2V_{CC}/3$,回差电压 $\Delta V_T=V_{R1}-V_{R2}=V_{CC}/3$。由此可见,施密特触发器的两个阈值电压以及回差电压与其参考电压有关,如果在电路中使用外部控制电压 V_{IC},则可以通过改变 V_{IC} 的数值,来实现对施密特触发器传输特性的调节。

<h2 style="text-align:center">小 结</h2>

1. 多谐振荡器

多谐振荡器电路不需要外加输入信号,工作时可自动产生矩形脉冲信号。矩形脉冲信号的频率取决于电路参数 R、C。

（1）TTL 多谐振荡器。

① 简单的环形多谐振荡器。

② RC 环形多谐振荡器。

③ 对称式环形多谐振荡器。

④ 石英晶体多谐振荡器。

（2）CMOS 多谐振荡器。

2. 单稳态触发器

单稳态触发器每施加一次触发信号，电路就会输出一个宽度一定、幅度一定的脉冲信号。单稳态触发器和施密特触发器是最常用的两种脉冲整形电路。它们不能自动产生脉冲信号，但是能够把其他形式的信号转换成矩形脉冲信号。

单稳态触发器有一个稳态和一个暂稳态，在外加触发脉冲的作用下，电路从稳态翻转为暂稳态，经历一段时间后自动返回到稳态，电路维持暂稳态的时间由定时电路的参数 R、C 决定。

（1）微分型单稳态触发器。

（2）积分型单稳态触发器。

（3）单稳态触发器的应用：脉冲整形电路、定时控制和脉冲延时。

3. 施密特触发器

能够把变化缓慢的输入信号（如正弦波、锯齿波等）整形为矩形波，以满足数字电路对信号的要求。

（1）施密特触发器有反相输出和同相输出两种。

（2）施密特触发器有两个稳态，输入信号电平上升和下降时引起电路状态转换的阈值电压不同，具有回差电压 $\Delta V_T = V_{T+} - V_{T-}$。电路状态转换时，由于电路内部存在正反馈过程，使输出信号具有很陡的边沿。

（3）施密特触发器的应用：脉冲整形电路、脉冲鉴幅和波形转换。

4. 555 定时器

555 定时器是一种模拟和数字功能相结合的中规模集成器件，应用非常广泛。通过外接少量的元件，就可以实现多谐振荡器、单稳态触发器、施密特触发器等脉冲产生与变换电路。

（1）TTL 型 555 定时器：通常称为 555，具有很强的驱动能力。

（2）CMOS 型 555 定时器：通常称为 7555，具有低功耗、高输入阻抗等优点。

（3）555 定时器的应用：定时器、脉冲产生器和振荡电路。

思考题与习题

8.1　某 RC 环形多谐振荡器电路如图 8.40 所示，R_2 的阻值很小，其压降可以忽略。试分析电路的振荡过程，定性画出 V_{O1}、V_{O2}、V_A、V_O 的波形（忽略逻辑门的延迟时间 t_{pd}）。

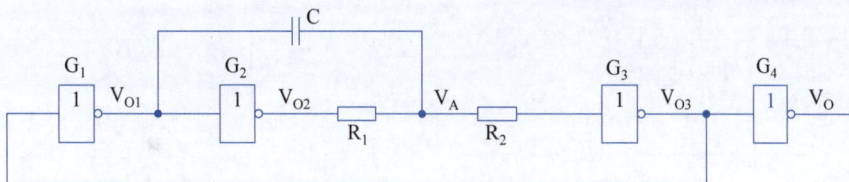

图 8.40 习题 8.1 图

8.2 在如图 8.2 所示的 RC 环形振荡器中,已知 $V_{OH}=3.6V$,$V_{OL}=0.3V$,$V_{TH}=1.4V$,$R=510\Omega$,$C=300pF$,并满足 $R_1+R_S\gg R$,求电路的振荡频率。

8.3 在图 8.6 中,若 TTL 与非门输入级的多发射极管基极电阻 $R_1=3k\Omega$,且 $R_{F1}=R_{F2}=1k\Omega$,$C_1=C_2=2\mu F$,并设 $V_{OH}=3.5V$,$V_{OL}=0.35V$,$V_{TH}=1.4V$。试估算振荡频率,画出输出电压波形,并在波形图上标出高、低电平值。

8.4 电路如图 8.41 所示,对应地画出 CP、Q_1、Q_2 的波形图(设触发器的初态都是 0)。当电路中电容 C 由 $0.1\mu F$ 增加到 $1\mu F$ 时,试问 CP、Q_1、Q_2 的频率各是原来数值的多少倍?

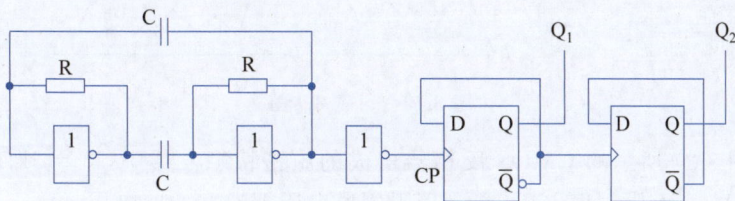

图 8.41 习题 8.4 图

8.5 CMOS 时钟脉冲振荡器电路如图 8.42 所示,计算时钟脉冲周期,并画出 V_{I1}、V_{O2} 及 V_O 的波形图(设反相器的开启电压等于 $1/2E_D$,输出电阻远小于 R,输出高电平 $V_{OH}\approx E_D$,输出低电平 $V_{OL}\approx 0V$)。

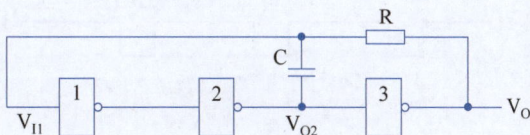

图 8.42 习题 8.5 图

8.6 在如图 8.12 所示的 TTL 微分型单稳态电路中,设门 1 输出为高电平时的输出电阻 $R_{OH}=100\Omega$,$R=10k\Omega$,$C=0.1\mu F$,估算输出脉冲的宽度。

8.7 在使用 74121 集成单稳态触发器时,如果:
(1) 定时电阻 $R=20k\Omega$,定时电容 $C=10\mu F$,求输出脉冲宽度 T_W 的值。
(2) 定时电容 $C=20\mu F$,要求 $T_W=200ms$,求定时电阻 R 的值。

8.8 由两个与非门构成的施密特触发器电路如图 8.43(a)所示,其中,D 为理想二极管(正向电阻为 0,反向电阻为 ∞),已知与非门的开门电压为 V_T,输出高电平为 V_{OH},输出低电平为 0。

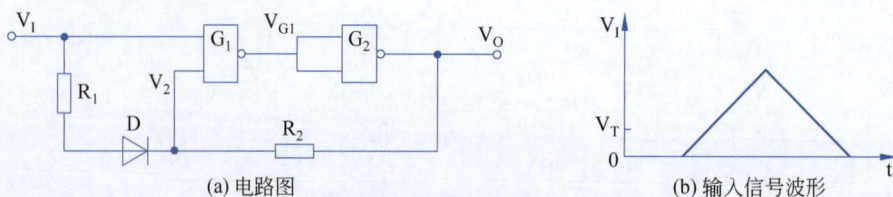

图 8.43　习题 8.8 图

(1) 若输入信号为一个对称三角形脉冲，如图 8.43(b)所示，试画出 V_O 的输出波形，并说明工作原理。

(2) 求出该电路的回差电压。

8.9　已知反相输出施密特触发器的输入波形如图 8.44 所示，试画出对应的输出信号波形。V_{T+} 和 V_{T-} 分别是施密特触发器的上限阈值电压和下限阈值电压。

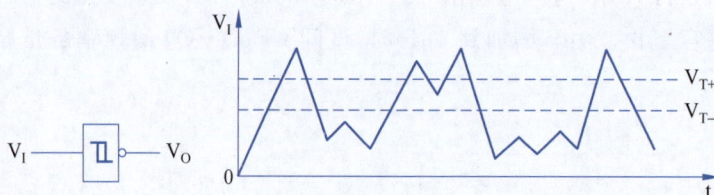

图 8.44　习题 8.9 图

8.10　在如图 8.27 所示的 CMOS 反相器构成的施密特触发器中，$R_1 = 2k\Omega$，$R_2 = 4k\Omega$，$E_D = 5V$，求上限阈值电压 V_{T+}、下限阈值电压 V_{T-} 和回差电压 ΔV_T。

8.11　在如图 8.45 所示的 555 构成的单稳态触发器电路中：

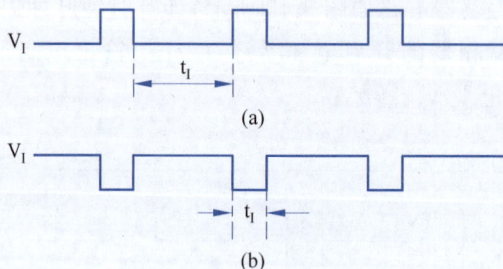

图 8.45　习题 8.11 图

(1) $C = 2.2\mu F$，$R = 50k\Omega$，估算输出脉冲的宽度 T_W。

(2) V_I 的波形如图 8.45(a)所示，图中 $t_I \gg T_W$，对应画出 V_C、V_O 的波形。

(3) V_I 的波形如图 8.45(b)所示，图中 $t_I < T_W$，对应画出 V_C、V_O 的波形。

8.12　在如图 8.37 所示的 555 构成的多谐振荡器电路中，$C = 0.01\mu F$，$R_1 = 4k\Omega$，$R_2 = 10k\Omega$，求电路的振荡周期和输出脉冲的占空比。

8.13　由 555 构成的施密特触发器电路如图 8.39(a)所示，求：

(1) 当 $V_{CC} = 12V$ 且没有外接控制电压时，V_{T+}、V_{T-} 和 ΔV_T 各为多少？

(2) 当 $V_{CC} = 9V$，外接控制电压 $V_{IC} = 5V$ 时，V_{T+}、V_{T-} 和 ΔV_T 各为多少？

第 9 章

转 换 电 路

内容提要

本章主要讲解数/模、模/数转换电路的构成及工作原理,并介绍几种常用的实现数/模、模/数转换的集成电路芯片,分析其工作过程及使用方法。最后,介绍一种应用广泛的压/频转换电路 LM331。

随着半导体技术的迅速发展,数字电子技术应用越来越广泛,但实际应用中需要处理的物理量多数都是随时间连续变化的模拟量。为了能够使用数字电路处理这些模拟信号,必须先将模拟信号转换为相应的数字信号,才能送到数字系统中进行处理。同样,经过数字系统处理后得到的数字信号,需要转换为模拟信号才能作为最终的输出。模拟信号到数字信号的转换称为模/数转换,数字信号到模拟信号的转换称为数/模转换。

9.1 数/模转换电路

关键词:
- **数/模(D/A)转换**:把输入的数字量转换成模拟电压或模拟电流输出。
- **数/模转换器**:简称 DAC。
- **权电阻网络 DAC**:由权电阻网络、模拟电子开关、基准电压和求和运算放大器组成的 DAC 电路。
- **倒 T 型电阻网络 DAC**:由倒 T 型电阻网络、模拟电子开关、基准电压和求和运算放大器组成的 DAC 电路。
- **转换分辨率**:表明转换器能够分辨出最小电压的能力。
- **转换速度**:表示 D/A 转换器单位时间里能够完成的转换次数。

数/模(D/A)转换,就是把输入的数字量转换成模拟电压或模拟电流输出。理想的数/模转换器(简称 DAC)是线性电路器件。

9.1.1　数/模转换的基本概念

数/模转换器 DAC 的原理框图如图 9.1 所示。

其中，D 是输入的待转换数字量，V_{REF} 是数/模转换器的基准电压（也称参考电压），V_O 是转换结果输出，也就是数字量 D 所对应的模拟电压值（有的转换器输出的模拟量是电流，输出电流通过运算放大器就可以转换成电压）。设 D 是 n 位无符号二进制数，其编码表示为 $D_{n-1} D_{n-2} \cdots D_1 D_0$，则转换器的输出可用式（9.1）表示。

图 9.1　DAC 的原理框图

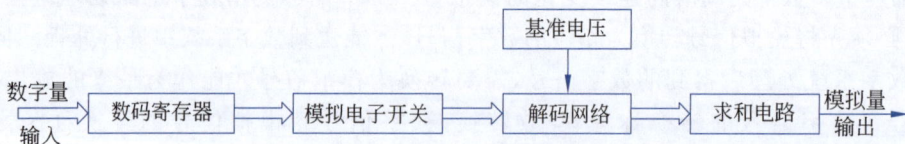

$$V_O = k \cdot D \cdot V_{REF} = k V_{REF} \sum_{i=0}^{n-1} (D_i 2^i) \qquad (9.1)$$

式中 k 是比例常数，不同的 DAC 取值不同，由此可见，D/A 转换就是求二进制数权和的过程。

D/A 转换器的具体实现电路有很多种，但其基本结构是类似的，主要有数码寄存器、模拟电子开关、解码网络、求和电路、基准电压等，如图 9.2 所示。数码寄存器用于寄存待转换的数字量，输入方式有串行输入和并行输入之分，模拟电子开关由寄存器输出的数码驱动，使解码网络获得相应数位的权值，再送给求和电路进行叠加，就得到了与数字量对应的模拟量输出。

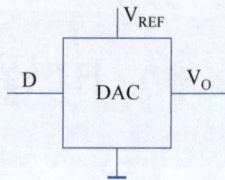

图 9.2　DAC 的结构框图

D/A 转换器电路的核心是解码电路，按解码网络结构的不同可以分为权电阻网络、T 型电阻网络、倒 T 型电阻网络、权电流型 D/A 转换器等，下面介绍两种常见的 D/A 转换电路。

9.1.2　权电阻网络 DAC

一个 4 位的权电阻网络 DAC 的电路如图 9.3 所示。

该电路由权电阻网络、模拟电子开关、基准电压和求和运算放大器 4 部分组成。权电阻网络中每一个电阻的阻值与对应位的权值成反比。4 个模拟电子开关 $S_0 \sim S_3$ 分别受输入数码 $D_0 \sim D_3$ 的控制，当 $D_i = 1$ 时，对应的开关 S_i 将电阻 R_i 与基准电压 V_{REF} 相连，这样流经该电阻 R_i 的电流就和对应位的权值成正比。求和运算放大器对流经每个电阻的电流进行叠加，并通过反馈电阻 R_f 将电流转换为电压 V_O 输出。

为了简化，在下面讨论中，把运算放大器看成理想的放大器，假设其开环放大倍数为无穷大，输入电流为零（输入电阻为无穷大），输出电阻为零。这样，在图 9.3 的电路中，如果 $D_i = 0$，则对应的电阻 R_i 上没有电流，即 $I_i = 0$；如果 $D_i = 1$，则 $I_i = V_{REF}/R_i$。所以，根据

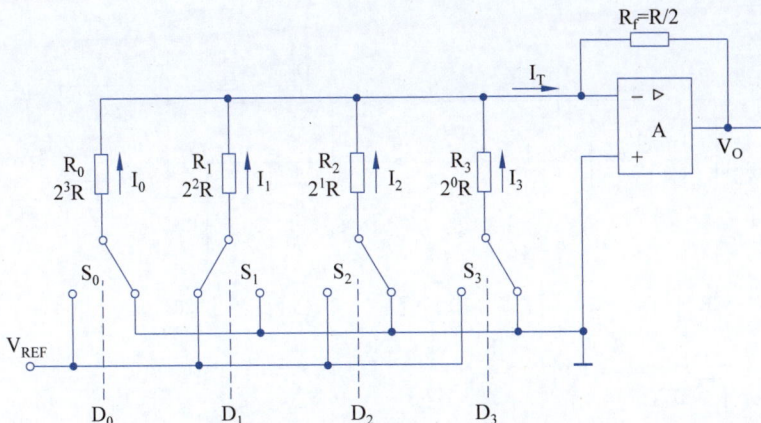

图 9.3　4 位权电阻网络 D/A 转换器

叠加原理,如果输入的数字量编码为 $D_3D_2D_1D_0$,则总电流 I_T 为

$$I_T = I_0 + I_1 + I_2 + I_3 = \frac{V_{REF}}{R_0} \cdot D_0 + \frac{V_{REF}}{R_1} \cdot D_1 + \frac{V_{REF}}{R_2} \cdot D_2 + \frac{V_{REF}}{R_3} \cdot D_3$$

$$= \frac{V_{REF}}{R}\left(\frac{D_0}{2^3} + \frac{D_1}{2^2} + \frac{D_2}{2^1} + \frac{D_3}{2^0}\right) = \frac{V_{REF}}{2^3 R} \sum_{i=0}^{3}(D_i 2^i) \tag{9.2}$$

输出电压 V_O 为

$$V_O = -R_f \cdot I_T = -\frac{R}{2} \cdot \frac{V_{REF}}{2^3 R} \sum_{i=0}^{3}(D_i 2^i) = -\frac{V_{REF}}{2^4} \sum_{i=0}^{3}(D_i 2^i) \tag{9.3}$$

由此可推出 n 位权电阻网络 D/A 转换器的输出电压 V_O 为

$$V_O = -\frac{V_{REF}}{2^n} \sum_{i=0}^{n-1}(D_i 2^i) \tag{9.4}$$

比较式(9.4)和式(9.1),该电路的比例常数 $k = -1/2^n$。

权电阻网络 D/A 转换器的优点是电路结构比较简单,使用的电阻元件较少。但是,该电路中解码电阻的取值相差较大,尤其是输入数字量的位数较多时。例如,一个 10 位的转换器,最大电阻和最小电阻的阻值比为 512:1,在如此大的范围内,很难保证每个电阻阻值都有很高的精度,不利于制造集成 D/A 转换电路。

9.1.3　倒 T 型电阻网络 DAC

为了解决权电阻网络 D/A 转换器中电阻阻值相差过大的问题,人们提出了 T 型电阻网络和倒 T 型电阻网络 D/A 转换器。倒 T 型电阻网络 D/A 转换器是目前较为常用的一种 D/A 转换器,下面以 4 位转换器为例,介绍倒 T 型电阻网络 D/A 转换器的工作原理,其电路如图 9.4 所示。

倒 T 型电阻网络 D/A 转换电路由倒 T 型电阻网络、模拟电子开关、基准电压和求和运算放大器组成。倒 T 型电阻网络由 R、2R 两种电阻构成,呈倒 T 型分布。4 个模拟电子开关 $S_0 \sim S_3$ 分别由输入数码 $D_0 \sim D_3$ 控制,当输入 $D_i = 0$ 时,开关 S_i 打到右边,与之串联的 2R 电阻接地;当 $D_i = 1$ 时,开关 S_i 打到左边,2R 电阻接虚地(运算放大器的反相输

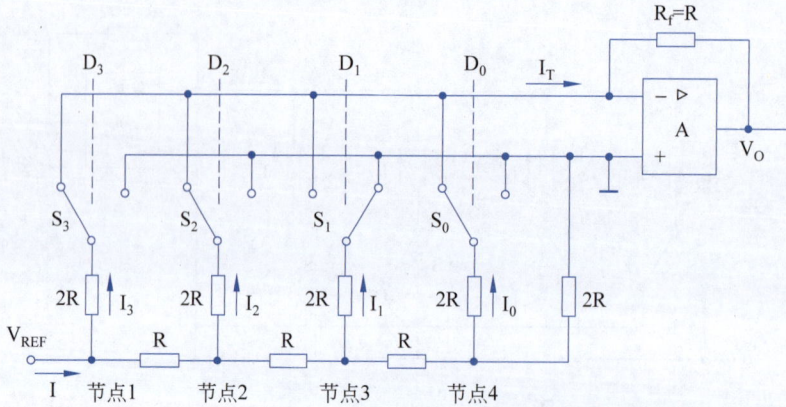

图 9.4　4 位倒 T 型电阻网络 D/A 转换器

入端），所以，无论输入 D_i 是 0 还是 1，流经倒 T 型电阻网络各支路的电流始终不变。从图中 4 个节点中的任何一个向上或向右的等效电阻都是 2R，也就是说，基准电流 $I = V_{REF}/R$ 经倒 T 型电阻网络逐级分流后，每级电流是前一级的 $1/2$，于是可得各支路电流 I_3、I_2、I_1、I_0 分别为 $I/2$、$I/4$、$I/8$、$I/16$。

根据叠加原理，如果输入的数字量编码为 $D_3 D_2 D_1 D_0$，则总电流 I_T 为

$$I_T = \sum_{i=0}^{3} (I_i \cdot D_i) = \frac{V_{REF}}{R} \left(\frac{D_0}{2^4} + \frac{D_1}{2^3} + \frac{D_2}{2^2} + \frac{D_3}{2^1} \right) = \frac{V_{REF}}{2^4 R} \sum_{i=0}^{3} (D_i 2^i) \tag{9.5}$$

输出电压 V_O 为

$$V_O = -R_f \cdot I_T = -\frac{V_{REF}}{2^4} \sum_{i=0}^{3} (D_i 2^i) \tag{9.6}$$

由此可推出 n 位倒 T 型电阻网络 D/A 转换器的输出电压 V_O 为

$$V_O = -\frac{V_{REF}}{2^n} \sum_{i=0}^{n-1} (D_i 2^i) \tag{9.7}$$

通过对上面两种结构 D/A 转换器的分析可知，D/A 转换器输出的模拟电压与输入的二进制数成正比。倒 T 型电阻网络 D/A 转换器中，电阻元件的个数是权电阻网络 D/A 转换器的两倍，但是使用的电阻只有两种阻值，有利于保证电阻阻值的高精度。此外，倒 T 型电阻网络 D/A 转换器的另一个优点是，无论输入信号如何变化，在模拟电子开关切换过程中，各电阻支路的电流都保持恒定不变，从而减少了电流的建立时间，提高了转换速度，而且减小了动态变化过程中可能出现的尖脉冲。因此，目前的集成 D/A 转换器中，使用最多的就是倒 T 型电阻网络转换电路。

9.1.4　DAC 的主要技术指标

衡量 DAC 的主要技术指标有转换精度和转换速度。

1. 转换精度

DAC 的转换精度主要由分辨率和转换误差来描述。

分辨率用来表明转换器能够分辨最小电压的能力,一般指输入数字量只有最低有效位(Least Significant Bit,LSB)为 1 时输出的电压与输入数字量所有有效位均为 1 时输出的电压之比,即

$$分辨率 = \frac{最小输出电压}{最大输出电压} \tag{9.8}$$

对于一个 n 位的 D/A 转换器,最小输出电压的值为 $V_{LSB} = \dfrac{V_{REF}}{2^n}$,最大输出电压

V_{FS}(Full Scale,FS)的值为 $V_{FS} = \dfrac{2^n - 1}{2^n} V_{REF}$,故

$$分辨率 = \frac{1}{2^n - 1}$$

可见,D/A 转换器的分辨率只与转换器的位数有关。位数越多,转换器能够分辨最小输出电压的能力就越强。因此,经常用转换器输入数字信号的有效位数来表示其分辨率,如 10 位 D/A 转换器的分辨率为 10。

转换误差用来描述 D/A 转换器输出模拟信号的理论值和实际值之间的差异。在实际电路中,可能引起转换误差的主要因素有基准电压 V_{REF} 的波动、运算放大器的零点漂移、模拟电子开关的导通电阻和导通压降、电阻解码网络中电阻阻值的偏差等。

转换误差通常用 LSB 的倍数表示。例如,如果某转换器的转换误差为 LSB/2,则表明输出模拟信号的实际值与理论值之间的最大差值,不超过最小输出值(输入为 LSB 时的输出)的一半。

2. 转换速度

当输入的数字量发生变化时,D/A 转换器并不能立即输出其对应的模拟量,而是要经历一段时间,这段时间称为建立时间。所谓建立时间,就是指从数字信号送入 D/A 转换器,到输出电流或电压达到最终值并稳定所需要的时间。集成 DAC 芯片参数表中的建立时间,一般是指从数字量由全 0 变为全 1 开始,到输出的模拟量进入规定的误差范围内(误差范围一般取 ±LSB/2)所需要的时间。建立时间的倒数称为转换速率(或转换频率),它表示 D/A 转换器单位时间里能够完成的转换次数。建立时间或转换速率是用来描述转换器转换速度的性能指标。

一般情况下,电流型 DAC 比电压型 DAC 的转换速度快,电压型 DAC 的建立时间主要取决于运算放大器的响应时间。

在实际应用中选择 D/A 转换器时,除了要考虑上面的主要性能指标外,还要考虑输入数字量的编码方式(标准二进制编码、偏移二进制编码、补码、BCD 码等)、输入方式(串行或并行输入)、逻辑电平的类型(TTL 电平、CMOS 电平、ECL 电平等)、环境条件(温度、工作电源、基准电压等)等因素。

9.1.5 集成 DAC 及应用举例

目前,已有多种不同类型的 D/A 转换集成芯片供用户选择。下面举例说明集成

D/A 转换器的工作原理和使用方法。

1. 8 位 D/A 转换器 DAC0832 及其应用

DAC0832 采用倒 T 型权电阻网络的 D/A 转换电路，是 8 位的电流输出型数模转换器件，所有引脚与 TTL 逻辑电平兼容，输出的电流可通过外接运算放大器转换成电压输出。

1）DAC0832 的外部引脚及内部结构

DAC0832 的外部引脚排列和内部结构分别如图 9.5 和图 9.6 所示。

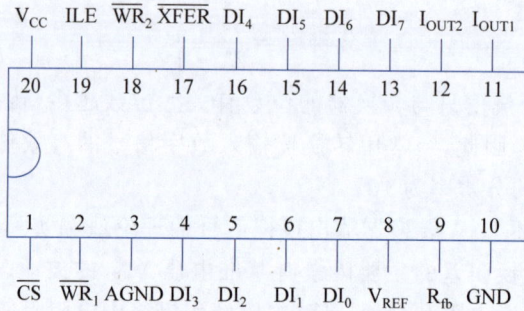

图 9.5　DAC0832 的外部引脚排列

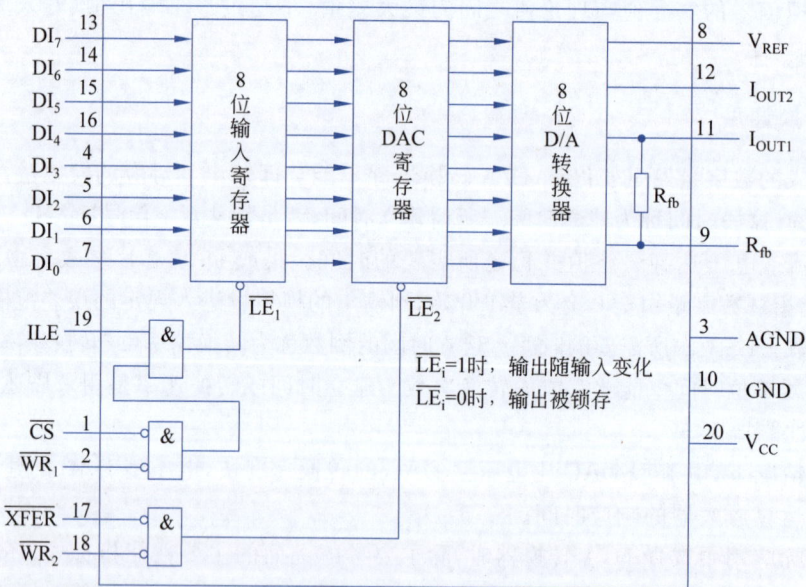

$\overline{LE_i}=1$ 时，输出随输入变化
$\overline{LE_i}=0$ 时，输出被锁存

图 9.6　DAC0832 的内部结构

各引脚的功能描述及使用方法如下。

$DI_0 \sim DI_7$：8 位数字量输入信号，DI_0 为最低有效位（LSB），DI_7 为最高有效位（MSB）。

$\overline{CS}$：片选信号，输入，低电平有效。

$\overline{WR}_1$ 和 $\overline{WR}_2$：写信号，输入，低电平有效。

$\overline{XFER}$：传输控制信号，输入，低电平有效。

ILE：输入锁存允许信号，输入，高电平有效。

信号 $\overline{CS}$、$\overline{WR}_1$ 和 ILE 一起配合，控制何时将引脚 $DI_0 \sim DI_7$ 输入的 8 位数字量，锁存到 8 位输入寄存器中。当这三个控制信号同时有效，即 ILE=1，且 $\overline{CS}=\overline{WR}_1=0$ 时，8 位输入寄存器的 $\overline{LE}_1$ 为高电平。此时 8 位输入寄存器的输出端跟随输入端变化，也就是说，从 $DI_0 \sim DI_7$ 输入的 8 位数字量，通过 8 位输入寄存器送到了 8 位 DAC 寄存器的输入端。当 ILE、$\overline{CS}$、$\overline{WR}_1$ 中任何一个信号无效时，$\overline{LE}_1$ 为低电平，此时 8 位输入寄存器处于被锁存状态，其输出不再跟随 $DI_0 \sim DI_7$ 引脚变化。

信号 $\overline{XFER}$ 和 $\overline{WR}_2$ 配合，控制何时将输入寄存器中的 8 位数字量锁存到 8 位 DAC 寄存器中，并送给转换器进行数模转换。当这两个控制信号同时有效，即 $\overline{XFER}=\overline{WR}_2=0$ 时，8 位 DAC 寄存器的 $\overline{LE}_2$ 为高电平，此时 DAC 寄存器将锁存在输入寄存器中的 8 位数字量送给 D/A 转换器进行转换。当二者有一个无效时，$\overline{LE}_2$ 为低电平，8 位 DAC 寄存器处于锁存状态，8 位输入寄存器中的内容对 D/A 转换器没有影响。

I_{OUT1}、I_{OUT2}：DAC 的输出电流 1、输出电流 2。当 DAC 寄存器中的数字量为全 0 时，输出电流为 0。当该数字量为全 1 时，输出电流最大。如果使用运算放大器将电流输出转换为电压输出，I_{OUT1} 和 I_{OUT2} 作为运算放大器的两个差分输入信号。

R_{fb}：反馈电阻接线端，该芯片内部已经集成了一个 $15k\Omega$ 的反馈电阻，所以在需要获得模拟电压输出时，不需要外接反馈电阻，只要将引脚 R_{fb} 与运算放大器做适当连接即可。

V_{REF}：参考电压输入端，该芯片允许的外接基准电压范围是 $-10 \sim +10V$。

V_{CC}：工作电源输入，取值范围是 $+5 \sim +15V$。当 $V_{CC}=+15V$ 时，芯片内的逻辑开关速度最快，工作状态最佳。

AGND 是模拟地，GND 是数字地。一般情况下，AGND 和 GND 接在一起，要求较高时才分开。

2）DAC0832 的使用方法

根据芯片内部两级缓冲器（8 位输入寄存器和 8 位 DAC 寄存器）的工作状态不同，DAC0832 的数字量输入可以采用双缓冲方式、单缓冲方式或者直通方式。

① 双缓冲方式：就是指两级缓冲器都工作于受控状态。该方式下，数字量的输入分为两步完成：首先令 ILE=1，$\overline{CS}=0$，用写信号控制 $\overline{WR}_1$ 把数字量保存到输入寄存器中。然后在需要进行 D/A 转换时，令 $\overline{XFER}=0$，用写信号控制 $\overline{WR}_2$ 把数字量由输入寄存器送至 DAC 寄存器中锁存，并进行 D/A 转换。DAC0832 工作于双缓冲方式下的硬件连接如图 9.7 所示。

当 DAC0832 工作于双缓冲工作方式时，可以同时更新多个 D/A 转换器的输出。具体的实现方法可以采用：不同 DAC0832 的 $\overline{CS}$ 由不同的地址译码输出控制，而所有 DAC0832 的 $\overline{XFER}$ 由同一个地址译码输出控制。这样，首先对不同 $\overline{CS}$ 对应的地址进行写操作，就可以把各自的数字量锁存到不同 DAC0832 的输入寄存器中。然后，再对 $\overline{XFER}$ 对应的地址进行一次写操作，就使所有 DAC0832 的 DAC 寄存器同时选通，使它们的输

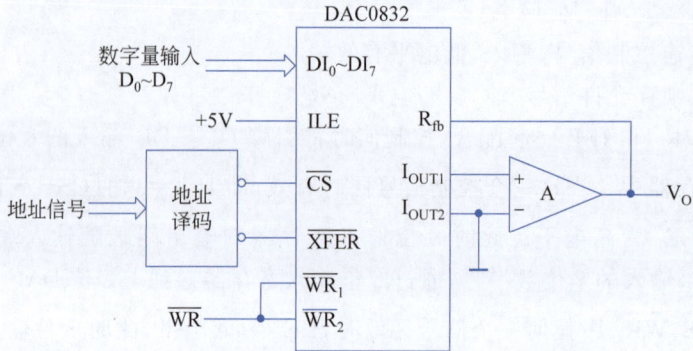

图 9.7   **DAC0832 工作于双缓冲方式下的硬件连接**

出同时得到更新。

② 单缓冲方式：就是使 DAC0832 两个缓冲器中的一个始终处于直通状态，另一个处于受控状态。或者，控制两个缓冲器同时选通和锁存。DAC0832 工作于单缓冲方式下的硬件连接如图 9.8 所示。

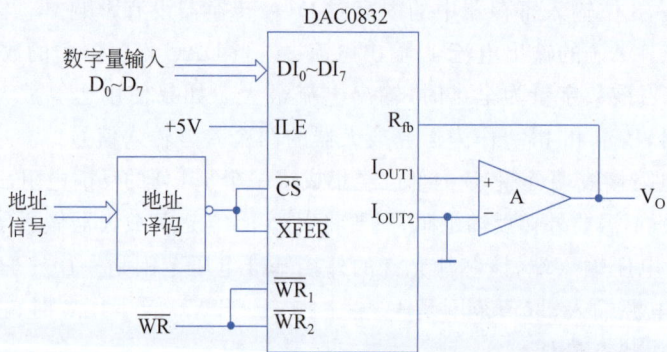

图 9.8   **DAC0832 工作于单缓冲方式下的硬件连接**

③直通方式：如果把控制信号 ILE 接高电平，且 $\overline{CS}$、$\overline{WR}_1$、$\overline{WR}_2$ 和 $\overline{XFER}$ 都接地，则两个缓冲器都处于直通工作状态，芯片内部的 8 位 D/A 转换器的输入跟随引脚 $DI_0 \sim DI_7$ 的状态而变化，这时 DAC0832 就工作于直通方式。

3）DAC0832 的应用举例

例 9.1   利用 DAC0832 构成一个双极性电压输出的 D/A 转换器。

解：当输入的数字量为无符号二进制数时，它没有正负，只有幅值。输出模拟信号的极性只取决于基准电压的极性，也就是输出为单极性。如果需要双极性电压输出（有正有负），则需要在单极性电压输出的运算放大器后面加一级比例求和电路，通过电平平移，使单极性输出变为双极性输出。实现电路如图 9.9 所示，其中数字量输入时，把最高有效位 D_7 经反相后再送入 DAC0832。

DAC0832 芯片内部的 D/A 转换器是倒 T 型权电阻网络转换器，由前面介绍的倒 T 型权电阻网络 D/A 转换器的工作原理，并结合图 9.9 的连接方式（D_7 位经反相后送入），可写出 DAC0832 经运算放大器 A_1 后的电压输出 V_{O1} 为

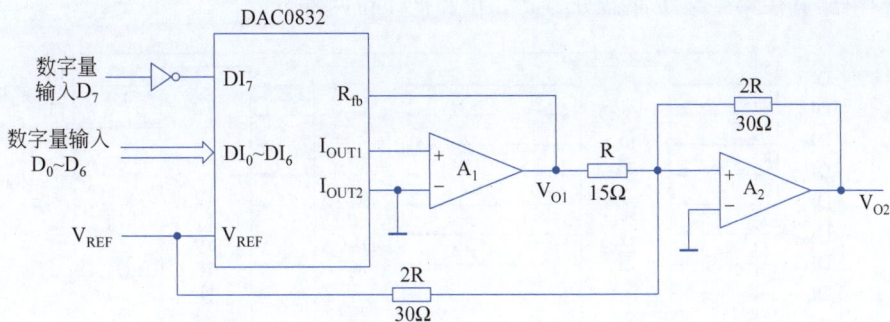

图 9.9　DAC0832 构成双极性电压输出 D/A 转换器

$$V_{O1} = -\frac{V_{REF}}{2^8}\left(\overline{D}_7 2^7 + \sum_{i=0}^{6}(D_i 2^i)\right) \tag{9.9}$$

流入运算放大器 A_2 的电流 I 可用式(9.10)表示：

$$I = I_1 + I_2 = \frac{V_{O1}}{R} + \frac{V_{REF}}{2R} \tag{9.10}$$

所以,电路输出的电压 V_{O2} 为

$$V_{O2} = -I \cdot 2R = -(2V_{O1} + V_{REF}) = -\frac{V_{REF}}{2^7}\left(2^7 - \overline{D}_7 2^7 - \sum_{i=0}^{6}(D_i 2^i)\right) \tag{9.11}$$

分析式(9.11)可知,当 $D_7 = 1$ 时,

$$V_{O2} = -\frac{V_{REF}}{2^7}\left(2^7 - \sum_{i=0}^{6}(D_i 2^i)\right) = -\frac{V_{REF}}{2^7}\left(\sum_{i=0}^{6}(\overline{D}_i 2^i) + 1\right) \tag{9.12}$$

其中,如果数字量输入信号 $D_7 D_6 \cdots D_1 D_0$ 为补码形式,则 $\sum_{i=0}^{6}(\overline{D}_i 2^i) + 1$ 恰恰是该数字量的绝对值。

当 $D_7 = 0$ 时,

$$V_{O2} = \frac{V_{REF}}{2^7}\sum_{i=0}^{6}(D_i 2^i) \tag{9.13}$$

综合考虑式(9.12)和式(9.13)可得出如下的结论：当输入数字量的 $D_7 = 1$ 时,输出的电压极性为负,幅值与输入数字量的绝对值成正比。当 $D_7 = 0$ 时,输出的电压极性为正,幅值与输入数字量的数值(也就是绝对值)成正比。所以如图 9.9 所示的电路实现了双极性电压输出的 D/A 转换,数字量采用补码形式输入,模拟信号输出与数字信号的极性一致。

2. 12 位 D/A 转换器 DAC1210 及其应用

DAC1210 是 12 位 D/A 转换器,其外部引脚排列如图 9.10 所示,各引脚的功能与 DAC0832 类似。其内部结构如图 9.11 所示,也有两级输入

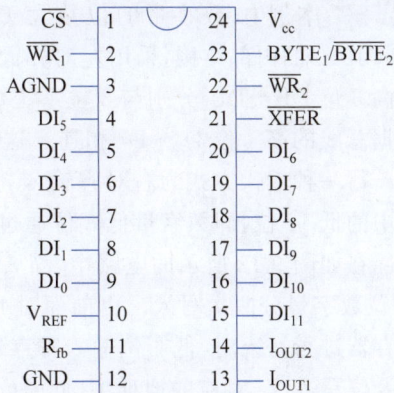

图 9.10　DAC1210 的引脚排列

缓冲寄存器,其中第一级缓冲器分为高 8 位和低 4 位两部分。

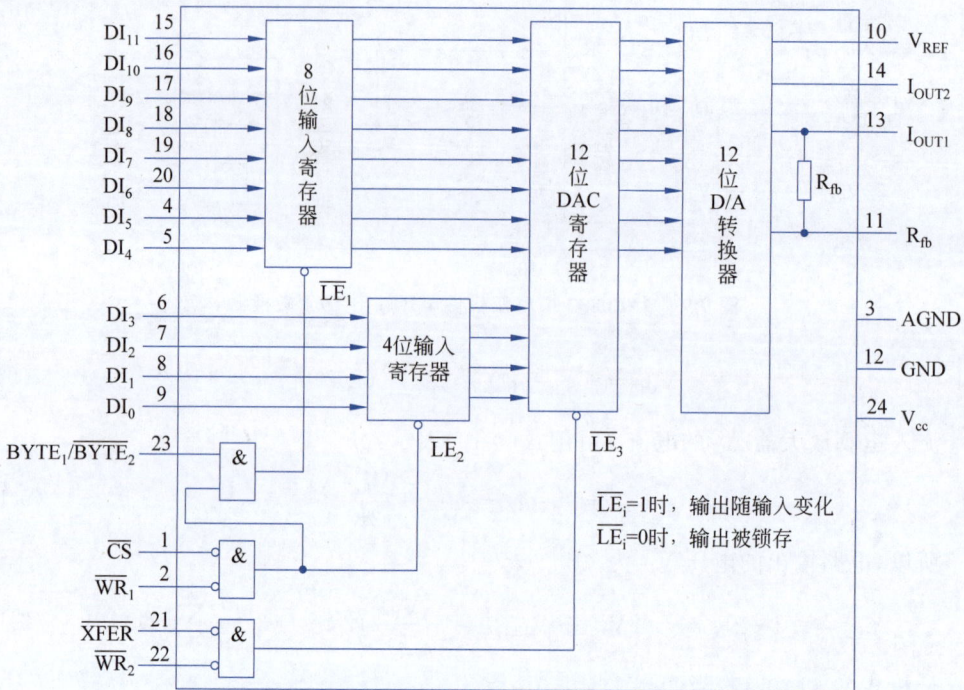

图 9.11　DAC1210 的内部结构

$BYTE_1/\overline{BYTE_2}$：字节选择信号,输入,用于控制高 8 位或者低 4 位数字量的输入。

由图 9.11 可以看出,当 $\overline{CS}=\overline{WR_1}=0$ 且 $BYTE_1/\overline{BYTE_2}=1$ 时,可以把高 8 位数字量写入 8 位的输入寄存器中。当 $\overline{CS}=\overline{WR_1}=0$ 时,可以把低 4 位数字量写入 4 位的输入寄存器中。当 $\overline{XFER}=\overline{WR_2}=0$ 时,寄存在输入寄存器中的 12 位数字量通过 DAC 寄存器,送给 D/A 转换器进行转换。

例 9.2　利用 DAC1210 完成 12 位数字量到模拟量的转换,设计连接电路,并说明送入数字量的方法。设系统数据总线为 8 位,输出采用模拟电压形式。

解：本例中,数字量的位数大于数据总线的宽度,需要分两次输入数字量。根据 DAC1210 的内部结构,采用左对齐输入方式,其连接电路如图 9.12 所示。其中,数字量的高 8 位 $DI_4 \sim DI_{11}$ 分别与 8 位系统数据总线 $D_0 \sim D_7$ 相连,低 4 位 $DI_0 \sim DI_3$ 分别与系统数据总线的高 4 位 $D_4 \sim D_7$ 相连。这样,12 位有效的数字量占两个字节数据的高 12 位。

另一种输入方式为右对齐输入,是指 12 位有效的数字量分两次输入时,占 16 位数据中的低 12 位,即数字量低 8 位通过 8 位数据线写入,高 4 位通过数据线的低 4 位写入。

在如图 9.12 所示的电路中,高 8 位数字量和低 4 位数字量的输入共用系统数据线, 12 位数字量分两次写入。由前面对 DAC1210 的内部电路分析可知,每次对高 8 位输入寄存器进行写入时,低 4 位输入寄存器一定会同时被写入。所以,数字量输入时,应先把高 8 位写入 $\overline{Y_1}$ 对应的地址中(此时 $\overline{CS}=\overline{WR_1}=0$ 且 $BYTE_1/\overline{BYTE_2}=1$)。然后再把低 4 位写入 $\overline{Y_0}$ 对应的地址中(此时, $\overline{CS}=\overline{WR_1}=0$ 且 $BYTE_1/\overline{BYTE_2}=0$,关闭了高

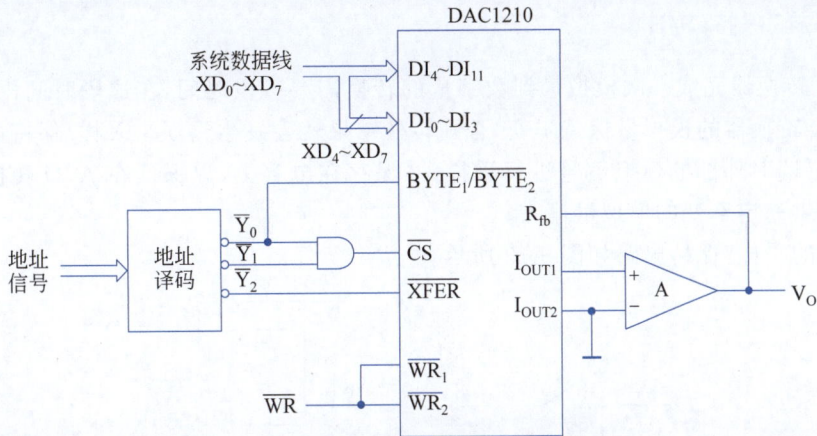

图 9.12 **DAC1210 在 8 位微机系统中的应用**

8 位的输入寄存器)。最后再对 $\overline{Y}_2$ 对应的地址进行一次写操作($\overline{XFER}=\overline{WR}_2=0$)即可。由于 $\overline{Y}_2$ 有效时,高 8 位和低 4 位输入寄存器都是关闭的,所以可向 $\overline{Y}_2$ 对应的地址中写入任意数据。

9.2 模/数转换电路

关键词:

- **模/数(A/D)转换**:把输入的模拟电压转换成数字量输出。
- **模/数转换器**:简称 ADC。
- **采样/保持**:定期对外部的模拟信号进行采样,并保存在电容上,以保证在 A/D 转换期间为转换器提供稳定不变的模拟量输入。
- **量化**:将模拟信号在取值上离散化。
- **编码**:把量化后的模拟电压(NV_{LSB})中的 N 用二进制代码表示出来。
- **逐次逼近型 ADC**:逐个产生比较电压与输入电压分别比较,以逐渐逼近方式进行 AD 转换。
- **并行比较型 ADC**:采用多个比较器,仅做一次比较即可实现 AD 转换。
- **双积分型 ADC**:又称双斜率 ADC。它首先对输入模拟电压和基准电压进行两次积分,把输入的模拟电压转换成与之成正比的时间值,再利用计数器把这个时间值转换成数字量。

模/数(A/D)转换,就是把输入的模拟电压转换成数字量输出。理想的模/数转换器(简称 ADC)是线性电路器件。

要把一个连续变化的模拟量转换成离散的数字量,一般要经历采样、保持、量化、编码 4 个步骤。采样、保持一般由采样/保持器完成,量化、编码由 A/D 转换器完成。

1. 采样/保持（S/H）

A/D 转换器完成一次模拟量到数字量的转换需要一段时间，在这段时间内，应保证送入 A/D 转换器的模拟量保持不变，否则转换结果就会发生错误。采样/保持电路的作用就是，定期对外部的模拟信号进行采样，并保存在电容上，以保证在 A/D 转换期间为转换器提供稳定不变的模拟量输入。

简化的采样/保持电路如图 9.13 所示。

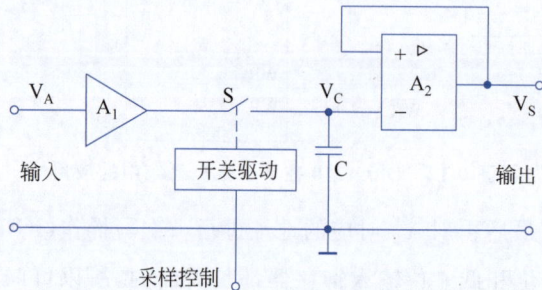

图 9.13　简化的采样/保持电路

图中，A_1 为具有高输入阻抗的输入缓冲器，A_2 为具有低输出阻抗的运算放大器。V_A 为输入的模拟电压，V_C 为电容 C 上的电压，V_S 为采样/保持电路的输出电压。运算放大器 A_2 接成电压跟随器，使 $V_S = V_C$。S 是一个快速开关，受采样脉冲信号的控制。设采样脉冲的宽度为 τ，周期为 T_S。

当模拟开关 S 闭合时，电容 C 通过模拟开关放电，或者被 V_A 充电。假设充、放电时间常数很小，电容电压 V_C 很快达到输入电压值 V_A。如果充/放电时间常数远远小于 τ，可以认为 V_C 在 τ 时间内完全能够跟得上输入电压 V_A 的变化，即 $V_C = V_A$。当开关 S 断开后，电容上的电压 V_C 保持为采样脉冲结束前一瞬间 V_A 的电压值，直到下一个采样脉冲到达，模拟开关 S 再次闭合时。通常称采样脉冲的周期 T_S 为采样周期，称采样脉冲的宽度 τ 为采样时间。采样/保持电路的工作波形图如图 9.14 所示。

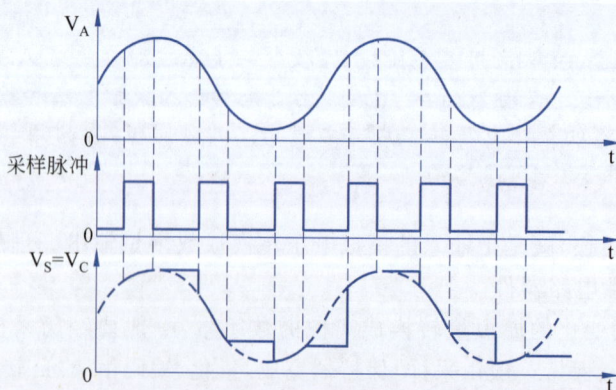

图 9.14　采样/保持电路工作波形

由采样/保持电路的工作波形图可以看出,当采样周期较长时,采样/保持电路的输出电压 V_S 与输入的模拟电压 V_A 之间会有很大的差异,使信号失真,无法从采样的信号中恢复出原始的输入信号。为了保证信号不失真,按照采样定理的要求,采样频率 $f_s(f_s=1/T_s)$ 不能低于模拟输入信号最高频率 f_{imax} 的两倍,即

$$f_s \geqslant 2f_{imax} \tag{9.14}$$

2. 量化、编码

数字信号不仅在时间上是离散的,在取值上也是不连续的。通过采样/保持电路,只是把时间上连续的模拟信号处理成了时间上离散的模拟信号,这些信号还要经过量化、编码才能被转换成数字信号。

量化的过程就是将模拟信号在取值上离散化。首先,确定一组离散的电平值,组中任何一个电平的取值都是非零的最小电平值的整数倍。然后按照一定的原则,将采样/保持电路输出的模拟电压值归并到其中的一个离散电平。这样,如果这组离散电平取值中的非零最小值用 V_{LSB} 表示,则采样/保持电路输出的任何一个模拟电压都可以写成 $V_S=NV_{LSB}$(N 为整数)的形式。

编码的过程就是把量化后的模拟电压(NV_{LSB})中的 N 用二进制代码表示出来。输入的模拟信号如果是单极性的,一般采用无符号二进制数进行编码。如果输入的模拟信号是双极性的,一般采用二进制补码形式进行编码。

由于采样/保持电路输出的模拟电压可以是任何取值,不一定是 V_{LSB} 的整数倍,所以在量化时就不可避免地产生误差,这种误差称为量化误差。

下面以三位的 A/D 转换为例介绍量化、编码的过程。设模拟量输入为单极性,取值为 $0\sim1V$。那么,$V_{LSB}=1/8V$,8 个离散化的量化电平分别为 $0V$、$1/8V$、$2/8V$、$3/8V$、$4/8V$、$5/8V$、$6/8V$、$7/8V$。量化时可以采用四舍五入,或只舍不入的方法进行处理。两种量化方法的处理结果如表 9.1 所示。

表 9.1　两种量化方法的处理结果(三位 A/D 转换)

输入模拟量范围		量化结果	数字量输出		
四舍五入法	只舍不入法				
$0V \leqslant V_S < 1/16V$	$0V \leqslant V_S < 1/8V$	$0V$	0	0	0
$1/16V \leqslant V_S < 3/16V$	$1/8V \leqslant V_S < 2/8V$	$1/8V$	0	0	1
$3/16V \leqslant V_S < 5/16V$	$2/8V \leqslant V_S < 3/8V$	$2/8V$	0	1	0
$5/16V \leqslant V_S < 7/16V$	$3/8V \leqslant V_S < 4/8V$	$3/8V$	0	1	1
$7/16V \leqslant V_S < 9/16V$	$4/8V \leqslant V_S < 5/8V$	$4/8V$	1	0	0
$9/16V \leqslant V_S < 11/16V$	$5/8V \leqslant V_S < 6/8V$	$5/8V$	1	0	1
$11/16V \leqslant V_S < 13/16V$	$6/8V \leqslant V_S < 7/8V$	$6/8V$	1	1	0
$13/16V \leqslant V_S < 15/16V$	$7/8V \leqslant V_S < 8/8V$	$7/8V$	1	1	1

由表 9.1 可以看出,采用四舍五入量化方法,最大的量化误差为 $1/2V_{LSB}$,而采用只舍不

入量化方法的最大量化误差约为 V_{LSB}。量化误差是 A/D 转换器固有的误差，只能减小，无法消除。减小量化误差的主要方法是减小量化单位 V_{LSB}。当输入的模拟电压范围一定时，V_{LSB} 越小，则量化电平的个数越多，二进制编码的位数就越多，电路也就越复杂。

按照电路的工作原理不同，A/D 转换器可以分为直接转换型和间接转换型。直接转换型将输入的模拟量直接转换成数字量输出，典型的直接转换型 A/D 转换器有逐次逼近型、并行比较型。间接转换型先把输入的模拟量转换成一个中间量，再把这个中间量转换成数字量输出，典型的间接转换型 A/D 转换器有双积分型、电压/频率转换型。

9.2.1   逐次逼近型 ADC

逐次逼近型 A/D 转换器的内部电路主要包括逐次逼近寄存器 SAR、D/A 转换器、电压比较器及相应的控制逻辑电路，其电路结构如图 9.15 所示。

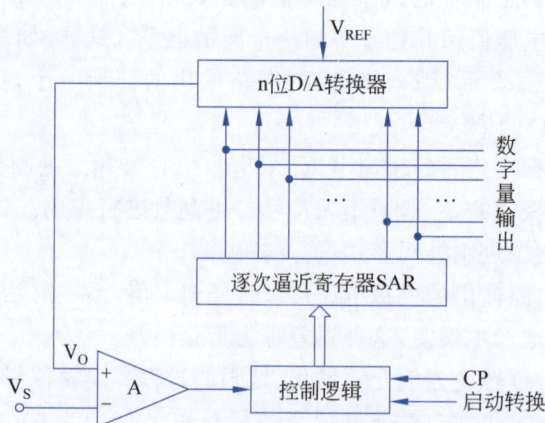

图 9.15   逐次逼近型 ADC 的电路结构

在转换过程中，由内部电路产生一个数字量送给 D/A 转换器，再将 D/A 转换器的输出与输入的模拟电压进行比较。如果二者匹配，此时送给 D/A 转换器的数字量就是最终的转换结果。如果二者不匹配，则按照逐次逼近（或逐位比较）的规律修正送给 D/A 转换器的数字量。所谓逐次逼近就是，在时钟的控制下，从最高有效位开始，由高到低依次确定每一位的数码是 0 还是 1。具体的转换过程如下。

首先发给 A/D 转换器一个启动转换的命令，将逐次逼近寄存器 SAR 清零。然后在时钟的控制下，将 SAR 的最高有效位置为 1，使 SAR 的内容为 100…00，D/A 转换器对该数字量进行转换，其输出的电压 V_O 与待转换的输入模拟电压 V_S 进行比较。如果 $V_O > V_S$，说明该数字量偏大，SAR 最高位的 1 被清除；如果 $V_O < V_S$，说明该数字量偏小，SAR 最高位的 1 保持不变，这样，最高有效位的状态就确定下来了。在下一个时钟脉冲的作用下，控制逻辑电路在前一次得到的数字量的基础上，把 SAR 的次高位置为 1，得到的数字量再送入 D/A 转换器进行转换后，与输入的模拟电压 V_S 进行比较，同样根据比较的结果可以确定次高位的状态是 0 还是 1。用同样的方法依次处理各有效位，直到最低有效位的状态被确定下来，本次转换结束，此时 SAR 的内容就是该输入模拟电压

V_S 的转换结果。

例 9.3 设某 4 位逐次逼近型 A/D 转换电路中的 $V_{REF}=10V$,列表说明当输入 $V_S=7.8V$ 时转换器的转换过程及转换结果。

解: 4 位 D/A 转换器的 $V_{REF}=10V$,所以最低有效位对应的模拟电压输出为 $V_{LSB}=10V/16=0.625V$。

当输入电压 $V_S=7.8V$ 时,逐次逼近型 A/D 转换器的转换过程如表 9.2 所示。

表 9.2 逐次逼近型 A/D 转换器的转换过程举例($V_S=7.8V$)

CP 脉冲	SAR 的内容				DAC 的输出 V_O	比较结果	操 作	操作后 SAR 内容			
1	1	0	0	0	5V	$V_O<V_S$	1 被保留	1	0	0	0
2	1	1	0	0	7.5V	$V_O<V_S$	1 被保留	1	1	0	0
3	1	1	1	0	8.75V	$V_O>V_S$	1 被清除	1	1	0	0
4	1	1	0	1	8.125V	$V_O>V_S$	1 被清除	1	1	0	0

经过 4 次比较后,得到最终的转换结果 $D_3D_2D_1D_0=1100$。

按照上面的过程,不难得出如下的结论:当输入的模拟电压 $V_S=8.1V$(略小于 1101 对应的模拟电压值 8.125V)时,输出仍然为 $D_3D_2D_1D_0=1100$。也就是说,该转换电路在量化时采用的是只舍不入法。

为了减小量化误差,可对上述电路进行改进,使其采用四舍五入法进行量化。具体的实现方法是,增加一个电压偏移电路,将 D/A 转换器的输出 V_O 偏移 $V_{LSB}/2$ 后,得到 $V_O'=V_O-V_{LSB}/2$,再将 V_O' 送给电压比较器,与 V_S 进行比较,从而达到四舍五入的目的。

从上面的分析可以看出,逐次逼近型 A/D 转换器的转换时间固定,与输入模拟电压的大小无关。无论输入的模拟电压值是多少,n 位逐次逼近型 A/D 转换器都需要进行 n 次 D/A 转换及比较,该过程由时钟脉冲控制,时钟脉冲的最高频率受逐次逼近寄存器 SAR、D/A 转换器和比较器的延迟时间限制。逐次逼近型 A/D 转换器电路比较简单,无论位数多少,都只需要一个电压比较器,只是逐次逼近寄存器和 D/A 转换器的位数不同,所以比较容易达到较高的精度。

9.2.2 并行比较型 ADC

并行比较型 ADC 电路主要由电阻分压器、电压比较器、编码器及基准电压构成,图 9.16 是三位并行比较型 ADC 的原理框图,假设基准电压 $V_{REF}>0$,输出 $D_2D_1D_0$ 为三位的自然二进制编码。

输入模拟电压 V_S 的范围是 $0\sim V_{REF}$,最低有效位对应的电压为 $V_{LSB}=1/8V_{REF}$,8 个量化电平依次为 0、$V_{REF}/8$、$2V_{REF}/8$、$3V_{REF}/8$、$4V_{REF}/8$、$5V_{REF}/8$、$6V_{REF}/8$、$7V_{REF}/8$。

从图中不难看出,由电阻分压器产生的 7 个离散电平 $V_1\sim V_7$ 分别为 $V_{REF}/16$、$3V_{REF}/16$、$5V_{REF}/16$、$7V_{REF}/16$、$9V_{REF}/16$、$11V_{REF}/16$、$13V_{REF}/16$。这 7 个离散电压值分别送给 7 个电压比较器作为参考电压,与输入模拟电压 V_S 进行比较。当 V_S 的取值在不

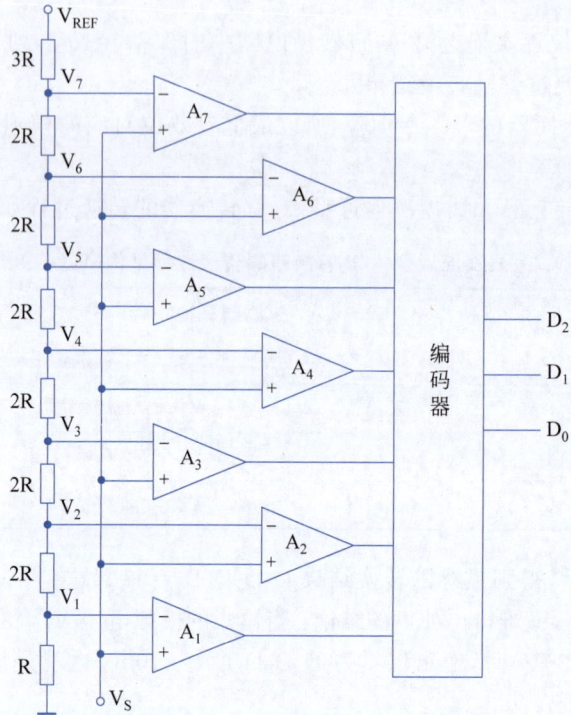

图 9.16　并行比较型 ADC 的电路结构

同范围内时，各比较器的输出会不同，再通过编码器对比较器的输出进行编码就得到了转换结果。

假设比较器的（＋）输入端电压低于（－）输入端电压时，输出为 0，反之输出为 1，则可列出输入模拟电压与比较器输出状态、编码输出之间的关系如表 9.3 所示。

表 9.3　三位并行比较型 A/D 转换器的输入模拟电压与输出编码间的关系

输入模拟电压 V_S	比较器输出							量化电平	编 码 输 出		
	A_7	A_6	A_5	A_4	A_3	A_2	A_1		D_2	D_1	D_0
$0 \leqslant V_S < V_{REF}/16$	0	0	0	0	0	0	0	0	0	0	0
$V_{REF}/16 \leqslant V_S < 3V_{REF}/16$	0	0	0	0	0	0	1	$V_{REF}/8$	0	0	1
$3V_{REF}/16 \leqslant V_S < 5V_{REF}/16$	0	0	0	0	0	1	1	$2V_{REF}/8$	0	1	0
$5V_{REF}/16 \leqslant V_S < 7V_{REF}/16$	0	0	0	0	1	1	1	$3V_{REF}/8$	0	1	1
$7V_{REF}/16 \leqslant V_S < 9V_{REF}/16$	0	0	0	1	1	1	1	$4V_{REF}/8$	1	0	0
$9V_{REF}/16 \leqslant V_S < 11V_{REF}/16$	0	0	1	1	1	1	1	$5V_{REF}/8$	1	0	1
$11V_{REF}/16 \leqslant V_S < 13V_{REF}/16$	0	1	1	1	1	1	1	$6V_{REF}/8$	1	1	0
$13V_{REF}/16 \leqslant V_S < 15V_{REF}/16$	1	1	1	1	1	1	1	$7V_{REF}/8$	1	1	1

由以上的分析可知，该转换器在量化时采用的是四舍五入法，当输入电压在 0～

$15V_{REF}/16$ 范围内时,最大量化误差为 $V_{REF}/16$。

并行比较型 ADC 最大的优点是转换速度快,但是 ADC 的转换位数每增加 1 位,分压电阻和比较器的数量都要成倍增加,编码器电路也变得很复杂。另外,成倍增加的器件数不仅使电路更复杂,而且使各种误差也急剧增加,因此很难做到很高的转换精度。所以,并行比较型 ADC 一般适用于位数较少的场合。

9.2.3 双积分型 ADC

双积分型 ADC 又称双斜率 ADC,是一种间接转换型的 A/D 转换器。它首先对输入模拟电压和基准电压进行两次积分,把输入的模拟电压转换成与之成正比的时间值,再利用计数器把这个时间值转换成数字量。

双积分型 ADC 主要由积分器、比较器、计数器、模拟开关及相应的控制逻辑电路组成,其电路原理框图如图 9.17 所示。

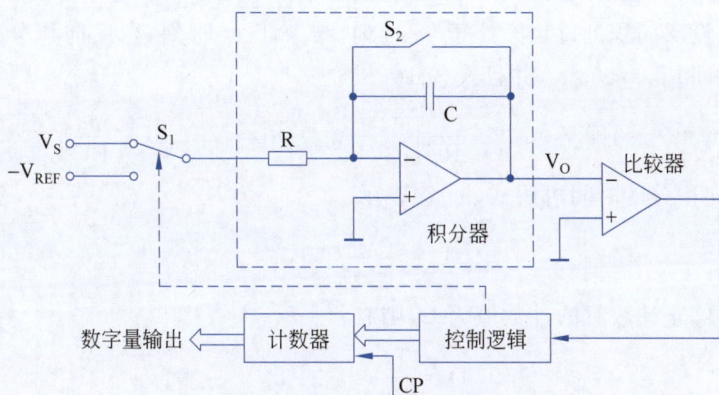

图 9.17 双积分型 ADC 的电路结构

开关 S_1 由控制逻辑控制,在每次转换的不同阶段分别将输入模拟电压 V_S 和基准电压($-V_{REF}$)接入积分器进行积分。电压比较器的输出控制计数器的计数过程,当积分器的输出电压 $V_O < 0$ 时,计数器对输入的时钟脉冲进行计数;当 $V_O > 0$ 时,计数器停止计数。

进行 A/D 转换时,给 ADC 发一个有效的启动转换控制信号,使 ADC 内部的计数器清零,同时使开关 S_2 闭合,电容 C 完全放电。当开关 S_2 再次断开时,A/D 转换开始。整个的转换过程经历两次积分,故称为双积分 ADC。转换过程中各点的电压波形如图 9.18 所示。

第一次积分是在固定的时间间隔内,由待转换的输入模拟电压 V_S 对电容 C 充电。

在该积分过程中,开关 S_1 与待转换的输入

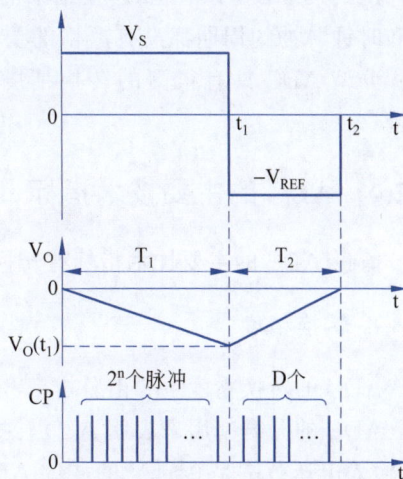

图 9.18 双积分 ADC 各点的电压波形

模拟电压 V_S 接通，V_S 通过 R 对 C 进行充电。与此同时，由于 $V_O < 0$，所以计数器从 0 开始计数。当计数器再次回 0 时，开关 S_1 切换到 $-V_{REF}$，第一次积分结束。第一次积分的时间 T_1 是固定的（设从 0 时刻开始，到 t_1 时刻结束，则 $T_1 = t_1$），对于 n 位的计数器，就是 2^n 个脉冲的时间。而积分 T_1 时间间隔后，积分器的输出电压 V_O 与输入模拟电压 V_S 有关，如式（9.15）所示。

$$V_O(t_1) = -\frac{1}{RC}\int_0^{t_1} V_S dt = -\frac{1}{RC}V_S T_1 = -\frac{2^n}{RC}V_S T_{CP} \tag{9.15}$$

式中，T_{CP} 为时钟脉冲的周期。可见，第一次积分结束时，积分器的输出电压 V_O 的数值与待转换的输入模拟电压 V_S 成正比。

第二次积分是使用固定的基准电压（$-V_{REF}$）让电容放电，实现反向积分。

当 V_S 对电容 C 充电 T_1 时间后，开关 S_1 切换到（$-V_{REF}$），积分器开始反向积分。与此同时，由于 V_O 仍然小于 0，所以计数器从 0 开始重新计数。随着反向积分的进行，积分器的输出电压 V_O 逐渐增加，当 V_O 上升到 0V 时，电压比较器的输出发生变化，使计数器停止计数。设反向积分过程开始于 t_1 时刻，结束于 t_2 时刻，则反向积分持续时间（即电容放电的时间）$T_2 = t_2 - t_1$，并且式（9.16）成立。

$$V_O(t_2) = 0 = V_O(t_1) - \frac{1}{RC}\int_{t_1}^{t_2}(-V_{REF})dt = V_O(t_1) + \frac{1}{RC}V_{REF} T_2 \tag{9.16}$$

所以，反向积分的时间可用式（9.17）表示。

$$T_2 = \frac{V_S}{V_{REF}}2^n T_{CP} \tag{9.17}$$

设计数器停止计数时的计数值为 D，则有

$$D = \frac{T_2}{T_{CP}} = \frac{V_S}{V_{REF}}2^n \tag{9.18}$$

可见，该计数值与输入模拟电压成正比，所以如果将 D 作为 ADC 的转换结果输出，符合 ADC 的传输特性。

从式（9.18）可以看出，转换结果的精度只与基准电压的准确度有关，而对积分时间常数和时钟脉冲的周期都没有严格的要求，只要在两次积分过程中保持一致即可。所以，双积分型 ADC 具有很高的转换精度，并有较强的噪声抑制能力，但是它的转换速度较慢。

9.2.4　ADC 的主要技术指标

衡量 ADC 的主要技术指标有转换精度和转换速度。

1. 转换精度

ADC 的转换精度主要由分辨率和转换误差来描述。

ADC 的分辨率用来表明 A/D 转换器对输入模拟电压的分辨能力。例如，一个单极性、输入电压范围是 $0 \sim 5V$ 的 n 位 ADC 能够区分出的最小电压差异为 $5V/2^n$。当输入模拟电压范围一定时，转换器的位数越多，分辨率越高，所以分辨率一般用转换器的位数来表示,如 10 位 A/D 转换器的分辨率为 10 位。分辨率所描述的是 ADC 在理论上所能达到的最大精度。

转换误差是指 ADC 实际输出的数字量和理论上应该输出的数字量之间的差异,一般以相对误差的形式给出,用最低有效位 LSB 的倍数来表示。例如,某转换器的转换误差小于或等于 ±LSB/2,则表明实际输出的数字量与理论值之间的最大差值不超过最低有效位的一半。

ADC 的转换误差主要是由于内部电路中各元件的非理想特性引起的。另外,转换误差还和电源的稳定性、环境的温度等因素有关。

2. 转换时间

ADC 的转换时间是指从接收到开始转换的控制信号起,到输出端得到稳定有效的数字量为止所经历的时间。

ADC 的转换时间和转换电路的类型有关,不同类型的转换电路,其转换时间差异很大。直接转换型比间接转换型速度快,其中并行比较型 ADC 转换速度最快,例如,8 位输出的单片集成 ADC 的转换可在 50ns 以内完成;其次是逐次逼近型 ADC,例如,8 位输出的单片集成 ADC 的转换时间最短约为 400ns;而双积分型 ADC 的转换时间大多在几十毫秒到几百毫秒之间。

在实际应用中选择 A/D 转换器时,除了要考虑上面的主要性能指标外,还要综合考虑输入模拟信号的范围和极性、输出数字量的编码方式(标准二进制编码、偏移二进制编码、补码、BCD 码等)、逻辑电平的类型(TTL 电平、CMOS 电平、ECL 电平等)、环境条件(温度、工作电源、基准电压等)等因素。

9.2.5 集成 ADC 及应用举例

单片集成 ADC 的产品种类很多,在实际中逐次逼近型 ADC 使用较多。下面介绍几种常见的 A/D 转换器集成芯片的工作原理及使用方法。

1. 单通道 12 位 A/D 转换器 AD574A 及其应用

AD574A 是一款完整的单通道、逐次逼近型 A/D 转换器,采用三态输出缓冲电路,可直接与 8 位或 16 位微处理器总线接口。片内包括高精度基准电压源和时钟,无须外部电路或时钟信号也能保证实现全部额定性能。AD574A 支持单极性和双极性的模拟量输入,可完成 12 位或者 8 位的 A/D 转换,完成 12 位转换的时间小于或等于 35μs,完成 8 位转换的时间小于或等于 24μs。

1) AD574A 的外部引脚及内部结构

AD574A 的内部逻辑结构如图 9.19 所示。

各引脚的功能描述如下。

$10V_{IN}$,$20V_{IN}$:两个模拟量输入引脚。单极性时可分别输入 0~+10V 或 0~+20V 的模拟量;双极性时可分别输入 -5~+5V 或 -10~+10V 的模拟量。

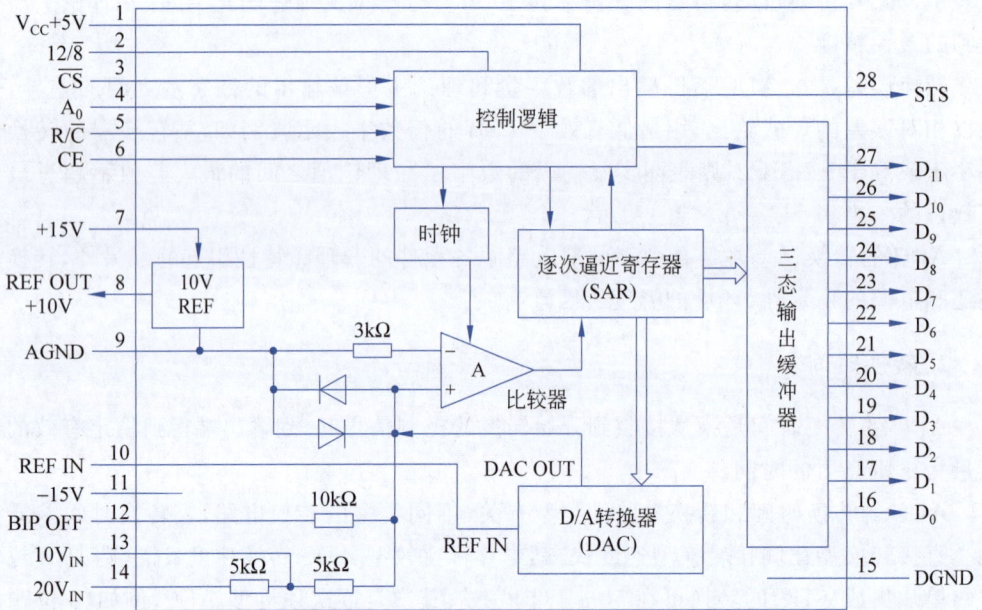

图 9.19　AD574A 的内部逻辑结构

$D_0 \sim D_{11}$：12 位数字量输出信号，D_0 为最低有效位（LSB），D_{11} 为最高有效位（MSB）。

CE：片选信号 1，高电平有效。

$\overline{CS}$：片选信号 2，低电平有效。启动 A/D 转换和读转换结果时都需要两个片选信号同时有效。

$R/\overline{C}$：读出/转换控制信号，当 CE＝1，且 $\overline{CS}$＝0 时，若 $R/\overline{C}$＝0，启动一次 A/D 转换；若 $R/\overline{C}$＝1，读出转换结果。

$12/\overline{8}$：数字量输出方式控制。当 $12/\overline{8}$＝0 时，每次输出 8 位数据；当 $12/\overline{8}$＝1 时，12 位数据一次输出。该引脚的逻辑和 TTL 电平不兼容，工作时只能通过接＋5V 或 DGND 进行选择。

A_0：双功能，用于转换分辨率的选择以及读取结果的高/低字节选择。当启动转换时，A_0 控制转换的位数，若 A_0＝0，启动一次 12 位转换；若 A_0＝1，启动一次 8 位转换。当读取转换结果，且 $12/\overline{8}$＝0 时，如果 A_0＝0，允许高 8 位转换结果 $D_4 \sim D_{11}$ 从三态输出缓冲器送出；如果 A_0＝1，允许低 4 位转换结果 $D_0 \sim D_3$ 从三态输出缓冲器送出。

STS：转换状态信号，启动转换后，STS 变为高电平并维持，直到转换结束。在转换过程中（STS＝1 时），AD574A 不再接收新的转换启动信号，其三态输出缓冲器没有转换结果输出。

BIP：输入信号极性选择。接地时输入单极性模拟信号；接＋10V 时输入双极性模拟信号，此时输出的数字量为二进制偏移码。

2）AD574A 的工作方式

由上面对 AD574A 各引脚的功能描述，可列出其功能表如表 9.4 所示。

表 9.4　AD574A 的功能表

CE	$\overline{CS}$	R/C	$12/\overline{8}$	A_0	功 能 描 述
0	x	x	x	x	芯片不工作
x	1	x	x	x	芯片不工作
1	0	0	x	0	启动一次 12 位 A/D 转换
1	0	0	x	1	启动一次 8 位 A/D 转换
1	0	1	+5V	x	12 位转换结果并行输出
1	0	1	DGND	0	允许高 8 位转换结果输出
1	0	1	DGND	1	允许低 4 位输出,后跟 4 个 0

3) AD574A 与微处理器的接口方法

例 9.4　利用 AD574A 作为 12 位 A/D 转换器,应用于 8086(16 位微处理器)系统中,转换结果一次输出,只使用 R/$\overline{C}$ 引脚进行启动转换和读取结果的控制,电路如图 9.20 所示,分析其工作过程。

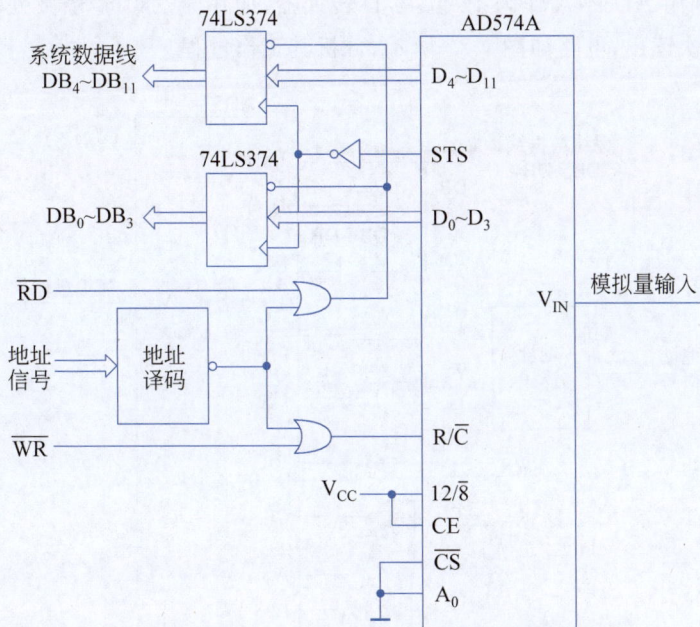

图 9.20　AD574A 与 16 位微机系统的接口 1

分析该电路可知,当对特定的地址 PORT(使图中地址译码电路输出为有效的地址)进行写操作时(可写入任意数值),就启动了一次 12 位的 A/D 转换,于是 AD574A 的 STS 变为高电平。待转换结束时 STS 变为低电平,此时对地址 PORT 进行一次读操作,即可得到 12 位的转换结果。

完成例 9.4 的功能也可以采用如图 9.21 所示的接口方法。

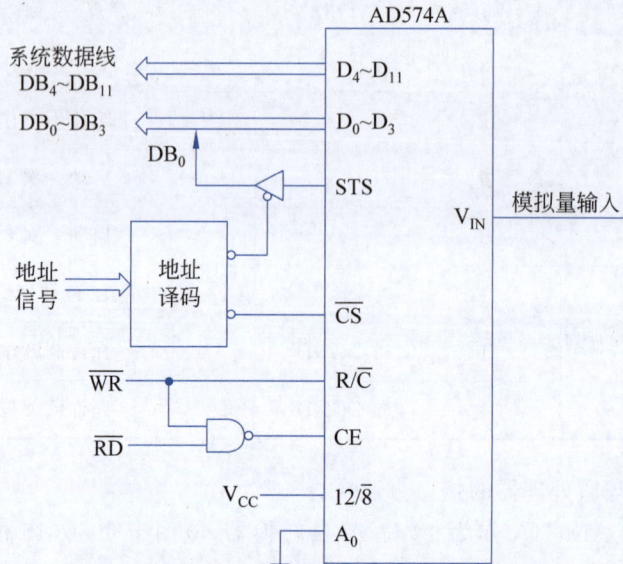

图 9.21　AD574A 与 16 位微机系统的接口 2

例 9.5　利用 AD574A 作为 12 位 A/D 转换器，应用于 Z80（8 位微处理器）系统中，转换结果分两次读出，电路如图 9.22 所示，分析其工作过程。

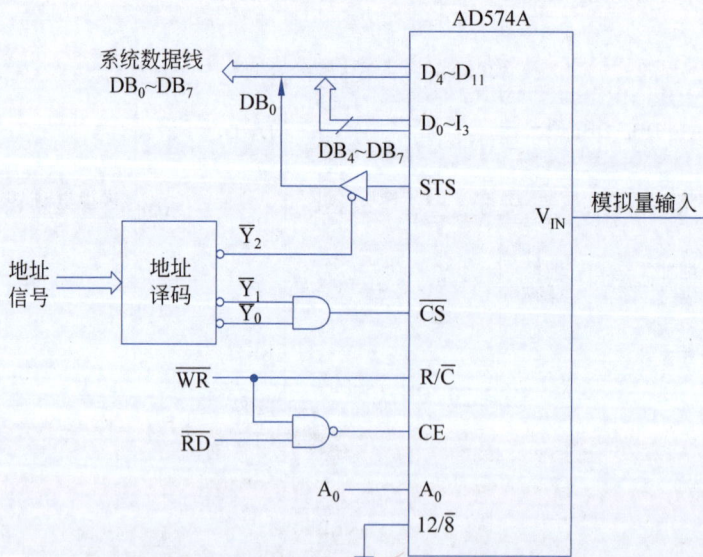

图 9.22　AD574A 与 8 位微机系统的接口

分析上面的电路可知，当对地址 PORT0（偶地址，且使图中地址译码电路输出 $\overline{Y_0}$ 为有效的地址）进行写操作时，就启动了一次 12 位的 A/D 转换。通过对 PORT2（使图中地址译码电路输出 $\overline{Y_2}$ 为有效的地址）进行读操作，可了解转换过程是否结束。

读取转换结果时，对 PORT0 进行读操作，就读取了转换结果的高 8 位 $D_4 \sim D_{11}$；对 PORT1（奇地址，且使图中地址译码电路输出 $\overline{Y_1}$ 为有效的地址）进行读操作，就读取了转换结果的低 4 位 $D_0 \sim D_3$，且这 4 位结果 $D_0 \sim D_3$ 是通过系统数据总线的高 4 位 $DB_4 \sim DB_7$ 传输的。

2. 多通道 8 位 A/D 转换器 ADC0809 及其应用

ADC0809 是美国国家半导体公司生产的、具有 8 个模拟输入通道的、8 位逐次逼近型 A/D 转换器，片内电路采用 CMOS 工艺。该芯片内部具有和微处理器兼容的控制逻辑，可与微处理器直接接口。

1）ADC0809 的外部引脚及内部结构

ADC0809 的数字量输出采用 TTL 标准逻辑电平、8 位并行输出，且具有三态控制逻辑，单一 +5V 电源供电，转换时间 $\leqslant 100\mu s$，转换误差 $\leqslant \pm 1\text{LSB}$，功耗 15mW。

ADC0809 的内部结构框图如图 9.23 所示。

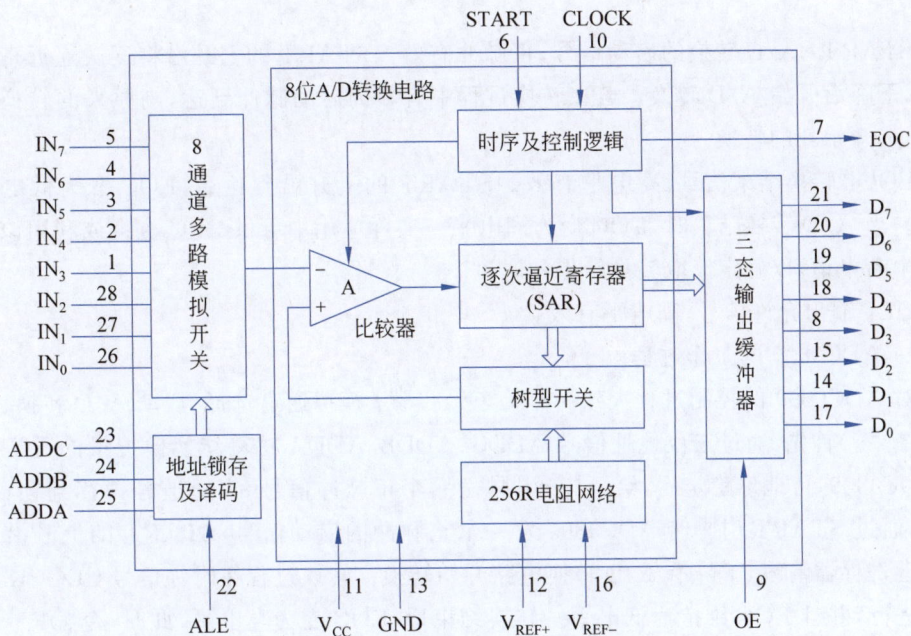

图 9.23　ADC0809 的内部逻辑结构

各引脚的功能描述如下。

$IN_0 \sim IN_7$：8 路模拟量输入引脚，可输入单极性 $0 \sim +5V$ 的模拟量。由 8 路模拟开关根据通道地址信号选择其中的一路，送入 8 位 A/D 转换电路进行转换。

$D_0 \sim D_7$：A/D 转换器输出的 8 位数字量，D_0 为最低有效位（LSB），D_7 为最高有效位（MSB）。

ADDC、ADDB、ADDA：3 位的地址信号，用于输入模拟信号的通道选择，ADDC 为高位，ADDA 为低位。3 位地址信号经地址锁存及译码电路后，控制 8 路模拟开关选择一路模拟输入信号进行 A/D 转换。地址信号的状态与被选中通道之间的对应关系如表 9.5 所示。

表 9.5 ADC0809 模拟量输入信号的选择

地 址 信 号			被选中的模拟输入信号	地 址 信 号			被选中的模拟输入信号
ADDC	ADDB	ADDA		ADDC	ADDB	ADDA	
0	0	0	IN_0	1	0	0	IN_4
0	0	1	IN_1	1	0	1	IN_5
0	1	0	IN_2	1	1	0	IN_6
0	1	1	IN_3	1	1	1	IN_7

ALE：地址锁存允许信号，正脉冲有效，将 3 位地址信号 ADDC、ADDB、ADDA 存入地址锁存器。实际应用中通常与 START 相连，在锁存通道地址的同时启动 A/D 转换。

START：A/D 转换的启动信号，正脉冲有效。START 的上升沿将逐次逼近寄存器清零，下降沿开始 A/D 转换。若在转换过程中有新的启动脉冲到达，则原来的转换过程被终止，开始新的转换。

EOC：转换结束信号，高电平有效。START 的上升沿到达后，EOC 变为低电平并维持。当 A/D 转换结束时，EOC 变为高电平。实际应用中可供 CPU 查询或利用该信号提出中断申请，以确定读取转换结果的时刻。

OE：输出允许信号，高电平有效。

2）ADC0809 的工作过程

对 ADC0809 的控制过程大致可分为三个步骤：模拟通道选择、启动 A/D 转换、读取转换结果。首先，通过三位地址信号 ADDC、ADDB、ADDA 将待转换模拟量的通道号送给 ADC0809，待地址稳定后，给 ALE 引脚送一个正脉冲信号，将通道号锁存到锁存器。然后，通过 START 引脚给 ADC0809 发一个正脉冲的启动信号，START 的上升沿将逐次逼近寄存器清零，下降沿 A/D 转换电路开始转换。转换过程在时钟信号 CLOCK 的控制下进行，并且 EOC 维持为低电平。转换结束后，EOC 变为高电平，此时，令 OE＝1，即可读取 8 位的转换结果。

3）ADC0809 与微处理器的接口方法

如图 9.24 所示的电路是 ADC0809 与微处理器的一种典型接口方法。

分析该电路可知，当把通道号 i(0～7) 写入特定的地址 PORT0（使图中地址译码电路输出 $\overline{Y}_0$ 有效的地址）时，就启动了对通道 i 输入模拟量的 A/D 转换。转换结束（可通过查询或者中断方式获得该状态信息）后，对地址 PORT1（使图中地址译码电路输出 $\overline{Y}_1$ 有效的地址）进行一次读操作，即可得到 8 位的转换结果。

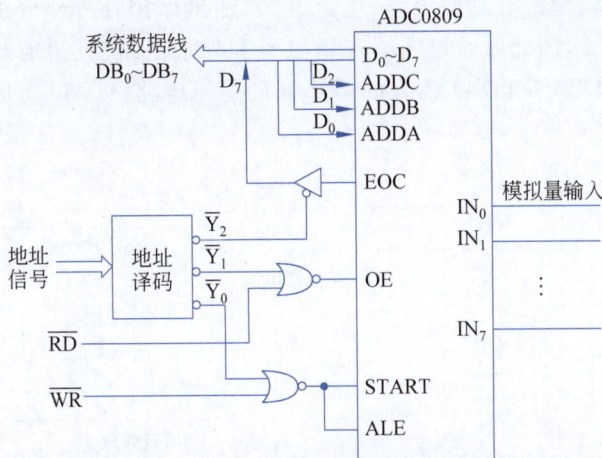

图 9.24　ADC0809 与微机系统的接口

9.3　压/频转换电路

关键词：
- **电压/频率转换**：即 V/F 转换，将输入的电压信号按线性比例关系转换成频率信号，当输入电压变化时，输出的频率也相应变化。
- **压/频转换器**：VFC(Voltage Frequency Converter)，实现 V/F 转换的器件，它将模拟电压变换为脉冲信号输出，输出脉冲信号的频率与输入电压的幅值成正比。

电压/频率转换即 V/F 转换，是将输入的电压信号按照线性的比例关系转换成频率信号，当输入电压变化时，输出的频率也相应变化。也就是说，压/频转换实际上是一种模拟量和数字量之间的转换技术。压/频转换器就是实现这种转换的器件，它将模拟电压变换为脉冲信号输出，输出脉冲信号的频率与输入电压的幅值成正比。压/频转换器也称为电压控制振荡电路(VCO)。

实现 V/F 转换的集成芯片有很多，下面以 LM331 为例介绍电压/频率转换器的工作原理及使用方法。

9.3.1　电压/频率转换器 LM331

LM331 是由美国 NS 公司生产的一款性能价格比较高的芯片，它具有线性度好、变换精度高、使用方便等优点，是目前被广泛应用的一种电压/频率转换器。LM331 的最大非线性失真小于 0.01%，工作频率低到 1Hz 时尚有较好的线性；数字分辨率可达 12 位；外接电路简单，只需接入少量的外接元件就可方便地构成 V/F 或 F/V 等变换电路，并且容易保证转换精度。LM331 可采用单电源或双电源供电，可工作在 4.0～40V，输出可高达 40V。

LM331 的内部电路主要由输入比较器、定时比较器、RS 触发器、输出驱动管、复零晶体管、能隙基准电路、精密电流源电路、电流开关、输出保护管等部分组成。输出驱动管采用集电极开路形式，因此可通过选择逻辑电流和外接电路，灵活地改变输出脉冲的逻辑电平，从而适配 TTL、DTL 和 CMOS 等不同的逻辑电路。LM331 的内部逻辑框图如图 9.25 所示。

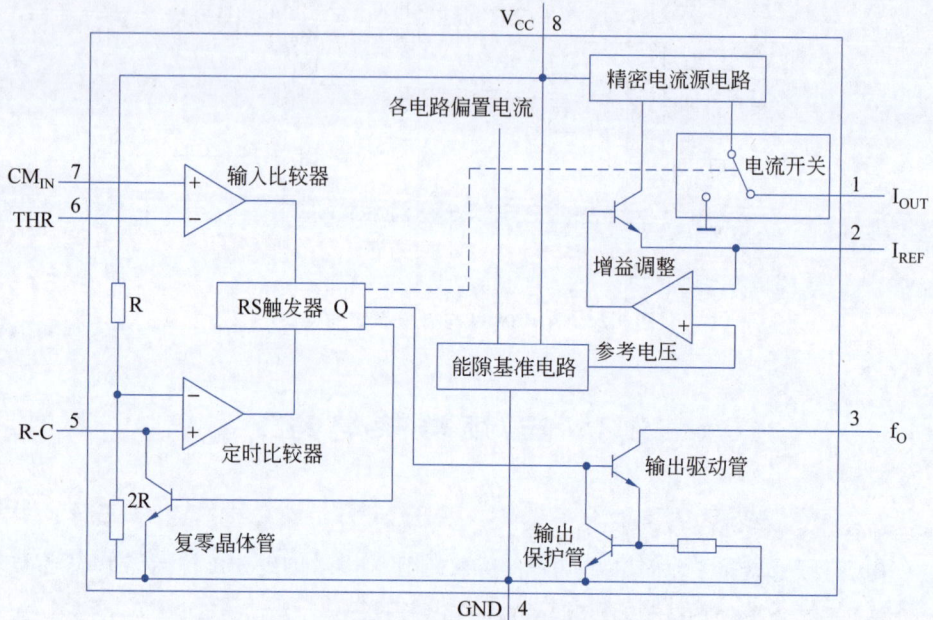

图 9.25　LM331 的内部逻辑框图

LM331 是双列直插式 8 脚芯片。脚 1 为脉冲电流输出端，内部相当于脉冲恒流源，脉冲宽度与内部单稳态电路相同。脚 2 为输出端脉冲电流幅度调节，外接电阻 R_S，R_S 越小，输出电流越大。脚 3 为脉冲电压输出端，采用 OC 门输出结构，输出脉冲宽度及相位与单稳态电路相同，不用时可悬空或接地。脚 4 为地。脚 5 为单稳态外接定时元件，外接的电阻 R_t 和电容 C_t 决定单稳电路的时间常数。脚 6 为单稳态触发脉冲输入端，低于脚 7 电压时触发有效，要求输入负脉冲宽度小于单稳态输出脉冲宽度 T_w。脚 7 为比较器基准电压，用于设置输入脉冲有效触发电平的高低。脚 8 为电源，正常工作电压范围是 4.0～40V。

LM331 既可以构成电压/频率转换器，又可以构成频率/电压转换器，其引脚的功能和使用方法根据不同的应用有所区别。

9.3.2　基于 LM331 的电压/频率转换电路

1. 电压/频率转换电路的工作原理

图 9.26 是由 LM331 组成的典型的电压/频率转换器。

当输入端 V_I 输入一个正电压时，输入比较器输出高电平，使 RS 触发器置位，Q 端输出高电平，$\overline{Q}$ 为低电平。Q＝1 令输出驱动管导通，从而使输出端 f_O 输出逻辑低电平。

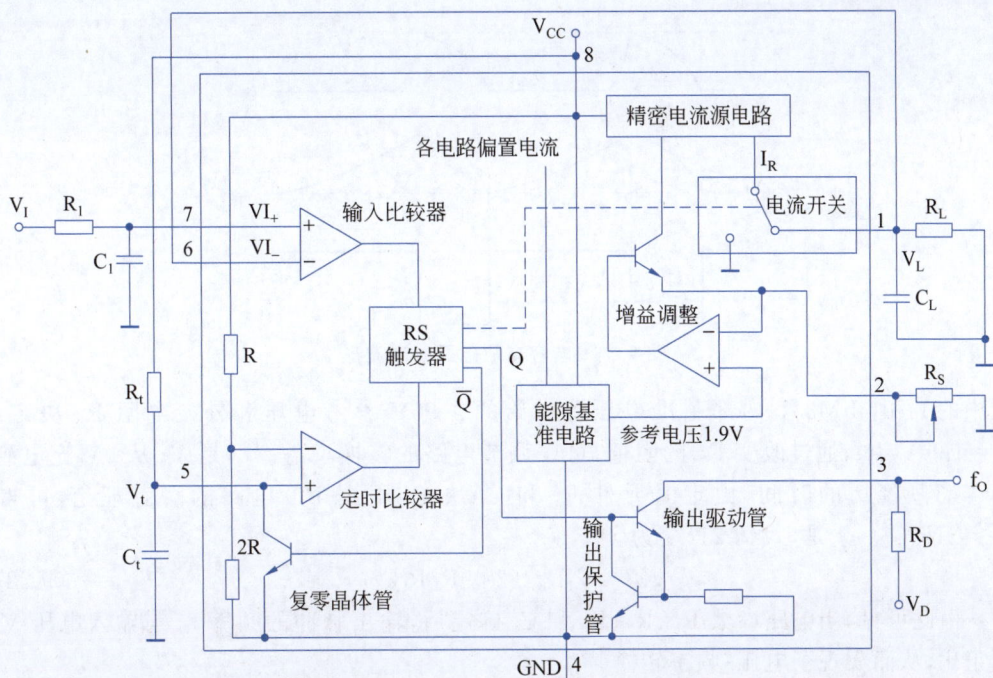

图 9.26 LM331 构成电压/频率转换器

$\overline{Q}=0$，令复零晶体管截止，电源 V_{CC} 通过 R_t 对 C_t 充电。与此同时，RS 触发器 Q 为高电平，使电流开关打向右侧，电流源 I_R 对 C_L 充电，当 C_L 的电压高于 V_I 时，RS 触发器的置位信号变为无效，触发器进入保持状态，输出仍然是 $Q=1$，$\overline{Q}=0$，电源 V_{CC} 继续通过 R_t 对 C_t 充电。

随着充电过程的进行，C_t 两端的电压 V_t 逐渐上升，当 V_t 大于 V_{CC} 的 $2/3$ 时，定时比较器的输出变为高电平，使 RS 触发器复位，输出端 Q 变为低电平，$\overline{Q}$ 为高电平。$Q=0$ 令输出驱动管截止，从而使输出端 f_O 变为逻辑高电平。$\overline{Q}=1$，令复零晶体管导通，电容 C_t 通过复零晶体管迅速放电。与此同时，RS 触发器 Q 为低电平，使电流开关打向左侧，电容 C_L 通过电阻 R_L 放电。当电容 C_L 两端的电压 V_L 等于输入电压 V_I 时，输入比较器的输出再次变为高电平，使 RS 触发器置位，重复前面的过程，构成自激振荡。

电容 C_t、C_L 充放电及 f_O 的输出波形如图 9.27 所示。

设电容 C_L 的充电时间为 t_1，放电时间为 t_2，根据电容 C_L 上电荷平衡的原理可等到式(9.19)。

$$(I_R - V_L/R_L)t_1 = t_2 V_L/R_L \tag{9.19}$$

输出脉冲的频率为

$$f_O = 1/(t_1 + t_2) = V_L/(I_R R_L t_1) \tag{9.20}$$

实际上，该电路的 V_L 在很小的范围内(大约 10mV)波动，因此可认为 $V_L \approx V_I$，于是，式(9.20)可以写成式(9.21)的形式。

$$f_O = V_L/(I_R R_L t_1) \approx V_I/(I_R R_L t_1) \tag{9.21}$$

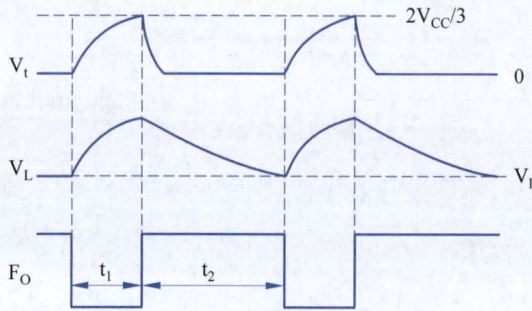

图 9.27　电容充放电及输出波形

式中的 I_R 由 LM331 内部基准电压源供给的 $1.90V$ 参考电压和外接电阻 R_S 决定，$I_R=1.90V/R_S$，通过改变 R_S 的阻值，可以调节电路的转换增益。t_1 是 V_t 从 $0V$ 充电到 $2V_{CC}/3$ 所经历的时间，由定时元件 R_t 和 C_t 决定，根据 RC 电路的瞬态理论，可得 $t_1 \approx 1.1R_tC_t$。于是，式（9.21）变为

$$f_O = V_IR_S/(2.09R_LR_tC_t) \tag{9.22}$$

由此可见，当电路参数 R_S、R_L、R_t 和 C_t 确定后，输出脉冲的频率 f_O 与输入电压 V_I 成正比，从而实现了电压/频率转换。

2. LM331 用作 VFC 的典型电路

图 9.28 为 LM331 构成 VFC 的典型电路。

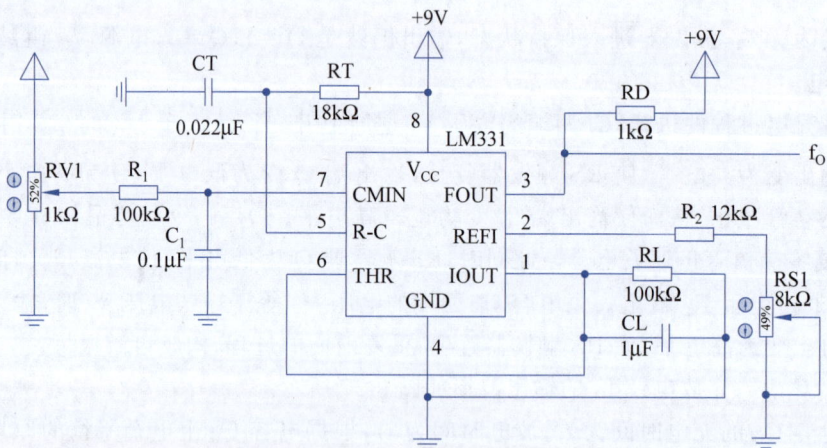

图 9.28　VFC 典型电路

在如图 9.28 所示的 VFC 典型电路中，调节电位器 R_{S1}，使其阻值为 $R_{S1}=4.5528\text{k}\Omega$，即 $R_S=(R_2+R_{S1})=16.5528\text{k}\Omega$，$R_L=100\text{k}\Omega$，$R_t=18\text{k}\Omega$，$C_t=0.022\mu\text{F}$。由式（9.22）可计算出电路输出脉冲的频率：

$$f_O = V_IR_S/(2.09R_LR_tC_t)$$

$$= 16.5528 \times 10^3/(2.09 \times 100 \times 10^3 \times 18 \times 10^3 \times 0.022 \times 10^{-6})V_I$$

$$= 200V_I$$

也就是说,如图 9.28 所示的 VFC 可将 $1\sim5V$ 的电压转换为 $200Hz\sim1kHz$ 的脉冲输出,通过调节电位器 R_{S1} 的阻值(即改变 R_S 的阻值)可改变电路的转换增益。由于电阻 R_S、R_L、R_i 和电容 C_t 直接影响转换结果,因此对元件的精度有一定的要求,实际中根据要求的转换精度做适当选择。电容 C_L 对转换结果没有直接影响,但应选择漏电流较小的电容器。电阻 R_1 和电容 C_1 组成低通滤波器,可减少输入电压中的干扰脉冲,有利于提高转换精度。

9.3.3　基于 LM331 的频率/电压转换电路

1. 频率/电压转换电路的工作原理

如图 9.29 所示的电路是用 LM331 构成的频率/电压转换器。

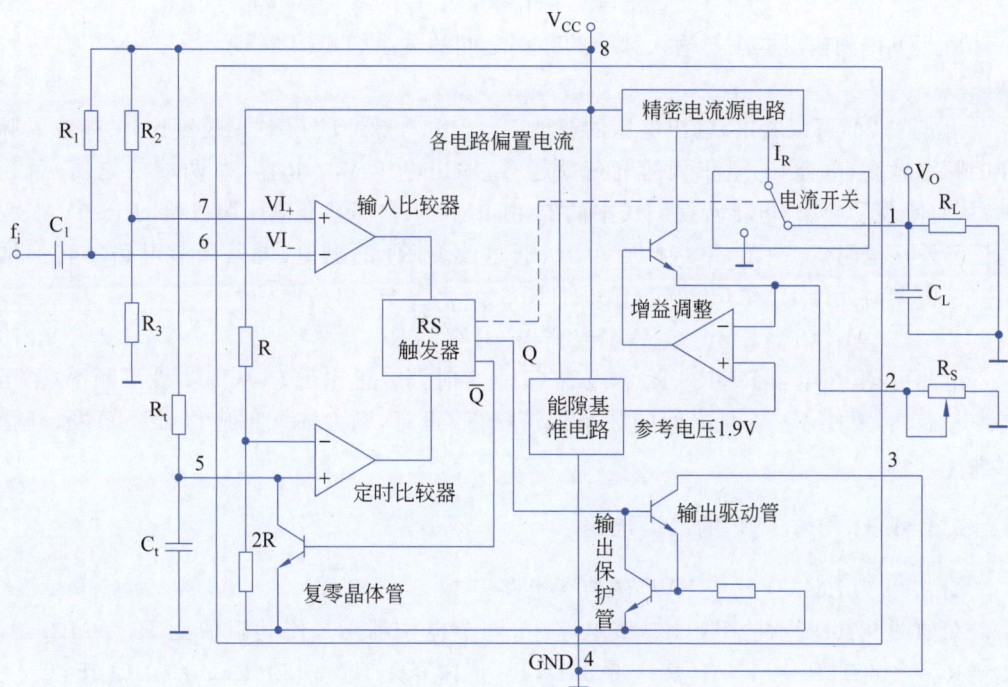

图 9.29　LM331 构成频率/电压转换器

在图 9.29 中,直流电压 V_{CC} 经电阻 R_2、R_3 分压后施加到输入比较器的同相输入端 VI_+ 上。施加到输入比较器反相输入端 VI_- 上的电压,由两部分叠加而成,其中一部分是 V_{CC} 经过电阻 R_1 得到,另一部分是 f_i 端输入的脉冲信号经过 R_1、C_1 组成的微分电路得到。当 f_i 端输入脉冲的下降沿到来时,经微分电路 R_1、C_1 产生一个负的尖脉冲叠加在反相输入端上。只要负尖脉冲的幅值足够大,就会使输入比较器反相输入端的电平低于正相输入端,即 $VI_-<VI_+$,使输入比较器的输出变为高电平,RS 触发器被置位,电流开关打向右侧,电流源 I_R 对电容 C_L 充电,C_L 两端的电压按线性上升(因为是恒流源对

C_L 充电）。同时由于复零晶体管截止，V_{CC} 通过电阻 R_t 给定时电容 C_t 充电。随着充电过程的进行，C_t 两端的电压按指数规律上升，当 C_t 的充电电压达到 $2V_{CC}/3$ 时，定时比较器的输出变为高电平，RS 触发器复位，电流开关打向左侧，电容 C_L 通过 R_L 放电。同时，复零晶体管导通，定时电容 C_t 迅速放电，从而完成一次充放电过程。此后，每当 f_i 端输入脉冲的下降沿到来时，电路都重复上述的工作过程。电容 C_L 的充电时间，就是 C_t 两端的电压由 0V 充电到 $2V_{CC}/3$ 的时间，它由定时电路 R_t、C_t 决定，C_L 充电电流的大小由电流源 I_R 决定。

设电容 C_L 的充电时间为 t_1，放电时间为 t_2，根据电容 C_L 上电荷平衡的原理可得

$$(I_R - V_O/R_L)t_1 = t_2 V_O/R_L \tag{9.23}$$

于是有

$$t_2 = (I_R R_L/V_O - 1)t_1 \tag{9.24}$$

因为 $f_i = 1/(t_1 + t_2)$，所以

$$1/f_i = t_1 + t_2 = I_R R_L t_1/V_O \tag{9.25}$$

由此可得到输出电压与输入脉冲的频率之间的关系如式（9.26）所示。

$$V_O = I_R R_L t_1 f_i \tag{9.26}$$

由式（9.26）可以看出，输出电压的幅值 V_O 与输入脉冲的频率 f_i 成正比，f_i 端输入脉冲的频率越高，电容 C_L 上积累的电荷就越多，输出电压 V_O（电容 C_L 两端的电压）就越高，从而实现了频率/电压转换。式中的 I_R 由 LM331 内部基准电压源供给的 1.90V 参考电压和外接电阻 R_S 决定，$I_R = 1.90V/R_S$，通过改变 R_S 的阻值，可以调节电路的转换增益。t_1 由定时元件 R_t 和 C_t 决定，$t_1 \approx 1.1 R_t C_t$。于是，式（9.26）变为

$$V_O = 2.09 R_L R_t C_t f_i/R_S \tag{9.27}$$

由此可见，在电阻 R_S、R_L、R_t 和电容 C_t 一定时，V_O 正比于 f_i，从而实现了频率/电压转换。显然，要使 V_O 与 f_i 之间的关系保持精确、稳定，则上述元件应保证高精度、高稳定性。

2. LM331 用作 FVC 的典型电路

图 9.30 为 LM331 构成 FVC 的典型电路。

在如图 9.30 所示的 FVC 典型电路中，调节电位器 R_S，使其阻值为 $R_S = 14.2k\Omega$，$R_1 = R_2 = 10k\Omega$，$R_3 = 15k\Omega$，$R_t = 6.8k\Omega$，$R_L = 100k\Omega$，$C_1 = 470pF$，$C_t = 0.01\mu F$，$C_L = 10\mu F$。由式（9.27）可得，电路输出电压的幅值与输入脉冲频率的关系为

$$
\begin{aligned}
V_O &= 2.09 R_L R_t C_t f_i/R_S \\
&= (2.09 \times 100 \times 10^3 \times 6.8 \times 10^3 \times 0.01 \times 10^{-6})f_i/(14.2 \times 10^3) \\
&\approx 10^{-3} f_i
\end{aligned}
$$

电容 C_1 和 C_L 对转换结果没有影响，但在实际应用中要适当选择。电容 C_1 小些有利于提高转换电路的抗干扰能力，但也不宜太小，应该保证输入脉冲经微分后有足够的振幅来触发输入比较器。电阻 R_L 和电容 C_L 构成低通滤波器，电容 C_L 大些，输出电压 V_O 的纹波会小些，但是，如果 C_L 小些，输入脉冲频率变化时，输出响应就会快些。在实际应用中要综合考虑这些因素。

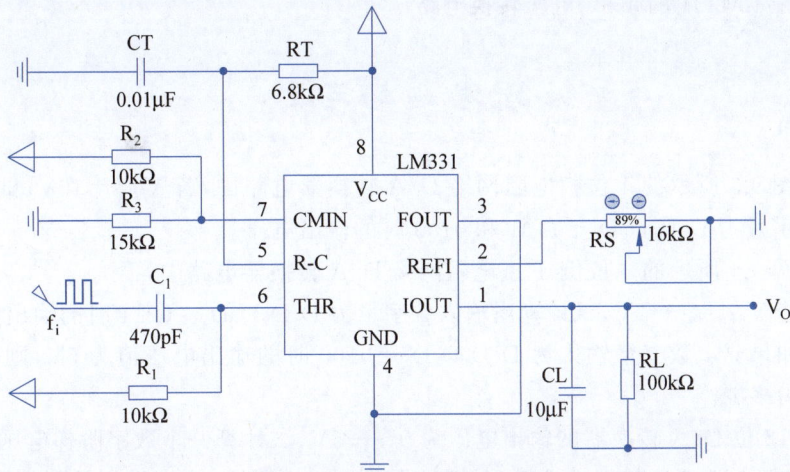

图 9.30 FVC 典型电路

小　结

1. 数/模转换电路

数/模转换器(DAC)把数字系统处理的结果转换为模拟信号输出。

- 权电阻网络 DAC。
- 倒 T 型电阻网络 DAC。
- DAC 的主要技术指标：转换精度、转换速度。
- 集成 DAC：8 位 D/A 转换器 DAC0832、12 位 D/A 转换器 DAC1210。

2. 模/数转换电路

模/数转换器(ADC)把模拟信号转换为数字系统能够直接处理的数字信号。

- ADC 一般要经历采样、保持、量化、编码 4 个步骤。
- 直接转换型模/数转换器：逐次逼近型 ADC、并行比较型 ADC。
- 间接转换型模/数转换器：双积分型 ADC、电压/频率转换型 ADC。
- ADC 的主要技术指标：转换精度、转换时间。
- 集成 ADC：单通道 12 位 A/D 转换器 AD574A、多通道 8 位 A/D 转换器 ADC0809。

3. 压/频转换电路

实现压/频转换的器件，它将模拟电压变换为脉冲信号输出，输出脉冲信号的频率与输入电压的幅值成正比。

- 电压/频率转换器 LM331。
- 基于 LM331 的电压/频率转换电路。

• 基于 LM331 的频率/电压转换电路。

思考题与习题

9.1　在如图 9.3 所示的 4 位权电阻网络 D/A 转换器电路中，若 $V_{REF}=10V$，试计算当输入数字量为 $D_3D_2D_1D_0=1101$ 和 0100 时的输出电压。

9.2　在如图 9.4 所示的 4 位倒 T 型电阻网络 D/A 转换器电路中，

（1）若 $V_{REF}=-12V$，试计算当输入数字量为 $D_3D_2D_1D_0=0011$ 时的输出电压值。

（2）如果要求数字量输入为 $D_3D_2D_1D_0=0100$ 时的输出电压值为 5V，则 V_{REF} 应该为多少？

9.3　设某 12 位 D/A 转换器的输出电压为 $0\sim+5V$，试计算一个数字阶梯电压是多少。

9.4　由 DAC0832 构成的双极性 D/A 转换器如图 9.9 所示，输入采用补码形式，参考电压为 $+10V$，模拟电压输出与数字信号的极性一致。试计算数字输入量分别为 18H、6FH、81H 和 F0H 时的输出电压。

9.5　试分析如图 9.31 所示 D/A 转换器的工作原理，证明：

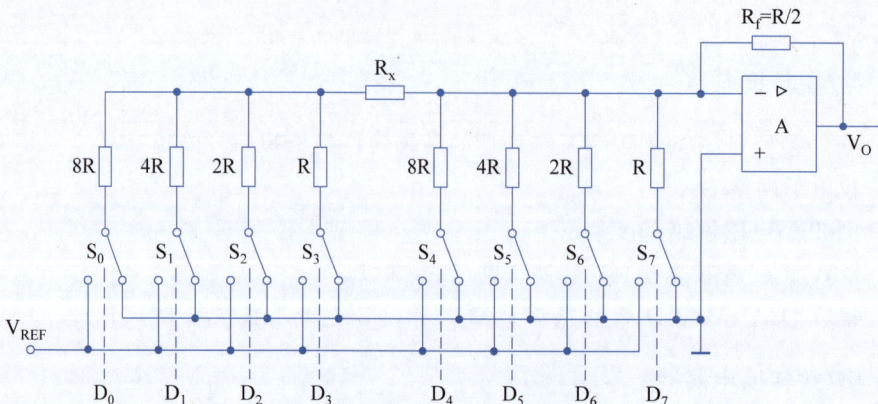

图 9.31　习题 9.5 图

（1）当 $R_x=8R$ 时，该电路为 8 位的二进制码 D/A 转换器。

（2）当 $R_x=4.8R$ 时，该电路为两位的 BCD 码 D/A 转换器。

9.6　设 A/D 转换电路（包括采样-保持）的输入模拟信号的最高变化频率为 20kHz，试说明采样频率的下限是多少，完成一次 A/D 转换所用时间的上限应该是多少？

9.7　在如图 9.15 所示的逐次逼近型 ADC 电路中，如果 $n=4$，$V_{REF}=8V$，输入模拟电压的采样值为 5.6V。

（1）求量化单位是多少？

（2）按照表 9.2 的形式，列表说明逐次逼近的转换过程。

（3）如果时钟频率为 10kHz，则本次 A/D 转换的时间是多少？

9.8　在如图 9.16 所示的并行比较型 ADC 电路中，如果 $V_{REF}=9V$，试计算电路的最小量化单位是多少，当输入电压为 4.8V 时输出的数字量是多少，此时的量化误差是多少?

9.9 某 12 位 A/D 转换器的输入电压范围是 0～+12V,试计算对应于 LSB 的模拟电压值和最大数字量输出时的模拟电压值。

9.10 某 8 位 ADC 的模入电压范围是 0～+10V,如果输入的模拟电压是 4.5V,求对应的数字量输出是多少?

9.11 某双积分型 A/D 转换器的电路如图 9.17 所示,则

(1) 如果输入电压的最大值为 4V,要求分辨率小于或等于 0.2mV,则二进制计数器至少应该是多少位的?

(2) 如果时钟脉冲频率为 200kHz,则采样/保持时间应该是多少?

9.12 某信号采集系统要求在 1s 内分时对 16 个热电偶的输出电压进行 A/D 转换。已知热电偶的输出电压范围是 0～+0.025V(对应于温度范围是 0～400℃),要求分辨的温度为 0.1℃,试问应该选择多少位的 A/D 转换器,其转换时间是多少?

9.13 在如图 9.28 所示的电压/频率转换电路中,设 $R_L = 100k\Omega$,$R_t = 18k\Omega$,$C_t = 0.022\mu F$。如果输入电压为 3V,输出脉冲的频率为 2kHz,试求 R_S 的取值。

9.14 在如图 9.30 所示的频率/电压转换电路中,如果 $R_S = 15k\Omega$,$R_t = 5k\Omega$,$R_L = 120k\Omega$,$C_t = 0.05\mu F$,当输入脉冲频率为 500Hz 时,输出的电压为多少?

第 10 章
可编程逻辑基础

内容提要

本章主要以 Altera 公司的产品为例,介绍 GAL、CPLD、FPGA 的电路结构和工作原理。

10.1 可编程逻辑概述

关键词:

- **PLD**:可编程逻辑器件(Programmable Logic Device),可以通过编程方便地构建和修改逻辑设计。
- **SPLD**:简单可编程逻辑器件(Simply Programmable Logic Device),是集成度和结构复杂度都比较低的可编程逻辑器件。
- **CPLD**:复杂可编程逻辑器件(Complex Programmable Logic Device),是在 SPLD 基础上对内部结构进行改进,并提高了集成度而形成的一类器件。
- **FPGA**:现场可编程门阵列(Field Programmable Gate Array),是集成度和结构复杂度最高的可编程逻辑器件。
- **PLD 的设计流程**:设计输入、功能仿真、设计实现、时序仿真、器件编程或下载、系统测试。

传统的数字电路采用标准的通用逻辑电路(如 TTL、CMOS 系列的中小规模逻辑器件)实现,随着数字集成电路技术的发展,可编程逻辑器件(Programmable Logic Device,PLD)在数字系统中应用越来越广泛。可编程逻辑器件中集成了大量的逻辑门、连线、记忆单元等电路资源,这些资源的使用由用户通过计算机编程加以确定。使用 PLD 设计数字系统,可以通过编程方便地构建和修改逻辑设计。

10.1.1 PLD 分类

可编程逻辑器件从 20 世纪 70 年代发展到现在,已出现了多种结构形式,集成度从几百门到几百万门不等。根据集成度和结构复杂度的不同,PLD 器件可以分为三类:简单可编程逻辑器件(Simply Programmable Logic Device,SPLD)、复杂可编程逻辑器件(Complex Programmable Logic Device,CPLD)、现场可编程门阵列(Field Programmable Gate Array,FPGA)。

1. 简单可编程逻辑器件(SPLD)

SPLD 是集成度和结构复杂度都比较低的可编程逻辑器件,如 PAL(Programmable Array Logic)器件和 GAL(Generic Array Logic)器件。PAL 器件的特点是与矩阵可编程,或矩阵固定、输出电路固定,但根据不同的需求,输出电路可以采用组合输出或者寄存器输出方式,采用双极型熔丝工艺制造,一旦编程后不能修改。输出结构的固定以及一次性编程的缺点,限制了 PAL 器件的应用。GAL 器件是在 PAL 器件的基础上发展起来的,它具有可编程的与矩阵、不可编程的或矩阵、输出逻辑宏单元(Output Logic Macro Cell,OLMC)和输入/输出逻辑单元(Input Output Cell,IOC)。与 PAL 器件相比,GAL 器件最大的优势在于,把固定的输出结构改成了可编程的 OLMC,通过对 OLMC 的编程,可以方便地实现不同的输出电路结构形式,并且 GAL 器件采用电擦除 CMOS 工艺制造,通常可擦除几百次甚至上千次。典型的 GAL 器件有 Lattice 公司生产的 GAL16V8、GAL22V10 等。

2. 复杂可编程逻辑器件(CPLD)

CPLD 是在 PAL、GAL 器件的基础上对内部结构进行改进,并提高了集成度而形成的一类器件。与 SPLD 相比,CPLD 大多采用 EEPROM(或 Flash)工艺制造,并具有更多的输入输出信号、更多的乘积项、逻辑宏单元块和布线资源,可用于较大规模的逻辑设计。典型的 CPLD 器件有 Xilinx 公司的 XC9500 系列,Altera 公司的 MAX7000 系列,Lattice 公司的 ispLSI1000、ispLSI2000、ispLSI3000 系列。

3. 现场可编程门阵列(FPGA)

FPGA 是集成度和结构复杂度最高的可编程逻辑器件。FPGA 的电路结构与 CPLD 完全不同,不是采用与或逻辑阵列的结构形式,而是由若干个独立的可编程逻辑块(Configurable Logic Block,CLB)、可编程输入输出模块(Input Output Block,IOB)、可编程互连资源(Interconnect Resource,IR)和一个用于存放编程数据的静态存储器 SRAM 构成。用户通过对逻辑块的编程连接形成所需要的数字系统,逻辑块采用基于 SRAM 的可编程查找表 LUT(Look Up Table)方式产生所需的逻辑函数。FPGA 多用于 10 000 门以上的大规模数字系统设计。典型的 FPGA 器件有 Xilinx 公司的 XC4000 系列、Spartan Ⅱ 和 Spartan Ⅲ 等系列,Altera 公司的 Acex、Apex、Flex 10k、Flex 20K、Cyclone Ⅱ 等系列,Lattice 公司的 XFPGA 等系列。

10.1.2　PLD 的开发流程

现代数字系统设计一般采用自顶向下的设计方法。这里的"顶"是指系统的功能,"向下"是指将系统由大到小、由粗到精进行分解,直至可用基本模块实现。在进行系统设计之前，首先要明确系统设计目标、确定系统功能，然后根据系统功能确定总体方案。选择方案的原则是，既要能满足系统的要求，又要具有较高的性能价格比。系统方案确定后，再从结构上对系统进行逻辑划分，分为若干个子系统模块，分别设计。设计完成后，一般先采用 EDA（Electronic Design Automation）软件进行仿真，再用具体器件搭电路，以保证系统设计的正确性和可靠性。

PLD 器件的种类很多，使用的开发系统也不尽相同，但是其开发流程基本一致。借助 EDA 软件进行系统设计的开发流程如图 10.1 所示，主要包括设计输入、功能仿真、设计实现、时序仿真、器件编程或下载、系统测试。

（1）设计输入。设计输入是将所设计的系统或者电路以开发软件要求的某种形式表示出来。常用的方法有硬件描述语言（Hardware Description Language，HDL）和原理图输入等方法。原理图输入法直观、便于仿真，但是效率低，不利于维护和设计的模块化，而且可移植性差——芯片升级后原理图需要重新输入。HDL 输入方式是文本格式，具有较好的可读性和可移植性，所以应用比较广泛。

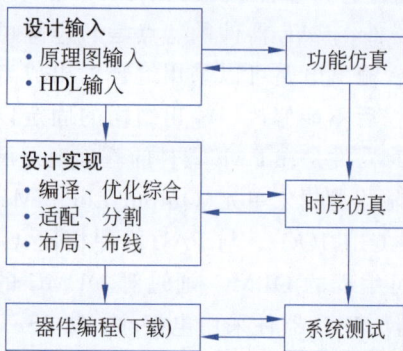

图 10.1　基于 EDA 软件的 PLD 开发流程

（2）功能仿真。功能仿真是在编译之前对用户设计电路的逻辑功能进行测试模拟，与时序无关，仿真过程不涉及任何具体器件的硬件特性。也就是说，功能仿真只能对系统的初步功能进行检测，不含有延迟信息，是一种理想的仿真。

（3）设计实现。设计实现主要包括逻辑综合与适配。逻辑综合主要是对设计输入进行编译、优化、转换和综合，以获得门级甚至更底层电路的描述网表文件。适配包括底层器件配置、逻辑分割、逻辑优化、器件布局与布线等，它将综合后产生的网表文件配置于指定的目标器件，并产生多种用途的文件。这部分工作一般由 EDA 开发系统的编译器自动完成，用户可以根据设计需要设置一些约束条件进行干预，或者通过编辑功能直接修改设计的布局、布线结构。

（4）时序仿真。时序仿真是接近真实器件运行特性的仿真，用于检测系统有无时序违背现象。仿真文件中包含器件硬件特性参数，如硬件延迟信息等，能较好地反映芯片的实际工作情况。通过时序仿真可以发现电路中的竞争-冒险等问题。

（5）器件编程或下载。器件编程或下载是指将适配后生成的配置或编程数据文件，通过编程器或下载电缆写入目标芯片中。通常，对 FPGA 中的 SRAM 进行直接下载的方法称为配置（configure）。对 CPLD 的下载，对 OTP FPGA 的下载，以及对 FPGA 的专用配置 ROM 的下载称为编程（program）。

（6）系统测试。对设计的硬件系统进行统一调试，验证设计的目标系统是否满足设计要求。如果发现问题，要返回到设计输入阶段进行修改和完善。

10.1.3　PLD 的逻辑表示

由于 PLD 内部含有大量的电路连接,为了便于画图,通常采用与传统方法不同的逻辑表示方法。

1. 信号线连接方式的 PLD 表示

PLD 内部电路中的信号线有三种连接方式,分别是固定连接、可编程连接和不连接,其表示方法如图 10.2 所示。固定连接表示行线与列线是相连的,不可更改,在交叉处用实心点表示。编程连接表示用户已经通过编程方式实现了行线与列线的相连,在交叉处用×表示。不连接表示行线与列线不相连。

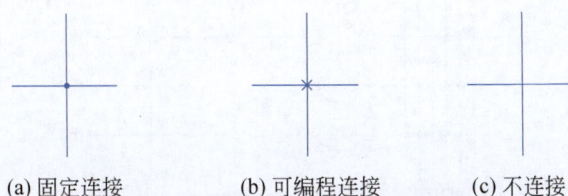

(a) 固定连接　　　　(b) 可编程连接　　　　(c) 不连接

图 10.2　PLD 中信号线连接方式的表示方法

2. 基本门电路的 PLD 表示

PLD 中与门、或门的表示方法如图 10.3 所示,图中的与门、或门都有三个输入端,并且都是可编程输入。

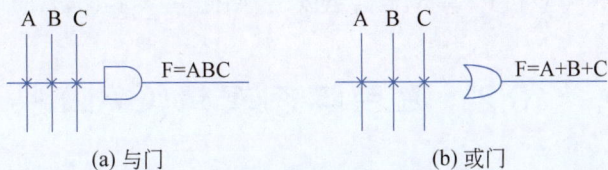

$$A\ B\ C \qquad F=ABC \qquad\qquad A\ B\ C \qquad F=A+B+C$$

(a) 与门　　　　　　　　　　　(b) 或门

图 10.3　PLD 中与门、或门的表示方法

在 PLD 中,输入缓冲器和反馈缓冲器都采用互补输出结构,提供同相输出和反相输出两种形式,供阵列选择使用,其表示方法如图 10.4(a)所示。输出缓冲电路通常采用三态输出结构,高电平使能、低电平使能的三态反相器分别如图 10.4(b)和图 10.4(c)所示。

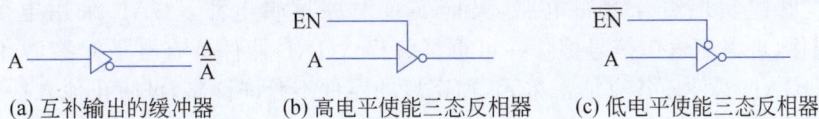

(a) 互补输出的缓冲器　　(b) 高电平使能三态反相器　　(c) 低电平使能三态反相器

图 10.4　PLD 中缓冲器及三态门的表示方法

3. 与-或阵列的 PLD 表示

PLD 中的与门被组织成与阵列,或门组织成或阵列,与门输出的乘积项在或阵列中

进行逻辑或。例如,图 10.5 是一个用与-或阵列表示的逻辑电路。图中的与阵列含有
8 个与门,都是不可编程的,它们提供了变量 A、B、C 构成的 8 个最小项。或阵列是可编
程的,含有 2 个或门。

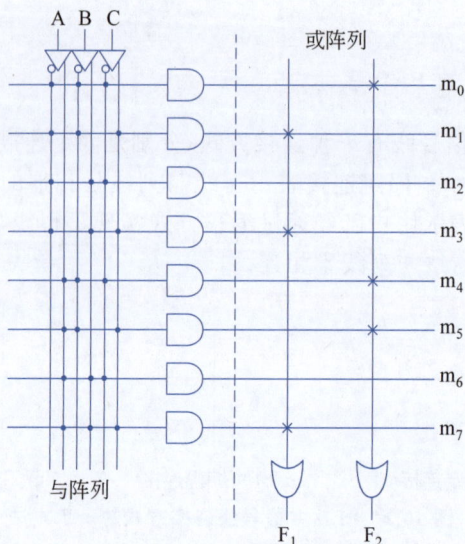

图 10.5　PLD 中的与-或阵列

在如图 10.5 所示的编程连接情况下,该电路输出函数的逻辑表达式为

$$F_1(A,B,C) = \overline{A}\,\overline{B}C + \overline{A}BC + ABC = \sum m(1,3,7)$$

$$F_2(A,B,C) = \overline{A}\,\overline{B}\,\overline{C} + A\overline{B}\,\overline{C} + A\overline{B}C = \sum m(0,4,5)$$

10.2　通用阵列逻辑(GAL)

> **关键词:**
> **GAL**:通用阵列逻辑(Genericarray Logic),在可编程阵列逻辑的基础上强化修改而
> 成的一种可编程逻辑器件。

通用阵列逻辑(Genericarray Logic,GAL)的结构与 ROM 类似,但输出端增加了通
用性很强的输出逻辑宏单元(Output Logic Macrocell,OLMC)。通过软件编程可以改变
输出方式,既能实现组合逻辑电路,又能实现时序逻辑电路。GAL 采用电可擦除的
CMOS 制作,可以用电压信号擦除并可重复编程。GAL 器件备有电子标签,方便文档管
理。此外,GAL 器件还备有加密单元,加密后的器件不允许读出,可防止他人抄袭。

10.2.1　GAL 的结构及工作原理

1. GAL 器件的基本阵列结构

常用的 GAL 器件有多种型号,不同型号的器件内部可编程逻辑资源的数量不同,但

其基本结构是相同的。GAL 器件主要由三部分电路构成,分别是:可编程的与阵列、不可编程的或阵列、可编程的输出逻辑宏单元 OLMC。下面以 GAL16V8 为例介绍 GAL 器件的电路结构。

1) GAL16V8 的电路结构

GAL16V8 是简单的可编程逻辑器件 SPLD,有 20 个引脚,排列如图 10.6 所示。1 号和 11 号是两个特殊功能的输入引脚,1 号为系统的时钟脉冲输入端 CLK,11 号为三态输出选通信号 $\overline{OE}$,在组合电路模式时可作为通用输入引脚使用。2~9 号引脚为专用输入引脚,通过输入缓冲器连接到与阵列。12~19 号为 I/O 引脚,可通过编程组态为输入或输出。也就是说,该器件共有 16 个引脚可设置为输入,8 个引脚可设置为输出,这实际上就是 GAL16V8 名称的由来。

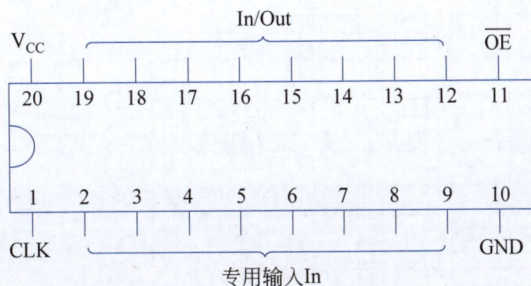

图 10.6　**GAL16V8 的引脚排列**

GAL16V8 的电路结构如图 10.7 所示,主要由 8 个输入缓冲器、8 个反馈缓冲器、8 个输出三态缓冲器、8×8 个与门构成的与阵列和 8 个输出逻辑宏单元 OLMC(12)~OLMC(19)(分别与 12~19 号引脚对应)构成。每个与门有 32 个输入,分别是 8 个专用输入的原变量、反变量以及 8 个反馈信号的原变量、反变量,与阵列共产生 64 个乘积项。

2) OLMC 的内部电路构成

8 个 OLMC 的内部电路完全相同,只是外部引线略有不同。OLMC 的内部电路结构如图 10.8 所示,主要包括 1 个或门、1 个异或门、1 个 D 触发器、2 个控制门、4 个多路数据选择器——乘积项数据选择器 PTMUX、三态数据选择器 TSMUX、反馈数据选择器 FMUX 和输出数据选择器 OMUX。

来自与阵列的乘积项一共有 8 个,其中 7 个直接作为或门的输入,另外 1 个作为二选一的乘积项数据选择器 PTMUX 的输入,通过编程选择可作为或门的第 8 个输入,该乘积项还作为四选一的三态数据选择器 TSMUX 的一个输入,TSMUX 的输出控制三态反相缓冲器的使能端,用于驱动输出引脚 I/O(n),n 为图 10.7 中 OLMC 的编号,即 GAL16V8 的引脚号。

电路中异或门的作用是用来确定是否对或门的输出进行取反,当 XOR(n)=1 时,异或门相当于一个反相器。

D 触发器对异或门的输出起记忆作用,使 GAL16V8 适用于时序逻辑电路中。

输出数据选择器 OMUX 在组合型输出(经异或门)和寄存器型输出(经 D 触发器)之间实现二选一,送给输出缓冲器。反馈数据选择器 FMUX 实现四选一的功能,从 D 触发器的输出、本单元的输出引脚 I/O(n)、相邻单元的输出引脚 I/O(m)及地之间选择一个,经缓冲驱动后作为反馈信号送给与阵列作为输入。

每个 OLMC 内部的 4 个数据选择器在结构控制字的控制下工作。

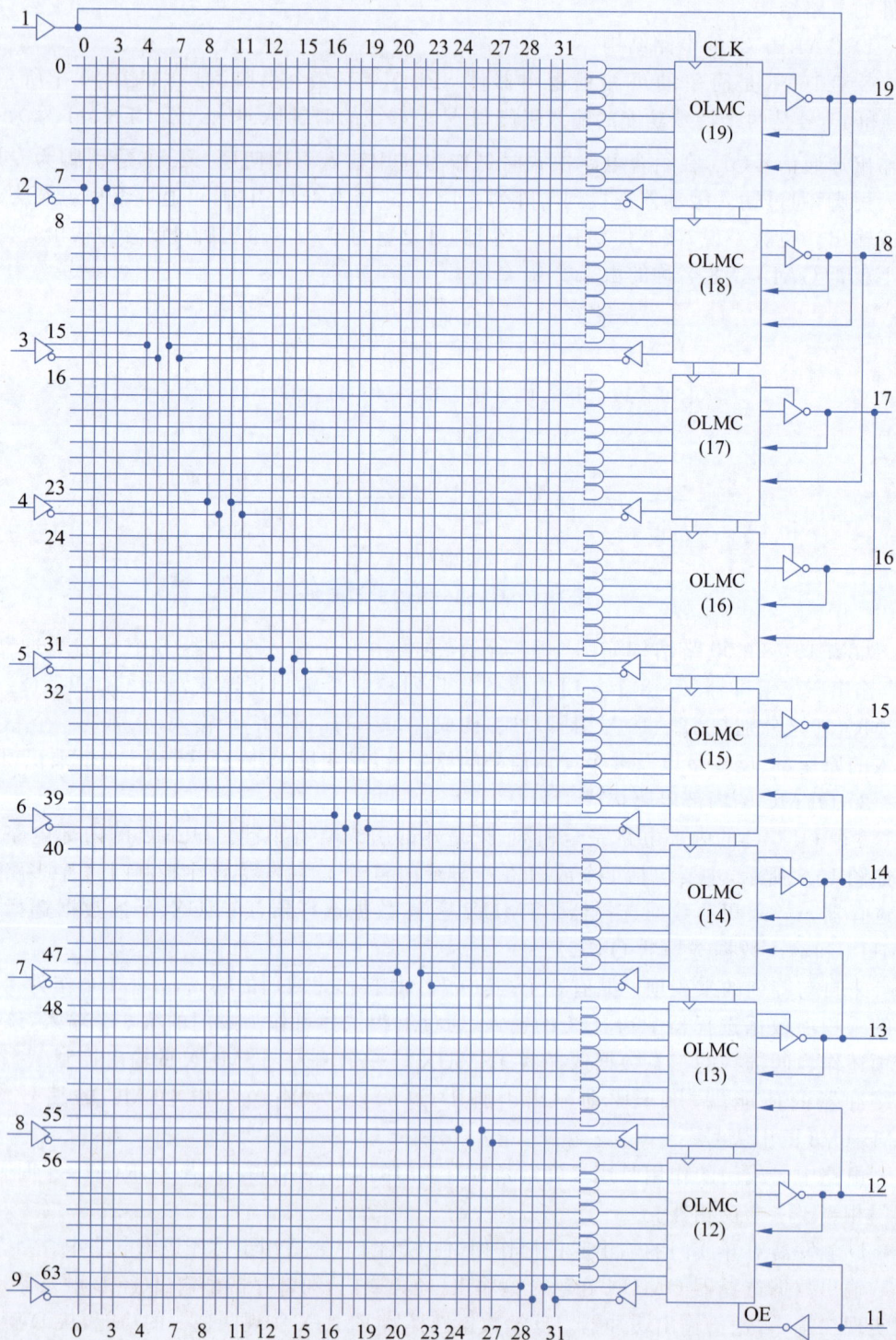

图 10.7　GAL16V8 的电路结构

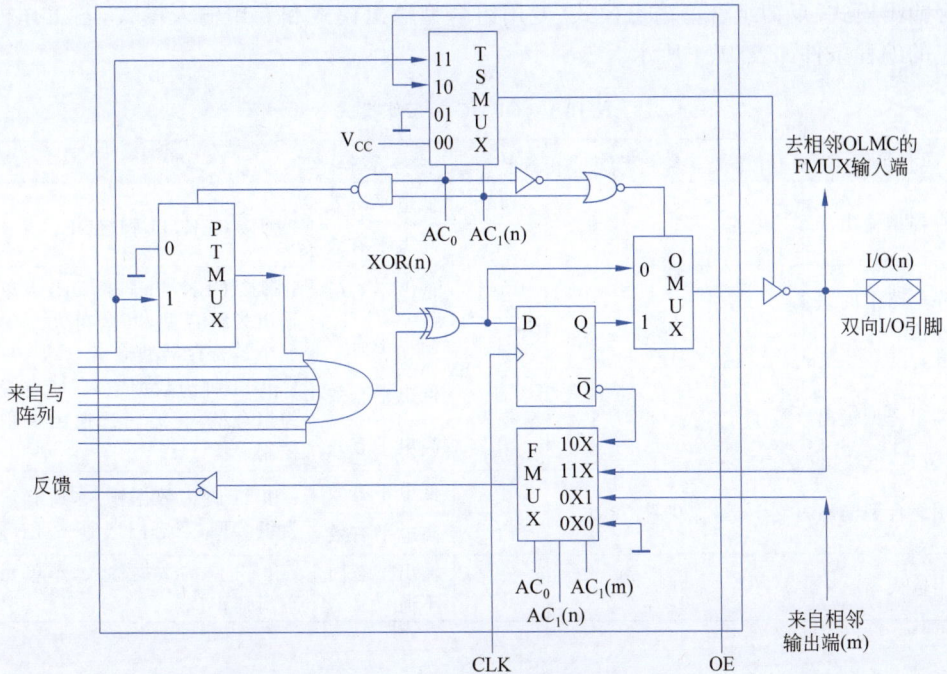

图 10.8　OLMC 的内部结构

3）GAL16V8 的结构控制字

GAL16V8 有一个结构控制字，通过对其编程可以设定 OLMC 的工作模式及输出组态。该控制字是一个 82 位的可编程单元，其结构如图 10.9 所示。

32位 乘积项禁止位	4位 XOR(n)	1位 SYN	8位 AC₁(n)	1位 AC₀	4位 XOR(n)	32位 乘积项禁止位

图 10.9　GAL16V8 的结构控制字格式

其中，$XOR(n)$、$AC_1(n)$ 中的 n 是图 10.7 中 OLMC 的编号，即 GAL16V8 的引脚号（12～19）。

SYN：1 位的同步控制位。SYN＝0 时，GAL 器件具有寄存器型输出结构。SYN＝1 时，是单一组合型输出结构。另外，由于 OLMC(12) 和 OLMC(19) 没有相邻的输出单元 m 与之相连（实际相连的分别是来自 11 号和 1 号引脚的输入），所以在 OLMC(12) 和 OLMC(19) 中，SYN 还替代 $AC_1(m)$ 作为 FMUX 的输入选择信号之一。

AC_0：1 位的结构控制位，8 个 OLMC 共用。

$AC_1(n)$：8 位的结构控制位，分别对应 8 个 OLMC。各 OLMC(n) 的 $AC_1(n)$ 与共用的 AC_0 配合，控制 OLMC(n) 中的各数据选择器。

$XOR(n)$：8 位的极性控制位，分别对应 8 个 OLMC。

PTD：64 位的乘积项禁止控制位，分别对应阵列中的 64 个乘积项，用来禁止某些不用的乘积项。

2. GAL 器件的工作模式

GAL16V8 中 OLMC 的工作模式可概括为 5 种：寄存器型输出模式、时序电路中的组合输出模式、反馈组合型输出模式、专用组合型输出模式和专用输入模式，各工作模式对应的编程条件如表 10.1 所示。

表 10.1 OLMC 的工作模式

工作模式	SYN	AC_0	$AC_1(n)$	XOR(n)	输出极性	说 明
寄存器型输出	0	1	0	0	低电平有效	1 脚接 CLK，11 脚接 $\overline{OE}$
				1	高电平有效	
时序电路中的组合输出	0	1	1	0	低电平有效	1 脚接 CLK，11 脚接 $\overline{OE}$，本单元输出为组合型，其余单元至少有一个是寄存器型输出
				1	高电平有效	
反馈组合型输出	1	1	1	0	低电平有效	1 和 11 脚为数据输入，所有输出为组合型，三态门选通由乘积项控制
				1	高电平有效	
专用组合型输出	1	0	0	0	低电平有效	1 和 11 脚为数据输入，所有输出为组合型，三态门选通一直有效
				1	高电平有效	
专用输入	1	0	1	X	输出三态门不通	1 和 11 脚为数据输入，本单元三态门禁止

10.2.2　GAL 的编程

厂家生产的 GAL 器件不具备任何逻辑功能，必须借助开发软件和硬件设备对其进行编程写入，才能使其具备特有的逻辑功能。

利用 GAL 器件进行电子设计时，首先要根据所需输入、输出引脚的数量，选择 GAL 器件的具体型号，然后借助第三方提供的编程软件编制相应的源文件，再通过相应的编译程序生成熔丝图文件（.JED 文件），最后用编程器对 GAL 器件进行写入，并可进行加密处理。经过以上几个步骤，空白的 GAL 芯片就具备了预期的逻辑功能。用这种方式也可以对器件进行擦除、读回、加密等辅助操作。

除了上面的这种编程方式，GAL 器件还可以采用在系统编程（In System Programming，ISP）。所谓在系统编程就是，可以直接对电路板上的空白器件进行编程，写入最终用户代码，而不需要从电路板上取下器件。已经编程的器件也可以用 ISP 方式擦除或者再编程，从而打破了先编程后装配的传统做法。该种编程方式不需要编程器，只需一条下载电缆即可，但是它只支持具有在系统编程功能的 GAL 器件，如 GAL22V10 等。

10.3　复杂可编程逻辑器件(CPLD)

关键词：
CPLD：复杂可编程逻辑器件（Complex Programmable Logic Device），是在 SPLD 基础上对内部结构进行改进，并提高了集成度而形成的一类器件。

GAL 器件属于 SPLD，内部可用硬件资源较少，不能满足大型数字系统的设计要求。

CPLD 是规模更大、集成度更高的可编程逻辑器件,它不仅增加了宏单元的数量和输入乘积项的位数,还增加了可编程内部连线资源。

10.3.1　MAX7000 系列 CPLD

CPLD 品种很多,不同厂家生产的 CPLD 器件电路结构有所不同,但其基本逻辑单元是类似的。下面以 Altera MAX7000 系列中的 EPM7128S 为例,介绍 CPLD 的结构和性能。

1. EPM7128S 的内部结构

MAX7000 系列芯片的内部结构主要包括逻辑阵列块(Logic Array Black,LAB)、可编程互连矩阵(PIA)以及输入输出控制模块(IOCB),其结构图如图 10.10 所示。

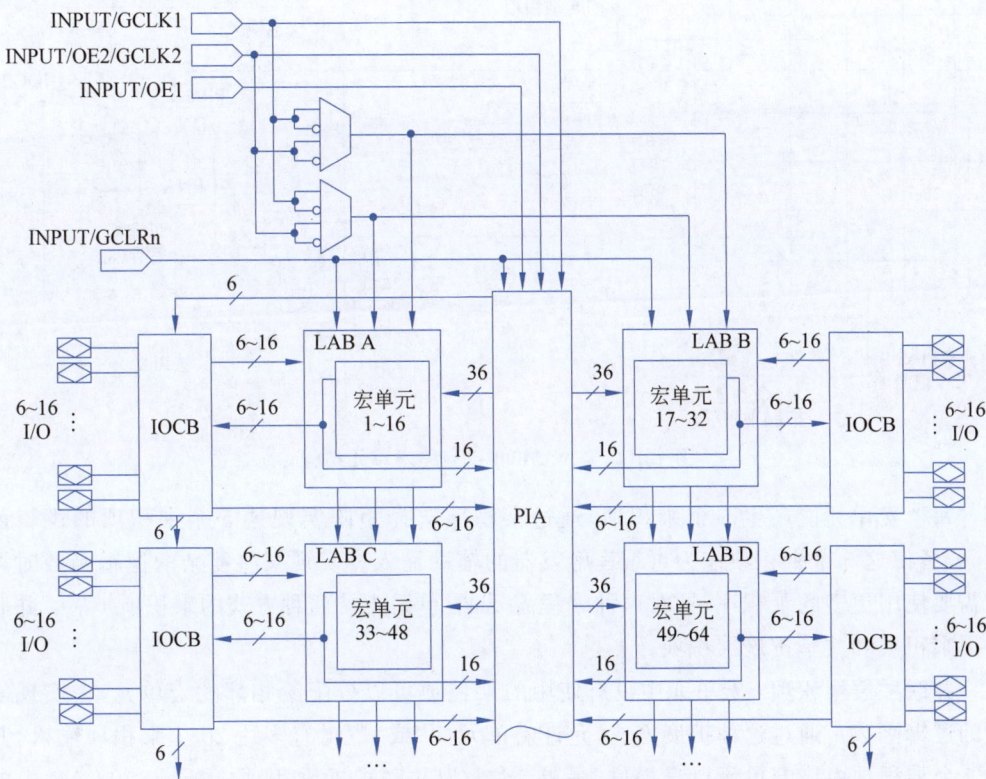

图 10.10　MAX7000 系列的结构图

MAX7000 系列中,同一器件有多种封装形式,用户可用的 I/O 引脚数目与器件的封装形式有关。例如,一个 160 脚 PQFP 封装的 EPM7128S 器件中,有 96 个 I/O 引脚(每个 LAB 有 12 个)和 4 个专用输入引脚,I/O 引脚总数为 100 个,而 84 脚 PLCC 封装的 EPM7128S 器件中,有 64 个 I/O 引脚和 4 个专用输入引脚,I/O 引脚总数为 68 个。4 个专用输入引脚为全局时钟脉冲输入信号($GCLK_1$)、备用全局时钟脉冲信号/全局输出使能信号 2（GCLK$_2$/OE$_2$）、全局输出使能信号 1（OE$_1$）、异步清零信号（GCLRn）。全局时钟信号为器件中所有宏单元提供时钟脉冲，使设计中的所有寄存器进行同步操作。输出使能信号可用于控制 I/O 引脚的三态输出缓冲器。异步清零信号可控制任一宏单元中的寄存器异步清零。

1）逻辑阵列块（LAB）

一个 LAB 包含 16 个宏单元，宏单元与单片 SPLD 器件类似，用来实现各种具体的逻辑功能。每个宏单元由可编程的与阵列、乘积项选择矩阵和可编程触发器构成，其结构如图 10.11 所示。每个宏单元可以产生组合型输出或者寄存器型输出，当产生组合型输出时，宏单元中的触发器被旁路。

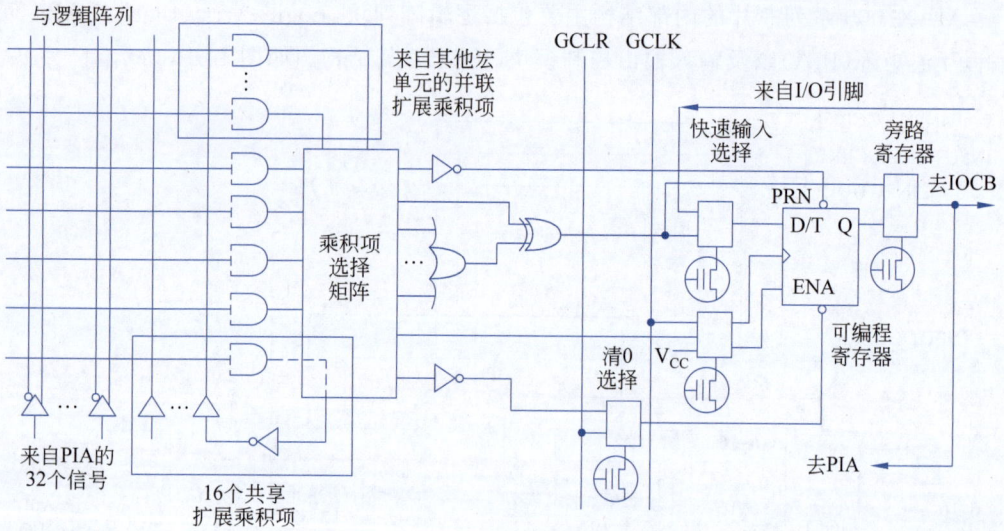

图 10.11　MAX7000 系列的宏单元结构

每个宏单元能产生 5 个乘积项，通过乘积项选择矩阵实现这 5 个乘积项的逻辑函数，或者使这 5 个乘积项作为可编程触发器的辅助输入。实现某些复杂的逻辑函数时可能需要使用更多的乘积项，针对这种编程需要，宏单元支持两种方式的乘积项扩展：并联扩展乘积项和共享扩展乘积项。

并联扩展乘积项：宏单元中没有使用的乘积项可以分配给相邻的宏单元，去实现复杂的逻辑函数。通过这种扩展方式，允许宏单元的"或"逻辑有多达 20 个乘积项输入，其中 5 个乘积项由该宏单元自身提供，另外 15 个为并联扩展乘积项，由同一个 LAB 中的其他相邻宏单元提供。

共享扩展乘积项：每个宏单元提供一个乘积项，反相后反馈到与阵列作为共用的乘积项，供该 LAB 中的任何一个或者全部宏单元使用和共享。每个 LAB 共有 16 个共享扩展乘积项。

使用上述两种扩展功能都将增加少量的传输延迟。

2）可编程互连矩阵（PIA）

PIA 将各逻辑阵列块 LAB 相互连接,完成预期的逻辑功能。PIA 属于可编程的全局通道,它可以把器件中任何信号源连接到任何目的地。所有的专用输入、I/O 引脚、宏单元的输出都可以通过 PIA 送到各个 LAB。从 PIA 到每个 LAB 有多达 36 根信号线,但只有 LAB 要产生特定逻辑函数所需的信号,才会被真正提供。

3)输入输出控制模块(IOCB)

可编程的 IOCB 用来确定 I/O 引脚的工作方式,每个 I/O 引脚都允许单独配置为输入、输出或者双向方式。所有的 I/O 引脚都有一个三态输出缓冲器,这些三态缓冲器有以下三种控制方式。

① 永久有效或无效。

② 由全局的输出使能信号 OE_1 或者 OE_2 控制。

③ 由其他的输入或者宏单元产生的函数控制。

当 I/O 引脚配置为输入时,相应的宏单元作为隐含逻辑。

2. EPM7128S 的编程方法

EPM7128S 是在系统可编程器件 ISP,可以采用在系统编程方式或者编程器编程方式。采用在系统编程方式时,用 JTAG(Joint Test Action Group)接口进行下载,此时,有 4 个特定引脚用于编程接口。这 4 个引脚分别与 JTAG 的测试信号输入 TDI、测试信号输出 TDO、测试模式选择 TMS、测试时钟脉冲 TCK 相连,不能作为用户 I/O 接口使用。但是如果采用编程器方式进行编程,则共有 68 个 I/O 引脚供用户使用。EPM7128S 采用 JTAG 接口与 PC 之间的连接如图 10.12 所示。

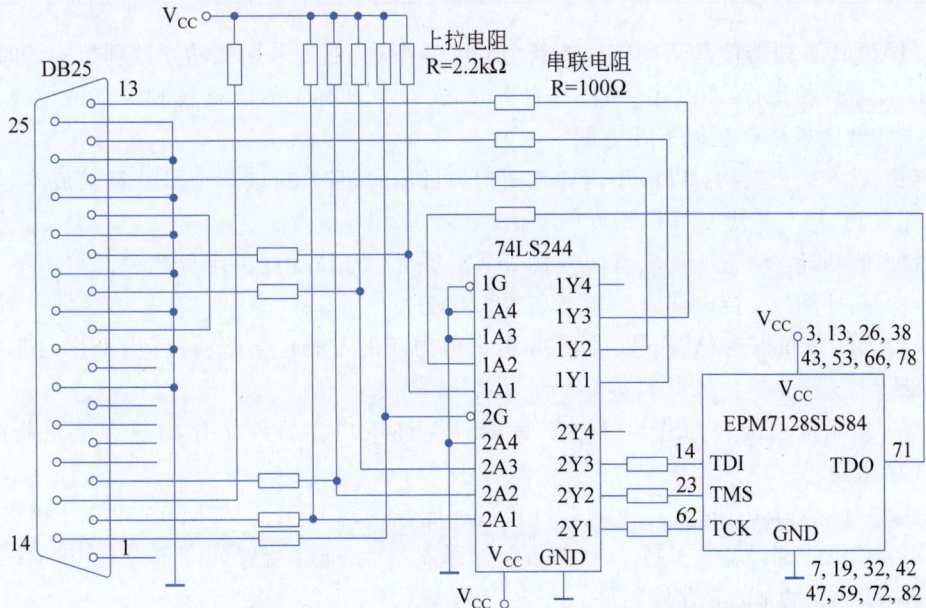

图 10.12 EPM7128S 与 PC 之间的 JTAG 接口电路

10.3.2　Altera MAX II 系列 CPLD

Altera 公司推出的 MAX II 系列是瞬时接通的、非易失性的器件，共有 MAX II CPLD、MAX II G CPLD、MAX II Z CPLD 三种型号的产品，具有 240～2210 个逻辑单元（Logic Elements，LEs）（128～2210 个等价宏单元 equivalent macrocells）和 8Kb 的非易失存储器。相对于其他结构的 CPLD，MAX II 系列提供更多的 I/O 引脚、速度更快、性能更可靠。MAX II 系列的各种器件具有相似的结构，但外部输入/输出引脚以及内部的逻辑资源数目不同，MAX II 系列部分器件的具体特性如表 10.2 所示。

表 10.2　常用 MAX II 系列器件特性

特　　性	EPM240Z	EPM570Z	EPM240 EPM240G	EPM570 EPM570G	EPM1270 EPM1270G	EPM2210 EPM2210G
逻辑单元	240	570	240	570	1270	2210
等价宏单元典型值	192	440	192	440	980	1700
等价宏单元范围	128～240	240～570	128～240	240～570	570～1270	1270～2210
用户 Flash 存储器/位	8192	8192	8192	8192	8192	8192
最大 I/O 引脚数目	80	160	80	160	212	272
延时 t_{pd}/ns	7.5	9.0	4.7	5.4	6.2	7.0
工作频率/MHz	152	152	304	304	304	304

MAX II 系列器件基于突破性的新型 CPLD 架构，通过采用低功耗处理技术，和前一代 MAX 器件相比，成本减半，功耗只有十分之一，并具有 4 倍的密度和 2 倍的性能。它的先进特性主要体现在以下几方面。

（1）成本优化架构：以最小化裸片面积为目标的架构，打破典型 CPLD 的成本、容量和功耗限制，是上一代 CPLD 密度的 4 倍。

（2）低功耗：动态功耗只有前一代 MAX 系列 CPLD 功耗的十分之一。

（3）高性能：支持内部时钟频率高达 300MHz。

（4）用户 Flash 存储器：提供 8Kb 用户可访问的 Flash 存储器，可用于片内非易失性存储。

（5）在系统可编程（ISP）：MAX II 器件允许用户在器件工作的状态下更新配置 Flash 存储器。

（6）I/O 能力：支持多种单端 I/O 接口标准，如 LVTTL、LVCMOS 和 PCI 接口。

（7）JTAG 翻译器：支持一种 JTAG 翻译器特性，能够配置外部不兼容 JTAG 协议的器件，如分立的 Flash 存储器件。

（8）多电压内核：片内电压调整器支持 3.3V、2.5V 或 1.8V 的外部电源输入，将其调整为内部所需的 1.8V 工作电压。但 MAX II G 和 MAX II Z 型号器件只支持

1.8V 的外部电源。

MAX II 系列的一种器件可以有几种不同的封装形式,部分器件的封装形式与其对应的最大 I/O 数目如表 10.3 所示。

表 10.3　MAX II 系列部分器件的封装形式与最大 I/O 数目

器件名称	100 脚 FineLineBGA	100 脚 TQFP	144 脚 TQFP	256 脚 FineLineBGA	324 脚 FineLineBGA
EPM240 EPM240G	80	80	—	—	—
EPM570 EPM570G	76	76	116	160	—
EPM1270 EPM1270G	—	—	116	212	—
EPM2210 EPM2210G	—	—	—	204	272

MAX II 系列器件的内部结构如图 10.13 所示,它采用二维的行-列体系结构,行、列互连用于逻辑阵列块之间的相互连接。

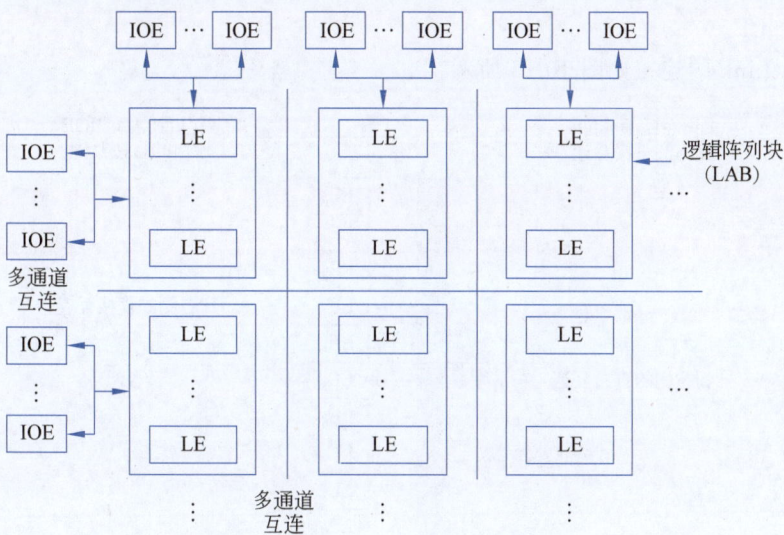

图 10.13　MAX II 系列器件内部结构

1. 逻辑阵列块(LAB)

每个 LAB 由 10 个逻辑单元 LE 以及 LE 进位链、LAB 控制信号、局部互连线、查找表(Look-Up Table,LUT)链和寄存器链组成。LAB 的结构如图 10.14 所示。

LAB 局部互连线用于不同的 LE 之间传送信号。LAB 局部互连线可以驱动逻辑单元 LE,而它本身可以由行互连、列互连和逻辑单元 LE 的输出驱动,也可以由相邻的 LAB 通过直接连接(DirectLink connection)驱动。使用 DirectLink 的方式可以减少行、

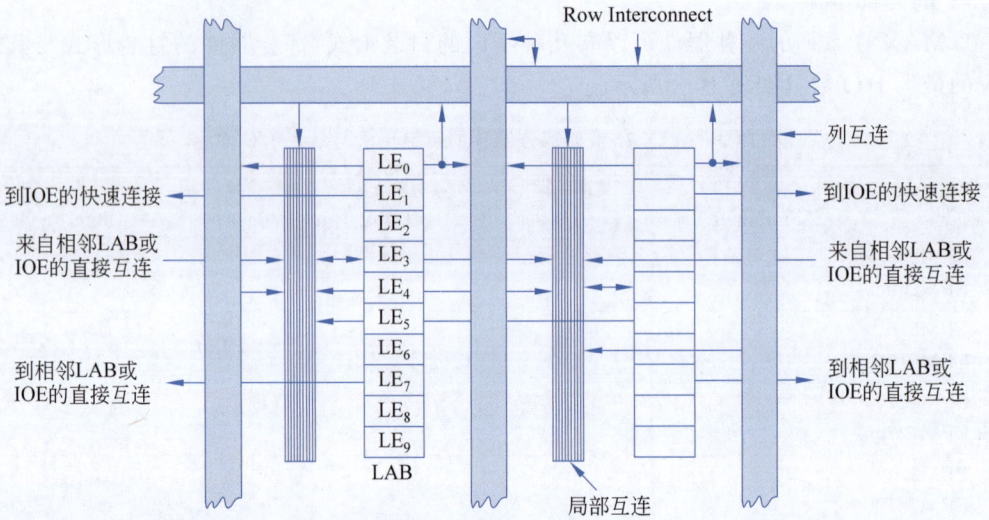

注：只有与IOE相邻的LAB才有"到IOE的快速I/O连接"

图 10.14　LAB 的结构

列互连的数目，提高性能和灵活性。一个逻辑单元 LE 通过局部互连和 DirectLink 可以驱动 30 个 LE。

DirectLink 的连接如图 10.15 所示。

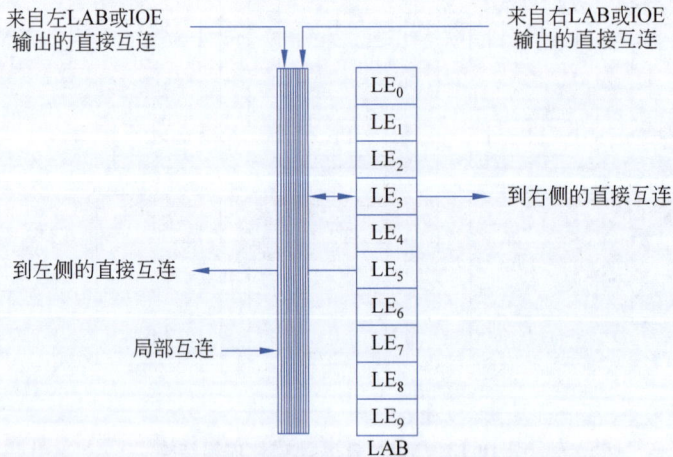

图 10.15　DirectLink 示意图

LAB 的控制信号包括 10 个：2 个时钟信号、2 个时钟使能信号、2 个异步清零信号、1 个同步清零信号、1 个异步预置/装入信号、1 个同步装入信号和加/减控制信号，用于产生驱动 LE 的控制逻辑。

2. 逻辑单元

逻辑单元（Logic Element，LE）是 MAX II 器件结构中的最小单元。一个 LE 可完成 1 位的加/减运算。每个 LE 可驱动所有的互连线，包括局部互连、行互连、列互连、LUT

链、寄存器链和 DirectLink。LE 由一个 4 输入的 LUT、一个可编程寄存器和进位链组成。

查找表 LUT 本质上是一个 RAM,每一个 LUT 可看成一个有 4 位地址线的 16×1 的 RAM,其内部保存了与所有输入组合相对应的输出值。这样,每输入一组信号进行逻辑运算就相当于输入一个地址进行查表,找出地址对应的内容进行输出即可。所以该 LUT 就是一个函数发生器,可实现 4 变量的任意逻辑函数。

LUT 链用于多个 LUT 进行级联,以实现更多输入变量的逻辑函数。寄存器链用于逻辑单元中的寄存器进行级联,以实现多位运算。

LE 中的可编程寄存器可配置成 D、T、JK 或 RS 触发器。该寄存器的时钟和清零控制信号可由全局信号、通用 I/O 引脚,或 LE 的输出驱动。时钟使能、预置、异步装入和异步数据信号可由通用 I/O 引脚或 LE 的输出驱动。实现组合逻辑电路时,寄存器被旁路,查找表 LUT 的输出直接作为 LE 的输出。

MAX II 的 LE 有两种操作模式,每种模式中 LE 都有 8 个输入用于实现特定的逻辑函数。这 8 个输入是:4 个来自 LAB 局部互连的数据输入,来自前一个 LE 的 carry-in0、carry-in1,来自前一个 LAB 的进位输入和寄存器链输入。控制信号 addnsub 只有在动态运算模式中才是可用的,用于选择进行加法或减法运算,而其他控制信号在两种模式中都可用。

(1) 普通模式:适用于实现通用逻辑功能和组合逻辑函数。来自 LAB 局部互连的 4 个数据输入作为 LUT 的输入。每个 LE 都可以用自己的组合输出驱动下一个 LE,这种驱动通过 LUT 链互连来实现。

(2) 动态算术模式:适用于实现加法器、计数器、累加器、奇偶校验和比较器。此模式中,LE 可配置为动态加法/减法器,使用 4 个 2 输入 LUT。其中两个 LUT 分别根据两个进位输入信号(carry-in0 和 carry-in1)计算和/差,另两个 LUT 计算进位输出,提供给进位选择电路。这种方式使 LE 并行地计算进位输入为 carry-in0 和 carry-in1 时的输出结果,提高了运算速度。

3. 多通道互连

在 MAX II 结构中,LE、UFM(User Flash Memory)和 I/O 引脚之间的连接是通过多通道互连结构实现的。多通道互连(multitrack interconnect)是一组水平(行互连)和垂直(列互连)走向的连续式布线通道。

行互连用于同一行的 LAB 之间传递信号,包括 DirectLink 和 R4 互连线。DirectLink 将一个 LAB 和与它左右相邻的 LAB 互连,保证相邻的 LAB 之间快速地进行通信。R4 互连可跨越 4 个 LAB,用于一行内 4 个 LAB 范围内的互连。R4 互连可以驱动其他的 R4 互连,以扩展驱动 LAB 的范围。R4 互连还可以驱动 C4 互连,以实现行与行之间的连接。图 10.16 是一个 LAB 的 R4 互连示意图,这种结构对于每个 LAB 都是相同的。

列互连的操作和行互连类似。每一列有专用的列互连,用于 LAB、IOE 之间垂直走向的信号传递。列互连包括 LAB 内 LUT 链、LAB 内寄存器链和 C4 互连(可在垂直方

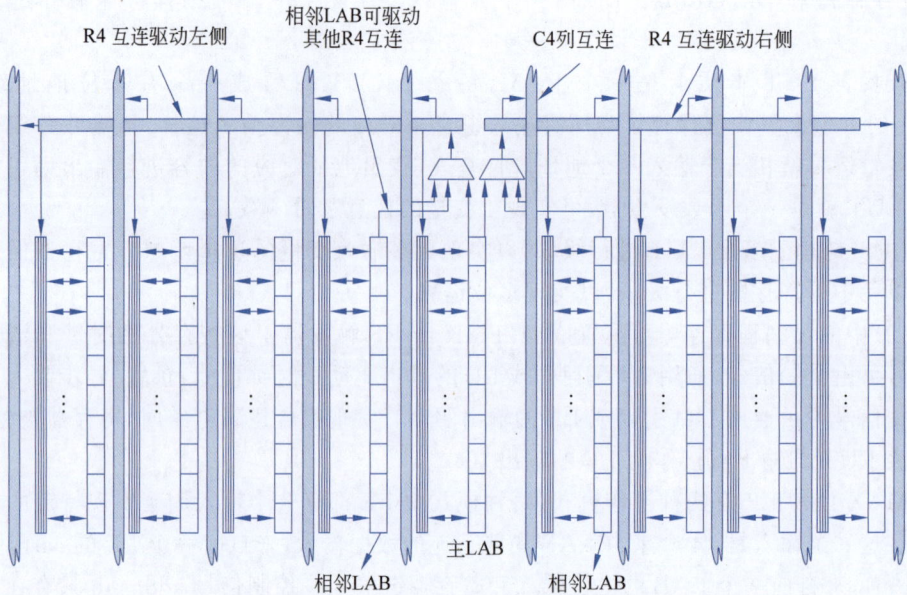

R4 互连驱动左侧　相邻LAB可驱动其他R4互连　C4列互连　R4 互连驱动右侧

相邻LAB　主LAB　相邻LAB

图 10.16　LAB 的 R4 互连结构

向上跨越 4 个 LAB 的范围）。

LUT 链允许 LE 的组合输出不需经过局部互连，而直接驱动它下方的 LE 输入。寄存器链允许 LE 的寄存器输出直接驱动下一个 LE，以实现快速移位寄存器的功能。

LUT 链和寄存器链的结构如图 10.17 所示。

C4 互连与 R4 互连类似，也可以跨越 4 个 LAB 的范围，区别只是 C4 互连是在垂直走向上跨越。每个 LAB 有一套 C4 互连用于向上或向下驱动。C4 互连可相互驱动以扩展驱动范围，也可以驱动行互连以实现列与列之间的连接。

4. 输入/输出单元

每个输入/输出单元（I/O Element，IOE）含一个双向缓冲器。IOE 位于 MAX II 器件四周的 I/O 块（I/O Block）内，每个行 I/O 块最多有 7 个 IOE（EPM240 最多有 5 个），每个列 I/O 块最多有 4 个 IOE。每个 I/O 块都通过与之相邻的 LAB 及多通道互连为整个器件提供信号。IOE 和与它相邻的 LAB 之间通过专用快速 I/O 连线相连，以提供快速输出。

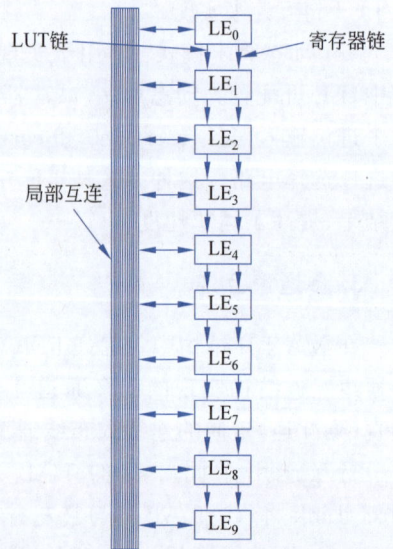

LUT链　LE₀　寄存器链

LE₁

LE₂

LE₃

局部互连　LE₄

LE₅

LE₆

LE₇

LE₈

LE₉

图 10.17　LUT 链和寄存器链的结构

每个 I/O 引脚的输入缓冲器都有一个可选的施密特触发器。施密特触发器使得输入缓冲器在收到边沿变化缓慢的输入信号时，能给出边沿陡峭的输出信号。更重要的是，施密特触发器提供了输入缓冲的滞后，从而提高了系统的噪声容限。

I/O 引脚支持多种单端标准,如 3.3V LVTTL/LVCMOS、2.5V LVTTL/LVCMOS、1.8V LVTTL/LVCMOS、1.5V LVCMOS、3.3V PCI。为了便于管理和支持多种电气标准,器件内的 IOE 被分为若干组(Bank)。EPM240 和 EPM570 的 IOE 分为两个 Bank,每个 Bank 都支持上述所有的 LVTTL 及 LVCMOS 标准,但是不支持 PCI 标准。EPM1270 和 EPM2210 分为 4 个 Bank,每个 Bank 都支持所有的 LVTTL、LVCMOS,另外,Bank3 还支持 PCI 标准。

MAX II 器件的 JTAG 引脚是专用的,不能用于通用 I/O 引脚。JTAG 输入引脚(TMS、TCK 和 TDI)通过施密特触发器引入。

每个 IOE 输出缓冲器都有输出使能信号可实现三态控制。输出使能信号可来自全局信号 GCLK[3..0]或多通道互连。此外,MAX II 器件还提供了一个芯片级的输出使能信号(DEV_OE)。

5. Flash 存储块

每个 MAX II 器件都含有一个 Flash 存储器块,其中的大部分用作配置 Flash 存储器(Configuration Flash Memory,CFM),另一小部分用作用户 Flash 存储器(User Flash Memory,UFM)。CFM 为所有 SRAM 的配置信息提供非易失性存储。上电时 CFM 自动完成配置,以保证瞬时接通。UFM 是容量为 8Kb 的通用用户存储器。

UFM 块与 LAB 的通信方式和 LAB 与 LAB 之间的接口类似,UFM 块同样是通过 DirectLink 和相邻的 LAB 相连。

UFM 块共有 8192 位,可用作串行 EEPROM,以存储非易失性信息。UFM 块通过多通道互连与逻辑阵列相连,允许任何 LE 访问。

UFM 分为两个扇区(每个扇区 4096 位),数据宽度最大 16 位,使用 9 位的地址码。0 扇区地址从 000H 到 0FFH,1 扇区从 100H 到 1FFH。UFM 的擦除是按扇区完成的,也就是说,要擦除整个 UFM 块需要擦除扇区 0 和扇区 1。

UFM 块支持标准读和连续读(stream read)操作。连续读时具有自动增量寻址的功能,可读出 UFM 中连续的单元。

6. 时钟网络

MAX II 器件提供一个全局时钟网络,包括 4 个全局时钟线(GCLK[3..0]),为器件中的所有资源提供时钟信号。全局时钟线也可以用作控制信号,如清零、预置、输出使能。

全局时钟网络也可以由内部逻辑驱动。

10.4　现场可编程门阵列(FPGA)

关键词:
FPGA:现场可编程门阵列(Field Programmable Gate Array),是集成度和结构复杂度最高的可编程逻辑器件。

10.4.1　FPGA 简介

FPGA 是在 PAL、GAL、CPLD 等可编程器件的基础上进一步发展的产物，它采用高速 CMOS 工艺，功耗低，可以与 CMOS、TTL 电平兼容。与 SPLD 和 CPLD 相比，FPGA 具有更高的密度、更快的速度以及更大的编程灵活性。大多数 FPGA 含有高层次的内置模块（如加法器、乘法器）和内置的记忆体，因此完全（或部分）地支持系统内重新配置，允许设计随着系统升级或动态重新配置而改变。

FPGA 是由存放在片内 RAM 中的程序来设置其工作状态的，因此工作时需要对片内的 RAM 进行编程，用户可选择不同的配置方式进行编程。加电后，FPGA 将配置芯片内的配置信息读入片内 RAM，或者通过下载电缆获取配置信息，配置完成后进入工作状态。由于 FPGA 是基于 SRAM 编程的，掉电后恢复为空白芯片，内部逻辑关系消失，每次上电时都需要从器件外部将编程数据重新写入 SRAM 中。同一片 FPGA，不同的编程数据可以实现不同的电路功能。

目前 FPGA 供货商主要有 Altera、Xilinx、Lattice 等，其中以 Altera、Xilinx 的市场占有率最大。

下面以 Altera 公司的 Cyclone 系列为例，介绍 FPGA 器件的内部结构及编程原理。

10.4.2　Altera Cyclone 系列 FPGA

Cyclone 系列 FPGA 采用基于成本优化的、全铜的 1.5V SRAM 工艺，提供的逻辑单元数目最高可达 20 060 个，而且集成了很多复杂的功能。Cyclone 系列 FPGA 提供全功能的锁相环（Phase-Locked Loop，PLL），用于时钟网络管理和专用 I/O 接口，这些接口可连接标准的外部存储器件。

Cyclone 系列 FPGA 器件的主要特性如下。

（1）成本优化架构：具有多达 20 060 个逻辑单元，容量是以往 FPGA 的 4 倍。

（2）嵌入式存储器：器件内 M4K 存储块最多可提供 288Kb 存储容量，可支持多种操作模式，包括 RAM、ROM、FIFO 及单端口和双端口模式。

（3）外部存储器接口：支持与 DDR FCRAM（Fast Cycle RAM，快速循环随机存储器）和 SDRAM 以及 SDR SDRAM 存储器的连接。

（4）支持 LVDS I/O：具有多达 129 个兼容 LVDS（Low-Voltage Differential Signaling，低压差分信号）的通道，每个通道数据率高达 640Mb/s。

（5）支持单端 I/O：支持各种单端 I/O 接口标准，如 LVTTL、LVCMOS、SSTL 和 PCI 标准。

（6）时钟管理电路：具有 2 个可编程锁相环 PLL 和 8 个全局时钟线，提供健全的时钟管理和频率合成功能。

（7）接口和协议：支持诸如 PCI 等串行、总线和网络接口，可访问外部存储器件和多种通信协议。

（8）热插拔和上电顺序：具有健全的片内热插拔和顺序上电支持，确保和上电顺序无关的正常工作。

　　Cyclone 系列各型号器件的主要资源如表 10.4 所示。

表 10.4　**Cyclone 系列器件的主要资源**

特　　　性	EP1C3	EP1C4	EP1C6	EP1C12	EP1C20
逻辑单元	2910	4000	5980	12 060	20 060
M4K 存储块(128×36 位)	13	17	20	52	64
RAM 总容量/b	59 904	78 336	92 160	239 616	294 912
锁相环	1	2	2	2	2
最大 I/O 引脚数目	104	301	185	249	301

　　Cyclone 器件的封装形式与其对应的最大 I/O 引脚数目如表 10.5 所示。

表 10.5　**Cyclone 器件的封装形式与最大 I/O 数目**

器件名称	100 脚 TQFP	144 脚 TQFP	240 脚 PQFP	256 脚 FineLineBGA	324 脚 FineLineBGA	400 脚 FineLineBGA
EP1C3	65	104				
EP1C4					249	301
EP1C6		98	185	185		
EP1C12		173		185	249	
EP1C20					233	301

　　Cyclone 器件主要由逻辑阵列块 LAB、输入输出单元 IOE、M4K 存储块、锁相环 PLL 以及丰富的布线资源构成。Cyclone 器件采用二维的行-列体系结构,行互连和列互连实现逻辑阵列块 LAB 以及嵌入式存储块(Embedded Memory Block,EMB)之间的连接。

不同型号的器件,其内部逻辑资源的数目也不同。EP1C12 器件内部各组成部分的布局如图 10.18 所示。

1. 逻辑阵列块 LAB

　　Cyclone 器件中 LAB 的组成及结构与 MAX II 器件类似。每个 LAB 由 10 个逻辑单元 LE 以及进位链、LAB 控制信号、局部互连、LUT 链和寄存器链组成。Cyclone 器件的 LAB 结构如图 10.19 所示。

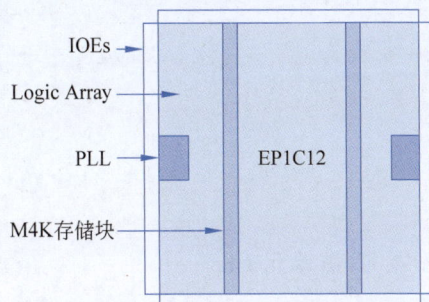

图 10.18　**EP1C12 器件内部的布局**

　　局部互连可在 LAB 范围内驱动 LE,而它本身可由行互连、列互连、LE 的输出驱动。此外,LAB、PLL 和 M4K RAM 块还可以通过 DirectLink 驱动相邻 LAB 的局部互连,如图 10.20 所示。

LAB 的控制信号包括 10 个：2 个时钟信号、2 个时钟使能信号、2 个异步清零信号、1 个同步清零信号、1 个异步预置/装入信号和 1 个同步装入信号和加/减控制信号，用于产生驱动 LE 的控制逻辑。

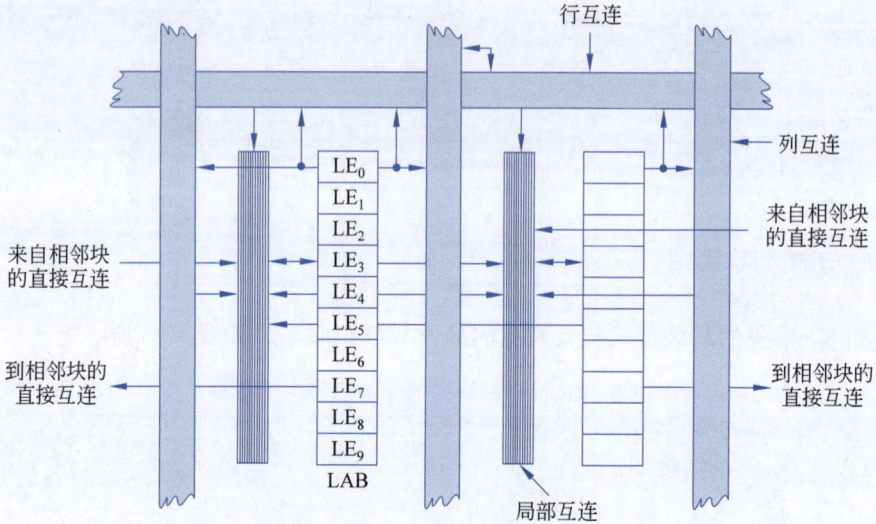

图 10.19　Cyclone 器件 LAB 的结构

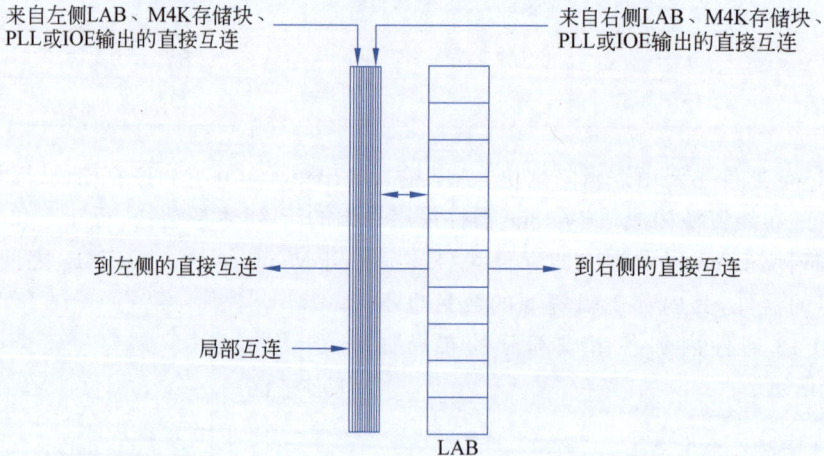

图 10.20　DirectLink 示意图

2. 逻辑单元 LE

逻辑单元 LE 是 Cyclone 器件结构中的最小单元。每个 LE 包括一个 4 输入的查找表 LUT、一个可编程寄存器及进位链。每个 LE 可驱动所有的互连信号——局部互连、行互连、列互连、LUT 链、寄存器链及 DirectLink。

查找表 LUT 可实现 4 变量的任意逻辑函数，通过 LUT 链可将多个 LUT 进行级联，以实现更多输入变量的逻辑函数。一个 LE 可完成 1 位的加/减运算，通过寄存器链可将 LE 中的寄存器进行级联，以实现多位运算。

LE 中的可编程寄存器可配置成 D、T、JK 或 RS 触发器。实现组合逻辑电路时,寄存器被旁路,查找表 LUT 的输出直接作为 LE 的输出。

Cyclone 系列的 LE 有两种操作模式,每种模式中 LE 都有 8 个输入用于实现特定的逻辑函数。这 8 个输入是:来自 LAB 局部互连的 4 个数据输入,来自前一个 LE 的 carry-in0、carry-in1,来自前一个 LAB 的进位输入、寄存器链输入。控制信号 addnsub 只有在动态运算模式中才是可用的,用于选择进行加法或减法运算,而其他控制信号在两种模式中都可用。

(1) 普通模式:适用于实现通用逻辑功能和组合逻辑函数。来自 LAB 局部互连的 4 个数据输入作为 LUT 的输入。每个 LE 都可以用自己的组合输出驱动下一个 LE,这种驱动通过 LUT 链互连来实现。

(2) 动态算术模式:适用于实现加法器、计数器、累加器、奇偶校验和比较器。此模式中,LE 可配置为动态加法/减法器,使用 4 个 2 输入 LUT。其中两个 LUT 分别根据两个进位输入信号(carry-in0 和 carry-in1)计算和/差,另两个 LUT 计算进位输出,提供给进位选择电路。这种方式使 LE 并行地计算进位输入为 carry-in0 和 carry-in1 时的输出结果,提高了运算速度。

3. 多通道互连 MultiTrack

在 Cyclone 结构中,LE、M4K 存储块和 I/O 引脚之间的连接是通过多通道互连(MultiTrack interconnect)结构实现的。多通道互连是一组水平(行互连)和垂直(列互连)走向的连续式布线通道。

行互连用于在同一行的 LAB、PLL、M4K 存储块之间传递信号,包括 DirectLink 和 R4 互连线。一个 LAB 和与之相邻的块之间通过 DirectLink 连接,以实现快速通信。一个 PLL 只有一边有和 DirectLink 及行互连的接口。R4 互连可在水平走向上跨越 4 个 LAB,或者 2 个 LAB 加上 1 个 M4K 存储块。R4 互连可驱动 M4K 存储块、PLL 和行 IOE,也可以被它们驱动。R4 互连还可以驱动其他的 R4 互连,以扩展驱动 LAB 的范围。R4 互连也可以驱动 C4 互连,以实现行与行之间的连接。R4 互连的结构与 MAX II 中类似(如图 10.16 所示)。

列互连的操作和行互连类似。每一列有专用的列互连,用于 LAB、M4K 存储块、IOE 之间垂直走向的信号传递。列互连包括 LAB 内 LUT 链、LAB 内寄存器链和 C4 互连(可在垂直方向上跨越 4 个块的范围)。

LUT 链和寄存器链的功能与 MAX II 系列器件类似,用于将某个 LE 的组合输出或寄存器输出直接传送给它下方相邻的 LE,而不需经过局部互连,以提高传送速度。

C4 互连在垂直走向上可跨越 4 个 LAB 或 M4K 存储块,每个 LAB 有一套 C4 互连用于向上或向下驱动。C4 互连可以驱动所有的块,也可以被所有的块驱动,包括 PLL、M4K 存储块、列 IOE 及行 IOE。C4 互连可相互驱动以扩展驱动范围,也可以驱动行互连以实现列与列之间的连接。

4. 嵌入式存储器

Cyclone 器件的嵌入式存储器（embedded memory）被组织成若干列（在 EP1C3 和 EP1C6 器件中为一列，在 EP1C12 和 EP1C20 中为两列），每列由若干个 M4K 存储块构成。每个存储块的数据容量为 4Kb，每个字节支持 1 位的奇偶校验，共 4608 位。最大数据宽度为 36 位，最高工作频率为 250MHz。每个 M4K 块都可以配置为 RAM、ROM 或 FIFO 存储器，而且可根据需要选择是否采用校验方式。

M4K 存储块有三种模式可供选择：单端口（Single-Port）、简单双端口（Simple Dual-Port）和真双端口（True Dual-Port）。简单双端口模式支持两个端口同时操作，但只能一个端口读，另一个端口写。真双端口模式支持两个端口同时读、同时写（但不能同时对同一地址进行行写）或一个读，另一个写。当存储块被配置为双端口时，读、写端口可以配置成不同的数据宽度，例如，在 A 端口以 $\times 1$ 的模式写入，可以从 B 端口以 $\times 16$ 的模式读出。

4Kb 的存储块可以有不同的配置方式：4096×1、2048×2、1024×4、512×8（或 512×9 位）、256×16（或 256×18 位）以及 128×32（或 128×36 位），其中真双端口模式中不能配置为 128×32 位（或 36 位）。

如果 M4K 块的写端口数据宽度为 16、18、32 或 36 位，通过字节使能信号 byteena[3..0] 可以实现只对指定字节进行写操作，而保留其余字节。

5. 全局时钟网络和锁相环

Cyclone FPGA 器件具有两个通用的锁相环（PLL，EP1C3 器件只有 1 个）和全局时钟网络，提供完整的时钟管理。

全局时钟网络为器件中的所有资源提供时钟信号，它可以由 4 个专用时钟线（CLK[3..0]）、PLL 的输出、逻辑阵列以及双功能时钟引脚（DPCLK[7..0]）驱动。全局时钟网络提供的全局时钟信号也可以用作时钟使能、清零等控制信号。

锁相环 PLL 能完成对时钟信号高精度、低抖动的倍频和分频，并可以设置占空比以及相位移等参数，然后从专用引脚输出。输出时钟频率 $f_{OUT} = f_{IN} \times m/(n \times post\text{-}scale$ 计数器），m 和 n 对同一个 PLL 的所有输出端口取值一样，n 取值范围为 $1 \sim 32$，m 取值范围为 $2 \sim 32$；而 PLL 的每个输出端口有独立的后缩放计数器（post-scale counter），取值范围为 $1 \sim 32$。当 PLL 的多个输出端口输出的频率不同时，首先通过 m、n 得到多个输出频率的最小公倍数，然后再根据每个输出端口各自的后缩放计数器，获得特定的输出频率。Cyclone 器件的 PLL 具有可编程移相功能，用户可以为每个 PLL 时钟输出引脚设置一个相位移，或者为所有的输出设置同一个值。PLL 时钟输出的占空比也是可编程的，通过设置低电平、高电平的持续时间来完成。

6. 输入输出单元 IOE

IOE 位于 Cyclone 器件四周的 I/O 块（I/O Block）内，每个行 I/O 块或列 I/O 块都由三个 IOE 组成。每个 IOE 含一个双向缓冲器，可以设置为输入、输出或者双向传送。

Cyclone 器件的 IOE 提供可编程的时间延迟,允许用户调整从引脚到内部 LE 寄存器之间的延迟时间。

Cyclone 器件内部有专用的电路,用于外接 DDR SDRAM 和 FCRAM,最高频率可达 133MHz。

I/O 引脚驱动电流的强弱可通过程序设置,针对 LVTTL 和 LVCMOS 标准,有若干个级别的驱动能力可供选择。每个 I/O 引脚都可配置为具有低噪或者高速的特性,选择高速会给系统带来噪声干扰,反之,速度降低会减小系统噪声。每个 I/O 引脚都可选择为漏极开路输出,从而实现多个信号线与的功能。

在用户模式下,每个 I/O 引脚提供一个可编程的上拉电阻供选,如果选择了该项,I/O 引脚的输出就由上拉电阻(典型值为 25kΩ)保持。

I/O 引脚支持多种单端和差分 I/O 标准,如 3.3V LVTTL/LVCMOS、2.5V LVTTL/LVCMOS、1.8V LVTTL/LVCMOS、1.5V LVCMOS、3.3V PCI 以及 LVDS、RSDS、SSTL-2 等。为了便于管理和支持多种电气标准,器件内的 I/O 块被分为 4 组(Bank)。每个 Bank 都支持上述所有的 LVTTL 及 LVCMOS 及差分标准,但是并不都支持 PCI 标准。Bank1 和 Bank3 支持 3.3V 的 PCI 标准,而 Bank2 和 Bank4 不支持。每个 Bank 有独立的接口电源 V_{CCIO},其值决定了该 Bank 的 I/O 标准,不同的 Bank 可以支持不同电压的 I/O 标准。

Cyclone 结构支持多电压 I/O 接口。电源 V_{CCINT} 引脚只允许接 1.5V,为器件内部操作及输入缓冲器提供电源。V_{CCIO} 引脚根据各 I/O Bank 输入/输出的需求不同,可接 1.5V、1.8V、2.5V 或 3.3V。电源 V_{CCINT} 和 V_{CCIO} 的上电顺序不影响 Cyclone 器件的正常工作,在上电期间,Cyclone 器件不会驱动输出,当配置完成并具备操作条件时,器件开始按用户指定的方式工作。

10.4.3 Cyclone FPGA 器件的编程

Cyclone FPGA 使用 SRAM 存储配置信息,所以每次上电时都需要重新下载配置信息。Altera 公司为其产品提供了完备的开发系统 Quartus II,用户可以方便地通过该设计环境完成对 Cyclone FPGA 器件的配置。对 Cyclone FPGA 器件进行配置的方式有三种:AS(Active Serial,主动串行)、PS(Passive Serial,被动串行)和 JTAG 方式。配置完成后,Cyclone FPGA 器件对寄存器和 I/O 引脚进行初始化,然后进入用户模式。三种配置方式的选择由 M_{SEL1} 和 M_{SEL0} 引脚的状态决定,如表 10.6 所示。

表 10.6 **Cyclone FPGA 器件的配置方式**

M_{SEL1}	M_{SEL0}	配置方式	说　　明
0	0	AS	利用串行配置芯片 EPCS1、EPCS4 或 EPCS16
0	1	PS	利用增强型配置芯片 EPC4、EPC8 或 EPC16,或配置芯片 EPC1、EPC2;微处理器和下载电缆
0	1	JTAG	利用下载电缆、微处理器、STAPL、嵌入式逻辑分析器

AS 和 PS 配置方式还支持压缩的配置信息，即用户把配置信息以压缩形式存储在配置芯片或其他存储器中，并传给 Cyclone FPGA 器件。在配置过程中，Cyclone FPGA 器件能实时地对该配置信息进行解压。采用压缩形式进行配置，可以有效地减少所需配置芯片的容量（初步资料显示可减少 $35\% \sim 60\%$），而且还缩短了配置信息的传输时间。用户可在 Quartus II 环境中方便地完成对配置信息的压缩。

Cyclone FPGA 器件专用配置引脚的功能及特性如表 10.7 所示。

表 10.7　Cyclone FPGA 器件的专用配置引脚

引　　脚	配置方式	说　　明
M_{SEL1} M_{SEL0}	All	输入，用于选择配置方式
nCONFIG	All	输入，变低会丢失原有配置信息，再次变高重新进行配置
nSTATUS	All	双向，漏极开路，上电为低，开始配置时变高，出现配置错误时变低
CONF_DONE	All	双向，漏极开路，上电及配置过程中为低电平，配置完成后变高
DCLK	AS	输出，由 Cyclone FPGA 产生的时钟，作为配置的定时信号送给配置芯片
	PS	输入，从外部输入时钟信号，上升沿将数据锁存到目标器件
ASDO	AS	输出，送给配置芯片的控制信号，用于读出配置数据
nCSO	AS	输出，控制串行配置芯片的使能端
nCE	All	输入，芯片使能。单个芯片配置时接低电平；多芯片级联时，第一片接低电平，其余芯片的 nCE 与前一片的 nCEO 相连；通过 JTAG 编程时接低电平
nCEO	All	输出，配置完成时变低，级联时与下一个器件的 nCE 相连
DATA0	All	输入，用于向目标器件传送配置信息

1. AS 配置方式

在主动配置方式中，Cyclone FPGA 器件使用低成本的串行配置芯片。之所以称为主动配置方式，是因为 Cyclone FPGA 器件控制整个配置过程，它通过串行接口读出配置芯片内的配置信息（必要时进行解压），并完成对内部 SRAM 单元的配置。

配置芯片是基于非易失性 Flash 存储器的器件，断电后信息不会丢失。用户可以通过 ByteBlaster II 下载电缆对配置芯片进行在系统编程，编程工具可以使用 Altera 或者第三方提供的编程器。

主动配置方式的接口简单，如图 10.21 所示。

配置芯片通过 4 个接口信号与 Cyclone FPGA 器件相连：串行时钟输入 DCLK、串行数据输出 DATA、AS 数据输入 ASDI 和片选信号 nCS。选择主动配置方式时，Cyclone FPGA 器件的 nCE 必须为低电平。系统上电期间，Cyclone 器件和串行配置芯片首先进行复位操作，此时 Cyclone 器件驱动其 nSTATUS 和 CONF_DONE 引脚为低电平，用于指示该芯片正忙并且配置没有完成。大约 100ms 后，复位操作完成，nSTATUS 变高，进入配置模式，所有用户 I/O 引脚为高阻状态。

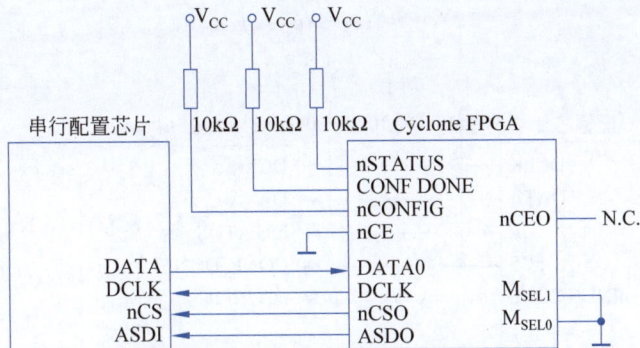

图 10.21 主动串行配置方式的接口

配置期间,Cyclone FPGA 器件通过内部晶振产生串行时钟信号 DCLK。在 DCLK 的控制下,串行配置芯片把内部存储的配置信息传送给 Cyclone 器件。

在主动配置模式下,Cyclone FPGA 器件的 nCSO 输出为低,使串行配置芯片的片选信号 nCS 有效,Cyclone FPGA 器件的 DCLK 和 ASDO 给配置芯片传送操作命令和读地址信号。配置芯片把数据通过 DATA 引脚传送给 Cyclone FPGA 器件的 DATA0。当 Cyclone FPGA 器件接收完全部的配置数据后,释放漏极开路输出引脚 CONF_DONE,由于外部 10kΩ 上拉电阻的作用使其变为高电平,开始对芯片进行初始化,初始化完成后进入用户模式。初始化操作只有在 CONF_DONE 上升为高电平时才启动,所以 CONF_DONE 引脚必须外接一个 10kΩ 的上拉电阻。

如果在配置期间发生错误,Cyclone FPGA 器件使 nSTATUS 变低,并维持 CONF_DONE 为低电平,对芯片复位,然后重新进行配置。

该方式允许多个 Cyclone FPGA 器件通过 nCE(芯片使能)和 nCEO(芯片使能输出)进行级联,然后使用一个串行配置芯片对它们进行配置。此时,级联的 Cyclone FPGA 中第一个器件是主芯片,它控制整个配置过程,必须选择主动配置方式,其他的是从芯片,要设置为被动配置方式。

需要注意的是,在主动配置方式中,Cyclone FPGA 器件可以级联,但是配置芯片是不能级联的。如果配置信息超过了一个配置芯片的容量,只能使用压缩方式,或者选择较大容量的配置芯片。

2. PS 配置方式

在被动配置方式中,一个外部的主机(配置芯片、嵌入式处理器或 PC)控制配置过程。

1) 使用配置芯片

使用配置芯片进行配置的接口如图 10.22 所示。

该方式中,nCONFIG 通常接 V_{CC}(如果使用 EPC2、EPC4、EPC8 或 EPC16,也可将 nCONFIG 与配置芯片的 nINIT_CONF 相连)。上电时 Cyclone FPGA 器件检测到 nCONFIG 引脚从低电平变为高电平,就进行初始化操作,使漏极开路输出引脚 CONF_DONE 输出低电平,从而使配置芯片的 nCS 有效。上电复位期间,配置芯片的 OE 引脚

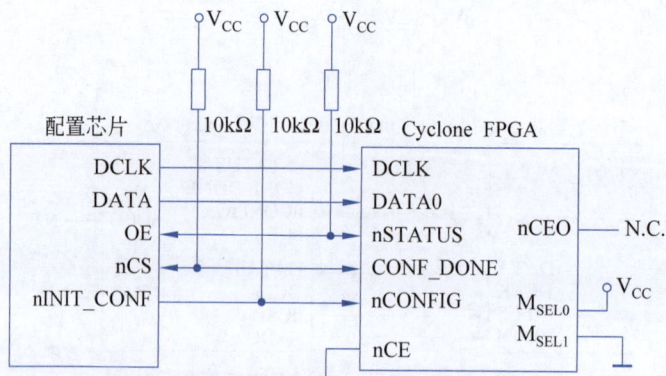

图 10.22   使用配置芯片的被动配置方式接口

输出低电平,使目标器件的 nSTATUS 为低电平。上电复位过程大约持续 100ms,然后,目标器件和配置芯片都释放对漏极开路输出引脚 nSTATUS 的驱动,此时由于上拉电阻的作用使其输出变为高电平。由配置芯片内部的晶振产生时钟信号 DCLK,在 DCLK 的控制下,配置芯片把配置信息通过 DATA 引脚传送给目标器件。

成功配置后,Cyclone FPGA 利用内部晶振产生的 10MHz 时钟信号进行初始化。初始化完成后,目标器件释放对 CONF_DONE 的驱动,由上拉电阻使其变为高电平,使配置芯片的使能端 nCS 无效,器件进入用户模式。

如果在配置期间发生错误,nSTATUS 变低,目标器件和配置芯片复位,然后再重新进行配置。

该方式允许多个 Cyclone FPGA 进行级联,然后使用一个配置芯片,按照级联的顺序一一对它们进行配置。另外,也可以将配置芯片 EPC1 或 EPC2 进行级联,完成对多个器件的配置。但如果使用 EPC4、EPC8 或 EPC16,则配置芯片不允许级联。

2）使用下载电缆

使用下载电缆方式是指,主机（如 PC)通过 USB Blaster、ByteBlaster Ⅱ、MasterBlaster 或 ByteBlasterMV 电缆,将存储器中的配置信息传送给 Cyclone FPGA 器件。

使用下载电缆进行配置的接口如图 10.23 所示。

首先,下载电缆产生一个从低到高的信号送给 nCONFIG 引脚,然后配置信息在 DCLK 的作用下,通过 DATA0 引脚传送给目标器件。该方式也允许多个目标器件级联,然后通过下载电缆对其进行配置。

3）使用微处理器

使用微处理器方式从微处理器传送配置信息给目标器件,FPGA 作为微处理器的外设。使用微处理器进行配置的接口如图 10.24 所示。

首先,微处理器要产生一个由低到高的信号送给 nCONFIG 引脚,而且目标器件要放弃对 nSTATUS 的驱动。然后在 DCLK 的作用下,微处理器通过 DATA0 引脚,按照先低位后高位的顺序向目标器件传送配置信息。配置信息传送完毕,CONF_DONE 变为高电平,目标器件进行初始化,然后进入用户模式。

如果配置过程中出现错误,nSTATUS 变为低电平,微处理器检测到该状态的变化,

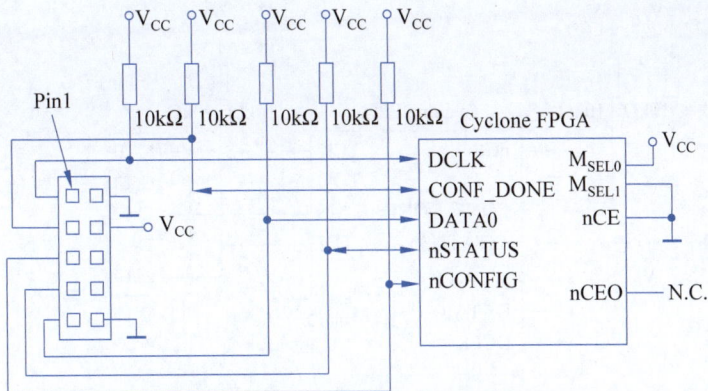

图 10.23　使用下载电缆的被动配置方式接口

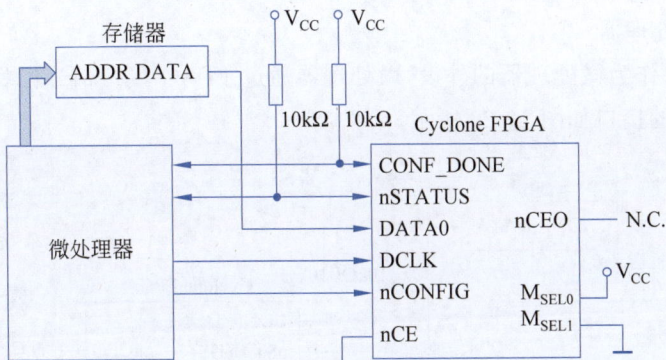

图 10.24　使用微处理器的被动配置方式接口

会送一个负脉冲给 nCONFIG，重新启动配置过程。

由于被动配置是以同步方式进行的，所以配置时钟 DCLK 的频率必须在允许范围内（Cyclone FPGA 支持的最高频率为 100MHz）。在配置过程中，可通过停止 DCLK 上的脉冲使配置过程暂停。

3. JTAG 配置方式

在对 Cyclone FPGA 进行配置时，基于 JTAG 的方式具有最高优先级，启动基于 JTAG 的配置会令其他配置过程终止。基于 JTAG 的配置方式不支持压缩形式的配置信息。

1）使用下载电缆

JTAG 模式使用 4 个引脚：串行数据输入 TDI、串行数据输出 TDO、测试模式选择 TMS 和时钟信号 TCK，其中 3 个输入引脚在器件内部接有上拉电阻（20～40kΩ）。

使用下载电缆的 JTAG 接口如图 10.25 所示。

基于 JTAG 的配置过程中，数据通过 USB Blaster、ByteBlaster II、ByteBlasterMV 或 MasterBlaster 电缆下载到目标器件。下载电缆可同时连接多个目标器件，器件的数量只受限于下载电缆的驱动能力。一般，连接 4 个或 4 个以上器件时，建议 TCK、TDI 和

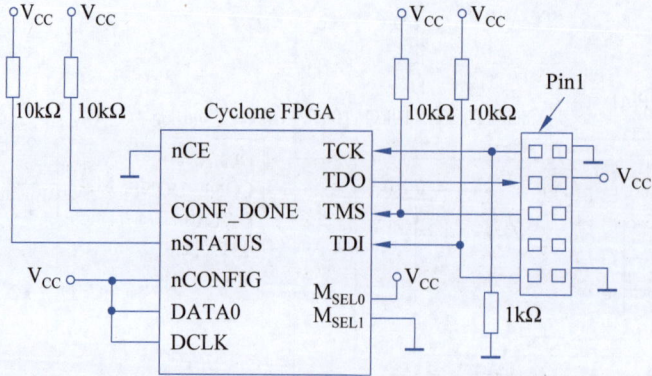

图 10.25　使用下载电缆的 JTAG 配置方式接口

TMS 引脚使用缓冲器。

2）使用微处理器

FPGA 器件作为微处理器的外设，微处理器通过 JTAG 接口信号向目标器件传送配置信息，该方式的接口如图 10.26 所示。

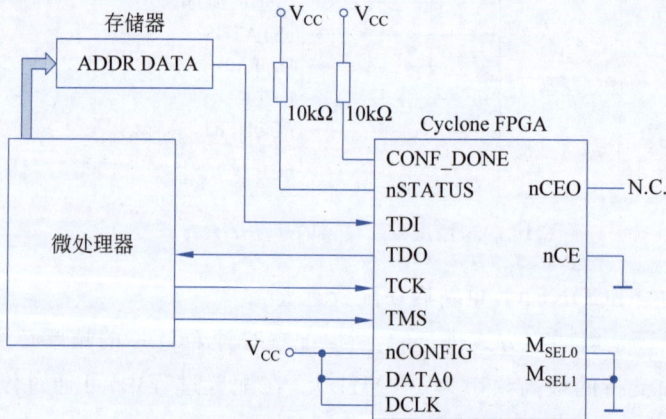

图 10.26　使用微处理器的 JTAG 配置方式接口

10.4.4　Altera 在 Cyclone 系列之后推出的新产品简介

1. Cyclone II 系列

Altera 推出的 Cyclone II FPGA 是 Cyclone 系列的新型产品，它提供多达 68 416 个逻辑单元（每个 LAB 中有 16 个 LE）和 1.1Mb 的嵌入式存储器。通过最小化硅片面积，Cyclone II 器件可以在单芯片上支持复杂的数字系统。与 Cyclone FPGA 相比，Cyclone II 系列提供更新更先进的特性，包括嵌入式乘法器、支持 DDR2 和 QDR II 存储器件的外部存储器接口，以及支持更多的差分和单端 I/O 标准等。Cyclone II 器件的具体特性如下。

（1）成本优化架构：提供多达 68 416 个逻辑单元，密度超过第一代 Cyclone FPGA

的 3 倍。

（2）嵌入式存储器：基于 M4K 存储块，提供多达 1.1Mb 的嵌入式存储器，可被配置于支持多种操作模式，包括 RAM、ROM、FIFO 及单口和双口模式。

（3）外部存储器接口：允许开发人员集成外部 SDR、DDR、DDR2 以及第二代 4 倍数据速率（QDR II）SRAM 器件，数据速率最高可达 668Mb/s。

（4）嵌入式乘法器：提供最多 150 个 18b×18b 乘法器，可用于实现通用 DSP 功能。

（5）差分 I/O 支持：提供差分信号支持，包括 LVDS、RSDS、mini-LVDS、LVPECL、SSTL 和 HSTL I/O 标准。

（6）单端 I/O 支持：支持各种单端 I/O 接口标准，如 LVTTL、LVCMOS、SSTL、PCI 和 PCI-X 标准。

（7）接口和协议支持：支持串行总线和网络接口，如 PCI、PCI-X、以网协议等。

（8）时钟管理电路：具有 4 个可编程锁相环（PLL）和 16 个全局时钟线，提供健全的时钟管理和频率合成功能。

（9）片内匹配：支持驱动阻抗匹配和片内串行终端匹配。片内匹配消除了对外部电阻的需求，提高了信号的完整性，简化了电路板设计。

（10）热插拔和上电顺序：具有健全的片内热插拔和顺序上电支持，确保器件正常工作时不依赖上电顺序。

（11）循环冗余码（CRC）：具有 32 位 CRC 自动校验功能。

Cyclone II 器件的主要资源如表 10.8 所示。

表 10.8　Cyclone II 系列器件的主要资源

特　　性	EP2C5	EP2C8	EP2C20	EP2C35	EP2C50	EP2C70
逻辑单元	4608	8256	18 752	33 216	50 528	68 416
RAM 总容量/b	119 808	165 888	239 616	483 840	594 432	1 152 000
嵌入式乘法器	13	18	26	35	86	150
锁相环	2	2	4	4	4	4
最大 I/O 引脚数目	142	182	315	475	450	622

Cyclone II 器件的封装形式与其对应的最大 I/O 引脚数目如表 10.9 所示。

表 10.9　Cyclone II 器件的封装形式与最大 I/O 数目

器件名称	144 脚 TQFP	208 脚 PQFP	256 脚 FineLineBGA	484 脚 FineLineBGA	672 脚 FineLineBGA	896 脚 FineLineBGA
EP2C5	90	143	—	—	—	—
EP2C8	86	139	182	—	—	—
EP2C20	—	—	152	309	—	—
EP2C35	—	—	—	316	471	—

续表

器件名称	144 脚 TQFP	208 脚 PQFP	256 脚 FineLineBGA	484 脚 FineLineBGA	672 脚 FineLineBGA	896 脚 FineLineBGA
EP2C50	—	—	—	288	446	—
EP2C70	—	—	—	—	418	616

2. Cyclone III 系列

Cyclone III 器件具有 200×1024 个逻辑单元、8Mb 嵌入式存储器以及 396 个嵌入式乘法器，采用低功耗工艺技术制造，静态功耗不到 0.25W。

Cyclone III 系列之后的 FPGA 中，RAM 采用 M9K 存储块，也就是每一块容量为 9Kb，其中数据容量为 8192 位，加上校验位共 9216 位。

另外，Cyclone III 系列之后的器件增加了一个在线重配模块 SEU。这样，可以在线将配置程序烧写到 FPGA 配置芯片剩余的地方，FPGA 自动通过该模块判断程序是否可用，若可用，FPGA 可以用该模块将旧程序替换为新程序以升级自己。

3. Cyclone IV 系列

Cyclone IV 器件提供 150 000 个逻辑单元，总功耗降低了 30%。所有的 Cyclone IV FPGA 只需要两路电源供电，简化了电源分配网络。

Cyclone IV GX FPGA 器件采用了 Altera 成熟的 GX 收发器技术，内部集成了 8 个 3.125Gb/s 的收发器，利用灵活的收发器时钟体系结构，可实现多种协议。

4. Cyclone V 系列

Altera 公司在 2012 年 3 月发布了它的最新 FPGA 产品——Cyclone V 系列，它同时实现了高性能、低系统成本和低功耗。

Cyclone V 系列与 Cyclone IV 相比，总功耗降低了 40%，静态功耗降低了 30%。Cyclone V 系列提供了功耗最低的串行收发器，每个通道在 5Gb/s 时功耗只有 88mW。处理性能高达 4000MIPS，而功耗小于 1.8W(SoC FPGA)。

Cyclone V 系列集成了丰富的硬核知识产权模块：支持 Mobile DDR、LPDDR2 SDRAM 和 400MHz 的 DDR3 SDRAM 的增强存储器控制器，提供可选纠错码(ECC)支持、精度可调的数字信号处理模块、硬核处理系统 HPS(对于 SoC FPGA)等。此外，该系列还提供了全面的设计保护功能，包括支持易失和非易失密钥的 256 位高级加密标准(AES)。

Cyclone V 系列包括 6 种型号：只提供逻辑的 E 型号(Cyclone V E FPGA)、具有 3.125Gb/s 收发器的 GX 型号、具有 5Gb/s 收发器的 GT 型号、具有基于 ARM 的 HPS 和逻辑的 SE SoC、具有基于 ARM 的 HPS 和 3.125Gb/s 收发器的 SX SoC 以及具有基于 ARM 的 HPS 和 5Gb/s 收发器的 ST Soc 型号。其中，三种 SoC 型号的器件在 FPGA 架构中集成了 HPS——包括处理器、外设和存储器控制器,实现了应用类 ARM 处理器的性能,并具备了 Cyclone V FPGA 的灵活性、低成本和低功耗。

小　　结

目前,可编程逻辑器件已经出现了多种结构形式,集成度从几百门到几百万门不等。按照集成度和结构复杂程度的不同,PLD 可以分为三大类:SPLD、CPLD 和 FPGA。本章主要介绍了 GAL、CPLD 和 FPGA 器件的电路结构和工作原理。

1. 可编程逻辑器件 PLD

可以通过编程方便地构建和修改逻辑设计的数字系统。
- PLD 的分类:SPLD、CPLD、FPGA。
- PLD 的开发流程:设计输入、功能仿真、设计实现、时序仿真、器件编程或下载、系统测试。
- PLD 的逻辑表示:信号线连接方式、基本门电路、与-或阵列。

2. 通用阵列逻辑 GAL

GAL 器件是一种 SPLD,它具有可编程的与阵列、不可编程的或阵列和可编程的输出逻辑宏单元 OLMC。通过对 OLMC 的编程,可以方便地实现不同的输出电路结构形式。
- GAL 器件的基本阵列结构。
- GAL 器件的工作模式。

3. 复杂可编程逻辑器件 CPLD

CPLD 与 SPLD 相比,提高了集成度,具有更多的输入输出信号、更多的乘积项、逻辑宏单元块和布线资源,可用于较大规模的逻辑设计。
- MAX7000 系列 CPLD。
- Altera MAX Ⅱ 系列 CPLD。

4. 现场可编程门阵列 FPGA

FPGA 是集成度和结构复杂度最高的 PLD。由若干个独立的可编程逻辑块、可编程输入输出模块、可编程互连资源和 SRAM 构成。逻辑块采用基于 SRAM 的 LUT 方式产生所需的逻辑函数。FPGA 多用于 10 000 门以上的大规模数字系统设计。
- Altera Cyclone 系列 FPGA。
- Cyclone FPGA 器件的编程。

思考题与习题

10.1　可编程逻辑器件按照集成度和复杂度的不同，一般分为几类？分别是什么？

10.2　可编程逻辑器件开发的基本流程一般包括哪几个步骤？

10.3　PLD 的含义是什么？PLD 电路图中两条线交叉处的实心点表示什么含义？"×"表示什么含义？

10.4　GAL16V8 器件内部含有多少个 OLMC？说明该器件名称的含义。

10.5　简要说明 MAX7000 系列和 MAX II 系列 CPLD 器件的主要组成结构。

10.6　简要说明 Cyclone 系列 FPGA 器件的主要组成结构。

10.7　简要说明 FPGA 器件中 LUT 的主要功能。

第 11 章

数字系统设计基础

内容提要

本章介绍了数字系统及其设计的基本过程,并通过数字频率计和十字路口交通灯两个系统的设计实例,说明了具体系统的设计步骤和设计方法。

11.1 数字系统概述

11.1.1 数字系统的基本概念

所谓数字系统,是指采用数字电子技术实现数字信息处理、传输及控制等功能的系统。数字系统通常包括控制电路、一个或多个受控电路、输入/输出电路、时基电路等几部分,如图 11.1 所示。

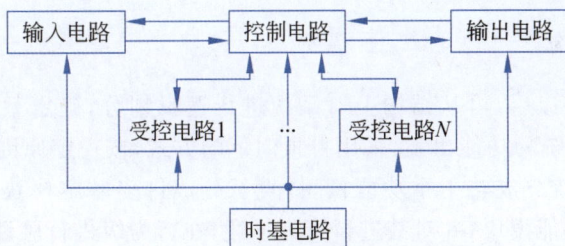

图 11.1 数字系统的基本结构

图中,输入电路将外部信号(开关信号、时钟信号等)引入数字系统,经控制电路处理后,控制受控电路或经输出电路形成驱动外部执行机构(如发光二极管、数码管、扬声器等)所需的信号。数字系统通常是一个时序电路,时基电路产生各种时钟信号,保证整个系统在时钟作用下协调工作。

数字系统不同于一般的功能部件,其区别之一是功能部件往往是单一功能,如存储器,其容量可能很大,但其功能只是起到信息存储的单一作用,因此只能算是一个功能部件，而一个由多个 MSI 和逻辑门构成的频率计却可以称为数字系统，因为它包含构成数字系统的多个功能部件。

数字系统和功能部件之间的区别之二是数字系统包含控制电路，控制电路是数字系统的核心。一个数字电路，无论其规模大小，只有在具有控制电路的情况下才能称为系统。控制电路根据外部输入信号和各受控电路的反馈信号来控制电路的当前状态，决定系统的下一步动作。控制电路的逻辑关系最为复杂，是数字系统设计中的关键。

11.1.2　数字系统设计的一般过程

数字系统设计方法与逻辑功能部件的设计方法是不同的。逻辑功能部件的设计往往采用"自底向上"的设计方法，先按任务要求建立真值表或状态表，给出逻辑功能描述，再进行逻辑函数化简，最后完成逻辑电路的设计。数字系统的设计通常采用"自顶向下"的设计方法，从系统任务出发，将其功能由大到小逐层分解，直到可以用基本逻辑功能部件实现。下面介绍其基本步骤。

1. 明确设计要求，确定系统的输入/输出

在具体设计之前，详细分析设计要求、确定系统输入/输出信号是必要的。例如，要设计一个交通灯控制器，必须明确系统的输入信号有哪些（如由传感器得到的车辆到来信号、时钟信号），输出要求是什么（如红、黄、绿交通灯的正确显示和时间显示），只有在明确设计要求的基础上，才能使系统设计有序地进行。

2. 确定整体设计方案

对于一个具体的设计可能有多种不同的方案，确定方案时，应对不同方案的性能、成本、可靠性等方面进行综合考虑。同一功能的系统可以有多种工作原理和实现方法，应根据实际问题以及工作经验对各个方案进行比较，从中确定最优设计方案。

3. 确定系统结构

在系统方案确定以后，再从结构上对系统进行逻辑划分，确定系统的结构框图。具体方法是：从整个系统的功能出发，采用自顶向下的方式，按一定原则将系统分成若干子系统，再将每个子系统分成若干个功能模块，直至分成许多基本模块实现。这样将系统模块划分为各个子功能模块，并对其进行行为描述，在行为级进行验证。

例如，交通灯控制器的设计，可以把整个系统分为主控电路、定时电路、译码驱动显示等，而定时电路可以由计数器功能模块实现，译码驱动显示可由 SSI 构成组合逻辑电路实现，这两部分都是设计者所熟悉的各种功能电路，设计起来并不困难，这样交通灯控制器的设计的主要问题就是控制电路的设计了，而这是一个规模不大的时序电路，这样就把一个复杂的数字系统的设计变成了一个较小规模的时序电路的设计，从而大大简化了设计的难度，缩短了设计周期，由于设计调试都可以针对这些子模块进行，使修改设计也变得非常方便。

模块分割的一般要求包括以下三方面。

- 各模块之间的逻辑关系明确。
- 各模块内部逻辑功能集中，且易于实现。
- 各模块之间的接口线尽量少。

模块化的设计最能体现设计者的思想，分割合适与否对系统设计的方便与否有着至关重要的影响。

4. 控制算法的设计

控制算法建立在给定控制电路与受控电路的基础上，它直接反映了数字系统中控制电路对受控电路的控制关系和控制过程。控制算法设计的目的是获得控制操作序列和操作信号，为设计控制电路提供基础。

5. 系统的仿真实现

在完成系统设计之后，可以通过仿真工具对设计结果进行验证，不同的设计实现可以用不同的仿真工具来验证。例如，采用通用集成电路芯片构成数字系统，用 Proteus ISIS 来仿真，可以看到接近实际系统运算的效果，如果存在设计问题，在仿真后可以立即发现，以便得到及时改正。用可编程逻辑器件实现数字系统，也可以通过其他 EDA 工具进行仿真，从而验证数字系统设计的正确性。

6. 系统的电路实现

数字系统的电路实现可以在以下几个层次上进行。
(1) 选用通用集成电路芯片和基本逻辑门构成数字系统。
(2) 应用可编程逻辑器件实现数字系统。
(3) 设计专用集成电路(单片系统)。

11.2　数字频率计的原理与设计

11.2.1　数字频率计的原理

在电子测量技术中，频率测量是一种常用测量对象之一。实际测量系统中有一些物理量的测量是通过对频率测量而间接获得的，例如，电压测量可以经过 V/F 变换，测定频率后，就可以间接获得被测电压。这里将介绍一些频率测量的基本原理和方法。

常用的测量方法是根据频率的定义直接进行测量的。若在确定的闸门时间 T_W 内，记录被测信号的脉冲数目为 N_X，则被测信号的频率为

$$f_x = \frac{N_X}{T_W}$$

这种方法称为直接测量法，测量原理如图 11.2 所示。测量电路可以采用一个具有计数

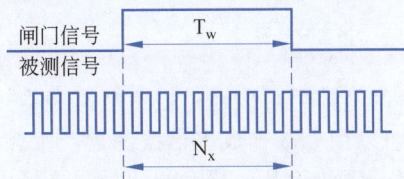

图 11.2　直接测量频率的测量原理波形图

使能控制端的计数器。用图中的 T_w 信号作为计数使能控制,用图中的被测信号作为计数器的时钟输入,假设计数器的计数使能信号为高电平有效,当 T_w 有效时计数器开始计数,当 T_w 无效时,计数器停止计数,如果 T_w 的宽度为 1s,则此时计数器的计数值就是被测信号的频率值。由于被测信号与闸门信号的相对独立性,也就是说,被测信号不能与闸门信号完全同步,所以这种测量中计数器的计数值存在 ± 1 的绝对计数误差。当在 T_w 时间内计数器的计数值较小时,频率计测量的相对误差较大。例如,当计数值 100 时,其相对误差为 $1/100=1\%$,而计数值为 5 时,其相对误差为 $1/5=20\%$。

由此可见,这种方法对于不同频率测量时,其测量误差是不同的。这种方法适用于较高频率测量应用。对于频率较低的测量需做出相应的改进,如采用等精度的测量方法。

等精度测量方法是在直接测频方法理论基础上加以改进而得出的。在这种方法中,其闸门信号是随着被测信号频率的变化而改变的,不固定宽度,而且其恰好是被测信号的整数倍,即与被测信号完全同步,可以消除 ± 1 的绝对计数误差,读者可查阅相关资料了解详细信息。

11.2.2　数字频率计的设计与实现

设计一个简易数字频率计,具体要求如下。

（1）测量频率范围 1kHz~1MHz,量程分为 4 挡,即 $\times 1$、$\times 10$、$\times 100$、$\times 1000$。

（2）频率测量准确度 $\dfrac{\Delta_{f_x}}{f_x} \leqslant \pm 1 \times 10^{-3}$。

（3）被测信号可以是正弦波、三角波和方波。

（4）显示方式为 4 位数码管以十进制数显示。

（5）使用 Proteus ISIS 设计原理图,并仿真运行,查看设计效果。

分析数字频率计的功能,可将整个系统分解成输入电路、时基信号、计数及控制信号、输出受控及驱动电路 4 部分。

1. 输入电路

输入电路负责采集待测量的信号,如果待测信号不是标准的脉冲或者信号比较微弱,就有必要用到信号的放大与整形电路,将经放大与整形后的信号作为频率计的输入。电路如图 11.3 所示,通过 UA741 对微弱的正统波信号放大,再经 555 整形成同频率的脉冲信号从 3 号脚输出。图 11.4 是该电路在 Proteus ISIS 环境下仿真时,对频率为 10kHz、幅值为 2V 的正弦波信号经放大、整形后用虚拟示波器输出的波形,图中的方格高度为 5V,方格宽度为 $50\mu s$。

为了突出重点,在 Proteus ISIS 仿真时,用系统提供的信号源作为输入信号。

2. 时基信号

时基信号可以通过振荡电路经合适的分频获得,振荡电路可以有多种设计方案,例如,可以用 555 构成多谐振荡器产生频率为 1000Hz 时钟信号,如图 11.5 所示,再根据需要经分频获得其他频率的信号。也可以用 32 768Hz 晶振和 4060 产生多种频率的时钟脉冲,如图 11.6 所示。在分挡测频时,应根据测量的信号频率范围,决定闸门信号的宽度。

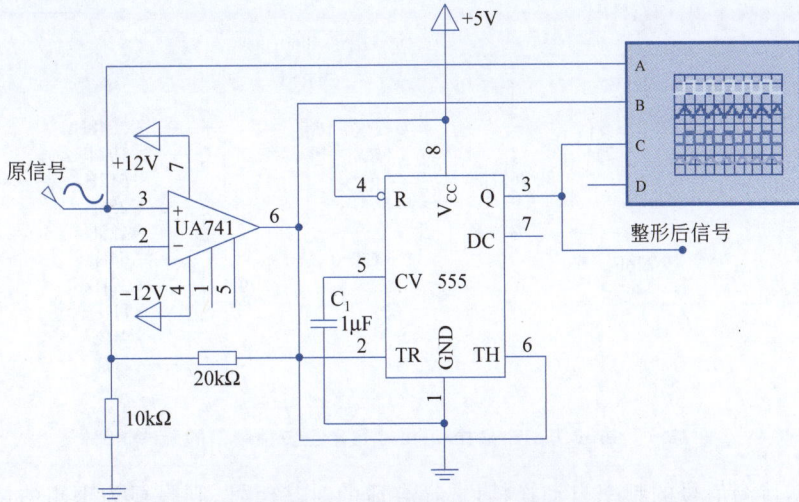

图 11.3 信号放大与整形电路

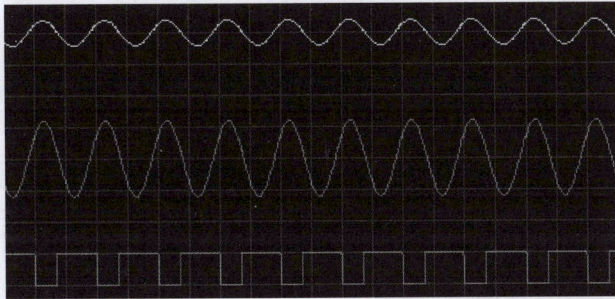

图 11.4 原信号、放大后的信号、整形后的信号波形图

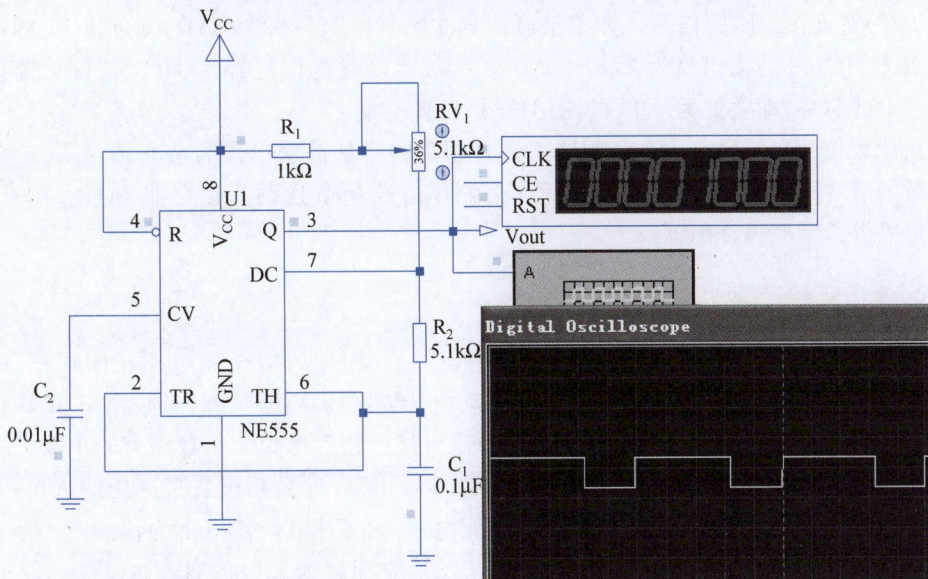

图 11.5 由 555 构成多谐振荡器产生 1000Hz 的脉冲信号

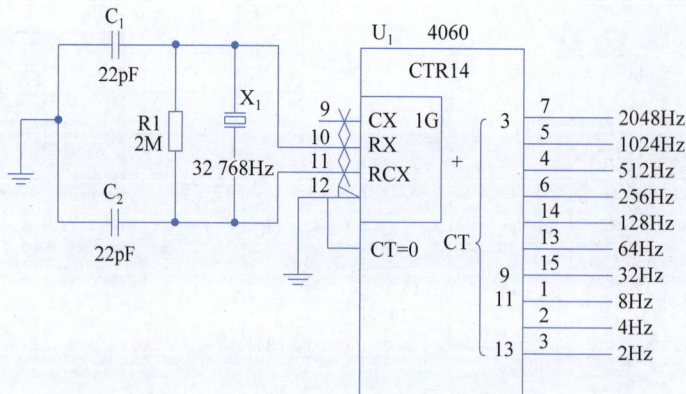

图 11.6　由 32 768Hz 晶振和 4060 可产生多种频率的脉冲信号

如果能根据待测信号的频率自动换挡，选择合适的时基信号，则是更为理想的设计方案。为了突出重点，在 Proteus ISIS 中，用系统提供信号源作为时基信号。

3. 计数及控制电路

计数脉冲输入接到如图 11.7 所示电路的 cnt_p 端，作为同步计数脉冲，提供给由 4 片 74HC160 构成的 4 位 BCD 计数器计数，该信号来自如图 11.8 所示的时基信号选择电路，由时基信号和被测信号经与非门输出构成。时基信号有 4 种频率，分别是 0.5Hz、5Hz、50Hz、500Hz。由 74HC153 作为选择器，根据当前被测信号频率选择一路作为时基信号。选择的依据是 4 位 BCD 计数器最高位的进位脉冲 JD 经二进制计数器 74HC163 计数结果的输出，如图 11.9 所示。如果进位 JD 脉冲个数为 0，则被测信号的频率在 0～9999Hz，74HC163 的输出为装入的初值 0。因为 A＝B＝0，所以时基选择是 0.5Hz，也就是用 1s 的宽度作为闸门信号。如果被测信号的频率在 10～99.99kHz，则进位 JD 脉冲个数为 1，74HC163 的输出值为 1，即 B＝0，A＝1，所以时基信号经 74HC153 自动选择为 5Hz 频率的脉冲，即宽度为 0.1s 的闸门信号，以此类推。

在计数信号有效之前，经 74HC153 选择输出的时基信号也作为清 0 信号 clear 对计数器做了清 0 操作，清 0 信号经反相后作为锁存信号 load 送两片锁存器 74HC273，使输出稳定提供给字形码译码器。

4. 输出受控及驱动电路

频率计测量结果的输出用 4 个共阴极七段数码管显示，对于超过 4 位的频率，通过控制小数点的显示位置来区分，小数点的驱动由计数器的高位进位计数输出 A 和 B 作为 2 线-4 线译码器 74HC139 的输入，译码器的输出经反相后作为 4 个数码管的小数点驱动信号。因此，当被测的频率设置为 6789Hz 时，6 位 BCD 计数器没有最高位的进位，A＝B＝0 时，74HC139 的译码输出为 Y。有效低电平，经反相后，使 dt1 为高电平，第一个 LED 数码管的小数点亮，输出结果显示为 6.789，应理解为 6.789kHz，如图 11.10（a）所示。同理，当设置被测信号频率为 12.34kHz 时，由于 BCD 有一个最高位的进位脉冲，所

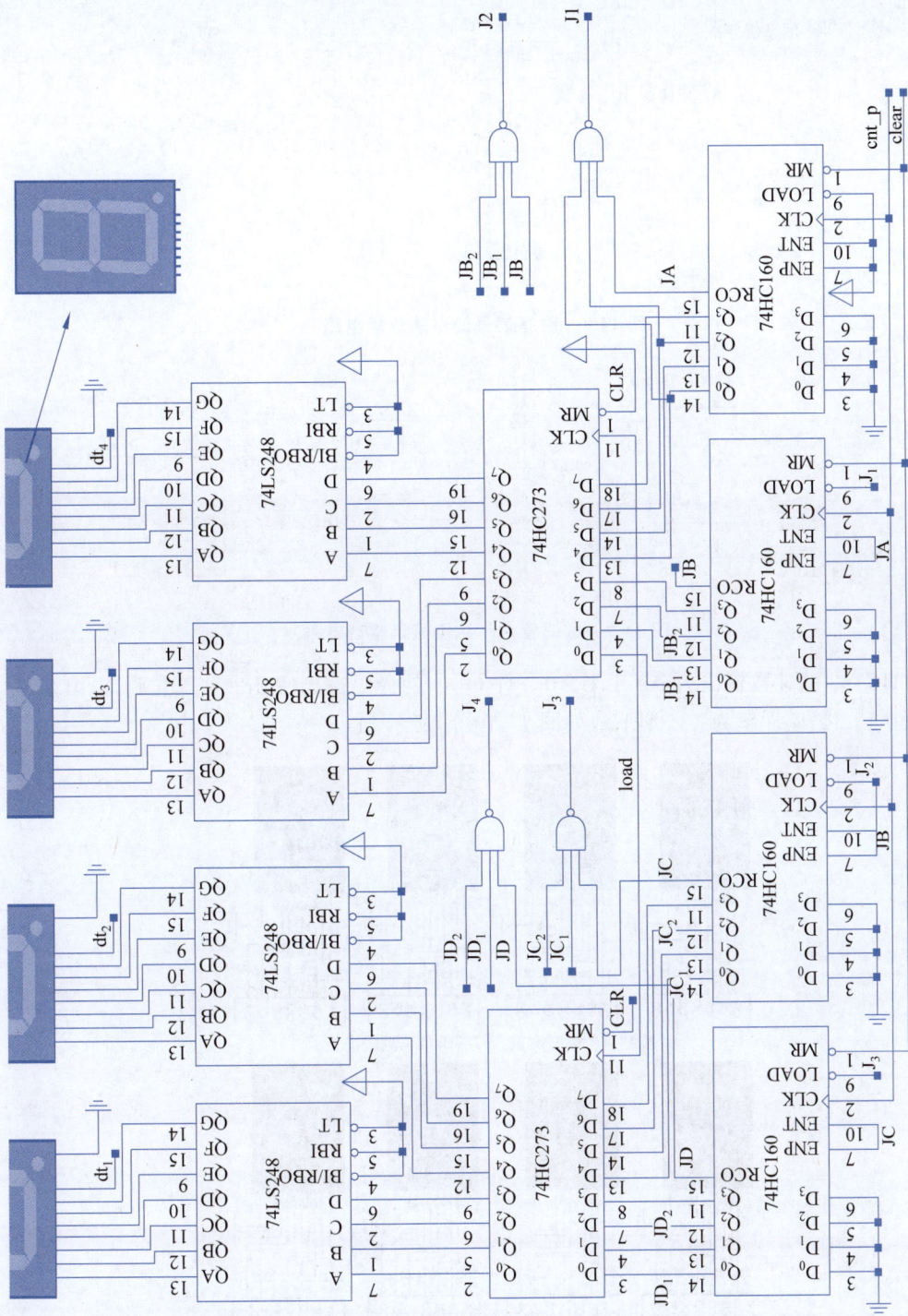

图 11.7 频率计的计数、锁存和输出电路

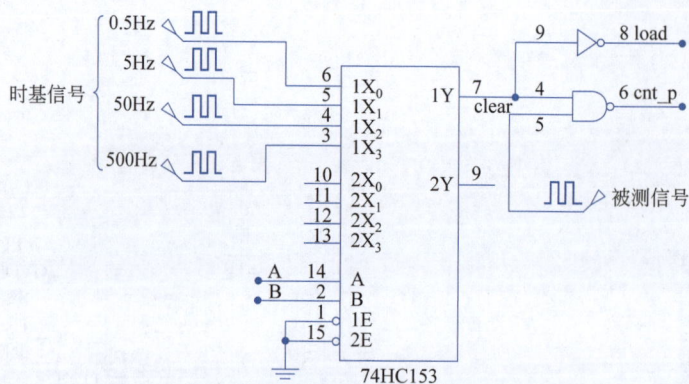

图 11.8　时基信号的自动选择电路

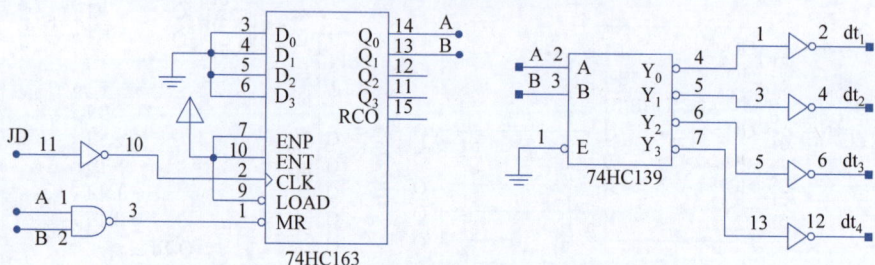

图 11.9　数码管的小数点显示驱动电路

以 74HC163 的计数输出为 A＝1,B＝0,74HC139 的译码输出使 dt2 为高电平,输出结果显示为 12.34,应理解为 12.34kHz,如图 11.10(b)所示。

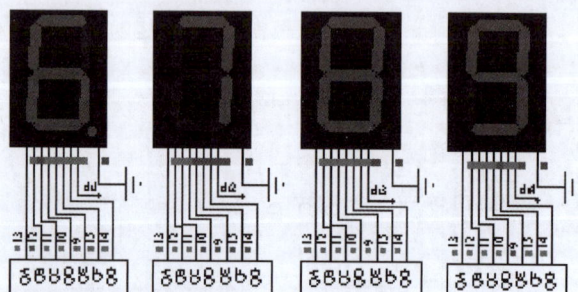

(a) 被测信号频率设置为6789Hz的仿真输出显示

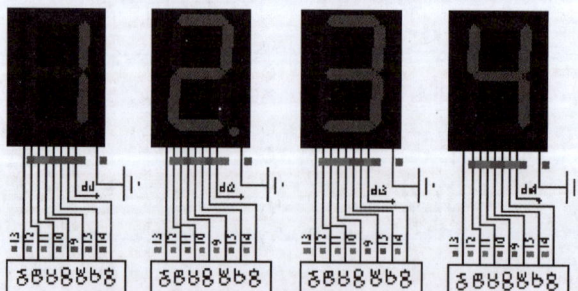

(b) 被测信号频率设置为12.34kHz的仿真输出显示

图 11.10　在 Proteus ISIS 环境下的仿真运行效果

通过仿真测试,这个频率计的设计在指定频率段 1kHz～1MHz 达到了精度要求。对于频率低于 1kHz 的信号也可以测量,只是存在 ±1 的绝对计数误差。对于频率高于 1MHz 的脉冲信号也可以测量,在 Proteus 7.7 的 ISIS 环境下,最大频率可达 8MHz,但有效数据只有 4 位 BCD 码。

11.3　十字路口交通灯控制系统设计

11.3.1　设计要求

设计一个十字路口交通灯控制器,用发光二极管表示交通灯状态,用七段数码管显示当前状态剩余时间,具体要求如下。

(1) 主干道亮绿灯时,支干道亮红灯,支干道亮绿灯时,主干道亮红灯,二者交替允许通行。主干道每次放行 45s,支干道每次放行 25s,每次从亮绿灯变为亮红灯的过程中,亮黄灯 5s 作为过渡,其状态转换如表 11.1 所示。

表 11.1　交通灯控制器的状态转换表

状　态	主干道	支干道	时间/s	状　态	主干道	支干道	时间/s
st_0	亮绿灯	亮红灯	40	st_2	亮红灯	亮绿灯	20
st_1	亮黄灯	亮红灯	5	st_3	亮红灯	亮黄灯	5

(2) 能实现正常的倒计时显示功能。
(3) 能实现总体清 0 功能：计数器由初始状态 st_0 开始计数,对应状态的指示灯亮。
(4) 可通过人工控制,只允许主干道通行或支干道通行。

11.3.2　设计原理

由表 11.1 可知,控制器有 4 种状态,可以利用状态机来实现其各种状态之间的转换,状态转换图如图 11.11 所示。

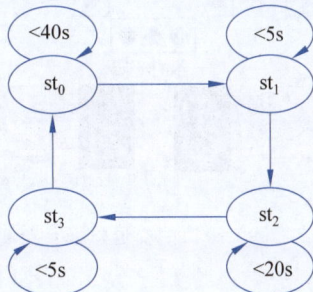

图 11.11　交通灯控制器状态转换图

11.3.3　Proteus ISIS 环境下的设计与仿真

1. 交通灯的表示

在 Proteus ISIS 环境下绘制原理图时，可以用三种不同颜色的发光二极管表示三种不同颜色的交通灯，还有表示交通灯的专用器件 Traffic Lights，如图 11.12 所示，有三个引脚分别驱动绿、黄、红三种颜色的交通灯，只要给引脚一个高电平，则相应颜色的灯就亮，送低电平则灯灭。

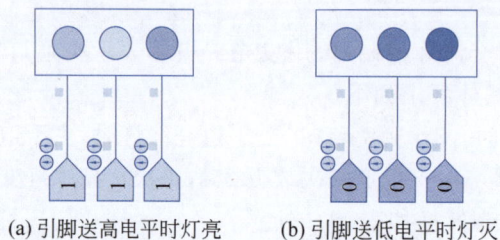

(a) 引脚送高电平时灯亮　　(b) 引脚送低电平时灯灭

图 11.12　十字路口交通灯专用器件 Traffic Lights

2. 交通灯和数码管倒计时显示

倒计时显示用的数码管可与 11.2 节频率计的相同，也用共阴极七段数码管，只是在此无须用到小数点，在 Proteus ISIS 中有另一种没有小数点的可用。十字路口显示用交通灯、数码管及其译码器构成单元如图 11.13 所示。

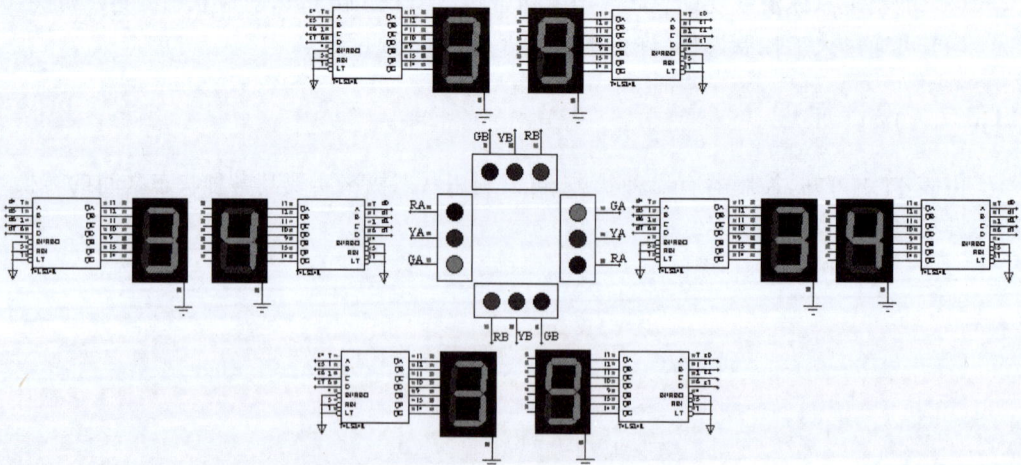

图 11.13　每个路口的交通灯及倒计时显示

3. 倒计时减 1 计数器

倒计时用的计数器可采用两片带预置功能的 BCD 加/减计数器 74HC190 实现，根据设计要求，由于主干道通行时间为 45s，考虑装入初值过程需要的 1s 时间，所以 st_0 时对主干道计数器预置初值 39 用于亮绿灯计时,减到 0 时,转换到 st_1 再装入 4,用于亮黄灯的计时,满足主干道通行 45s 的要求,在 st_0 为支干道计数器装入初值为 44,以满足在主干道通行期间,支干道亮红灯。同理,st_1 过后,到 st_2 状态,由于支干道通行时间为 25s,所以进入 st_2 对支干道计数器预置初值 19 用于亮绿灯计时,减到 0 时,转换到 st_3 再装入 4,用于亮黄灯的计时,满足支干道通行 25s 的要求,在 st_2 为主干道计数器装入初值为 24,以满足在支干道通行期间,主干道显示红灯。因此需要减 1 计数器单元电路较多,但基本原理是一样的,只是装入条件不同。如图 11.14 所示为装入初值 24 的减 1 计数器单元电路,上片为十位,其 $D_3 \sim D_0$ 接入 LLHL 对应二进制数 0010,下片为个位,其 $D_3 \sim D_0$ 接入 LHLL 对应二进制数 0100。当装入控制端 L24 引脚为变 1 后,个位计数芯片使能引脚低电平有效,减 1 计数脉冲对个位计数器做减 1 计数,当个位计数器减到 0 时,4 输入或门输出为 0,使 2 输入或门输出为 0,从而使十位计数芯片使能引脚低电平有效,减 1 脉冲对十位做减 1 计数。计数器的输出送到 74HC373,在其输出使能有效时,锁存输出值,送到图 11.13 中的字形码译码器 74LS248,供译码器驱动相应共阴极数码管。根据需要可设计 4 个同类型的单元电路,分别将预置值设置为 39、44、19、24,用作主干道为绿灯而支干道为红灯、支干道为绿灯而主干道为红灯的计数器初值。黄灯闪烁显示 5s 的计数器另用一片 74HC190 实现,将其输出端分别送主干道和支干道的显示输出电路的个位字形译码器如图 11.17 所示。由于是多个单元电路分时有效,接入倒计时显示的字形码译码电路 74LS248,所以在 74HC190 的输出端加了一个三态锁存器 74HC373,由 74HC373 的输出再接到两片 74LS248 的输入端。

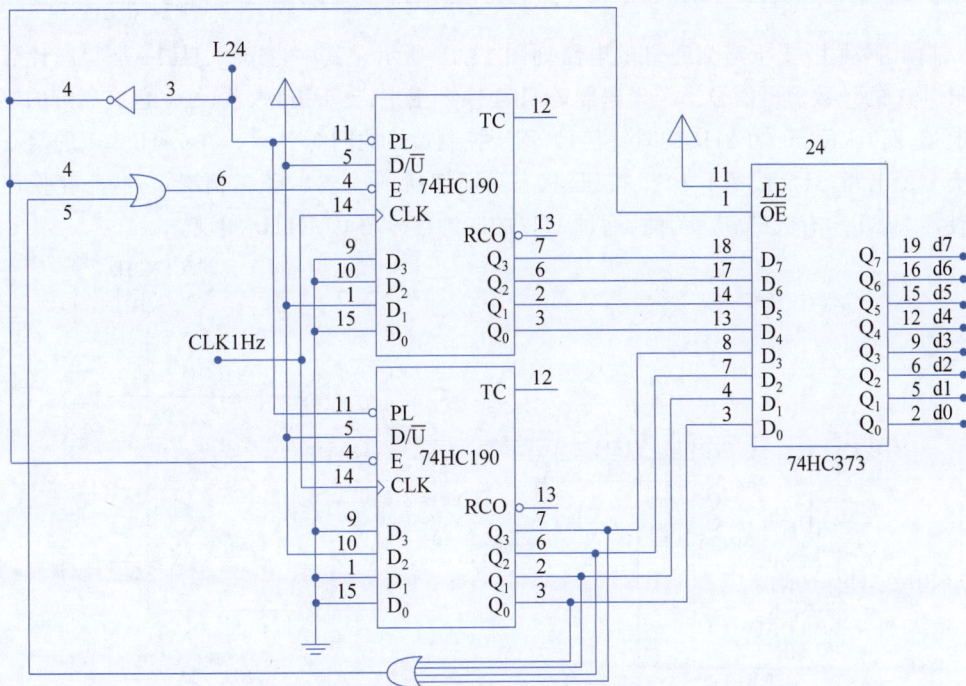

图 11.14　倒计时减 1 计数器电路

4. 不同状态下的交通灯控制信号

状态 0：初始状态，主干道亮绿灯，数码管从初值 39 开始倒计时，支干道亮红灯，数码管从初值 44 开始倒计时，当主干道计数器减到 0 而支干道计数器减到 5 时，切换到状态 1。

状态 1：主干道计数器从初值 4 开始倒计时，闪烁显示黄灯，支干道继续亮红灯，当两边都减到 0 时，切换到状态 2。

状态 2：主干道亮红灯，数码管从初值 24 开始倒计时，支干道亮绿灯，数码管从初值 19 开始倒计时，当支干道计数器减到 0 而主干道减到 5 时，切换到状态 3。

状态 3：支干道计数器从初值 4 开始倒计时，闪烁显示黄灯，主干道继续亮红灯，当两边都减到 0 时，切换到状态 0。

根据以上叙述，可列出不同状态下的交通灯控制信号表如表 11.2 所示。

表 11.2　不同状态下的交通灯控制信号表

状态	输	入	输			出		
st	J1612	J1611	GA	YA	RA	GB	YB	YB
st_0	0	0	1	0	0	0	0	1
st_1	0	1	0	1	0	0	0	1
st_2	1	0	0	0	1	1	0	0
st_3	1	1	0	0	1	0	1	0

输出驱动主、支干道交通灯的电路如图 11.15 所示。其中，J1612、J1611 是状态计数器 74HC161 的计数输出信号。经译码器 74HC139 产生主、支干道绿、黄、红三色交通灯的驱动控制端，而 CLK2Hz 为 2Hz 的时钟信号，用于控制黄灯的闪烁显示。在 74HC161 的清 0 端接有复位电路，只要按一下 RST 按钮，状态立即切换到状态 0，正常情况下，状态变换由计数使能端 STen 有效（高电平）时，通过 1Hz 的时钟信号与 CLK1Hz 实现。

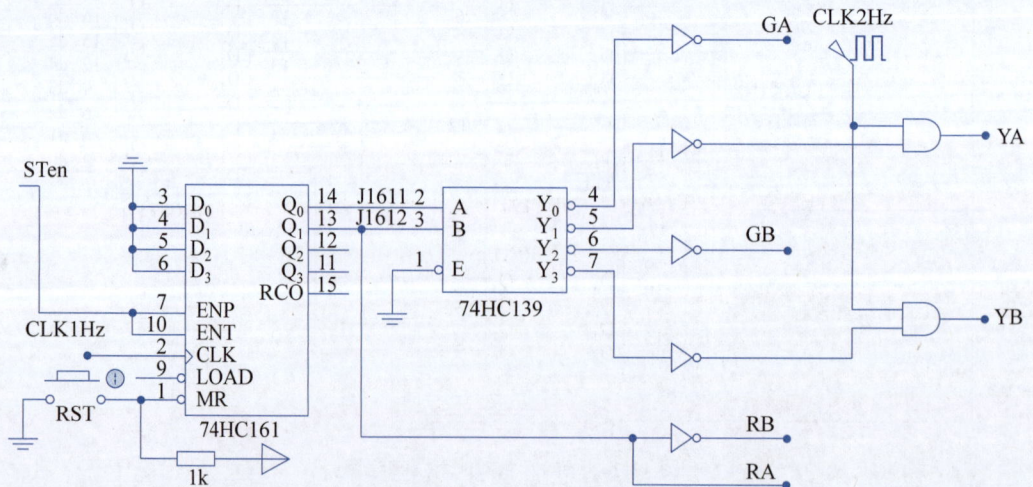

图 11.15　根据状态输出驱动主、支干道信号灯的电路

如果需要设置单边通行,可通过 SW$_1$ 和 SW$_2$ 实现,SW$_1$ 和 SW$_2$ 接高电平时,主、支干道交替通行。若 SW$_1$ 接低电平,则主干道单边通行而支干道禁行,若 SW$_2$ 接低电平,则支干道单边通行而主干道禁行。设计的相应电路如图 11.16 所示,这是一个组合逻辑电路,读者可列出 4 种不同初值减 1 计数器的装入控制信号的逻辑方程,分析电路的功能。

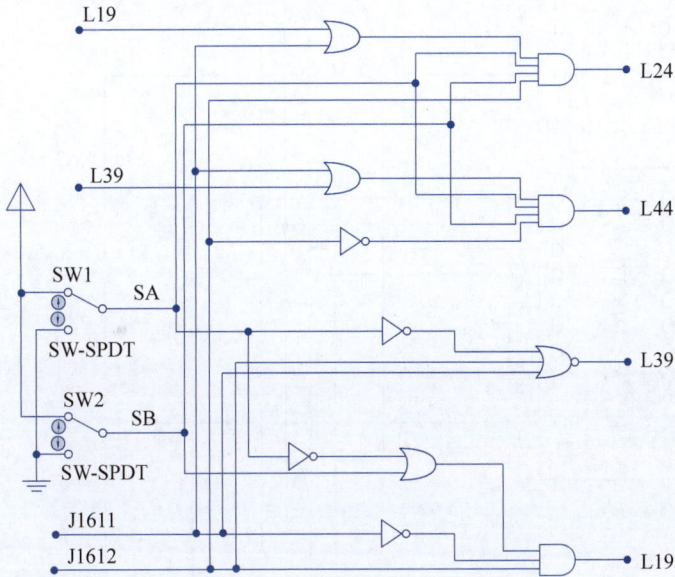

图 11.16　倒计时初值装入信号的产生电路

黄灯显示时的 5s 减 1 计数电路如图 11.17 所示。在状态 1 和状态 3 起作用,分别将 d3~d0 和 e3~e0 接到主、支干道个位的字形码译码器 74LS248。同理,考虑到装入本身需占 1s 时间,所以 74HC190 实际置的初值是 4,即其数据输入端 D$_3$~D$_0$ 接的是 LHLL,对应二进制数 0100。

状态转换计数器的使能端 STen 由如图 11.18 所示电路产生,其中标号 J390~J396 是状态 0 时,主干道绿灯通行 40s 的减 1 计数器的输出端。标号 J190 至 J196 是状态 2 时,支干道绿灯通行 20s 的倒计时减 1 计数器的输出端,而 J0 至 J3 是状态 1 和状态 3 时,5s 黄灯倒计时减 1 计数器的输出端。根据需要由两个 4 选 1 多路选择器 74HC153 在不同状态时,控制 STen 输出高电平。当交替通行控制开关 SW$_1$ 和 SW$_2$ 均接高电平时,SA 和 SB 均为高电平,左边一片 74HC153 的两个 4 选 1 通道均选择通道 3,也就是在状态 0 的 40s 减 1 计数器减到 0 或在状态 2 的 20s 减 1 计数减到 0 时,均会在图 11.15 的 74HC161 计数输出端 J1612 和 J1611 为 00 和 10 时,使右边一片 74HC153 输出 STen 为 1,而对应 74HC161 计数输出端 J1612 和 J1611 为 01 和 11,即状态 1 和状态 3 时,在 5s 倒计时减 1 计数器减到 0 时,因 J3~J0 全为 0 可使 STen 输出为 1。其他情况读者可同理分析理解。

总体仿真效果如图 11.19 所示。图中显示的是对应 ST2 时的状态。

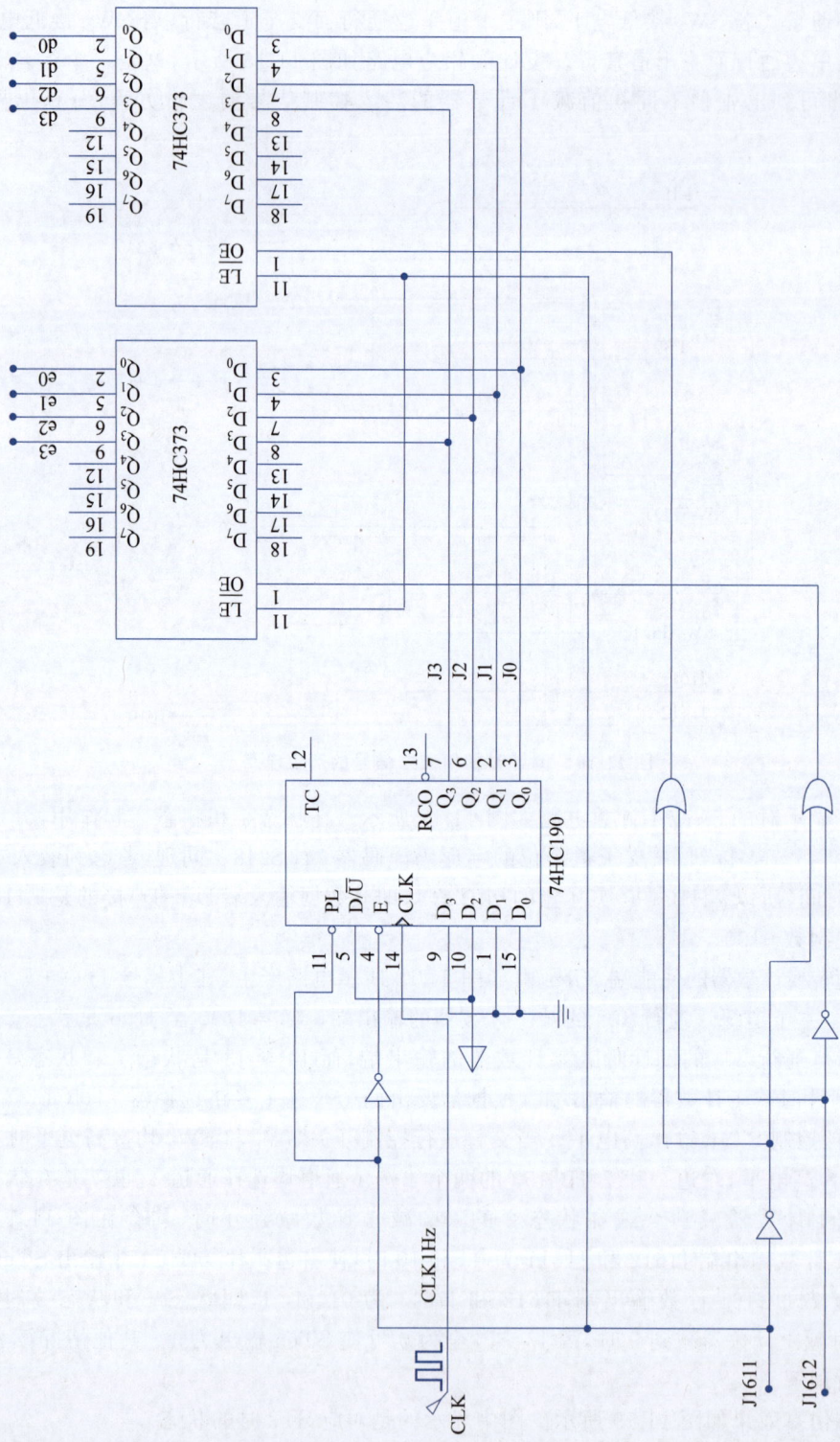

图 11.17 黄灯倒计时 5s 设置电路

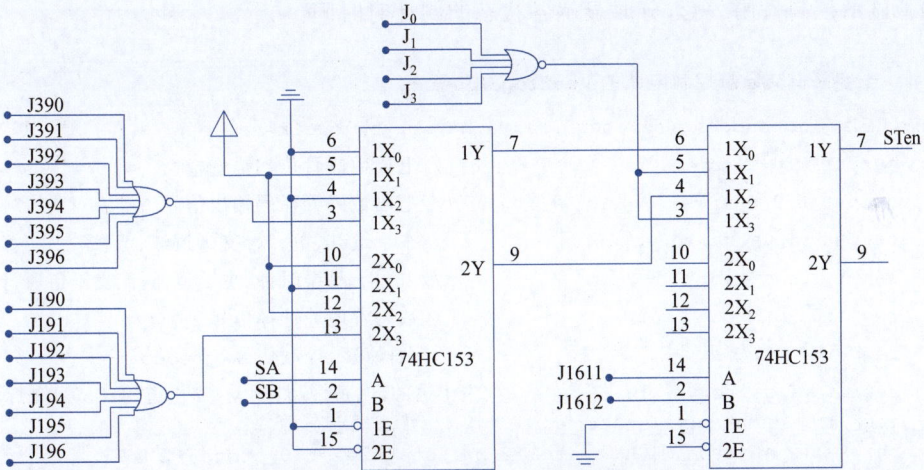

图 11.18　状态转换计数器使能控制电路

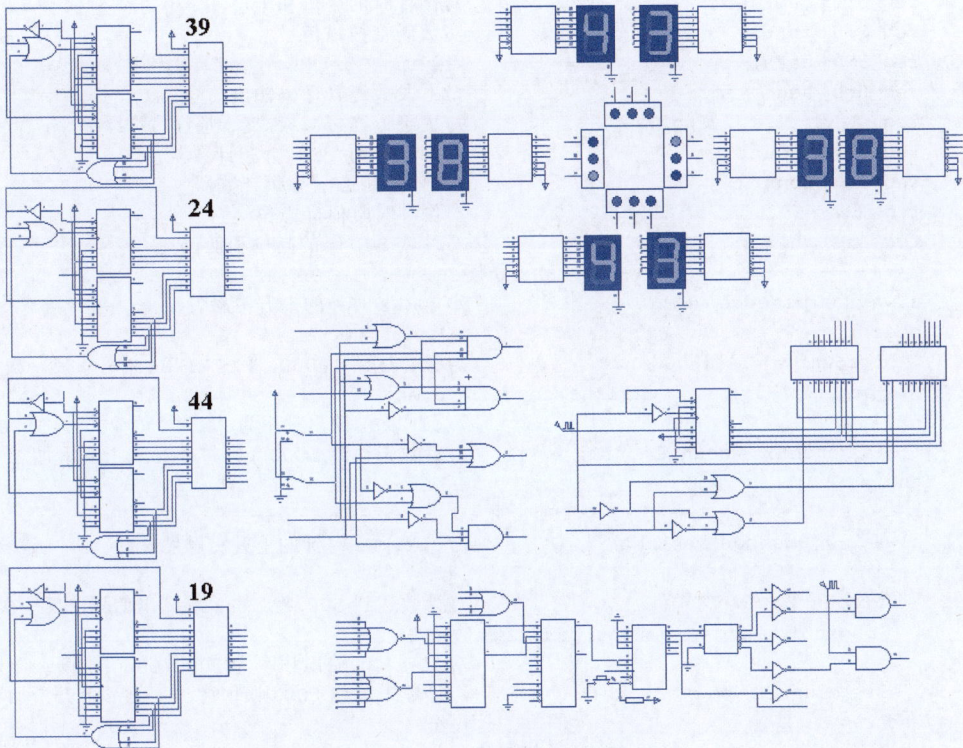

图 11.19　整体电路及仿真效果

11.3.4　基于 Verilog HDL 的设计

　　设系统时钟为 20MHz,单边通行开关 sa 和 sb 之一为低电平时,控制十字路口为单边通行。sa 为低电平时,主干道单边通行而支干道禁行;sb 为低电平时,支干道单边通行而主干道禁行。当两 sa 和 sb 均为接高电平时,才允许十字路口交替通行。为突出重点,数码管显示控制只用一套，分时显示各状态的倒计时时间。

十字路口交通灯控制电路的 Verilog HDL 程序

```
module jiaotongdeng(sel,seg7,ra,ya,ga,rb,yb,gb,clk,sa,sb);
    output[1:0] sel;                        //七段数码管位扫描选择
    output[6:0] seg7;                       //七段数码管译码输出信号
    output ra,ya,ga,rb,yb,gb;               //主干道红、黄、绿，支干道红、黄、绿
    input clk,sa,sb;                        //20MHz 晶振时钟、主干道通行、支干道通行
    reg[1:0] sel;                           //数码管地址选择信号
    reg[6:0] seg7;                          //七段显示控制信号 (gfedcba)
    reg ra,ya,ga,rb,yb,gb;                  //主干道的红、黄、绿灯驱动、支干道的红、黄、绿灯驱动
    reg[1:0] state,next_state;              //状态机现态，次态
    parameter state0=2'b00,state1=2'b01,state2=2'b10,state3=2'b11;
                                            //4 种状态
    reg clk1khz,clk1hz;                     //分频信号包括 1kHz 和 1Hz
    reg[3:0] one,ten;                       //倒计时的个位和十位
    reg[1:0] cnt;                           //数码管扫描信号
    reg[3:0] data;                          //
    reg[6:0] seg7_temp;                     //七段数码管译码输出信号
    reg r1,y1,g1,r2,y2,g2;                  //主干道红、黄、绿,支干道红、黄、绿
    reg[13:0] count1;                       //20MHz 到 1kHz 分频计数器
    reg[8:0] count2;                        //1kHz 到 1Hz 分频计数器
    reg a;                                  //倒计时赋值标志位
    reg[3:0] qh,ql;                         //计数 BCD 码的高位和低位
//--------------------1KHz 分频--------------
    always @ (posedge clk)                  //20MHz 时钟的上升沿触发
    begin
        if(count1==14'd10000)               //计数达到 10000,将 clk1kHz 信号求反一次
            begin clk1khz<=~clk1khz;count1<=0;end
                                            //clk1kHz 输出频率为 20000000/20000=1000
        else count1<=count1+1'b1;           //计数未达到 10000,则每个 clk 上升沿加 1
    end
//--------------------1Hz 分频------------------
    always @ (posedge clk1khz)              //clk1kHz 时钟的上升沿触发
    begin
        if(count2==9'd500)                  //计数达到 500,将 clk1Hz 输出信号求反一次
            begin clk1hz<=~clk1hz;count2<=0;end
                                            //clk1kHz 输出频率为 1000/1000=1Hz
        else count2<=count2+1'b1;           //计数未达到 500,则每个 clk1kHz 上升沿加 1
    end
//--------------------交通状态转换------------------
    always @ (posedge clk1hz)               //clk1Hz 时钟的上升沿触发
    begin
        state=next_state;                   //用次态更新现态
        case(state)                         //根据现态值执行不同分支
            state0:begin                    //状态 state0,主干道通行 45s
                if(sa&&sb)                  //交替通行
                    begin
                        if(!a)              //未赋倒计时初值
```

```
                begin
                    qh<=4'b0011;ql<=4'b1001;
                                            //赋倒计时初值 39
                    a<=1;                   //倒计时初值赋值标志置 1
                    r1<=0; y1<=0; g1<=1;
                                            //主干道绿灯点亮
                        r2<=1; y2<=0; g2<=0;
                                            //支干道红灯点亮
                end
            else                            //已赋倒计时初值
                begin
                    if(!qh&&!ql)            //如果倒计时结束,则转到 state1 状态
                        begin
                          next_state<=state1;
                                            //次态置为 state1
                            a<=0;           //赋倒计时初值赋值标志置 0
                        end
                    else if(!ql)            //实现倒计时 40s 未结束,若其低位为 0
                        begin               //则说明高位大于 0
                          ql<='b1001; qh<=qh-1'b1;
                                            //故将低位置 9,而高位减 1
                        end
                    else ql<=ql-1'b1;       //低位计数不为 0,直接将低位减 1
                end
        end
    end
state1:begin                                //状态 state1,主干道黄灯倒计时 5s
    if(sa&&sb)                              //交替通行
        begin
        if(!a)                              //未赋倒计时初值
            begin
                qh<=4'b0000; ql<=4'b0100;
                                            //赋倒计时初值 4
                a<=1;                       //赋倒计时初值标志置 1
                r1<=0; y1<=1; g1<=0;        //主干道黄灯点亮
                r2<=1; y2<=0; g2<=0;        //支干道红灯点亮
            end
        else
            begin
            if(!ql)                         //如果倒计时结束,则转到 state2 状态
                begin
                  next_state<=state2;       //次态置为 state2
                    a<=0;                   //赋倒计时初值标志置 0
                end
            else ql<=ql-1'b1;               //低位计数不为 0,将低位减 1
            end
        end
    end
end
```

```
        state2:begin                        //状态 state2,支干道通行 25s
            if(sa&&sb)                      //交替通行
              begin
                if(!a)                      //未赋倒计时初值
                  begin
                    qh<=4'b0001; ql<=4'b1001;
                                            //赋倒计时初值 39
                    a<=1;
                    r1<=1; y1<=0; g1<=0;    //主干道红灯点亮
                    r2<=0; y2<=0; g2<=1;    //支干道绿灯点亮
                  end
                else
                  begin
                    if(!ql&&!ql)            //如果倒计时结束,则转到 state3 状态
                      begin
                        next_state<=state3; //次态置为 state3
                        a<=0;               //赋倒计时初值标志置 0
                      end
                    else if(!ql)            //实现倒计时 25s 未结束,若其低位为 0
                      begin ql<=4'b1001; qh<=qh-1'b1; end
                                            //故将低位置 9,而高位减 1
                              else ql<=ql-1'b1;
                                            //低位计数不为 0,直接将低位减 1
                  end
              end
          end
        state3:begin                        //状态 state3,支干道黄灯倒计时 5s
            if(sa&&sb)                      //交替通行
              begin
                if(!a)                      //未赋倒计时初值
                  begin
                    qh<=4'b0000;ql<=4'b0100;
                                            //赋倒计时初值 4
                    a<=1;
                                            //赋倒计时初值标志置 1
                    r1<=1; y1<=0; g1<=0;
                                            //主干道红灯点亮
                    r2<=0; y2<=1; g2<=0;
                                            //支干道黄灯点亮
                  end
                else
                  begin
                    if(!ql)                 //如果倒计时结束,则转到 state0 状态
                      begin
                        next_state<=state0; //次态置为 state0
                        a<=0;               //赋倒计时初值标志置 0
                      end
                    else ql<=ql-1'b1;       //低位计数不为 0,低位减 1
```

```
                    end
                  end
                end
     endcase
     one<=ql; ten<=qh;                //更新计数值个位到 one,十位到 ten
   end
   //------------------------单边通行,数码管不显示-----------------
--
   always @ (sa,sb,clk1hz,r1,r2,g1,g2,y1,y2,seg7_temp)
                                //主、支单边,1s 时钟,主支干道信号灯,七段码
   begin
     if(!sa||!sb)                    //若单边通行
       begin
         seg7[6:0]<=7'b0000000;
                                //不显示
         if(!sa) begin ga=1;ra=0;ya=0;end
                                //主干道单边通行
         if(!sb) begin gb=1;rb=0;yb=0;end   //支干道单边通行
       end
     else                           //交替通行
       begin
         seg7[6:0]<=seg7_temp[6:0];//直接将段码输出
         ra<=r1; rb<=r2; ga<=g1; gb<=g2; ya<=y1; yb<=y2;
                                //直接输出信号灯控制信号
       end
   end
   //-----------------数码管动态扫描计数----------------------
   always @ (posedge clk1khz)        //时钟 clk1kHz 上升沿触发
   begin
     if(cnt==2'b01) cnt<=2'b00;      //若 cnt 为 1,则置 0
     else cnt<=cnt+1'b1;             //若 cnt 为 0,则加 1
   end
   //-----------------数码管动态扫描计数----------------------
   always @ (cnt,one,ten)            //cnt 计数(00 或 01),倒计时的个位和十位触发
   begin
     case(cnt)                       //根据计数值
       2'b00:begin data<=one;sel<='b01;end
                                //若为 00,则显示在个位
       2'b01:begin data<=ten;sel<='b01;end
                                //若为 01,则显示在十位
       default:begin data<=1'bx;sel<=1'bx;end
                                //否则,数据和显示位均不确定
     endcase
   end
   //-----------------7 段译码-----------------
   always @ (data)                 //根据倒计时当前要显示的数据(可能是个位,或者十位)值
   begin
     case(data[3:0])                //将其值译码为七段数码管的段码赋值给 seg7_temp
       4'd0: seg7_temp[6:0]=7'b1111110;  //0
```

```
            4'd1: seg7_temp[6:0]=7'b0110000;                //1
            4'd2: seg7_temp[6:0]=7'b1101101;                //2
            4'd3: seg7_temp[6:0]=7'b1111001;                //3
            4'd4: seg7_temp[6:0]=7'b0110011;                //4
            4'd5: seg7_temp[6:0]=7'b1011011;                //5
            4'd6: seg7_temp[6:0]=7'b1011111;                //6
            4'd7: seg7_temp[6:0]=7'b1110000;                //7
            4'd8: seg7_temp[6:0]=7'b1111111;                //8
            4'd9: seg7_temp[6:0]=7'b1111011;                //9
            default: seg7_temp[6:0]=7'b1001111;             //E
        endcase
    end
 endmodule
```

　　设计好 Verilog HDL 代码后，可在 Quartus II 集成开发环境下进行综合和配置，最终下载到 CPLD 或 FPGA 上运行，也可以在 Quartus II 环境下仿真运行。

小　　结

　　本章介绍了数字系统的基本概念以及数字系统设计的一般方法，并通过两个实例说明了数字系统设计的基本思路、基本步骤以及设计过程中需要考虑的一些细节问题。

思考题与习题

11.1　设计一个 8 路移存型彩灯控制器，要求：

（1）同时控制 8 路以上彩灯。

（2）彩灯组成两种以上的花型，每种花型连续循环两次，各种花型轮流交替。

11.2　设计一个多路信号显示转换器，要求：

（1）设计一个多路信号显示器，配合示波器使用，在示波器荧屏上可以显示多路波形。

（2）同时显示 4 路以上模拟信号且清晰稳定（交替显示亦可）。

（3）被测信号的上限频率为 1MHz。

11.3　设计一个拔河游戏机模拟器，要求：

（1）游戏分为甲方和乙方，用按键速度来模拟双方力量，以点亮的发光二极管的左右移动来显示双方的比赛状况。

（2）用 15 个（或 9 个）发光二极管组成一排，比赛开始时，中间二极管点亮。以此为拔河的中心点，甲乙双方各持一键，比赛开始后，各自迅速不断地按动按键，以此产生脉冲，谁按得快，亮点就向该方移动（甲为左），当任何一方的终端点亮时，该方胜利，此时，发光二极管的状态保持，双方按键无效，复位后亮点移至中间，开始下轮比赛。

11.4 设计一个简易数字电压表,要求:

(1) 利用压-频转换原理或数模转换测量电压范围为 0~9.99V。

(2) 对输入的 0~9.99V 正电压用三位数码管显示 0.00~9.99。

(3) 数码管每 4s 刷新一次,读数停顿 3s。

11.5 设计一个定时器,要求:

(1) 定时时间为 0~60min。

(2) 定时开始工作红指示灯亮,结束时绿指示灯亮。

(3) 可以随意以分为单位,在 60min 范围内设定定时时间。

(4) 随着定时的开始,显示器显示时间,如定时 10min,定时开始后显示器依次是
0—1—2—3—4—5—6—7—8—10 进行即时显示。

(5) 定时结束时,手动清零。

11.6 设计一个数控直流稳压电源,要求:

(1) 可以通过数字量输入来控制输出直流电压大小。

(2) 输出电压范围:0~+10V,步进 1V。

(3) 输出电流为 500mA。

(4) 输出电压由数码管显示。

11.7 设计一个智力抢答器,要求:

(1) 可用于 4 组参赛者的数字智力抢答器,每组设置一个抢答按钮供参赛者使用。

(2) 电路具有第一抢答信号的鉴别和锁存功能,在主持人将系统复位后并发出指令
后,若一组第一个按下开关抢答,则该组指示灯亮,并显示组号,扬声器同时发出
2~3s 的声音,电路具有自锁功能,使其余组的抢答开关不起作用。

(3) 设置记分电路,开始时每组预置成 100 分,抢答后由主持人记分,答对一次加
10 分,否则减 10 分。

(4) 设置犯规电路,对提前抢答和超时的组鸣喇叭示警,并显示犯规组号。

11.8 设计一个数字时钟,设计要求:

(1) 能显示日期、小时、分钟、秒,并具有整点报时的功能。

(2) 由振荡电路产生 1Hz 标准的信号。分、秒为六十进制计数器,时为二十四进制
计数器。

(3) 可手动校正时、分时间和日期值。

11.9 设计一个限时发言时间提示器,要求:

(1) 发言时间设定在 3~30min 可调。

(2) 设定时间倒计数显示。

(3) 设定时间小于 10min,倒数到 1min 时给出提示信号,设定时间大于 10min,倒
数到 5min 给出提示信号,超时给出警告提示信号(红灯),超时大于 1min 时,
给出蜂鸣器声音提示。

(4) 应有设定输入及复位开关,可用绿灯、黄灯、红灯表示工作状态。

11.10 设计一个 8 位二进制加法器,要求:

(1) 接收两个 8 位二进制加数或 3 位十进制数的输入。

（2）用 3 个数码管以十进数显示运算结果。

11.11　设计一个交通灯控制，要求：

（1）用红、绿、黄发光二极管作信号灯，用传感器或逻辑开关作检测车辆是否到来的信号，实验电路用逻辑开关代替。

（2）主干道处于常通行的状态，支干道有车来时才允许通行。主干道亮绿灯时，支干道亮红灯；支干道亮绿灯时，主干道亮红灯。

（3）主、支干道均有车时，两者交替允许通行，主干道每次放行 35s，支干道每次放行 25s。

（4）在每次由绿灯亮到红灯亮的转换过程中，要亮 5s 黄灯作为过渡。

附录 A
Proteus ISIS 用法简介

在第 1 章已介绍过,启动 ISIS 7 Professional 后,进入如图 1.4 所示界面。按 P 键后进入如图 1.5 所示 Pick Device 对话框。下面以一个简单的脉冲计数器为例说明基本操作。

(1) 在 Pick Device 对话框的 Keywords 编辑框中,可输入元件名称来取用元件,如本例将用到 74HC160、74LS247 可直接通过名称获取。如果不知道元件名称,可通过浏览相应类型元件列表来获取,例如,选取一个共阳极七段数码管,可在 Category 列表框中选择 Optoelectronics 类,然后查找 Device 列表,从中找出 7SEG-COM-AN-GRN,即七段共阳极绿色数码管,如图 A.1 所示。

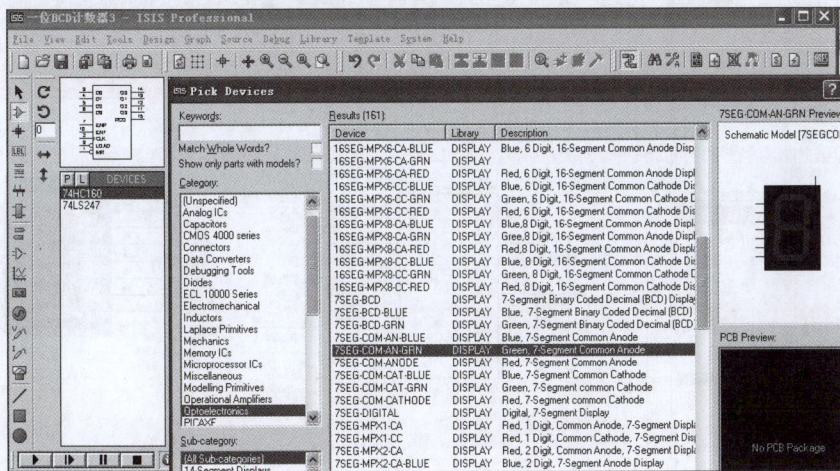

图 A.1　Proteus ISIS 启动界面

(2) 将所选元件放置到绘图窗口中并连好线,如图 A.2 所示。清晰起见,图中通过设置绘图风格(选择 Template→Set Design Defaults 命令)将绘图纸颜色改为白色,再通过选择 Template→Set Graphics Style 命令将元件的填充颜色也改成了白色。图的+5V电源和地选自 Terminals Mode 中的 Power 和 GROUND,信号源选自 Generator Mode 中的 DCLOCK。

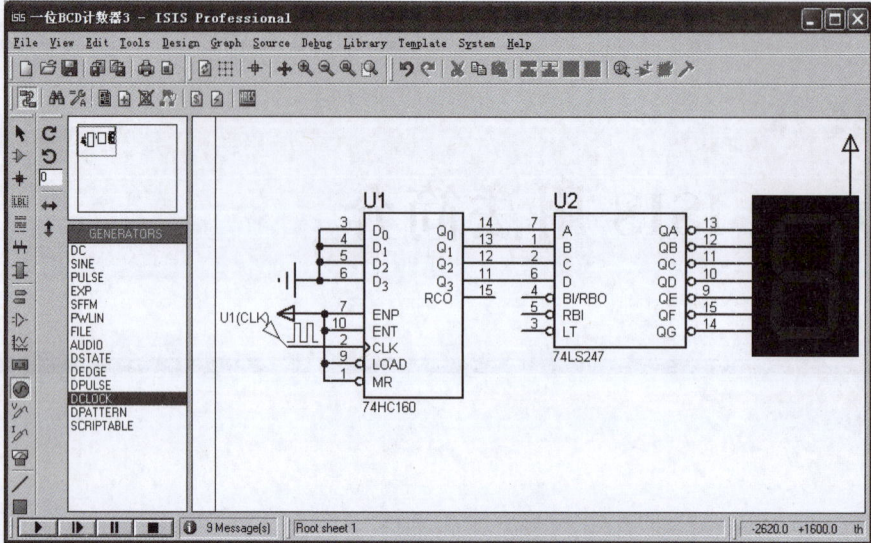

图 A.2　一位 BCD 计数器原理图

（3）原理图绘制好后，即可单击屏幕左下角的 ▶ 按钮进行仿真。本例的仿真结果如图 A.3 所示。电路中的 74HC160 可以对频率为 1Hz 脉冲信号源计数，并将计数结果通过 74LS247 译码，译码输出共阳极数码管的字形码，将字形码送共阳极数码管即可显示当前的计数值，从而实现一位 BCD 码循环计数功能。

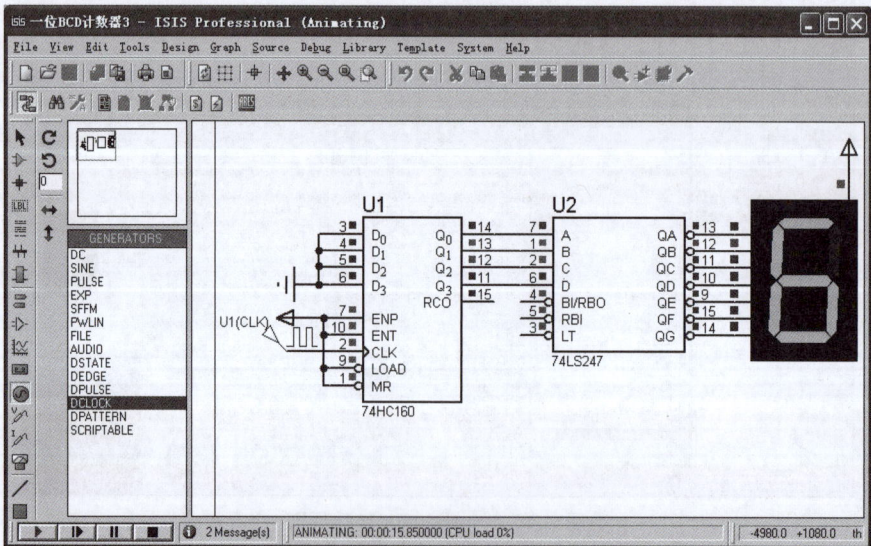

图 A.3　一位 BCD 计数器的仿真显示

附录 B
Verilog HDL 简介

Verilog HDL 是目前最流行的 HDL 之一，1990 年，CADENCE 公司公开发表了 Verilog HDL，并成立 OVI(Open Verilog International)组织，从而促进了 Verilog HDL 的发展，1995 年正式成为 IEEE 标准，即 IEEE Standard 1364—1995，2001 年被进一步完善修正，推出了 Verilog HDL 2001 版本。

B.1 文字规则

1. 整数

可以用多种数制形式表示，一般格式：

±<位宽>'<进制><数字>

其中，位宽是指二进制数的位数，进制是字母 B、H、O、D(不区分大写小)之一，分别表示二进制、十六进制、八进制、十进制。例如：

8'b1010_0110：用二进制表示的 8 位二进制数，其中的下画线是为了提高可读性。

8'hA6：用十六进制数表示的 8 位二进制数。

8'o246：用八进制数表示的 8 位二进制数。

8'd166：用十进制数表示的 8 位二进制数。

2. 标识符

以字母或下画线开头，由字母、数字、下画线和 $ 符号构成，区分大小写。

例如：A3,clk_1,RST,Half_Adder。

3. 逻辑值

0：表示逻辑 0。

1：表示逻辑 1。

z 或 Z：表示高阻。

x 或 X：表示不确定值。

4. 保留字（或关键词）

Verilog HDL 赋予了特定含义的标识符，均为小写，常用的有：

always	and	assign	begin	case	casex	casez
default	else	end	endcase	endmodule	endfunction	endtask
for	function	if	input	integer	module	nand
negedge	nor	not	or	output	parameter	posedge
reg	repeat	task	time	tri	while	wire

B.2　数 据 类 型

1. 网线型

网线型数据为端口的默认类型，用于说明端口以外的信号或连线性质的变量。网线型变量可以是单线的（1bit），也可以是多线的，其说明格式有以下两种。

网线型变量说明的一般格式
wire <变量名 1>,<变量名 2>, … ; wire[msb:lsb] <变量名 1>,<变量名 2>, … ;

例如：

```
wire a,b,c;
wire[7:0] dta,dtb;
```

2. 寄存器型

寄存器型数据用于说明在过程块中赋值的端口或变量，其说明格式有以下两种。

寄存器型变量说明的一般格式
reg <变量名 1>,<变量名 2>, … ; reg[msb:lsb] <变量名 1>,<变量名 2>, … ;

例如：

```
reg x,y;
reg[7:0] q1,q2;
```

3. 整数类型

整数类型数据用于说明在 for 循环中用的控制变量等,默认是 32 位二进制数的宽度,说明格式为

整数型变量说明的一般格式

```
integer <变量名 1>, <变量名 2>,…;
```

例如:

```
integer k,cnt;
```

B.3 运 算 符

设有如下定义:

```
wire[3:0] A=4'b0101,B=4'b0011,X;
wire[7:0] C=8'h00;
wire F=0;
```

常用运算符分类说明见表 B.1。

表 B.1 常用运算符分类

操 作 类 别	运算符及其含义	例 子	运 算 结 果
算术运算	+(加)	X=A+B	X=4'B1000
	−(减)	X=A−B	X=4'B0010
	*(乘)	X=A*B	X=4'B1111
	/(除)	X=A/B	X=4'B0001
	%(求余)	X=A%B	X=4'B0010
逻辑运算	!(逻辑非)	C=!(A==B)	C=1
	&&(逻辑与)	C=A&&0	C=0
	||(逻辑或)	C=A||0	C=1
位运算	~(位取反)	X=~A	X=4'B1010
	&(与)	X=A&B	X=4'B0001
	|(或)	X=A|B	X=4'B0111
	^(异或)	X=A^B	X=4'B0110
	~^或^~(同或)	X=A~^B	C=4'B1001

续表

操 作 类 别	运算符及其含义	例　子	运 算 结 果
移位运算	≪（左移）	C＝A≪3	C＝8'B00101000
	≫（右移）	X＝A≫2	X＝4'B0001
并位运算	{}（并位）	C＝{A,B}	C＝8'B01010011
缩位运算	&.（与）	F＝&.A	F＝0
	~&.（与非）	F＝~&.A	F＝1
	|（或）	F＝|A	F＝1
	~|（或非）	F＝~|A	F＝0
	^（异或）	F＝^A	F＝0
	^~或~^（同或）	F＝^~A	F＝1
关系运算	＝＝（等于）	F＝A＝＝B	F＝0
	!＝（不等于）	F＝A!＝B	F＝1
	＞（大于）	F＝A＞B	F＝1
	＜（小于）	F＝A＜B	F＝0
	＞＝（大于或等于）	F＝A＞＝B	F＝1
	＜＝（小于或等于）	F＝A＜＝B	F＝0
	＝＝＝（全等于）	F＝A＝＝＝4'bx101	F＝0
	!＝＝（不全等于）	F＝A!＝＝4'bx101	F＝1
条件运算	?:（条件）	X＝A＞B?A:B	X＝4'b0101
赋值运算	＝（阻塞赋值）	X＝~A	X＝4'b1010
	＜＝（非阻塞赋值）	X＜＝~B	X＝4'b1100

以上运算符的优先级如表 B.2 所示。

表 B.2　运算符的优先级

类　别	运　算　符	优 先 级
逻辑、位运算符	!　　~	高
算术运算符	*　　/　　%	
	+　　-	
移位运算符	<<　　>>	
关系运算符	<　　<=　　>　　>=	
等式运算符	==　　!=　　===　　!==	
缩减、位运算符	&.　　~&.	
	^　　^~	
	|　　~|	
逻辑运算符	&.&.	
	||	
条件运算符	?　　:	低

B.4 基本语句

1. 模块定义

模块定义语句的一般格式
module 模块名 (模块端口名表)
<模块端口和模块功能描述>
endmodule

2. 端口语句、端口信号名和端口模式

端口声明语句的一般格式
input/output/inout 端口名 1,端口名 2,…;   //单线端口
input/output/inout [msb:lsb] 端口名 1,端口名 2,…;   //多位宽度端口

3. 赋值语句

VerilogHDL 中,有两种赋值方式和赋值语句:持续赋值语句和过程赋值语句。

1) 持续赋值语句

在模块内部,过程之外的信号赋值语句,需要以关键词 assign 引导,该语句的赋值对象必须是 wire(网线)类型变量,多条持续赋值语句是并行的关系。

持续赋值语句的一般格式
assign <被赋值变量名>=<赋值表达式>;   //持续赋值

2) 过程赋值语句

过程赋值语句多用于对 reg 型变量进行赋值。过程赋值有非阻塞赋值和阻塞赋值两种方式。

(1) 非阻塞赋值。

非阻塞赋值语句的一般格式
<被赋值变量名><=<赋值表达式>;   //非阻塞赋值

非阻塞赋值在整个过程块结束时才完成赋值操作,块内的多条赋值语句在块结束时同时赋值。例如:

```
always @ (posedge clk)
  begin
```

```
      b<=a;
      c<=b;
   end
```

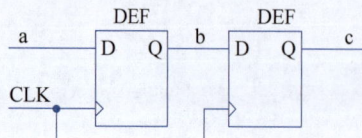

该过程块中的两条非阻塞赋值语句的赋值操作并不是立刻完成，而是在块结束时同时赋值，因此综合得到两个触发器构成的电路。

（2）阻塞赋值。

阻塞赋值语句的一般格式

```
<被赋值变量名>=<赋值表达式>;                              //阻塞赋值
```

阻塞赋值在该语句结束时立即完成赋值操作。如果在一个块语句中有多条阻塞赋值语句，那么在前面的赋值语句没有完成时，后面的语句不能被执行，仿佛被阻塞了一样，因此称为阻塞赋值。例如：

```
always @ (posedge clk)
   begin
     b=a;
     c=b;
   end
```

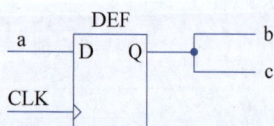

该过程块中的阻塞赋值语句（b = a）执行时，变量 b 立刻被赋值为新值 a，完成该赋值语句后，才能执行下一条赋值语句（c = b），因此 c 和 b 的值相同。

可以看出，阻塞语句是顺序执行的，而非阻塞语句是并行执行的。总体遵循以下原则。

- 阻塞赋值语句运用在组合逻辑电路设计中。
- 非阻塞语句运用在时序逻辑电路设计中。

4. 过程块语句

过程块语句的一般格式

```
always @ (<敏感信号表>)
   <语句块>
```

其中：

- ＜敏感信号表＞可以是" ＊ "号、单个变量名，也可以是多个用逗号或 or 分隔的变量名表。
- 如果是上升沿敏感的变量名，则冠以 posedge 前缀。
- 如果是下降沿敏感的变量名，则冠以 negedge 前缀。
- ＜语句块＞可以是单个语句，也可以是用 begin 和 end 括起的语句序列。

5. 条件语句

条件语句的一般格式

if(＜表达式 1＞)
　＜语句块 1＞
else if(＜表达式 2＞)
　＜语句块 2＞
　　…
else if(＜表达式 n＞)
　＜语句块 n＞
else
　＜语句块 n+1＞

6. 多分支语句

多分支语句的一般格式
case(＜表达式＞) 　　＜取值 1＞：＜语句块 1＞ 　　＜取值 2＞：＜语句块 2＞ 　　… 　　default：＜语句块 n＞ endcase

7. 循环语句

for 循环语句的一般格式
for (＜循环变量初值设置表达式＞；＜循环控制条件表达式＞；＜循环控制变量增值表达式＞) 　　＜语句块＞

repeat 循环语句的一般格式
repeat(循环次数表达式) 　　＜语句块＞

> **while 循环语句的一般格式**
>
> while(循环控制条件表达式)
> 　　<语句块>

8. 元件例化语句

> **元件例化语句的一般格式 1(端口名关联法)**
>
> <模块名><例化名>
> 　　(　.<原端口 1 信号名>(<目的端口 1 信号名>),
> 　　　.<原端口 2 信号名>(<目的端口 2 信号名>),
> 　　　　…
> 　　　.<原端口 n 信号名>(<目的端口 n 信号名>))

> **元件例化语句的一般格式 2(位置关联法)**
>
> <模块名><例化名>
> 　　(　<目的端口 1 信号名>,
> 　　　<目的端口 2 信号名>,
> 　　　　…
> 　　　<目的端口 n 信号名>)

9. 参数定义语句

> **参数定义语句的一般格式**
>
> parameter <参数名 1>=<常量值 1>,…, <参数名 n>=<常量值 n>;

10. 基本逻辑门调用语句

Verilog 对基本逻辑元件有很好的支持,其基本语法中内嵌了基本逻辑门元件的调用,包括单输出多输入类、单输入多输出类和三态门类。

（1）and、nand、or、nor、xor 和 xnor 为单输出多输入类逻辑门,调用格式如下。

> **单输出多输入类逻辑门调用语句的一般格式**
>
> 基本元件名［实例名］<输出, 输入 1, 输入 2, …, 输入 n);

例如:

> and u1(f,a,b,c);　　　　　　　　//三输入单输出与门

（2）buf 与 not 为单输入多输出类逻辑门，调用格式如下。

单输入多输出类逻辑门调用语句的一般格式
基本元件名［实例名］ 　　　　＜输出 1，输出 2，…，输入 n，输入）;

例如：

```
not u2(a,f1,f2);                //单输入,双输出非门
```

（3）bufif1、bufif0、notif1 和 notif0 为都有输出使能控制端、可实现三态输出的逻辑门，调用格式如下。

三态输出逻辑门调用语句的一般格式
基本元件名［实例名］ 　　　　＜输出，输入，使能控制端）;

例如：

```
bufif1 u3(f,a,e);              //同向高电平使能三态门
```

附录 C

Quartus II 9.1 集成开发环境用法简介

以半加器的设计为例,说明 Quartus 9.1 的基本用法。

(1) 启动 Quartus II 9.1 后的界面如图 C.1 所示。

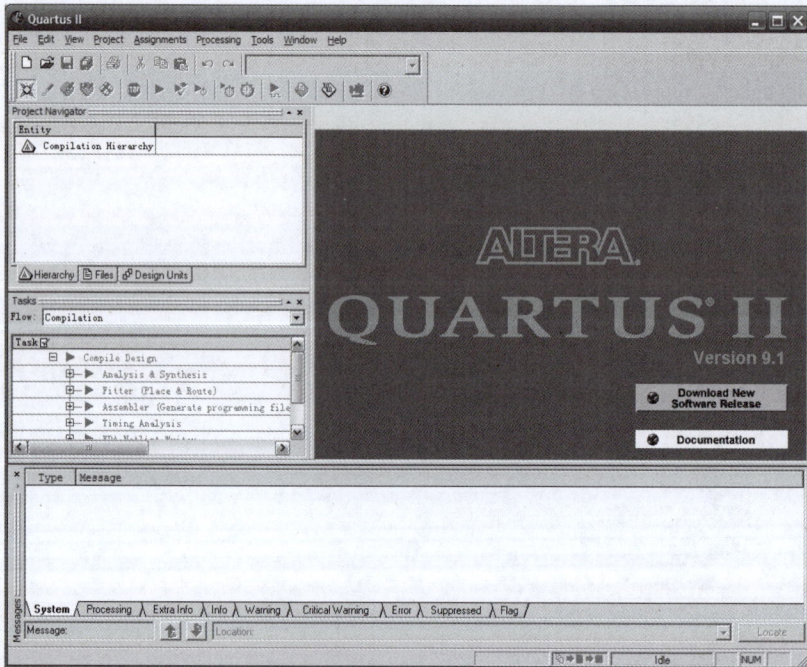

图 C.1   Quartus II 9.1 启动界面

(2) 通过选择 File→New Project Wizard 命令进入新建工程项目对话框,输入工程所在文件夹名称、工程文件名和顶层实体名,如图 C.2 所示。以例 4.8 的半加器为例,所有名称均为 h_adder。

(3) 单击两次 Next 按钮进入可编程逻辑器件选择对话框,如图 C.3 所示。本例选择 Cyclone III 系列的 EP3C5E144C8。

（4）单击 Finish 按钮完成工程新建。然后通过选择 File→New 命令进入新建文件对话框，选择文件类型为 Verilog HDL File，如图 C.4 所示。

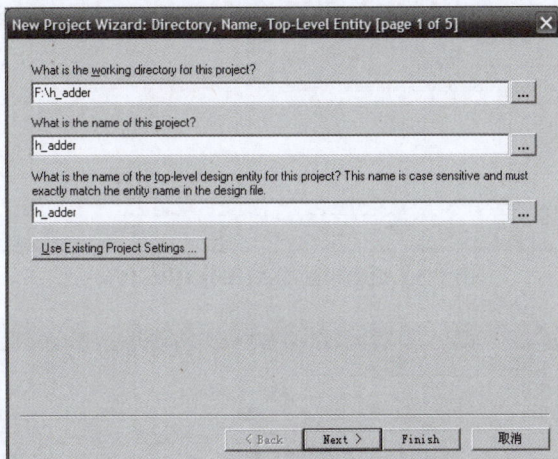

图 C.2　新建工程项目对话框

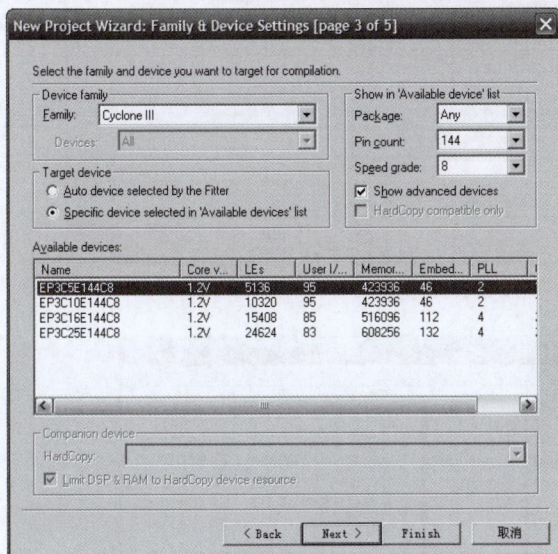

图 C.3　可编程逻辑器件选择对话框

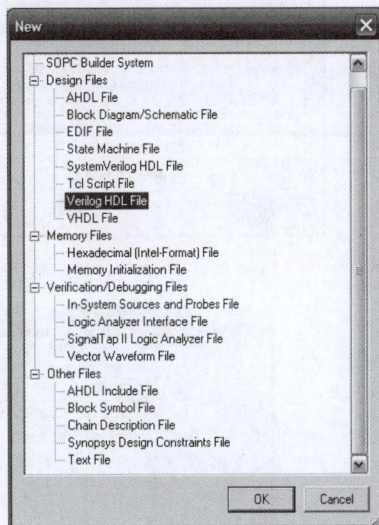

图 C.4　新建文件对话框

（5）单击 OK 按钮，进入文件编辑界面，输入半加器的 Verilog HDL 代码，如图 C.5 所示（不能直接输入汉字，但可以从 Word 或写字板中输入，然后复制粘贴到 Quartus II 文件编辑窗口的相应位置）。

（6）单击 Start Complination 按钮进行编译综合。如果有错误，需重新编辑修改文件代码，如果没有错误，则可通过选择 Tools→Netlist Viewer→RTL Viewer 命令，查看寄存器传输级的视图，如图 C.6 所示。

（7）通过选择 Assignment→Pin 命令对半加器模块进行引脚分配，如图 C.7 所示。本例分别将 PIN_1 和 PIN_2 分配给半加器的两个输入端 a 和 b，分配 PIN_3 引脚给进位

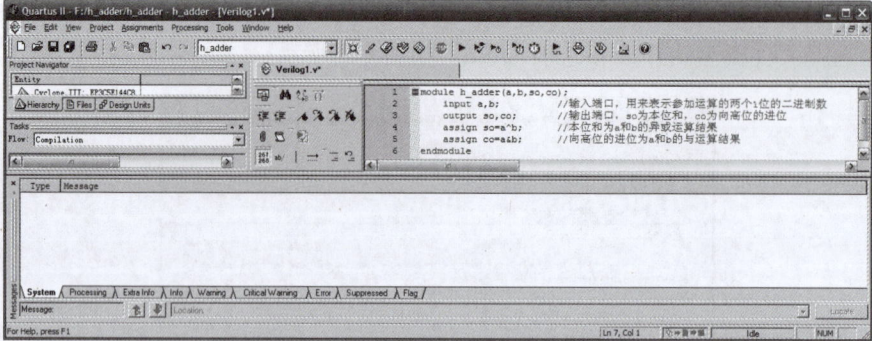

图 C.5　编辑半加器 Verilog HDL 代码

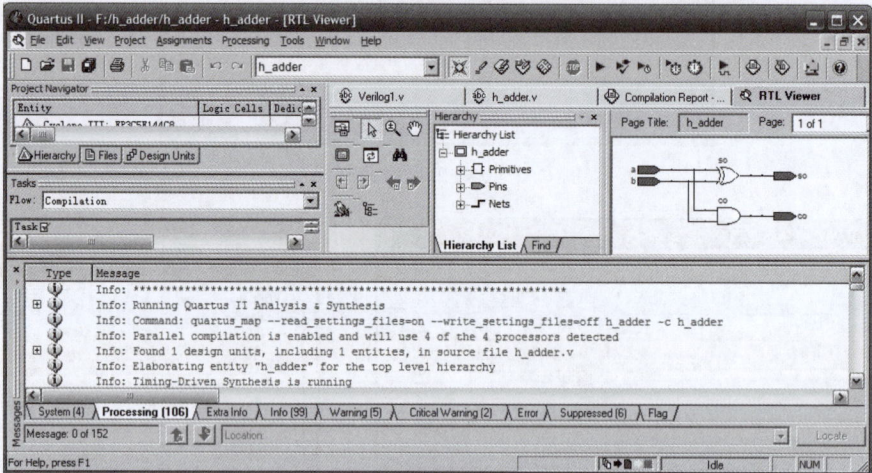

图 C.6　半加器 RTL 视图

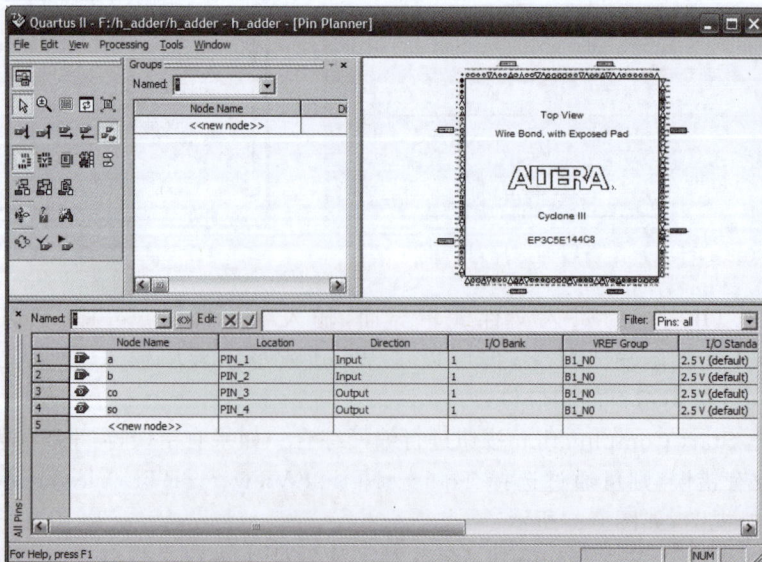

图 C.7　半加器模块端口在可编程逻辑器件中的引脚分配

输出 co，分配 PIN_4 引脚给本位和输出 so，然后重新编译。

（8）如果有实际可编程逻辑器件，则可连接好编程器，单击 Programmer 进行编程。如果没有实际设备，可通过新建矢量波形文件，再单击 Start Simulation 按钮，通过仿真来检验程序代码的正确性。

附录 D
常用 IC 引脚图

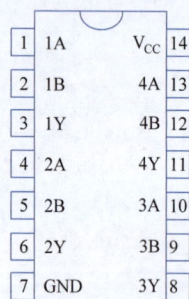

74HC00	74HC02	74HC04	74HC08
1 1A — Vcc 14	1 1Y — Vcc 14	1 1A — Vcc 14	1 1A — Vcc 14
2 1B — 4A 13	2 1A — 4Y 13	2 1Y — 6A 13	2 1B — 4B 13
3 1Y — 4B 12	3 1B — 4B 12	3 2A — 6Y 12	3 1Y — 4A 12
4 2A — 4Y 11	4 2Y — 4A 11	4 2Y — 5A 11	4 2A — 4Y 11
5 2B — 3A 10	5 2A — 3Y 10	5 2A — 5Y 10	5 2B — 3B 10
6 2Y — 3B 9	6 2B — 3B 9	6 3Y — 4A 9	6 2Y — 3A 9
7 GND — 3Y 8	7 GND — 3A 8	7 GND — 4Y 8	7 GND — 3Y 8

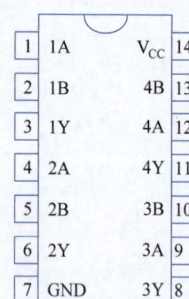

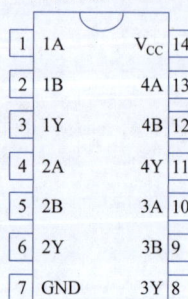

2输入四正与非门74HC00　2输入四正或非门74HC02　六反向器74HC04　2输入四正与门74HC08

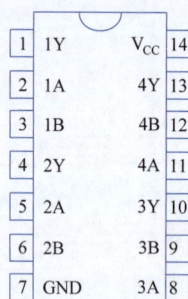

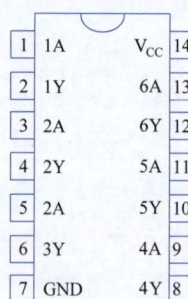

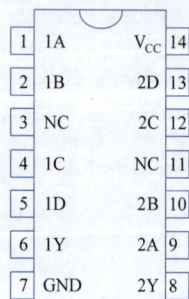

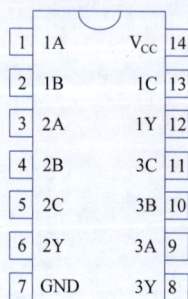

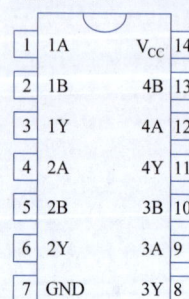

74HC20	74HC27	74HC32	74HC86
1 1A — Vcc 14	1 1A — Vcc 14	1 1A — Vcc 14	1 1A — Vcc 14
2 1B — 2D 13	2 1B — 1C 13	2 1B — 4A 13	2 1B — 4B 13
3 NC — 2C 12	3 2A — 1Y 12	3 1Y — 4B 12	3 1Y — 4A 12
4 1C — NC 11	4 2B — 3C 11	4 2A — 4Y 11	4 2A — 4Y 11
5 1D — 2B 10	5 2C — 3B 10	5 2B — 3A 10	5 2B — 3B 10
6 1Y — 2A 9	6 2Y — 3A 9	6 2Y — 3B 9	6 2Y — 3A 9
7 GND — 2Y 8	7 GND — 3Y 8	7 GND — 3Y 8	7 GND — 3Y 8

4输入双正与非门74HC20　3输入三正与非门74HC27　2输入四正或门74HC32　2输入四异门74HC86

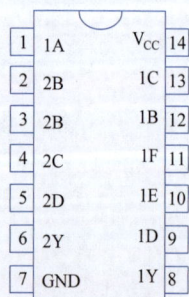

74HC51	7406	7407	7437
1 1A — Vcc 14	1 1A — Vcc 14	1 1A — Vcc 14	1 1A — Vcc 14
2 2B — 1C 13	2 1Y — 4A 13	2 1Y — 4A 13	2 1B — 4B 13
3 2B — 1B 12	3 2A — 4Y 12	3 2A — 4Y 12	3 1Y — 4A 12
4 2C — 1F 11	4 2Y — 5A 11	4 2Y — 5A 11	4 2A — 4Y 11
5 2D — 1E 10	5 3A — 5Y 10	5 3A — 5Y 10	5 2B — 3B 10
6 2Y — 1D 9	6 3Y — 6A 9	6 3Y — 6A 9	6 2Y — 3A 9
7 GND — 1Y 8	7 GND — 6Y 8	7 GND — 6Y 8	7 GND — 3Y 8

双路2输入二正与或非门74HC51　6反相缓冲器/驱动器(OC)7406　6同相缓冲器/驱动器(OC)7407　2输入四正与非缓冲器7437

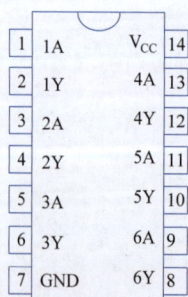

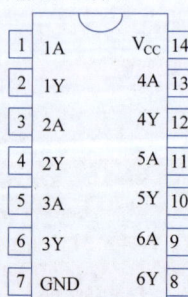

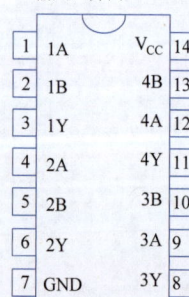

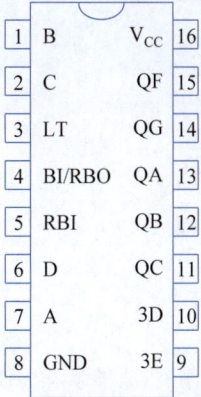

BCD-七段字形码译码器74LS247

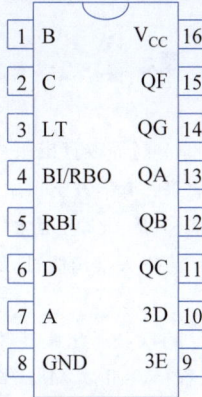

左		右	
1	B	V_{CC}	16
2	C	QF	15
3	LT	QG	14
4	BI/RBO	QA	13
5	RBI	QB	12
6	D	QC	11
7	A	3D	10
8	GND	3E	9

4输入双正与非门 74LS248

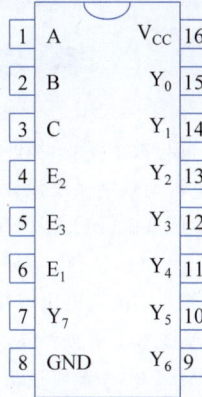

左		右	
1	B	V_{CC}	16
2	C	QF	15
3	LT	QG	14
4	BI/RBO	QA	13
5	RBI	QB	12
6	D	QC	11
7	A	3D	10
8	GND	3E	9

3线-8线译码器 74HC138

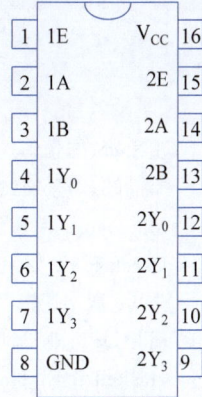

左		右	
1	A	V_{CC}	16
2	B	Y_0	15
3	C	Y_1	14
4	E_2	Y_2	13
5	E_3	Y_3	12
6	E_1	Y_4	11
7	Y_7	Y_5	10
8	GND	Y_6	9

双2线-4线译码器 74HC139

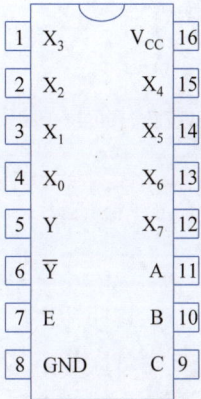

左		右	
1	1E	V_{CC}	16
2	1A	2E	15
3	1B	2A	14
4	$1Y_0$	2B	13
5	$1Y_1$	$2Y_0$	12
6	$1Y_2$	$2Y_1$	11
7	$1Y_3$	$2Y_2$	10
8	GND	$2Y_3$	9

8选1数据选择器 74HC151

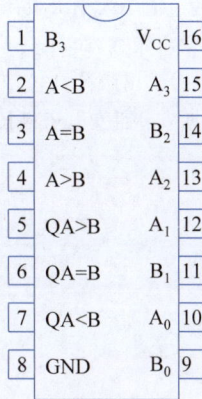

左		右	
1	X_3	V_{CC}	16
2	X_2	X_4	15
3	X_1	X_5	14
4	X_0	X_6	13
5	Y	X_7	12
6	$\overline{Y}$	A	11
7	E	B	10
8	GND	C	9

4位比较器 74HC85

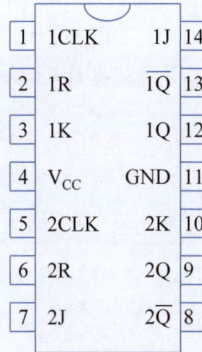

左		右	
1	B_3	V_{CC}	16
2	A<B	A_3	15
3	A=B	B_2	14
4	A>B	A_2	13
5	QA>B	A_1	12
6	QA=B	B_1	11
7	QA<B	A_0	10
8	GND	B_0	9

双J-K触发器(带清除)74HC73

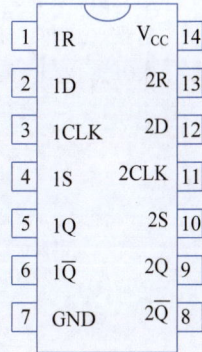

左		右	
1	1CLK	1J	14
2	1R	$\overline{1Q}$	13
3	1K	1Q	12
4	V_{CC}	GND	11
5	2CLK	2K	10
6	2R	2Q	9
7	2J	$2\overline{Q}$	8

正沿触发双D触发器 74HC74

左		右	
1	1R	V_{CC}	14
2	1D	2R	13
3	1CLK	2D	12
4	1S	2CLK	11
5	1Q	2S	10
6	$1\overline{Q}$	2Q	9
7	GND	$2\overline{Q}$	8

双J-K触发器 74HC76

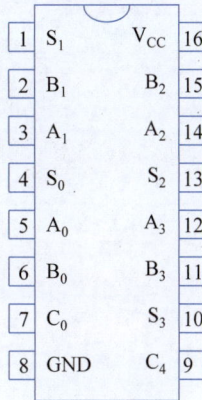

左		右	
1	1CLK	1K	16
2	1S	1Q	15
3	1R	$\overline{1Q}$	14
4	1J	GND	13
5	V_{CC}	2K	12
6	2CLK	2Q	11
7	2S	$\overline{2Q}$	10
8	2R	2J	9

4位二进制全加器 74HC283

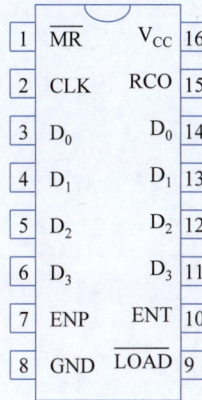

左		右	
1	S_1	V_{CC}	16
2	B_1	B_2	15
3	A_1	A_2	14
4	S_0	S_2	13
5	A_0	A_3	12
6	B_0	B_3	11
7	C_0	S_3	10
8	GND	C_4	9

4位二进制加法计数器 74LS161

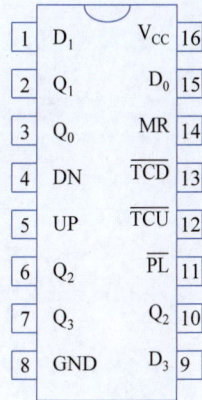

左		右	
1	$\overline{MR}$	V_{CC}	16
2	CLK	RCO	15
3	D_0	D_0	14
4	D_1	D_1	13
5	D_2	D_2	12
6	D_3	D_3	11
7	ENP	ENT	10
8	GND	$\overline{LOAD}$	9

双时钟BCD可逆计数器 74LS192

左		右	
1	D_1	V_{CC}	16
2	Q_1	D_0	15
3	Q_0	MR	14
4	DN	$\overline{TCD}$	13
5	UP	$\overline{TCU}$	12
6	Q_2	$\overline{PL}$	11
7	Q_3	Q_2	10
8	GND	D_3	9

参 考 文 献

[1] 王永军,李景华. 数字逻辑与数字系统设计[M]. 北京:高等教育出版社,2006.

[2] 李晶皎,李景宏,曹阳. 逻辑与数字系统设计[M]. 北京:清华大学出版社,2008.

[3] Marcovigtz A B . 逻辑设计基础[M]. 殷洪玺,等译. 3 版. 北京:清华大学出版社,2010.

[4] Dueck R K. 数字系统设计[M]. 张春,等译. 北京:清华大学出版社,2005.

[5] 朱勇. 数字逻辑[M]. 北京:中国铁道出版社,2007.

[6] 潘松,黄继业,潘明. EDA 技术实用教程[M]. 北京:科学技术出版社,2010.

[7] Haskell R E, Hanna D M. FPGA 数字逻辑设计教程:Verilog[M]. 郑利浩,王荃,陈华锋,译. 北京:电子工业出版社,2010.

[8] 林涛. 数字电子技术基础[M]. 北京:清华大学出版社,2008.

[9] 邓元庆,关宇,贾鹏. 数字设计基础与应用[M]. 北京:清华大学出版社,2008.

[10] 李宜达. 数字逻辑电路设计与实现[M]. 北京:科学出版社,2004.

[11] 赵雅兴. FPGA 原理、设计与应用[M]. 天津:天津大学出版社,1999.

[12] 宋万杰,罗丰,吴顺君. CPLD 技术及其应用[M]. 西安:西安电子科技大学出版社,1999.